꽃 책

The Book of the Flower

윤주복 지음

책머리에

꽃은 속씨식물의 번식 기관으로 꽃가루받이를 통해 열매를 맺고 씨앗을 퍼뜨리는 역할을 합니다. 많은 꽃가루를 바람에 날려 꽃가루받이를 하던 겉씨식물과 달리 속씨식물은 곤충을 이용해 꽃가루받이를 하게 되면서 꽃가루의 양을 획기적으로 줄일 수 있게 되었습니다. 그 덕분에 속씨식물은 지구상에 등장하자마자 그 수가 폭발적으로 증가하였습니다.

꽃은 곤충의 눈에 잘 띄기 위해서 저마다 다양한 색깔로 치장하고 꽃가루받이를 효율적으로 하기 위해 꽃의 모양도 제각기 다른 모습으로 진화하였습니다. 곤충을 불러 모으기 위해 먹이로 꿀을 준비하고 아름다운 향기를 내뿜기도 합니다. 어떤 꽃은 반대로 악취를 풍겨서 파리 등이 찾아오도록 만들었습니다. 현재 지구상에서 번성하고 있는 35만여 종의 식물 중에서 90%가 꽃식물일 정도로 산과 들은 각양각색의 꽃으로 뒤덮이게 되었습니다.

이렇게 계속해서 다양한 모습으로 진화한 꽃의 생김새를 설명하기 위해 식물학자들은 꽃의 각 부분을 표현할 수 있는 용어를 만들었습니다. 그러므로 용어 속에는 꽃의 각 부분에 관한 정확한 개념이 들어 있습니다. 그래서 이 책은 다양한 꽃의 모습을 용어를 중심으로 살펴보고자 하였습니다.

식물의 번식 기관인 꽃의 궁극적인 목적은 열매를 맺고 씨앗을 만들어서 자손을 널리 퍼뜨리는 데 있습니다. 꽃의 생김새가 다양한 것처럼 꽃이 지면 열리는 열매와 씨앗의 모양과 자라는 과정도 여러 가지입니다. 이처럼 꽃과 함께 식물의 번식 기관에 속하는 열매와 씨앗의 다양한 모습도 함께 용어를 중심으로 살펴보았습니다.

예전에는 대부분 식물 용어가 한자어라서 이해가 어려웠지만 근래에는 학자들이 한글 용어로 바꾸는 노력을 한 덕분에 이해하기가 훨씬 쉬워졌습니다. 그래서 본문은 한글 용어를 사용하고 어려운 한자어나 영문 용어는 하단에 따로 표기해서 필요할 때 참고하도록 하였으며, 이해를 돕기 위해 용어 해설을 부록으로 정리했습니다. 이 책과 함께 돋보기 하나만 지니고 나서면 산과 들에 지천으로 피어나는 꽃과 열매의 모습 속에 숨겨진 비밀을 자세히 알 수 있게 될 것입니다.

2023년 봄 윤주복

차례

열매 278

4월의 꽃잔디

꽃

꽃은 속씨식물의 번식을 담당하는 가장 중요한 기관이기 때문에
흔히 속씨식물을 '꽃식물'이라고도 한다. 꽃은 보통 녹색 꽃받침과
화려한 꽃잎 안쪽에 수술과 암술이 들어 있다. 꽃의 암술에
수술의 꽃가루가 묻어서 꽃가루받이가 이루어지면 열매가 맺히고
열매 속에서는 점차 씨앗이 자라기 시작한다.

2억 4700만 년 전쯤에 지구상에 출현한 것으로 추측되는 속씨식물은
꽃을 다양한 색깔과 모양으로 발달시켜 왔다. 이들이 꽃에 많은 투자를
하는 까닭은 꽃가루받이를 잘해 씨앗을 많이 퍼뜨리기 위해서이다.
이런 노력 덕분에 속씨식물은 빠르게 증가하여 현재 지구
전체 식물의 90％를 차지할 정도로 번성하고 있다.

이질풀 수술 암술과 함께 열매와 씨앗을 만드는 기관이다. 이질풀의 수술은 10개로 꽃잎수의 2배이며 암술 둘레에 빙 둘러 있다. 수술대 끝에 달리는 꽃밥은 푸른 보라색이며 꽃가루가 나온다.

꽃잎 붉은 자주색 꽃잎은 5장이며 안쪽에 있는 더 진한 색 줄무늬로 곤충에게 꿀이 있는 곳을 안내한다. 꽃잎은 꽃받침과 함께 암술과 수술을 보호해 주는 역할을 한다.

이질풀 꽃 모양 산과 들에서 자라는 여러해살이풀로 8~9월에 분홍색이나 흰색 꽃이 핀다. 이질풀은 설사병인 이질에 걸렸을 때 이 풀을 달여 마시면 낫는다고 해서 붙여진 이름이다.

＊꽃[화(花), flower] / 수술[웅예(雄蘂), stamen] / 암술[자예(雌蘂), pistil]

꽃의 구조

암술 꽃 한가운데에 있는 1개의 암술은 끝부분의 암술머리가 5갈래로 갈라져 뒤로 활처럼 휘어진다. 암술머리에 수술의 꽃가루가 묻으면 열매가 열리고 씨앗이 만들어진다.

꽃은 잎이 변해서 만들어진 것으로 열매와 씨앗을 만들어서 자손을 퍼뜨리는 역할을 한다. 식물마다 꽃의 모양과 색깔은 제각각 다르다. 보통 꽃은 꽃받침, 꽃잎, 암술, 수술의 4가지로 이루어져 있다. 꽃받침과 꽃잎은 꽃 가운데에 있는 암술과 수술을 보호하는 역할을 하는 보호 기관이다. 특히 꽃잎은 이런 기능 외에 아름다운 색깔과 무늬 등으로 꽃가루받이를 시켜 주는 곤충을 끌어들이는 역할도 한다. 암술과 수술은 꽃가루받이를 통해 열매와 씨앗을 만들어 자손을 퍼뜨리는 중요한 역할을 하는 긴요 기관이자 번식 기관이다.

꽃은 종에 따라 모양, 색깔, 크기가 제각각이지만 주의 깊게 살펴보면 다양한 가운데서도 여러 가지 규칙성을 찾아 구분할 수 있다.

꽃받침 연두색 꽃받침은 5장이고 끝부분이 뾰족하다. 꽃받침은 꽃잎과 함께 암술과 수술을 보호해 주는 역할을 한다.

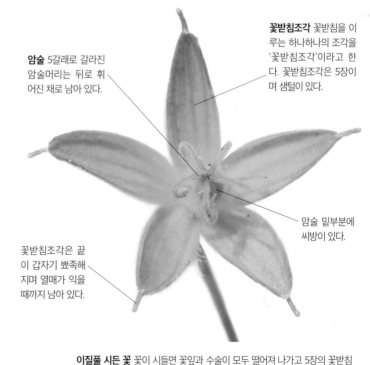

꽃받침조각 꽃받침을 이루는 하나하나의 조각을 '꽃받침조각'이라고 한다. 꽃받침조각은 5장이며 샘털이 있다.

암술 5갈래로 갈라진 암술머리는 뒤로 휘어진 채로 남아 있다.

암술 밑부분에 씨방이 있다.

이질풀은 꽃잎과 꽃받침이 각각 5장이고 수술은 10개로 모두 5의 배수인 것이 특징이다. 식물에 따라 3이나 4의 배수인 꽃도 많다.

꽃받침조각은 끝이 갑자기 뾰족해지며 열매가 익을 때까지 남아 있다.

이질풀 시든 꽃 꽃이 시들면 꽃잎과 수술이 모두 떨어져 나가고 5장의 꽃받침조각과 암술만 남는다. 암술 밑부분에 있는 씨방은 점차 열매로 자란다.

*꽃잎[화판(花瓣), petal] / 꽃받침[악(萼), calyx] / 꽃받침조각[악편(萼片), sepal]

암수한꽃과 암수딴꽃

암수한꽃

하나의 꽃에 암술과 수술이 모두 들어 있는 꽃을 '암수한꽃'이라고 하는데 암컷(암술)과 수컷(수술)의 두 성이 함께 있는 꽃이란 뜻으로, 앞의 이질풀(p.8)도 암수한꽃이다. 꽃식물 중에서 70% 정도가 암수한꽃이 피는 것으로 알려져 있다.

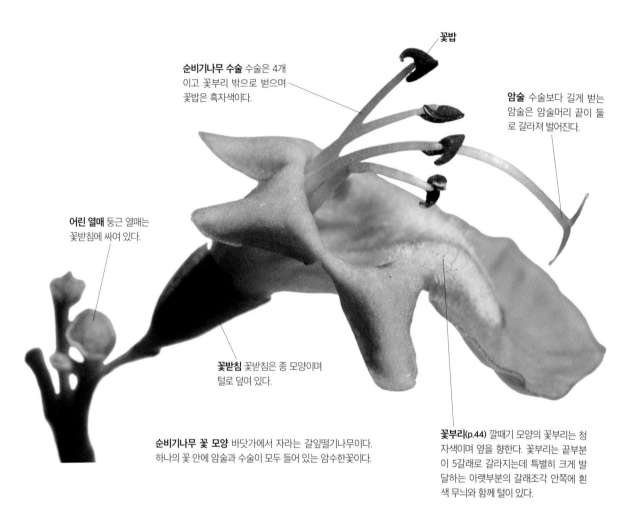

꽃밥

순비기나무 수술 수술은 4개 이고 꽃부리 밖으로 벋으며 꽃밥은 흑자색이다.

암술 수술보다 길게 벋는 암술은 암술머리 끝이 둘로 갈라져 벌어진다.

어린 열매 둥근 열매는 꽃받침에 싸여 있다.

꽃받침 꽃받침은 종 모양이며 털로 덮여 있다.

순비기나무 꽃 모양 바닷가에서 자라는 갈잎떨기나무이다. 하나의 꽃 안에 암술과 수술이 모두 들어 있는 암수한꽃이다.

꽃부리(p.44) 깔때기 모양의 꽃부리는 청자색이며 옆을 향한다. 꽃부리는 끝부분이 5갈래로 갈라지는데 특별히 크게 발달하는 아랫부분의 갈래조각 안쪽에 흰색 무늬와 함께 털이 있다.

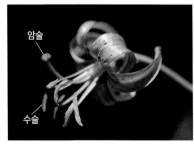

암술

수술

솔나리 강원도에서 자라는 여러해살이풀로 여름에 피는 분홍색 꽃은 암술과 수술이 모두 있는 암수한꽃이다.

암술

수술

선괭이밥 길가나 빈터에서 자라는 여러해살이풀로 5~6월에 피는 노란색 꽃은 암술과 수술이 모두 있는 암수한꽃이다.

암술

수술

큰까치수영 풀밭에서 자라는 여러해살이풀로 여름에 피는 흰색 꽃은 암술과 수술이 모두 있는 암수한꽃이다.

*암수한꽃[양성꽃, 양성화(兩性花), bisexual flower] / 암수딴꽃[단성꽃, 단성화(單性花), unisexual flower]

암수딴꽃

하나의 꽃에 수술만 있거나 암술만 있는 꽃을 '암수딴꽃'이라고 하는데 암컷(암술)과 수컷(수술) 중 한 성만 있는 꽃이란 뜻이다. 암수딴꽃 중에서 수술만 있는 꽃은 '수꽃'이라고 하고 암술만 있는 꽃은 '암꽃'이라고 한다. 암수딴꽃을 갖고 있는 식물은 다시 암수한그루와 암수딴그루로 구분한다.

여주 암꽃 노란색 꽃부리는 5갈래로 깊게 갈라져 별 모양으로 벌어진다.

암술 꽃부리 가운데에 있는 암술은 보통 3갈래로 갈라진다.

여주 수꽃 암꽃과 마찬가지로 노란색 꽃부리는 5갈래로 깊게 갈라져 별 모양으로 벌어진다.

수술 수꽃의 꽃부리 가운데에는 3개의 수술이 들어 있다.

꽃은 밤에 피고 해가 뜨면 꽃부리조각(p.24) 가장자리부터 말리면서 시들기 시작한다.

여주 암꽃 모양 화초로 심는 여주는 암꽃과 수꽃이 한 그루에 따로 핀다. 암꽃은 암술만 있는 암수딴꽃이 피는데 이를 '암꽃'이라고 한다.

여주 수꽃 모양 수꽃에는 수술만 있는 암수딴꽃이 피는데 이를 '수꽃'이라고 한다.

밀나물 수꽃 산에서 자라는 여러해살이풀로 암꽃과 수꽃이 서로 다른 그루에 핀다.

멀꿀 암꽃 남쪽 섬에서 자라는 늘푸른덩굴나무로 한 그루에 암꽃과 수꽃이 따로 핀다.

생강나무 수꽃 산에서 자라는 갈잎떨기나무로 암꽃과 수꽃이 서로 다른 그루에 핀다.

사철베고니아 수꽃 화단에 심는 한해살이화초로 한 그루에 암꽃과 수꽃이 따로 핀다.

＊암꽃[자화(雌花), female flower] / 수꽃[웅화(雄花), male flower]

암수한그루와 암수딴그루

암수한그루

식물 중에는 하나의 꽃에 암술만 있는 암꽃과 수술만 있는 수꽃이 같은 그루에 함께 피는 것이 있는데 이런 식물을 '암수한그루'라고 한다. 풀 종류로는 호박이나 수박과 같은 박과 식물에 암수한그루가 많고, 나무로는 오리나무와 자작나무같은 자작나무과 식물에 암수한그루가 많다. 꽃식물 중에서 7% 정도가 암수한그루인 것으로 알려져 있다. 하나의 꽃에 암술과 수술이 모두 들어 있는 암수한꽃도 넓은 의미에서는 암수한그루라고 할 수 있다.

으름덩굴 암꽃 암꽃은 수꽃보다 크고 꽃잎처럼 보이는 3장의 자주색 꽃받침조각 가운데에 4~8개의 암술이 모여서 돌려난다. 암술대는 원통형이며 진자주색이다.

꽃받침조각

수꽃 암꽃보다 크기가 작으며 색깔이 약간 연한 것도 있다. 꽃잎처럼 보이는 3장의 꽃받침조각 가운데에 모여 있는 6~7개의 수술은 가운데로 둥글게 말린다.

수꽃봉오리

꽃받침 조각

으름덩굴 꽃송이 으름덩굴은 산에서 흔히 만날 수 있는 야생 과일나무이다. 4~5월에 짧은가지 끝의 잎 사이에서 늘어지는 꽃송이에 암꽃과 수꽃이 함께 피는 암수한그루이다. 꽃 한 송이에는 수꽃이 암꽃보다 많은데 움직이지 못하는 식물은 암꽃에 꽃가루를 확실히 전달하기 위해서 일반적으로 수꽃을 더 많이 만든다. 이 꽃송이는 한 송이에 암꽃이 2개, 수꽃이 3개가 있다.

밤나무 산에서 자라는 갈잎큰키나무로 6월에 암꽃과 수꽃이 한 그루에 따로 피는 암수한그루이다.

굴피나무 중부 이남의 산에서 자라는 갈잎큰키나무로 5~6월에 암꽃과 수꽃이 한 그루에 따로 피는 암수한그루이다.

사스래나무 높은 산에서 자라는 갈잎큰키나무로 5~6월에 암꽃과 수꽃이 한그루에 따로 피는 암수한그루이다.

*암수한그루[자웅동주(雌雄同株), 일가화(一家花), monoecism, monoecious plant] / 암수딴그루[자웅이주(雌雄異株), 이가화(二家花), dioecism, dioecious plant]

암수딴그루

어떤 식물은 암꽃이 피는 암그루와 수꽃이 피는 수그루가 각각 따로 있는데 이런 식물을 '암수딴그루'라고 한다. 마치 사람에게 여자와 남자가 따로 있고 많은 동물이 암컷과 수컷이 따로 있는 것과 마찬가지이다. 암수딴그루 식물은 암그루에서는 열매를 볼 수 있지만 수그루에서는 열매를 볼 수가 없는 것이 특징이다. 꽃식물 중에서 5% 정도가 암수딴그루인 것으로 알려져 있다. 식물은 제꽃가루받이를 피하기 위해 암수한꽃에서 암수한그루, 암수딴그루의 순서로 진화한 것으로 보기도 한다.

가죽나무 수술 수그루에 피는 수꽃은 꽃 가운데에 10개의 수술이 모여나는데 꽃밥은 연노란색이다.

암술 암그루에 피는 암꽃은 가운데에 1개의 암술이 있고 암술머리는 5갈래로 얕게 갈라진다.

수술 암꽃에 있는 10개의 수술은 퇴화되어 꽃가루가 나오지 않는다.

씨방

꽃잎 꽃잎은 5장이며 연녹색이다.

꽃잎 밑부분에 털이 있다.

가죽나무 수꽃 가죽나무는 들이나 산기슭에서 자라는 갈잎큰키나무로 6~7월에 꽃이 핀다. 수꽃은 하나의 꽃 안에 수술만 가지고 있고 암술은 퇴화되었다.

가죽나무 암꽃 하나의 꽃 안에 암술과 수술이 모두 있지만 수술은 퇴화되어 꽃가루가 나오지 않는 불임성 수술이다.

암꽃이삭   수꽃이삭

호랑버들 산에서 자라는 갈잎작은키나무로 버드나무 종류의 하나이다. 암수딴그루로 4월에 잎이 돋기 전에 꽃이삭이 달리는데 암꽃이삭은 연녹색이고 수꽃이삭은 노란색이다.

암꽃이삭   수꽃이삭

산뽕나무 산에서 자라는 갈잎큰키나무로 달걀형 잎은 어긋나고 가장자리가 여러 갈래로 불규칙하게 갈라지기도 한다. 암수딴그루로 5월에 연녹색 꽃송이가 비스듬히 처진다.

---

*수그루[웅주(雄株), male plant] / 암그루[자주(雌株), female plant] / 불임성(不稔性), sterile / 꽃이삭[화수(花穗), spike]

갖춘꽃과 안갖춘꽃

갖춘꽃

식물의 꽃을 모양에 따라 분류하는 한 가지 방법으로 갖춘꽃과 안갖춘꽃으로 나눌 수 있다. 식물의 꽃을 구성하는 요소는 크게 꽃잎, 꽃받침, 암술, 수술의 4가지인데 하나의 꽃에 이 4가지를 모두 갖추고 있는 꽃을 '갖춘꽃'이라고 한다. 앞의 이질풀(p.8)이나 순비기나무(p.10)는 암수한꽃이자 갖춘꽃에 해당한다.

쥐손이풀 암술 한가운데에 있는 1개의 암술은 붉은색이며 끝부분의 암술머리가 5갈래로 갈라져 젖혀진다.

수술 쥐손이풀의 수술은 10개이며 암술 둘레에 빙 둘러 있다. 수술대 끝에 달리는 꽃밥은 푸른 보라색이다. 수술은 5개가 먼저 꽃가루를 낸 후에 나머지 5개가 꽃가루를 내는데 지금 이 꽃이 그 시기이다.

꽃받침 연두색 꽃받침은 5장이고 끝부분이 뾰족하다.

꽃잎 연한 붉은색 꽃잎은 5장이며 안쪽에는 더 진한 색 줄무늬가 있다.

쥐손이풀 꽃 모양 산과 들에서 자라는 쥐손이풀은 암술, 수술, 꽃잎, 꽃받침의 4가지를 모두 갖추고 있는 갖춘꽃이자 암수한꽃이다.

쇠별꽃 습한 곳에서 자라는 잡초로 봄에 피는 꽃은 암술, 수술, 꽃잎, 꽃받침을 모두 갖춘 갖춘꽃이다.

개소시랑개비 길가에서 자라는 두해살이풀로 5~7월에 피는 꽃은 암술, 수술, 꽃잎, 꽃받침을 모두 갖춘 갖춘꽃이다.

산철쭉 산에서 자라는 갈잎떨기나무이다. 4~5월에 피는 홍자색 깔때기 모양의 꽃은 갖춘꽃이다.

＊갖춘꽃[완전화(完全花), complete flower, perfect flower]

안갖춘꽃

하나의 꽃에 꽃잎, 꽃받침, 암술, 수술의 4가지 요소 중 한 가지라도 갖추지 못한 꽃은 '안갖춘꽃'이라고 한다. 수술이 없는 암꽃과 암술이 없는 수꽃은 모두 안갖춘꽃에 해당하며 암술과 수술은 가지고 있지만 꽃잎이 없거나 꽃받침이 없는 꽃도 안갖춘꽃에 해당한다.

개암나무 암꽃이삭은 눈비늘조각 사이로 10여 개의 붉은 암술대가 나온다.

눈비늘조각 암꽃이삭은 눈비늘조각에 싸여 있으며 꽃잎과 꽃받침이 없는 안갖춘꽃이다.

으름덩굴 수꽃은 꽃잎이 없으며 3장의 연자주색 꽃받침조각이 꽃잎처럼 보인다. 수꽃은 꽃잎과 암술이 없는 안갖춘꽃이다.

잎자국 지난 가을에 잎자루가 떨어져 나간 자국이다.

수술 수꽃 가운데에 모여 있는 6~7개의 수술은 가운데로 동그랗게 말린다.

꽃밥 수술의 꽃밥은 밖을 향한다.

개암나무 암꽃이삭 산에서 자라는 갈잎떨기나무이다. 암수한그루로 봄에 잎보다 먼저 꽃이 핀다.

으름덩굴 수꽃 암수한그루로 봄에 피는 꽃은 대부분 밑을 향한다.

밀나물 수꽃 산과 들에서 자라는 여러해살이풀이다. 암수딴그루로 5~7월에 피는 수꽃은 암술이 없는 안갖춘꽃이다.

벗풀 암꽃 논이나 습지에서 자라는 여러해살이풀이다. 암수한그루로 여름에 피는 암꽃은 수술이 없는 안갖춘꽃이다.

낙상홍 암꽃 관상수로 심는 갈잎떨기나무이다. 암수딴그루로 6월에 피는 암꽃은 수술이 모두 퇴화한 안갖춘꽃이다.

*안갖춘꽃[불완전화(不完全花), incomplete flower, imperfect flower]

꽃덮이꽃과 민꽃덮이꽃

꽃덮이꽃

곤충의 도움을 받아 꽃가루받이를 하는 식물은 생식에 가장 중요한 암술과 수술 이외에 암수술을 보호하거나 곤충을 불러 모으기 위해 화려한 꽃잎과 꽃받침을 가지고 있는데, 꽃잎과 꽃받침을 통틀어 '꽃덮이'라고 한다. 꽃잎이나 꽃받침 중 어느 하나라도 가지고 있는 꽃을 '꽃덮이꽃'이라고 하는데 민꽃덮이꽃에서 더 진화한 꽃이다. 꽃덮이꽃은 다시 홑꽃덮이꽃과 양꽃덮이꽃으로 구분한다.

큰개별꽃 꽃잎 흰색 꽃잎은 5~7장이 빙 둘러난다.

꽃받침 녹색 꽃받침조각도 꽃잎처럼 5~7장이며 끝이 뾰족하고 각각 꽃잎 사이에 위치한다. 큰개별꽃은 꽃잎과 꽃받침을 모두 가진 꽃덮이꽃이다.

수술 수술은 10~14개로 꽃잎 수의 2배이며, 보통 절반은 꽃잎과 나란하고 절반은 꽃받침과 나란하다. 이 수술은 꽃잎과 나란하다.

암술 둥근 달걀 모양 씨방에서 갈라져 나오는 암술대는 2~3개이며 암술머리는 둥그스름하다.

꽃밥 진한 적갈색 꽃밥이 갈라지면 노란색 꽃가루가 나온다. 이 수술은 꽃받침과 나란하다.

큰개별꽃 꽃 모양 산에서 자라며 4~6월에 피는 꽃은 꽃잎과 꽃받침을 모두 가진 꽃덮이꽃이다. 또 꽃잎, 꽃받침, 암술, 수술을 모두 가진 갖춘꽃이자 암수한꽃이다.

덩굴개별꽃 산의 숲속에서 자라는 여러해살이풀로 6~7월에 피는 꽃은 꽃잎과 꽃받침을 모두 가진 꽃덮이꽃이다.

개구리미나리 습한 양지에서 자라는 두해살이풀로 5~7월에 피는 꽃은 꽃잎과 꽃받침을 모두 가진 꽃덮이꽃이다.

사마귀풀 논이나 습지에서 자라는 한해살이풀로 8~9월에 피는 꽃은 꽃잎과 꽃받침을 모두 가진 꽃덮이꽃이다.

*꽃덮이꽃[유화피화(有花被花), 유피화(有被花), chlamydeous flower] / 꽃덮이[화피(花被), perianth]

민꽃덮이꽃

꽃은 씨앗을 만드는 번식 기관이므로 번식에 직접적으로 관련된 암술과 수술이 가장 중요한 기관이다. 식물 중에는 생식에 가장 중요한 암술과 수술만 가지고 있고 꽃받침과 꽃잎은 없는 꽃들이 있는데 이를 '민꽃덮이꽃' 또는 '민덮개꽃'이라고 한다. 민꽃덮이꽃은 원시적인 꽃으로 꽃가루가 바람에 날려 퍼지는 꽃이 대부분이다.

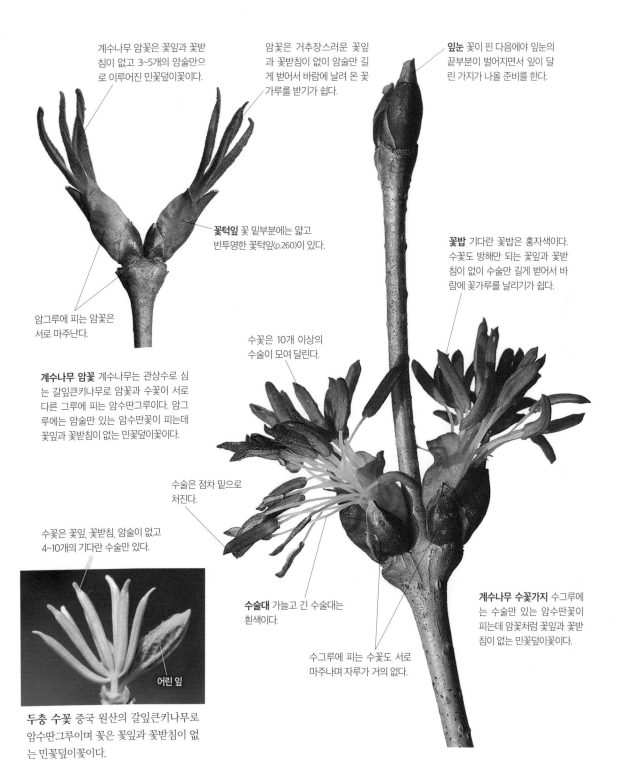

계수나무 암꽃은 꽃잎과 꽃받침이 없고 3~5개의 암술만으로 이루어진 민꽃덮이꽃이다.

암꽃은 거추장스러운 꽃잎과 꽃받침이 없이 암술만 길게 벋어서 바람에 날려 온 꽃가루를 받기가 쉽다.

잎눈 꽃이 핀 다음에야 잎눈의 끝부분이 벌어지면서 잎이 달린 가지가 나올 준비를 한다.

꽃턱잎 꽃 밑부분에는 얇고 반투명한 꽃턱잎(p.260)이 있다.

꽃밥 기다란 꽃밥은 홍자색이다. 수꽃도 방해만 되는 꽃잎과 꽃받침이 없이 수술만 길게 벋어서 바람에 꽃가루를 날리기가 쉽다.

암그루에 피는 암꽃은 서로 마주난다.

수꽃은 10개 이상의 수술이 모여 달린다.

계수나무 암꽃 계수나무는 관상수로 심는 갈잎큰키나무로 암꽃과 수꽃이 서로 다른 그루에 피는 암수딴그루이다. 암그루에는 암술만 있는 암수딴꽃이 피는데 꽃잎과 꽃받침이 없는 민꽃덮이꽃이다.

수술은 점차 밑으로 처진다.

수꽃은 꽃잎, 꽃받침, 암술이 없고 4~10개의 기다란 수술만 있다.

수술대 가늘고 긴 수술대는 흰색이다.

계수나무 수꽃가지 수그루에는 수술만 있는 암수딴꽃이 피는데 암꽃처럼 꽃잎과 꽃받침이 없는 민꽃덮이꽃이다.

어린 잎

수그루에 피는 수꽃도 서로 마주나며 자루가 거의 없다.

두충 수꽃 중국 원산의 갈잎큰키나무로 암수딴그루이며 꽃은 꽃잎과 꽃받침이 없는 민꽃덮이꽃이다.

*민꽃덮이꽃[민덮개꽃, 무화피화(無花被花), 무피화(無被花), achlamydeous flower]

홑꽃덮이꽃과 양꽃덮이꽃

홑꽃덮이꽃

안갖춘꽃 중에서 꽃부리나 꽃받침 중에 어느 하나를 갖추지 못한 꽃을 '홑꽃덮이꽃'이라고 한다. 꽃부리나 꽃받침 중에 어느 하나를 갖추고 있기 때문에 모두 없는 민꽃덮이꽃과 구분이 된다. 족도리풀, 으름덩굴, 개여뀌, 밤나무 등이 홑꽃덮이꽃이다.

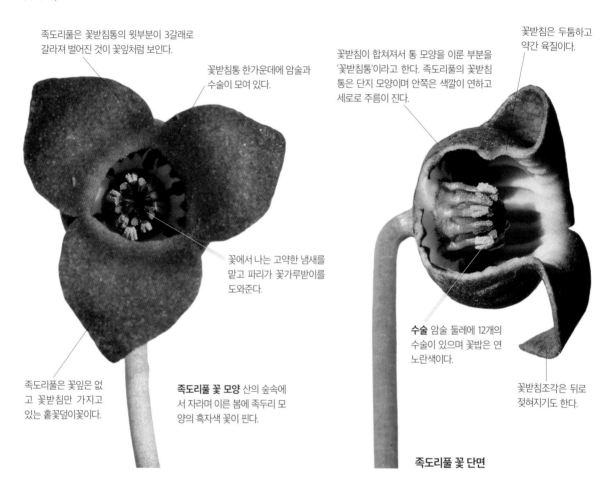

족도리풀은 꽃받침통의 윗부분이 3갈래로 갈라져 벌어진 것이 꽃잎처럼 보인다.

꽃받침통 한가운데에 암술과 수술이 모여 있다.

꽃받침이 합쳐져서 통 모양을 이룬 부분을 '꽃받침통'이라고 한다. 족도리풀의 꽃받침통은 단지 모양이며 안쪽은 색깔이 연하고 세로로 주름이 진다.

꽃받침은 두툼하고 약간 육질이다.

꽃에서 나는 고약한 냄새를 맡고 파리가 꽃가루받이를 도와준다.

수술 암술 둘레에 12개의 수술이 있으며 꽃밥은 연노란색이다.

족도리풀은 꽃잎은 없고 꽃받침만 가지고 있는 홑꽃덮이꽃이다.

족도리풀 꽃 모양 산의 숲속에서 자라며 이른 봄에 족두리 모양의 흑자색 꽃이 핀다.

꽃받침조각은 뒤로 젖혀지기도 한다.

족도리풀 꽃 단면

으름덩굴 암꽃 산에서 자라는 갈잎덩굴나무로 암수한그루로 암꽃은 3장의 꽃받침조각만 있는 홑꽃덮이꽃이다.

꿩의바람꽃 중부 이북의 숲속에서 자라는 여러해살이풀로 흰색 꽃받침이 꽃잎처럼 보이는 홑꽃덮이꽃이다.

큰꽃으아리 산기슭에서 자라는 갈잎덩굴나무로 연노란색 꽃받침이 꽃잎처럼 보이는 홑꽃덮이꽃이다.

＊홑꽃덮이꽃[단화피화(單花被花), 단피화(單被花), monochlamydeous flower] / 꽃받침통[악통(萼筒), calyx tube]

양꽃덮이꽃

홑꽃덮이꽃과 달리 꽃부리와 꽃받침을 모두 갖추고 있는 꽃을 '양꽃덮이꽃'이라고 한다. 꽃부리와 꽃받침을 모두 갖추고 있기 때문에 한 가지만 있는 홑꽃덮이꽃과 구분이 된다. 갖춘꽃과 암수딴꽃 중에서 꽃부리와 꽃받침을 모두 갖고 있는 꽃이 해당한다. 양꽃덮이꽃은 다시 다른꽃덮이꽃과 같은꽃덮이꽃으로 구분한다.

고로쇠나무 꽃잎 연노란색 꽃잎은 긴 타원형~좁은 거꿀달걀형이며 5장이 빙 둘러난다.

꽃받침 꽃받침은 낮은 컵 모양이며 윗부분은 5갈래로 갈라진다. 꽃받침조각은 긴 타원형이며 황록색으로 꽃잎보다 약간 작고 수평으로 벌어진다.

암술은 퇴화되어 잘 보이지 않는다.

고로쇠나무 수꽃은 꽃부리와 꽃받침을 모두 갖추고 있는 양꽃덮이꽃이다.

수술 수술은 6개이며 꽃잎보다 짧고 꽃밥은 연노란색이다.

고로쇠나무 수꽃 모양 산에서 자라는 갈잎큰키나무로 암수한그루이며 봄에 잎이 돋을 때 꽃도 함께 핀다. 이른 봄에 줄기에서 수액을 뽑아 음료로 마신다.

갯완두 바닷가에서 자라는 여러해살이풀로 5~7월에 피는 꽃은 꽃잎과 꽃받침을 모두 갖고 있는 양꽃덮이꽃이다.

점나도나물 들에서 자라는 두해살이풀로 5~6월에 피는 꽃은 꽃잎과 꽃받침을 모두 갖고 있는 양꽃덮이꽃이다.

큰개불알풀 들에서 자라는 두해살이풀로 3~6월에 피는 꽃은 꽃잎과 꽃받침을 모두 갖고 있는 양꽃덮이꽃이다.

＊양꽃덮이꽃[양화피화(兩花被花), 양피화(兩被花), dichlamydeous flower]

다른꽃덮이꽃과 같은꽃덮이꽃

다른꽃덮이꽃

꽃잎과 꽃받침을 모두 갖추고 있는 양꽃덮이꽃 중에서 꽃잎과 꽃받침의 생김새가 서로 달라서 구분이 가능한 꽃을 '다른꽃덮이꽃'이라고 한다. 보통 꽃받침은 녹색을 띠는 경우가 많고 꽃잎은 녹색 이외의 여러 가지 색깔을 띠는 것이 대부분이다.

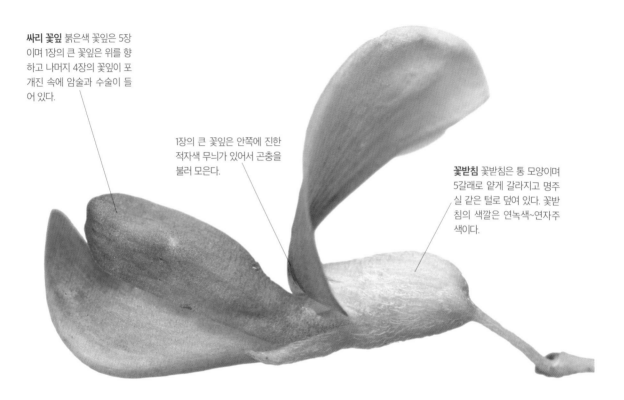

싸리 꽃잎 붉은색 꽃잎은 5장이며 1장의 큰 꽃잎은 위를 향하고 나머지 4장의 꽃잎이 포개진 속에 암술과 수술이 들어 있다.

1장의 큰 꽃잎은 안쪽에 진한 적자색 무늬가 있어서 곤충을 불러 모은다.

꽃받침 꽃받침은 통 모양이며 5갈래로 얕게 갈라지고 명주실 같은 털로 덮여 있다. 꽃받침의 색깔은 연녹색~연자주색이다.

싸리 꽃 모양 산과 들에서 자라는 갈잎떨기나무로 여름에 붉은색 나비 모양의 꽃이 핀다. 싸리 꽃은 꽃잎과 꽃받침의 생김새가 서로 다른 다른꽃덮이꽃이다. 흔히 가을에 줄기를 잘라 묶어서 싸리비를 만들어 마당을 쓰는 빗자루로 사용한다.

꽃잎

꽃받침

꽃잔디 화초로 기르며 홍자색 꽃잎과 녹색 꽃받침의 생김새가 서로 다른 다른꽃덮이꽃이다.

꽃잎

꽃받침조각

돌나물 산과 들에서 자라는 여러해살이풀로 노란색 꽃잎과 녹색 꽃받침의 생김새가 서로 다른 다른꽃덮이꽃이다.

꽃잎

꽃받침조각

졸방제비꽃 산에서 자라는 여러해살이풀로 연보라색 꽃잎과 녹색 꽃받침의 생김새가 서로 다른 다른꽃덮이꽃이다.

*다른꽃덮이꽃[이화피화(異花被花), 이피화(異被花), heterochlamydeous flower]

같은꽃덮이꽃

꽃잎과 꽃받침을 모두 갖추고 있는 양꽃덮이꽃 중에서 꽃잎과 꽃받침의 모양과 색깔이 비슷해서 서로 구분이 어려운 꽃을 '같은꽃덮이꽃'이라고 한다. 외떡잎식물에 속하는 백합과와 붓꽃과 등에서 흔히 볼 수 있다.

꽃덮이조각 하늘나리의 꽃덮이 조각은 6장이며 색깔과 모양이 비슷해서 꽃잎과 꽃받침의 구분 이 어렵다. 6장의 꽃덮이조각을 살펴보면 안쪽에 3장, 바깥쪽에 3장이 돌려나는데 안쪽에 있는 3장은 위치상으로 꽃잎에 해당 한다고 볼 수 있다.

암술 암술은 1개이며 암술대 끝의 암술머리 도 진한 주홍색이다.

6장의 꽃덮이조각 중 바깥쪽에 돌려나는 3장은 위치상으로 꽃받침에 해당한다고 볼 수 있다. 꽃받침에 해당하는 꽃덮이조 각은 크기가 약간 작은 경우도 있지만 진 한 주황색 꽃덮이조각 안쪽에 검붉은 반 점이 있는 것은 모두 똑같다.

수술 수술은 꽃덮이조각처럼 6개이며 꽃밥도 진한 주황색 이다. 수술과 암술은 꽃덮이 조각보다 짧다.

하늘나리 꽃 모양 산과 들의 풀밭에서 자라는 여러해살이풀로 6~7월에 피는 진한 주홍색 꽃은 꽃잎과 꽃받침이 비슷해서 구 분이 어려운 같은꽃덮이꽃이다.

하늘나리 변이 꽃 바깥쪽 꽃잎의 일부가 꽃받침 처럼 녹색을 띠고 있는 꽃도 드물게 볼 수 있다.

산자고 풀밭에서 자라는 여러해살이풀로 흰색 꽃잎과 꽃받침이 비슷해서 구분이 어 려운 같은꽃덮이꽃이다.

흰꽃나도사프란 화초로 기르며 흰색 꽃 잎과 꽃받침이 비슷해서 구분이 어려운 같 은꽃덮이꽃이다.

등심붓꽃 화초로 기르며 보라색 꽃잎과 꽃받침이 비슷해서 구분이 어려운 같은꽃 덮이꽃이다.

※같은꽃덮이꽃[동화피화(同花被花), 동피화(同被花), homochlamydeous flower]

방사대칭꽃과 좌우대칭꽃

방사대칭꽃

식물은 암술과 수술을 중심으로 꽃잎을 돌려가며 규칙적으로 가지런히 배열해 곤충의 눈에 잘 띄도록 했다. 꽃잎이 가지런히 배열된 꽃의 중심을 평면으로 잘랐을 때 양쪽이 똑같은 모양으로 나누어지는 대칭축이 몇 개씩 있는 꽃을 '방사대칭꽃'이라고 하는데 대칭축이 방사상으로 배열되는 꽃이란 뜻이다. 방사대칭꽃은 대부분의 속씨식물에서 볼 수 있다. 방사대칭꽃은 꽃잎의 수에 따라 대칭축의 수가 다르다. 다음의 방사대칭꽃은 대칭축이 몇 개인지 그어 보자.

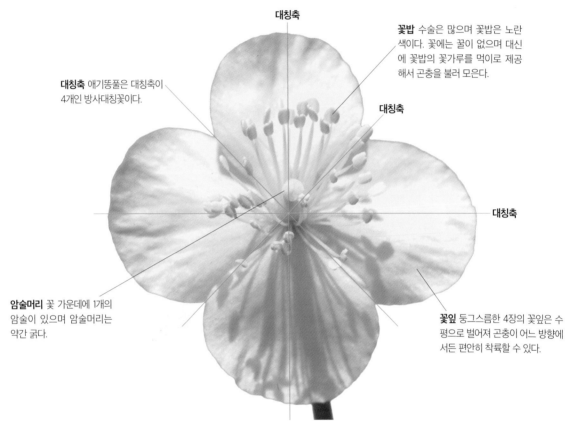

대칭축

꽃밥 수술은 많으며 꽃밥은 노란색이다. 꽃에는 꿀이 없으며 대신에 꽃밥의 꽃가루를 먹이로 제공해서 곤충을 불러 모은다.

대칭축 애기똥풀은 대칭축이 4개인 방사대칭꽃이다.

대칭축

대칭축

암술머리 꽃 가운데에 1개의 암술이 있으며 암술머리는 약간 굵다.

꽃잎 둥그스름한 4장의 꽃잎은 수평으로 벌어져 곤충이 어느 방향에서든 편안히 착륙할 수 있다.

애기똥풀 꽃 모양 애기똥풀은 마을 주변의 풀밭이나 길가에서 자라는 두해살이풀로 5~8월에 노란색 꽃이 핀다. 줄기를 자르면 노란색 즙이 나와서 애기똥풀이라고 한다.

자주달개비는 대칭축이 3개이다.

이질풀은 대칭축이 5개이다.

치자나무는 대칭축이 6개이다.

＊방사대칭꽃[방사대칭화(放射對稱花), 방사상칭화(放射相稱花), 정제화(整齊花), actinomorphic flower]

좌우대칭꽃

방사대칭꽃의 단점을 없애기 위해 꽃들은 또 다른 변신을 했다. 즉 곤충이 일정한 방향에서만 꽃에 접근하게 만든 것이다. 이런 모양의 꽃은 꽃받침조각이나 꽃잎의 모양이 서로 다르며 보통 대칭축이 하나밖에 없기 때문에 '좌우대칭꽃'이라고 한다. 곤충이 좌우대칭꽃의 꿀을 먹기 위해서는 몸이 대칭축에 일치하도록 접근해야 하기 때문에 곤충의 등이나 배 같은 일정한 부위에 꽃가루를 정확히 묻히거나 받을 수가 있다.

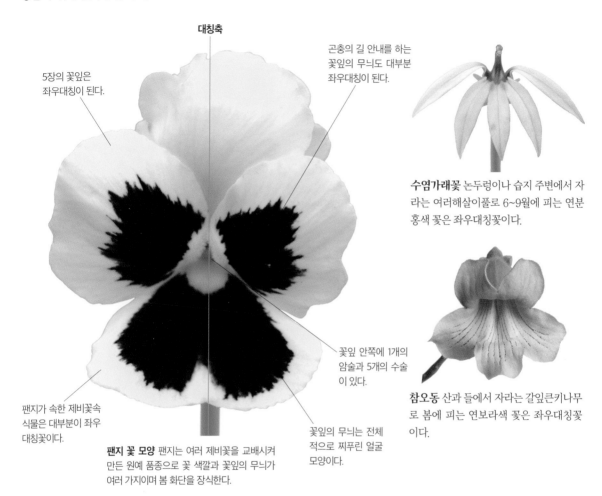

대칭축

5장의 꽃잎은 좌우대칭이 된다.

곤충의 길 안내를 하는 꽃잎의 무늬도 대부분 좌우대칭이 된다.

수염가래꽃 논두렁이나 습지 주변에서 자라는 여러해살이풀로 6~9월에 피는 연분홍색 꽃은 좌우대칭꽃이다.

꽃잎 안쪽에 1개의 암술과 5개의 수술이 있다.

참오동 산과 들에서 자라는 갈잎큰키나무로 봄에 피는 연보라색 꽃은 좌우대칭꽃이다.

팬지가 속한 제비꽃속 식물은 대부분이 좌우대칭꽃이다.

꽃잎의 무늬는 전체적으로 찌푸린 얼굴 모양이다.

팬지 꽃 모양 팬지는 여러 제비꽃을 교배시켜 만든 원예 품종으로 꽃 색깔과 꽃잎의 무늬가 여러 가지이며 봄 화단을 장식한다.

윗입술꽃잎

아랫입술꽃잎

송이풀 꽃 모양 아랫입술꽃잎은 둥글게 퍼지고 윗입술꽃잎은 새부리처럼 꼬부라진다. 깊은 산에서 자라는 여러해살이풀로 8~9월에 꽃이 핀다.

비대칭꽃

꽃들은 대부분 방사대칭꽃이나 좌우대칭꽃이 많지만 송이풀이나 칸나처럼 대칭축을 찾기 어려운 꽃도 있다. 이런 꽃을 '비대칭꽃'이라고 한다. 또 방사대칭꽃이나 좌우대칭꽃을 '정꽃'이라고 하며 비대칭꽃은 '막꽃'이라고도 한다.

*좌우대칭꽃[좌우대칭화(左右對稱花), 부정제꽃, 부정제화(不整齊花), zygomorphic flower] / 비대칭꽃[비대칭화(非對稱花), asymmetrical flower]

통꽃과 갈래꽃

통꽃

꽃 중에서 꽃잎의 일부 또는 전부가 붙어서 통 모양으로 되는 꽃을 '통꽃'이라고 한다. 통꽃에서 특히 꽃잎만을 가리킬 때는 '통꽃부리'라고 한다. 통꽃부리도 가장자리는 여러 갈래로 갈라지는 경우가 많은데 갈라진 각각의 조각을 '꽃부리조각'이라고 하며 흔히 '갈래조각'이라고도 한다. 통꽃 중에는 꽃부리가 깊게 갈라져서 갈래꽃처럼 보이는 것도 많으므로 꽃부리를 밑부분까지 제대로 확인하는 것이 필요하다. 일반적으로 통꽃부리는 꽃이 질 때 꽃부리가 통째로 떨어진다.

꽃받침 술잔 모양의 녹색 꽃받침은 햇빛을 받으면 붉게 변하기도 한다. 통꽃받침은 5갈래로 깊게 갈라지며 끝이 뾰족하다.

통꽃부리 꽃잎은 밑부분이 서로 붙어서 통으로 되어 있는 통꽃부리이며 보통 연한 황록색이지만 햇빛을 받으면 붉은색을 띠기도 한다.

수술 암술 둘레에 10개가 있으며 수술대는 윗부분에 털이 있다.

꽃부리조각 통꽃부리는 끝부분이 보통 5갈래로 얕게 갈라지는데 각각을 흔히 '갈래조각'이라고도 하며 바깥쪽으로 말려서 벌이 밑에서 발로 잡고 꿀을 빨기가 좋다.

정금나무 꽃 모양 남부 지방의 산에서 자라는 갈잎떨기나무로 5~6월에 피는 꽃은 통꽃이다.

암술 꽃 한가운데에 1개가 있으며 암술대는 원기둥 모양이고 암술머리는 둥글납작하다.

둥근잎나팔꽃 꽃밭과 들에서 자라는 한해살이덩굴풀로 나팔 모양의 통꽃부리는 가장자리가 갈라지지 않는다.

용담 산의 풀밭에서 자라는 여러해살이풀로 종 모양의 통꽃부리는 가장자리가 5갈래로 얕게 갈라져 벌어진다.

참꽃마리 산에서 자라는 여러해살이풀로 통꽃부리는 5갈래로 깊게 갈라지고 갈래조각 끝부분은 둥그름하다.

*통꽃[합판화(合瓣花), gamopetalous] / 통꽃부리[합판화관(合瓣花冠), gamopetalous corolla] / 꽃부리조각[화관열편(花冠裂片), corolla lobe]

갈래꽃

일반적으로 꽃은 밑동에서 바깥쪽으로 갈수록 꽃잎이 퍼져 나가는 구조이다. 이 때 꽃잎 밑부분이 한 조각씩 서로 떨어지는 꽃을 '갈래꽃'이라고 한다. 특히 꽃부리만을 이야기할 때는 '갈래꽃부리'라고 한다. 예전에는 꽃이 갈래꽃에서 통꽃으로 진화한 것으로 여겨 전통적으로 쌍떡잎식물을 통꽃무리와 갈래꽃무리로 분류하기도 했지만 지금은 단지 꽃잎의 모양이 변화한 것으로 보기 때문에 이런 방법으로 분류하지 않는다. 그렇지만 꽃을 관찰하고 일반적으로 구분할 때는 통꽃과 갈래꽃으로 나누는 방법이 많은 도움이 된다.

꽃잎 달걀형 꽃잎은 노란색이며 끝부분은 둥그스름하다.

갈래꽃부리 꽃잎은 밑부분까지 갈라지는 갈래꽃부리이며 달걀형이다.

꽃받침 녹색 꽃받침은 끝이 뾰족하다. 보통 꽃잎이 5장이면 꽃받침도 5장이다.

수술 수술은 꽃잎과 어긋나게 달리며 꽃밥은 노란색이다.

암술 꽃 한가운데에 둥근 암술이 있다.

여뀌바늘 논이나 습지에서 자라는 한해살이풀이다. 8~9월에 피는 노란색 꽃은 갈래꽃이며 꽃잎, 꽃받침, 수술은 각각 4~5개씩이다.

피나물 산에서 자라는 여러해살이풀이다. 갈래꽃부리이며 노란색 꽃잎은 보통 4장이고 끝부분은 둥그스름하다.

연꽃 연못에서 자라는 여러해살이풀이다. 갈래꽃부리이며 연분홍색 또는 흰색 꽃잎은 많고 끝부분은 둔하다.

쇠별꽃 습한 곳에서 자란다. 갈래꽃부리이며 흰색 꽃잎은 5장이지만 둘로 깊게 갈라져 10장처럼 보인다.

＊갈래꽃[이판화(離瓣花), polypetalous] / 갈래꽃부리[이판화관(離瓣花冠), polypetalous corolla]

꽃대와 꽃줄기

꽃대

식물의 줄기나 가지 끝에 달리는 꽃이나 꽃차례를 받치고 있는 줄기 부분을 '꽃대'라고 한다. 꽃대 밑부분의 줄기에는 잎이 달리는 것이 꽃줄기와 다른 점이다.

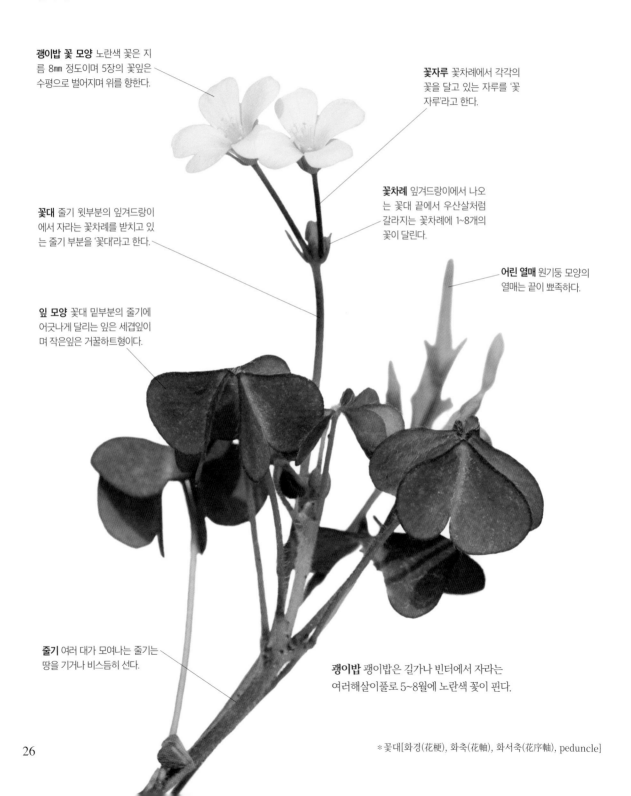

괭이밥 꽃 모양 노란색 꽃은 지름 8㎜ 정도이며 5장의 꽃잎은 수평으로 벌어지며 위를 향한다.

꽃자루 꽃차례에서 각각의 꽃을 달고 있는 자루를 '꽃자루'라고 한다.

꽃대 줄기 윗부분의 잎겨드랑이에서 자라는 꽃차례를 받치고 있는 줄기 부분을 '꽃대'라고 한다.

꽃차례 잎겨드랑이에서 나오는 꽃대 끝에서 우산살처럼 갈라지는 꽃차례에 1~8개의 꽃이 달린다.

어린 열매 원기둥 모양의 열매는 끝이 뾰족하다.

잎 모양 꽃대 밑부분의 줄기에 어긋나게 달리는 잎은 세겹잎이며 작은잎은 거꿀하트형이다.

줄기 여러 대가 모여나는 줄기는 땅을 기거나 비스듬히 선다.

괭이밥 괭이밥은 길가나 빈터에서 자라는 여러해살이풀로 5~8월에 노란색 꽃이 핀다.

26

*꽃대[화경(花梗), 화축(花軸), 화서축(花序軸), peduncle]

꽃줄기

히아신스나 수선화처럼 줄기가 없이 뿌리잎만 모여난 사이에서 나오는 꽃이나 꽃차례가 달린 줄기를 '꽃줄기'라고 하며 잎이 달리지 않는 것이 꽃대와 다른 점이다.

히아신스 꽃차례 뿌리잎 사이에서 자란 꽃줄기 끝에 원통 모양의 붉은색 꽃송이가 달린다. 품종에 따라 꽃 색깔은 여러 가지이다.

민들레 꽃송이 뿌리잎 사이에서 자란 꽃줄기 끝에 노란색 꽃송이가 하늘을 향해 달린다.

뿌리잎 뿌리에서 방석처럼 사방으로 퍼지는 뿌리잎은 잎몸이 깃꼴로 깊게 갈라진다.

꽃줄기 뿌리잎 사이에서 나오는 꽃줄기는 잎이 달리지 않는 것이 특징이다. 꽃이 피면 점차 길게 자란다.

꽃 모양 꽃부리는 6갈래로 갈라져 벌어지고 꽃부리보다 짧은 꽃자루가 있다.

민들레 산과 들에서 자라는 여러해살이풀로 3~5월에 뿌리잎 가운데서 자란 꽃줄기에 노란색 꽃송이가 달린다.

꽃줄기 뿌리잎 사이에서 나오는 꽃이나 꽃차례가 달린 줄기로 잎이 달리지 않는 것이 특징이다.

족도리풀 뿌리잎 이른 봄에 꽃줄기와 함께 나오는 2장의 뿌리잎은 하트 모양이다.

뿌리잎 이른 봄에 둥근 달걀 모양의 비늘줄기에서 선형 잎이 모여난다. 뿌리잎은 다육질이며 광택이 있고 가장자리가 안으로 굽는다.

꽃줄기 뿌리잎 사이에서 나오는 꽃줄기는 잎이 달리지 않으며 매끈하다.

꽃 모양 꽃줄기 끝에 달리는 족두리 모양의 흑자색 꽃은 3갈래로 갈라진다.

히아신스 알뿌리화초로 이른 봄에 뿌리잎 사이에서 나온 꽃줄기 끝에 달리는 꽃송이는 품종에 따라 색깔이 여러 가지이다.

족도리풀 산의 숲속에서 자라는 여러해살이풀로 이른 봄에 뿌리잎 가운데서 자란 꽃줄기에 흑자색 꽃이 달린다.

*꽃자루[화병(花柄), pedice] / 꽃줄기[근생화경(根生花莖), scape]

꽃식물과 민꽃식물

꽃식물

꽃이 피고 열매와 씨앗을 맺는 식물을 '꽃식물'이라고 한다. 앞에서 알아본 것처럼 꽃은 속씨식물의 번식 기관을 뜻하기 때문에 꽃식물은 속씨식물과 같은 뜻으로 쓰인다. 속씨식물의 꽃은 암술 밑부분에 있는 씨방 속에 밑씨가 들어 있는 것이 특징이다. 꽃식물을 제외한 나머지 식물은 흔히 '민꽃식물'이라고 한다.

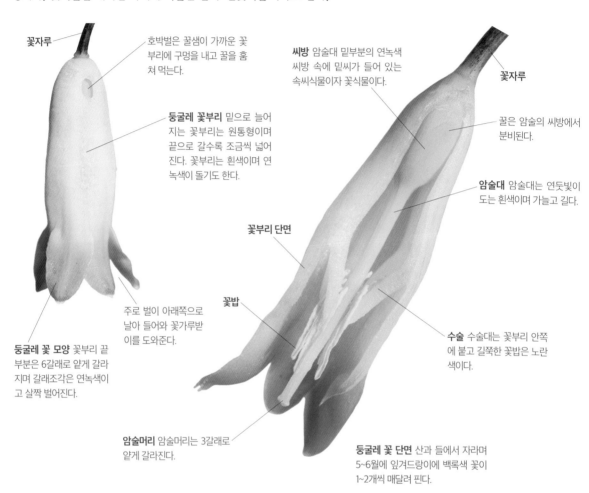

꽃자루

호박벌은 꿀샘이 가까운 꽃부리에 구멍을 내고 꿀을 훔쳐 먹는다.

씨방 암술대 밑부분의 연녹색 씨방 속에 밑씨가 들어 있는 속씨식물이자 꽃식물이다.

꽃자루

둥굴레 꽃부리 밑으로 늘어지는 꽃부리는 원통형이며 끝으로 갈수록 조금씩 넓어진다. 꽃부리는 흰색이며 연녹색이 돌기도 한다.

꿀은 암술의 씨방에서 분비된다.

암술대 암술대는 연둣빛이 도는 흰색이며 가늘고 길다.

꽃부리 단면

꽃밥

주로 벌이 아래쪽으로 날아 들어와 꽃가루받이를 도와준다.

수술 수술대는 꽃부리 안쪽에 붙고 길쭉한 꽃밥은 노란색이다.

둥굴레 꽃 모양 꽃부리 끝부분은 6갈래로 얕게 갈라지며 갈래조각은 연녹색이고 살짝 벌어진다.

암술머리 암술머리는 3갈래로 얕게 갈라진다.

둥굴레 꽃 단면 산과 들에서 자라며 5~6월에 잎겨드랑이에 백록색 꽃이 1~2개씩 매달려 핀다.

복수초 깊은 산에서 자라는 여러해살이풀로 이른 봄에 피는 노란색 꽃은 밑씨가 씨방 안에 들어 있는 꽃식물이다.

비비추 산의 냇가에서 자라는 여러해살이풀로 여름에 피는 연자주색 꽃은 밑씨가 씨방 안에 들어 있는 꽃식물이다.

선백미꽃 산의 풀밭에서 자라는 여러해살이풀로 여름에 피는 노란색 꽃은 밑씨가 씨방 안에 들어 있는 꽃식물이다.

*꽃식물[현화식물(顯花植物), flowering plant] / 민꽃식물[은화식물(隱花植物), cryptogam, non-flowering plant, flowerless plant]

민꽃식물

예전에는 꽃식물과 비교해 꽃이 피지 않는 하등 식물을 민꽃식물로 구분하였는데 홀씨로 번식하는 홀씨식물인 이끼무리
와 고사리무리 등에 근래에는 겉씨식물도 포함시킨다. 하지만 민꽃식물은 인위적인 분류 방법이라서 현대 분류학에서는
거의 이용하지 않고 있다.

콩짜개덩굴 홀씨잎 잎 뒷면
에 홀씨주머니가 촘촘히 모
여 달리는 주걱 모양의 잎을
'홀씨잎'이라고 한다.

콩짜개덩굴은 꽃이 피지
않고 홀씨주머니의 홀씨
를 퍼뜨려 번식하는 홀씨
식물이자 민꽃식물이다.

영양잎 고사리를 비롯한 식
물에서 광합성을 해서 양분
을 만드는 잎을 '영양잎'이라
고 한다.

뿌리줄기 뿌리줄기는 가늘고
길며 덩굴처럼 옆으로 기며
뻗어 나가고 영양잎과 홀씨
잎이 드문드문 달린다.

영양잎은 두 쪽으로 갈라진 콩의
한쪽을 뜻하는 콩짜개와 비슷하다.

콩짜개덩굴의 영양잎은 원형~
둥근 타원형이며 광택이 있고
홀씨주머니는 달리지 않는다.

콩짜개덩굴 주로 남쪽 바닷가의 바위나 나무줄기에 붙어서
무리지어 자라는 고사리식물이다. 고사리식물의 번식 기관인
홀씨는 '포자(胞子)'라고도 하는데 '세포씨앗'이라는 뜻으로 보
통 하나의 세포로 이루어진다.

우산이끼 암그루 암수딴그루로 암그루는
우산살 모양의 갓 밑의 홀씨가 퍼져 번식
하는 이끼식물이다.

루모라고사리 관엽식물로 기르며 깃꼴로
갈라지는 겹잎 뒷면의 홀씨가 퍼져 번식하
는 고사리식물이다.

소철 큰홀씨잎 큰홀씨잎은 깃꼴로 갈라지
고 밑부분에 둥근 밑씨가 드러나 있는 겉
씨식물이다.

*홀씨[포자(胞子), spore] / 홀씨주머니[포자낭(胞子囊), sporangium] / 홀씨잎[포자엽(胞子葉), 실엽(實葉), sporophyll] / 영양잎[영양엽
　(營養葉), 나엽(裸葉), trophophyll]

겉씨식물과 속씨식물

겉씨식물

고사리식물에서 진화한 겉씨식물의 몸은 뿌리, 줄기, 잎으로 나뉘어지며 각 기관은 고사리무리보다 훨씬 더 발달되었다. 겉씨식물의 번식 기관인 암솔방울에는 씨방이 생기지 않으며 밑씨가 겉으로 드러나 있기 때문에 '겉씨식물'이라고 한다. 겉으로 드러난 밑씨에 바람에 날려 퍼진 꽃가루가 직접 붙는 것이 특징이다. 겉씨식물은 밑씨를 담고 있는 씨방이 없기 때문에 꽃식물에 포함시키지 않고 암꽃이삭은 암솔방울, 수꽃이삭은 수솔방울 등으로 바꿔 부른다.

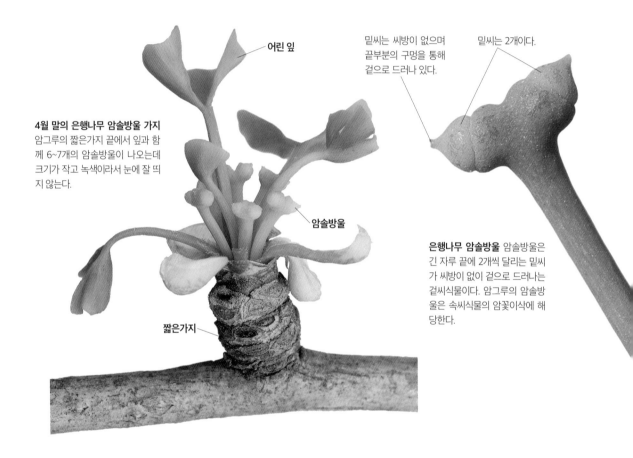

어린 잎

밑씨는 씨방이 없으며 끝부분의 구멍을 통해 겉으로 드러나 있다.

밑씨는 2개이다.

4월 말의 은행나무 암솔방울 가지 암그루의 짧은가지 끝에서 잎과 함께 6~7개의 암솔방울이 나오는데 크기가 작고 녹색이라서 눈에 잘 띄지 않는다.

암솔방울

짧은가지

은행나무 암솔방울 암솔방울은 긴 자루 끝에 2개씩 달리는 밑씨가 씨방이 없이 겉으로 드러나는 겉씨식물이다. 암그루의 암솔방울은 속씨식물의 암꽃이삭에 해당한다.

암솔방울

잣나무 암솔방울 산에서 자라는 바늘잎나무로 암솔방울에 밑씨가 씨방이 없이 드러나 있는 겉씨식물이다.

암솔방울

묵은 솔방울열매

일본잎갈나무 암솔방울 산에서 자라는 바늘잎나무로 암솔방울에 밑씨가 씨방이 없이 드러나 있는 겉씨식물이다.

암솔방울

측백나무 암솔방울 관상수로 심는 바늘잎나무로 암솔방울에 밑씨가 씨방이 없이 드러나 있는 겉씨식물이다.

*겉씨식물[나자식물(裸子植物), gymnosperm] / 암솔방울[암구화수, 자구화수(雌毬花穗), 자성구화수(雌性毬花穗), female cone]

속씨식물

겉씨식물로부터 갈라져 나온 식물 중에는 씨앗이 안전하게 여물 수 있도록 씨방을 만들어 밑씨를 보호하는 식물이 나타났는데 이를 '속씨식물'이라고 한다. 때마침 지구상에는 곤충이 등장하여 식물 중에는 곤충을 이용해 꽃가루받이를 할 수 있도록 진화한 것도 나타났다. 곤충을 이용해 꽃가루받이를 하면 많은 양의 꽃가루를 생산하지 않아도 되기 때문에 식물로서는 양분을 많이 아낄 수 있는 획기적인 방법이었다. 식물은 곤충을 불러 모으기 위해 경쟁적으로 꽃을 발전시키면서 곤충의 종류와 수도 폭발적으로 증가했고 거기에 맞춰 꽃을 피우는 속씨식물도 엄청나게 늘어나며 번성하게 되었다.

장미 꽃 모양 꽃잎이 5장인 홑꽃과 함께 여러 겹인 겹꽃도 있는 등 재배 품종에 따라 여러 가지이다. 사진은 붉은색 겹꽃이 피는 품종이다.

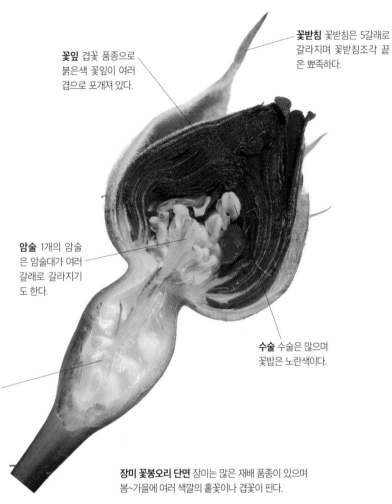

꽃잎 겹꽃 품종으로 붉은색 꽃잎이 여러 겹으로 포개져 있다.

꽃받침 꽃받침은 5갈래로 갈라지며 꽃받침조각 끝은 뾰족하다.

암술 1개의 암술은 암술대가 여러 갈래로 갈라지기도 한다.

수술 수술은 많으며 꽃밥은 노란색이다.

씨방 암술대 밑부분에 통통한 주머니 모양으로 부푼 부분을 '씨방'이라고 하며 속에는 나중에 씨앗으로 자랄 밑씨(p.161)가 들어 있다. 장미처럼 씨방 속에 밑씨가 들어 있는 식물을 '속씨식물'이라고 한다. 식물의 종에 따라 씨방의 모양이나 달리는 위치가 제각기 다르다.

장미 꽃봉오리 단면 장미는 많은 재배 품종이 있으며 봄~가을에 여러 색깔의 홑꽃이나 겹꽃이 핀다.

씨방 안에 밑씨가 들어 있다.

씨방

나도사프란 화초로 심는 여러해살이풀로 6~10월에 피는 분홍색 꽃은 밑씨가 씨방 안에 들어 있는 속씨식물이다.

호박 밭에서 재배하는 여러해살이풀로 여름~가을에 피는 노란색 꽃은 밑씨가 씨방 안에 들어 있는 속씨식물이다.

범부채 풀밭에서 자라는 여러해살이풀로 여름에 피는 주홍색 꽃은 밑씨가 씨방 안에 들어 있는 속씨식물이다.

*속씨식물[피자식물(被子植物), angiosperm] / 씨방[자방(子房), ovary]

외떡잎식물과 쌍떡잎식물

외떡잎식물

예전에는 속씨식물을 싹이 틀 때 떡잎이 1장인 외떡잎식물과 2장의 떡잎이 나오는 쌍떡잎식물로 나누었다. 외떡잎식물은 싹이 틀 때 떡잎이 1장이 나와서 '외떡잎식물'이라고 한다. 외떡잎식물은 대체로 잎이 가늘고 나란히맥이라서 잎을 보면 구분이 쉽고 뿌리는 수염처럼 모든 뿌리의 길이가 비슷한 수염뿌리이다. 꽃잎의 수는 보통 3의 배수이며 대부분이 꽃잎과 꽃받침의 구분이 잘 안 되는데 둘을 합쳐서 '꽃덮이'라고 부른다.

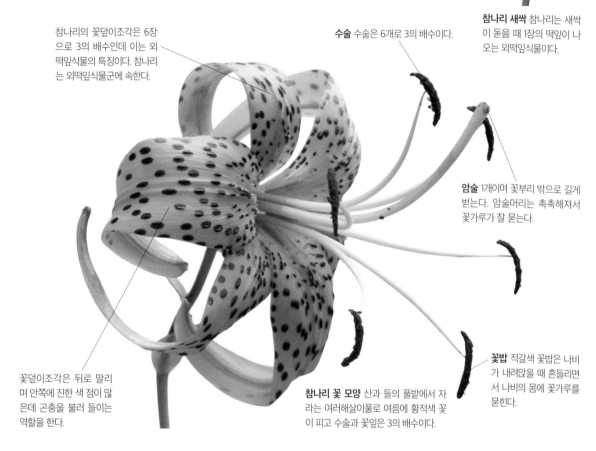

참나리 새싹 참나리는 새싹이 돋을 때 1장의 떡잎이 나오는 외떡잎식물이다.

참나리의 꽃덮이조각은 6장으로 3의 배수인데 이는 외떡잎식물의 특징이다. 참나리는 외떡잎식물군에 속한다.

수술 수술은 6개로 3의 배수이다.

암술 1개이며 꽃부리 밖으로 길게 벋는다. 암술머리는 촉촉해져서 꽃가루가 잘 묻는다.

꽃밥 적갈색 꽃밥은 나비가 내려앉을 때 흔들리면서 나비의 몸에 꽃가루를 묻힌다.

꽃덮이조각은 뒤로 말리며 안쪽에 진한 색 점이 많은데 곤충을 불러 들이는 역할을 한다.

참나리 꽃 모양 산과 들의 풀밭에서 자라는 여러해살이풀로 여름에 황적색 꽃이 피고 수술과 꽃잎은 3의 배수이다.

날개하늘나리 외떡잎식물군에 속한다. 산에서 자라는 여러해살이풀로 여름에 피는 황적색 꽃은 꽃덮이조각이 6장이다.

각시붓꽃 외떡잎식물군에 속한다. 풀밭에서 자라는 여러해살이풀로 봄에 피는 자주색 꽃은 꽃덮이조각이 6장이다.

자주잎달개비 외떡잎식물군에 속한다. 화초로 기르는 여러해살이풀로 여름부터 피는 분홍색 꽃은 꽃잎이 3장이다.

32   *외떡잎식물[단자엽식물(單子葉植物), monocotyledon] / 쌍떡잎식물[쌍자엽식물(雙子葉植物), dicotyledon]

쌍떡잎식물

싹이 틀 때 2장의 떡잎이 나오는 속씨식물을 '쌍떡잎식물'이라고 한다. 쌍떡잎식물은 떡잎이 1장씩 돋는 외떡잎식물보다 4배 이상 많을 정도로 현재 지구상에서 가장 번성하고 있는 식물 무리이다. 근래에 쌍떡잎식물의 유전자를 검사한 결과 쌍떡잎식물 중에는 원시적으로 진화한 무리가 있는 것이 밝혀졌다. 그래서 이 원시식물 무리를 쌍떡잎식물에서 분리해 '기초속씨식물군'과 '목련군'으로 따로 구분하고 이들을 제외한 나머지 쌍떡잎식물은 '진정쌍떡잎식물'로 구분한다. 이렇게 유전자 검사를 통해 속씨식물을 기초속씨식물군, 목련군, 외떡잎식물군, 진정쌍떡잎식물군으로 분류하는 최신 분류 체계를 'APG 분류 체계'라고 한다.

둥근잎나팔꽃은 붉은색, 보라색, 흰색 등의 꽃이 핀다.

꽃부리 나팔 모양의 꽃부리는 5장의 꽃잎이 합쳐진 것이며 안쪽은 색깔이 연하다. 둥근잎나팔꽃은 진정쌍떡잎식물군에 속한다.

각각의 떡잎은 2갈래로 깊게 갈라진다.

꽃부리 안쪽에 5개의 수술과 1개의 암술이 들어 있다.

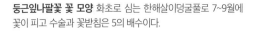

둥근잎나팔꽃 꽃 모양 화초로 심는 한해살이덩굴풀로 7~9월에 꽃이 피고 수술과 꽃받침은 5의 배수이다.

둥근잎나팔꽃 새싹 나팔꽃은 새싹이 돋을 때 2장의 떡잎이 나오는 쌍떡잎식물이다.

플로리다붓순나무 기초속씨식물군에 속한다. 관상수로 심는 늘푸른떨기나무로 봄에 적자색 꽃이 핀다.

일본목련 목련군에 속한다. 관상수로 심는 갈잎큰키나무로 5~6월에 가지 끝에 큼직한 흰색 꽃이 핀다.

장대나물 진정쌍떡잎식물군에 속한다. 풀밭에서 자라는 두해살이풀로 4~6월에 피는 백황색 꽃은 꽃잎이 4장이다.

*기초속씨식물군[기초피자식물군(基礎被子植物群), 기저피자식물군(基底被子植物群), Basal angiosperm]

꽃식물 계통도

씨앗을 생산하는 씨식물은 겉씨식물과 속씨식물로 구분하는데 속씨식물만이 씨방 속에 밑씨가 들어 있는 진정한 꽃이 피기 때문에 꽃식물이라고 한다. 꽃식물은 전통적으로 쌍 떡잎식물과 외떡잎식물로 구분하였지만 최근의 DNA 분석 결과 원시적인 기초속씨식물 군으로 불리는 소수의 쌍떡잎식물로부터 외떡잎식물군과 진정쌍떡잎식물군이 진화한 것 으로 밝혀졌으며 이를 반영한 분류 체계를 'APG 분류 체계'라고 한다.

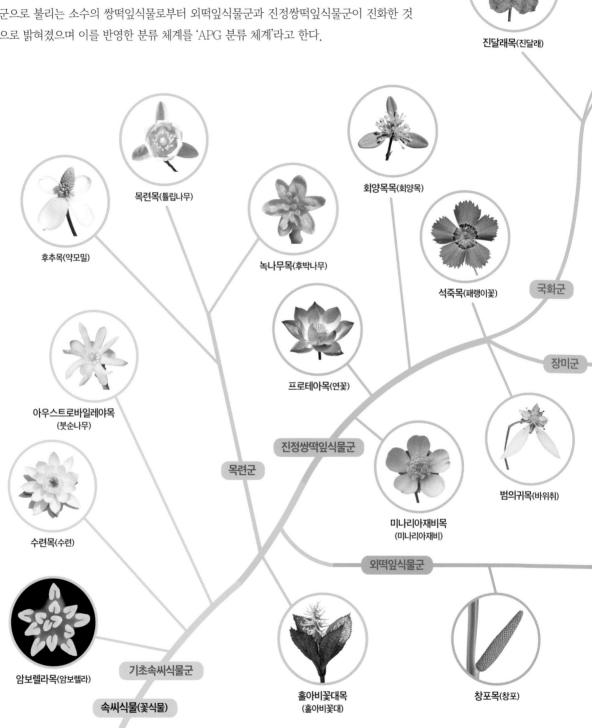

진달래목(진달래)

목련목(튤립나무)

회양목목(회양목)

후추목(약모밀)

녹나무목(후박나무)

석죽목(패랭이꽃)

국화군

프로테아목(연꽃)

장미군

아우스트로바일레야목
(붓순나무)

진정쌍떡잎식물군

목련군

범의귀목(바위취)

수련목(수련)

미나리아재비목
(미나리아재비)

외떡잎식물군

암보렐라목(암보렐라)

기초속씨식물군

홀아비꽃대목
(홀아비꽃대)

창포목(창포)

속씨식물(꽃식물)

34

*목련군(木蓮群), Magnoliids / 진정쌍떡잎식물군[진정쌍자엽식물군(眞正雙子葉植物群), Eudicots]

감탕나무목(먼나무)

국화목(수레국화)

미나리목(바디나물)

산토끼꽃목(댕강나무)

초롱꽃군

꿀풀군

가지목(가지)

용담목(용담)

꿀풀목(꿀풀)

지치목(참꽃마리)

쥐손이풀목(이질풀)

무환자나무목(멀구슬나무)

아욱목(당아욱)

십자화목(배추)

아욱군

콩군

참나무목(개암나무)

포도목(담쟁이덩굴)

말피기목(제비꽃)

콩목(등)

장미목(조팝나무)

닭의장풀군

닭의장풀목(달개비)

택사목(앉은부채)

백합목(백합)

아스파라거스목(자란)

벼목(보리)

*장미군(薔薇群), Rosids / 국화군(菊花群), Asterids

겉씨식물

겉씨식물은 밑씨를 담고 있는 씨방이 없기 때문에 꽃식물에 포함시키지 않고 암꽃이삭은 암솔방울, 수꽃이삭은 수솔방울로 부른다. 산에서 자라는 소나무는 겉씨식물로 바람에 날려 퍼지는 수솔방울의 꽃가루가 직접 밑씨에 붙는 것이 특징이다. 겉씨식물은 대부분이 크게 자라는 나무이고 사계절 푸른 잎을 달고 있는 것이 많다.

소나무는 암수한그루로 한 나무에 암솔방울과 수솔방울이 함께 달린다. 소나무는 바람을 이용해 꽃가루를 퍼뜨려 암솔방울을 만나야 하기 때문에 수솔방울의 숫자가 암솔방울보다 월등히 많다.

소나무 암솔방울

바늘잎 새순 새순일 때는 길이가 짧지만 점차 길게 자란다.

수솔방울이 성숙하면 대략 10만 개 정도의 꽃가루가 나온다.

햇가지

소나무 수솔방울 새로 자란 햇가지에 돌려가며 다닥다닥 달리는 수솔방울봉오리는 처음에는 작고 동그랗지만 점차 긴 타원형으로 자란다.

수솔방울 봉오리 수솔방울은 속씨식물의 수꽃이삭에 해당한다.

소나무 꽃가지 수솔방울은 주로 햇가지 밑부분에 달린다.

암솔방울

암솔방울

전나무 높은 산에서 자라는 늘푸른바늘잎나무로 원통형 솔방울열매는 위를 향하고 표면으로 돌기가 나오지 않는다.

소나무 암솔방울 햇가지 끝에 1~3개가 달리는 붉은색 암솔방울은 달걀 모양이다. 암솔방울은 솔방울조각이 벌어진 틈새마다 밑씨가 들어 있다. 꽃가루를 받은 밑씨는 14개월 동안 꽃가루를 감싸고 있다가 다음해 늦은 봄에야 정받이가 이루어지며 솔방울열매가 자라기 시작한다.

암솔방울

독일가문비 관상수로 심는 늘푸른바늘잎나무로 어린 가지와 원통형 솔방울열매는 점차 밑으로 처진다.

암솔방울　수솔방울

일본잎갈나무 산에 심는 갈잎바늘잎나무로 짧은가지 끝에 모여나는 짧은 바늘잎은 부드럽다.

송홧가루 노란색 꽃가루는 흔히 '송홧가루'라고 하며 공기주머니가 있고 먼지처럼 가벼워서 바람에 날려 널리 퍼진다. 송홧가루는 모아서 다식 등을 만들어 먹는다.

암솔방울

금송 관상수로 심는 늘푸른바늘잎나무로 기다란 바늘잎은 2개가 합쳐져서 두껍다. 수솔방울은 촘촘히 모여 달린다.

암솔방울

측백나무 관상수로 심는 늘푸른바늘잎나무로 비늘잎은 앞뒤가 비슷하고 둥근 솔방울열매는 뿔 같은 돌기가 있다.

수솔방울

주목 관상수로 심는 늘푸른바늘잎나무로 봄에 잎겨드랑이에 둥근 수솔방울이 달리고 열매는 가을에 붉게 익는다.

＊수솔방울[수구화수, 웅구화수(雄毬花穗), 웅성구화수(雄性毬花穗), male cone]

남개연꽃 꽃받침조각 노란색 꽃잎처럼 보이는 것은 실제로 꽃받침조각이며 모두 5장이고 광택이 있다.

암술 붉은색 암술은 별 모양으로 보이며 갈라진 조각조각이 암술머리이다. 남개연꽃은 여러 개의 암술머리가 합쳐져서 쟁반처럼 편평해지므로 '암술머리쟁반'이라고 한다.

꽃잎 노란색 꽃잎은 직사각형이고 5~6㎜ 길이로 작으며 여러 장이고 꽃받침 안쪽에 1줄로 빙 둘러 있으며 곧추 선다. 꽃잎 바깥쪽에는 꿀샘이 있다. 남개연꽃의 꽃은 꽃잎이 제대로 발달하지 않은 원시적인 모양이다.

수술 노란색 수술은 많으며 암술을 촘촘히 둘러싸고 있다. 길고 좁은 꽃잎 모양의 수술은 성숙하면 바깥쪽으로 젖혀지며 세로로 2개의 줄을 긋는 것처럼 갈라지면서 꽃가루가 나온다. 남개연꽃은 암술이 먼저 성숙한 후에 수술의 꽃밥이 터져서 제 꽃가루받이를 피한다.

갓 핀 남개연꽃 남개연꽃은 개울가나 연못의 얕은 물속에서 자라는 여러해살이풀로 여름에 긴 꽃자루 끝에 노란색 꽃이 핀다. 기초속씨식물군 수련과에 속한다.

순채 연못에서 자라는 여러해살이풀로 5~8월에 적갈색 꽃이 물 위로 나와 핀다. 기초속씨식물군 어항마름과에 속한다.

수련 연못에서 자라는 여러해살이풀로 여름에 흰색 꽃이 물 위로 나와 핀다. 기초속씨식물군 수련과에 속한다.

가시연꽃 연못에서 자라는 한해살이풀로 8~9월에 자주색 꽃이 물 위로 나와 핀다. 기초속씨식물군 수련과에 속한다.

＊암술머리쟁반[주두반(柱頭盤), stigma disk]

원시적인 꽃 - 남개연꽃

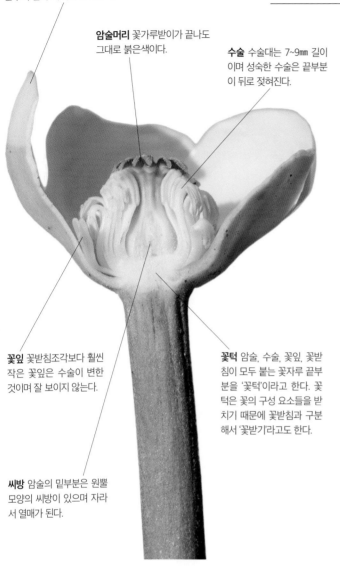

꽃받침조각 꽃받침조각은 두꺼운 편이며 꽃이 시들기 시작하면 밑부분부터 점차 녹색이 진해진다.

암술머리 꽃가루받이가 끝나도 그대로 붉은색이다.

수술 수술대는 7~9mm 길이이며 성숙한 수술은 끝부분이 뒤로 젖혀진다.

꽃잎 꽃받침조각보다 훨씬 작은 꽃잎은 수술이 변한 것이며 잘 보이지 않는다.

꽃턱 암술, 수술, 꽃잎, 꽃받침이 모두 붙는 꽃자루 끝부분을 '꽃턱'이라고 한다. 꽃턱은 꽃의 구성 요소들을 받치기 때문에 꽃받침과 구분해서 '꽃받기'라고도 한다.

씨방 암술의 밑부분은 원뿔 모양의 씨방이 있으며 자라서 열매가 된다.

꽃가루받이가 끝난 남개연꽃 단면

예전에는 꽃이 피는 속씨식물을 쌍떡잎식물과 외떡잎식물로 구분해 왔다. 최근에 DNA 검사를 통해 분류를 해 보니 쌍떡잎식물 중에는 독립적으로 진화한 원시적인 속씨식물 무리가 일부 있는 것이 밝혀졌다. 이들 중에 암보렐라과, 어항마름과, 수련과, 오미자과 등은 가장 원시적인 기초속씨식물군으로 분류하고 삼백초과, 후추과, 쥐방울덩굴과, 받침꽃과, 녹나무과, 목련과, 포포나무과 등은 목련군으로 구분한다. 그리고 나머지 쌍떡잎식물은 진정쌍떡잎식물군으로 구분한다. 주변에서 흔히 볼 수 있는 가장 원시적인 꽃식물은 수련과 식물이다. 수련과에는 가시연꽃, 남개연꽃, 수련, 빅토리아수련 등 전 세계적으로 80여 종이 자라고 있다.

꽃밥

수술

곧추 선 수술들

파라과이수련 연못에서 기르는 여러해살이풀로 여름에 흰색 꽃이 물 위로 나와 핀다. 기초속씨식물군 수련과에 속한다.

푸베스켄스수련 열대수련으로 밤에 흰색이나 붉은색 꽃이 핀다. 수술은 꽃잎이 가늘어진 모양이며 세로로 2개의 선을 그어 놓은 것 같은 원시적인 꽃밥이 만들어진다. 기초속씨식물군 수련과에 속한다.

*꽃턱[화탁(花托), 화상(花床), 꽃받기, receptacles, torus, thalamus]

원시적인 꽃-홀아비꽃대

홀아비꽃대는 산의 숲속에서 자라는 여러해살이풀로 4장의 잎이 2장씩 마주나지만 마디 사이가 짧기 때문에 돌려난 것처럼 보인다. 봄에 줄기 끝에 1개가 촛대처럼 달리는 꽃이삭은 암술과 수술만 있고 꽃잎과 꽃받침은 없어서 구분하기가 쉽다. 홀아비꽃대 꽃은 꽃잎과 꽃받침이 모두 없는 민꽃덮이꽃(p.17)이다. 홀아비꽃대가 속한 홀아비꽃대과는 원시적인 꽃식물의 하나로 전 세계적으로 수십 종에 불과하며 암수한그루이거나 암수딴그루이다. 꽃은 모두 꽃잎이 없으며 꽃받침은 있거나 없는 원시적인 모양이다.

줄기 끝에 촛대 모양의 꽃이삭이 곧게 서는데 솔을 닮았다.

잎 타원형 잎은 광택이 있으며 가장자리에 뾰족한 톱니가 있다.

4장의 잎은 돌려난 것처럼 보인다.

4월의 홀아비꽃대

5월 초의 옥녀꽃대 홀아비꽃대와 비슷하지만 흰색 수술이 가늘고 길어서 구분이 된다.

여름이 되면 잎은 점차 시들기 시작한다.

열매송이는 점차 옆으로 처진다.

열매는 둥근 거꿀달걀형이다.

6월의 열매

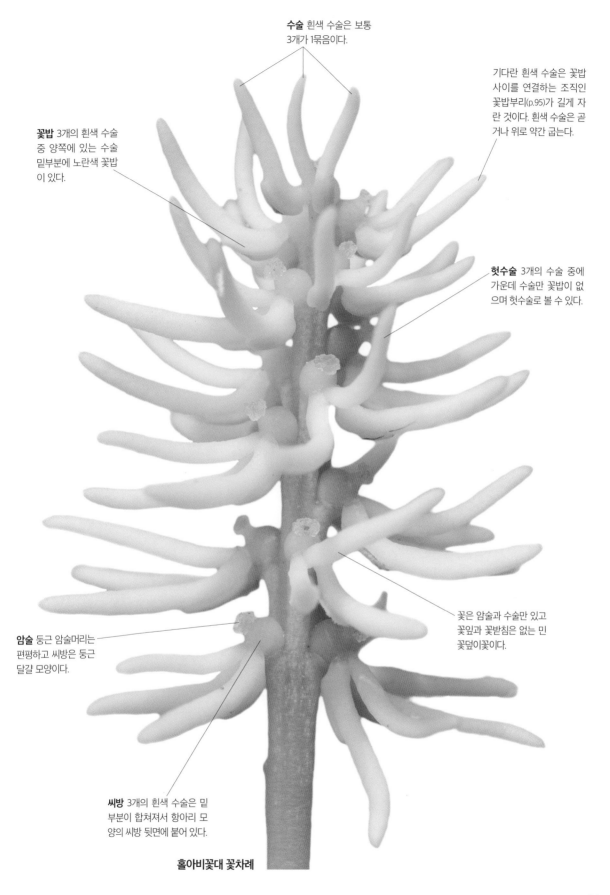

수술 흰색 수술은 보통 3개가 1묶음이다.

기다란 흰색 수술은 꽃밥 사이를 연결하는 조직인 꽃밥부리(p.95)가 길게 자란 것이다. 흰색 수술은 곧거나 위로 약간 굽는다.

꽃밥 3개의 흰색 수술 중 양쪽에 있는 수술 밑부분에 노란색 꽃밥이 있다.

헛수술 3개의 수술 중에 가운데 수술만 꽃밥이 없으며 헛수술로 볼 수 있다.

꽃은 암술과 수술만 있고 꽃잎과 꽃받침은 없는 민꽃덮이꽃이다.

암술 둥근 암술머리는 편평하고 씨방은 둥근 달걀 모양이다.

씨방 3개의 흰색 수술은 밑부분이 합쳐져서 항아리 모양의 씨방 뒷면에 붙어 있다.

홀아비꽃대 꽃차례

41

원시적인 꽃 - 함박꽃나무

산에서 자라는 함박꽃나무는 5월에 큼직한 흰색 꽃이 피는데 향기가 좋다. 함박꽃나무는 암술과 수술이 나선 모양으로 배열하는데 이는 원시식물이 가지고 있는 특징이다. 함박꽃나무가 속한 목련과 나무들은 예전에는 쌍떡잎식물로 분류했지만 지금은 원시적인 기초속씨식물군과 함께 목련군으로 따로 분류한다.

흰색 꽃은 옆이나 밑을 보고 핀다.

암술 꽃 한가운데에 타원형의 긴 꽃턱이 있다. 꽃턱 윗부분에는 암술이 촘촘히 모여 달린다.

꽃덮이 함박꽃나무와 같은 목련속 나무들은 꽃잎과 꽃받침이 구분되지 않고 같은 모양을 하고 있어서 '꽃덮이'라고 부른다. 흰색 꽃덮이조각은 9~12장이 빙 둘러난다.

활짝 벌어진 수술 붉은색 수술은 성숙하면 수평으로 벌어진다.

잎 함박꽃나무는 타원형 잎이 다 자란 다음에 꽃이 핀다.

함박꽃나무 꽃 함박꽃나무는 목련군 목련과에 속한다.

쥐방울덩굴 여름에 나팔 모양의 연녹색 꽃이 피는 여러해살이덩굴풀로 목련군 쥐방울덩굴과에 속한다.

후추 열대 원산으로 향신료인 후추 열매를 얻는 늘푸른덩굴나무이며 목련군 후추과에 속한다.

자주받침꽃 봄에 잎겨드랑이에 적갈색~자주색 꽃이 피는 관상수로 목련군 받침꽃과에 속한다.

암술 암술은 암술 머리와 암술대의 구분이 되지 않는 원시적인 형태이다.

함박꽃나무 꽃 단면

함박꽃나무 꽃턱 암술은 꽃턱 윗부분에 나선형으로 돌려가며 달린다. 함박꽃나무처럼 꽃턱이 긴 것은 원시적인 형태의 꽃으로 본다.

활짝 벌어진 수술 붉은색 수술은 꽃턱 밑부분에 촘촘히 나선형으로 빙 둘러난다. 나선형 배열은 원시적인 형태로 본다.

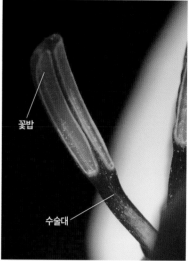

꽃밥

수술대

겉꽃덮이조각

속꽃덮이조각

함박꽃나무 수술 수술은 꽃밥과 수술대의 형태로 구분되어지는 것이 수련보다 진화된 점이다. 꽃밥은 세로로 긴 2개의 방으로 되어 있다.

함박꽃나무 꽃 뒷면 뒷면 바깥쪽의 꽃덮이조각 3장은 꽃받침 모양으로 약간 짧다. 이들을 '겉꽃덮이(p.53)'라고 하고 나머지 안쪽의 꽃덮이조각은 '속꽃덮이(p.53)'라고 구분하기도 한다.

생강나무 봄에 잎이 돋기 전에 노란색 꽃이 가지 가득 피는 갈잎떨기나무로 목련군 녹나무과에 속한다.

포포나무 봄에 납작한 종 모양의 적자색 꽃이 밑을 보고 피는 관상수로 목련군 포포나무과에 속한다.

튤립나무 봄에 노란색 튤립 모양의 꽃이 피는 관상수로 목련군 목련과에 속한다.

여러 가지 꽃부리

꽃에서 꽃잎 부분을 모두 합쳐 '꽃부리'라고 하며 북한에서는 '꽃갓'이라고 부른다. 꽃부리는 번식에는 직접적인 관계가 없지만 수술과 암술을 보호해 주는 역할을 한다. 꽃부리는 꽃가루받이를 도와주는 곤충을 불러들이기 위해 다양한 모습으로 진화해 왔기 때문에 꽃식물을 분류하는 데 중요한 역할을 한다.

십자모양꽃부리(배추)

패랭이꽃모양꽃부리(패랭이꽃)

장미모양꽃부리(복숭아나무)

백합모양꽃부리(백합)

수레바퀴모양꽃부리(참꽃마리)

종모양꽃부리(금강초롱꽃)

깔때기모양꽃부리(갯메꽃)

항아리모양꽃부리(정금나무)

＊꽃부리[화관(花冠), corolla]

왕관모양꽃부리(수선화)

난초모양꽃부리(자란)

투구모양꽃부리(투구꽃)

나비모양꽃부리(등)

입술모양꽃부리(용머리)

가면모양꽃부리(금어초)

꽃뿔모양꽃부리(물봉선)

대롱모양꽃부리(뚱딴지)

혀모양꽃부리(민들레)

십자모양꽃부리

유채는 밭에서 재배하는 두해살이풀로 봄에 줄기에서 갈라진 가지마다 노란색 꽃이 모여 핀다. 꽃은 갈래꽃부리로 4장의 꽃잎이 2장씩 마주보고 수평으로 퍼진 모양이 한자의 십(十)자를 닮았다. 그래서 유채와 비슷한 특징을 가진 겨자과 식물을 '십자화과 식물'이라고도 한다. 유채꽃과 같은 겨자과 식물의 꽃은 '십자모양꽃부리'라고 한다.

꽃은 꽃송이 밑부분부터 피며 꽃송이는 점차 위로 길게 자라면서 꽃이 피어 올라간다.

꽃은 오전 9시 경에 가장 많이 핀다.

4장의 꽃잎은 동그스름하며 수평으로 벌어져서 十자 모양이 되는 십자모양꽃부리이다.

수술 6개의 수술은 꽃 가운데에 모여 있다.

유채 꽃차례 유채 꽃은 갈래꽃부리이며 4장의 꽃잎은 十자 모양으로 배열하는 십자모양꽃부리로 위를 보고 핀다. 이런 모양의 꽃은 곤충이 어느 방향에서 날아와도 내려앉을 수 있는 방사대칭꽃이다. 유채는 밭에서 재배하며 씨앗으로 기름을 짠다.

＊십자모양꽃부리[십자화관(十字花冠), cruciform corolla]

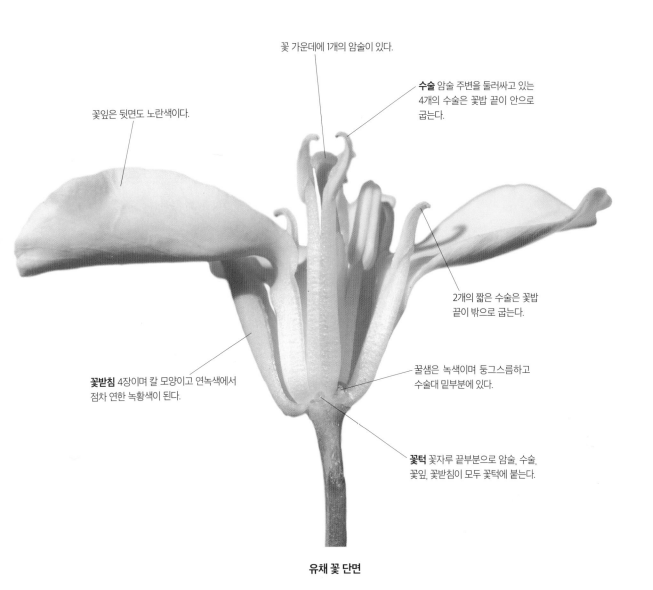

꽃 가운데에 1개의 암술이 있다.

수술 암술 주변을 둘러싸고 있는 4개의 수술은 꽃밥 끝이 안으로 굽는다.

꽃잎은 뒷면도 노란색이다.

2개의 짧은 수술은 꽃밥 끝이 밖으로 굽는다.

꽃받침 4장이며 칼 모양이고 연녹색에서 점차 연한 녹황색이 된다.

꿀샘은 녹색이며 둥그스름하고 수술대 밑부분에 있다.

꽃턱 꽃자루 끝부분으로 암술, 수술, 꽃잎, 꽃받침이 모두 꽃턱에 붙는다.

유채 꽃 단면

갓 밭에서 재배하는 두해살이풀로 4장의 노란색 꽃잎은 ＋자 모양으로 벌어지는 십자모양꽃부리이다.

냉이 들에서 자라는 여러해살이풀로 4장의 흰색 꽃잎은 ＋자 모양으로 벌어지는 십자모양꽃부리이다.

무 밭에서 재배하는 두해살이풀로 4장의 자주색 꽃잎은 ＋자 모양으로 벌어지는 십자모양꽃부리이다.

장대나물 풀밭에서 자라는 두해살이풀로 4장의 꽃잎은 ＋자 모양으로 벌어지는 십자모양꽃부리이다.

꽃잎 5장이 빙 둘러 있고 수평으로 벌어진다. 꽃잎 가장자리에는 자잘한 톱니가 있다.

꽃잎 안쪽에는 흑자색 무늬와 함께 긴 털이 약간 있다.

수술 수술은 10개이며 암술보다 먼저 꽃부리 밖으로 나온다. 꽃밥은 둥근 타원형이며 푸른색이 돈다.

통 모양의 꽃부리 아래쪽에는 아직 수술이 자라고 있으며 속에는 암술이 숨어 있다.

패랭이꽃 여름에 피는 붉은색 꽃은 갈래꽃부리이며 방사대칭꽃이다.

제비동자꽃 산의 습지에서 자라는 여러해살이풀로 가지 끝마다 달리는 주홍색 꽃은 패랭이꽃모양꽃부리이다.

끈끈이대나물 화초로 심는 여러해살이풀로 가지 끝에 피는 붉은색 꽃은 패랭이꽃모양꽃부리이다.

장구채 산과 들에서 자라는 두해살이풀로 7~9월에 잎겨드랑이에 피는 흰색 꽃은 꽃받침통이 약간 통통하며 패랭이꽃모양꽃부리이다. 장구채는 꽃의 모양이 국악기인 장구를 닮아서 붙여진 이름이다.

패랭이꽃모양꽃부리

암술대 수술이 시든 뒤에 꽃부리 밖으로 나오는 2개의 가느다란 암술대는 점차 밖으로 말린다.

꽃받침 원통형이며 끝부분이 5갈래로 얕게 갈라지고 갈래조각 끝이 뾰족하다.

5장의 꽃잎 윗부분은 수평으로 벌어진다.

꽃턱잎 꽃받침 밑부분에는 가느다란 녹색 꽃턱잎이 4개 정도 있다. 꽃턱잎은 끝이 뾰족하며 꽃받침의 절반 정도 길이이다.

가는 원통형 줄기에 마디가 있는 것이 대나무 줄기를 닮았고 잎도 대나무잎과 비슷하다.

패랭이꽃은 풀밭이나 냇가에서 자라며 여름에 가지 끝에 붉은색 꽃이 핀다. 꽃은 갈래꽃부리의 일종으로 꽃부리의 아랫부분은 통 모양을 이루고 윗부분의 5장의 꽃잎은 수평으로 퍼진 모양이 대나무를 가늘게 쪼개어 엮은 패랭이 모자를 닮아서 '패랭이꽃모양꽃부리'라고 한다. 이런 모양의 꽃부리는 패랭이꽃과 같은 석죽과 식물에서 주로 볼 수 있다. '석죽(石竹)'은 패랭이꽃의 다른 이름으로 돌 틈에서 자라는 대나무란 뜻인데 줄기의 마디가 대나무를 닮았다.

패랭이꽃 가는 줄기와 가지 끝마다 붉은색 꽃이 1개씩 달린다. 꽃받침은 통 모양이고 윗부분의 꽃잎은 수평으로 벌어진 모양이 패랭이 모자를 닮은 패랭이꽃모양꽃부리이다.

카네이션 유라시아 원산의 여러해살이풀로 가지 끝마다 달리는 꽃은 패랭이꽃모양꽃부리이다.

갯장구채 바닷가에서 자라는 한두해살이풀로 분홍색 꽃은 꽃받침통이 약간 통통한 패랭이꽃모양꽃부리이다.

비누풀 화초로 심는 여러해살이풀로 흰색 꽃은 패랭이꽃모양꽃부리이다. 잎줄기를 비누 대신 사용했다.

우단동자꽃 화초로 심는 여러해살이풀로 붉은색 꽃은 패랭이 모자를 닮았다. 전체에 우단 같은 흰색 털이 있다.

*패랭이꽃모양꽃부리[석죽형화관(石竹形花冠), caryophyllaceous corolla]

장미모양꽃부리

복숭아나무는 산과 들에서 자라거나 밭에서 재배하며 봄에 가지 가득 연분홍색 꽃이 핀다. 꽃은 갈래꽃부리의 하나이며 5장의 꽃잎이 접시처럼 빙 둘러난 모양으로 '장미모양꽃부리'라고 한다. 장미모양꽃부리는 복숭아나무가 속해 있는 장미과 식물의 특징적인 꽃 모양이다.

복숭아나무 꽃은 5장의 연분홍색 꽃잎이 접시 모양으로 빙 둘러나며 보통 꽃잎끼리 약간씩 겹쳐진다. 이런 모양의 꽃부리를 '장미모양꽃부리'라고 한다.

꽃밥 수술은 많으며 길이가 조금씩 다르고 사방으로 퍼진다. 꽃밥은 적자색이고 터지면 노란색 꽃가루가 나온다.

수술대 가는 실 모양의 수술대는 점차 연분홍색으로 물든다.

암술 암술은 1개이며 수술과 길이가 비슷하다.

복숭아나무 꽃 모양 갈잎작은키나무로 봄에 잎이 돋기 전에 피는 연분홍색 꽃은 갈래꽃부리이며 방사대칭꽃이다.

＊장미모양꽃부리[장미형화관(薔薇形花冠), rosaceous corolla]

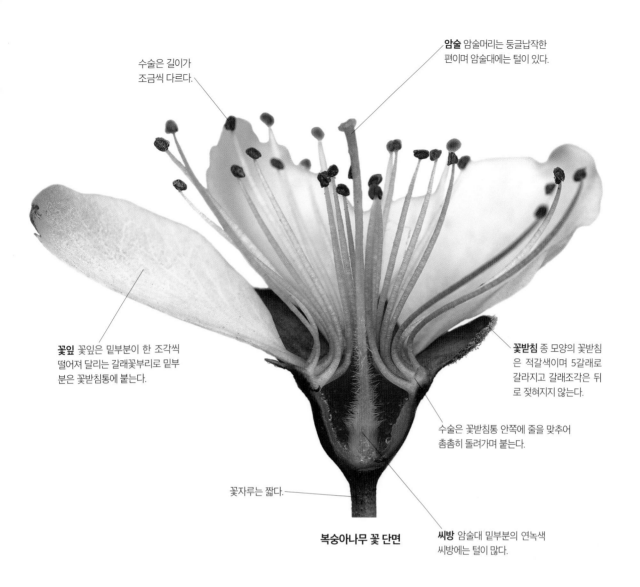

수술은 길이가
조금씩 다르다.

암술 암술머리는 둥글납작한
편이며 암술대에는 털이 있다.

꽃잎 꽃잎은 밑부분이 한 조각씩
떨어져 달리는 갈래꽃부리로 밑부
분은 꽃받침통에 붙는다.

꽃받침 종 모양의 꽃받침
은 적갈색이며 5갈래로
갈라지고 갈래조각은 뒤
로 젖혀지지 않는다.

수술은 꽃받침통 안쪽에 줄을 맞추어
촘촘히 돌려가며 붙는다.

꽃자루는 짧다.

씨방 암술대 밑부분의 연녹색
씨방에는 털이 많다.

복숭아나무 꽃 단면

명자꽃 관상수로 심는 갈잎떨
기나무로 5장의 붉은색 꽃잎
이 빙 둘러난 장미모양꽃부리
이다.

양지꽃 산과 들에서 자라는 여
러해살이풀로 5장의 노란색
꽃잎이 빙 둘러난 장미모양꽃
부리이다.

해당화 바닷가에서 자라는 갈
잎떨기나무로 5장의 붉은색
꽃잎이 빙 둘러난 장미모양꽃
부리이다.

매실나무 관상수로 심는 갈잎
작은키나무로 5장의 흰색 꽃
잎이 빙 둘러난 장미모양꽃부
리이다.

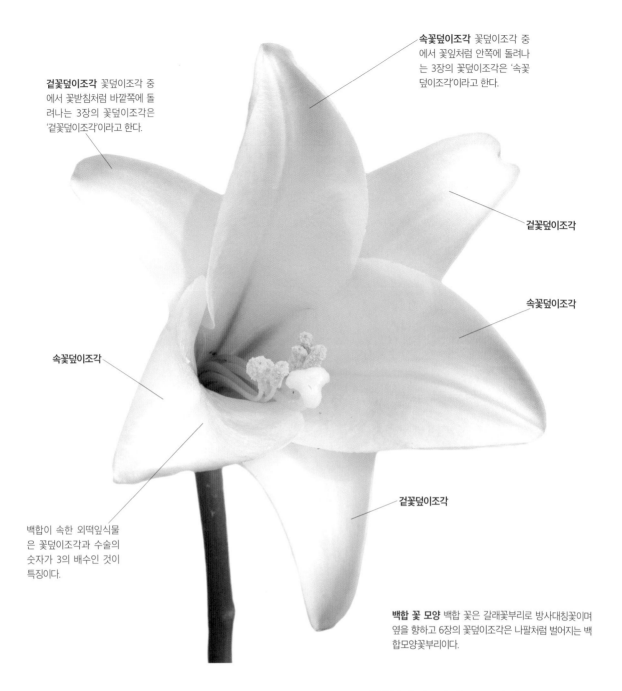

속꽃덮이조각 꽃덮이조각 중에서 꽃잎처럼 안쪽에 돌려나는 3장의 꽃덮이조각은 '속꽃덮이조각'이라고 한다.

겉꽃덮이조각 꽃덮이조각 중에서 꽃받침처럼 바깥쪽에 돌려나는 3장의 꽃덮이조각은 '겉꽃덮이조각'이라고 한다.

겉꽃덮이조각

속꽃덮이조각

속꽃덮이조각

백합이 속한 외떡잎식물은 꽃덮이조각과 수술의 숫자가 3의 배수인 것이 특징이다.

겉꽃덮이조각

백합 꽃 모양 백합 꽃은 갈래꽃부리로 방사대칭꽃이며 옆을 향하고 6장의 꽃덮이조각은 나팔처럼 벌어지는 백합모양꽃부리이다.

중의무릇 산에서 자라는 여러해살이풀로 봄에 피는 노란색 꽃은 꽃덮이조각이 나팔처럼 벌어지는 백합모양꽃부리이다.

금강애기나리 산에서 자라는 여러해살이풀로 봄에 피는 황갈색 꽃은 꽃덮이조각이 나팔처럼 벌어지는 백합모양꽃부리이다.

하늘나리 산에서 자라는 여러해살이풀로 여름에 피는 적황색 꽃은 꽃덮이조각이 나팔처럼 벌어지는 백합모양꽃부리이다.

＊백합모양꽃부리[백합형화관(百合形花冠), liliaceous corolla] / 꽃덮이조각[화피편(花被片), tepal]

백합모양꽃부리

백합은 화단에 심어 기르며 5~6월에 줄기 끝에 흰색 꽃이 핀다. 꽃잎과 꽃받침을 구분하기가 쉽지 않아서 둘을 합쳐 '꽃덮이(p.16)'라고 하고 각각의 조각은 '꽃덮이조각'이라고 한다. 백합처럼 6장의 꽃덮이조각이 나팔처럼 벌어지는 꽃 모양을 '백합모양꽃부리'라고 한다. 갈래꽃부리의 하나로 외떡잎식물에 속하는 백합과 식물에서 흔히 볼 수 있다.

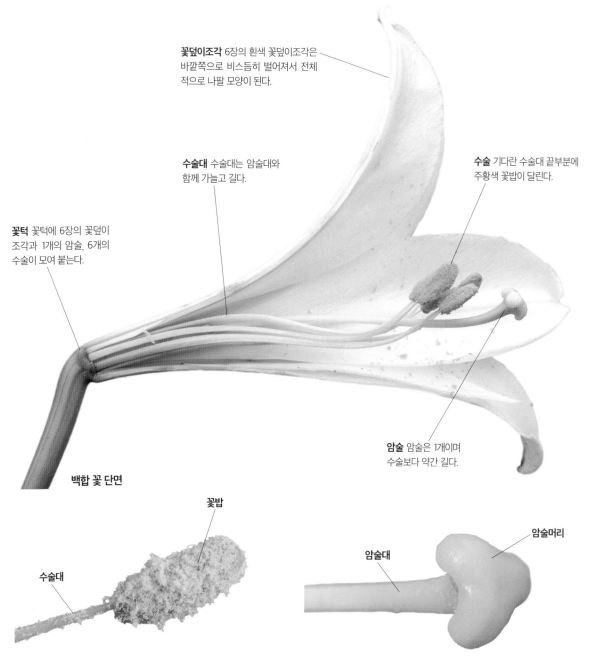

꽃덮이조각 6장의 흰색 꽃덮이조각은 바깥쪽으로 비스듬히 벌어져서 전체적으로 나팔 모양이 된다.

수술대 수술대는 암술대와 함께 가늘고 길다.

수술 기다란 수술대 끝부분에 주황색 꽃밥이 달린다.

꽃턱 꽃턱에 6장의 꽃덮이조각과 1개의 암술, 6개의 수술이 모여 붙는다.

암술 암술은 1개이며 수술보다 약간 길다.

백합 꽃 단면

꽃밥

수술대

암술대

암술머리

꽃밥 원통형 꽃밥은 세로로 갈라지며 꽃가루가 잔뜩 나온다. 꽃가루는 비늘가루로 덮인 나비의 날개에 묻혀야 하기 때문에 끈적거려서 옷에도 잘 묻는다.

암술머리 암술머리는 3갈래로 얕게 갈라지고 점액질이 나와서 꽃가루가 잘 묻는다.

* 겉꽃덮이조각[외화피편(外花被片), outer tepal] / 속꽃덮이조각[내화피편(內花被片), inner tepal]

수레바퀴모양꽃부리

참꽃마리는 산에서 자라는 여러해살이풀로 4~6월에 잎겨드랑이 부근에 연보라색~연분홍색 꽃이 핀다. 꽃은 통꽃부리의 하나로 짧은 통꽃부리 끝에서 여러 갈래로 갈라져 수평으로 퍼지는 납작한 꽃부리의 모양이 수레의 바퀴처럼 보이기 때문에 '수레바퀴모양꽃부리'라고 한다. 수레바퀴모양꽃부리는 지치과나 가지과, 앵초과, 꼭두서니과 등의 꽃에서 볼 수 있다.

참꽃마리 꽃부리 5갈래로 갈라진 납작한 꽃부리는 바퀴 모양이며 짧은 통꽃부리와 거의 직각을 이룬다.

꽃부리는 지름 7~10mm이며 갈래조각 끝은 둥글다.

꽃부리 밑부분은 서로 붙어 있는 통꽃부리이다.

꽃받침 녹색 꽃받침은 5갈래로 깊게 갈라지고 갈래조각은 좁은 칼 모양이다.

참꽃마리 꽃 모양 4~6월에 피는 연보라색~연분홍색 꽃은 통꽃부리로 방사대칭꽃이며 납작한 꽃부리는 수레바퀴모양꽃부리이다.

5개의 수술은 꽃부리의 통 부분 안쪽에 달린다. 암술머리도 통 부분 밖으로 내밀지 않는다.

꽃마리 들에서 자라며 꽃차례는 태엽처럼 말려 있다가 풀어진다. 납작한 꽃부리는 수레바퀴모양꽃부리이다.

꽃바지 들에서 자라며 잎겨드랑이에 하늘색 꽃이 핀다. 납작한 꽃부리는 수레바퀴모양꽃부리이다.

가지 채소로 재배하며 납작한 연자주색 꽃부리는 점차 활짝 펴져 수레바퀴 모양이 된다.

＊수레바퀴모양꽃부리[차형화관(車形花冠), rotate corolla]

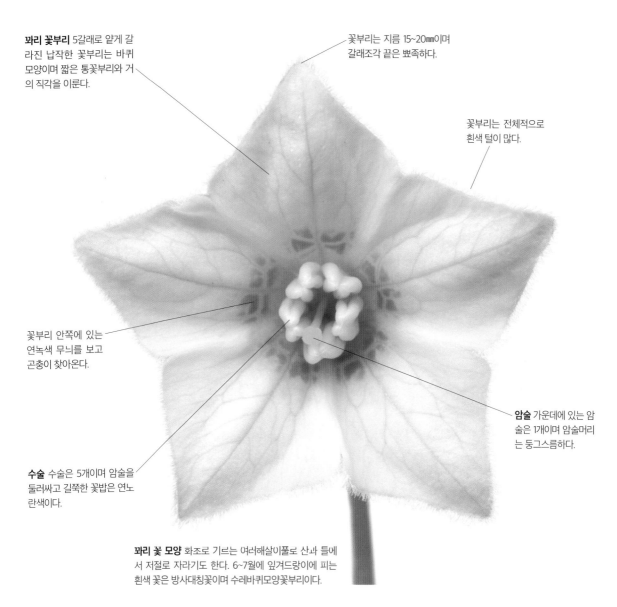

꽈리 꽃부리 5갈래로 얕게 갈라진 납작한 꽃부리는 바퀴 모양이며 짧은 통꽃부리와 거의 직각을 이룬다.

꽃부리는 지름 15~20㎜이며 갈래조각 끝은 뾰족하다.

꽃부리는 전체적으로 흰색 털이 많다.

꽃부리 안쪽에 있는 연녹색 무늬를 보고 곤충이 찾아온다.

암술 가운데에 있는 암술은 1개이며 암술머리는 둥그스름하다.

수술 수술은 5개이며 암술을 둘러싸고 길쭉한 꽃밥은 연노란색이다.

꽈리 꽃 모양 화조로 기르는 여러해살이풀로 산과 들에서 저절로 자라기도 한다. 6~7월에 잎겨드랑이에 피는 흰색 꽃은 방사대칭꽃이며 수레바퀴모양꽃부리이다.

고추 채소로 재배하며 납작한 흰색 꽃부리는 점차 활짝 펴져 수레바퀴 모양이 된다.

까마중 들에서 자라며 수레바퀴 모양의 납작한 흰색 꽃부리는 점차 뒤로 젖혀진다.

토마토 채소로 재배하며 수레바퀴 모양의 납작한 노란색 꽃부리는 점차 뒤로 젖혀진다.

감자 채소로 재배하며 납작한 흰색~연자주색 꽃부리는 점차 수레바퀴 모양이 된다.

종모양꽃부리

초롱꽃은 산과 들에서 흔히 자라는 여러해살이풀이다. 5~7월에 줄기 끝과 윗부분의 잎겨드랑이에 연노란색 꽃이 매달린다. 초롱 모양의 꽃이 피어서 초롱꽃이라고 한다. 초롱꽃의 꽃부리처럼 꽃잎의 대부분이 붙어서 이루어진 통 모양이 종과 비슷한 모양의 꽃부리를 '종모양꽃부리'라고 한다. 종모양꽃부리는 초롱꽃과, 진달래과, 용담과 등의 일부 식물에서 볼 수 있다.

꽃받침 통 모양의 녹색 꽃받침은 5갈래로 깊게 갈라지며 갈래 조각은 가늘고 끝이 뾰족하며 사방으로 비스듬히 퍼진다.

통꽃부리는 연노란색이며 대부분이 밑을 향해 달린다. 원통 모양의 꽃부리는 종 모양이라서 '종모양꽃부리'라고 한다.

3갈래로 갈라진 암술머리

꽃부리통 안쪽에는 거칠고 긴 털이 듬성듬성 나 있는데 벌은 이 털을 발로 잡고 기어올라 꿀을 빤다. 암술대를 잡고 오르는 벌도 있다.

초롱꽃 활짝 핀 꽃 수술의 꽃밥이 모두 스러지면 암술머리는 3갈래로 갈라지면서 꽃가루를 받는다. 이처럼 초롱꽃은 수술이 먼저 자라고 나중에 암술이 자란다.

꽃부리 끝부분은 5갈래로 얕게 갈라져서 약간 벌어지며 갈래조각 끝은 뾰족하다.

초롱꽃 꽃 모양

금강초롱꽃 높은 산에서 자라는 여러해살이풀로 자주색 종모양꽃부리는 5갈래로 얕게 갈라져 살짝 벌어진다.

더덕 산에서 자라는 여러해살이풀로 연녹색 종모양꽃부리는 5갈래로 얕게 갈라져 뒤로 젖혀지며 안쪽이 진갈색이다.

만삼 산에서 자라는 여러해살이풀로 백록색 종모양꽃부리는 5갈래로 얕게 갈라져 살짝 벌어진다.

*종모양꽃부리[종형화관(鐘形花冠), campanulate corolla]

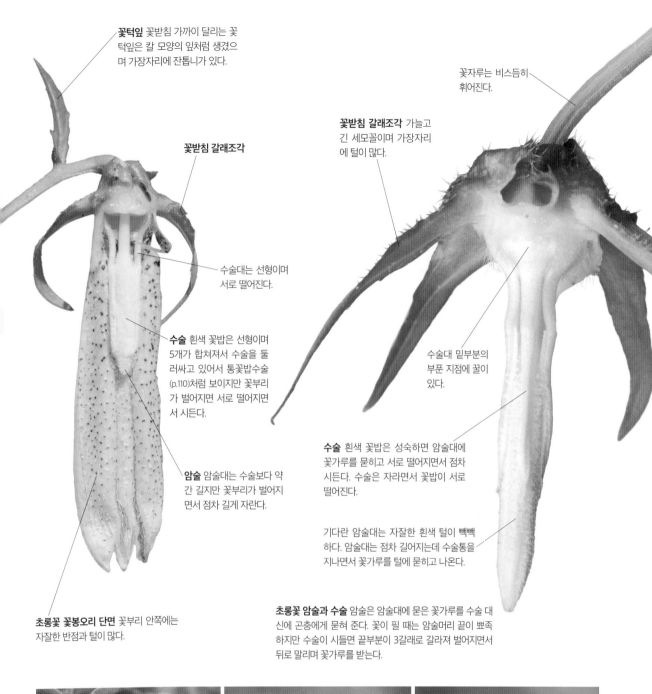

꽃턱잎 꽃받침 가까이 달리는 꽃턱잎은 칼 모양의 잎처럼 생겼으며 가장자리에 잔톱니가 있다.

꽃자루는 비스듬히 휘어진다.

꽃받침 갈래조각

꽃받침 갈래조각 가늘고 긴 세모꼴이며 가장자리에 털이 많다.

수술대는 선형이며 서로 떨어진다.

수술 흰색 꽃밥은 선형이며 5개가 합쳐져서 수술을 둘러싸고 있어서 통꽃밥수술(p.110)처럼 보이지만 꽃부리가 벌어지면 서로 떨어지면서 시든다.

수술대 밑부분의 부푼 지점에 꿀이 있다.

수술 흰색 꽃밥은 성숙하면 암술대에 꽃가루를 묻히고 서로 떨어지면서 점차 시든다. 수술은 자라면서 꽃밥이 서로 떨어진다.

암술 암술대는 수술보다 약간 길지만 꽃부리가 벌어지면서 점차 길게 자란다.

기다란 암술대는 자잘한 흰색 털이 빽빽하다. 암술대는 점차 길어지는데 수술통을 지나면서 꽃가루를 털에 묻히고 나온다.

초롱꽃 꽃봉오리 단면 꽃부리 안쪽에는 자잘한 반점과 털이 많다.

초롱꽃 암술과 수술 암술은 암술대에 묻은 꽃가루를 수술 대신에 곤충에게 묻혀 준다. 꽃이 필 때는 암술머리 끝이 뾰족하지만 수술이 시들면 끝부분이 3갈래로 갈라져 벌어지면서 뒤로 말리며 꽃가루를 받는다.

등대꽃 관상수로 심는 갈잎떨기나무로 5~7월에 가지 끝에서 늘어지는 종모양꽃부리는 5갈래로 얕게 갈라진다.

용담 산에서 자라는 여러해살이풀로 자주색 종모양꽃부리는 5갈래로 얕게 갈라져 활짝 벌어진다.

자주꽃방망이 산에서 자라는 여러해살이풀로 자주색 종모양꽃부리는 5갈래로 갈라져 활짝 벌어진다.

갯메꽃 통꽃부리 분홍색 통꽃부리는 지름 4~5cm이며 희미하게 5각이 지는 방사대칭꽃이다.

통꽃부리 안쪽에는 5개의 희미한 흰색 줄무늬가 있다.

통꽃부리 가장자리는 자잘한 톱니 모양이 된다.

통꽃부리에서 꽃부리가 넓어지기 시작하는 부분을 '꽃부리목'이라고 한다.

암술과 수술은 꽃부리 밖으로 길게 벋는다.

벌이 흰색 줄무늬를 따라 통꽃부리 안으로 들어와 암술 밑부분에 있는 꿀을 빨기 위해 머리를 박으면 암술과 수술이 머리에 닿으면서 꽃가루를 묻히고 받는다.

통꽃부리에서 통 부분은 '꽃부리통'이라고 한다.

꽃부리테 안쪽은 노란색 무늬가 있다.

통꽃부리의 위쪽 부분은 보통 넓어지는데 이 부분을 '꽃부리테'라고 한다.

갯메꽃 꽃 모양 바닷가 모래땅에서 자라며 5~7월에 잎겨드랑이에 분홍색 나팔 모양의 꽃이 핀다.

둥근잎유홍초 화초로 심으며 8~9월에 잎겨드랑이에 피는 붉은색 꽃은 깔때기모양꽃부리이다.

나팔꽃 화초로 심으며 7~9월에 잎겨드랑이에 피는 붉은색, 흰색 꽃은 깔때기모양꽃부리이다.

둥근잎나팔꽃 화초로 심으며 잎겨드랑이에 피는 자주색, 붉은색, 흰색 꽃은 깔때기모양꽃부리이다.

＊꽃부리목[화후(花喉), 판인(瓣咽), corolla throat] / 꽃부리통[화관통부(花冠筒部), 화관통(花冠筒), corolla tube]

깔때기모양꽃부리

갯메꽃은 바닷가에서 자라며 5~7월에 잎겨드랑이에 분홍색 꽃이 핀다. 꽃은 통꽃부리의 하나로 종모양꽃부리처럼 꽃잎들이 붙어서 꽃부리가 통으로 이루어진 모양이지만 통의 아랫부분은 좁고 위로 갈수록 점차 넓어지는 것이 깔때기와 비슷해서 '깔때기모양꽃부리'라고 한다. 깔때기모양꽃부리는 나팔꽃을 비롯한 메꽃과 식물이나 가지과의 일부 식물에서 볼 수 있다.

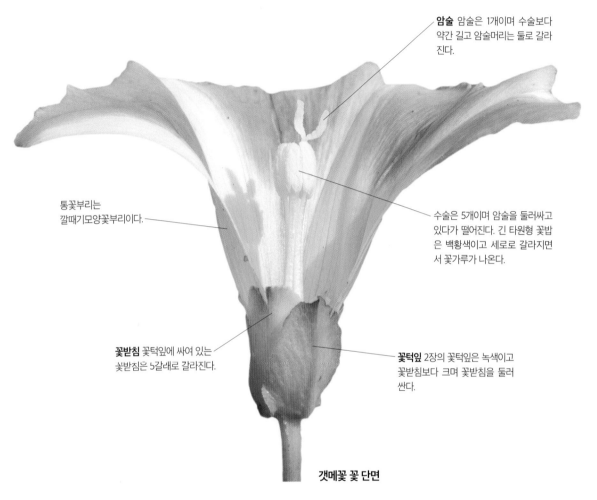

암술 암술은 1개이며 수술보다 약간 길고 암술머리는 둘로 갈라진다.

통꽃부리는 깔때기모양꽃부리이다.

수술은 5개이며 암술을 둘러싸고 있다가 떨어진다. 긴 타원형 꽃밥은 백황색이고 세로로 갈라지면서 꽃가루가 나온다.

꽃받침 꽃턱잎에 싸여 있는 꽃받침은 5갈래로 갈라진다.

꽃턱잎 2장의 꽃턱잎은 녹색이고 꽃받침보다 크며 꽃받침을 둘러싼다.

갯메꽃 꽃 단면

애기메꽃 들에서 자라며 6~8월에 잎겨드랑이에 피는 분홍색 꽃은 깔때기모양꽃부리이다.

삼색메꽃 화초로 심으며 잎겨드랑이에 피는 청자색 꽃은 안쪽에 흰색~연노란색 무늬가 있고 깔때기모양꽃부리이다.

다투라 화초로 심으며 6~9월에 잎겨드랑이에 피는 흰색 꽃은 긴 깔때기모양꽃부리이다.

*꽃부리테[판연(瓣緣), corolla limb] / 깔때기모양꽃부리[누두형화관(漏斗形花冠), funnelform corolla, infundibuliform corolla]

항아리모양꽃부리

고욤나무는 마을 주변의 산에서 자라며 암수딴그루로 5~6월에 가지 끝에 꽃이 모여 핀다. 꽃은 통꽃부리의 하나로 꽃잎들이 붙어서 이루어진 통의 모양이 밑부분은 항아리처럼 둥글고 위로 올라가면서 좁아졌다가 다시 넓어지는 모양이라서 '항아리모양꽃부리'라고 한다. 항아리모양꽃부리는 감나무과 식물과 정금나무, 진퍼리꽃나무를 비롯한 진달래과 식물의 일부에서 볼 수 있다.

고욤나무 꽃봉오리 꽃봉오리는 연한 황록색 또는 흰색이지만 끝부분이 연홍자색이 도는 것도 있다.

꽃부리 통 부분은 연한 황록색이다.

꽃받침 연녹색 꽃받침은 작으며 4갈래로 갈라진다.

수꽃은 꽃부리 안쪽에 16~24개의 수술이 들어 있다.

밑을 향하는 꽃부리는 항아리모양 꽃부리이며 끝은 보통 4갈래로 얕게 갈라져 뒤로 젖혀진다. 꽃부리 갈래조각이 밖으로 젖혀지기 때문에 벌이 찾아와 발로 잡고 매달려서 꿀을 빨기가 편하다.

고욤나무 수꽃송이 어린 가지는 황갈색 털이 있지만 없는 것도 있다.

뒤로 젖혀지는 꽃부리 안쪽은 보통 황록색이지만 연홍자색이 도는 꽃도 있다.

※항아리모양꽃부리[호형화관(壺形花冠), urceolate corolla]

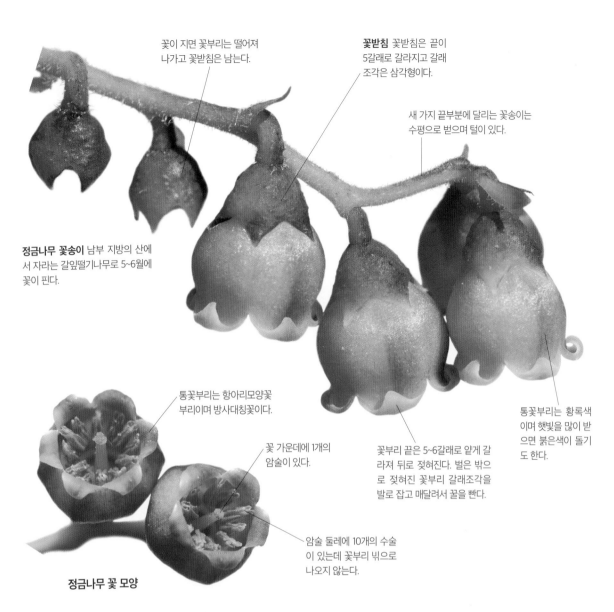

꽃이 지면 꽃부리는 떨어져 나가고 꽃받침은 남는다.

꽃받침 꽃받침은 끝이 5갈래로 갈라지고 갈래 조각은 삼각형이다.

새 가지 끝부분에 달리는 꽃송이는 수평으로 벋으며 털이 있다.

정금나무 꽃송이 남부 지방의 산에서 자라는 갈잎떨기나무로 5~6월에 꽃이 핀다.

통꽃부리는 항아리모양꽃부리이며 방사대칭꽃이다.

꽃 가운데에 1개의 암술이 있다.

꽃부리 끝은 5~6갈래로 얕게 갈라져 뒤로 젖혀진다. 벌은 밖으로 젖혀진 꽃부리 갈래조각을 발로 잡고 매달려서 꿀을 빤다.

통꽃부리는 황록색이며 햇빛을 많이 받으면 붉은색이 돌기도 한다.

암술 둘레에 10개의 수술이 있는데 꽃부리 밖으로 나오지 않는다.

정금나무 꽃 모양

진퍼리꽃나무 함경도에서 자라는 늘푸른떨기나무로 4~6월에 피는 흰색 꽃은 항아리모양 꽃부리이다.

단풍철쭉 관상수로 심는 갈잎 떨기나무로 4~5월에 피는 흰색 꽃은 항아리모양꽃부리이다.

마취목 관상수로 심는 늘푸른 떨기나무~작은키나무로 3~5월에 피는 흰색 꽃은 항아리모양 꽃부리이다.

블루베리 관상수로 심는 갈잎 떨기나무로 4~5월에 피는 흰색 꽃은 항아리모양꽃부리이다.

왕관모양꽃부리

수선화는 화단에 심어 기르는 여러해살이풀로 한겨울부터 봄까지 꽃줄기 끝에 흰색이나 노란색 꽃이 모여 피는데 여러 재배 품종이 있다. 꽃은 약간 밑을 보고 피는데 그리스 신화에서는 자기의 모습에 반한 나르시스가 물에 비치는 제 얼굴을 보다가 꽃으로 변했기 때문이라고 하며 속명은 'Narcissus'이다. 수선화 꽃은 꽃잎과 수술 사이에 꽃잎보다 작은 부속체가 생기는데 이를 '부꽃부리' 또는 '덧꽃부리'라고 한다. 부꽃부리는 봄구슬붕이처럼 꽃잎 사이에 생기기도 한다. 수선화처럼 왕관 모양의 부꽃부리가 있는 꽃부리를 '왕관모양꽃부리'라고 한다.

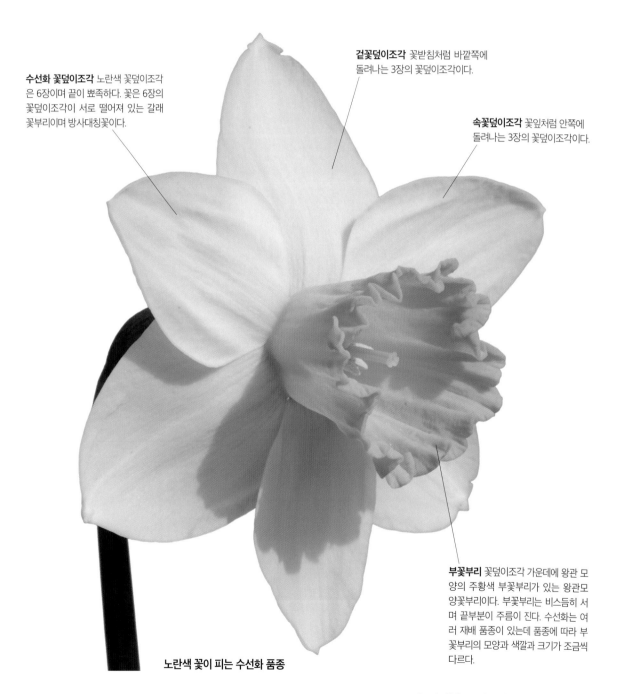

수선화 꽃덮이조각 노란색 꽃덮이조각은 6장이며 끝이 뾰족하다. 꽃은 6장의 꽃덮이조각이 서로 떨어져 있는 갈래꽃부리이며 방사대칭꽃이다.

겉꽃덮이조각 꽃받침처럼 바깥쪽에 돌려나는 3장의 꽃덮이조각이다.

속꽃덮이조각 꽃잎처럼 안쪽에 돌려나는 3장의 꽃덮이조각이다.

부꽃부리 꽃덮이조각 가운데에 왕관 모양의 주황색 부꽃부리가 있는 왕관모양꽃부리이다. 부꽃부리는 비스듬히 서며 끝부분이 주름이 진다. 수선화는 여러 재배 품종이 있는데 품종에 따라 부꽃부리의 모양과 색깔과 크기가 조금씩 다르다.

노란색 꽃이 피는 수선화 품종

*부꽃부리[덧꽃부리, 부화관(副花冠), corona]

수선화는 꽃이 활짝 피면 꽃덮이
조각이 뒤로 젖혀지기도 한다.

부꽃부리는 원통
모양이다.

암술 부꽃부리 가운데에 있는 1개의
암술은 부꽃부리보다 길이가 짧다.

수술 6개의 수술은 암술을
둘러싸며 암술보다 길이가
약간 짧다.

수선화 꽃 단면

부꽃부리

주름 장식의 부꽃부리

실 모양의 부꽃부리

부꽃부리는 톱니가 있다.

수선화 '디코이' 6장의 흰색 꽃
덮이조각 가운데에 적황색 부
꽃부리가 있는 왕관모양꽃부
리이다.

눈송이라이티아 관상수로 기
른다. 꽃부리는 5갈래로 갈라
지며 중심부에 주름 장식의 부
꽃부리가 빙 둘러난다.

시계꽃 온실에서 기르며 흰색
꽃덮이조각 안쪽에 실 모양의
자주색 부꽃부리가 빙 둘러난다.

봄구슬붕이 풀밭에서 자란다.
꽃부리 끝은 5갈래로 갈라지
고 갈래조각 사이마다 부꽃부
리가 있다.

＊왕관모양꽃부리[왕관형화관(王冠形花冠), coronate corolla]

난초모양꽃부리

보춘화는 남부 지방의 산에서 자라는 늘푸른여러해살이풀로 '춘란'이라고도 한다. 3~4월에 칼 모양의 뿌리잎 사이에서 자란 꽃줄기 윗부분에 피는 1개의 녹색 꽃은 갈래꽃부리이며 좌우대칭꽃이다. 보춘화는 3장의 꽃잎 중에 밑을 향한 1개가 입술 모양이라서 '입술꽃잎'이라고 한다. 입술꽃잎은 보춘화가 속한 난초과 식물이 가지고 있는 특징이라서 이들을 '난초모양꽃부리'로 구분한다.

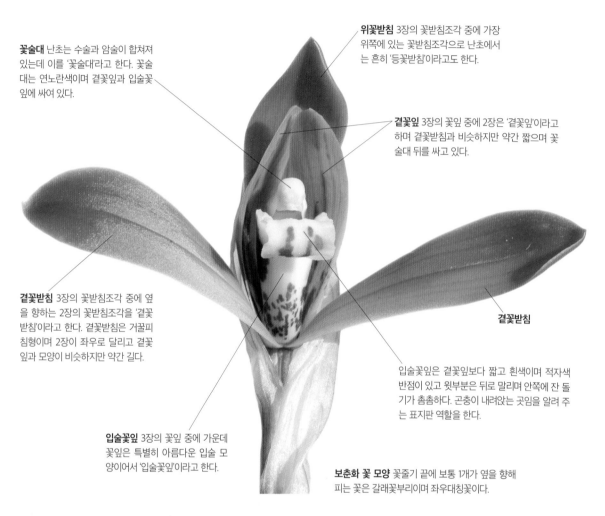

꽃술대 난초는 수술과 암술이 합쳐져 있는데 이를 '꽃술대'라고 한다. 꽃술대는 연노란색이며 곁꽃잎과 입술꽃잎에 싸여 있다.

위꽃받침 3장의 꽃받침조각 중에 가장 위쪽에 있는 꽃받침조각으로 난초에서는 흔히 '등꽃받침'이라고도 한다.

곁꽃잎 3장의 꽃잎 중에 2장은 '곁꽃잎'이라고 하며 곁꽃받침과 비슷하지만 약간 짧으며 꽃술대 뒤를 싸고 있다.

곁꽃받침 3장의 꽃받침조각 중에 옆을 향하는 2장의 꽃받침조각을 '곁꽃받침'이라고 한다. 곁꽃받침은 거꿀피침형이며 2장이 좌우로 달리고 곁꽃잎과 모양이 비슷하지만 약간 길다.

곁꽃받침

입술꽃잎은 곁꽃잎보다 짧고 흰색이며 적자색 반점이 있고 윗부분은 뒤로 말리며 안쪽에 잔 돌기가 촘촘하다. 곤충이 내려앉는 곳임을 알려 주는 표지판 역할을 한다.

입술꽃잎 3장의 꽃잎 중에 가운데 꽃잎은 특별히 아름다운 입술 모양이어서 '입술꽃잎'이라고 한다.

보춘화 꽃 모양 꽃줄기 끝에 보통 1개가 옆을 향해 피는 꽃은 갈래꽃부리이며 좌우대칭꽃이다.

해오라비난초 양지쪽 습지에서 자라는 여러해살이풀로 입술꽃잎이 날개를 편 해오라기 모양이다.

호접란 품종 화초로 기르는 여러해살이풀로 2장의 곁꽃잎은 나비처럼 생겼고 입술꽃잎은 상대적으로 작다.

노랑포설란 화초로 기르는 여러해살이풀로 노란색 꽃이 피는데 입술꽃잎은 닻과 모양이 비슷하다.

64 *난초모양꽃부리[난형화관(蘭形花冠), orchidaceous corolla] / 입술꽃잎[순판(脣瓣), labellum] / 곁꽃잎[측화판(側花瓣), lateral petal, side petal]

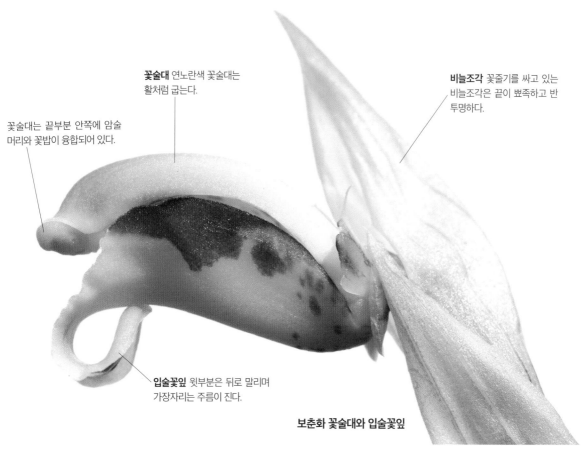

꽃술대 연노란색 꽃술대는
활처럼 굽는다.

꽃술대는 끝부분 안쪽에 암술
머리와 꽃밥이 융합되어 있다.

비늘조각 꽃줄기를 싸고 있는
비늘조각은 끝이 뾰족하고 반
투명하다.

입술꽃잎 윗부분은 뒤로 말리며
가장자리는 주름이 진다.

보춘화 꽃술대와 입술꽃잎

위꽃받침 위꽃받침은 보통
자갈색이지만 노란색이나
붉은색인 것도 있다.

곁꽃잎 2장의 곁꽃잎은 꽃
받침과 모양과 색깔이 비슷
하지만 약간 작다.

곁꽃잎

입술꽃잎의 옆갈래조각은
양쪽에서 꽃술대를 싸서
원통 모양이 된다.

곁꽃받침

곁꽃받침 2장의 곁꽃
받침도 위꽃받침과 비
슷한 모양이다.

꽃술대 꽃술대에는
암술과 수술이 합쳐
져 있다.

입술꽃잎 흰색 입술꽃잎은 3갈래로
갈라지며 가운데조각은 3개의 세로
주름이 진다. 곤충이 내려앉는 곳임을
알려 주는 표지판 역할을 한다.

새우난초 꽃 모양 남부 지방의 숲속에서 자라는 여러해살이풀로
봄에 꽃이 핀다. 대부분의 난초는 새우난초처럼 꽃덮이조각이
아름다우며 입술꽃잎은 다양한 모양으로 변형되었다.

입술꽃잎

개불알꽃 산에서 자라는 여러해살이
풀로 5~6월에 꽃이 핀다. 입술꽃잎이
주머니 모양으로 부풀어서 주머니모
양꽃부리로 따로 구분하기도 한다.

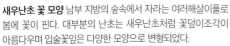

*위꽃받침[등꽃받침, 배악편(背萼片), 상악편(上萼片), 주판(主瓣), dorsal sepal, upper sepal] / 곁꽃받침[측악편(側萼片), 부판(副瓣),
lateral sepal] / 꽃술대[예주(蘂柱), gynostemium, column]

투구모양꽃부리

투구꽃은 산에서 자라는 여러해살이풀로 8~9월에 가지 끝에 보라색 꽃이 모여 핀다. 투구꽃은 꽃받침과 꽃잎이 각각 떨어져 있는 갈래꽃부리이며 대칭축이 1개인 좌우대칭꽃이다. 5장의 꽃받침조각 중에 위에 있는 꽃받침조각이 꽃의 윗부분을 덮고 있는 모습이 투구와 비슷한 모양이라서 '투구모양꽃부리' 또는 '고깔모양꽃부리'라고도 한다. 투구모양꽃부리는 미나리아재비과에 속하는 투구꽃속의 식물에서 볼 수 있다.

뒤로 말리는 꽃뿔은 꿀이 들어 있어서 '꿀주머니'라고도 한다.

위꽃받침 투구꽃은 5장의 꽃받침조각이 꽃잎처럼 보이는데 그 중에서 맨 위에 있는 꽃받침을 '위꽃받침'이라고 한다. 위꽃받침은 투구 모양으로 꽃을 덮기 때문에 '투구모양꽃부리'라고 한다.

위꽃받침은 이마 쪽이 새부리처럼 뾰족하다. 위꽃받침 속에는 꿀을 담고 있는 꽃잎이 있는데 위꽃받침은 꽃잎의 꿀을 지키는 역할을 한다.

옆꽃받침

암술 꽃 가운데에 있는 암술은 40개 정도의 수술에 싸여 있다.

투구꽃 꽃잎 위꽃받침 속에 숨어 있는 꽃잎은 긴 자루가 있으며 끝부분의 꽃뿔은 뒤로 용수철처럼 말린다.

옆꽃받침 5장의 꽃받침 중에 옆을 막고 있는 2장의 꽃받침조각을 '옆꽃받침'이라고 한다. 옆꽃받침은 약간 둥그스름하며 옆을 막아서 벌이 정면에서만 들어오게 해서 수술이나 암술을 꼭 건드리도록 만든다.

밑꽃받침 5장의 꽃받침 중에 아래로 퍼진 2장의 꽃받침조각을 '밑꽃받침'이라고 한다. 밑꽃받침은 긴타원형이다. 3장의 꽃받침을 가진 난초(p.64)는 각각 위꽃받침과 옆꽃받침으로 구분하지만 5장의 꽃받침을 가진 투구꽃은 아래를 향하는 2장의 꽃받침조각을 따로 '밑꽃받침'으로 구분한다.

밑꽃받침은 벌이 내려앉는 발판 역할을 한다.

투구꽃 꽃 모양 5장의 꽃받침은 보라색으로 꽃잎처럼 보이며 위를 덮고 있는 1개의 위꽃받침이 가장 크고 옆꽃받침은 2개, 밑꽃받침도 2개가 있다.

＊투구모양꽃부리[고깔모양꽃부리, 두형화관(兜形花冠), galeate corolla]

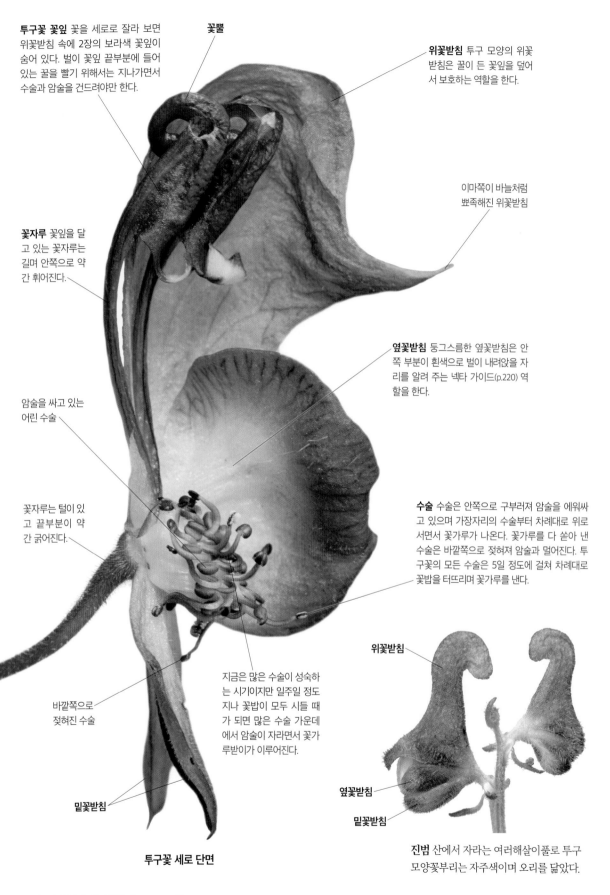

투구꽃 꽃잎 꽃을 세로로 잘라 보면 위꽃받침 속에 2장의 보라색 꽃잎이 숨어 있다. 벌이 꽃잎 끝부분에 들어 있는 꿀을 빨기 위해서는 지나가면서 수술과 암술을 건드려야만 한다.

꽃뿔

위꽃받침 투구 모양의 위꽃 받침은 꿀이 든 꽃잎을 덮어 서 보호하는 역할을 한다.

이마쪽이 바늘처럼 뾰족해진 위꽃받침

꽃자루 꽃잎을 달 고 있는 꽃자루는 길며 안쪽으로 약 간 휘어진다.

옆꽃받침 둥그스름한 옆꽃받침은 안 쪽 부분이 흰색으로 벌이 내려앉을 자 리를 알려 주는 넥타 가이드(p.220) 역 할을 한다.

암술을 싸고 있는 어린 수술

수술 수술은 안쪽으로 구부러져 암술을 에워싸 고 있으며 가장자리의 수술부터 차례대로 위로 서면서 꽃가루가 나온다. 꽃가루를 다 쏟아 낸 수술은 바깥쪽으로 젖혀져 암술과 멀어진다. 투 구꽃의 모든 수술은 5일 정도에 걸쳐 차례대로 꽃밥을 터뜨리며 꽃가루를 낸다.

꽃자루는 털이 있 고 끝부분이 약 간 굵어진다.

위꽃받침

지금은 많은 수술이 성숙하 는 시기이지만 일주일 정도 지나 꽃밥이 모두 시들 때 가 되면 많은 수술 가운데 에서 암술이 자라면서 꽃가 루받이가 이루어진다.

바깥쪽으로 젖혀진 수술

옆꽃받침

밑꽃받침

밑꽃받침

투구꽃 세로 단면

진범 산에서 자라는 여러해살이풀로 투구 모양꽃부리는 자주색이며 오리를 닮았다.

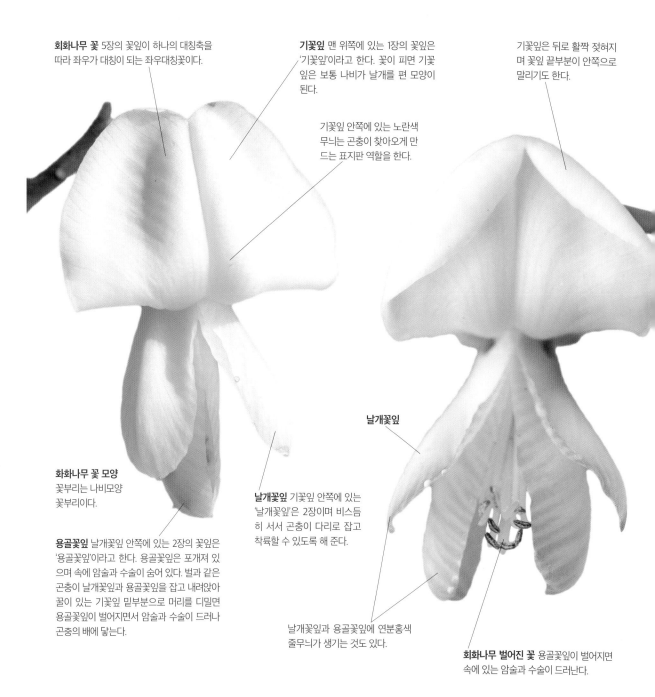

회화나무 꽃 5장의 꽃잎이 하나의 대칭축을 따라 좌우가 대칭이 되는 좌우대칭꽃이다.

기꽃잎 맨 위쪽에 있는 1장의 꽃잎은 '기꽃잎'이라고 한다. 꽃이 피면 기꽃잎은 보통 나비가 날개를 편 모양이 된다.

기꽃잎은 뒤로 활짝 젖혀지며 꽃잎 끝부분이 안쪽으로 말리기도 한다.

기꽃잎 안쪽에 있는 노란색 무늬는 곤충이 찾아오게 만드는 표지판 역할을 한다.

날개꽃잎

화화나무 꽃 모양
꽃부리는 나비모양 꽃부리이다.

용골꽃잎 날개꽃잎 안쪽에 있는 2장의 꽃잎은 '용골꽃잎'이라고 한다. 용골꽃잎은 포개져 있으며 속에 암술과 수술이 숨어 있다. 벌과 같은 곤충이 날개꽃잎과 용골꽃잎을 잡고 내려앉아 꿀이 있는 기꽃잎 밑부분으로 머리를 디밀면 용골꽃잎이 벌어지면서 암술과 수술이 드러나 곤충의 배에 닿는다.

날개꽃잎 기꽃잎 안쪽에 있는 '날개꽃잎'은 2장이며 비스듬히 서서 곤충이 다리로 잡고 착륙할 수 있도록 해 준다.

날개꽃잎과 용골꽃잎에 연분홍색 줄무늬가 생기는 것도 있다.

화화나무 벌어진 꽃 용골꽃잎이 벌어지면 속에 있는 암술과 수술이 드러난다.

벌노랑이 산과 들에서 자라며 5~8월에 잎겨드랑이에 모여 피는 노란색 꽃은 나비모양꽃부리이다.

자운영 논밭에서 자라며 봄에 긴 꽃대 끝에 촘촘히 모여 달리는 붉은색 꽃은 나비모양꽃부리이다.

새팥 들의 풀밭에서 자라며 8~9월에 잎겨드랑이에 2~3개씩 모여 피는 노란색 꽃은 나비모양꽃부리이다.

＊기꽃잎[기판(旗瓣), banner, vexillum, flag petal] / 날개꽃잎[익판(翼瓣), wing petal]

나비모양꽃부리

회화나무는 중국 원산의 갈잎큰키나무로 오래 전부터 관상수로 심어 길렀다. 회화나무는 여름에 꽃이 피는데 5장의 꽃잎이 배열된 모습이 나비와 비슷한 모양이라서 '나비모양꽃부리'라고 한다. 나비모양꽃부리는 갈래꽃부리로 좌우대칭꽃이며 콩과 식물에서 볼 수 있다.

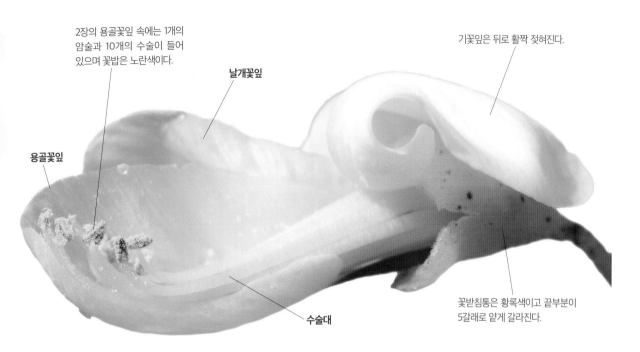

2장의 용골꽃잎 속에는 1개의 암술과 10개의 수술이 들어 있으며 꽃밥은 노란색이다.

날개꽃잎

기꽃잎은 뒤로 활짝 젖혀진다.

용골꽃잎

수술대

꽃받침통은 황록색이고 끝부분이 5갈래로 얕게 갈라진다.

회화나무 꽃 단면 곤충이 내려앉으면 날개꽃잎과 용골꽃잎이 함께 벌어지면서 암술과 수술이 드러난다.

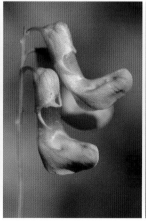

아까시나무 산에서 자라며 5~6월에 피는 흰색 꽃은 나비모양꽃부리이다.

동부 밭에서 기르며 8월에 잎겨드랑이에 모여 피는 청자색 꽃은 나비모양꽃부리이다.

산새콩 산에서 자라며 5~6월에 잎겨드랑이에 모여 피는 보라색 꽃은 나비모양꽃부리이다.

작두콩 밭에서 기르며 여름에 잎겨드랑이에 모여 피는 홍자색 꽃은 나비모양꽃부리이다.

*용골꽃잎[용골판(龍骨瓣), keel petal] / 나비모양꽃부리[접형화관(蝶形花冠), papilionaceous corolla]

입술모양꽃부리

용머리는 산과 들에서 자라는 여러해살이풀이다. 여름에 피는 자주색 꽃은 통꽃부리이며 좌우대칭 꽃이다. 원통 모양의 꽃부리는 윗부분이 둘로 깊게 갈라져 벌어진 모양이 입술과 비슷해서 '입술모양꽃부리'라고 한다. 대부분 윗입술꽃잎과 아랫입술꽃잎의 모양이 다르다. 입술모양꽃부리는 주로 꿀풀과나 현삼과, 밭둑외풀과 등의 식물에서 볼 수 있다.

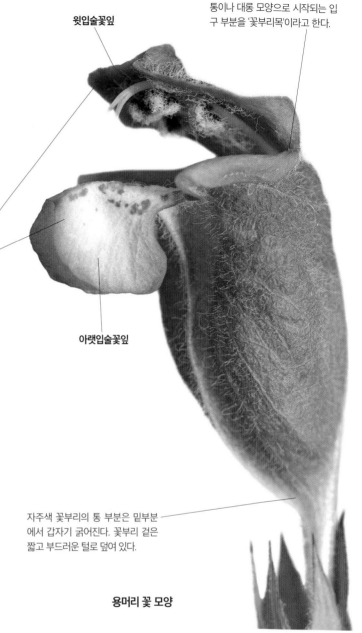

윗입술꽃잎

꽃부리목 통꽃부리에서 꽃부리가 통이나 대롱 모양으로 시작되는 입구 부분을 '꽃부리목'이라고 한다.

용머리 꽃부리의 끝부분은 입술모양으로 윗입술꽃잎과 아랫입술꽃잎으로 나뉘어 벌어져서 '입술모양꽃부리'라고 한다. 두 입술 모양의 꽃부리는 벌어져 있다.

아랫입술꽃잎

자주색 꽃부리의 통 부분은 밑부분에서 갑자기 굵어진다. 꽃부리 겉은 짧고 부드러운 털로 덮여 있다.

용머리 꽃 모양

갓 핀 꽃 용머리 윗입술꽃잎은 끝이 오목하고 아랫입술꽃잎은 2~3개로 갈라지며 흰색 바탕에 자주색 무늬가 있어 곤충이 내려앉는 표지판 역할을 한다.

광대나물 풀밭과 길가에서 자라며 이른 봄부터 잎겨드랑이에 피는 홍자색 꽃은 입술모양꽃부리이다.

벌깨덩굴 산의 숲속에서 자라며 봄에 줄기 윗부분의 잎겨드랑이에 피는 자주색 꽃은 입술모양꽃부리이다.

깨꽃 화초로 기르며 5~10월에 가지 끝의 꽃송이에 피는 붉은색 꽃은 입술모양꽃부리이다.

70

＊입술모양꽃부리[순형화관(脣形花冠), labiate corolla, bilabiate corolla]

암술머리 암술머리는 끝부분이 둘로 갈라진 모양이 뱀이 혀를 날름거리는 모양과 비슷하다.

수술 수술은 4개이며 2개가 더 길고 꽃밥에는 털이 있다.

암술과 수술은 윗입술꽃잎 안쪽에 붙어 있는데 이는 꽃가루받이를 잘할 수 있는 모양이다. 아랫입술꽃잎에 내려앉은 곤충이 꿀을 빨기 위해 꽃 안으로 들어갈 때 수술은 곤충의 등에 꽃가루를 묻힐 수 있고 암술은 곤충이 다른 꽃에서 묻혀 온 꽃가루를 받을 수 있는 구조이다.

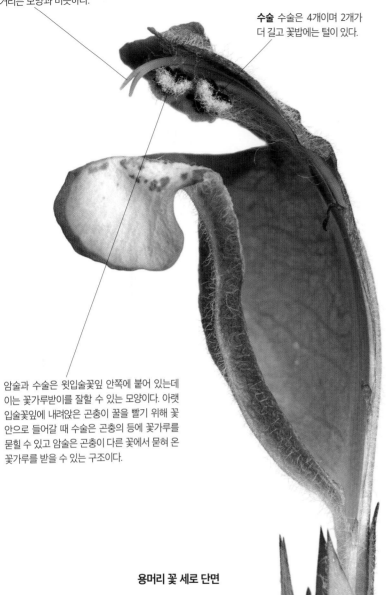

용머리 꽃 세로 단면

꿀풀 풀밭에서 자라며 5~7월에 원통형 꽃송이에 모여 피는 자주색 꽃은 입술모양꽃부리이다.

방아풀 산과 들에서 자라며 8~9월에 꽃송이에 모여 피는 연자주색 꽃은 입술모양꽃부리이다.

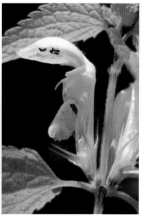

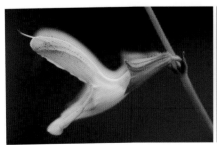

참배암차즈기 산에서 자라며 여름에 줄기 윗부분의 마디마다 모여 달리는 노란색 꽃은 입술모양꽃부리이다.

핫립세이지 화초로 기르며 4~11월에 기다란 꽃차례에 피는 붉은색 꽃은 안쪽이 흰색이고 입술모양꽃부리이다.

광대수염 산에서 자라며 5~6월에 잎겨드랑이마다 피는 흰색 꽃은 입술모양꽃부리이다.

＊윗입술꽃잎[상순화판(上脣花瓣), upper lip] / 아랫입술꽃잎[하순화판(下脣花瓣), lower lip]

가면모양꽃부리

금어초는 꽃밭에 화초로 심는데 품종에 따라 꽃의 색깔이 여러 가지이다. 금어초는 4~7월에 줄기 끝에 용의 머리나 금붕어를 닮은 꽃이 모여 피는데 꽃부리는 통꽃부리이며 좌우대칭꽃이다. 입술 모양으로 갈라진 꽃부리는 아랫입술꽃잎이 도드라지면서 꽃부리목을 막아서 가면처럼 보이기 때문에 '가면모양꽃부리'라고 한다. 가면모양꽃부리는 질경이과의 금어초속과 해란초속 식물에서 볼 수 있다.

윗입술꽃잎은 위를 향하며 둘로 얕게 갈라진다.

가면모양꽃부리는 용의 머리를 닮아서 영어 이름은 'Snapdragon'이다. 또 꽃부리가 금붕어를 닮아서 '금붕어꽃'이라고도 한다.

꽃부리는 두 입술이 닫혀 있다. 꽃부리 속에는 1개의 암술과 4개의 수술이 숨어 있다.

금어초는 아랫입술꽃잎의 돌출부에 의해 두 입술 사이를 가면처럼 가리고 있는 가면모양꽃부리이다.

아랫입술꽃잎은 3갈래로 얕게 갈라진다.

금어초 품종

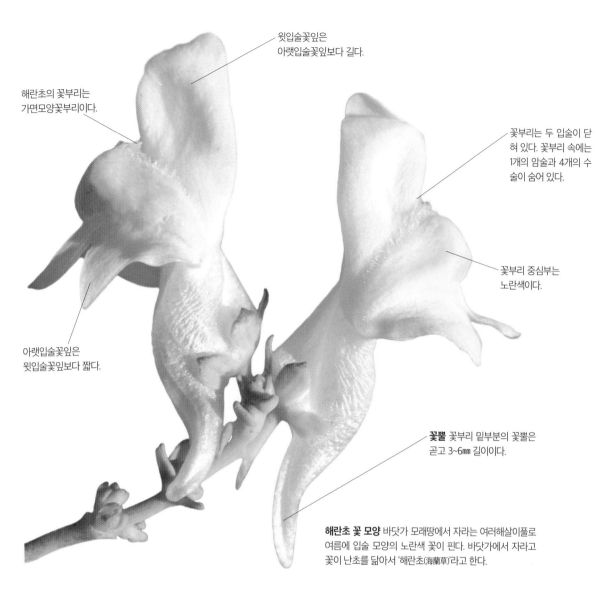

윗입술꽃잎은
아랫입술꽃잎보다 길다.

해란초의 꽃부리는
가면모양꽃부리이다.

꽃부리는 두 입술이 닫
혀 있다. 꽃부리 속에는
1개의 암술과 4개의 수
술이 숨어 있다.

꽃부리 중심부는
노란색이다.

아랫입술꽃잎은
윗입술꽃잎보다 짧다.

꽃뿔 꽃부리 밑부분의 꽃뿔은
곧고 3~6㎜ 길이이다.

해란초 꽃 모양 바닷가 모래땅에서 자라는 여러해살이풀로
여름에 입술 모양의 노란색 꽃이 핀다. 바닷가에서 자라고
꽃이 난초를 닮아서 '해란초(海蘭草)'라고 한다.

좁은잎해란초 주로 화초로 심
으며 가지 끝의 노란색 꽃은 가
면모양꽃부리이다.

금어초 품종 화초로 심으며 여
러 색깔의 품종이 있고 꽃은 가
면모양꽃부리이다.

실버금어초 화초로 심으며 가
지 윗부분의 흰색 꽃은 가면모
양꽃부리이다.

애기금어초 품종 화초로 심으
며 가지 윗부분의 여러 색깔 꽃
은 가면모양꽃부리이다.

*가면모양꽃부리[가면상화관(假面狀花冠), personate corolla]

꽃뿔모양꽃부리

매발톱꽃은 산에서 자라는 여러해살이풀로 5~7월에 가지 끝에 적갈색 꽃이 고개를 숙이고 핀다. 꽃의 밑부분이 매의 발톱을 닮은 기다란 꽃뿔로 되어 있어서 '꽃뿔모양꽃부리'라고 한다. 매발톱꽃의 꽃뿔 속에는 꿀이 들어 있어서 '꿀주머니'라고도 한다. 꿀이 들어 있는 기다란 꽃뿔을 가진 꽃은 제비꽃, 현호색, 물봉선, 큰제비고깔, 한련, 풍란 등이 있다.

어린 열매 길쭉한 열매는 5개가 뭉쳐 있다.

꽃받침조각 매발톱꽃은 5장의 자갈색 꽃받침조각이 꽃잎처럼 보이며 끝이 뾰족하고 비스듬히 퍼진다.

꽃뿔 꽃봉오리 뒷부분은 기다란 꽃뿔로 되어 있다.

꽃잎 꽃받침 안쪽에 있는 5장의 꽃잎은 노란색이며 곧게 선다.

꽃받침조각 안쪽도 자갈색이다.

꽃봉오리 때는 꽃받침조각이 붙어 있으며 꽃받침조각 바깥쪽은 진한 자갈색이다.

꽃부리 깔때기 모양이며 옆을 향한다.

꽃받침

꽃뿔

매발톱꽃 꽃송이 꽃은 줄기와 가지 끝에 하나씩 고개를 숙이고 핀다.

물봉선 꽃 모양 산의 습지에서 자라는 한해살이풀로 8~9월에 피는 홍자색 꽃은 뒷부분의 기다란 꽃뿔이 뒤로 말린다.

큰제비고깔 산에서 자라는 여러해살이풀로 여름에 피는 자주색 꽃은 뒷부분이 기다란 꽃뿔이다.

*꽃뿔모양꽃부리[유거화관(有距花冠), calcarate corolla]

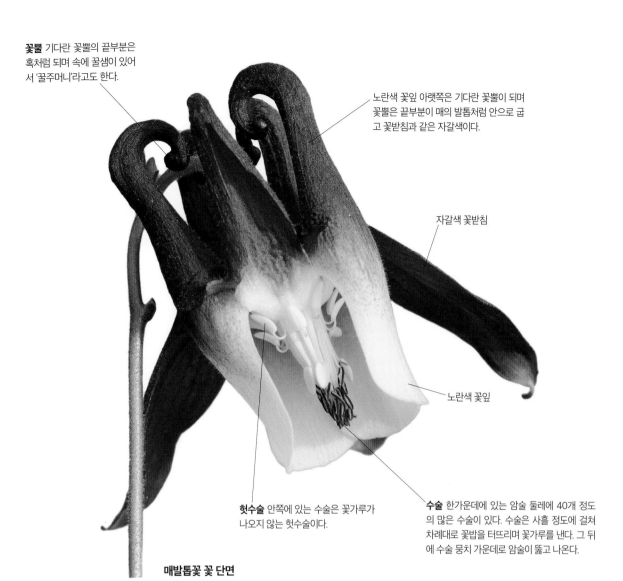

꽃뿔 기다란 꽃뿔의 끝부분은 혹처럼 되며 속에 꿀샘이 있어서 '꿀주머니'라고도 한다.

노란색 꽃잎 아랫쪽은 기다란 꽃뿔이 되며 꽃뿔은 끝부분이 매의 발톱처럼 안으로 굽고 꽃받침과 같은 자갈색이다.

자갈색 꽃받침

노란색 꽃잎

헛수술 안쪽에 있는 수술은 꽃가루가 나오지 않는 헛수술이다.

수술 한가운데에 있는 암술 둘레에 40개 정도의 많은 수술이 있다. 수술은 사흘 정도에 걸쳐 차례대로 꽃밥을 터뜨리며 꽃가루를 낸다. 그 뒤에 수술 뭉치 가운데로 암술이 뚫고 나온다.

매발톱꽃 꽃 단면

산괴불주머니 산에서 자라는 두해살이풀로 봄에 피는 노란색 꽃은 뒷부분이 기다란 꽃뿔이다.

뫼제비꽃 산에서 자라는 여러해살이풀로 봄에 피는 연보라색 꽃은 뒷부분이 꽃뿔로 되어 있다.

한련 화초로 기르며 6~10월에 피는 여러 색깔의 꽃은 뒷부분이 꽃뿔로 되어 있다.

풍란 남쪽 섬에서 자라는 여러해살이풀로 여름에 피는 꽃은 뒷부분이 기다란 꽃뿔로 되어 있다.

*꽃뿔[꿀주머니, 거(距), spur]

대롱모양꽃부리

뻐꾹채는 산기슭의 풀밭에서 자라며 5~7월에 줄기 끝에 붉은색 꽃송이가 달린다. 꽃송이에는 많은 꽃이 빽빽이 모여 있는데 꽃부리는 가늘고 긴 대롱 모양이라서 '대롱모양꽃부리'라고 한다. 통꽃부리의 하나로 국화과에서 볼 수 있으며 흔히 '대롱꽃'이라고 부른다.

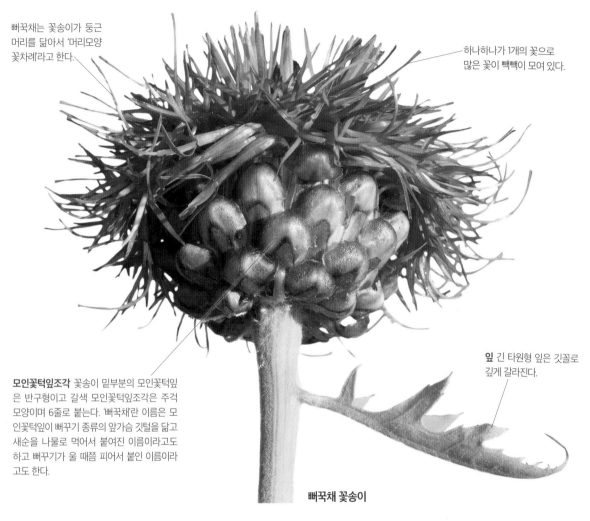

뻐꾹채는 꽃송이가 둥근 머리를 닮아서 '머리모양 꽃차례'라고 한다.

하나하나가 1개의 꽃으로 많은 꽃이 빽빽이 모여 있다.

모인꽃턱잎조각 꽃송이 밑부분의 모인꽃턱잎은 반구형이고 갈색 모인꽃턱잎조각은 주걱 모양이며 6줄로 붙는다. '뻐꾹채'란 이름은 모인꽃턱잎이 뻐꾸기 종류의 앞가슴 깃털을 닮고 새순을 나물로 먹어서 붙여진 이름이라고도 하고 뻐꾸기가 울 때쯤 피어서 붙인 이름이라고도 한다.

잎 긴 타원형 잎은 깃꼴로 깊게 갈라진다.

뻐꾹채 꽃송이

절굿대 산에서 자라는 여러해살이풀로 7~9월에 가지 끝에 피는 둥근 남자색 꽃송이는 모두 대롱꽃이다.

고려엉겅퀴 산에서 자라는 여러해살이풀로 7~10월에 가지 끝에 피는 자주색 꽃송이는 모두 대롱꽃이다.

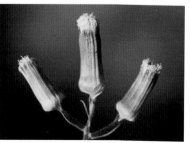

붉은서나물 빈터에서 자라는 한해살이풀로 9~10월에 가지 끝에 피는 꽃송이는 모두 대롱꽃이다.

＊대롱모양꽃부리[관상화관(管狀花冠), 통상화관(筒狀花冠), tubular corolla]

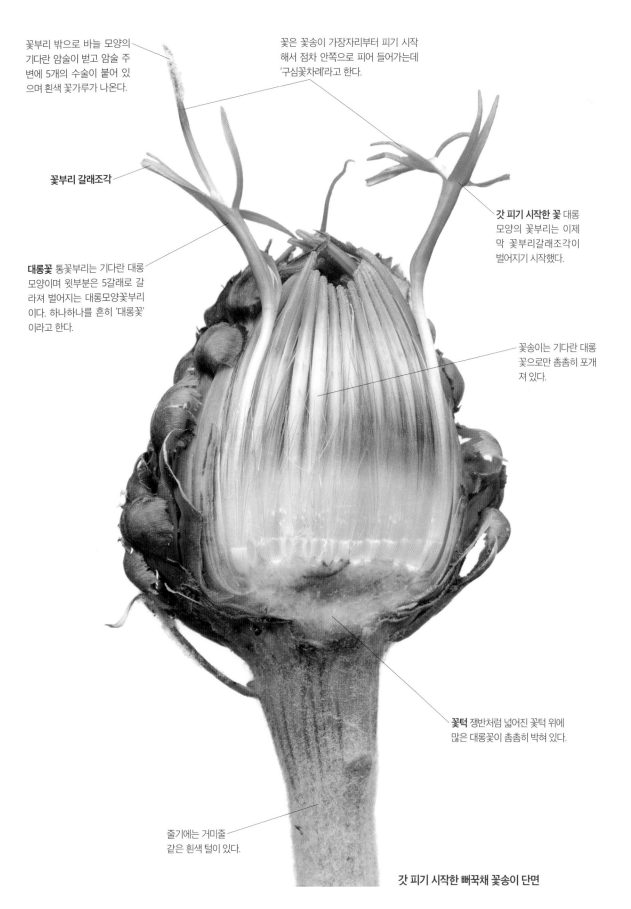

꽃부리 밖으로 바늘 모양의 기다란 암술이 벋고 암술 주변에 5개의 수술이 붙어 있으며 흰색 꽃가루가 나온다.

꽃은 꽃송이 가장자리부터 피기 시작해서 점차 안쪽으로 피어 들어가는데 '구심꽃차례'라고 한다.

꽃부리 갈래조각

갓 피기 시작한 꽃 대롱 모양의 꽃부리는 이제 막 꽃부리갈래조각이 벌어지기 시작했다.

대롱꽃 통꽃부리는 기다란 대롱 모양이며 윗부분은 5갈래로 갈라져 벌어지는 대롱모양꽃부리이다. 하나하나를 흔히 '대롱꽃'이라고 한다.

꽃송이는 기다란 대롱꽃으로만 촘촘히 포개져 있다.

꽃턱 쟁반처럼 넓어진 꽃턱 위에 많은 대롱꽃이 촘촘히 박혀 있다.

줄기에는 거미줄 같은 흰색 털이 있다.

갓 피기 시작한 뻐꾹채 꽃송이 단면

*대롱꽃[관상화(管狀花), 통상화(筒狀花), disk floret, tubulous flower] / 구심꽃차례[구심화서(求心花序), centripetal inflorescence]

혀모양꽃부리

민들레는 산과 들의 풀밭에서 자라는 여러해살이풀로 3~5월에 꽃줄기 끝에 노란색 꽃송이가 달린다. 꽃송이에는 많은 꽃이 빽빽이 모여 있는데 각각의 꽃부리는 밑부분이 합쳐져서 대롱처럼 되고 윗부분은 길게 혀처럼 벋은 모양이라 '혀모양꽃부리'라고 한다. 혀모양꽃부리는 통꽃부리의 하나로 국화과에서 볼 수 있으며 흔히 '혀꽃'이라고 부른다.

민들레 꽃송이는 낮에만 꽃송이가 벌어지고 밤에는 꽃송이를 닫는다.

하나하나가 1개의 꽃으로 많은 혀꽃이 빽빽이 모여 있다.

중심부는 아직 꽃봉오리 상태이다.

민들레 꽃송이 머리모양꽃차례는 가장자리부터 꽃이 피기 시작해 점차 안쪽으로 피어 들어가는 구심꽃차례이다. 민들레는 대롱꽃이 없고 혀꽃만 있다.

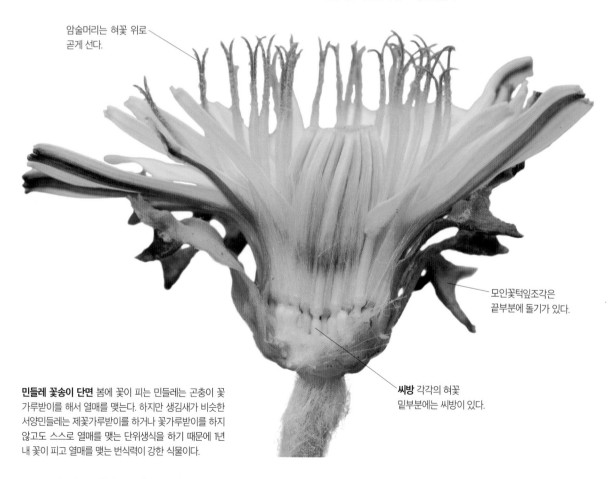

암술머리는 혀꽃 위로 곧게 선다.

모인꽃턱잎조각은 끝부분에 돌기가 있다.

씨방 각각의 혀꽃 밑부분에는 씨방이 있다.

민들레 꽃송이 단면 봄에 꽃이 피는 민들레는 곤충이 꽃가루받이를 해서 열매를 맺는다. 하지만 생김새가 비슷한 서양민들레는 제꽃가루받이를 하거나 꽃가루받이를 하지 않고도 스스로 열매를 맺는 단위생식을 하기 때문에 1년 내 꽃이 피고 열매를 맺는 번식력이 강한 식물이다.

*혀모양꽃부리[설상화관(舌狀花冠), ligulate corolla] / 혀꽃[설상화(舌狀花), ray floret, ligulate flower] / 갓털[우산털, 관모(冠毛), pappus]

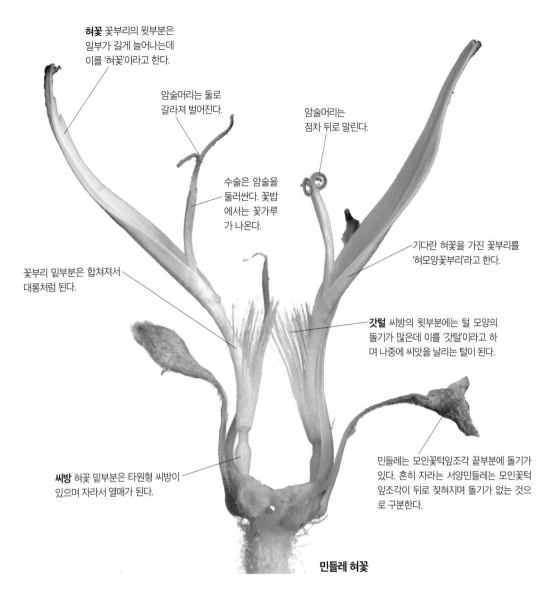

혀꽃 꽃부리의 윗부분은 일부가 길게 늘어나는데 이를 '혀꽃'이라고 한다.

암술머리는 둘로 갈라져 벌어진다.

암술머리는 점차 뒤로 말린다.

수술은 암술을 둘러싼다. 꽃밥에서는 꽃가루가 나온다.

기다란 혀꽃을 가진 꽃부리를 '혀모양꽃부리'라고 한다.

꽃부리 밑부분은 합쳐져서 대롱처럼 된다.

갓털 씨방의 윗부분에는 털 모양의 돌기가 많은데 이를 '갓털'이라고 하며 나중에 씨앗을 날리는 털이 된다.

씨방 혀꽃 밑부분은 타원형 씨방이 있으며 자라서 열매가 된다.

민들레는 모인꽃턱잎조각 끝부분에 돌기가 있다. 흔히 자라는 서양민들레는 모인꽃턱잎조각이 뒤로 젖혀지며 돌기가 없는 것으로 구분한다.

민들레 혀꽃

흰민들레 양지쪽 풀밭에서 자라는 여러해살이풀로 봄에 피는 꽃송이는 모두 흰색 혀꽃이다.

씀바귀 양지쪽 풀밭에서 자라는 여러해살이풀로 봄에 피는 꽃송이는 5~7장의 노란색 혀꽃으로 이루어졌다.

서양민들레 풀밭에서 흔히 자라는 여러해살이풀로 뒤로 젖혀지는 모인꽃턱잎조각에 돌기가 없다.

*단위생식(單爲生殖)[단성생식(單性生殖), 처녀생식(處女生殖), parthenogenesis]

국화과 꽃부리

국화과 꽃 중에는 뻐꾹채처럼 대롱꽃만 있는 무리와 민들레처럼 혀꽃만 있는 무리 이외에 한 꽃송이에 대롱꽃과 혀꽃이 함께 있는 무리도 있다. 깊은 산의 습지에서 자라는 곰취는 7~9월에 줄기 끝의 가지마다 노란색 꽃송이가 달린다.

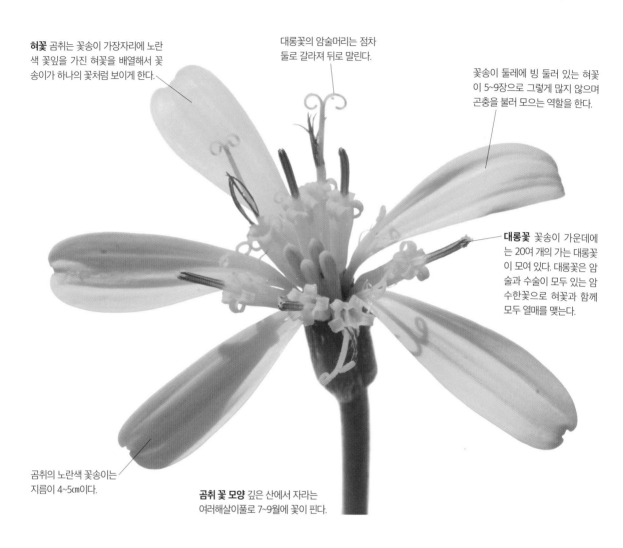

혀꽃 곰취는 꽃송이 가장자리에 노란색 꽃잎을 가진 혀꽃을 배열해서 꽃송이가 하나의 꽃처럼 보이게 한다.

대롱꽃의 암술머리는 점차 둘로 갈라져 뒤로 말린다.

꽃송이 둘레에 빙 둘러 있는 혀꽃이 5~9장으로 그렇게 많지 않으며 곤충을 불러 모으는 역할을 한다.

대롱꽃 꽃송이 가운데에는 20여 개의 가는 대롱꽃이 모여 있다. 대롱꽃은 암술과 수술이 모두 있는 암수한꽃으로 혀꽃과 함께 모두 열매를 맺는다.

곰취의 노란색 꽃송이는 지름이 4~5cm이다.

곰취 꽃 모양 깊은 산에서 자라는 여러해살이풀로 7~9월에 꽃이 핀다.

개망초 빈터에서 자라며 7~9월에 피는 꽃송이는 가장자리에 흰색 혀꽃이 있고 중심부에는 노란색 대롱꽃이 있다.

구절초 산에서 자라며 8~10월에 피는 꽃송이는 가장자리에 흰색 혀꽃이 있고 중심부에는 노란색 대롱꽃이 있다.

금불초 산과 들에서 자라며 7~9월에 피는 꽃송이는 가장자리의 혀꽃과 중심부의 대롱꽃이 모두 노란색이다.

꽃송이 가장자리에는 5~9장의 혀꽃이 빙 둘러 있고 중심부에는 20여 개의 가는 대롱꽃이 모여 핀다. 곰취는 가장자리의 혀꽃이 암술만 있는 암꽃으로 씨앗도 맺고 1장의 노란색 꽃잎은 곤충을 불러 모으는 역할도 한다. 모든 꽃이 큼직한 꽃잎을 갖는 것보다는 가장자리의 꽃만 큼직한 꽃잎을 만들면 그만큼 양분을 절약할 수 있으므로 경제적이다.

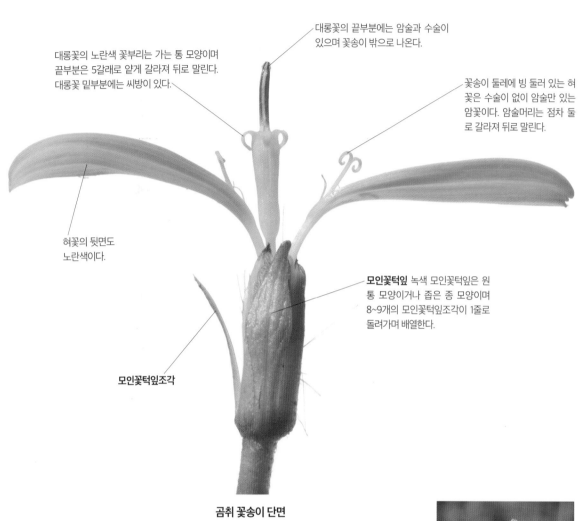

대롱꽃의 끝부분에는 암술과 수술이 있으며 꽃송이 밖으로 나온다.

대롱꽃의 노란색 꽃부리는 가는 통 모양이며 끝부분은 5갈래로 얕게 갈라져 뒤로 말린다. 대롱꽃 밑부분에는 씨방이 있다.

꽃송이 둘레에 빙 둘러 있는 혀꽃은 수술이 없이 암술만 있는 암꽃이다. 암술머리는 점차 둘로 갈라져 뒤로 말린다.

혀꽃의 뒷면도 노란색이다.

모인꽃턱잎 녹색 모인꽃턱잎은 원통 모양이거나 좁은 종 모양이며 8~9개의 모인꽃턱잎조각이 1줄로 돌려가며 배열한다.

모인꽃턱잎조각

곰취 꽃송이 단면

해국 바닷가에서 자라며 7~11월에 피는 꽃송이는 가장자리의 혀꽃이 연자주색이고 중심부의 대롱꽃은 노란색이다.

코스모스 화초로 심으며 7~10월에 피는 꽃송이 가장자리의 혀꽃은 여러색이 있고 중심부에는 노란색 대롱꽃이 있다.

곰취 깊은 산에서 자라고 봄에 하트 모양의 뿌리잎을 뜯어서 나물로 먹는다.

긴낮식물과 짧은낮식물

긴낮식물

식물은 하루에 몇 시간이나 햇빛을 받느냐에 따라 꽃이 피는 시기가 결정된다. 햇빛이 비치는 낮의 길이가 길어지면 꽃눈이 만들어지고 꽃을 피우는 식물을 '긴낮식물'이라고 한다. 긴낮식물은 대부분이 온대와 한대 같이 위도가 높은 지방이 원산지인 것이 많다. 긴낮식물은 밤이 짧아야 꽃을 피우기 때문에 '짧은밤식물'이라고도 한다.

꽃잎 복수초의 노란색 꽃잎은 10~30장이다. 꽃은 최대한 체온을 보존하기 위해 햇빛이 비치는 한낮에만 꽃잎이 벌어진다.

파라볼라 안테나 모양의 꽃은 반짝이는 꽃잎이 가운데로 빛을 모으는 반사경 역할을 해서 추운 날씨에 몸을 움추리고 있는 곤충을 유혹한다. 꽃에 앉은 꽃등에와 같은 곤충은 몸을 데우면서 꿀을 빨고 꽃가루받이를 도와준다.

꽃 안의 온도는 주변보다 10℃ 정도 더 높다.

수술 암술 둘레에 많은 수술이 둘러나며 둥그스름한 꽃밥은 조금 더 진한 노란색이다.

암술 꽃 가운데에 많은 암술이 둥그스름하게 모여 있다. 반사경 역할을 하는 꽃잎은 암술도 따뜻하게 데워서 씨앗을 잘 맺도록 도와준다.

꽃에 꿀은 없지만 곤충에게 수술의 꽃가루를 먹이로 제공한다.

복수초 꽃 모양 산의 숲속에서 자라는 여러해살이풀로 낮이 길어지기 시작하는 3~4월에 꽃이 피는 긴낮식물이다. 복수초는 숲이 우거지기 전에 햇볕을 받고 자라기 위해 겨울이 끝나기도 전에 스스로 열을 내면서 싹이 트고 꽃부터 피우기 시작한다.

깽깽이풀 숲속에서 자라는 여러해살이풀로 봄에 잎이 돋기 전에 홍자색 꽃이 피는 긴낮식물이다.

노루귀 산에서 자라는 여러해살이풀로 3~4월에 잎이 돋기 전에 분홍색, 보라색, 흰색 꽃이 피는 긴낮식물이다.

박태기나무 관상수로 기르는 갈잎떨기나무로 봄에 잎이 돋기 전에 홍자색 꽃이 피는 긴낮식물이다.

＊긴낮식물[짧은밤식물, 장일식물(長日植物), long-day plant] / 짧은낮식물[긴밤식물, 단일식물(短日植物), short-day plant]

짧은낮식물

낮의 길이가 짧아지면 꽃눈을 만들어 꽃을 피우는 식물은 '짧은낮식물'이라고 한다. 짧은낮식물은 대부분이 아열대와 같은 더운 지방이 원산으로 이 지방은 더운 여름이 건조해서 꽃을 피우는 데 적당하지 않고 낮이 짧아지는 가을이 길기 때문에 가을에 꽃을 피우고 씨앗을 맺는다. 짧은낮식물은 밤이 길어야 꽃을 피우기 때문에 '긴밤식물'이라고도 한다.

산국은 낮의 길이가 짧아지는 가을에 노란색 꽃이 피는 짧은 낮식물이다. 꽃송이 가장자리에는 혀꽃이 둘러나고 중심부에는 대롱꽃이 촘촘하다.

줄기 끝에서 갈라진 잔가지마다 지름 15mm 정도의 노란색 꽃송이가 달린다.

식물의 몸속에는 빛을 느끼는 색소인 '피토크롬'이 있는데 피토크롬으로 낮과 밤의 길이를 측정하여 꽃의 개화 시기를 알아낸다. 피토크롬이 개화 시기를 알아내면 개화를 유도하는 호르몬인 '플로리겐'이 만들어지면서 꽃눈이 자라 꽃이 피기 시작한다.

꽃봉오리 어린 꽃봉오리는 모인 꽃턱잎조각에 3~4겹으로 싸여 있다.

산국 꽃송이 풀밭에서 자라는 여러해살이풀로 가을에 꽃이 핀다.

잎 잎몸은 깃꼴로 깊게 갈라지고 가장자리에 날카로운 톱니가 있다.

동자꽃 산에서 자라는 여러해살이풀로 7~8월에 줄기 끝에 주황색 꽃이 피는 짧은낮식물이다.

각시취 산에서 자라는 두해살이풀로 8~10월에 가지마다 홍자색 꽃송이가 달리는 짧은낮식물이다.

개쑥갓 길가나 빈터에서 자라는 한두해살이풀로 거의 1년 내내 꽃이 핀다. 개쑥갓처럼 낮의 길이와 관계없이 온도만 맞으면 아무 때나 꽃을 피우는 식물을 '아무낮식물'이라고 한다.

*아무낮식물[중일식물(中日植物), 중성식물(中性植物), day-neutral plant] / 피토크롬(phytochrome) / 개화호르몬[플로리겐[(florigen), 화성소(花成素)]

동백나무(제주도) 팔손이(전남) 납매(충남) 복수초(강원도) 생강나무(경기도) 노루귀(전북)

1월 **2월** **3월**

둥근잎유홍초(충북) 금강초롱꽃(강원도) 고마리(인천) 용담(대전) 자주쓴풀(전남) 구절초(경기도)

10월

흰진범(강원도)

수련(경남)

9월

꽃 달력

산과 들에서 자라는 수많은 식물은 제각기 꽃이 피는 시기가 정해져 있다.
같은 종끼리는 꽃이 피는 시기를 잘 맞추어야만 다른 꽃으로부터 꽃가루를
받을 수 있기 때문이다. 사계절이 뚜렷한 우리나라는 계절에 따라 온도 변화가
심하기 때문에 꽃이 피는 시기를 더욱 잘 맞추어야 한다. 그래서 우리나라의
산과 들은 해마다 일정한 시기에 맞춰 식물의 꽃이 피고 지기를 반복한다.

8월

노랑어리연꽃(전남) 제비동자꽃(강원도) 뻐꾹나리(광주) 무궁화(전북) 종덩굴(경기도) 동자꽃(강원도)

84

앉은부채(강원도) 처녀치마(강원도) 깽깽이풀(경기도) 할미꽃(서울) 금낭화(경기도) 붓꽃(충남)

4월 5월

매발톱꽃(대구)

등딴지(인천) 감국(충남) 해국(울산) 털머위(부산)

11월

뻐꾹채(경기도)

12월 수선화(제주도)

6월

은방울꽃(충북)

7월

원추리(대전) 하늘나리(강원도) 자주꽃방망이(경북) 함박꽃나무(경기도) 초롱꽃(대구) 갯메꽃(울릉도)

85

화투

화투는 노름을 하는 도구이다. 포르투갈에서 전래된 카드놀이가 일본에서 하나후다(화찰 : 花札)라는 놀이로 새로 고안되었는데 꽃이 그려진 카드를 던지는 게임이란 뜻이며 여기에서 화투가 유래되었다.

1월 송학 '정월 솔가지 속속한 마음' 소나무에 앉아 있는 학을 그린 그림으로 태양은 새해를 나타낸다.

2월 매조 '이월 매조 다 맺어놓고' 홍매화 꽃가지에 꾀꼬리가 앉아 있는 그림으로 봄의 시작을 알리는 그림이다.

3월 벚꽃 '삼월 사쿠라 산란한 마음' 일본의 나라꽃으로 불릴 정도로 대표적인 꽃나무이며 3월부터 벚꽃(사쿠라) 축제가 시작된다. 화투의 그림은 분홍색 겹벚꽃 품종이다.

4월 흑싸리 '사월 흑싸리 훗쳐놓고' 흑싸리로 불리지만 실제는 등나무 꽃과 잎이며 두견새가 함께 그려져 있다.

5월 난초 '오월 난초 나비가 되어' 흔히 난초로 부르지만 실제는 적자색 꽃이 피는 꽃창포 그림이다.

6월 모란 '유월 목단에 춤 잘 추네' 모란의 한자어는 '목단(牧丹)'이며 모란 꽃에 1쌍의 나비가 앉아 있는 그림이다.

화투 패는 1년 12달을 나타내는 꽃을 중심으로 그림이 그려져 있다. 화투는 20세기 초에 우리나라로 전해져 널리 퍼졌는데 함께 유행한 '화투 타령'이라는 노래 가사를 보면 각 달과 꽃에 얽힌 내용을 대강 알 수가 있다.

7월 홍싸리 '칠월 홍돼지 홀로 누워' 싸리나무 군락에서 멧돼지가 어슬렁거리는 그림이다.

8월 억새 '팔월 산에 달이 뜬다' 달이 뜬 억새 군락 위로 기러기가 날아가는 그림이다. 검은 부분이 억새 숲이다.

9월 국화 '구월 국화 굳은 한 맘이' 국화는 일본 왕실을 대표하는 꽃으로 일본의 나라꽃 대접을 받는다.

10월 단풍 '시월 단풍에 뚝 떨어지고' 가을에 붉게 물든 단풍나무 아래에 사슴이 노니는 모습이다.

11월 오동 '동짓달 오동달은' 검은 것은 오동나무 잎이며 가을에 큰 잎이 '툭' 하고 지는 소리에 노인은 가슴이 덜컹한다.

12월 버드나무 '열두비를 넘어가네' 축 늘어진 버들가지와 제비를 그린 그림이다.

봄바람(春風)

춘풍선발원중매(春風先發苑中梅)
앵행도리차제개(櫻杏桃梨次第開)
제화유협심촌리(薺花榆莢深村裏)
역도춘풍위아래(亦道春風爲我來)

봄바람에 정원의 매화가 먼저 피고
앵두꽃, 살구꽃, 복사꽃, 배꽃이 차례대로 피네.
두메산골의 냉이꽃과 느릅나무 열매도
또한 봄바람은 나를 위해 불어 왔노라고 말하리.

당나라 시인 백거이는 '봄바람(春風)'이란 시에서 봄바람이 불어오면 정원의 과일나무가 꽃을 피우는 순서를 노래했다. 시인이 관찰해서 노래한 것처럼 봄이 오면 가장 먼저 매화꽃이 피고 이어서 앵두꽃, 살구꽃, 복사꽃, 배꽃이 차례대로 피는 것을 볼 수 있었다. 하지만 근래에는 지구 온난화 때문에 날씨가 변덕스러워지면서 봄이 짧아지고 겨울에서 바로 여름으로 바뀌는 것처럼 느껴지는 경우가 잦아지고 있다. 나무들도 그렇게 느끼는지 일찍 꽃이 피는 매화 다음에는 앵두꽃, 살구꽃, 복사꽃, 배꽃이 뒤죽박죽 피어나는 경우가 점점 흔해지고 있다. 나무들이 꽃이 필 때를 제대로 찾지 못한다는 것은 환경과 생태계가 변하고 있다는 신호일 것이다.

매실나무 갈잎작은키나무로 2~4월에 1~3개씩 모여 피는 흰색~연홍색 꽃은 꽃자루가 짧고 꽃받침조각은 뒤로 잘 젖혀지지 않는다. 봄에 가장 일찍 꽃이 피는 나무의 하나로 꽃은 흔히 '매화'라고 부른다.

앵두나무 갈잎떨기나무로 3~4월에 1~2개씩 달리는 연분홍색~흰색 꽃은 꽃자루가 짧고 잔털이 많다. 보통은 매화 다음으로 일찍 꽃이 핀다.

살구나무 갈잎큰키나무로 4월에 피는 연홍색~흰색 꽃은 꽃자루가 짧고 꽃받침조각은 뒤로 젖혀진다. 보통은 앵두꽃 다음에 꽃이 핀다.

복숭아나무/복사나무 갈잎작은키나무로 4~5월에 피는 연분홍색 꽃은 꽃자루가 짧다. 보통은 살구꽃 다음에 꽃이 핀다.

배나무 과일나무로 기르는 갈잎작은키나무로 4~5월에 잎이 돋을 때 꽃도 함께 핀다. 짧은가지 끝에 모여 피는 흰색 꽃은 꽃자루가 긴 편이다. 수술은 많으며 꽃밥은 자주색이고 암술대는 5개이다. 보통은 복숭아꽃 다음에 꽃이 핀다. 가을에 익는 둥근 황갈색 열매는 즙이 많아 달콤하고 시원한 맛이 난다.

느릅나무 산에서 자라는 갈잎큰키나무로 3~4월에 꽃이 먼저 피고 4월 말에 잎이 돋아 자랄 때면 동글납작한 동전 모양의 열매도 함께 자란다.

냉이 들과 밭에서 자라는 두해살이풀로 4~5월에 기다란 흰색 꽃송이가 곧게 선다. 이른 봄에 어린 잎을 뿌리째 캐서 나물로 먹는다.

89

얼레지 꽃 한 송이의 개화 기간은 2주 정도이다.

꽃덮이 자주색 꽃덮이조각은 6장이며 기온이 17도 이상이 되면 활짝 벌어져 뒤로 말린다.

수술대 꽃밥을 달고 있는 실 같은 자루로 '꽃실'이라고도 한다. 얼레지 수술대는 가늘고 길며 보통 연자주색이다.

꽃밥의 밑부분이 수술대 끝에 붙어 있는 모양으로 달리는 것을 '밑붙기꽃밥'이라고 한다.

짧은수술

꽃밥 수술의 끝에 달린 꽃가루를 담고 있는 주머니를 말한다. 2개의 기다란 방으로 되어 있으며 아직 꽃가루가 나오기 전이다.

긴수술

꽃밥 꽃이 활짝 피면 진자주색 꽃밥은 세로로 갈라지면서 꽃가루가 나온다.

수술은 3개는 길고 3개는 짧다. 꽃밥은 수술대에 가까운 쪽부터 세로로 벌어지면서 꽃가루가 나온다.

암술머리 기다란 자주색 암술은 끝부분의 암술머리가 셋으로 얕게 갈라진다.

수술 수술은 보통 수술대와 꽃밥의 2부분으로 이루어져 있다.

얼레지 꽃 모양 햇빛이 내리쬐면 꽃이 활짝 핀다. 6장의 꽃덮이조각은 활짝 젖혀지고 6개의 수술과 1개의 암술은 밑으로 늘어진다.

＊꽃밥[약(葯), anther] / 수술대[꽃실, 화사(花絲), filament]

밑붙기꽃밥

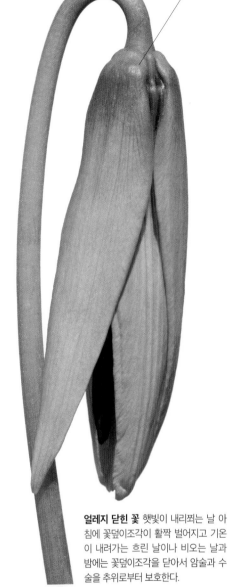

꽃자루 끝의 꽃턱에 6장의 꽃덮이조각이 돌려가며 붙는다.

수술은 꽃가루를 만드는 기관으로 보통 꽃가루를 담고 있는 꽃밥과 꽃밥을 꽃턱에 연결하는 수술대의 2부분으로 이루어진다. 수술대는 '꽃실'이라고도 한다. 꽃밥과 수술대의 모양은 식물에 따라 매우 다양하다. 하나의 꽃 속에 들어 있는 수술의 개수는 식물에 따라 일정한 경우가 대부분이다.

얼레지는 산에서 자라는 여러해살이풀로 이른 봄에 꽃이 핀다. 얼레지의 홍자색 꽃은 6장의 꽃덮이조각이 뒤로 활짝 젖혀지고 1개의 암술과 6개의 수술이 늘어지는데 수술의 길이가 각각 다르다. 얼레지는 수술의 꽃밥이 수술대 끝에 곧게 붙어 있는데 꽃밥이 이런 모양으로 달리는 것을 '밑붙기꽃밥'이라고 한다.

돌기 꽃덮이조각 기부에 있는 돌기와 씨방이 만나는 안쪽 공간에 꿀이 담겨 있다.

꽃덮이조각 안쪽 밑부분에는 더욱 짙은 적자색의 W자형 무늬가 있어서 곤충이 찾아올 수 있도록 해 준다.

얼레지 닫힌 꽃 햇빛이 내리쬐는 날 아침에 꽃덮이조각이 활짝 벌어지고 기온이 내려가는 흐린 날이나 비오는 날과 밤에는 꽃덮이조각을 닫아서 암술과 수술을 추위로부터 보호한다.

파 밭에서 재배하는 잎채소로 7~10월에 꽃이 핀다. 연노란색 꽃밥은 흰색 수술대 끝에 붙는 밑붙기꽃밥이다.

줄 연못에서 자라는 여러해살이풀로 8~9월에 꽃이 핀다. 연노란색 꽃밥은 수술대 끝에 매달리는 밑붙기꽃밥이다.

그령 길가에서 자라는 여러해살이풀로 7~9월에 꽃이 핀다. 연노란색 꽃밥은 가는 수술대 끝에 매달리는 밑붙기꽃밥이다.

*밑붙기꽃밥[저착약(底着葯), basifixed anther]

옆붙기꽃밥

개구리자리는 습지에서 자라는 두해살이풀로 5~6월에 가지마다 노란색 꽃이 피는데 꽃잎은 광택이 있다. 개구리자리 꽃은 5장의 둥그스름한 꽃잎 가운데에 있는 1개의 암술을 두고 20개의 수술이 빙 둘러 있다. 수술은 수술대가 꽃밥의 옆면에 붙어 있는데 꽃밥이 이런 모양으로 달리는 것을 '옆붙기꽃밥'이라고 한다. 갓 핀 꽃의 수술대는 모두 암술이 있는 안쪽으로 굽어 있다가 바깥쪽 수술부터 수술대가 펴지면서 꽃가루를 낸다.

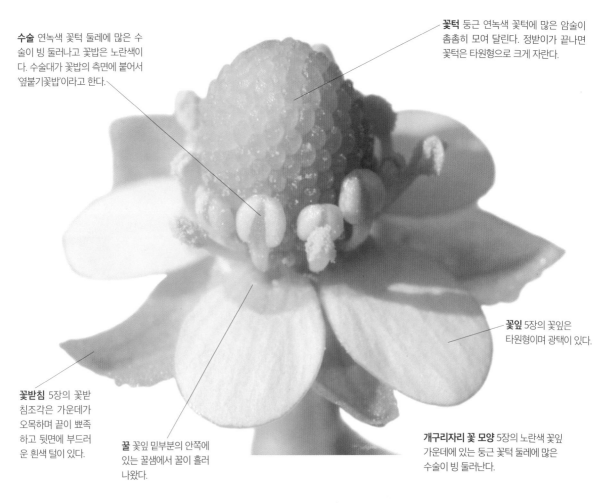

수술 연녹색 꽃턱 둘레에 많은 수술이 빙 둘러나고 꽃밥은 노란색이다. 수술대가 꽃밥의 측면에 붙어서 '옆붙기꽃밥'이라고 한다.

꽃턱 둥근 연녹색 꽃턱에 많은 암술이 촘촘히 모여 달린다. 정받이가 끝나면 꽃턱은 타원형으로 크게 자란다.

꽃잎 5장의 꽃잎은 타원형이며 광택이 있다.

꽃받침 5장의 꽃받침조각은 가운데가 오목하며 끝이 뾰족하고 뒷면에 부드러운 흰색 털이 있다.

꿀 꽃잎 밑부분의 안쪽에 있는 꿀샘에서 꿀이 흘러나왔다.

개구리자리 꽃 모양 5장의 노란색 꽃잎 가운데에 있는 둥근 꽃턱 둘레에 많은 수술이 빙 둘러난다.

미나리아재비 습한 풀밭에서 자라는 여러해살이풀로 수술대가 노란색 꽃밥의 측면에 붙는 옆붙기꽃밥이다.

개구리미나리 습한 양지에서 자라는 두해살이풀로 수술대가 노란색 꽃밥의 측면에 붙는 옆붙기꽃밥이다.

피고초령목 남부 지방에서 기르는 관상수로 수술대가 꽃밥의 측면에 붙는 옆붙기꽃밥이다.

＊옆붙기꽃밥[측착약(側着葯), adnate anther]

등붙기꽃밥

비비추 꽃은 깔대기 모양의 꽃부리 안쪽에 1개의 암술과 6개의 수술이 모여 있다. 수술은 수술대가 꽃밥 등쪽의 가운데에 붙어 있는데 꽃밥이 이런 모양으로 달리는 것을 '등붙기꽃밥'이라고 한다.

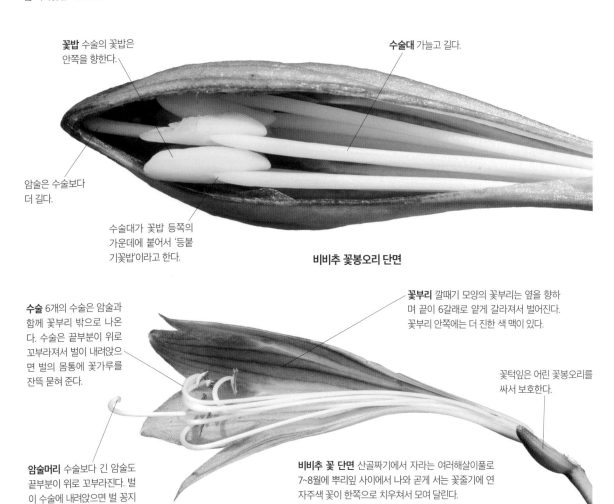

꽃밥 수술의 꽃밥은 안쪽을 향한다.

수술대 가늘고 길다.

암술은 수술보다 더 길다.

수술대가 꽃밥 등쪽의 가운데에 붙어서 '등붙기꽃밥'이라고 한다.

비비추 꽃봉오리 단면

수술 6개의 수술은 암술과 함께 꽃부리 밖으로 나온다. 수술은 끝부분이 위로 꼬부라져서 벌이 내려앉으면 벌의 몸통에 꽃가루를 잔뜩 묻혀 준다.

꽃부리 깔때기 모양의 꽃부리는 옆을 향하며 끝이 6갈래로 얇게 갈라져서 벌어진다. 꽃부리 안쪽에는 더 진한 색 맥이 있다.

꽃턱잎은 어린 꽃봉오리를 싸서 보호한다.

암술머리 수술보다 긴 암술도 끝부분이 위로 꼬부라진다. 벌이 수술에 내려앉으면 벌 꽁지에 암술머리가 닿아 꽃가루를 묻혀 준다.

비비추 꽃 단면 산골짜기에서 자라는 여러해살이풀로 7~8월에 뿌리잎 사이에서 나와 곧게 서는 꽃줄기에 연자주색 꽃이 한쪽으로 치우쳐서 모여 달린다.

원추리 산에서 자라는 여러해살이풀로 노란색 수술대가 갈색 꽃밥의 등쪽에 붙는 등붙기꽃밥이다.

시계꽃 온실에서 기르는 화초로 연두색 수술대가 연두색 꽃밥의 등쪽에 붙는 등붙기꽃밥이다.

돈나무 남부 지방에서 자라는 늘푸른떨기나무로 흰색 수술대가 노란색 꽃밥의 등쪽에 붙는 등붙기꽃밥이다.

*등붙기꽃밥[배착약(背着藥), dorsifixed anther]

93

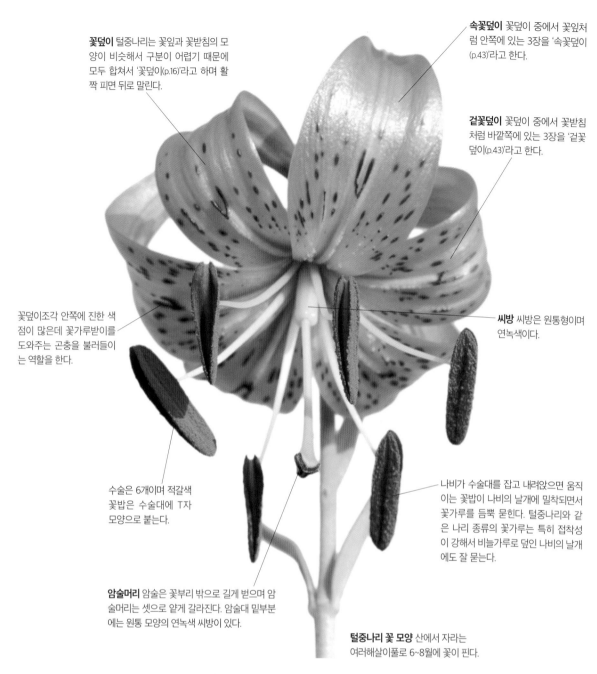

꽃덮이 털중나리는 꽃잎과 꽃받침의 모양이 비슷해서 구분이 어렵기 때문에 모두 합쳐서 '꽃덮이(p.16)'라고 하며 활짝 피면 뒤로 말린다.

속꽃덮이 꽃덮이 중에서 꽃잎처럼 안쪽에 있는 3장을 '속꽃덮이(p.43)'라고 한다.

겉꽃덮이 꽃덮이 중에서 꽃받침처럼 바깥쪽에 있는 3장을 '겉꽃덮이(p.43)'라고 한다.

꽃덮이조각 안쪽에 진한 색점이 많은데 꽃가루받이를 도와주는 곤충을 불러들이는 역할을 한다.

씨방 씨방은 원통형이며 연녹색이다.

수술은 6개이며 적갈색 꽃밥은 수술대에 T자 모양으로 붙는다.

나비가 수술대를 잡고 내려앉으면 움직이는 꽃밥이 나비의 날개에 밀착되면서 꽃가루를 듬뿍 묻힌다. 털중나리와 같은 나리 종류의 꽃가루는 특히 접착성이 강해서 비늘가루로 덮인 나비의 날개에도 잘 묻는다.

암술머리 암술은 꽃부리 밖으로 길게 벋으며 암술머리는 셋으로 얕게 갈라진다. 암술대 밑부분에는 원통 모양의 연녹색 씨방이 있다.

털중나리 꽃 모양 산에서 자라는 여러해살이풀로 6~8월에 꽃이 핀다.

섬말나리 울릉도에서 자라며 기다란 수술대에 주황색 꽃밥이 T자 모양으로 붙는 T자붙기꽃밥이다.

노랑땅나리 남쪽 섬에서 자라며 기다란 수술대에 황적색 꽃밥이 T자 모양으로 붙는 T자붙기꽃밥이다.

솔나리 산에서 자라며 기다란 수술대에 적갈색 꽃밥이 T자 모양으로 붙는 T자붙기꽃밥이다.

94   *T자붙기꽃밥[정자착약(丁字着葯), versatile anther] / 절반꽃밥[반약(半葯), theca]

T자붙기꽃밥

산의 풀밭에서 자라는 털중나리는 여름에 가지마다 황적색 꽃이 고개를 숙이고 피는데 6장의 꽃덮이조각 안쪽에는 자주색 반점이 있다. 털중나리는 꽃덮이 밖으로 1개의 암술과 6개의 수술이 길게 뻗는다. 기다란 수술대 끝에 달린 적갈색 꽃밥은 꽃밥이 터질 때쯤이면 T자 모양으로 매달려 움직이기 때문에 나비가 수술대를 잡고 내려앉으면 꽃밥이 흔들리면서 꽃가루를 묻혀 준다. 꽃밥이 이런 모양으로 달리는 것을 'T자붙기꽃밥'이라고 한다. 이외에도 꽃밥은 여러 가지 방법으로 수술대에 붙는다.

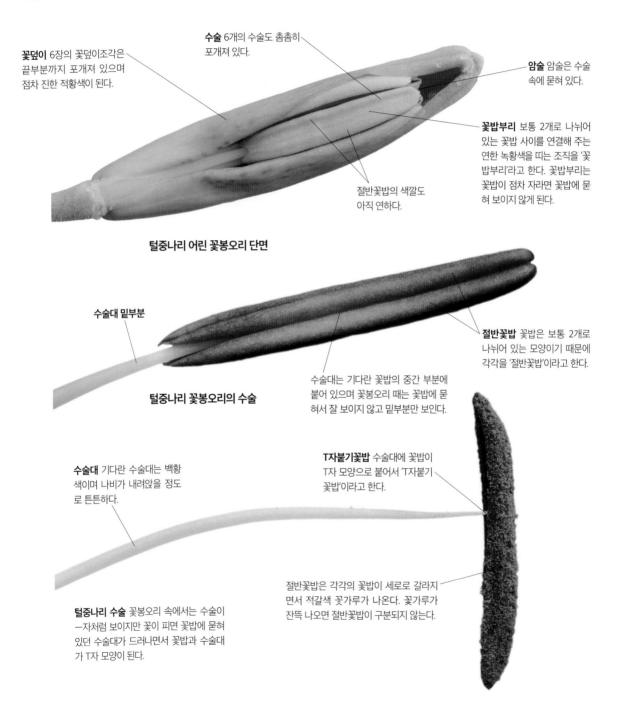

꽃덮이 6장의 꽃덮이조각은 끝부분까지 포개져 있으며 점차 진한 적황색이 된다.

수술 6개의 수술도 촘촘히 포개져 있다.

암술 암술은 수술 속에 묻혀 있다.

꽃밥부리 보통 2개로 나뉘어 있는 꽃밥 사이를 연결해 주는 연한 녹황색을 띠는 조직을 '꽃밥부리'라고 한다. 꽃밥부리는 꽃밥이 점차 자라면 꽃밥에 묻혀 보이지 않게 된다.

절반꽃밥의 색깔도 아직 연하다.

털중나리 어린 꽃봉오리 단면

수술대 밑부분

절반꽃밥 꽃밥은 보통 2개로 나뉘어 있는 모양이기 때문에 각각을 '절반꽃밥'이라고 한다.

털중나리 꽃봉오리의 수술

수술대는 기다란 꽃밥의 중간 부분에 붙어 있으며 꽃봉오리 때는 꽃밥에 묻혀서 잘 보이지 않고 밑부분만 보인다.

T자붙기꽃밥 수술대에 꽃밥이 T자 모양으로 붙어서 'T자붙기꽃밥'이라고 한다.

수술대 기다란 수술대는 백황색이며 나비가 내려앉을 정도로 튼튼하다.

절반꽃밥은 각각의 꽃밥이 세로로 갈라지면서 적갈색 꽃가루가 나온다. 꽃가루가 잔뜩 나오면 절반꽃밥이 구분되지 않는다.

털중나리 수술 꽃봉오리 속에서는 수술이 一자처럼 보이지만 꽃이 피면 꽃밥에 묻혀 있던 수술대가 드러나면서 꽃밥과 수술대가 T자 모양이 된다.

＊꽃밥부리[약격(藥隔), connective, connectivum]

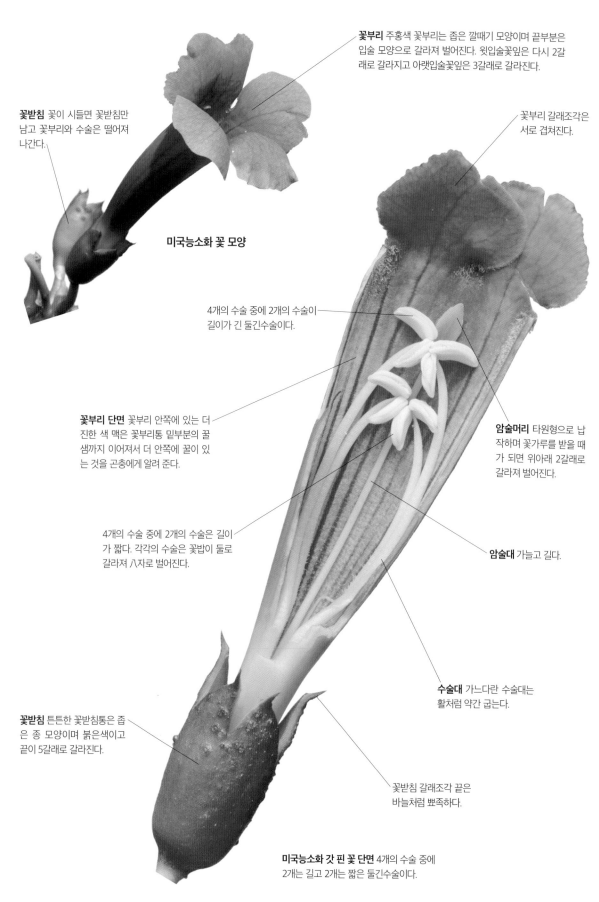

꽃부리 주홍색 꽃부리는 좁은 깔때기 모양이며 끝부분은 입술 모양으로 갈라져 벌어진다. 윗입술꽃잎은 다시 2갈래로 갈라지고 아랫입술꽃잎은 3갈래로 갈라진다.

꽃받침 꽃이 시들면 꽃받침만 남고 꽃부리와 수술은 떨어져 나간다.

꽃부리 갈래조각은 서로 겹쳐진다.

미국능소화 꽃 모양

4개의 수술 중에 2개의 수술이 길이가 긴 둘긴수술이다.

꽃부리 단면 꽃부리 안쪽에 있는 더 진한 색 맥은 꽃부리통 밑부분의 꿀샘까지 이어져서 더 안쪽에 꿀이 있는 것을 곤충에게 알려 준다.

암술머리 타원형으로 납작하며 꽃가루를 받을 때가 되면 위아래 2갈래로 갈라져 벌어진다.

4개의 수술 중에 2개의 수술은 길이가 짧다. 각각의 수술은 꽃밥이 둘로 갈라져 八자로 벌어진다.

암술대 가늘고 길다.

수술대 가느다란 수술대는 활처럼 약간 굽는다.

꽃받침 튼튼한 꽃받침통은 좁은 종 모양이며 붉은색이고 끝이 5갈래로 갈라진다.

꽃받침 갈래조각 끝은 바늘처럼 뾰족하다.

미국능소화 갓 핀 꽃 단면 4개의 수술 중에 2개는 길고 2개는 짧은 둘긴수술이다.

갈래붙기꽃밥

미국능소화는 북아메리카 원산의 갈잎덩굴나무로 관상수로 심어 기른다. 7~9월에 가지 끝에서 늘어지는 꽃송이에 좁은 깔때기 모양의 주홍색 꽃이 핀다. 중국 원산의 능소화와 비슷하지만 꽃이 좁은 깔때기 모양이고 색깔이 좀 더 진한 점이 다르다. 미국능소화의 꽃밥은 둘로 갈라져서 윗부분은 수술대에 붙고 밑부분은 보통 八자 모양으로 벌어지는데 이런 모양의 꽃밥을 '갈래붙기꽃밥'이라고 한다.

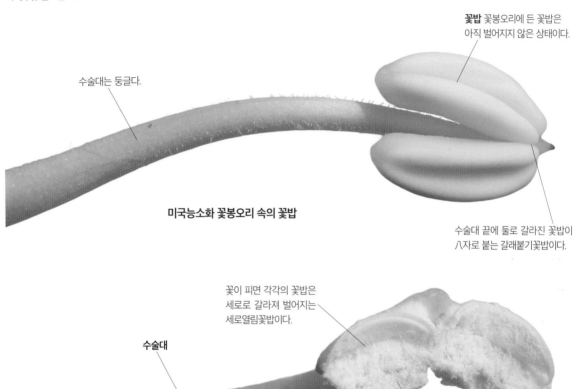

꽃밥 꽃봉오리에 든 꽃밥은 아직 벌어지지 않은 상태이다.

수술대는 둥글다.

미국능소화 꽃봉오리 속의 꽃밥

수술대 끝에 둘로 갈라진 꽃밥이 八자로 붙는 갈래붙기꽃밥이다.

꽃이 피면 각각의 꽃밥은 세로로 갈라져 벌어지는 세로열림꽃밥이다.

수술대

꽃밥이 벌어지면 노란색 꽃가루가 나온다.

미국능소화 꽃밥

능소화 관상수로 심는 갈잎덩굴나무로 여름에 꽃이 핀다. 수술대 끝에 꽃밥이 八자로 붙는 갈래붙기꽃밥이다.

꽃개오동 관상수로 심는 갈잎큰키나무로 여름에 꽃이 핀다. 수술대 끝에 꽃밥이 八자로 붙는 갈래붙기꽃밥이다.

참오동 산야에서 자라는 갈잎큰키나무로 봄에 꽃이 핀다. 수술대 끝에 꽃밥이 八자로 붙는 갈래붙기꽃밥이다.

＊갈래붙기꽃밥[개자약(个字葯), divergent anther]

둘긴수술

참오동은 들과 산에서 자라는 갈잎큰 키나무로 5~6월에 잎보다 먼저 또는 잎이 돋을 때에 가지 끝의 원뿔꽃차례에 자주색 꽃이 함께 핀다. 꽃은 통꽃부리 안쪽의 윗부분에 1개의 암술과 4개의 수술이 있는데 4개의 수술 중에 2개는 길고 2개는 짧다. 이런 모양의 수술을 '둘긴수술'이라고 한다. 둘긴수술은 오동나무과, 꿀풀과, 현삼과, 댕강나무속, 능소화속 등에서 볼 수 있다.

통꽃부리 연보라색이며 짧은 털이 빽빽하다.

대칭축 참오동 꽃은 좌우대칭꽃이다.

통꽃부리 안쪽에는 흰색 무늬가 있고 자줏빛 점선이 있어서 곤충이 내려앉을 활주로를 안내해 준다.

참오동 꽃 모양

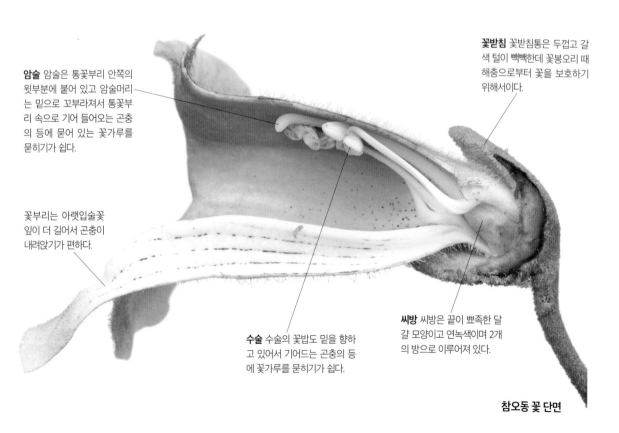

암술 암술은 통꽃부리 안쪽의 윗부분에 붙어 있고 암술머리는 밑으로 꼬부라져서 통꽃부리 속으로 기어 들어오는 곤충의 등에 묻어 있는 꽃가루를 묻히기가 쉽다.

꽃받침 꽃받침통은 두껍고 갈색 털이 빽빽한데 꽃봉오리 때 해충으로부터 꽃을 보호하기 위해서이다.

꽃부리는 아랫입술꽃잎이 더 길어서 곤충이 내려앉기가 편하다.

수술 수술의 꽃밥도 밑을 향하고 있어서 기어드는 곤충의 등에 꽃가루를 묻히기가 쉽다.

씨방 씨방은 끝이 뾰족한 달걀 모양이고 연녹색이며 2개의 방으로 이루어져 있다.

참오동 꽃 단면

*둘긴수술[이강웅예(二强雄蘂), didynamous stamen]

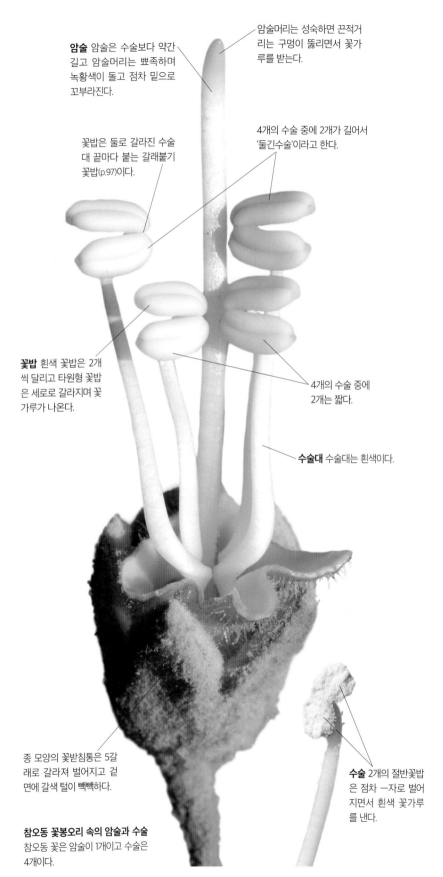

암술 암술은 수술보다 약간 길고 암술머리는 뾰족하며 녹황색이 돌고 점차 밑으로 꼬부라진다.

암술머리는 성숙하면 끈적거리는 구멍이 뚫리면서 꽃가루를 받는다.

꽃밥은 둘로 갈라진 수술대 끝마다 붙는 갈래붙기 꽃밥(p.97)이다.

4개의 수술 중에 2개가 길어서 '둘긴수술'이라고 한다.

꽃밥 흰색 꽃밥은 2개씩 달리고 타원형 꽃밥은 세로로 갈라지며 꽃가루가 나온다.

4개의 수술 중에 2개는 짧다.

수술대 수술대는 흰색이다.

종 모양의 꽃받침통은 5갈래로 갈라져 벌어지고 겉면에 갈색 털이 빽빽하다.

수술 2개의 절반꽃밥은 점차 一자로 벌어지면서 흰색 꽃가루를 낸다.

참오동 꽃봉오리 속의 암술과 수술
참오동 꽃은 암술이 1개이고 수술은 4개이다.

디기탈리스 화초로 기르며 여름에 피는 홍자색 꽃 안에 있는 수술은 둘긴수술이다.

꽃개오동 정원수로 기르는 갈잎큰키나무로 6~7월에 피는 흰색 꽃 안에 있는 수술은 둘긴수술이다.

조개나물 풀밭에서 자라는 여러해살이풀로 봄에 피는 청자색 꽃 안에 있는 수술은 둘긴수술이다.

넷긴수술

무는 밭에서 재배하는 한두해살이풀로 둥근 기둥 모양으로 굵어지는 뿌리와 잎을 채소로 이용한다. 배추, 고추와 함께 세계 3대 채소로 불릴 정도로 사람들이 많이 이용하는 채소이다. 무는 봄에 줄기에서 갈라진 가지마다 연자주색 꽃이 모여 핀다. 꽃은 4장의 꽃잎이 수평으로 퍼진 십자모양꽃부리이다. 꽃 가운데에는 1개의 암술과 6개의 수술이 꽃부리 밖으로 살짝 드러나기도 한다. 무는 6개의 수술 중에서 2개는 짧고 4개는 길어서 '넷긴수술'이라고 한다. 넷긴수술은 무가 속해 있는 겨자과(십자화과) 식물의 특징이다.

무 꽃잎 4장의 꽃잎은 수평으로 벌어져 十자 모양을 만든다.

수술 6개의 수술은 꽃 가운데에 모여 있다.

암술 꽃 가운데에 1개의 암술이 있다.

무 꽃 모양 달걀형의 꽃잎에는 무늬가 있는데 곤충이 보고 찾아오도록 하는 안내판 역할을 한다.

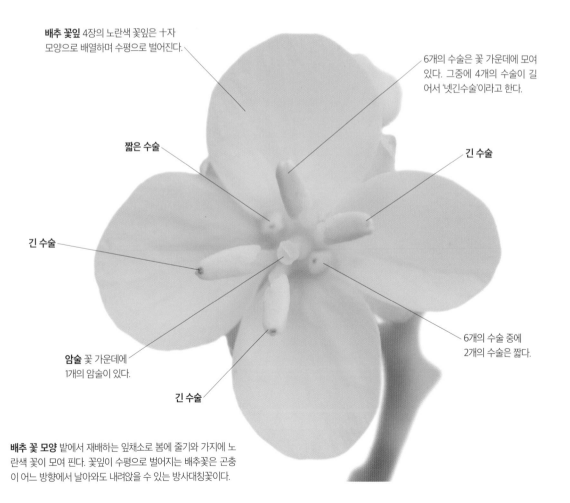

배추 꽃잎 4장의 노란색 꽃잎은 十자 모양으로 배열하며 수평으로 벌어진다.

6개의 수술은 꽃 가운데에 모여 있다. 그중에 4개의 수술이 길어서 '넷긴수술'이라고 한다.

짧은 수술

긴 수술

긴 수술

암술 꽃 가운데에 1개의 암술이 있다.

긴 수술

6개의 수술 중에 2개의 수술은 짧다.

배추 꽃 모양 밭에서 재배하는 잎채소로 봄에 줄기와 가지에 노란색 꽃이 모여 핀다. 꽃잎이 수평으로 벌어지는 배추꽃은 곤충이 어느 방향에서 날아와도 내려앉을 수 있는 방사대칭꽃이다.

＊넷긴수술[사강웅예(四强雄蘂), tetradynamous stamen]

연한 자주색 꽃잎은 안쪽으로 갈수록 색깔이 연해진다.

4장의 꽃잎은 밑부분까지 따로 떨어지는 갈래꽃이다.

꽃잎 밑부분의 길고 뾰족한 부분은 꽃받침 안쪽에서 암술과 수술을 싸고 있다.

암술은 기다란 바늘 모양이다.

꽃밥

수술대

짧은수술

긴 수술 6개의 수술 중에 2개는 수술대가 짧고 4개는 수술대가 길어서 '넷긴수술'이라고 한다.

꿀샘 수술 밑부분에 있는 꿀샘에서 나오는 꿀을 먹기 위해 곤충이 찾아온다.

꽃자루

꽃받침조각은 4장이다.

해부한 무 꽃

갓 밭에서 재배하는 잎채소로 봄에 피는 노란색 꽃은 수술이 4개가 긴 넷긴수술이다.

냉이 들과 밭에서 자라는 두해살이풀로 봄에 피는 흰색 꽃은 수술이 4개가 긴 넷긴수술이다.

물냉이 물가에서 자라는 여러해살이풀로 5~6월에 피는 흰색 꽃은 수술이 4개가 긴 넷긴수술이다.

장대나물 풀밭에서 자라는 두해살이풀로 4~6월에 피는 백황색 꽃은 수술이 4개가 긴 넷긴수술이다.

한몸수술

미국부용은 화초로 기르는 여러해살이풀로 여름에 윗부분의 잎겨드랑이에 꽃이 피는데 꽃 색깔이 여러 가지이다. 많은 수술은 수술대 밑부분이 서로 붙어서 통 모양을 이룬 수술통에 모여 달리고 수술통 끝부분에는 암술이 있다. 미국부용처럼 수술통에 많은 수술이 붙는 수술을 '한몸수술'이라고 한다. 수술은 수술대가 모여 있는 개수에 따라 한몸수술, 두몸수술, 여러몸수술 등으로 나눈다.

9월에 핀 미국부용 꽃 재배 품종이 많으며 7~9월에 잎겨드랑이에 흰색, 붉은색, 자주색 등의 꽃이 핀다. 미국부용은 떨기나무인 부용을 닮았지만 여러해살이풀인 점이 다르다.

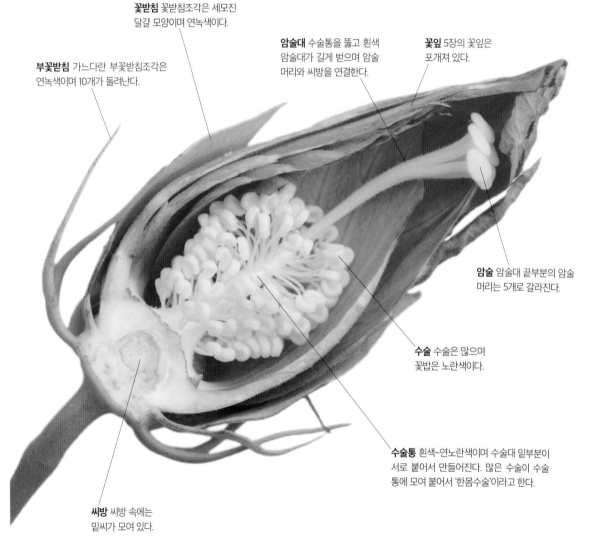

꽃받침 꽃받침조각은 세모진 달걀 모양이며 연녹색이다.

부꽃받침 가느다란 부꽃받침조각은 연녹색이며 10개가 돌려난다.

암술대 수술통을 뚫고 흰색 암술대가 길게 벋으며 암술 머리와 씨방을 연결한다.

꽃잎 5장의 꽃잎은 포개져 있다.

암술 암술대 끝부분의 암술 머리는 5개로 갈라진다.

수술 수술은 많으며 꽃밥은 노란색이다.

수술통 흰색~연노란색이며 수술대 밑부분이 서로 붙어서 만들어진다. 많은 수술이 수술통에 모여 붙어서 '한몸수술'이라고 한다.

씨방 씨방 속에는 밑씨가 모여 있다.

미국부용 꽃봉오리 단면 꽃술대 중간 이하 부분은 많은 수술이 촘촘히 돌려가며 합쳐진 수술통이 되는 한몸수술이다. 수술통 속으로 씨방과 암술대가 연결되며 암술이 길게 벋는다.

＊한몸수술[단체웅예(單體雄蘂), 합생웅예(合生雄蘂), monadelphous stamen]

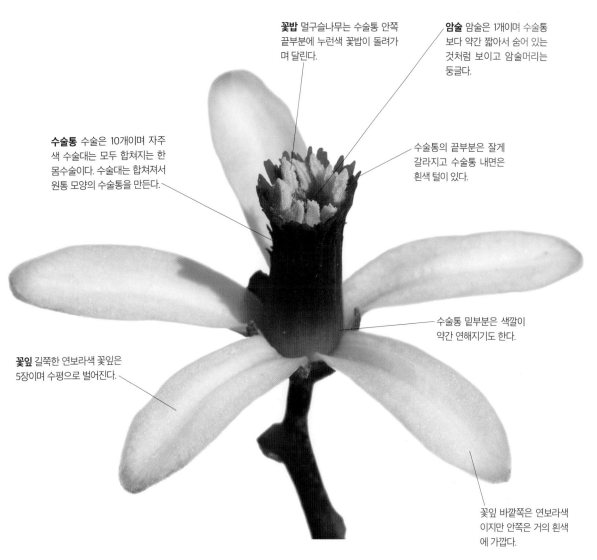

꽃밥 멀구슬나무는 수술통 안쪽 끝부분에 누런색 꽃밥이 돌려가며 달린다.

암술 암술은 1개이며 수술통보다 약간 짧아서 숨어 있는 것처럼 보이고 암술머리는 둥글다.

수술통 수술은 10개이며 자주색 수술대는 모두 합쳐지는 한 몸수술이다. 수술대는 합쳐져서 원통 모양의 수술통을 만든다.

수술통의 끝부분은 잘게 갈라지고 수술통 내면은 흰색 털이 있다.

수술통 밑부분은 색깔이 약간 연해지기도 한다.

꽃잎 길쭉한 연보라색 꽃잎은 5장이며 수평으로 벌어진다.

꽃잎 바깥쪽은 연보라색이지만 안쪽은 거의 흰색에 가깝다.

멀구슬나무 꽃 모양 남부 지방의 산기슭에서 자라는 갈잎큰키나무로 5~6월에 가지 끝의 잎겨드랑이에 커다란 연보라색 꽃송이가 달린다. 10개의 수술은 자주색 수술대가 모두 합쳐져서 수술통을 만드는 한몸수술이다.

하와이무궁화 온실에서 기르는 늘푸른떨기나무로 기다란 수술통 윗부분에 모여 있는 수술은 한몸수술이다.

당아욱 화초로 기르며 5~8월에 적자색 꽃이 핀다. 짧은 수술통에 모여 있는 수술은 한몸수술이다.

수박풀 화초로 기르며 여름에 연노란색 꽃이 핀다. 짧은 수술통에 모여 있는 수술은 한몸수술이다.

＊수술통[웅예통(雄蘂筒), staminal tube]

동백나무 수술

대부분의 식물은 수술이 여러 개이며 각각의 수술은 수술대가 떨어져 있는 것이 보통이다. 하지만 동백꽃은 바깥쪽에 빙 둘러나는 수술대가 밑부분이 모두 합쳐져서 통 모양을 이루고 있다. 동백꽃은 애기동백 등과의 교잡에 의해 많은 재배 품종이 개발되었는데 품종에 따라 수술대가 합쳐진 수술다발의 모양이 제각각 다르며 수술다발이 갈라지는 것도 있는 등 여러 가지이다.

동백꽃 꽃잎 붉은색 꽃잎은 보통 5장이지만 7장인 꽃도 있다.

꽃 가운데에 1개의 암술과 많은 수술이 모여 있다.

잎은 어긋나고 긴 타원형이며 5~10cm 길이이다.

동백나무 꽃 모양 남부 지방의 산과 들에서 자라는 늘푸른작은키나무로 겨울부터 봄까지 피는 붉은색 꽃은 동박새 등이 꽃가루받이를 해 준다.

꽃밥 수술대 끝에 달리는 꽃밥은 노란색 꽃가루를 낸다.

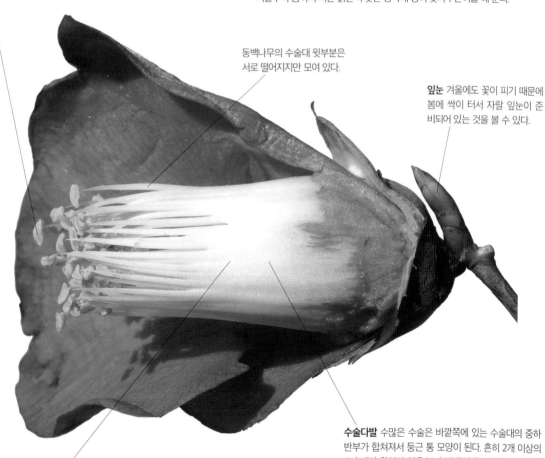

동백나무의 수술대 윗부분은 서로 떨어지지만 모여 있다.

잎눈 겨울에도 꽃이 피기 때문에 봄에 싹이 터서 자랄 잎눈이 준비되어 있는 것을 볼 수 있다.

동백은 품종에 따라 수술다발의 모양이 조금씩 다르다.

동백나무 꽃 단면

수술다발 수많은 수술은 바깥쪽에 있는 수술대의 중하반부가 합쳐져서 둥근 통 모양이 된다. 흔히 2개 이상의 수술대가 합쳐진 것을 '수술다발'이라고 한다. 수술다발은 벌레가 침입하는 것을 막아 준다.

애기동백 수술 많은 수술은 사방으로 퍼지고 밑부분만 붙어 있는 점이 동백나무 수술과 다르다.

꽃 10~12월에 가지 끝에 흰색 꽃이 1송이씩 피는데 꽃잎은 활짝 벌어진다. 원예 품종은 붉은색 등 색깔이 여러 가지이며 겹꽃이 피는 품종도 있는 등 다양하다.

꽃잎은 5~7장이며 꽃이 질 때 꽃잎이 1장씩 떨어져서 꽃이 통째로 떨어지는 동백꽃과 구분이 된다.

잎 잎은 어긋나고 긴 타원형이며 3~7㎝ 길이로 동백잎보다 작은 편이고 끝이 뾰족하며 가장자리에 둔한 톱니가 있다.

애기동백 꽃 모양 일본 원산의 늘푸른작은키나무로 남부 지방에서 관상수로 기른다. 10~12월에 가지 끝에 흰색 꽃이 피며 많은 재배 품종이 있다.

동백나무 낙화 동백꽃은 꽃가루받이가 끝나면 꽃잎과 수술이 통째로 떨어진다.

동백나무 '알엘힐러' 원예 품종으로 반겹꽃이 핀다. 수술이 변한 꽃잎은 주름이 진다.

암술머리

수술다발

왕귤나무 열대 원산의 늘푸른키나무로 많은 재배 품종이 있으며 제주도에서도 기른다. 흰색 꽃은 꽃잎이 5장이고 많은 수술은 수술대 밑부분이 합쳐져서 둥근 수술다발을 만들기도 한다.

＊수술다발[웅예속(雄蘂束), staminal bundles]

두몸수술과 여러몸수술

두몸수술

골담초는 나비 모양의 꽃이 피는 콩과 식물의 하나로 용골꽃잎(p.69) 안쪽에 1개의 암술과 10개의 수술이 들어 있다. 10개의 수술 중에 9개는 기다란 수술대가 한 덩어리로 뭉쳐 있고 나머지 1개만 따로 떨어져 있어서 전체가 2묶음으로 나뉘어져 있는 모양이다. 골담초처럼 수술이 두 덩어리로 나뉘어지는 것을 '두몸수술'이라고 한다. 골담초를 비롯한 콩과 식물 중에 두몸수술을 가진 것이 많다.

꽃받침

기꽃잎 1장

날개꽃잎 2장

용골꽃잎 2장의 용골꽃잎 안쪽에 암술과 수술이 숨어 있다.

골담초 꽃 모양

수술다발 윗부분에는 벌어진 틈이 있어서 주둥이가 긴 곤충이 암술 밑동의 꿀을 빨 수 있다.

꽃받침

수술 1개는 따로 떨어져 있으며 다른 수술보다 수술대가 짧다.

수술 9개는 수술대가 한 덩어리로 합쳐져 있고 윗부분의 일부만 따로 떨어져 있다.

꽃밥 수술대가 꽃밥의 옆면에 붙는 옆붙기꽃밥이다.

꽃자루

9개의 기다란 수술대는 합쳐져 수술다발이 되며 안에 기다란 암술이 들어 있다.

각각 떨어져 있는 윗부분의 수술대

골담초 수술 모양 골담초는 10개의 수술 중에 9개가 합쳐지고 나머지 1개가 떨어져 있는 '두몸수술'이다.

벌노랑이 풀밭에서 자라는 여러해살이풀로 5~8월에 피는 노란색 나비 모양의 꽃 속에는 두몸수술이 들어 있다.

자운영 논밭에 심는 두해살이풀로 봄에 피는 붉은색 나비 모양의 꽃 속에는 두몸수술이 들어 있다.

회화나무 관상수로 심는 갈잎큰키나무로 여름에 피는 연노란색 나비 모양의 꽃 속에는 두몸수술이 들어 있다.

＊두몸수술[양체웅예(兩體雄蘂), diadelphous stamen]

여러몸수술

망종화는 조경수로 기르는 갈잎떨기나무로 망종(6월 6일경) 무렵에 꽃이 피기 시작해서 망종화라고 한다. 가지 끝에 달리는 노란색 꽃은 황금실 모양의 많은 수술이 있는데 갓 핀 꽃을 들여다보면 많은 수술대가 밑부분에서 5개의 다발로 나뉘어 있는 것을 볼 수 있다. 이처럼 많은 수술이 3개 이상의 다발로 나뉘는 것을 '여러몸수술'이라고 한다. 여러몸수술은 물레나물과나 차나무과 등에서 볼 수 있다.

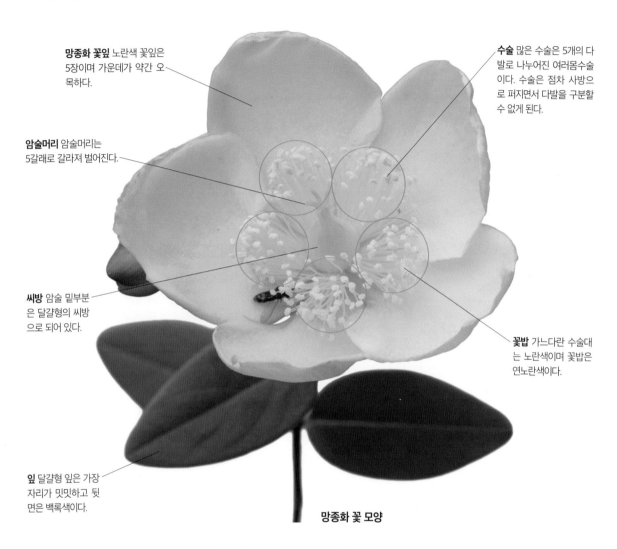

망종화 꽃잎 노란색 꽃잎은 5장이며 가운데가 약간 오목하다.

암술머리 암술머리는 5갈래로 갈라져 벌어진다.

씨방 암술 밑부분은 달걀형의 씨방으로 되어 있다.

잎 달걀형 잎은 가장자리가 밋밋하고 뒷면은 백록색이다.

수술 많은 수술은 5개의 다발로 나누어진 여러몸수술이다. 수술은 점차 사방으로 퍼지면서 다발을 구분할 수 없게 된다.

꽃밥 가느다란 수술대는 노란색이며 꽃밥은 연노란색이다.

망종화 꽃 모양

노각나무 산에서 자라는 갈잎큰키나무로 여름에 흰색 꽃이 핀다. 많은 수술이 5개의 다발로 묶인 여러몸수술이다.

물레나물 산에서 자라며 노란색 꽃은 바람개비 모양이다. 많은 수술이 5개의 다발로 묶인 여러몸수술이다.

고추나물 습지에서 자라고 여름에 노란색 꽃이 핀다. 많은 수술이 3개의 다발로 묶인 여러몸수술이다.

＊여러몸수술[다체웅예(多體雄蘂), polyadelphous stamen]

금낭화

금낭화는 산골짜기에서 자라는 여러해살이풀로 5~6월에 줄기 끝에서 아치 모양으로 휘어지는 꽃송이에 하트 모양의 붉은색 꽃이 조롱조롱 매달린다. 꽃의 모양이 주머니를 닮아서 '주머니꽃' 또는 '며느리주머니' 등의 이름으로도 불린다. 4장의 꽃잎 중에 바깥쪽의 붉은색 꽃잎 2장은 좁아진 꽃뿔이 바깥쪽을 향해 뒤로 젖혀진다. 안쪽에 있는 2장의 흰색 꽃잎은 끝부분이 합쳐져서 시계추처럼 늘어지며 그 속에 1개의 암술과 6개의 수술이 들어 있다. 6개의 수술은 두 묶음으로 따로 떨어져 있는 두몸수술이다.

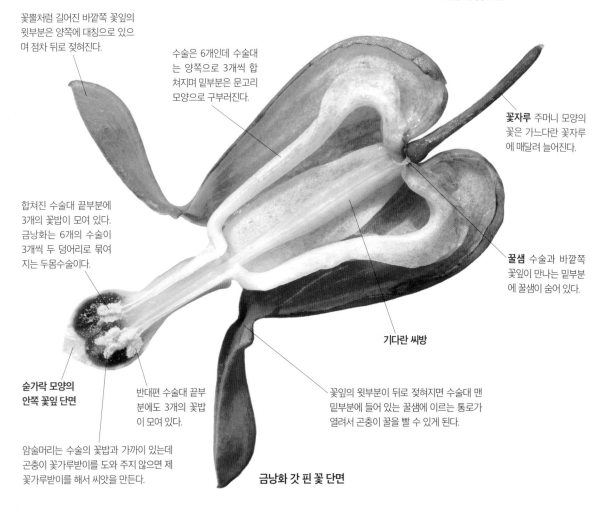

꽃잎은 4장이며 바깥쪽의 2장은 하트 모양을 이루고 꽃잎 윗부분은 좁아지면서 꽃뿔처럼 되고 뒤로 젖혀진다.

꽃이 활짝 피면 꽃뿔처럼 긴 부분은 뒤로 젖혀진다.

안쪽 꽃잎 2장은 흰색이며, 윗부분은 서로 합쳐져 있고 가운데 부분은 잘록하며 밑부분은 숟가락처럼 볼록하다.

볼록한 안쪽 꽃잎 끝부분은 자주색과 노란색이 돌며 속에 암술머리와 꽃밥이 들어 있다. 꽃에 호박벌 등이 매달리면 안쪽 꽃잎이 둘로 벌어지면서 암술과 수술이 드러나 곤충의 배에 닿는다.

금낭화 꽃 모양

꽃뿔처럼 길어진 바깥쪽 꽃잎의 윗부분은 양쪽에 대칭으로 있으며 점차 뒤로 젖혀진다.

수술은 6개인데 수술대는 양쪽으로 3개씩 합쳐지며 밑부분은 문고리 모양으로 구부러진다.

꽃자루 주머니 모양의 꽃은 가느다란 꽃자루에 매달려 늘어진다.

합쳐진 수술대 끝부분에 3개의 꽃밥이 모여 있다. 금낭화는 6개의 수술이 3개씩 두 덩어리로 묶여지는 두몸수술이다.

꿀샘 수술과 바깥쪽 꽃잎이 만나는 밑부분에 꿀샘이 숨어 있다.

숟가락 모양의 안쪽 꽃잎 단면

반대편 수술대 끝부분에도 3개의 꽃밥이 모여 있다.

기다란 씨방

꽃잎의 윗부분이 뒤로 젖혀지면 수술대 맨 밑부분에 들어 있는 꿀샘에 이르는 통로가 열려서 곤충이 꿀을 빨 수 있게 된다.

암술머리는 수술의 꽃밥과 가까이 있는데 곤충이 꽃가루받이를 도와 주지 않으면 제 꽃가루받이를 해서 씨앗을 만든다.

금낭화 갓 핀 꽃 단면

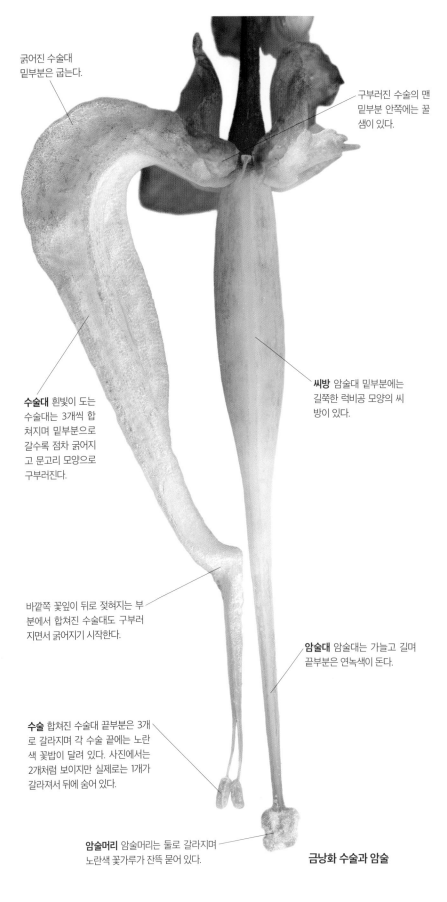

굵어진 수술대 밑부분은 굽는다.

구부러진 수술의 맨 밑부분 안쪽에는 꿀샘이 있다.

수술대 흰빛이 도는 수술대는 3개씩 합쳐지며 밑부분으로 갈수록 점차 굵어지고 문고리 모양으로 구부러진다.

씨방 암술대 밑부분에는 길쭉한 럭비공 모양의 씨방이 있다.

바깥쪽 꽃잎이 뒤로 젖혀지는 부분에서 합쳐진 수술대도 구부러지면서 굵어지기 시작한다.

암술대 암술대는 가늘고 길며 끝부분은 연녹색이 돈다.

수술 합쳐진 수술대 끝부분은 3개로 갈라지며 각 수술 끝에는 노란색 꽃밥이 달려 있다. 사진에서는 2개처럼 보이지만 실제로는 1개가 갈라져서 뒤에 숨어 있다.

암술머리 암술머리는 둘로 갈라지며 노란색 꽃가루가 잔뜩 묻어 있다.

금낭화 수술과 암술

흰금낭화 흰색 꽃이 피는 금낭화로 6개의 수술은 3개씩 뭉쳐 있는 두몸수술이다.

엑시미아금낭화 화초로 기르는 여러해살이풀로 6개의 수술은 3개씩 뭉쳐 있는 두몸수술이다.

산괴불주머니 산과 들에서 자라는 여러해살이풀로 6개의 수술은 3개씩 뭉쳐 있는 두몸수술이다.

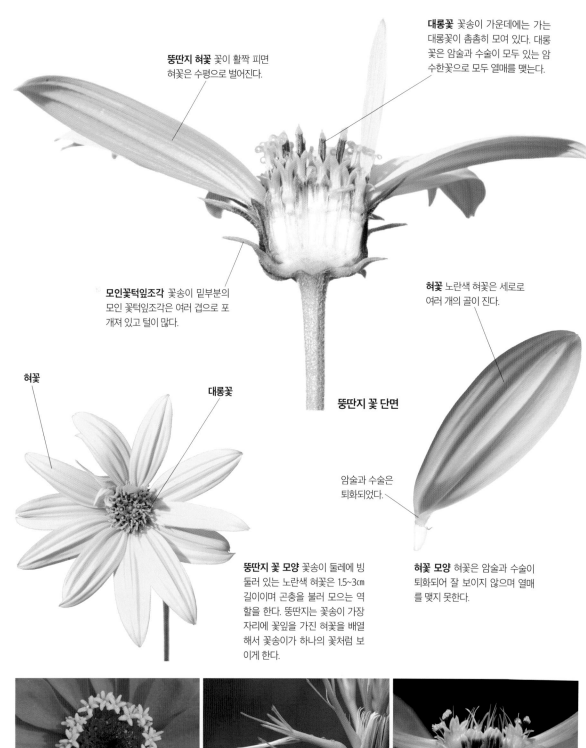

뚱딴지 허꽃 꽃이 활짝 피면 허꽃은 수평으로 벌어진다.

대롱꽃 꽃송이 가운데에는 가는 대롱꽃이 촘촘히 모여 있다. 대롱꽃은 암술과 수술이 모두 있는 암수한꽃으로 모두 열매를 맺는다.

모인꽃턱잎조각 꽃송이 밑부분의 모인 꽃턱잎조각은 여러 겹으로 포개져 있고 털이 많다.

뚱딴지 꽃 단면

허꽃

대롱꽃

허꽃 노란색 허꽃은 세로로 여러 개의 골이 진다.

암술과 수술은 퇴화되었다.

뚱딴지 꽃 모양 꽃송이 둘레에 빙 둘러 있는 노란색 허꽃은 1.5~3㎝ 길이이며 곤충을 불러 모으는 역할을 한다. 뚱딴지는 꽃송이가 가장자리에 꽃잎을 가진 허꽃을 배열해서 꽃송이가 하나의 꽃처럼 보이게 한다.

허꽃 모양 허꽃은 암술과 수술이 퇴화되어 잘 보이지 않으며 열매를 맺지 못한다.

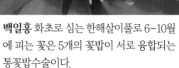

백일홍 화초로 심는 한해살이풀로 6~10월에 피는 꽃은 5개의 꽃밥이 서로 융합되는 통꽃밥수술이다.

엉겅퀴 풀밭에서 자라는 여러해살이풀로 여름에 피는 꽃은 5개의 꽃밥이 서로 융합되는 통꽃밥수술이다.

코스모스 꽃송이 단면 화초로 심는 한해살이풀로 대롱꽃은 5개의 꽃밥이 서로 합쳐져 있는 통꽃밥수술이다.

110　　　　　　　　　　　　　　　　　　*통꽃밥수술[집약웅예(集葯雄蕊), 취약웅예(聚葯雄蕊), syngenesious stamen]

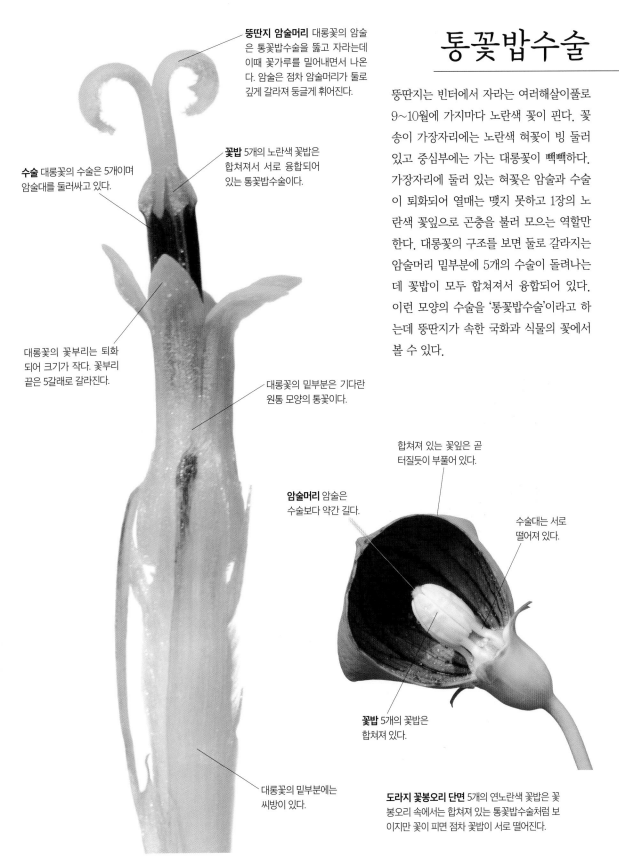

뚱딴지 암술머리 대롱꽃의 암술은 통꽃밥수술을 뚫고 자라는데 이때 꽃가루를 밀어내면서 나온다. 암술은 점차 암술머리가 둘로 깊게 갈라져 둥글게 휘어진다.

꽃밥 5개의 노란색 꽃밥은 합쳐져서 서로 융합되어 있는 통꽃밥수술이다.

수술 대롱꽃의 수술은 5개이며 암술대를 둘러싸고 있다.

대롱꽃의 꽃부리는 퇴화되어 크기가 작다. 꽃부리 끝은 5갈래로 갈라진다.

대롱꽃의 밑부분은 기다란 원통 모양의 통꽃이다.

대롱꽃의 밑부분에는 씨방이 있다.

뚱딴지 대롱꽃

통꽃밥수술

뚱딴지는 빈터에서 자라는 여러해살이풀로 9~10월에 가지마다 노란색 꽃이 핀다. 꽃송이 가장자리에는 노란색 혀꽃이 빙 둘러 있고 중심부에는 가는 대롱꽃이 빽빽하다. 가장자리에 둘러 있는 혀꽃은 암술과 수술이 퇴화되어 열매는 맺지 못하고 1장의 노란색 꽃잎으로 곤충을 불러 모으는 역할만 한다. 대롱꽃의 구조를 보면 둘로 갈라지는 암술머리 밑부분에 5개의 수술이 돌려나는데 꽃밥이 모두 합쳐져서 융합되어 있다. 이런 모양의 수술을 '통꽃밥수술'이라고 하는데 뚱딴지가 속한 국화과 식물의 꽃에서 볼 수 있다.

합쳐져 있는 꽃잎은 곧 터질듯이 부풀어 있다.

암술머리 암술은 수술보다 약간 길다.

수술대는 서로 떨어져 있다.

꽃밥 5개의 꽃밥은 합쳐져 있다.

도라지 꽃봉오리 단면 5개의 연노란색 꽃밥은 꽃봉오리 속에서는 합쳐져 있는 통꽃밥수술처럼 보이지만 꽃이 피면 점차 꽃밥이 서로 떨어진다.

금강초롱꽃

금강초롱꽃은 가평의 명지산 이북의 높은 산에 분포하는 여러해살이풀로 우리나라에서만 자라는 특산 식물이다. 8~9월에 줄기 윗부분에 자주색 꽃이 매달린다. 금강산에서 처음 발견되었고 초롱 모양의 꽃이 피어서 금강초롱꽃이라고 한다. 금강초롱꽃은 5개의 수술이 있는데 꽃밥이 서로 융합되어 있는 통꽃밥수술이다. 같은 초롱꽃과에 속하는 섬초롱꽃이나 도라지 등은 어릴 때는 수술이 통꽃밥수술처럼 합쳐져 있다가 자라면서 떨어지는데 금강초롱꽃은 통꽃밥수술을 끝까지 유지하는 점으로 구분을 한다.

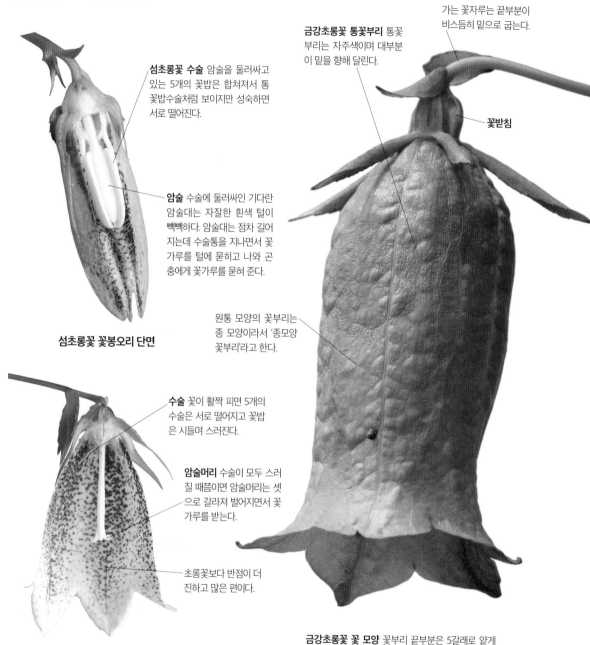

섬초롱꽃 수술 암술을 둘러싸고 있는 5개의 꽃밥은 합쳐져서 통꽃밥수술처럼 보이지만 성숙하면 서로 떨어진다.

암술 수술에 둘러싸인 기다란 암술대는 자잘한 흰색 털이 빽빽하다. 암술대는 점차 길어지는데 수술통을 지나면서 꽃가루를 털에 묻히고 나와 곤충에게 꽃가루를 묻혀 준다.

섬초롱꽃 꽃봉오리 단면

금강초롱꽃 통꽃부리 통꽃부리는 자주색이며 대부분이 밑을 향해 달린다.

가는 꽃자루는 끝부분이 비스듬히 밑으로 굽는다.

꽃받침

원통 모양의 꽃부리는 종 모양이라서 '종모양 꽃부리'라고 한다.

수술 꽃이 활짝 피면 5개의 수술은 서로 떨어지고 꽃밥은 시들며 스러진다.

암술머리 수술이 모두 스러질 때쯤이면 암술머리는 셋으로 갈라져 벌어지면서 꽃가루를 받는다.

초롱꽃보다 반점이 더 진하고 많은 편이다.

섬초롱꽃 꽃 단면 울릉도에서 자라는 여러해살이풀로 6~7월에 초롱 모양의 연자주색 꽃이 핀다. 초롱꽃과 같은 종으로 본다.

금강초롱꽃 꽃 모양 꽃부리 끝부분은 5갈래로 얕게 갈라져서 약간 벌어지며 갈래조각 끝은 뾰족하다.

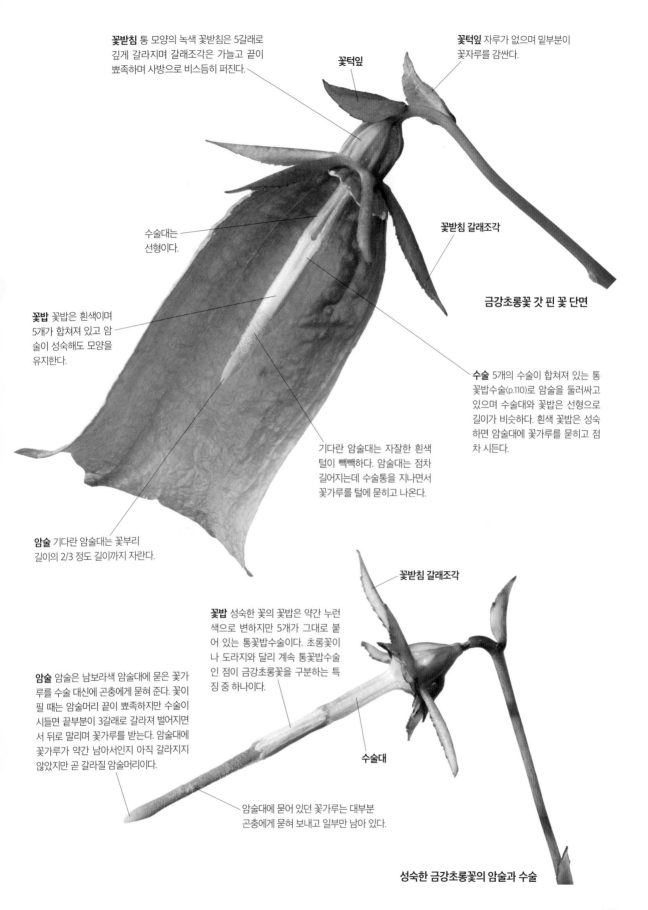

꽃받침 통 모양의 녹색 꽃받침은 5갈래로 깊게 갈라지며 갈래조각은 가늘고 끝이 뾰족하며 사방으로 비스듬히 퍼진다.

꽃턱잎

꽃턱잎 자루가 없으며 밑부분이 꽃자루를 감싼다.

꽃받침 갈래조각

수술대는 선형이다.

금강초롱꽃 갓 핀 꽃 단면

꽃밥 꽃밥은 흰색이며 5개가 합쳐 있고 암술이 성숙해도 모양을 유지한다.

수술 5개의 수술이 합쳐져 있는 통꽃밥수술(p.110)로 암술을 둘러싸고 있으며 수술대와 꽃밥은 선형으로 길이가 비슷하다. 흰색 꽃밥은 성숙하면 암술대에 꽃가루를 묻히고 점차 시든다.

기다란 암술대는 자잘한 흰색 털이 빽빽하다. 암술대는 점차 길어지는데 수술통을 지나면서 꽃가루를 털에 묻히고 나온다.

암술 기다란 암술대는 꽃부리 길이의 2/3 정도 길이까지 자란다.

꽃받침 갈래조각

꽃밥 성숙한 꽃의 꽃밥은 약간 누런색으로 변하지만 5개가 그대로 붙어 있는 통꽃밥수술이다. 초롱꽃이나 도라지와 달리 계속 통꽃밥수술인 점이 금강초롱꽃을 구분하는 특징 중 하나이다.

암술 암술은 남보라색 암술대에 묻은 꽃가루를 수술 대신에 곤충에게 묻혀 준다. 꽃이 필 때는 암술머리 끝이 뾰족하지만 수술이 시들면 끝부분이 3갈래로 갈라져 벌어지면서 뒤로 말리며 꽃가루를 받는다. 암술대에 꽃가루가 약간 남아서인지 아직 갈라지지 않았지만 곧 갈라질 암술머리이다.

수술대

암술대에 묻어 있던 꽃가루는 대부분 곤충에게 묻혀 보내고 일부만 남아 있다.

성숙한 금강초롱꽃의 암술과 수술

자주달개비 꽃잎 동그스름한 자주색 꽃잎은 넓은 달걀 모양이고 3장이며 수평으로 벌어진다. 꽃은 아침에 피었다가 오후에 시드는 하루살이꽃이지만 많은 꽃봉오리를 달고 계속해서 피어난다.

수술 암술 둘레에는 6개의 수술이 있으며 꽃밥은 노란색이다.

암술 꽃 중심부에는 1개의 기다란 암술이 있다.

꽃잎 뒷면도 앞면과 똑같이 자주색이다.

꽃받침은 3장이고 달걀 형이며 두껍고 연녹색~녹자색이다.

자주달개비 꽃 모양

자주달개비 꽃 뒷면

자주달개비 암술과 수술 수술대에는 기다란 자주색 털이 복슬복슬하다.

114

수술대에 털이 있는 자주달개비

자주달개비는 북아메리카 원산의 화초로 줄기는 무더기로 모여난다. 5~7월에 줄기 끝이나 잎겨드랑이에 자주색 꽃이 모여 피는데 꽃은 아침에 피었다가 저녁에 지는 하루살이꽃이다. 저절로 잘 자라기 때문에 한 번 심으면 해마다 꽃을 감상할 수 있다. 여러 가지 꽃 색깔과 잎에 무늬가 있는 재배 품종이 개발되어 널리 심어지고 있다. 자주달개비 꽃은 꽃잎과 꽃받침이 각각 3장씩이고 1개의 암술과 6개의 수술이 있는데 수술대에는 기다란 자주색 털이 촘촘히 달리는 것이 특징이다. 수술대에 촘촘히 달리는 털은 세포가 연결되어 있어 흔히 세포 분열 등을 관찰하는 실험 재료로 널리 쓰인다.

암술머리 암술머리는 흰빛이 돌며 약간 부풀어 오른다.

꽃밥 수술대 끝의 꽃밥은 노란색이다.

암술대 암술대는 길고 자주색이다.

자주색 수술에는 기다란 자주색 털이 촘촘하다. 이 털은 세포가 일렬로 늘어서 있어서 세포 분열이나 세포질이 유동하는 현상을 관찰하기 쉬우므로 세포학 실험에 많이 쓰인다.

씨방 암술대 밑부분에는 타원형의 녹백색 씨방이 있다.

꽃자루는 굵고 튼튼하다.

자주달개비 암술과 수술

흰자주달개비 흰색 꽃이 피는 품종이다. 수술대에는 기다란 흰색 털이 많다.

자주달개비 '콘코드 그레이프' 적자색 꽃이 피며 수술대에는 기다란 적자색 털이 많다.

자주달개비 '스위트 케이트' 잎이 황금색인 품종이며 수술대에는 기다란 자주색 털이 많다.

자주달개비 '블루 앤 골드' 잎에 라임색 무늬가 있는 품종이며 수술대에는 기다란 털이 많다.

헛수술

다래는 산에서 자라는 갈잎덩굴나무로 가을에 황록색으로 익는 열매는 양다래(키위)와 맛이 비슷해서 사람들이 즐겨 따 먹는다. 하지만 어느 나무에는 열매가 달리지 않아서 섭섭한 경우가 있는데 그 까닭은 다래가 암수딴그루이기 때문이다. 다래는 암꽃이 피는 암그루에서만 열매를 만날 수 있다. 다래 수꽃은 꽃밥에서 꽃가루가 나오지만 암꽃에 있는 수술은 모양만 비슷할 뿐 꽃가루받이를 할 수 없는데 이런 수술을 '헛수술'이라고 한다.

꽃잎 누른빛이 도는 흰색 꽃잎은 4~6장이다.

수술 수술은 많고 꽃밥은 흑자색이며 꽃가루가 나와 꽃가루받이를 돕는다.

다래 수꽃 모양 퇴화되어 작아진 암술은 수술 밑에 숨어 있고 열매를 맺을 수 없다.

암술 한가운데 있는 암술은 암술머리가 술처럼 잘게 갈라져서 사방으로 퍼진다.

수술 암술 둘레에 많은 수술이 돌려난다.

꽃밥 흑자색 꽃밥은 꽃가루가 나오지만 꽃가루받이를 도울 수 없는 불임성(不稔性) 꽃가루이다. 다래 암꽃의 수술은 꽃밥이 제대로 발달하지 않는 헛수술이다.

하지만 다래 암꽃의 수술에 달린 꽃밥을 모두 제거하면 곤충이 잘 찾아오지 않는 것으로 보아 곤충을 불러들이는 역할을 하는 것으로 추측된다.

다래 암꽃 모양

＊헛수술[가웅예(假雄蘂), staminodium]

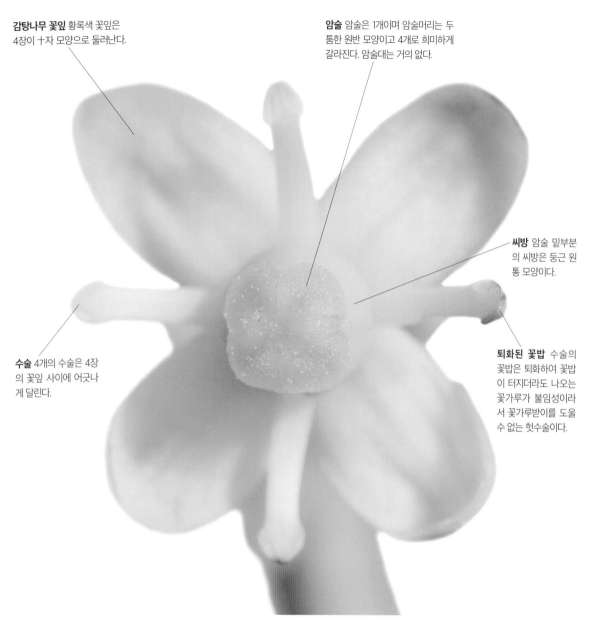

감탕나무 꽃잎 황록색 꽃잎은 4장이 十자 모양으로 둘러난다.

암술 암술은 1개이며 암술머리는 두툼한 원반 모양이고 4개로 희미하게 갈라진다. 암술대는 거의 없다.

씨방 암술 밑부분의 씨방은 둥근 원통 모양이다.

수술 4개의 수술은 4장의 꽃잎 사이에 어긋나게 달린다.

퇴화된 꽃밥 수술의 꽃밥은 퇴화하여 꽃밥이 터지더라도 나오는 꽃가루가 불임성이라서 꽃가루받이를 도울 수 없는 헛수술이다.

감탕나무 암꽃 감탕나무는 울릉도와 남쪽 섬에서 자라는 늘푸른작은키나무이다. 암수딴그루로 4~5월에 잎겨드랑이에 수꽃은 2~15개가 모여 피고 암꽃은 1~4개가 모여 핀다.

쥐다래 암꽃 산에서 자라는 갈잎덩굴나무로 6월에 피는 암꽃의 수술은 꽃가루받이를 도울 수 없는 헛수술이다.

고욤나무 암꽃 산에서 자라는 갈잎큰키나무로 5~6월에 피는 암꽃에는 8개의 퇴화한 헛수술이 있다.

생강나무 암꽃 산에서 자라는 갈잎떨기나무로 3~4월에 피는 암꽃에는 9개의 헛수술이 있다.

헛수술 5개의 수술 사이마다 연녹색 헛수술이 하나씩 있다. 헛수술은 곤충을 불러들이는 역할을 한다.

1번째 젖혀진 수술

2번째 젖혀진 수술 5개의 수술은 가운데에 있는 암술을 둘러싸고 있다가 매일 하나씩 뒤로 곧게 젖혀지면서 꽃밥에서 꽃가루를 내보낸다.

아직 암술을 싸고 있는 4~5번째 수술

꽃잎 5장의 흰색 꽃잎은 연녹색 맥이 방사상으로 벋는다.

3번째 젖혀지려고 하는 수술은 꽃밥에서 꽃가루가 나오기 시작했다.

암술 1개의 암술은 수술 속에 숨어 있다가 점차 수술이 벌어지면서 드러난다.

물매화 꽃 모양 5개의 헛수술은 곤충을 불러들이는 역할을 하고 5개의 진짜 수술은 매일 1개씩 차례대로 젖혀지면서 5일 동안 꽃가루를 낸 뒤에야 가운데에 있는 암술이 성숙해서 제꽃가루받이를 피한다.

여러 가지 헛수술

물매화는 양지바른 산의 습한 곳에서 자라는 여러해살이풀로 여름에 자란 긴 꽃대 끝에 흰색 꽃이 하늘을 보고 핀다. 꽃은 암수한꽃으로 5개의 수술 사이마다 헛수술이 하나씩 있는데 생김새가 독특하다. 연녹색을 띠는 헛수술은 윗부분이 12~22갈래로 깊게 갈라지는데 끝마다 둥근 물방울 모양으로 꿀이 있는 것처럼 보여서 곤충을 불러들이는 역할을 한다. 하지만 실제로 꿀이 분비되는 꿀샘은 헛수술 밑부분에 있다.

물매화의 헛수술은 윗부분이 갈라진 모양이 왕관처럼 보인다.

수술

물매화 헛수술

후박나무 헛수술

후박나무는 울릉도와 남쪽 바닷가에서 주로 자라는 늘푸른큰키나무로 5~6월에 햇가지에 황록색 꽃송이가 달린다. 후박나무 꽃은 꽃덮이조각이 6장이며 맨 가운데에 있는 암술 둘레에 12개의 수술이 3개씩 4줄로 배열하는데 가장 안쪽에 있는 3개의 수술은 헛수술이므로 진짜 수술은 9개이다. 그리고 수술과 헛수술 사이에는 6개의 '샘물질'이 있다. 샘물질은 씨방의 밑부분이나 잎자루 같은 데에 있는 작은 샘 모양의 돌기로 '샘점'이라고도 한다.

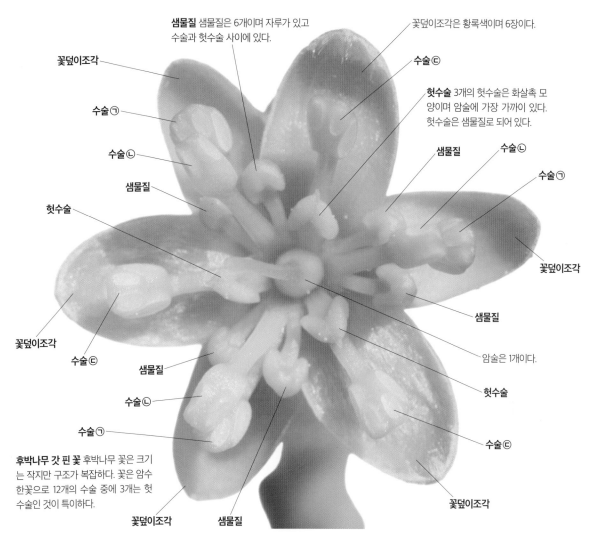

샘물질 샘물질은 6개이며 자루가 있고 수술과 헛수술 사이에 있다.

꽃덮이조각은 황록색이며 6장이다.

꽃덮이조각

수술ⓒ

수술㉠

헛수술 3개의 헛수술은 화살촉 모양이며 암술에 가장 가까이 있다. 헛수술은 샘물질로 되어 있다.

수술ⓛ

샘물질

수술ⓛ

수술㉠

샘물질

헛수술

꽃덮이조각

꽃덮이조각

샘물질

수술ⓒ

샘물질

암술은 1개이다.

수술ⓛ

헛수술

수술㉠

수술ⓒ

후박나무 갓 핀 꽃 후박나무 꽃은 크기는 작지만 구조가 복잡하다. 꽃은 암수한꽃으로 12개의 수술 중에 3개는 헛수술인 것이 특이하다.

꽃덮이조각

샘물질

꽃덮이조각

헛수술

수술

달개비 풀밭에서 자라는 한해살이풀로 3개의 노란색 헛수술은 곤충을 불러들이는 역할을 한다.

수술

헛수술

수까치깨 산과 들에서 자라는 한해살이풀로 여름에 피는 꽃은 10개의 수술과 5개의 헛수술이 있다.

센달나무 남쪽 섬에서 자라는 늘푸른큰키나무로 5~6월에 피는 황록색 꽃은 3개의 헛수술이 있다.

*샘물질[선체(腺體), 선점(腺點), 샘점, glandular tissue]

세로열림꽃밥

식물마다 꽃가루를 담고 있는 꽃밥의 생김새와 크기가 다르고 꽃자루에 붙는 방법도 다르다. 다 자란 꽃밥은 일정한 방법으로 갈라지면서 꽃가루가 나온다. 꽃가루주머니가 세로로 길게 갈라지면서 꽃가루가 나오는 꽃밥을 '세로열림꽃밥'이라고 한다. 꽃밥의 생김새와 꽃가루를 내는 방법은 식물마다 조금씩 다르기 때문에 식물을 분류하는 데 중요한 기준이 된다.

노랑꽃창포 암술 암술은 꽃잎 모양이며 겉꽃덮이조각 위에 있고 뒤로 약간 휘어진다.

수술 수술은 암술 밑부분에 바짝 붙어 있다.

속꽃덮이조각은 좁은 달걀 모양이며 크기가 작고 처지지 않는다.

겉꽃덮이조각 3장의 겉꽃덮이조각은 넓은 달걀 모양이며 안쪽에 무늬가 있고 끝부분이 밑으로 처진다. 벌이 무늬를 따라 안쪽으로 가면 암술과 수술을 만난다.

꽃턱잎 꽃의 밑부분을 싸고 있는 녹색 꽃턱잎조각은 2개이다.

노랑꽃창포 꽃 모양 노랑꽃창포는 물가에서 자라는 여러해살이풀로 5~6월에 줄기에서 갈라진 가지마다 노란색 꽃이 핀다.

꽃밥 수술은 길며 꽃밥도 2cm 이상으로 길다.

꽃밥은 세로로 갈라지며 꽃가루가 나오는 세로열림꽃밥이다.

수술대

튤립나무 수술 암술 둘레를 빙 둘러싸고 있는 수술은 수술대가 흰색이고 꽃밥은 연노란색이다.

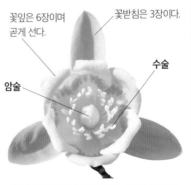

꽃잎은 6장이며 곧게 선다.

꽃받침은 3장이다.

수술

암술

튤립나무 꽃 모양 심어 기르는 갈잎큰키나무로 늦은 봄에 튤립을 닮은 연노란색 꽃이 핀다.

여우주머니 길가에서 자라는 한해살이풀로 6~7월에 황록색 꽃이 피는데 꽃밥은 가로로 열리면서 꽃가루가 나오는 가로열림꽃밥이다.

120

＊가로열림[횡개(橫開), 횡선열개(橫線裂開), 횡열(橫裂), transverse dehiscence]

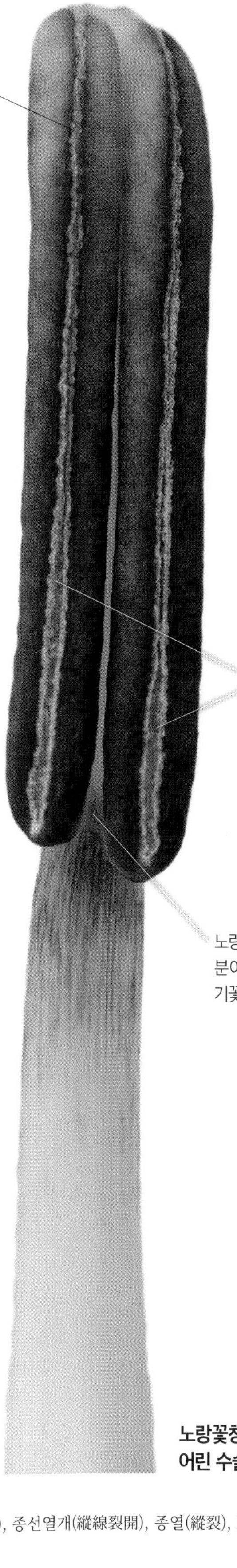

아직 갈라지지 않은
꽃가루주머니

꽃가루는 노란색이다.

꽃가루주머니는 세로로
길게 갈라지면서 꽃가루
가 나오는데 이렇게 열
리는 꽃밥을 '세로열림꽃
밥'이라고 한다.

각각의 절반꽃밥은 세로로
긴 줄을 따라 밑부분부터
벌어지면서 꽃가루가 나올
준비를 하고 있다.

노랑꽃창포는 꽃밥의 밑부
분이 수술대에 붙는 밑붙
기꽃밥이다.

**노랑꽃창포
어린 수술**

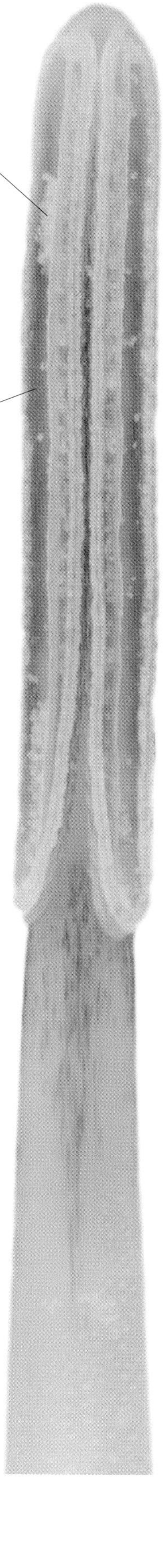

**노랑꽃창포
성숙한 수술**

*세로열림[종개(縱開), 종선열개(縱線裂開), 종열(縱裂), longitudinal dehiscence]

들창열림꽃밥

매발톱나무는 5~6월에 짧은가지 끝에서 늘어지는 꽃송이에 노란색 꽃이 모여 달린다. 꽃잎과 꽃받침조각은 각각 6장이
며 모두 노란색이고 꽃 가운데에 1개의 암술과 6개의 수술이 모여 있다. 매발톱나무의 꽃밥은 여닫이 창문이 열리듯 벌어
지면서 노란색 꽃가루가 나오는데 이렇게 열리는 꽃밥을 '들창열림꽃밥'이라고 한다. 매발톱나무가 속한 매자나무과와 녹
나무과의 꽃은 들창열림꽃밥을 가지고 있다.

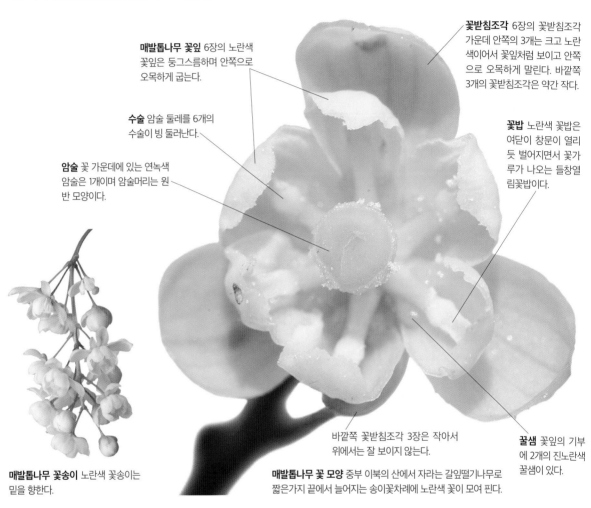

매발톱나무 꽃잎 6장의 노란색 꽃잎은 둥그스름하며 안쪽으로 오목하게 굽는다.

수술 암술 둘레를 6개의 수술이 빙 둘러난다.

암술 꽃 가운데에 있는 연녹색 암술은 1개이며 암술머리는 원반 모양이다.

꽃받침조각 6장의 꽃받침조각 가운데 안쪽의 3개는 크고 노란 색이어서 꽃잎처럼 보이고 안쪽 으로 오목하게 말린다. 바깥쪽 3개의 꽃받침조각은 약간 작다.

꽃밥 노란색 꽃밥은 여닫이 창문이 열리 듯 벌어지면서 꽃가 루가 나오는 들창열 림꽃밥이다.

꿀샘 꽃잎의 기부 에 2개의 진노란색 꿀샘이 있다.

바깥쪽 꽃받침조각 3장은 작아서 위에서는 잘 보이지 않는다.

매발톱나무 꽃송이 노란색 꽃송이는 밑을 향한다.

매발톱나무 꽃 모양 중부 이북의 산에서 자라는 갈잎떨기나무로 짧은가지 끝에서 늘어지는 송이꽃차례에 노란색 꽃이 모여 핀다.

후박나무 울릉도와 남쪽 섬에서 자라는 늘푸른큰키나무로 5~6월에 피는 꽃은 노 란색 꽃밥이 들창열림꽃밥이다.

생강나무 산에서 자라는 갈잎떨기나무로 3~4월에 잎이 돋기 전에 피는 노란색 꽃 밥은 들창열림꽃밥이다.

꿩의다리아재비 중부 이북의 깊은 산에서 자라는 여러해살이풀로 5~7월에 피는 노 란색 꽃밥은 들창열림꽃밥이다.

＊들창열림[판개(瓣開), valvular dehiscence]

구멍열림꽃밥

노루발은 산의 숲속에서 자라는 늘푸른여러해살이풀로 6~7월에 백황색 꽃이 밑을 보고 핀다. 노루발은 10개의 수술이 위를 향하며 수술마다 2갈래로 갈라지는 것이 특이하다. 수술의 꽃밥은 끝부분에 구멍이 뚫리면서 꽃가루가 나오는데 이렇게 열리는 꽃밥을 '구멍열림꽃밥'이라고 한다.

노루발 꽃밥 백황색 꽃밥은 2~3㎜ 길이이며 비스듬히 휘어지고 주황색 부분의 끝에 구멍이 뚫리면서 꽃가루가 나오는 구멍열림꽃밥이다.

수술 수술은 10개이며 모두 둘로 갈라지기 때문에 20개처럼 보인다.

수술대 수술대는 황백색이고 위를 향하며 끝부분이 굽는다.

암술대 암술은 1개이며 수술보다 길다. 기다란 암술대는 백황색이며 비스듬히 밑을 향한다.

암술머리 암술대 끝부분의 뭉툭한 암술머리는 끈적거리며 꽃가루가 잘 묻는다.

꽃잎은 뒤로 젖혀진다.

꽃잎 둥그스름한 꽃잎은 5장이며 누른빛이 도는 흰색이다. 꽃잎은 안쪽으로 오목하게 굽는다.

노루발 꽃 모양

5개의 꽃밥은 합쳐져 있다.

구멍열림꽃밥

구멍열림꽃밥

암술

암술 구멍열림꽃밥

토마토 밭에서 재배하는 열매채소이다. 암술대를 둘러싼 꽃밥은 서로 붙어 있으며 구멍열림꽃밥이다. 벌이 찾아와 날갯짓을 하는 진동수가 350Hz인데 토마토 꽃밥은 이 진동수에서만 꽃가루가 나온다고 한다.

가지 밭에서 재배하는 열매채소로 여름에 연자주색 꽃이 피는데 진노란색 꽃밥은 구멍열림꽃밥이다.

진달래 산에서 자라는 갈잎떨기나무로 봄에 잎보다 먼저 피는 분홍색 꽃의 꽃밥은 구멍열림꽃밥이다.

*구멍열림[공개(孔開), 포공열개(胞孔裂開), poricidal dehiscence]

내향꽃밥

도라지모시대는 산에서 자라는 여러해살이풀로 7~9월에 줄기 윗부분의 송이꽃차례에 넓은 종 모양의 자주색 꽃이 밑을 보고 핀다. 통꽃부리는 끝부분이 5갈래로 얕게 갈라져서 살짝 벌어진다. 꽃부리 안쪽에는 곤봉 모양의 암술이 1개가 있고 그 둘레를 5개의 수술이 싸고 있다. 도라지모시대는 꽃밥이 기다란 수술대 끝부분의 안쪽에 붙어서 안을 향하는 꽃밥으로 '내향꽃밥'이라고 한다.

꽃받침 꽃받침은 녹색이며 5갈래로 깊게 갈라지고 갈래조각 끝은 뾰족하다.

통꽃부리 자주색 통꽃부리는 넓은 종 모양이며 끝부분이 5갈래로 얕게 갈라져서 살짝 벌어진다.

수술은 꽃가루를 암술에 묻히고 모두 스러졌다.

암술 기다란 곤봉 모양의 암술은 점차 끝부분이 3갈래로 갈라져 벌어지면서 다른 꽃의 꽃가루를 받아 꽃가루받이를 한다.

꽃봉오리 통꽃부리가 주름치마처럼 세로로 접혀서 포개져 있다.

도라지모시대 꽃송이 산에서 자라며 7~9월에 줄기 윗부분의 송이꽃차례가 달린다.

몸에 상처를 내면 흰색 즙이 나온다.

암술은 털이 빽빽하다.

꽃밥은 안쪽을 향하는 내향꽃밥이며 암술을 둘러싸고 있다.

접혀 있는 꽃부리

도라지모시대 꽃봉오리 단면 곤봉 모양의 암술 둘레를 수술의 꽃밥이 둘러싸고 있다.

암술

꽃밥

꽃밥

암술

도라지 암술을 싸고 있는 5개의 수술은 암술에서 떨어지면서 꽃밥 안쪽에서 꽃가루가 나온다.

연령초 깊은 산에서 자라는 여러해살이풀로 5~6월에 피는 흰색 꽃은 꽃밥이 안쪽을 향한다.

＊내향꽃밥[내향약(內向葯), introse anther]

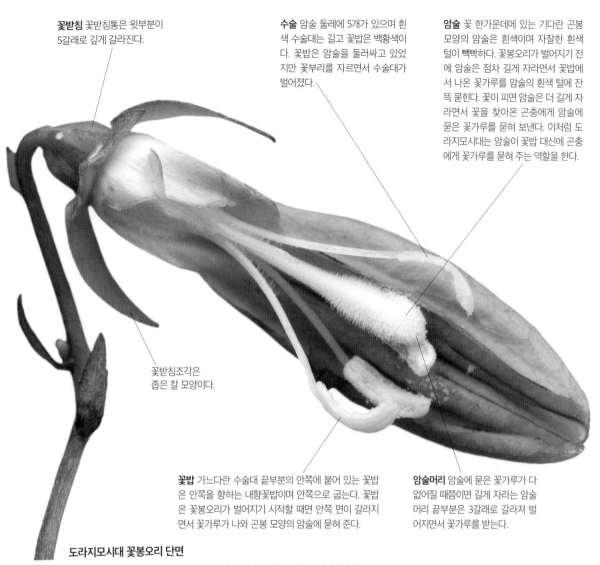

꽃받침 꽃받침통은 윗부분이 5갈래로 깊게 갈라진다.

수술 암술 둘레에 5개가 있으며 흰색 수술대는 길고 꽃밥은 백황색이다. 꽃밥은 암술을 둘러싸고 있었지만 꽃부리를 자르면서 수술대가 벌어졌다.

암술 꽃 한가운데에 있는 기다란 곤봉 모양의 암술은 흰색이며 자잘한 흰색 털이 빽빽하다. 꽃봉오리가 벌어지기 전에 암술은 점차 길게 자라면서 꽃밥에서 나온 꽃가루를 암술의 흰색 털에 잔뜩 묻힌다. 꽃이 피면 암술은 더 길게 자라면서 꽃을 찾아온 곤충에게 암술에 묻은 꽃가루를 묻혀 보낸다. 이처럼 도라지모시대는 암술이 꽃밥 대신에 곤충에게 꽃가루를 묻혀 주는 역할을 한다.

꽃받침조각은 좁은 칼 모양이다.

꽃밥 가느다란 수술대 끝부분의 안쪽에 붙어 있는 꽃밥은 안쪽을 향하는 내향꽃밥이며 안쪽으로 굽는다. 꽃밥은 꽃봉오리가 벌어지기 시작할 때면 안쪽 면이 갈라지면서 꽃가루가 나와 곤봉 모양의 암술에 묻혀 준다.

암술머리 암술에 묻은 꽃가루가 다 없어질 때쯤이면 길게 자라는 암술머리 끝부분은 3갈래로 갈라져 벌어지면서 꽃가루를 받는다.

도라지모시대 꽃봉오리 단면

수술 꽃밥은 안쪽이 세로로 갈라지면서 꽃가루를 내는 내향꽃밥이다.

수술 꽃밥은 수술대 옆쪽에 붙어서 옆을 향하는 측향꽃밥이다.

꽃밥

암술

큰까치수영 풀밭에서 자라는 여러해살이풀로 꼬리처럼 굽는 송이꽃차례에 달리는 흰색 꽃은 꽃밥이 안쪽을 향한다.

암술

함박꽃나무 산에서 자라는 갈잎작은키나무로 암술 둘레에 촘촘히 돌려나는 수술의 꽃밥은 안쪽을 향한다.

계수나무 관상수로 심는 갈잎큰키나무이다. 계수나무의 수꽃은 꽃밥이 수술대 옆쪽에 붙어서 옆을 향하는 꽃밥으로 '측향꽃밥'이라고 한다. 풍년화와 양버즘나무도 꽃밥이 옆을 향하는 측향꽃밥이다.

*측향꽃밥[측향약(側向藥), latrorse anther]

외향꽃밥

붓꽃은 산과 들의 풀밭에서 자라는 여러 해살이풀로 5~6월에 줄기 끝에 2~3개의 자주색 꽃이 핀다. 3장의 겉꽃덮이조각은 노란색 바탕에 자주색 그물 무늬가 있고 밑으로 처지며 3장의 속꽃덮이조각은 곧추선다. 3개의 암술대는 작은 꽃잎 모양이며 밖으로 비스듬히 휘어지고 밑부분에 수술이 숨어 있다. 수술대 끝부분에 흑자색 꽃밥이 달리는데 꽃밥이 밖을 향하기 때문에 '외향꽃밥'이라고 한다.

속꽃덮이조각 속꽃덮이조각은 자주색이며 곧추선다.

암술대 암술대는 작은 꽃잎 모양이며 밖으로 비스듬히 휘어진다.

암술머리 암술대 밑부분에 뾰족하게 튀어나온다.

수술 암술대 밑부분에 숨어 있다.

수술

겉꽃덮이조각 겉꽃덮이조각은 자주색이며 밑부분은 노란색 바탕에 자주색 그물 무늬가 있고 점차 비스듬히 휘어지며 끝부분이 처진다.

꽃턱잎 녹색 꽃턱잎은 좁은 피침형이며 꽃자루를 싸고 있다.

붓꽃 꽃 모양

어두운 청자색 꽃밥은 밖을 향하는 쪽에서 꽃가루가 나온다.

수술대는 흰색~연홍갈색이다.

붓꽃 수술 암술대 밑부분에 숨어 있는 수술은 각각의 꽃밥마다 밖을 향하는 쪽이 세로로 갈라지면서 꽃가루가 나오는 외향꽃밥이다.

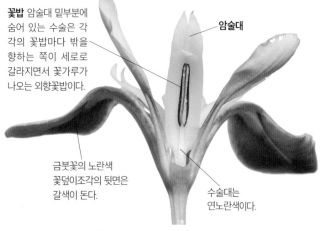

꽃밥 암술대 밑부분에 숨어 있는 수술은 각각의 꽃밥마다 밖을 향하는 쪽이 세로로 갈라지면서 꽃가루가 나오는 외향꽃밥이다.

암술대

금붓꽃의 노란색 꽃덮이조각의 뒷면은 갈색이 돈다.

수술대는 연노란색이다.

금붓꽃 단면 주로 중부 지방의 산에서 자라는 여러해살이풀로 봄에 피는 노란색 붓꽃은 외향꽃밥이다.

＊외향꽃밥[외향약(外向藥), extrose anther]

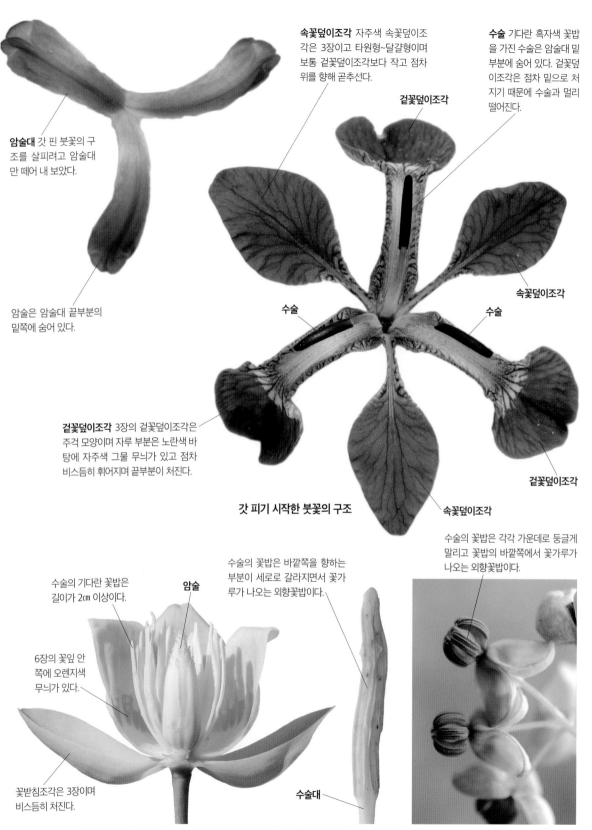

암술대 갓 핀 붓꽃의 구조를 살피려고 암술대만 떼어 내 보았다.

암술은 암술대 끝부분의 밑쪽에 숨어 있다.

속꽃덮이조각 자주색 속꽃덮이조각은 3장이고 타원형~달걀형이며 보통 겉꽃덮이조각보다 작고 점차 위를 향해 곧추선다.

겉꽃덮이조각

수술 기다란 흑자색 꽃밥을 가진 수술은 암술대 밑부분에 숨어 있다. 겉꽃덮이조각은 점차 밑으로 처지기 때문에 수술과 멀리 떨어진다.

속꽃덮이조각

수술

수술

겉꽃덮이조각 3장의 겉꽃덮이조각은 주걱 모양이며 자루 부분은 노란색 바탕에 자주색 그물 무늬가 있고 점차 비스듬히 휘어지며 끝부분이 처진다.

겉꽃덮이조각

속꽃덮이조각

갓 피기 시작한 붓꽃의 구조

수술의 기다란 꽃밥은 길이가 2㎝ 이상이다.

암술

6장의 꽃잎 안쪽에 오렌지색 무늬가 있다.

꽃받침조각은 3장이며 비스듬히 처진다.

수술의 꽃밥은 바깥쪽을 향하는 부분이 세로로 갈라지면서 꽃가루가 나오는 외향꽃밥이다.

수술대

수술의 꽃밥은 각각 가운데로 둥글게 말리고 꽃밥의 바깥쪽에서 꽃가루가 나오는 외향꽃밥이다.

튤립나무 꽃 단면과 수술 관상수로 심는 갈잎큰키나무이다. 암술 둘레에 있는 많은 수술은 기다란 꽃밥의 바깥쪽 부분이 세로로 갈라지면서 꽃가루가 나오는 외향꽃밥이다. 같은 목련과의 백목련이나 함박꽃나무는 안을 향하는 내향꽃밥이다.

으름덩굴 산에서 자라는 갈잎덩굴나무로 암수한그루이다. 수꽃의 꽃밥은 밖을 향하는 외향꽃밥이다.

꽃가루

1개의 꽃밥은 보통 2개의 절반꽃밥으로 이루어지고 절반꽃밥은 다시 내부에서 2개로 나누어지는데 각각을 '꽃가루주머니'라고 한다. 4개의 꽃가루주머니는 성숙하면 보통 세로로 갈라지면서 꽃가루가 나오기 시작한다. 꽃가루는 우리 눈에 먼지처럼 작게 보이지만 종마다 크기, 색깔, 모양, 질감 등이 다르며 겉이 밋밋하거나, 끈적이거나, 그물 모양이거나, 구멍이 있거나, 가시가 있는 등 여러 가지이다.

절반꽃밥 윗부분은 절반꽃밥이 붙어 있다.

꽃밥을 가로로 잘라 보면 각각의 절반꽃밥이 내부에서 2개의 방으로 나뉘어진 것을 볼 수 있다. 이처럼 꽃밥은 보통 4개의 방으로 나뉘어 있다.

2개로 나누어진 각각의 방을 '꽃가루주머니'라고 한다. 꽃가루주머니에는 먼지 같은 꽃가루가 가득 들어 있다.

백합 품종 꽃밥 꽃밥은 보통 둘로 나뉘어 있는 것처럼 보이기 때문에 각각을 '절반꽃밥'이라고 부른다.

절반꽃밥

백합 품종 꽃밥 가로 단면

꽃가루통에 담긴 꽃가루

족제비싸리의 꿀벌 꿀벌은 꽃의 꿀을 빨면서 꽃가루도 함께 식량으로 모은다. 꿀벌은 뒷다리의 꽃가루통에 15mg 정도까지 꽃가루를 담을 수 있다.

*꽃가루[화분(花粉), pollen]

세로로 희미하게 만들어지는 선을 따라 갈라지려고 하는 절반꽃밥

말나리는 꽃이 피면 꽃밥에 묻혀 있던 수술대가 드러나면서 꽃밥과 수술대가 T자 모양이 되는 T자붙기꽃밥이다.

말나리 꽃밥 꽃가루주머니는 각각 세로로 갈라지면서 붉은색 꽃가루가 잔뜩 나온다. 꽃가루가 나올 때는 꽃가루주머니를 나누고 있던 벽이 세로선을 따라 갈라지면서 꽃가루가 합쳐지기 때문에 각각의 방을 구분하기 어렵게 된다.

희미한 선을 따라 갈라지기 시작한 틈으로 나오기 시작한 꽃가루

수술대

꽃밥

참오동 꽃밥 2개의 갈래붙기꽃밥은 거의 ―자로 벌어지며 각각 세로로 갈라지면서 흰색 꽃가루가 나온다.

백운산원추리 꽃밥 절반꽃밥은 각각의 꽃가루주머니가 세로로 갈라지면서 꽃가루가 나오기 시작한다.

꿀벌의 뒷다리에 붙은 꽃가루는 채취해서 꿀과 함께 식품으로 사용한다. 꿀벌이 찾아다닌 꽃마다 꽃가루의 색깔과 향, 영양소가 다르기 때문에 꿀벌이 모아 온 꽃가루의 색깔과 향도 조금씩 다르다.

벌에서 채취한 꽃가루 꽃가루는 여왕벌이 로얄젤리를 생산하기 위해서 꼭 섭취해야 하는 먹이로 서양에서는 40여년 전부터 건강 식품으로 판매하고 있다.

*꽃가루주머니[화분낭(花粉囊), 약실(藥室), pollen sac]

수술이 꽃잎과 어긋나는 꽃

치자나무는 남부 지방에서 재배하는 늘푸른떨기나무로 6~7월에 가지 끝에 탐스런 흰색 꽃이 피는데 향기가 진하다. 가는 대롱 모양의 꽃부리는 윗부분이 6~7갈래로 갈라져 수평으로 벌어지며 갈래조각 사이마다 수술이 배열한다. 이처럼 치자나무 꽃은 꽃부리 갈래조각과 수술이 어긋난다. 속씨식물의 꽃은 꽃잎과 수술의 숫자가 같을 경우 수술이 꽃잎과 어긋나는 것이 대부분이다.

치자나무 꽃부리 꽃부리 갈래조각은 6~7개이며 흰색이지만 점차 노란색으로 변한다.

수술 수술은 6~7개이며 꽃부리 갈래조각 수와 같다. 수술은 꽃부리 갈래조각 사이마다 1개씩 있어서 꽃부리 갈래조각과 수술이 서로 어긋나는 꽃이다.

꽃부리 갈래조각 뒷면은 연녹색이 돌기도 한다.

암술 꽃 가운데에 있는 암술은 암술머리가 곤봉 모양이며 꽃부리 밖으로 나온다.

가느다란 수술은 젖혀지는 꽃부리 목 부분에 붙으며 수평으로 퍼진다.

꽃부리의 통부분은 가는 원통 모양이며 연녹색이다.

치자나무 꽃 뒷면

꽃받침 꽃받침은 5~7갈래로 골이 지며 윗부분이 갈라진다.

치자나무 꽃 모양

사철나무 바닷가에서 자라는 늘푸른떨기나무로 6~7월에 잎겨드랑이에 모여 피는 연한 황록색 꽃은 수술과 꽃잎이 어긋난다.

화살나무 산에서 자라는 갈잎떨기나무로 5~6월에 잎겨드랑이에 모여 피는 자잘한 황록색 꽃은 수술과 꽃잎이 어긋난다.

송악 남부 지방에서 자라는 늘푸른덩굴나무로 10~11월에 가지 끝에 모여 피는 자잘한 황록색 꽃은 수술과 꽃잎이 어긋난다.

수술이 꽃잎과 마주나는 꽃

좀가지풀은 남부 지방의 산과 들에서 자라며 5~6월에 잎겨드랑이에 지름 5~7㎜의 노란색 꽃이 핀다. 꽃잎과 수술은 각각 5개씩인데 둘씩 짝을 지어서 마주난다. 꽃잎과 수술의 숫자가 같을 경우에 수술이 꽃잎과 마주나는 경우는 앵초과, 포도과, 갈매나무과, 겨우살이과, 까치밥나무과 등에서 볼 수 있다.

꽃잎 노란색 꽃은 밑부분이 합쳐진 통꽃부리이며 5갈래로 깊게 갈라져 활짝 벌어진다. 갈래조각은 넓은 달걀 모양이다. 간혹 6갈래로 갈라지는 꽃도 있다.

좀가지풀 꽃받침조각 5장의 꽃받침조각은 길고 끝이 뾰족하며 털이 많다. 꽃받침조각은 꽃잎과 어긋난다.

수술 수술대는 연노란색이고 꽃밥은 노란색이다. 수술은 꽃부리 갈래조각과 각각 마주난다.

수술대 5개의 수술대는 밑부분에서 합쳐져서 5각이 진 원통 모양을 만든다.

암술 수술대가 합쳐져서 만든 원통 가운데에 있는 암술은 작고 연노란색이다.

열매 동그스름한 열매는 꽃받침에 싸여 있다. 열매가 작은 가지 모양이라서 좀가지풀이라고 한다.

좀가지풀 꽃 모양

까마귀밥여름나무 낮은 산에서 자라는 갈잎떨기나무로 봄에 잎겨드랑이에 모여 피는 노란색 꽃은 수술과 꽃잎이 마주난다.

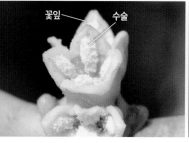

겨우살이 참나무 등에 기생하는 늘푸른떨기나무로 3~4월에 가지 끝에 보통 3개씩 모여 피는 연노란색 꽃은 수술과 꽃잎이 마주난다.

큰까치수영 풀밭에서 자라는 여러해살이풀로 여름에 줄기 끝에 꼬리 모양의 흰색 꽃송이가 달리는데 꽃은 수술과 꽃잎이 마주난다.

꽃잎모양수술

칸나는 열대 아메리카 원산의 교배종인 여러해살이화초로 높이 자란 줄기 끝의 송이꽃차례에 6~10월까지 붉은색, 분홍색, 노란색, 흰색, 잡색 등 여러 가지 색깔의 꽃이 핀다. 꽃잎과 꽃받침은 각각 3장씩이고 크기가 작다. 칸나의 수술은 꽃잎처럼 넓적하게 변하고 가장자리에 꽃밥이 달려 있다.

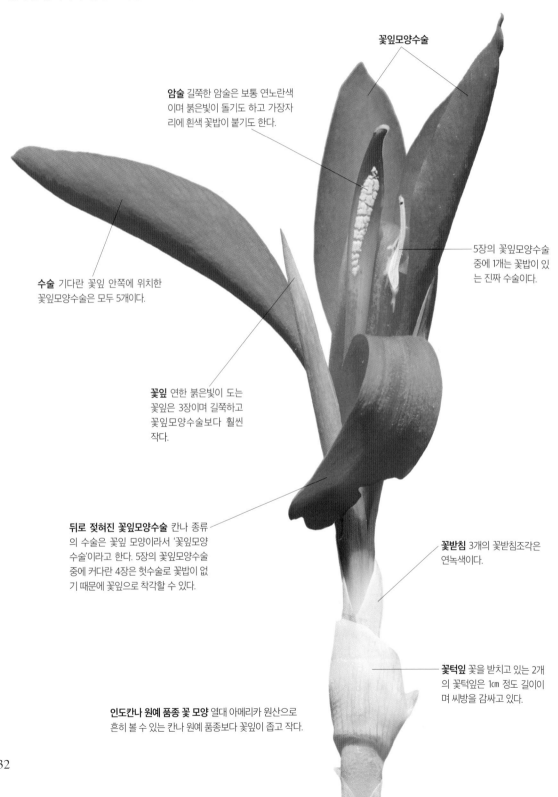

꽃잎모양수술

암술 길쭉한 암술은 보통 연노란색이며 붉은빛이 돌기도 하고 가장자리에 흰색 꽃밥이 붙기도 한다.

5장의 꽃잎모양수술 중에 1개는 꽃밥이 있는 진짜 수술이다.

수술 기다란 꽃잎 안쪽에 위치한 꽃잎모양수술은 모두 5개이다.

꽃잎 연한 붉은빛이 도는 꽃잎은 3장이며 길쭉하고 꽃잎모양수술보다 훨씬 작다.

뒤로 젖혀진 꽃잎모양수술 칸나 종류의 수술은 꽃잎 모양이라서 '꽃잎모양수술'이라고 한다. 5장의 꽃잎모양수술 중에 커다란 4장은 헛수술로 꽃밥이 없기 때문에 꽃잎으로 착각할 수 있다.

꽃받침 3개의 꽃받침조각은 연녹색이다.

꽃턱잎 꽃을 받치고 있는 2개의 꽃턱잎은 1㎝ 정도 길이이며 씨방을 감싸고 있다.

인도칸나 원예 품종 꽃 모양 열대 아메리카 원산으로 흔히 볼 수 있는 칸나 원예 품종보다 꽃잎이 좁고 작다.

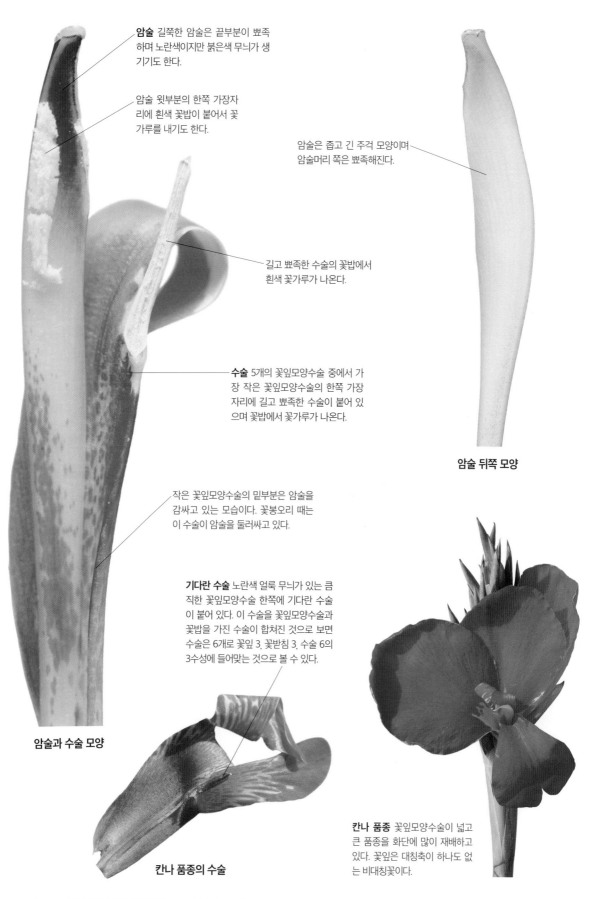

암술 길쭉한 암술은 끝부분이 뽀족하며 노란색이지만 붉은색 무늬가 생기기도 한다.

암술 윗부분의 한쪽 가장자리에 흰색 꽃밥이 붙어서 꽃가루를 내기도 한다.

암술은 좁고 긴 주걱 모양이며 암술머리 쪽은 뽀족해진다.

길고 뽀족한 수술의 꽃밥에서 흰색 꽃가루가 나온다.

수술 5개의 꽃잎모양수술 중에서 가장 작은 꽃잎모양수술의 한쪽 가장자리에 길고 뽀족한 수술이 붙어 있으며 꽃밥에서 꽃가루가 나온다.

암술 뒤쪽 모양

작은 꽃잎모양수술의 밑부분은 암술을 감싸고 있는 모습이다. 꽃봉오리 때는 이 수술이 암술을 둘러싸고 있다.

기다란 수술 노란색 얼룩 무늬가 있는 큼직한 꽃잎모양수술 한쪽에 기다란 수술이 붙어 있다. 이 수술을 꽃잎모양수술과 꽃밥을 가진 수술이 합쳐진 것으로 보면 수술은 6개로 꽃잎 3, 꽃받침 3, 수술 6의 3수성에 들어맞는 것으로 볼 수 있다.

암술과 수술 모양

칸나 품종의 수술

칸나 품종 꽃잎모양수술이 넓고 큰 품종을 화단에 많이 재배하고 있다. 꽃잎은 대칭축이 하나도 없는 비대칭꽃이다.

＊꽃잎모양수술[화판상웅예(花瓣狀雄蕊), petaloid stamen]

수술이 변한 꽃잎

무궁화는 우리나라의 국화(國花), 즉 나라꽃이다. 관상수로 널리 심어 기르는 갈잎떨기나무로 7~10월까지 계속 꽃이 피고 지기를 반복한다. 무궁화 꽃은 5장의 꽃잎 가운데에 기다란 수술통이 있는데 빙 돌려가며 많은 수술이 달리고 수술통 끝에서는 암술대가 자란다. 어떤 무궁화는 수술통에 있는 수술의 일부가 꽃잎으로 변한 꽃이 핀 것을 볼 수 있다.

꽃잎 무궁화 꽃의 기본형은 꽃잎이 5장이며 빙 둘러 있다. 5장의 꽃잎이 한 겹으로 빙 둘러 있고 수술이 꽃잎으로 변하지 않은 기본형 꽃은 '홑꽃'이라고 한다. 꽃잎 밑부분에는 붉은색 단심 무늬가 있다.

수술 꽃잎 가운데에 있는 기다란 수술통에 빙 돌려가며 많은 수술이 달린다.

단심 무늬

암술 수술통 끝에서 암술대가 나와 자란다.

수술이 변한 꽃잎 수술의 일부가 꽃잎으로 변하기도 하는데 이를 흔히 '속꽃잎'이라고 한다.

수술의 일부가 꽃잎으로 변한 무궁화 꽃 모양

무궁화 품종

무궁화 '심산' 흰색 홑꽃이 피는 품종이지만 수술의 일부가 가는 꽃잎으로 변한 것도 볼 수 있다.

무궁화 '홍순' 연분홍색 꽃잎에 아사달 무늬가 있으며 수술의 일부가 꽃잎으로 변한 반겹꽃이다.

무궁화 '레이디 스탠리' 흰색에 연분홍색 아사달 무늬가 있는 겹꽃으로 속꽃잎은 가늘고 작다.

＊홑꽃[단판화(單瓣花), 일륜화(一輪花), single flower]

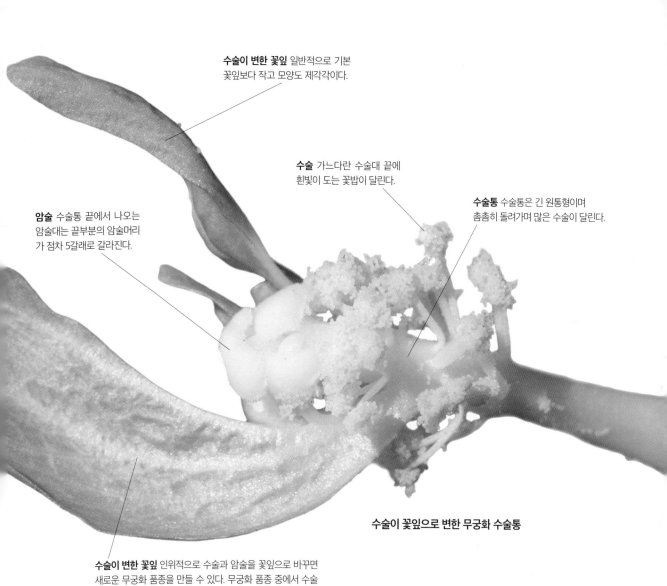

수술이 변한 꽃잎 일반적으로 기본 꽃잎보다 작고 모양도 제각각이다.

수술 가느다란 수술대 끝에 흰빛이 도는 꽃밥이 달린다.

수술통 수술통은 긴 원통형이며 촘촘히 돌려가며 많은 수술이 달린다.

암술 수술통 끝에서 나오는 암술대는 끝부분의 암술머리가 점차 5갈래로 갈라진다.

수술이 꽃잎으로 변한 무궁화 수술통

수술이 변한 꽃잎 인위적으로 수술과 암술을 꽃잎으로 바꾸면 새로운 무궁화 품종을 만들 수 있다. 무궁화 품종 중에서 수술의 일부가 꽃잎으로 변한 꽃을 '반겹꽃'이라고 하고 많은 수술이 꽃잎으로 변한 꽃은 '겹꽃'이라고 한다.

수술이 변한 꽃잎

무궁화 '설악' 흰색 겹꽃이 활짝 피는 품종으로 꽃잎 끝이 뒤로 말리기도 한다.

무궁화 '루시' 홍자색 겹꽃이 피는 품종으로 많은 속꽃잎이 장미꽃잎처럼 펼쳐진다.

고광나무 산에서 자라는 갈잎떨기나무로 5~6월에 잎겨드랑이에서 나온 송이꽃차례에 흰색 꽃이 모여 핀다. 드물게 수술의 일부가 꽃잎으로 변한 것을 관찰할 수 있다.

*겹꽃[중판화(重瓣花), double flower] / 반겹꽃[반중판화(半重瓣花), semi-double flower]

꽃잎부착수술

붉은병꽃나무는 산에서 자라는 갈잎떨기나무로 5~6월에 잎겨드랑이에 홍자색 꽃이 1~3개씩 모여 핀다. 꽃부리는 깔때기 모양이고 3~4㎝ 길이이며 끝부분은 5갈래로 갈라져서 벌어지고 표면에는 털이 약간 있다. 수술은 5개인데 수술대가 꽃부리 안쪽에 붙어 있다. 암술은 암술대가 길어서 동그스름한 암술머리가 꽃부리 밖으로 나온다.

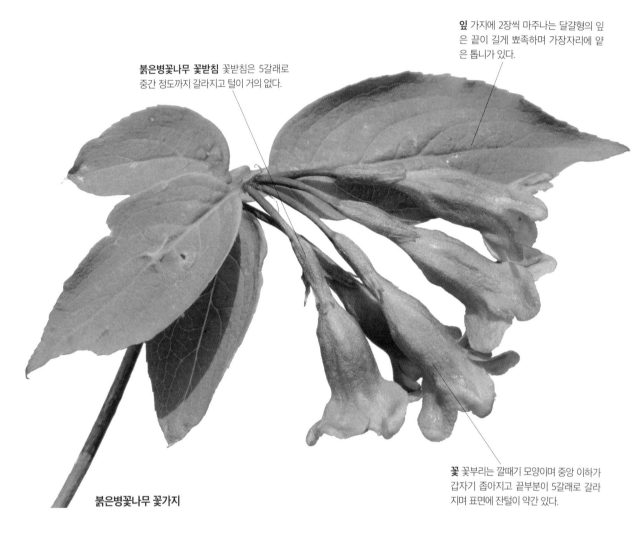

잎 가지에 2장씩 마주나는 달걀형의 잎은 끝이 길게 뾰족하며 가장자리에 얇은 톱니가 있다.

붉은병꽃나무 꽃받침 꽃받침은 5갈래로 중간 정도까지 갈라지고 털이 거의 없다.

붉은병꽃나무 꽃가지

꽃 꽃부리는 깔때기 모양이며 중앙 이하가 갑자기 좁아지고 끝부분이 5갈래로 갈라지며 표면에 잔털이 약간 있다.

일본병꽃나무 관상수이며 5~6월에 피는 흰색 꽃은 점차 붉게 변하고 수술은 꽃부리 안쪽에 붙는다.

큰앵초 산에서 자라며 5~6월에 꽃줄기에 층층으로 달리는 홍자색 꽃은 수술이 꽃부리 안쪽에 붙는다.

용담 산에서 자라며 8~10월에 피는 종 모양의 자주색 꽃은 수술이 꽃부리 안쪽에 붙는다.

136

꽃받침조각 끝이 뾰족하다.

붉은병꽃나무 꽃 단면

수술의 위치 기다란 수술대는 흰색이
며 꽃부리 안쪽에 붙어 있다. 붉은병
꽃나무처럼 꽃잎 위에 붙어서 나는 수
술을 '꽃잎부착수술'이라고 한다.

꽃부리 꽃부리 안쪽도
겉과 같은 붉은색이다.

암술 가느다란 암술대는
길고 암술머리는 동그스
름하다.

꽃부리 꽃부리 끝부분은 5갈
래로 갈라지고 갈래조각은 밖
으로 약간 벌어진다.

암술 동그스름한 암술머리는
꽃부리 밖으로 나온다.

꽃밥 기다란 수술대 끝부
분에 붙는 가느다란 꽃밥
은 바깥쪽으로 굽는다.

수술 수술의 꽃밥은
꽃부리 목 부분에 위치한다.

붉은병꽃나무 꽃 모양

과남풀 산에서 자라며 7~9월에 피는 종
모양의 보라색 꽃은 수술이 꽃부리 안쪽
에 붙는다.

봄구슬붕이 풀밭에서 자라며 5~6월에 피
는 종 모양의 연자주색 꽃은 수술이 꽃부
리 안쪽에 붙는다.

큰구슬붕이 숲속에서 자라며 5~6월에 피
는 종 모양의 자주색 꽃은 수술이 꽃부리
안쪽에 붙는다.

*꽃잎부착수술[화판상생웅예(花瓣上生雄蘂), epipetalous stamen]

수술처럼 보이는 꽃잎

너도바람꽃은 산에서 자라는 여러해살이풀로 3월이면 꽃을 피우기 시작해서 봄이 오는 것을 알리는 꽃이다. 꽃줄기가 3~10㎜ 정도로 올라오면 꽃이 피기 시작해서 자세히 보지 않으면 모르고 지나치기 쉬운 꽃이다. 5장의 흰색 꽃받침이 꽃잎처럼 보이고, 수술처럼 보이는 꽃잎 끝에는 노란색 꿀샘을 달고 있는 앙증맞은 꽃이다.

꽃잎 보통 10장의 꽃잎은 통 모양으로 퇴화하고 10㎜ 정도 길이이며 수술처럼 보이고 꽃받침 안쪽으로 빙 둘러난다. 꽃잎은 끝부분이 둘로 갈라지며 각각 노란색 꿀샘이 달린다. 파리나 등에 등이 노란색 꿀샘을 보고 찾아와 핥아 먹거나 꽃가루를 먹기도 한다.

꽃받침 꽃은 지름 2㎝ 정도이며 보통 5장의 흰색 꽃받침조각은 꽃잎처럼 보인다.

수술 꽃 가운데에 있는 암술 둘레에 많은 흰색 수술이 촘촘히 모여 있다. 갓 핀 꽃의 수술은 5~7㎜ 길이로 꽃잎보다 약간 짧다.

암술 꽃 가운데에 있는 연녹색 암술은 수술에 둘러싸여서 잘 보이지 않는다.

꽃턱잎조각 꽃 밑부분을 빙 둘러가며 받치는 꽃턱잎조각은 자루가 없이 줄기에 바짝 붙고 손가락처럼 여러 갈래로 갈라진다.

꽃잎 꽃잎 아래쪽은 컵 모양이고 끝부분은 토끼 귀처럼 둘로 갈라지며 갈라진 끝마다 노란색 꿀샘이 있다.

둥근 뿌리줄기에서 처음 돋는 꽃줄기는 4~10㎜ 높이로 짧다.

3월 말에 피기 시작한 너도바람꽃 3~4월에 돋는 꽃줄기 끝에 보통 1개의 흰색 꽃이 핀다.

138

꽃턱잎조각

꽃받침 꽃받침조각은 달걀
형이며 수평으로 펼쳐진다.
꽃은 해를 바라보고 핀다.

수술 수술은 점차 꽃잎보다 길게
자라면서 끝부분의 연자주색 꽃
밥에서 꽃가루를 낸다.

암술 수술에
둘러싸여 있다.

꽃잎 노란색 꿀샘은
그대로 남아 있다.

활짝 핀 너도바람꽃

열매 끝에는
암술머리가 남아 있다.

암술 한가운데 위치하는 길
쭉한 연녹색 암술은 6~9개
가 촘촘히 붙어 있다.

꽃받침 가장 바깥쪽에
위치한다.

수술 암술 둘레에
위치한다.

꽃잎 꽃받침
안쪽에 위치한다.

꽃턱잎조각 어린
줄기의 꽃턱잎조각
은 암갈색이 돈다.

어린 열매 열매는 여러
개가 촘촘히 붙어 있다
가 자라면서 서로 떨어
져 벌어진다.

너도바람꽃 단면

너도바람꽃 어린 열매

139

암술의 구조

오렌지는 난대~열대 지방에서 과일나무로 기르며 여러 재배 품종이 있다. 오렌지는 5~6월에 흰색 꽃이 1~3개씩 모여 핀다. 꽃은 꽃가루받이가 끝나면 꽃잎과 수술이 떨어져 나가고 꽃받침과 암술만 남으며 씨방이 자라서 열매를 맺는다.

오렌지 시든 꽃 수술과 꽃잎은 모두 떨어져 나가고 암술과 꽃받침만 남는다.

암술머리

암술대

꽃쟁반 씨방의 기부를 둘러싸는 꽃턱의 일부가 쟁반 모양으로 비대해진 것을 '꽃쟁반'이라고 하며 흔히 꿀을 분비한다.

암술 꽃의 한가운데 있는 암술은 보통 암술머리, 암술대, 씨방의 3부분으로 이루어진다.

씨방

피기 시작한 꽃 꽃잎이 벌어지면서 암술과 수술이 드러난다.

꽃밥 수술의 꽃밥은 벌써 꽃가루가 잔뜩 나왔다.

꽃받침

꽃이 피기 직전의 꽃봉오리

활짝 핀 꽃 보통 꽃잎은 5장이지만 드물게 4장이 달리기도 한다.

수술 수술은 많고 꽃밥은 노란색이다.

암술머리 암술의 끝부분에서 꽃가루를 받는 부분이다. 오렌지의 흰색 암술머리는 둥근 모양이다.

오렌지 꽃송이

*암술머리[주두(柱頭), stigma] / 암술대[화주(花柱), style]

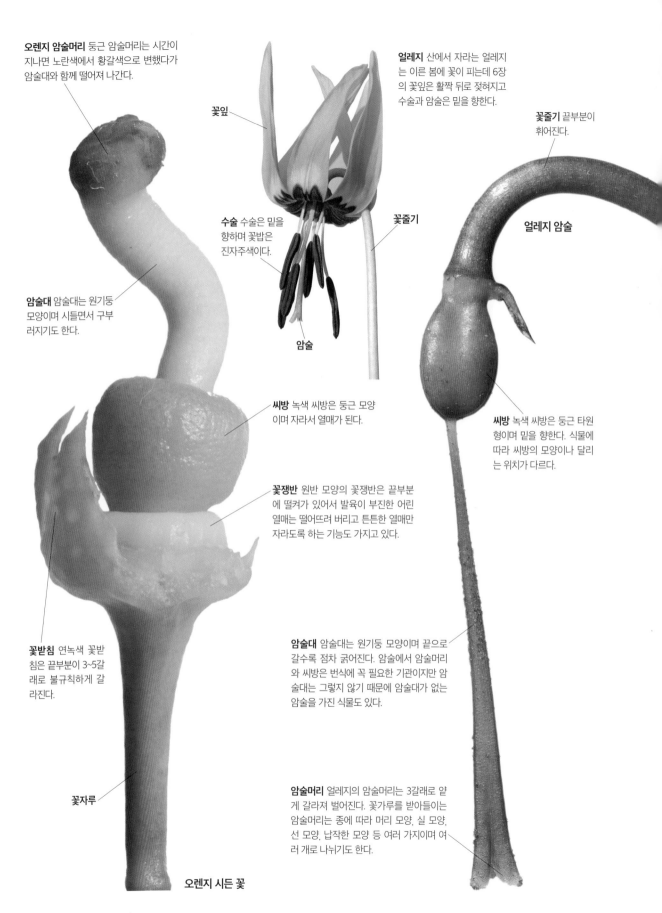

오렌지 암술머리 둥근 암술머리는 시간이 지나면 노란색에서 황갈색으로 변했다가 암술대와 함께 떨어져 나간다.

꽃잎

얼레지 산에서 자라는 얼레지는 이른 봄에 꽃이 피는데 6장의 꽃잎은 활짝 뒤로 젖혀지고 수술과 암술은 밑을 향한다.

꽃줄기 끝부분이 휘어진다.

수술 수술은 밑을 향하며 꽃밥은 진자주색이다.

꽃줄기

얼레지 암술

암술

암술대 암술대는 원기둥 모양이며 시들면서 구부러지기도 한다.

씨방 녹색 씨방은 둥근 모양이며 자라서 열매가 된다.

씨방 녹색 씨방은 둥근 타원형이며 밑을 향한다. 식물에 따라 씨방의 모양이나 달리는 위치가 다르다.

꽃쟁반 원반 모양의 꽃쟁반은 끝부분에 떨켜가 있어서 발육이 부진한 어린 열매는 떨어뜨려 버리고 튼튼한 열매만 자라도록 하는 기능도 가지고 있다.

꽃받침 연녹색 꽃받침은 끝부분이 3~5갈래로 불규칙하게 갈라진다.

암술대 암술대는 원기둥 모양이며 끝으로 갈수록 점차 굵어진다. 암술에서 암술머리와 씨방은 번식에 꼭 필요한 기관이지만 암술대는 그렇지 않기 때문에 암술대가 없는 암술을 가진 식물도 있다.

꽃자루

암술머리 얼레지의 암술머리는 3갈래로 얕게 갈라져 벌어진다. 꽃가루를 받아들이는 암술머리는 종에 따라 머리 모양, 실 모양, 선 모양, 납작한 모양 등 여러 가지이며 여러 개로 나뉘기도 한다.

오렌지 시든 꽃

*꽃쟁반[화반(花盤), disk]

치자나무와 백합 암술

암술머리는 꽃가루를 받는 부분으로 꽃가루가 잘
묻도록 표면에 돌기물이 있거나 점액이 분비된다.
암술대는 암술머리와 씨방을 연결하는 부분으로
아주 짧은 것에서부터 긴 것까지 다양하다. 암술
대 밑부분의 씨방도 식물마다 생김새가 다양하다.

치자나무 수술 수술은 꽃부리
통의 목 부분에 달리며 윗부분
은 꽃부리를 따라 젖혀진다.

암술머리 씨방과 이어져 있
는 기다란 암술대 끝에 달린
곤봉 모양의 암술머리는 꽃
부리통 밖으로 나온다.

꽃받침

암술대

씨방 1개의 씨방에 많은
밑씨가 들어 있다.

수술은 꽃부리통
끝부분에 달린다.

치자나무 꽃 단면 치자나무는 남부 지방에서 재배하거나
관상수로 심는 늘푸른떨기나무로 6~7월에 가지 끝에 흰
색 꽃이 1개씩 피는데 캐러멜처럼 달콤한 향기가 난다. 붉
게 익는 타원형 열매는 '치자'라고 하며 불면증과 황달을
치료하는 한약재로 쓰고 음식에 노란색 물을 들이는 물
감으로도 이용한다.

꽃부리 꽃부리는 윗부
분이 6~7갈래로 갈라
져 수평으로 벌어진다.

암술대 암술대는 원통형
이며 흰색이고 밑으로 갈
수록 약간씩 가늘어진다.

치자나무 암술머리 기다란 곤봉 모양
의 암술머리는 세로로 벌어지면서 꽃
가루를 받는다.

치자나무 꽃 모양

치자나무 암술 모양

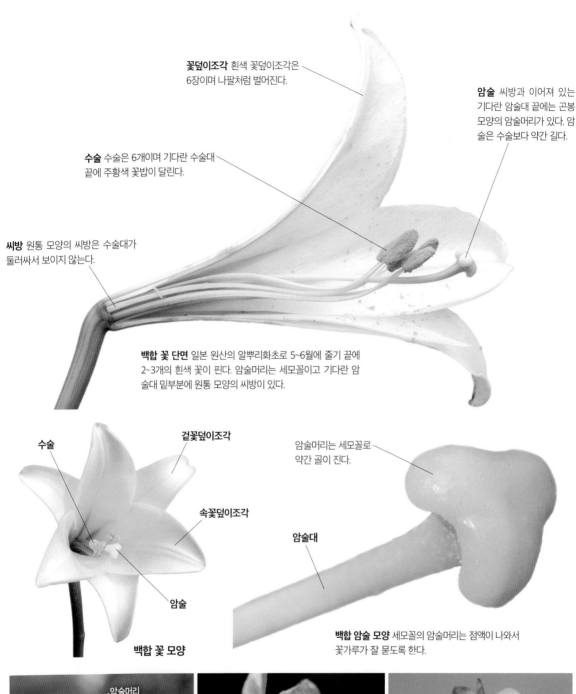

꽃덮이조각 흰색 꽃덮이조각은 6장이며 나팔처럼 벌어진다.

수술 수술은 6개이며 기다란 수술대 끝에 주황색 꽃밥이 달린다.

씨방 원통 모양의 씨방은 수술대가 둘러싸서 보이지 않는다.

암술 씨방과 이어져 있는 기다란 암술대 끝에는 곤봉 모양의 암술머리가 있다. 암술은 수술보다 약간 길다.

백합 꽃 단면 일본 원산의 알뿌리화초로 5~6월에 줄기 끝에 2~3개의 흰색 꽃이 핀다. 암술머리는 세모꼴이고 기다란 암술대 밑부분에 원통 모양의 씨방이 있다.

수술

겉꽃덮이조각

속꽃덮이조각

암술

백합 꽃 모양

암술머리는 세모꼴로 약간 골이 진다.

암술대

백합 암술 모양 세모꼴의 암술머리는 점액이 나와서 꽃가루가 잘 묻도록 한다.

암술머리

하늘나리 풀밭에서 자라며 6~7월에 피는 진한 주홍색 꽃은 암술머리도 주홍색이며 뭉툭하다.

암술머리

병꽃나무 산에서 자라며 5~6월에 피는 연노란색 꽃은 암술머리가 둥그스름하며 연노란색이다.

암술머리

돌바늘꽃 산에서 자라며 7~8월에 잎겨드랑이에 피는 연한 홍자색 꽃은 암술머리가 흰색이며 둥글다.

능소화 암술

중국 원산인 능소화는 갈잎덩굴나무로 관상수로 심어 기른다. 여름이면 가지 끝에서 늘어지는 꽃송이에 큼직한 깔때기 모양의 주홍색 꽃이 두 달 넘도록 피고 지기를 반복한다. 꽃부리 안에는 1개의 암술과 4개의 수술이 들어 있는데 수술이 먼저 세로로 갈라지면서 노란색 꽃가루가 나온다. 그 뒤에 암술머리가 세로로 갈라져 벌어지면서 꽃가루받이가 이루어진 후에는 벌어진 암술머리가 다시 합쳐진다.

잎 가지에 2장씩 마주나는 잎은 7~11장의 작은잎이 마주 붙는 홀수깃꼴겹잎이다.

꽃부리는 깔때기 모양이며 옆을 향한다.

능소화 꽃송이 여름에 가지 끝의 커다란 원뿔꽃차례에 깔때기 모양의 큼직한 주홍색 꽃이 옆을 보고 핀다. 꽃이 질 때는 동백꽃처럼 활짝 핀 꽃부리가 통째로 떨어진다. 벌새가 공중을 날면서 꽃가루받이를 도와주는 새나름꽃 (p.217)으로 국내에서는 열매를 잘 맺지 않는다.

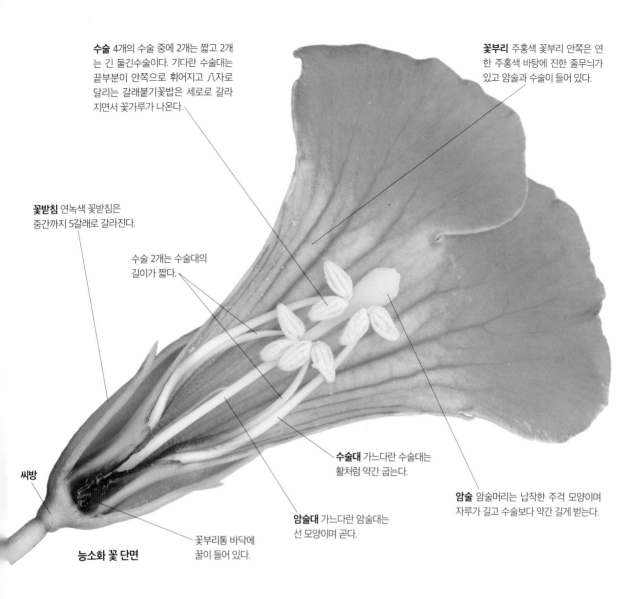

수술 4개의 수술 중에 2개는 짧고 2개
는 긴 둘긴수술이다. 기다란 수술대는
끝부분이 안쪽으로 휘어지고 八자로
달리는 갈래붙기꽃밥은 세로로 갈라
지면서 꽃가루가 나온다.

꽃부리 주홍색 꽃부리 안쪽은 연
한 주홍색 바탕에 진한 줄무늬가
있고 암술과 수술이 들어 있다.

꽃받침 연녹색 꽃받침은
중간까지 5갈래로 갈라진다.

수술 2개는 수술대의
길이가 짧다.

씨방

수술대 가느다란 수술대는
활처럼 약간 굽는다.

암술대 가느다란 암술대는
선 모양이며 곧다.

암술 암술머리는 납작한 주걱 모양이며
자루가 길고 수술보다 약간 길게 벋는다.

능소화 꽃 단면

꽃부리통 바닥에
꿀이 들어 있다.

벌어진 암술

벌어진 암술머리 꽃밥의 꽃가루가 스러질 때쯤이면 주걱 모양의 암술머리
는 입술처럼 세로로 갈라져 벌어지면서 꽃가루를 받을 준비를 한다.

닫힌 암술 손으로 건드려 닫힌 암술은
20분 정도 지나면 다시 벌어진다.

닫힌 암술머리 꽃가루받이가 끝난 암술머리는 다시 닫히는데 이를 '암술머
리운동'이라고 한다. 손으로 살짝 건드려도 닫히는데 꽃가루를 확실히 묻히
기 위해 하는 운동이다.

암술대의 수

암술은 꽃 한가운데에 위치하며 수술의 꽃가루를 받아 정받이를 해서 씨앗을 만드는 역할을 한다. 암술은 곤충을 불러 모으는 역할을 하는 꽃잎처럼 아름답지는 않지만 식물마다 다양한 모습을 하고 있다. 암술에서 암술머리와 씨방을 연결하는 암술대의 개수는 종마다 다르다.

패랭이꽃 암술대 씨방 끝에서 2개의 가느다란 암술대가 벋어 꽃부리 밖으로 나온다.

꽃잎 5장의 꽃잎은 수평으로 퍼진다.

씨방 연녹색 씨방은 원기둥 모양이다.

씨방 달걀형이며 연녹색이다.

시계꽃 꽃덮이조각 10장의 꽃덮이조각은 안쪽이 흰색이다.

암술 암술은 달걀형의 연녹색 씨방 위에 3개의 진자주색 암술대가 시곗바늘처럼 돌려난다. 암술머리는 콩팥 모양이다.

꽃받침 꽃받침은 원통형이다.

수술 하나의 기둥에서 5개의 연녹색 수술이 시곗바늘처럼 돌려난다. 수술대는 편평하고 타원형 꽃밥이 가로로 붙는 옆붙기꽃밥이다.

부꽃부리 흰색 꽃잎 위에 촘촘히 둘러나는 실 모양의 부꽃부리는 밑부분이 암자색이고 중간은 흰색이며 윗부분은 자주색이다.

시계꽃 중남미 원산의 늘푸른여러해살이풀로 온실에서 기른다. 5~9월에 잎겨드랑이에 피는 지름 10㎝ 정도의 둥글넙적한 꽃은 암술과 수술이 시곗바늘 모양이라서 '시계꽃'이라고 한다.

패랭이꽃 단면 여름에 피는 패랭이 모양의 꽃은 암술이 1개이고 가는 선 모양의 암술대는 2개이다. 수술은 먼저 피어서 시들었다.

으름덩굴 암꽃 3장의 꽃받침조각 가운데에 4~8개의 암술이 빙 둘러난다.

꽃받침침조각 홍자색 꽃받침조각은 꽃잎처럼 보이며 바가지처럼 안으로 굽는다.

으름덩굴 암꽃 모양 산에서 자라는 덩굴나무이며 암수한그루로 봄에 암꽃과 수꽃이 한 꽃송이에 모여 달리는데 암꽃이 좀 더 크다.

암술 암술은 원기둥 모양이며 끝부분의 암술머리는 끈적거려서 꽃가루가 잘 묻는다.

수술 수술은 10~12개이며 꽃밥은 흰색이다.

씨방 녹색 씨방은 10개가 둥글게 모여 있으며 사이마다 약간 골이 진다.

꽃잎 흰색 꽃잎은 붉은빛이 돌기도 하며 5장이다.

암술대 짧은 실모양의 흰색 암술대도 씨방처럼 10개이며 가운데에 모여 있다.

미국자리공 꽃 모양 길가나 빈터에서 자라는 여러해살이풀로 6~9월에 줄기에 흰색 송이꽃차례가 달린다.

갈라지는 암술머리

식물은 곤충이나 바람, 물 등이 운반해
온 꽃가루가 잘 묻도록 암술머리가 다
양한 모습으로 진화되었다. 암술머리
는 귤(p.105)이나 백합(p.143)처럼 둥그
스름하면서 갈라지지 않는 모양이 가장
흔하지만 암술머리가 갈라지는 것도 많
다. 암술머리가 갈라지는 개수와 정도
는 다양한데 대부분의 식물은 과나 속
에 따라 일정한 모양을 하고 있다.

꽃받침조각 꽃받침조각은 5장이며
좁은 타원형이고 적자색이 돌며 꽃
잎보다 약간 크다.

수술 수술은 8개인데
암수한꽃의 수술은
길이가 짧다.

암술 암술대는 길게 나오고
암술머리는 둘로 깊게 갈라
져서 밖으로 둥글게 말린다.

꽃잎 꽃잎도 5장이며
거꿀달걀형이고
보통 연황색이다.

단풍나무 암수한꽃 산에서 자라는 단풍나무는 봄
에 가지 끝에서 늘어지는 꽃송이에 수꽃과 암수한
꽃이 함께 달리는 잡성그루이다.

통꽃부리 내부 초롱 모양의 통
꽃부리는 녹백색이며 끝이 5갈
래로 얕게 갈라져 약간 벌어지
고 안쪽에 자갈색 잔점이 많다.

수술 암술 둘레에 5개가 있으
며 꽃가루를 내고 일찍 시드는
수술먼저피기 꽃이다.

다래 꽃 한가운데 있는 암술
은 암술머리가 술처럼 잘게
갈라져서 사방으로 퍼진다.

수술 암술 둘레에 많은
수술이 돌려난다.

꽃잎 누른빛이 도는
흰색 꽃잎은 4~6장이다.

암술 꽃 한가운데에 있으며
수술이 시들면 암술머리는
3갈래로 갈라져 벌어진다.

초롱꽃 통꽃부리 산과 들에서 자
라는 여러해살이풀로 5~7월에
초롱 모양의 녹백색 꽃이 핀다.

꽃밥 흑자색 꽃밥은 꽃가루
받이를 도울 수 없는 불임성
이라서 '헛수술'이라고 한다.

다래 암꽃 모양 산에서 자라
는 갈잎덩굴나무이며 암수
딴그루로 5~6월에 잎겨드랑
이에 흰색 꽃이 모여 핀다.

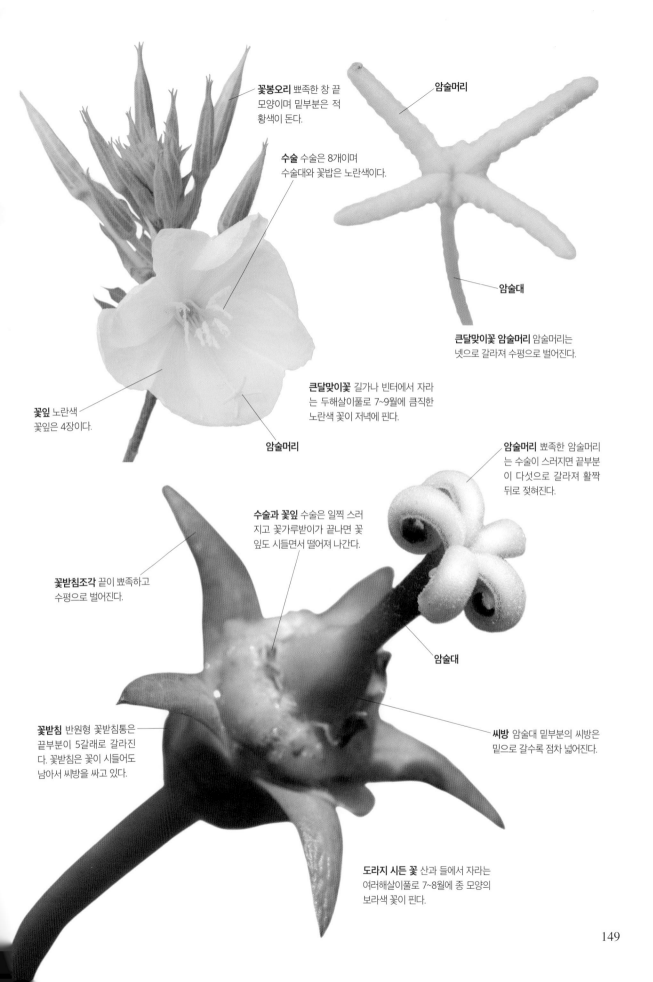

꽃봉오리 뾰족한 창 끝 모양이며 밑부분은 적황색이 돈다.

암술머리

수술 수술은 8개이며 수술대와 꽃밥은 노란색이다.

큰달맞이꽃 암술머리 암술머리는 넷으로 갈라져 수평으로 벌어진다.

암술대

큰달맞이꽃 길가나 빈터에서 자라는 두해살이풀로 7~9월에 큼직한 노란색 꽃이 저녁에 핀다.

꽃잎 노란색 꽃잎은 4장이다.

암술머리

암술머리 뾰족한 암술머리는 수술이 스러지면 끝부분이 다섯으로 갈라져 활짝 뒤로 젖혀진다.

수술과 꽃잎 수술은 일찍 스러지고 꽃가루받이가 끝나면 꽃잎도 시들면서 떨어져 나간다.

꽃받침조각 끝이 뾰족하고 수평으로 벌어진다.

암술대

꽃받침 반원형 꽃받침통은 끝부분이 5갈래로 갈라진다. 꽃받침은 꽃이 시들어도 남아서 씨방을 싸고 있다.

씨방 암술대 밑부분의 씨방은 밑으로 갈수록 점차 넓어진다.

도라지 시든 꽃 산과 들에서 자라는 여러해살이풀로 7~8월에 종 모양의 보라색 꽃이 핀다.

149

멍석딸기 꽃잎 5장의 홍자색 꽃잎은 거꿀달걀형이다. 위로 서는 꽃잎은 윗부분이 안쪽을 향해서 수술을 덮고 있다. 꽃잎은 꽃받침보다 작으며 끝까지 벌어지지 않고 그대로 떨어져 나간다.

암술 꽃 가운데에 많은 암술이 촘촘히 모여 달린다. 수술보다 암술이 먼저 성숙하는 암술먼저피기 꽃이다.

수술 많은 수술은 암술을 둘러싸고 있으며 꽃밥은 연홍색이다.

꽃받침 꽃받침은 별처럼 5갈래로 깊게 갈라지며 점차 뒤로 활짝 젖혀지고 양면에 짧은 털이 빽빽하다.

꽃받침은 밝은 회갈색이며 연보라색으로 물드는 것도 있다.

멍석딸기 갓 핀 꽃 모양

여러암술꽃

멍석딸기는 산기슭에서 자라는 갈잎떨기나무로 모여나는 줄기는 덩굴처럼 길게 벋는다. 5~6월에 햇가지 끝이나 잎겨드랑이에 홍자색 꽃이 모여 피는데 꽃잎이 활짝 벌어지지 않아서 쉽게 구분할 수 있다. 꽃은 가운데에 있는 하나의 꽃턱에 많은 암술이 촘촘히 모여 달린다. 이처럼 하나의 꽃에 암술이나 암술대가 여러 개인 것을 '여러암술꽃'이라고 한다. 멍석딸기의 여러암술꽃이 맺은 둥근 열매송이는 여러 개의 작은 열매가 촘촘히 모여 달린 모인열매이며 여름에 붉게 익고 단맛이 나며 먹을 수 있다.

하나하나의 열매는 탱글탱글하며 광택이 있고 단맛이 난다.

꽃받침 열매가 익으면 다시 아래를 향한다.

멍석딸기 열매 여러암술꽃이 맺은 둥근 열매송이는 모인열매이다.

150

＊여러암술꽃[다자예화(多雌蘂花), polycarpous flower]

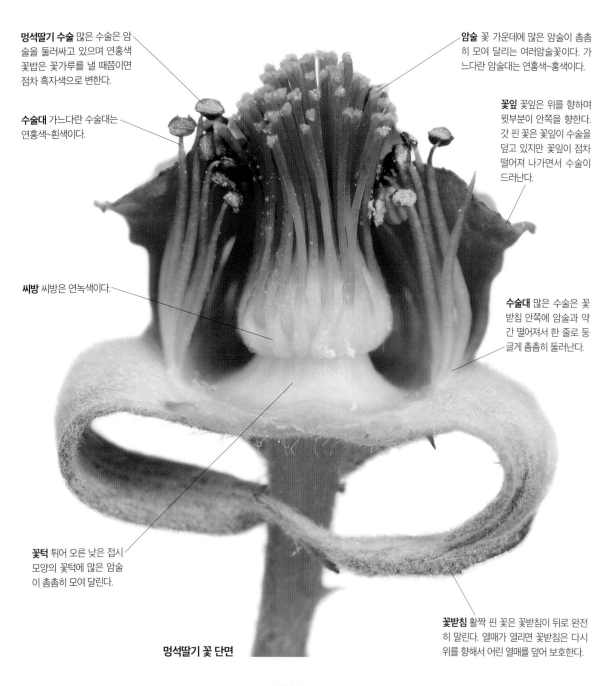

멍석딸기 수술 많은 수술은 암술을 둘러싸고 있으며 연홍색 꽃밥은 꽃가루를 낼 때쯤이면 점차 흑자색으로 변한다.

수술대 가느다란 수술대는 연홍색~흰색이다.

씨방 씨방은 연녹색이다.

암술 꽃 가운데에 많은 암술이 촘촘히 모여 달리는 여러암술꽃이다. 가느다란 암술대는 연홍색~홍색이다.

꽃잎 꽃잎은 위를 향하며 윗부분이 안쪽을 향한다. 갓 핀 꽃은 꽃잎이 수술을 덮고 있지만 꽃잎이 점차 떨어져 나가면서 수술이 드러난다.

수술대 많은 수술은 꽃받침 안쪽에 암술과 약간 떨어져서 한 줄로 둥글게 촘촘히 둘러난다.

꽃턱 튀어 오른 낮은 접시 모양의 꽃턱에 많은 암술이 촘촘히 모여 달린다.

꽃받침 활짝 핀 꽃은 꽃받침이 뒤로 완전히 말린다. 열매가 열리면 꽃받침은 다시 위를 향해서 어린 열매를 덮어 보호한다.

멍석딸기 꽃 단면

큰뱀무 산과 들에서 자라는 여러해살이풀로 6~7월에 가지 끝에 피는 노란색 꽃은 여러암술꽃이다.

개구리미나리 습한 양지에서 자라는 두해살이풀로 5~7월에 피는 노란색 꽃은 여러암술꽃이다.

함박꽃나무 산에서 자라는 갈잎작은키나무로 5~6월에 피는 큼직한 흰색 꽃은 여러암술꽃이다.

흑호도 암술

흑호도는 북아메리카 원산으로 관상수로 심어 기르는 갈잎큰키나무이다. 암수한그루로 봄에 잎이 돋을 때 꽃도 함께 핀다. 햇가지 끝에 달리는 암꽃이삭에는 2~5개의 암꽃이 모여 피는데 꽃잎과 꽃받침이 없이 암술만 있다. 암꽃은 달걀 모양의 씨방 끝에 달리는 암술머리가 둘로 갈라져 벌어진 모습이 귀를 쫑긋 세운 토끼를 닮았다. 암술머리는 바람에 날려 온 꽃가루가 잘 달라붙도록 끈적거리는 털로 덮여 있다.

암술을 구성하는 단위를 '심피'라고 하는데 암술은 1~여러 개의 심피로 이루어진다. 암술머리는 여러 갈래로 나뉘는 경우가 있는데 그 수는 보통 심피의 수와 일치하므로 암술머리가 갈라진 수를 보면 심피 수를 알 수 있는 것도 있다. 흑호도는 씨방이 2개의 심피로 이루어진다.

흑호도 잎 가지에 서로 어긋나는 잎은 15~23장의 작은잎이 마주 붙는 홀수깃꼴겹잎이다.

흑호도 암꽃 암꽃은 꽃잎과 꽃받침이 없고 달걀형의 씨방 끝에 달리는 암술머리는 둘로 갈라진다. 바람에 날리는 꽃가루를 받아 꽃가루받이를 하는 암꽃은 거추장스러운 꽃잎과 꽃받침이 없다.

흑호도 암술 암술은 2개의 심피로 이루어지며 암술머리도 둘로 갈라지고 씨방도 2개의 작은 방으로 나뉘어진다.

암술머리는 끈적거리는 털로 덮여 있어서 바람에 날려 온 꽃가루가 잘 달라붙는다.

씨방에 암술머리가 달린 모습이 토끼를 닮았다.

씨방 달걀형의 씨방은 잔털로 덮여 있다. 씨방은 2개의 심피로 이루어진 2심피씨방이다.

흑호도 암꽃 가지 끝에 달리는 암꽃이삭에는 2~5개의 암꽃이 모여 달린다.

*심피(心皮), carpel

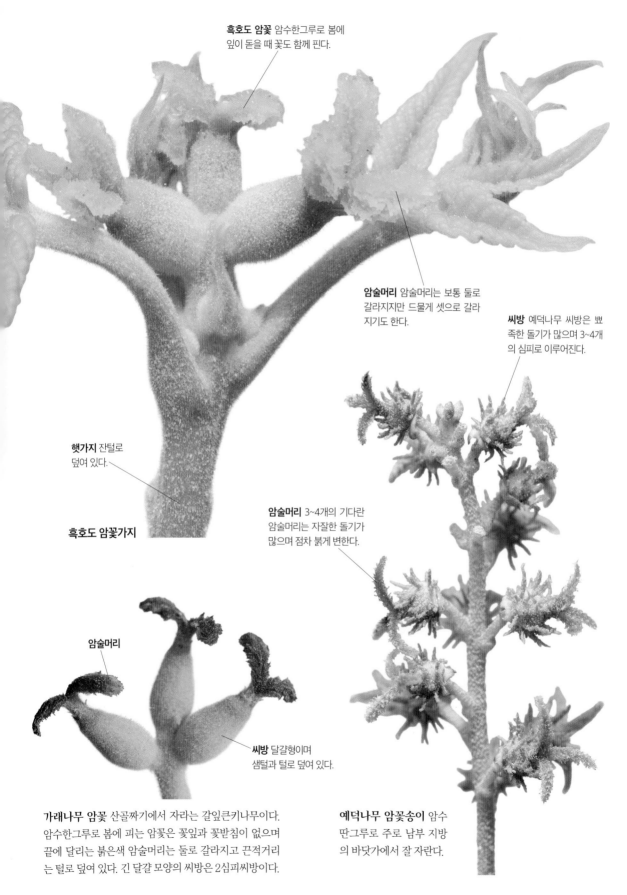

흑호도 암꽃 암수한그루로 봄에 잎이 돋을 때 꽃도 함께 핀다.

암술머리 암술머리는 보통 둘로 갈라지지만 드물게 셋으로 갈라지기도 한다.

씨방 예덕나무 씨방은 뾰족한 돌기가 많으며 3~4개의 심피로 이루어진다.

햇가지 잔털로 덮여 있다.

흑호도 암꽃가지

암술머리 3~4개의 기다란 암술머리는 자잘한 돌기가 많으며 점차 붉게 변한다.

암술머리

씨방 달걀형이며 샘털과 털로 덮여 있다.

가래나무 암꽃 산골짜기에서 자라는 갈잎큰키나무이다. 암수한그루로 봄에 피는 암꽃은 꽃잎과 꽃받침이 없으며 끝에 달리는 붉은색 암술머리는 둘로 갈라지고 끈적거리는 털로 덮여 있다. 긴 달걀 모양의 씨방은 2심피씨방이다.

예덕나무 암꽃송이 암수 딴그루로 주로 남부 지방의 바닷가에서 잘 자란다.

＊샘털[선모(腺毛), glandular hair, glandular trichome]

갈래심피

심피는 한 꽃 안에 몇 개가 있는지, 심피가 떨어져 있는지 아니면 합쳐져 있는지에 따라 여러 가지 유형으로 나뉜다. 1개의 심피로 된 씨방은 '홑심피씨방' 또는 '1심피씨방'이라고 하고, 1개의 꽃 안에 많은 심피가 있을 때는 '여러심피씨방'이라고 한다. 또 하나의 꽃에 심피와 같은 수의 암술이 있는 것을 '갈래심피'라고 한다.

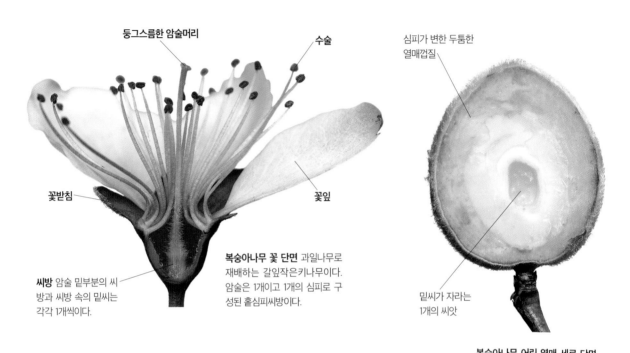

둥그스름한 암술머리

수술

심피가 변한 두툼한 열매껍질

꽃받침

꽃잎

씨방 암술 밑부분의 씨방과 씨방 속의 밑씨는 각각 1개씩이다.

복숭아나무 꽃 단면 과일나무로 재배하는 갈잎작은키나무이다. 암술은 1개이고 1개의 심피로 구성된 홑심피씨방이다.

밑씨가 자라는 1개의 씨앗

복숭아나무 어린 열매 세로 단면
심피가 변한 열매껍질 속에는 1개의 씨앗이 들어 있다.

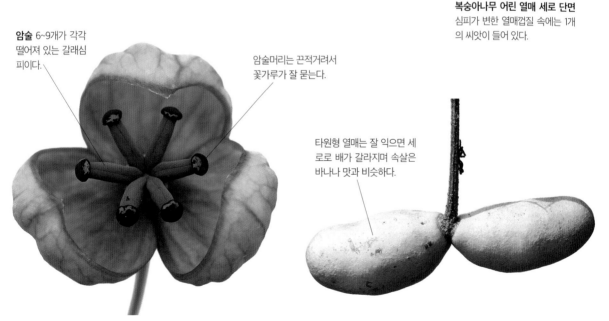

암술 6~9개가 각각 떨어져 있는 갈래심피이다.

암술머리는 끈적거려서 꽃가루가 잘 묻는다.

타원형 열매는 잘 익으면 세로로 배가 갈라지며 속살은 바나나 맛과 비슷하다.

으름덩굴 암꽃 산에서 자라며 암수한그루로 봄에 꽃이 핀다. 암꽃은 암술과 심피가 각각 6~9개이며 각각 떨어져 있는 갈래심피이다. 정받이가 이루어진 암술의 개수에 따라 매달린 열매의 개수도 달라진다.

으름덩굴 열매 6~9개의 암술 중에서 2개의 암술만이 정받이가 이루어져 열매로 자라고 있다. 각각의 열매 속에서는 많은 씨앗이 만들어진다.

154

*홑심피씨방[단심피자방(單心皮子房), 일심피자방(一心皮子房), monocarpellary ovary]

수술 암술 둘레에 촘촘히 돌려난다.

암술 암꽃은 암술과 심피가 각각 6~12개이며 암술은 서로 갈라지고 중심부에 모여 달린다.

벌어진 열매 잘 익은 방은 세로로 갈라지면서 씨앗이 드러난다.

씨앗 타원형 씨앗은 황갈색이다.

암술머리 흔적

꽃덮이조각 길쭉한 흰색 꽃덮이조각은 12장이다.

각 방은 합쳐져서 하나의 열매가 된다.

씨앗이 여물지 못한 방

붓순나무 성숙한 꽃 단면 남쪽 섬에서 자라며 이른 봄에 가지 끝에 연노란색 꽃이 핀다. 꽃 가운데에 6~12개가 모여 있는 암술은 하나씩 떨어져 있는 갈래심피이며 정받이가 끝나면 서로 합쳐지면서 하나의 열매처럼 자란다.

붓순나무 열매 만두 모양의 열매는 갈래심피가 성숙한 6~12개의 방으로 이루어져 있으며 방마다 1개의 씨앗이 들어 있다. 정받이가 이루어진 씨방의 개수에 따라 조금씩 다른 모양을 하고 있다.

5장의 꽃잎은 서로 떨어져 있다.

꽃턱 반원형 꽃턱에 많은 암술이 촘촘히 달리는 여러심피씨방이며 각각 떨어져 있는 갈래심피이다.

열매송이 둥그스름한 열매송이 겉에 자잘한 열매가 촘촘히 돌려가며 붙는다.

수술

뱀딸기 꽃 모양 풀숲과 길가에서 자라는 여러해살이풀로 4~7월에 꽃이 핀다. 반원형 꽃턱에 많은 가느다란 암술이 촘촘히 곧게 서는 여러심피씨방이다.

뱀딸기 열매 모양 둥근 열매송이 겉에는 자잘한 씨앗 같은 열매가 촘촘히 돌려가며 붙어 있다.

＊갈래심피[이생심피(離生心皮), apocarpous carpel] / 여러심피씨방[다심피자방(多心皮子房), polycarpellary ovary]

155

통심피

한 꽃에서 여러 개의 심피가 하나로 합쳐져 1개의 암술을 이루는 것을 '통심피'라고 한다. 통심피의 심피 개수는
여럿이지만 암술은 1개이며 암술의 겉모양은 다양하고 암술머리가 나눠진 경우는 그 수가 대개 심피 수와 일치한다.

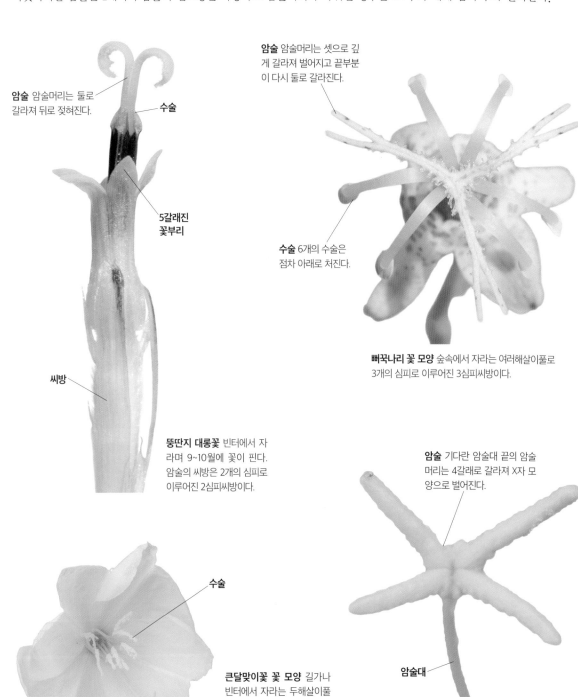

암술 암술머리는 둘로
갈라져 뒤로 젖혀진다.

수술

**5갈래진
꽃부리**

씨방

암술 암술머리는 셋으로 깊
게 갈라져 벌어지고 끝부분
이 다시 둘로 갈라진다.

수술 6개의 수술은
점차 아래로 처진다.

뻐꾹나리 꽃 모양 숲속에서 자라는 여러해살이풀로
3개의 심피로 이루어진 3심피씨방이다.

뚱딴지 대롱꽃 빈터에서 자
라며 9~10월에 꽃이 핀다.
암술의 씨방은 2개의 심피로
이루어진 2심피씨방이다.

암술 기다란 암술대 끝의 암술
머리는 4갈래로 갈라져 X자 모
양으로 벌어진다.

암술대

수술

암술

큰달맞이꽃 꽃 모양 길가나
빈터에서 자라는 두해살이풀
로 7~9월에 큼직한 노란색 꽃
이 저녁에 핀다. 꽃잎은 4장,
수술은 8개, 암술은 1개이며
수술보다 길게 벋는다.

큰달맞이꽃 암술 암술머리는 가늘게 4개로
갈라지며 암술대 밑부분의 씨방은 4실로 구성
된 4심피씨방이다.

156

＊통심피[합생심피(合生心皮), syncarpous carpel]

암술머리 끝부분이 5갈래로 갈라져 뒤로 젖혀진다.

스러진 수술

꽃받침조각

도라지 시든 꽃

씨방 암술대 밑부분의 씨방은 밑으로 갈수록 점차 넓어지며 5개의 심피가 하나로 합쳐진 통심피이다.

가름막 5개의 심피가 합쳐진 통심피는 얇은 가름막으로 나뉘어진다.

씨방실 씨방 안에 가름막으로 나뉘어진 작은 방으로 보통 심피의 숫자와 같다. 씨방실에 위치한 밑씨가 자라 씨앗이 된다.

가운데기둥

씨앗

도라지 어린 열매 가로 단면 열매 속에 각각의 심피가 성숙한 5개의 방으로 나뉘어져 있으며 가운데기둥을 따라 씨앗이 촘촘히 붙는다.

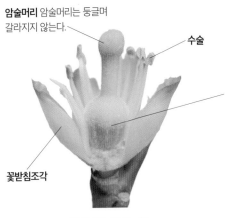

암술머리 암술머리는 둥글며 갈라지지 않는다.

수술

꽃받침조각

씨방 암술대 밑부분의 씨방은 둥그스름하며 여러 개의 심피가 하나로 합쳐진 통심피이다. 겉으로 보기에는 홑심피를 가진 암술과 비슷하지만 열매 단면을 보면 여러심피씨방임을 알 수 있다.

탱자나무 시드는 꽃

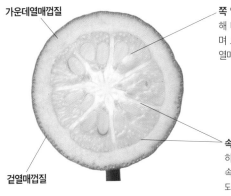

가운데열매껍질

겉열매껍질

쪽 열매에서 속열매껍질에 의해 나뉘어진 작은 방을 말하며 보통 심피의 숫자와 같다. 열매살과 씨앗이 들어 있다.

속열매껍질 여러 개의 심피가 하나로 합쳐진 통심피는 얇은 속열매껍질에 의해 각각 구분되어진다.

탱자나무 어린 열매 가로 단면 열매 속은 각각의 심피가 성숙한 여러 개의 쪽으로 나뉘어져 있다.

암술

시드는 꽃잎

씨방

미국자리공 시든 꽃 모양 길가나 빈터에서 자라는 여러해살이풀이다. 암술과 심피가 각각 10개 정도인 여러심피씨방이며 심피가 하나로 합쳐져 있는 통심피이다.

*가름막[격막(隔膜), 격벽(隔壁), septum] / 가운데기둥[중축(中軸), axile] / 씨방실[자방실(子房室), locule] / 쪽[양낭(瓤囊), segment]

천남성의 성전환

천남성은 산에서 자라는 여러해살이풀로 봄에 잎 겨드랑이에서 나온 꽃대 끝에 횃불 모양의 꽃송이가 달린다. 꽃송이의 모양이 뱀대가리를 닮았다고 '사두초(蛇頭草)'라고도 한다. 꽃이삭을 덮고 있는 꽃덮개는 '불염포(佛焰苞)'라고도 하는데 불상 뒤를 꾸미는 불꽃 모양의 무늬를 닮은 꽃턱잎조각(총포: 總苞)이라는 뜻이다. 꽃덮개는 윗부분이 앞으로 챙 모자처럼 구부러지고 속에는 기다란 살이삭꽃차례가 들어 있다.

천남성은 어릴 때는 수꽃이삭이 달리는 수그루이지만 포기가 좀 더 커지면서 영양분이 충분히 쌓이면 암꽃이삭이 달리는 암그루로 성전환을 한다. 열매를 맺느라 영양분을 소진하면 다음 해에는 다시 수꽃이삭이 달린다. 이처럼 성전환을 하는 천남성은 열매를 만드는 에너지가 꽃가루를 만드는 에너지의 3배나 되기 때문에 암그루일 때보다는 수그루일 때가 더 길어야 다시 열매를 만들 양분을 보충할 수가 있다. 그래서 천남성은 암그루보다는 수그루를 더 많이 만날 수 있다.

꽃덮개 꽃덮개는 연녹색이거나 암자색이 돌기도 하고 윗부분은 챙 모자처럼 앞으로 구부러진다.

꽃이삭 꽃덮개 속에 들어 있는 살이삭꽃차례의 윗부분에 있는 둥근 막대 모양의 부속물은 끝부분이 통부분 밖으로 약간 나온다.

부속물과 꽃덮개 사이의 공간으로 작은 곤충이 들어간다.

꽃덮개 꽃덮개는 원통 모양으로 둥글게 말리며 서로 겹쳐진다.

꽃덮개 구멍 수그루는 꽃덮개 밑부분에 약간 벌어진 공간이 있어서 꽃가루를 묻힌 곤충이 빠져나올 수 있다. 하지만 암그루는 구멍이 없어서 곤충이 빠져나오지 못하고 먹이도 없기 때문에 갇혀 죽고 만다.

천남성 수그루 꽃송이

큰천남성 남부 지방에서 자라는 여러해살이풀로 4~6월에 피는 꽃은 꽃덮개 가장자리가 뒤로 말린다.

두루미천남성 산에서 자라는 여러해살이풀로 1장의 겹잎이 두루미가 날개를 편 것처럼 보인다.

섬남성 울릉도에서 자라는 여러해살이풀로 봄에 피는 꽃은 자주색~녹색 꽃덮개에 흰색 줄무늬가 있다.

*꽃덮개[불염포(佛焰苞), spathe]

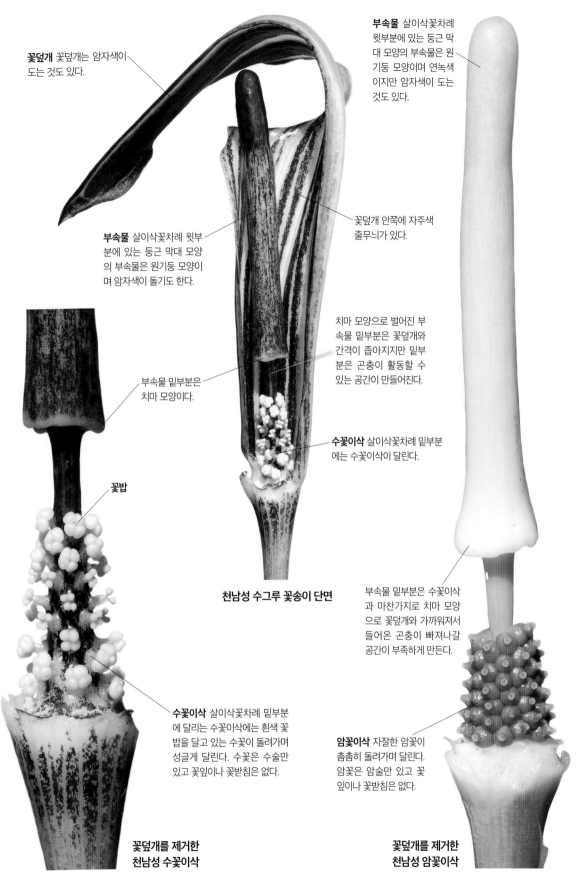

꽃덮개 꽃덮개는 암자색이 도는 것도 있다.

부속물 살이삭꽃차례 윗부분에 있는 둥근 막대 모양의 부속물은 원기둥 모양이며 연녹색이지만 암자색이 도는 것도 있다.

부속물 살이삭꽃차례 윗부분에 있는 둥근 막대 모양의 부속물은 원기둥 모양이며 암자색이 돌기도 한다.

꽃덮개 안쪽에 자주색 줄무늬가 있다.

치마 모양으로 벌어진 부속물 밑부분은 꽃덮개와 간격이 좁아지지만 밑부분은 곤충이 활동할 수 있는 공간이 만들어진다.

부속물 밑부분은 치마 모양이다.

수꽃이삭 살이삭꽃차례 밑부분에는 수꽃이삭이 달린다.

꽃밥

천남성 수그루 꽃송이 단면

부속물 밑부분은 수꽃이삭과 마찬가지로 치마 모양으로 꽃덮개와 가까워져서 들어온 곤충이 빠져나갈 공간이 부족하게 만든다.

수꽃이삭 살이삭꽃차례 밑부분에 달리는 수꽃이삭에는 흰색 꽃밥을 달고 있는 수꽃이 돌려가며 성글게 달린다. 수꽃은 수술만 있고 꽃잎이나 꽃받침은 없다.

암꽃이삭 자잘한 암꽃이 촘촘히 돌려가며 달린다. 암꽃은 암술만 있고 꽃잎이나 꽃받침은 없다.

꽃덮개를 제거한 천남성 수꽃이삭

꽃덮개를 제거한 천남성 암꽃이삭

닥풀의 씨방

암술의 씨방은 암술 맨 아래쪽의 부푼 부분으로 속에는 앞으로 씨앗으로 자랄 밑씨가 들어 있다. 식물의 꽃에 따라 씨방의 모양이 제각기 다르며 씨방의 위치도 조금씩 다르다. 보통 정받이가 되면 밑씨는 씨앗으로 자라고 씨방은 열매로 자라는 경우가 많다. 원시적인 꽃은 한 씨방 안에 많은 밑씨가 들어 있었지만 점차 밑씨의 수가 줄어들면서 종마다 밑씨의 수가 다양하게 변화하였다.

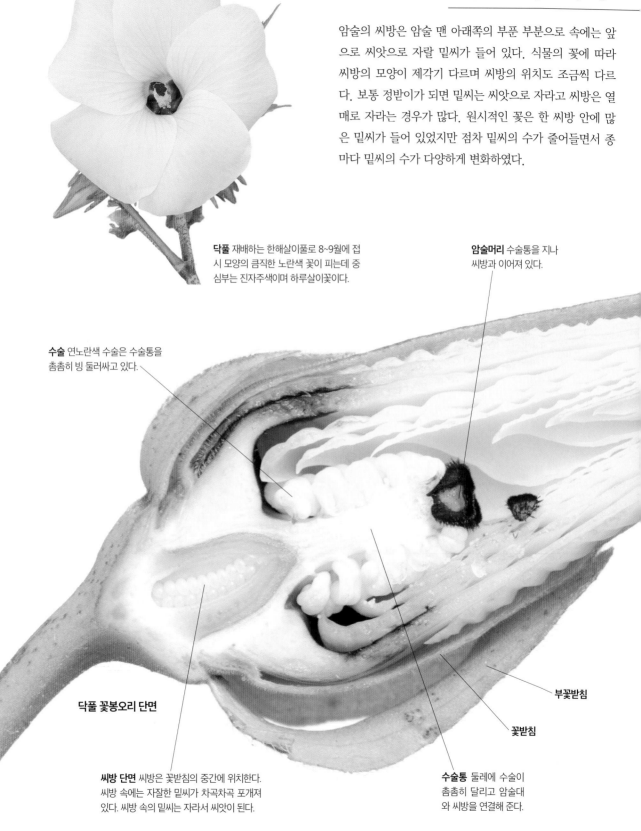

닥풀 재배하는 한해살이풀로 8~9월에 접시 모양의 큼직한 노란색 꽃이 피는데 중심부는 진자주색이며 하루살이꽃이다.

암술머리 수술통을 지나 씨방과 이어져 있다.

수술 연노란색 수술은 수술통을 촘촘히 빙 둘러싸고 있다.

닥풀 꽃봉오리 단면

씨방 단면 씨방은 꽃받침의 중간에 위치한다. 씨방 속에는 자잘한 밑씨가 차곡차곡 포개져 있다. 씨방 속의 밑씨는 자라서 씨앗이 된다.

부꽃받침

꽃받침

수술통 둘레에 수술이 촘촘히 달리고 암술대와 씨방을 연결해 준다.

닥풀 암술머리 수술통 끝에서 나오는 암술머리는 흑자색이 며 5갈래로 얕게 갈라진다.

수술 한몸수술로 많은 수술이 수술통 을 촘촘히 둘러싸고 있다. 연노란색 꽃 밥이 터지면 노란색 꽃가루가 나온다.

닥풀 암술과 수술

닥풀 씨방 씨방은 둥근 원뿔 모양이며 그대로 크게 자라 서 열매가 된다.

꽃잎 5장의 꽃잎은 촘촘히 말려서 포개져 있다.

닥풀 시든 꽃 꽃이 시들면 꽃받침은 꽃잎과 함께 떨어져 나가고 부꽃받 침이 남아서 씨방을 둘러싸고 있다.

부꽃받침 떨어져 나간 꽃받 침 대신에 부꽃받침이 남아 서 씨방을 둘러싸서 보호하 고 있으며 열매가 익으면 밑 으로 처진다.

＊밑씨[배주(胚珠), ovule]

위씨방

감자는 밭에서 재배하는 여러해살이풀로 6월 경에 잎겨드랑이에서 자란 꽃송이에 흰색이나 연자주색 꽃이 핀다. 꽃부리는 별처럼 5갈래로 얕게 갈라져 수평으로 벌어진다. 꽃 가운데에는 5개의 수술에 둘러싸인 1개의 암술이 있다. 기다란 암술대 끝에는 둥근 암술머리가 있고 밑은 둥근 원뿔 모양의 씨방과 연결된다. 감자의 씨방은 꽃받침보다 위쪽에 위치한다. 감자처럼 씨방이 꽃받침보다 위에 붙어 있는 것을 '위씨방'이라고 한다. 위씨방에서 만들어진 열매는 꽃받침보다 위에 있으므로 어린 열매로도 씨방의 위치를 알 수 있다. 꽃식물의 씨방 중에서 가장 흔한 것이 위씨방으로 닥풀(p.160)도 위씨방이다.

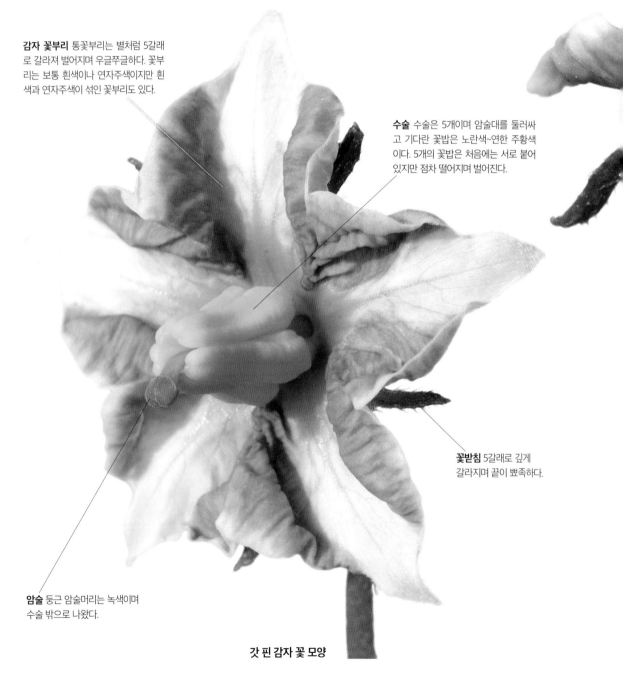

감자 꽃부리 통꽃부리는 별처럼 5갈래로 갈라져 벌어지며 우글쭈글하다. 꽃부리는 보통 흰색이나 연자주색이지만 흰색과 연자주색이 섞인 꽃부리도 있다.

수술 수술은 5개이며 암술대를 둘러싸고 기다란 꽃밥은 노란색~연한 주황색이다. 5개의 꽃밥은 처음에는 서로 붙어 있지만 점차 떨어지며 벌어진다.

꽃받침 5갈래로 깊게 갈라지며 끝이 뾰족하다.

암술 둥근 암술머리는 녹색이며 수술 밖으로 나왔다.

갓 핀 감자 꽃 모양

＊위씨방[상위자방(上位子房), superior ovary, hypogynous]

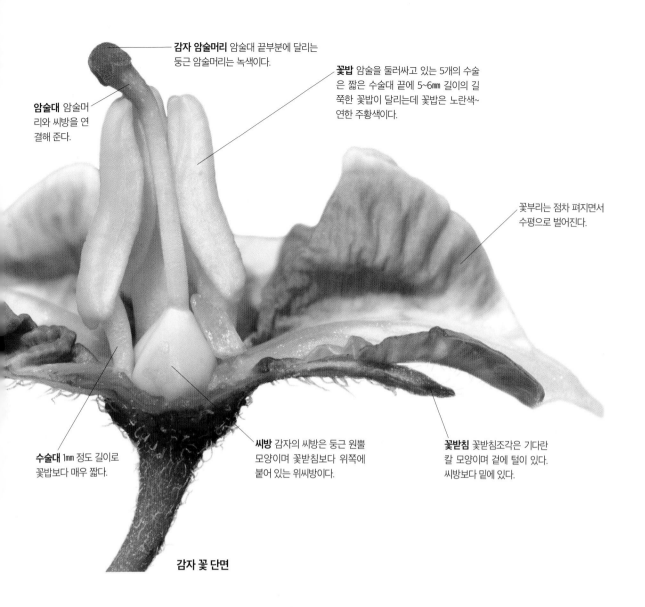

감자 암술머리 암술대 끝부분에 달리는 둥근 암술머리는 녹색이다.

꽃밥 암술을 둘러싸고 있는 5개의 수술은 짧은 수술대 끝에 5~6㎜ 길이의 길쭉한 꽃밥이 달리는데 꽃밥은 노란색~연한 주황색이다.

암술대 암술머리와 씨방을 연결해 준다.

꽃부리는 점차 퍼지면서 수평으로 벌어진다.

수술대 1㎜ 정도 길이로 꽃밥보다 매우 짧다.

씨방 감자의 씨방은 둥근 원뿔 모양이며 꽃받침보다 위쪽에 붙어 있는 위씨방이다.

꽃받침 꽃받침조각은 기다란 칼 모양이며 겉에 털이 있다. 씨방보다 밑에 있다.

감자 꽃 단면

모란 관상수로 심는 갈잎떨기나무로 봄에 피는 큼직한 붉은색 꽃의 암술은 위씨방이다.

갓 밭에서 재배하는 한두해살이풀로 5~6월에 피는 노란색 꽃의 암술은 위씨방이다.

튤립 알뿌리화초로 봄에 줄기 끝에 1개가 위를 향해 피는 꽃의 암술은 위씨방이다.

피나물 산에서 자라는 여러해살이풀로 봄에 피는 노란색 꽃의 암술은 위씨방이다.

아래씨방

호박은 밭에서 재배하는 한해살이덩굴풀
이다. 암수한그루로 6~10월에 잎겨드랑
이에 큼직한 노란색 꽃이 핀다. 암꽃은
꽃부리 밑의 둥근 씨방이 꽃받침보다 아
래에 있다. 호박처럼 씨방이 꽃받침보다
아래에 붙어 있는 것을 '아래씨방'이라고
한다. 아래씨방은 위씨방보다 좀더 발전
된 씨방으로 열매 끝에 꽃받침자국이 남
아 있는 경우가 있다.

호박의 암꽃은 꽃부리가
종 모양으로 수꽃과 비
슷해서 구분이 어렵다.

암꽃의 꽃받침은 갈래조
각이 조그만 잎 모양이라
서 수꽃과 구분이 된다.

씨방 암꽃의 밑부분에는 작
은 호박 모양의 둥근 씨방
이 있다. 이처럼 호박은 꽃
부리 밑의 둥근 씨방이 꽃
받침보다 아래에 있는 아래
씨방이다. 수꽃에는 이 씨
방이 없으므로 둘의 구분이
가능하다.

호박 암꽃

밤에 활짝 피었던 수꽃은
아침에 해가 뜨면 꽃잎을
닫고 시들기 시작한다.

수꽃은 꽃받침조각이
가늘어서 잎 모양인
암꽃과 구분이 된다.

수술대는 3개이며
뭉쳐 있고 꽃밥보
다 훨씬 짧다.

수술의 꽃밥 노란색 꽃밥은 합쳐
져서 기둥처럼 보이며 시들면 색
깔이 점점 더 진해진다.

호박 시든 수꽃 단면 종 모양의 꽃부리 속에는
기둥 모양의 수술이 들어 있다.

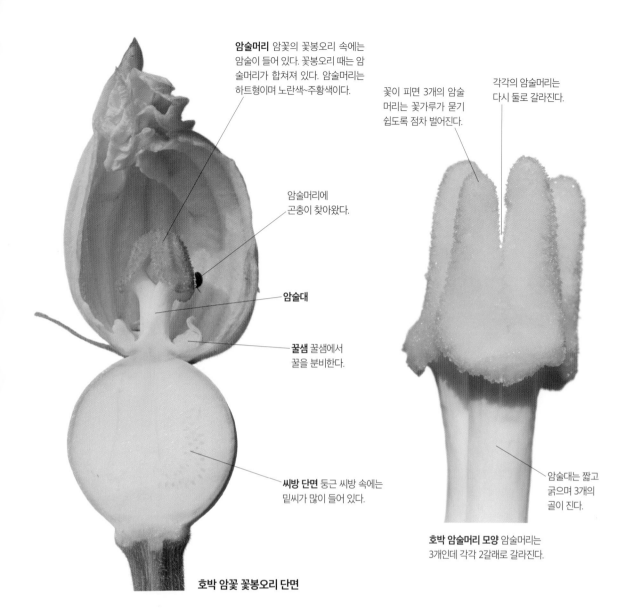

암술머리 암꽃의 꽃봉오리 속에는 암술이 들어 있다. 꽃봉오리 때는 암술머리가 합쳐져 있다. 암술머리는 하트형이며 노란색~주황색이다.

꽃이 피면 3개의 암술머리는 꽃가루가 묻기 쉽도록 점차 벌어진다.

각각의 암술머리는 다시 둘로 갈라진다.

암술머리에 곤충이 찾아왔다.

암술대

꿀샘 꿀샘에서 꿀을 분비한다.

암술대는 짧고 굵으며 3개의 골이 진다.

씨방 단면 둥근 씨방 속에는 밑씨가 많이 들어 있다.

호박 암술머리 모양 암술머리는 3개인데 각각 2갈래로 갈라진다.

호박 암꽃 꽃봉오리 단면

암꽃의 씨방

산외 깊은 산에서 자라는 한해살이덩굴풀로 8~9월에 피는 흰색 꽃의 암술은 아래씨방이다.

씨방

범부채 풀밭에서 자라는 여러해살이풀로 여름에 피는 주홍색 꽃의 암술은 아래씨방이다.

해당화 바닷가에서 자라는 갈잎떨기나무로 5~7월에 피는 붉은색 꽃의 암술은 아래씨방이다.

씨방

생열귀나무 산에서 자라는 갈잎떨기나무로 6~7월에 피는 연한 홍자색 꽃의 암술은 아래씨방이다.

＊아래씨방[하위자방(下位子房), inferior ovary, epigynous]

도라지 **꽃받침** 잔 모양의 꽃받침은 윗부분이 5갈래로 가늘게 갈라져 벌어진다.

꽃받침조각은 가늘고 뾰족하다.

암술머리 암술대를 지나 씨방과 이어져 있다.

수술 5개의 수술은 암술을 둘러싸고 있으며 부푼 꽃봉오리 때부터 꽃가루가 나오기 시작하며 털이 많은 암술에 꽃가루를 묻힌다.

씨방 씨방은 꽃받침 속에 들어 있다. 꽃받침통은 둥근 씨방을 중간쯤까지 싸고 있는 가운데씨방이다.

도라지 꽃봉오리 단면

도라지 열매 둥근 달걀 모양 열매는 가을에 익으면 윗부분이 5갈래로 갈라져 벌어진다.

꽃받침조각 꽃받침은 열매의 중간보다 약간 윗부분에 위치한다.

가운데씨방

도라지는 산과 들에서 자라는 여러해살이풀로 밭에서 재배하기도 한다. 여름에 넓은 종 모양의 보라색 꽃이 피는데 씨방은 잔 모양의 꽃받침 중간쯤에 위치한다. 도라지 꽃처럼 씨방이 꽃받침의 중간에 붙어 있는 것을 '가운데씨방'이라고 한다. 가운데씨방인 식물은 위씨방처럼 흔하지가 않다. 지금까지 알아본 것처럼 씨방은 꽃받침이나 꽃잎과 같은 꽃의 다른 부분과의 위치 관계에 따라 위씨방, 아래씨방, 가운데씨방으로 구분한다.

*가운데씨방[중위자방(中位子房), half inferior ovary, perigynous]

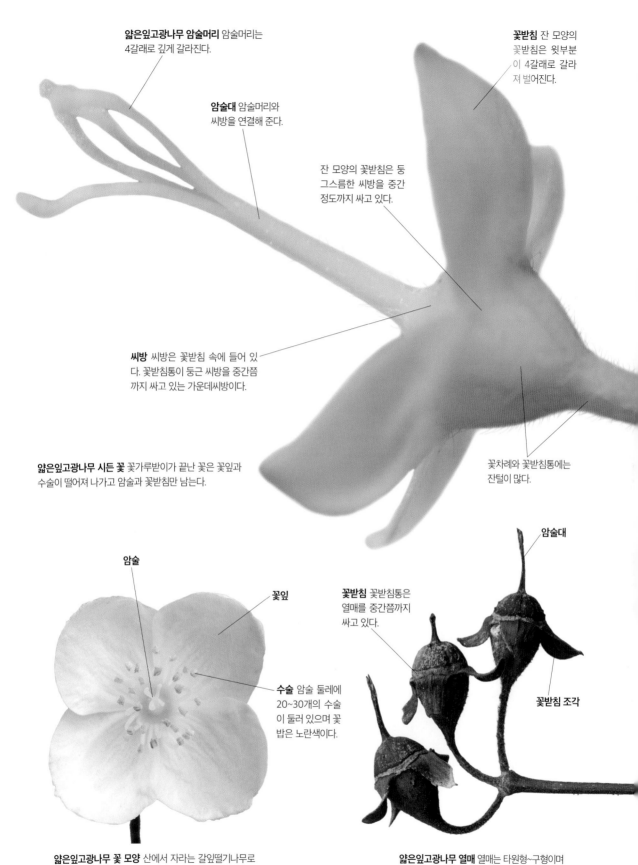

얇은잎고광나무 암술머리 암술머리는
4갈래로 깊게 갈라진다.

암술대 암술머리와
씨방을 연결해 준다.

꽃받침 잔 모양의
꽃받침은 윗부분
이 4갈래로 갈라
져 벌어진다.

잔 모양의 꽃받침은 둥
그스름한 씨방을 중간
정도까지 싸고 있다.

씨방 씨방은 꽃받침 속에 들어 있
다. 꽃받침통이 둥근 씨방을 중간쯤
까지 싸고 있는 가운데씨방이다.

꽃차례와 꽃받침통에는
잔털이 많다.

얇은잎고광나무 시든 꽃 꽃가루받이가 끝난 꽃은 꽃잎과
수술이 떨어져 나가고 암술과 꽃받침만 남는다.

암술

꽃잎

꽃받침 꽃받침통은
열매를 중간쯤까지
싸고 있다.

암술대

꽃받침 조각

수술 암술 둘레에
20~30개의 수술
이 둘러 있으며 꽃
밥은 노란색이다.

얇은잎고광나무 꽃 모양 산에서 자라는 갈잎떨기나무로
5~6월에 가지 끝에 흰색 꽃이 모여 피며 꽃잎은 4장이다.

얇은잎고광나무 열매 열매는 타원형~구형이며
꽃받침조각과 긴 암술대가 남아 있다.

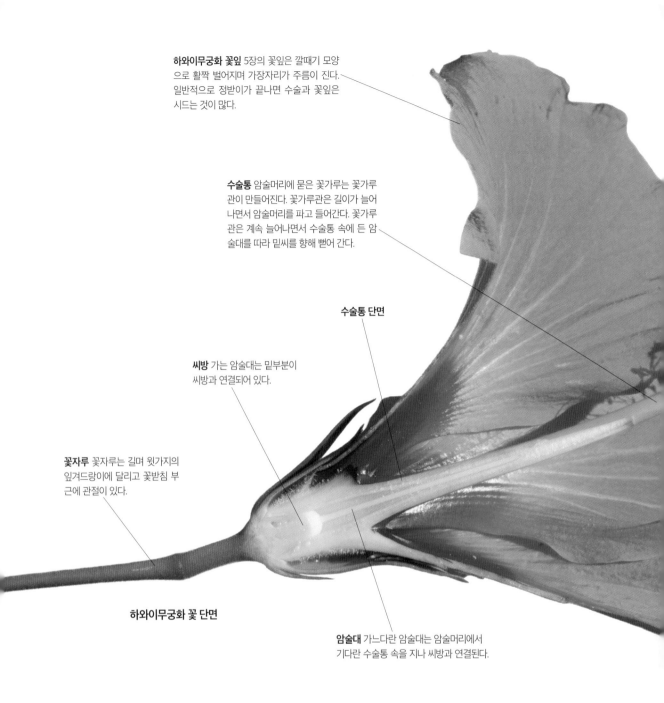

하와이무궁화 꽃잎 5장의 꽃잎은 깔때기 모양으로 활짝 벌어지며 가장자리가 주름이 진다. 일반적으로 정받이가 끝나면 수술과 꽃잎은 시드는 것이 많다.

수술통 암술머리에 묻은 꽃가루는 꽃가루관이 만들어진다. 꽃가루관은 길이가 늘어나면서 암술머리를 파고 들어간다. 꽃가루관은 계속 늘어나면서 수술통 속에 든 암술대를 따라 밑씨를 향해 뻗어 간다.

수술통 단면

씨방 가는 암술대는 밑부분이 씨방과 연결되어 있다.

꽃자루 꽃자루는 길며 윗가지의 잎겨드랑이에 달리고 꽃받침 부근에 관절이 있다.

하와이무궁화 꽃 단면

암술대 가느다란 암술대는 암술머리에서 기다란 수술통 속을 지나 씨방과 연결된다.

하와이무궁화는 꽃이 아름다워 많은 재배 품종이 개발되었으며 열대 지방에서 관상수로 널리 심고 있고 온대 지방에서는 온실이나 실내에서 심어 기른다.

＊꽃가루받이[수분(受粉), pollination] / 정받이[수정(受精), fertilization]

꽃가루받이와 정받이

암술머리 곤충의 도움을 받아 둥근 원반 모양의 암술머리에 다른 꽃의 꽃가루가 묻으면 꽃가루받이가 이루어진다.

암술 암술은 수술통 끝에서 나오며 5갈래로 갈라진다.

하와이무궁화는 온실에서 기르는 늘푸른떨기나무로 잎겨 드랑이에 나팔 모양의 붉은색 꽃이 핀다. 수술통은 5장의 꽃잎 밖으로 길게 벋고 수술통 끝부분에서 나오는 암술은 암술머리가 5갈래로 갈라진다.

수술의 꽃가루가 곤충 등의 도움을 받아 암술머리에 묻는 것을 '꽃가루받이'라고 한다. 하와이무궁화의 암술머리에 묻은 꽃가루는 꽃가루관을 벋으면서 암술대를 지나 씨방 에 도달하고 밑씨와 만나는데 이를 '정받이'라고 한다. 정 받이가 끝난 밑씨는 점차 씨앗으로 자라기 시작한다.

수술통 끝부분

수술통

수술 수술통 윗부분에 촘촘히 돌려가며 달리는 수술은 꽃가 루를 내고 나면 점차 시든다.

수술통 단면 기다란 수술통은 속이 비어 있다.

부꽃받침 가느다란 부꽃받침은 5~8개가 꽃받침을 둘러싸고 있다.

꽃받침 종 모양이며 5갈래로 갈라진다.

암술대 가느다란 암술대는 암술머리에서 수술통 속을 지나 씨방과 연결된다. 암술대 는 꽃가루를 옮기는 꽃가루관의 통로가 되 며 꽃가루관이 씨방에 도달하면 정받이가 이루어진다.

씨방 단면 씨방은 위씨방이며 속에는 밑씨가 가득 들어 있다.

꽃자루의 관절

꽃잎은 수술통 밑부분과 합쳐진다.

꽃잎

하와이무궁화 꽃 씨방 단면

* 꽃가루관[화분관(花粉管), pollen tube]

제꽃가루받이

대부분의 식물은 다른 그루의 꽃으로부터 꽃가루를 받아 꽃가루받이를 한다. 이를 '딴꽃가루받이'라고 하는데 딴꽃가루받이를 하면 튼튼한 씨앗을 맺을 수 있다.

이른 아침에 꽃이 피는 달개비는 맛있는 꽃가루로 곤충을 유혹해 딴꽃가루받이를 한다. 하지만 점심이 가까울 무렵까지 딴꽃가루받이가 이루어지지 않으면 기다란 수술은 둥글게 말리면서 암술머리에 꽃밥을 부딪혀서 꽃가루받이를 한다. 이처럼 한 꽃의 암술과 수술이 꽃가루받이를 하는 것을 '제꽃가루받이'라고 한다. 달개비는 딴꽃가루받이가 안되면 제꽃가루받이를 통해서라도 열매를 맺어서 씨앗을 퍼뜨린다. 제꽃가루받이는 곤충의 도움도 필요 없고 씨앗이 많이 열리는 장점도 있다.

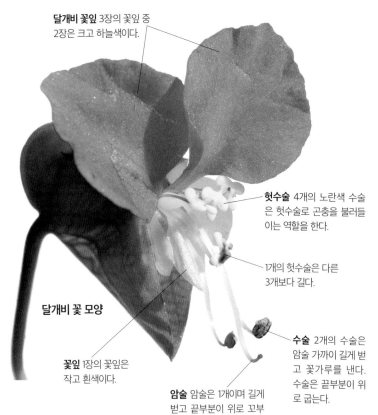

달개비 꽃잎 3장의 꽃잎 중 2장은 크고 하늘색이다.

헛수술 4개의 노란색 수술은 헛수술로 곤충을 불러들이는 역할을 한다.

1개의 헛수술은 다른 3개보다 길다.

수술 2개의 수술은 암술 가까이 길게 벋고 꽃가루를 낸다. 수술은 끝부분이 위로 굽는다.

달개비 꽃 모양

꽃잎 1장의 꽃잎은 작고 흰색이다.

암술 암술은 1개이며 길게 벋고 끝부분이 위로 꼬부라진다.

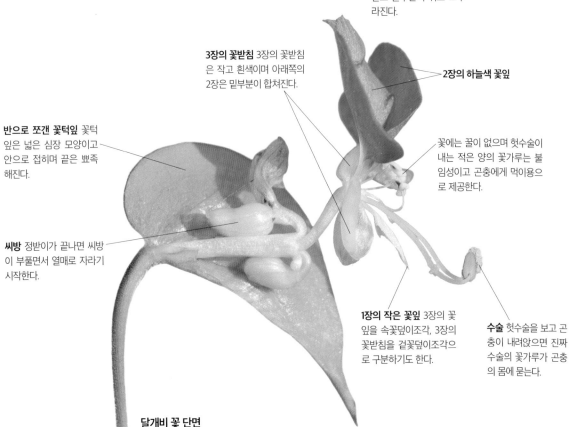

3장의 꽃받침 3장의 꽃받침은 작고 흰색이며 아래쪽의 2장은 밑부분이 합쳐진다.

2장의 하늘색 꽃잎

꽃에는 꿀이 없으며 헛수술이 내는 적은 양의 꽃가루는 불임성이고 곤충에게 먹이용으로 제공한다.

반으로 쪼갠 꽃턱잎 꽃턱잎은 넓은 심장 모양이고 안으로 접히며 끝은 뾰족해진다.

씨방 정받이가 끝나면 씨방이 부풀면서 열매로 자라기 시작한다.

1장의 작은 꽃잎 3장의 꽃잎을 속꽃덮이조각, 3장의 꽃받침을 겉꽃덮이조각으로 구분하기도 한다.

수술 헛수술을 보고 곤충이 내려앉으면 진짜 수술의 꽃가루가 곤충의 몸에 묻는다.

달개비 꽃 단면

170

*제꽃가루받이[자화수분(自花受粉), 자가수분(自家受粉), self pollination, autogamy]

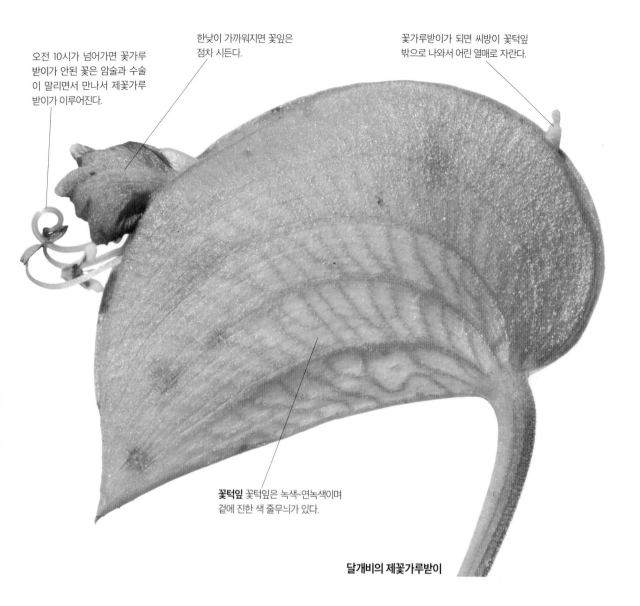

오전 10시가 넘어가면 꽃가루
받이가 안된 꽃은 암술과 수술
이 말리면서 만나서 제꽃가루
받이가 이루어진다.

한낮이 가까워지면 꽃잎은
점차 시든다.

꽃가루받이가 되면 씨방이 꽃턱잎
밖으로 나와서 어린 열매로 자란다.

꽃턱잎 꽃턱잎은 녹색~연녹색이며
겉에 진한 색 줄무늬가 있다.

달개비의 제꽃가루받이

닫힌꽃

닫힌꽃이
맺은 열매

닫힌꽃

닫힌꽃이 맺은
어린 열매송이

제비꽃의 닫힌꽃 제비꽃은 봄에 적자색 꽃이 피고 열매를 맺는
다. 초여름이 되어서 피는 꽃은 꽃잎이 벌어지지 않고 속에서 암
술과 수술이 제꽃가루받이를 하는데 이런 꽃을 '닫힌꽃'이라고 한
다. 제비꽃은 이처럼 2가지 꽃을 피워서 자손을 확실히 퍼뜨린다.

솜나물의 닫힌꽃 봄에 피는 꽃은 아름다운 꽃잎이 활짝 벌어져
서 꽃가루받이를 하지만 가을에 피는 꽃은 꽃잎이 벌어지지 않고
속에서 제꽃가루받이가 이루어지는 닫힌꽃이다. 닫힌꽃 속에서
제꽃가루받이가 이루어지는 것을 '닫힌꽃정받이'라고 한다.

* 닫힌꽃[폐쇄화(閉鎖花), cleistogamous flower] / 닫힌꽃정받이[폐화수정(閉花受精), cleistogamy]

딴꽃가루받이

식물은 적은 비용으로 꽃을 만들기 위해 보통 암술과 수술이 한 꽃 안에 있는 암수한꽃을 만든다. 암수한꽃은 암술과 수술이 가까이 있기 때문에 제꽃가루받이가 이루어질 가능성이 높다. 하지만 제꽃가루받이는 유전적으로 좋지 않은 씨앗을 만들기 때문에 이를 피하기 위해 여러 가지 방법을 쓴다. 도라지는 한 꽃에 있는 암술과 수술 중에서 수술이 먼저 자라고 수술의 꽃밥이 완전히 스러진 다음에 암술머리가 벌어져서 다른 개체의 꽃가루를 받는데 이를 '딴꽃가루받이'라고 한다. 그리고 꽃이 핀 상태에서 정받이가 이루어지는 것을 '열린꽃정받이'라고 한다.

1. 꽃봉오리가 공처럼 부풀면서 보라색으로 변하기 시작한다. 꽃가루는 꽃봉오리 때부터 나온다.

2. 꽃봉오리가 5갈래로 갈라지면서 벌어지기 시작한다.

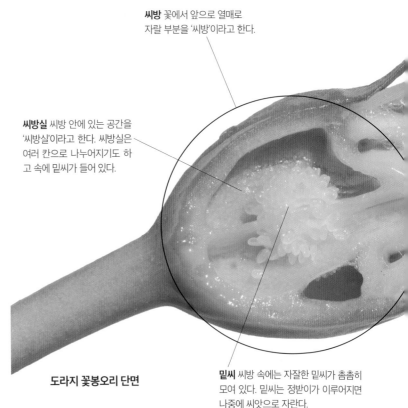

씨방 꽃에서 앞으로 열매로 자랄 부분을 '씨방'이라고 한다.

씨방실 씨방 안에 있는 공간을 '씨방실'이라고 한다. 씨방실은 여러 칸으로 나누어지기도 하고 속에 밑씨가 들어 있다.

밑씨 씨방 속에는 자잘한 밑씨가 촘촘히 모여 있다. 밑씨는 정받이가 이루어지면 나중에 씨앗으로 자란다.

도라지 꽃봉오리 단면

3. 갓 핀 꽃은 수술이 암술대에 붙어 있다.

4. 수술이 벌어지기 시작한다. 암술대에 묻은 꽃가루는 곤충에게 묻혀 준다.

5. 암술대가 자라면서 수술이 점차 더 벌어지며 시들기 시작한다.

172

＊딴꽃가루받이[타화수분(他花受粉), 타가수분(他家受粉), cross pollination, xenogamy]

꽃받침 종 모양의 꽃받침은 씨방을 둘러싸고 있으며 5갈래로 갈라진다.

꽃잎 꽃잎은 아직 연녹색이며 풍선처럼 둥글게 붙어 있다.

암술머리 곤봉 모양의 암술머리는 암술대를 지나 밑부분의 씨방과 이어져 있다.

11. 꽃잎은 스러지고 꽃받침에 싸인 씨방은 어린 열매로 자란다.

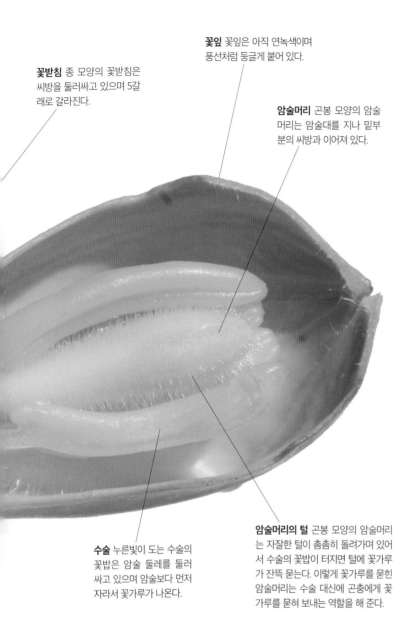

10. 꽃가루받이가 끝나면 꽃잎은 누렇게 시든다.

수술 누른빛이 도는 수술의 꽃밥은 암술 둘레를 둘러싸고 있으며 암술보다 먼저 자라서 꽃가루가 나온다.

암술머리의 털 곤봉 모양의 암술머리는 자잘한 털이 촘촘히 돌려가며 있어서 수술의 꽃밥이 터지면 털에 꽃가루가 잔뜩 묻는다. 이렇게 꽃가루를 묻힌 암술머리는 수술 대신에 곤충에게 꽃가루를 묻혀 보내는 역할을 해 준다.

9. 별처럼 벌어진 암술머리는 다른 꽃의 꽃가루를 받아 딴꽃가루받이를 한다.

6. 점차 모든 수술이 시든다. 암술대는 점점 더 길어지면서 자잘한 털이 사라진다.

7. 수술이 다 스러진 다음에야 암술머리 끝이 갈라지기 시작한다.

8. 갈라진 암술머리가 벌어진다.

※열린꽃정받이[개화수정(開花受精), chasmogamy]

173

수술먼저피기

한 꽃 안에 암술과 수술이 모두 들어 있는 암수한꽃은 한 송이 내에서 제꽃가루받이가 일어날 가능성이 매우 높다. 곤충이 꿀을 먹느라 돌아다니다가 꽃가루를 묻힐 가능성도 많고 바람에 날린 꽃가루가 암술에 묻을 가능성도 높다. 그래서 접시 꽃은 한 꽃에 있는 암술과 수술 중에서 수술이 먼저 자라고 수술의 꽃밥이 스러질 때쯤 암술이 자라게 하는 방법으로 제꽃 가루받이를 피하는데 이를 '수술먼저피기'라고 한다. 이처럼 접시꽃은 수술먼저피기 방법으로 딴꽃가루받이를 하지만 끝 내 딴꽃가루받이를 하지 못하면, p.175 마지막 사진에서 볼 수 있는 것처럼 물뿌리개 모양의 암술이 뒤로 구부러지기 시 작해 수술을 만나 제꽃가루받이를 해서 씨앗을 맺고야 만다.

꽃잎 꽃은 5장의 꽃잎이 접시 처럼 활짝 벌어진다.

꽃잎 안쪽에는 줄무늬가 있어서 곤충에게 꿀이 있 는 곳을 안내해 준다.

곤충은 꽃받침 위에 있 는 꿀을 꽃잎 밑부분의 틈 사이로 빨아 먹는다.

꽃잎에 떨어진 꽃가루

수술 갓 핀 꽃은 수술통 가득 수술이 촘촘히 돌려가며 달리며 꽃가루를 낸 다. 이처럼 접시꽃은 수술이 먼저 성숙 하는데 이를 '수술먼저피기'라고 한다.

갓 핀 접시꽃 꽃 모양 접시꽃은 여러해살이화초로 6월에 피는 꽃이 접시처럼 활짝 벌어진다. 꽃 색깔은 여러 가지이고 겹꽃이 피는 품종도 많다.

＊수술먼저피기[웅예선숙(雄蕊先熟), 웅성선숙(雄性先熟), protandrous, protandry]

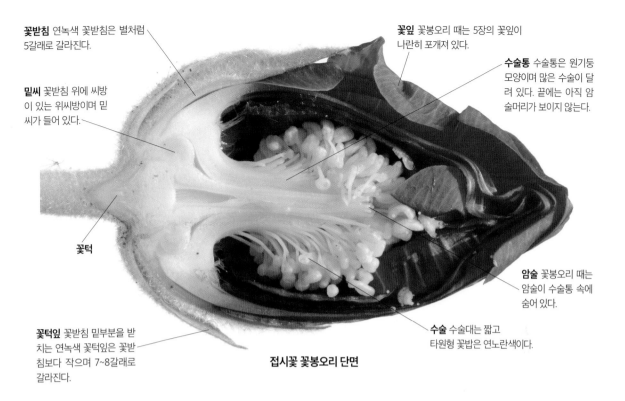

꽃받침 연녹색 꽃받침은 별처럼 5갈래로 갈라진다.

밑씨 꽃받침 위에 씨방이 있는 위씨방이며 밑씨가 들어 있다.

꽃잎 꽃봉오리 때는 5장의 꽃잎이 나란히 포개져 있다.

수술통 수술통은 원기둥 모양이며 많은 수술이 달려 있다. 끝에는 아직 암술머리가 보이지 않는다.

꽃턱

암술 꽃봉오리 때는 암술이 수술통 속에 숨어 있다.

꽃턱잎 꽃받침 밑부분을 받치는 연녹색 꽃턱잎은 꽃받침보다 작으며 7~8갈래로 갈라진다.

수술 수술대는 짧고 타원형 꽃밥은 연노란색이다.

접시꽃 꽃봉오리 단면

갓 핀 접시꽃 수술통 짧은 막대 모양의 수술통은 수술로 촘촘히 덮여 있으며 밑에 있는 수술의 꽃밥부터 꽃가루가 나오기 시작한다.

수술통

수술

갓 핀 접시꽃의 꿀벌 갓 핀 꽃에 꿀벌이 찾아와 꿀을 빠느라 움직일 때 꿀벌의 몸에 꽃가루가 묻는다.

꽃가루가 만개한 수술

활짝 핀 접시꽃 수술 수술의 꽃밥이 모두 흰색 꽃가루를 낸 모습이다. 이처럼 접시꽃은 수술이 먼저 피는 수술먼저피기 꽃이다. 암수한꽃에서 꽃가루가 나오는 시기를 '수술시기'라고 한다.

스러지는 꽃밥

암술

구부러진 암술

암술대가 자란 접시꽃 꽃밥이 스러질 때쯤 수술통 끝에서 나오는 암술대는 암술머리가 여러 갈래로 가늘게 갈라져 벌어진다. 암수한꽃에서 암술이 성숙하는 시기를 '암술시기'라고 한다.

＊수술시기[웅성기(雄性期), male stage] / 암술시기[자성기(雌性期), female stage]

암술먼저피기

백목련은 관상수로 널리 심고 있는 갈잎큰키나무로 이른 봄에 잎이 돋기 전에 큼직한 흰색 꽃이 나무 가득 피어난다. 백목련 꽃을 자세히 살펴보면 한 꽃에 있는 암술과 수술 중에서 암술이 먼저 자라고 암술의 꽃가루받이가 끝나면 수술이 자라게 하는 방법으로 제꽃가루받이를 피하는데 이를 '암술먼저피기'라고 한다. 암술먼저피기는 원시적인 속씨식물이나 바람나름꽃(풍매화)에서 많이 볼 수 있다.

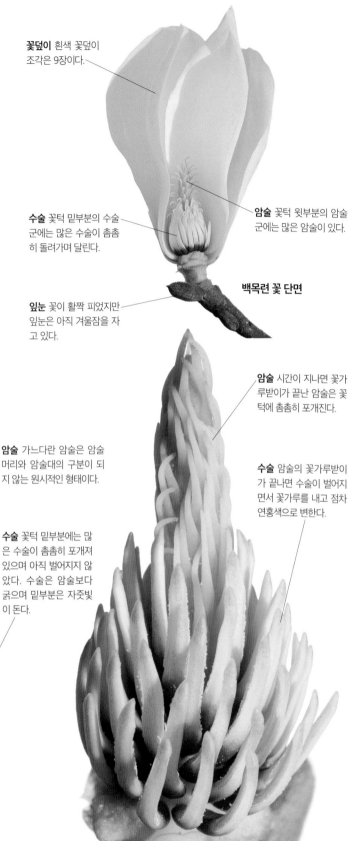

꽃덮이 흰색 꽃덮이 조각은 9장이다.

암술 꽃턱 윗부분의 암술군에는 많은 암술이 있다.

수술 꽃턱 밑부분의 수술군에는 많은 수술이 촘촘히 돌려가며 달린다.

잎눈 꽃이 활짝 피었지만 잎눈은 아직 겨울잠을 자고 있다.

백목련 꽃 단면

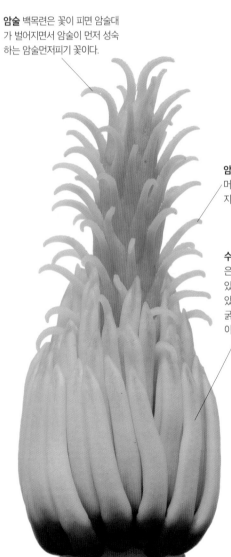

암술 백목련은 꽃이 피면 암술대가 벌어지면서 암술이 먼저 성숙하는 암술먼저피기 꽃이다.

암술 가느다란 암술은 암술머리와 암술대의 구분이 되지 않는 원시적인 형태이다.

수술 꽃턱 밑부분에는 많은 수술이 촘촘히 포개져 있으며 아직 벌어지지 않았다. 수술은 암술보다 굵으며 밑부분은 자줏빛이 돈다.

암술 시간이 지나면 꽃가루받이가 끝난 암술은 꽃턱에 촘촘히 포개진다.

수술 암술의 꽃가루받이가 끝나면 수술이 벌어지면서 꽃가루를 내고 점차 연홍색으로 변한다.

갓 핀 백목련 암술과 수술

활짝 핀 백목련 암술과 수술

*암술먼저피기[자예선숙(雌蕊先熟), protogynous, protogyny]

※ 창질경이의 이삭꽃차례는 꽃이 밑에서부터 차례대로 피어 올라간다.

이삭꽃차례 끝부분은 아직 꽃봉오리 상태이다.

꽃은 암술이 먼저 성숙하는 암술먼저피기 꽃으로 꽃차례 중간 부분의 꽃은 암술대가 먼저 성숙한다.

이삭꽃차례 끝부분으로 올라가면서 암술이 성숙하고 있다. 만일 수술이 먼저 성숙한다면 시든 수술이 암술이 바람에 날려 온 꽃가루를 받는 것을 방해할 것이다.

중간 부분의 꽃은 암술이 시들고 있다.

점차 위로 올라가면서 수술이 성숙하고 있다.

꽃차례 밑부분의 꽃은 암술이 시들고 수술이 성숙하고 있다. 수술은 4개이며 가늘고 긴 흰색 수술대 끝에 연노란색 꽃밥이 달린다. 꽃가루는 바람에 날려 퍼지는 바람나름꽃(p.200)이다.

꽃차례 밑부분의 수술은 꽃밥이 시들었다.

꽃줄기 세로로 골이 지고 털로 덮여 있다.

시든 꽃밥이 떨어져 나가면 점차 열매로 자라기 시작한다.

창질경이 꽃송이 창질경이는 들이나 길가에서 자라는 여러해살이풀로 4~6월에 뿌리잎 사이에서 자란 꽃줄기 끝의 이삭꽃차례에 자잘한 꽃이 피어 올라간다. 꽃은 암술이 먼저 성숙하는 암술먼저피기 꽃이다.

성숙한 창질경이 꽃송이

후박나무 먼저 자란 암술머리가 시들 무렵에 꽃밥에서 꽃가루가 나온다.

꿩의밥 암술이 먼저 자라고 꽃잎이 벌어지면 수술의 꽃밥이 얼굴을 내민다.

수꽃이삭

수꽃이삭

암꽃이삭

수꽃이삭

굴피나무 절반 정도의 나무는 암술이 먼저 성숙하고 나머지 절반 정도의 나무는 수술이 먼저 성숙해서 더 효율적으로 딴꽃가루받이를 하는데 이를 '암수섞어피기'라고 한다. 관상수로 심는 오구나무도 암수섞어피기를 한다.

*암수섞어피기[자웅이숙(雌雄異熟), 이형이숙(異型異熟), dichogamy]

새로 돋는 잎 사방오리는 꽃이 필 때 잎도 함께 돋는다.

암꽃이삭은 수꽃이삭보다 작고 꽃차례 자루가 있으며 위를 향해 곧게 선다.

원통 모양의 수꽃이삭에 자잘한 수꽃이 촘촘히 돌려가며 붙는다.

수꽃이삭은 점차 비스듬히 늘어진다. 늘어진 수꽃이삭은 바람에 잘 흔들리면서 꽃가루를 날려 보낸다.

꽃턱잎 수꽃이삭을 덮고 있는 둥그스름한 꽃턱잎 밑에 3개의 수꽃이 있다.

사방오리 꽃가지

박달나무 깊은 산에서 자라는 갈잎큰키나무로 4~5월에 피는 암꽃과 수꽃은 방향이 반대이다.

사스래나무 높은 산에서 자라는 갈잎큰키나무로 5~6월에 피는 암꽃과 수꽃은 방향이 반대이다.

가래나무 산에서 자라는 갈잎큰키나무로 4~5월에 잎이 돋을 때 피는 암꽃과 수꽃은 방향이 반대이다.

암꽃과 수꽃의 방향이 반대인 식물

사방오리는 주로 남부 지방에서 심어 기르는 갈잎작은키나무이다. 이른 봄에 잎이 돋을 때 꽃도 함께 피는데 기다란 수꽃이삭은 밑으로 늘어지고 작은 원통 모양의 암꽃이삭은 위를 향한다. 사방오리처럼 암꽃과 수꽃의 방향이 반대인 꽃은 주로 바람나름꽃에 많은데 대부분 암꽃은 위를 향하고 수꽃은 밑으로 늘어진 모양을 하고 있다. 방향이 반대이면 바람에 날린 꽃가루가 자신의 암꽃에는 잘 닿지 못하고 멀리서 날아온 다른 그루의 꽃가루가 쉽게 닿을 수 있다. 그리고 암술과 수술의 성숙 시기가 다른 경우가 많아서 제꽃가루받이를 피한다.

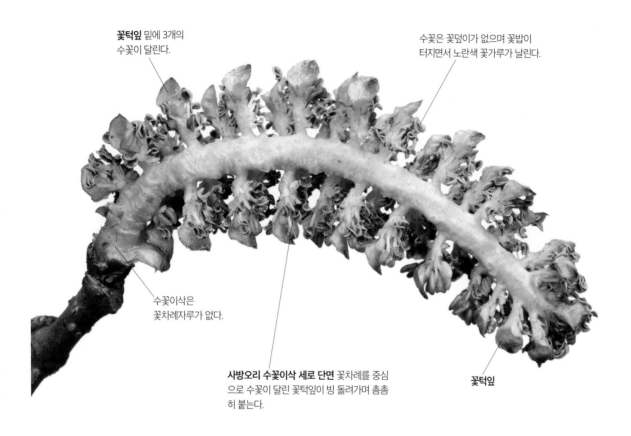

꽃턱잎 밑에 3개의 수꽃이 달린다.

수꽃은 꽃덮이가 없으며 꽃밥이 터지면서 노란색 꽃가루가 날린다.

수꽃이삭은 꽃차례자루가 없다.

사방오리 수꽃이삭 세로 단면 꽃차례를 중심으로 수꽃이 달린 꽃턱잎이 빙 돌려가며 촘촘히 붙는다.

꽃턱잎

수꽃이삭

피칸 관상수로 심는 갈잎큰키나무로 5월에 잎이 돋을 때 피는 암꽃과 수꽃은 방향이 반대이다.

수꽃이삭

흑호도 관상수로 심는 갈잎큰키나무로 4~6월에 잎이 돋을 때 피는 암꽃과 수꽃은 방향이 반대이다.

암꽃이삭

수꽃이삭

호두나무 재배하는 갈잎큰키나무로 4~5월에 피는 암꽃과 수꽃은 방향이 반대이다.

179

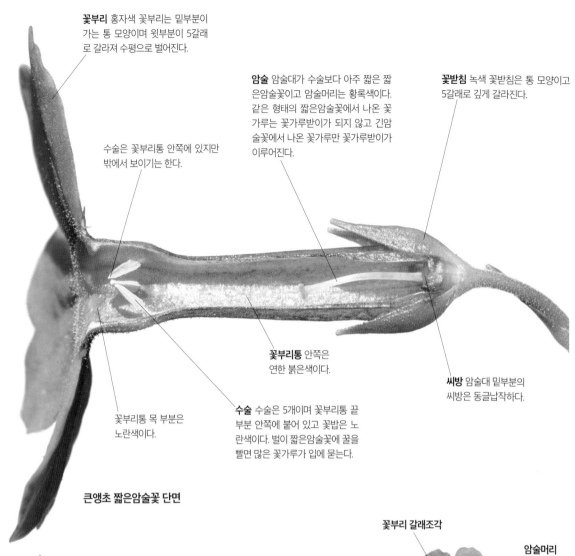

꽃부리 홍자색 꽃부리는 밑부분이 가는 통 모양이며 윗부분이 5갈래로 갈라져 수평으로 벌어진다.

암술 암술대가 수술보다 아주 짧은 짧은암술꽃이고 암술머리는 황록색이다. 같은 형태의 짧은암술꽃에서 나온 꽃가루는 꽃가루받이가 되지 않고 긴암술꽃에서 나온 꽃가루만 꽃가루받이가 이루어진다.

꽃받침 녹색 꽃받침은 통 모양이고 5갈래로 깊게 갈라진다.

수술은 꽃부리통 안쪽에 있지만 밖에서 보이기는 한다.

꽃부리통 안쪽은 연한 붉은색이다.

씨방 암술대 밑부분의 씨방은 둥글납작하다.

꽃부리통 목 부분은 노란색이다.

수술 수술은 5개이며 꽃부리통 끝부분 안쪽에 붙어 있고 꽃밥은 노란색이다. 벌이 짧은암술꽃에 꿀을 빨면 많은 꽃가루가 입에 묻는다.

큰앵초 짧은암술꽃 단면

긴암술꽃과 짧은암술꽃

큰앵초는 깊은 산에서 자라는 여러해살이풀로 5~6월에 꽃줄기 윗부분에 홍자색 꽃이 1~4단으로 층을 이루며 달린다. 큰앵초는 암술과 수술의 길이가 서로 다른 2가지 꽃이 달리는데 수술보다 암술이 긴 꽃은 '긴암술꽃'이라고 하고 수술보다 암술이 짧은 꽃은 '짧은암술꽃'이라고 한다. 이처럼 같은 종에 긴암술꽃과 짧은암술꽃이 함께 피는 것을 '이화주성'이라고 한다. 동일한 형태의 꽃에서 나온 꽃가루는 꽃가루받이가 되지 않고 다른 형태의 꽃에서 나온 꽃가루만 꽃가루받이가 이루어지기 때문에 제꽃가루받이를 피한다.

꽃부리 갈래조각

암술머리

큰앵초 긴암술꽃 5갈래로 갈라져 수평으로 벌어지는 꽃부리는 갈래조각 끝부분이 얕게 파인다. 꽃부리통 목 부분에 둥근 암술머리가 보인다. 짧은암술꽃에서 입에 꽃가루를 묻힌 벌이 긴암술꽃에 날아와 꿀을 빨면서 암술머리에 꽃가루를 묻혀 꽃가루받이가 이루어진다.

*긴암술꽃[장주화(長柱花), long-styled flower, pin] / 짧은암술꽃[단주화(短柱花), short-styled flower, thrum]

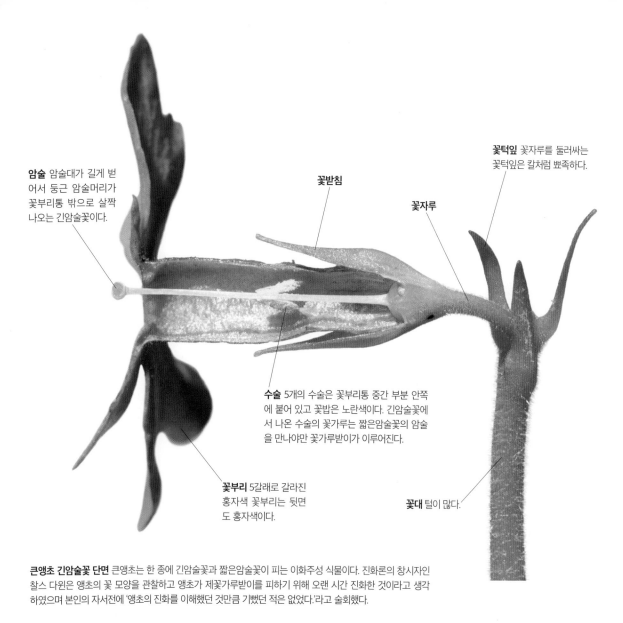

암술 암술대가 길게 벋어서 둥근 암술머리가 꽃부리통 밖으로 살짝 나오는 긴암술꽃이다.

꽃받침

꽃자루

꽃턱잎 꽃자루를 둘러싸는 꽃턱잎은 칼처럼 뾰족하다.

수술 5개의 수술은 꽃부리통 중간 부분 안쪽에 붙어 있고 꽃밥은 노란색이다. 긴암술꽃에서 나온 수술의 꽃가루는 짧은암술꽃의 암술을 만나야만 꽃가루받이가 이루어진다.

꽃부리 5갈래로 갈라진 홍자색 꽃부리는 뒷면도 홍자색이다.

꽃대 털이 많다.

큰앵초 긴암술꽃 단면 큰앵초는 한 종에 긴암술꽃과 짧은암술꽃이 피는 이화주성 식물이다. 진화론의 창시자인 찰스 다윈은 앵초의 꽃 모양을 관찰하고 앵초가 제꽃가루받이를 피하기 위해 오랜 시간 진화한 것이라고 생각하였으며 본인의 자서전에 '앵초의 진화를 이해했던 것만큼 기뻤던 적은 없었다.'라고 술회했다.

메밀의 짧은암술꽃 밭에서 재배하는 메밀은 긴암술꽃이 피는 그루와 짧은암술꽃이 피는 그루가 다르다. 긴암술꽃과 짧은암술꽃은 서로 다른 그루의 꽃가루가 묻어야 열매를 맺는다.

개나리 관상수로 심으며 4월에 피는 노란색 꽃은 긴암술꽃과 짧은암술꽃이 있다.

미선나무 산에서 드물게 자라며 3~4월에 피는 흰색 꽃은 긴암술꽃과 짧은암술꽃이 있다.

＊이화주성(異花柱性)[이형화주성(異形花柱性), heterostyly]

암술과 수술의 위치가 서로 다른 물옥잠

물옥잠은 논이나 얕은 물가에서 자라는 한해살이풀로 9월에 줄기 윗부분에 푸른 보라색 꽃이 옆을 보고 핀다. 꽃 가운데에는 모두 6개의 수술이 있는데 5개의 수술은 꽃밥이 노란색이고 1개의 수술은 꽃밥이 청자색이다. 물옥잠은 꿀샘이 없기 때문에 곤충이 노란색 꽃밥을 가진 수술을 찾아 꽃가루를 먹는 동안에 곤충의 몸에 청자색 꽃밥을 가진 수술의 꽃가루가 묻는다. 물옥잠은 암술과 청자색 꽃밥을 가진 수술의 위치가 꽃마다 다른데 이는 제꽃가루받이를 피하기 위해서라고 한다.

노란색 꽃밥을 가진 물옥잠 수술 5개이며 벌과 같은 곤충이 색깔을 보고 찾아와 꽃가루를 먹는다. 보통 꽃에는 꿀이 없다고 하는데 오전에 주둥이가 긴 흰줄벌이 꿀을 빨아 먹는 것을 관찰했다는 기록도 있다.

청자색 꽃밥을 가진 수술 벌이 노란색 꽃밥의 꽃가루를 먹는 동안에 청자색 꽃밥의 꽃가루가 오른쪽 몸통에 묻는다. 이 벌이 암술이 오른쪽에 있는 꽃을 찾아가야만 꽃가루를 묻힐 수 있으므로 딴꽃가루받이가 될 확률이 높아진다.

물옥잠 꽃은 옆을 보고 피며 아침에 피었다가 저녁에 시드는 하루살이꽃이다.

암술대 암술대가 수술대보다 길다.

왼쪽에 위치한 암술 왼쪽 몸통에 꽃가루가 묻어 있는 벌이 찾아와야만 꽃가루받이를 할 수 있다.

암술이 왼쪽에 위치한 물옥잠 꽃 물옥잠은 암술과 청자색 꽃밥을 가진 수술의 위치가 꽃마다 서로 다르다. 이는 곤충이 묻힌 꽃가루가 다른 개체와 딴꽃가루받이를 하기 위한 물옥잠만의 독특한 구조이다.

속꽃덮이조각 3장의 속꽃덮이조각은 둥근 타원형으로 폭이 넓다.

겉꽃덮이조각 3장의 겉꽃덮이조각은 긴 타원형으로 폭이 좁다.

꽃봉오리 꽃잎과 꽃받침의 구분이 없는 꽃덮이조각은 6장이며 꽃봉오리 때는 촘촘히 포개져 있다. 꽃봉오리의 모양이 옥잠화처럼 여자들이 머리에 꽃는 비녀를 닮았고 물가에서 자라서 '물옥잠'이라고 한다.

청자색 꽃밥을 가진 수술 벌이 노란색 꽃밥의 꽃가루를 먹는 동안에 청자색 꽃밥의 꽃가루가 왼쪽 몸통에 묻는다. 이 벌이 암술이 왼쪽에 있는 꽃을 찾아가야만 꽃가루를 묻힐 수 있으므로 딴꽃가루받이가 될 확률이 높아진다. 이 꽃밥은 꽃덮이조각과 색깔이 비슷해서 눈에 잘 띄지 않는데 벌과 같은 곤충이 꽃가루를 가져가지 않도록 바뀐 것으로 짐작된다.

노란색 꽃밥을 가진 수술 곤충에게 꽃가루를 먹이로 제공한다.

곤충이 찾아오지 않는 경우에는 암술과 가까운 수술에 의해 제꽃가루받이가 이루어진다.

꽃덮이조각 6장의 푸른 보라색 꽃덮이조각은 활짝 벌어진다.

오른쪽에 위치한 암술 오른쪽 몸통에 꽃가루가 묻어 있는 벌이 찾아와야만 꽃가루받이를 할 수 있다.

암술대 왼쪽에 있는 꽃에 비해 암술대가 약간 짧다. 물옥잠은 꽃에 따라 암술의 길이가 조금씩 다르다.

암술이 오른쪽에 위치한 물옥잠 꽃

183

꽃차례

유한꽃차례

작은 꽃이 피는 식물은 곤충의 눈에 잘 띄기 위해 많은 꽃이 모여 달린 커다란 꽃송이를 만드는데 작은 꽃이 줄기나 가지에 붙는 모양을 '꽃차례'라고 한다. 꽃차례에 달리는 많은 꽃은 한꺼번에 꽃이 피지 않고 일정한 방향으로 차례대로 피기 때문에 오랫동안 꽃가루받이를 할 수 있는 장점이 있다. 꽃차례의 꽃이 위에서부터 밑으로 피어 내려가거나 안에서부터 밖으로 피어가는 것을 '유한꽃차례'라고 한다.

꽃덮개

앉은부채 무한꽃차례인 살이삭꽃차례에 속하지만 둥근 꽃차례에 촘촘히 붙는 꽃은 더 이상 꽃이 늘어나지 않는 유한꽃차례이다.

둥근 꽃이삭에 자잘한 꽃이 촘촘히 달린다.

꽃은 꽃송이 위에서부터 밑으로 피어 내려가는 '유한꽃차례'이다.

꽃잎이 없는 꽃은 검붉은색 꽃받침조각과 수술이 각각 4개씩이며 암술은 1개이다.

꽃송이 중간 부분의 꽃봉오리는 검붉은색으로 변했다.

꽃턱잎은 끝이 뾰족하다.

꽃송이 밑부분의 어린 꽃봉오리는 아직 녹색이다.

긴 타원형 꽃송이에는 꽃자루가 없는 자잘한 꽃이 촘촘히 모여 달린다.

오이풀 꽃송이 산과 들의 풀밭에서 자라는 여러해살이풀로 7~9월에 가지 끝마다 검붉은색의 원통형 이삭꽃차례가 달린다. 이삭꽃차례를 가진 대부분의 식물은 밑에서부터 위로 피어 올라가는 무한꽃차례에 속하지만 오이풀의 꽃송이는 유한꽃차례로 꽃이 더 이상 늘어나지 않는다. 잎을 비비면 오이 냄새가 나서 '오이풀'이라고 한다는데 꽃송이도 오이처럼 길쭉하다.

여러 가지 꽃차례
꽃차례는 보통 다음과 같이 유한꽃차례와 무한꽃차례로 구분하지만 오이풀이나 앉은부채에서

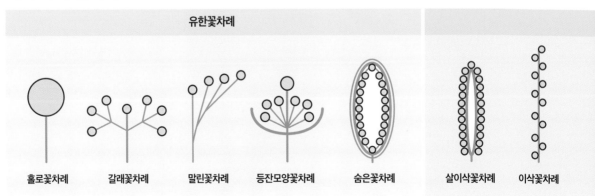

유한꽃차례

| 홀로꽃차례 | 갈래꽃차례 | 말린꽃차례 | 등잔모양꽃차례 | 숨은꽃차례 | 살이삭꽃차례 | 이삭꽃차례 |

*꽃차례[화서(花序), inflorescence] / 유한꽃차례[유한화서(有限花序), determinate inflorescence]

꽃송이 윗부분의 어린 꽃봉오리는 연노란색이다.

작은 꽃이 줄기나 가지 끝에 붙는 모양으로 '꽃차례'라고 한다.

꽃송이 끝부분의 정단분열조직에서 어린 꽃봉오리가 계속해서 만들어지고 있지만 정해진만큼 나오면 성장을 멈춘다.

꽃송이 중간 부분의 꽃봉오리는 자적색이 되었다가 홍자색으로 변하면서 꽃이 피기 시작한다.

꽃 모양 나비 모양의 홍자색 꽃은 위쪽 꽃잎에 노란색 무늬가 있어 곤충의 길 안내를 한다.

꽃은 꽃송이 밑에서부터 계속 피어 올라가는 무한꽃차례이다.

칡 꽃송이 산과 들에서 자라는 갈잎덩굴나무로 7~8월에 잎겨드랑이에서 송이꽃차례가 자란다. 녹말이 든 칡뿌리는 캐서 국수나 엿을 만들어 먹고 칡즙을 짜서 마시기도 한다.

무한꽃차례

유한꽃차례와 반대로 꽃차례의 꽃이 밑에서부터 위로 계속 피어 올라가거나 밖에서부터 안으로 계속 피어 들어가는 것을 '무한꽃차례'라고 한다. 꽃차례가 위로 계속 자라면서 새로운 꽃봉오리가 만들어지기 때문에 무한(無限)이라는 낱말을 쓰지만 정해진 만큼 자라서 피고 나면 꽃봉오리가 더 이상 만들어지지 않는다.

머리모양꽃차례는 모두 혀꽃만으로 이루어진다.

혀꽃은 꽃송이가 가장자리부터 피어 들어간다.

중심부의 혀꽃은 아직 봉오리 상태이다.

갓 피기 시작한 민들레 꽃 머리모양꽃차례는 가장자리에 있는 꽃부터 피기 시작해 안으로 계속 피어 들어가는 무한꽃차례이다.

볼 수 있는 것처럼 유한꽃차례와 무한꽃차례의 구분에는 예외적인 경우도 있다.

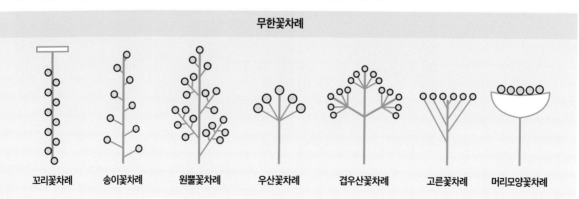

무한꽃차례

꼬리꽃차례 송이꽃차례 원뿔꽃차례 우산꽃차례 겹우산꽃차례 고른꽃차례 머리모양꽃차례

*무한꽃차례[무한화서(無限花序), indeterminate inflorescence]

185

홀로꽃차례 🌡

할미꽃이나 얼레지처럼 하나의 꽃대 끝에 하나의 꽃이 피어나는 꽃차례를 '홀로꽃차례' 또는 '홑꽃차례'라고 한다. 홀로꽃차례는 모든 꽃차례의 기본이라 할 수 있으며 일반적으로 꽃의 크기가 큰 것이 많다.

할미꽃은 봄에 꽃줄기 끝에 1개의 붉은색 꽃송이가 고개를 숙이고 피는 홀로꽃차례이자 유한꽃차례이다.

진자주색 암술은 많고 암술대는 긴 선형이다. 암술이 먼저 성숙하는 암술먼저피기 꽃이다.

많은 수술은 암술을 둘러싸고 있으며 꽃밥은 노란색이다. 암술이 시들 때쯤 꽃밥이 성숙한다.

꽃받침조각 꽃잎처럼 보이는 꽃받침조각은 6장이며 안쪽은 적자색이고 바깥쪽은 털이 많다. 꽃잎은 없다.

잎 뿌리에서 모여나는 잎은 털이 많고 2~3회 깃꼴로 갈라진다.

잎자루 잎자루는 길고 털이 많다.

할미꽃 양지쪽 풀밭에서 자라는 여러해살이풀로 봄에 뿌리잎과 함께 자란 꽃줄기 끝에 큼직한 적자색 꽃이 홀로 핀다.

얼레지 봄에 꽃줄기 끝에 한 송이의 홍자색 꽃이 고개를 숙이고 피는 홀로꽃차례이다.

복수초 이른 봄에 줄기 끝에 한 송이의 노란색 꽃이 위를 보고 피는 홀로꽃차례이다.

노루귀 꽃줄기 끝마다 한 송이의 분홍색, 보라색, 흰색 꽃이 하늘을 보고 피는 홀로꽃차례이다.

개연꽃 물 밖으로 나온 기다란 꽃대 끝에 한 송이의 노란색 꽃이 피는 홀로꽃차례이다.

＊홀로꽃차례[홑꽃차례, 단정화서(單頂花序), solitary inflorescence]

갈래꽃차례

꽃대 끝에 1개의 꽃이 달리고, 그 꽃 밑에서 2가닥으로 갈라진 꽃차례 가지가 자라 그 끝마다 또 1개씩의 꽃이 달리는 모양이 계속 반복되는 꽃차례를 '갈래꽃차례'라고 한다. 2가닥으로 갈라지는 가지와 작은 꽃자루의 길이는 대부분 비슷하다. 갈라지는 가지의 수에 따라 2회, 3회 갈래꽃차례로 나누기도 하며 '겹갈래꽃차례'라고도 한다.

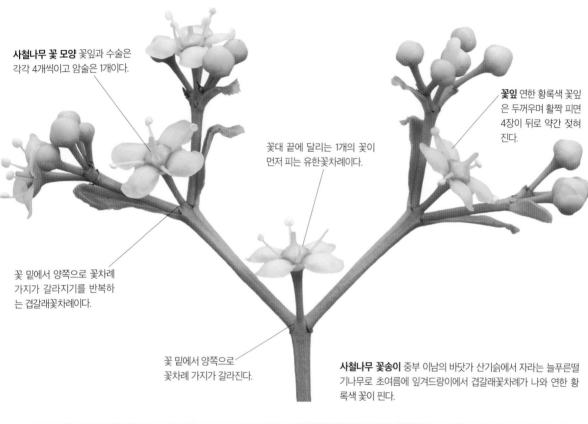

사철나무 꽃 모양 꽃잎과 수술은 각각 4개씩이고 암술은 1개이다.

꽃잎 연한 황록색 꽃잎은 두꺼우며 활짝 피면 4장이 뒤로 약간 젖혀진다.

꽃대 끝에 달리는 1개의 꽃이 먼저 피는 유한꽃차례이다.

꽃 밑에서 양쪽으로 꽃차례 가지가 갈라지기를 반복하는 겹갈래꽃차례이다.

꽃 밑에서 양쪽으로 꽃차례 가지가 갈라진다.

사철나무 꽃송이 중부 이남의 바닷가 산기슭에서 자라는 늘푸른떨기나무로 초여름에 잎겨드랑이에서 겹갈래꽃차례가 나와 연한 황록색 꽃이 핀다.

작살나무 여름에 잎겨드랑이에서 나오는 갈래꽃차례에 종 모양의 연자주색 꽃이 핀다.

박쥐나무 초여름에 잎겨드랑이에 달리는 갈래꽃차례에 2~5개의 흰색 꽃이 매달린다.

오랑캐장구채 초여름에 줄기 끝의 갈래꽃차례에 원통 모양의 백홍색 꽃이 모여 달린다.

말똥비름 초여름에 줄기 윗부분의 갈래꽃차례에 별 모양의 노란색 꽃이 모여 핀다.

＊갈래꽃차례[취산화서(聚散花序), 집산화서(集散花序), cyme, cymose inflorescence]

말린꽃차례

꽃이 달린 줄기가 한쪽으로만 계속 가지가 갈라지고 처음에는 태엽이나 나선 모양으로 말렸다가 조금씩 펴지는 꽃차례를 '말린꽃차례'라고 하며 '나선모양꽃차례'라고도 한다. 말린꽃차례는 흔히 유한꽃차례로 분류하지만 꽃송이 끝에서 계속 꽃봉오리가 자라기 때문에 무한꽃차례로 보기도 한다.

새로 핀 꽃은 가운데의 노란색 무늬가 선명하다.

꽃받침 연녹색 꽃받침은 5갈래로 깊게 갈라진다.

꽃마리 꽃 모양 꽃부리는 연한 남색이고 5갈래로 갈라져서 벌어지며 중심부는 노란색이다.

계속해서 새로운 꽃이 피어 올라간다.

오래 된 꽃은 가운데의 노란색 무늬가 희미해진다.

꽃차례 꽃차례는 태엽처럼 돌돌 말려 있다가 밑부분부터 펴지면서 꽃이 피기 때문에 '말린꽃차례'라고 한다.

꽃마리 들과 밭에서 자라는 두해살이풀로 4~6월에 꽃이 핀다. 가지 끝의 꽃차례가 태엽처럼 말려 있다가 조금씩 풀어지면서 꽃이 피기 때문에 '꽃마리'라고 한다. 뿌리잎을 나물로 먹기도 하는데 잎을 비비면 상큼한 오이 냄새가 난다.

17개의 암술과 5개의 수술은 중심부 구멍 속에 숨어 있다.

꽃차례에는 털이 있다.

잎 잎은 어긋나고 긴 타원형~달걀형이며 가장자리가 밋밋하다.

맨 먼저 핀 꽃은 시들기 시작한다.

말린꽃차례

꽃은 밑에서부터 차례대로 피어 올라간다.

컴프리 들에서 자라는 여러해살이풀로 전체에 거친 털이 있다. 6~7월에 가지 끝의 말린꽃차례에 종 모양의 담자색 꽃이 피어 올라가는데 꽃은 점차 고개를 숙인다.

＊말린꽃차례[나선모양꽃차례, 권산화서(卷繖花序), helicoid cyme]

등잔모양꽃차례

컵 모양의 모인꽃턱잎 속에 1개의 암꽃과 여러 개의 수꽃이 들어 있는 꽃차례를 '등잔모양꽃차례'라고 하며 '술잔모양꽃차례'라고도 한다. 대극과 대극속에 속하는 식물이 가진 꽃의 특징이다.

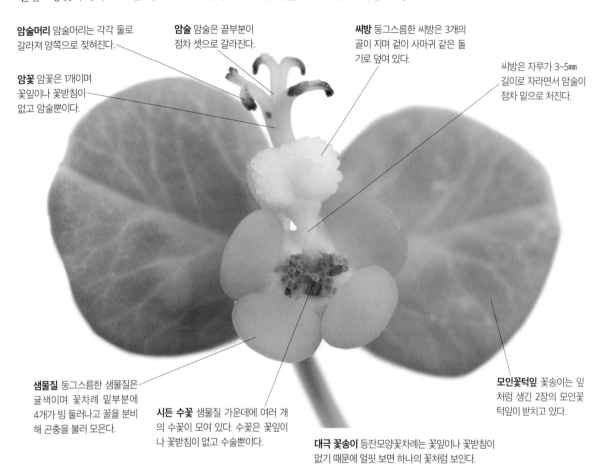

암술머리 암술머리는 각각 둘로 갈라져 양쪽으로 젖혀진다.

암술 암술은 끝부분이 점차 셋으로 갈라진다.

씨방 둥그스름한 씨방은 3개의 골이 지며 겉이 사마귀 같은 돌기로 덮여 있다.

암꽃 암꽃은 1개이며 꽃잎이나 꽃받침이 없고 암술뿐이다.

씨방은 자루가 3~5mm 길이로 자라면서 암술이 점차 밑으로 처진다.

샘물질 둥그스름한 샘물질은 귤색이며 꽃차례 밑부분에 4개가 빙 둘러나고 꿀을 분비해 곤충을 불러 모은다.

시든 수꽃 샘물질 가운데에 여러 개의 수꽃이 모여 있다. 수꽃은 꽃잎이나 꽃받침이 없고 수술뿐이다.

대극 꽃송이 등잔모양꽃차례는 꽃잎이나 꽃받침이 없기 때문에 얼핏 보면 하나의 꽃처럼 보인다.

모인꽃턱잎 꽃송이는 잎처럼 생긴 2장의 모인꽃턱잎이 받치고 있다.

대극 산에서 자라는 여러해살이풀로 5~6월에 가지 끝의 등잔모양꽃차례에 황록색 꽃이 핀다.

등대풀 들에서 자라는 두해살이풀로 5월에 가지 끝의 등잔모양꽃차례에 황록색 꽃이 핀다.

개감수 산에서 자라는 여러해살이풀로 봄에 가지 끝의 등잔모양꽃차례에 황록색 꽃이 핀다.

큰땅빈대 들에서 자라는 한해살이풀로 8~9월에 가지 끝의 등잔모양꽃차례에 홍백색 꽃이 핀다.

＊등잔모양꽃차례[술잔모양꽃차례, 배상화서(杯狀花序), cyathium]

숨은꽃차례 ⓞ

꽃대 끝의 꽃턱이 커져서 항아리 모양을 만들고 그 안쪽 면에 많은 꽃이 달리기 때문에 겉에서는 꽃이 보이지 않는 꽃차례를 '숨은꽃차례'라고 한다. 둥근 꽃차례는 그 모양대로 크게 자라서 열매가 된다. 뽕나무과의 무화과속 나무에서 주로 볼수 있기 때문에 '무화과꽃차례'라고도 한다. 무화과속은 주로 난대와 열대 지방에서 많이 자란다.

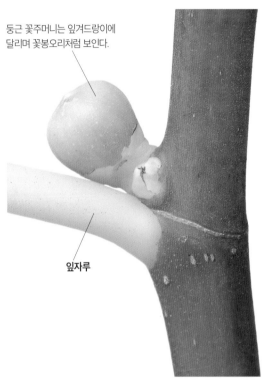

둥근 꽃주머니는 잎겨드랑이에 달리며 꽃봉오리처럼 보인다.

잎자루

무화과 꽃주머니 봄부터 여름에 걸쳐 잎겨드랑이에 둥근 열매 모양의 꽃주머니가 달리며 그 속에서 꽃이 숨어 피는 숨은꽃차례이다.

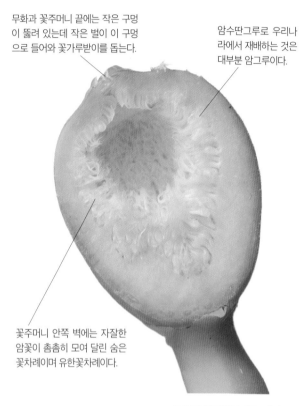

무화과 꽃주머니 끝에는 작은 구멍이 뚫려 있는데 작은 벌이 이 구멍으로 들어와 꽃가루받이를 돕는다.

암수딴그루로 우리나라에서 재배하는 것은 대부분 암그루이다.

꽃주머니 안쪽 벽에는 자잘한 암꽃이 촘촘히 모여 달린 숨은꽃차례이며 유한꽃차례이다.

무화과 꽃주머니 세로 단면

모람 남쪽 섬에서 자라는 늘푸른덩굴나무로 5~7월에 둥근 꽃주머니가 달린다.

천선과나무 남쪽 섬에서 자라는 갈잎떨기나무로 4~5월에 둥근 꽃주머니가 달린다.

벤자민고무나무 실내관엽식물로 기다란 공기뿌리가 늘어지며 둥근 꽃주머니가 달린다.

인도보리수 실내관엽식물로 하트 모양의 잎은 끝이 길게 뾰족하고 둥근 꽃주머니가 달린다.

190　　　　　　　　　　　　　　　　　　　　*숨은꽃차례[무화과꽃차례, 은두화서(隱頭花序), hypanthodium, syconium]

살이삭꽃차례

꽃차례 원통 모양의 살이삭 꽃차례는 수술이 모두 떨어져 나갔고 암술만 촘촘히 돌려가며 달렸다.

꽃덮개 꽃송이 뒤를 받치는 흰색 꽃덮개는 타원형이며 꽃잎처럼 보인다.

다육질인 꽃대 주위에 꽃자루가 없는 수많은 작은 꽃이 빽빽이 달린 꽃차례를 '살이삭꽃차례'라고 하는데 꽃이삭이 다육질인 것이 특징이다. 살이삭꽃차례는 천남성과에 속하는 식물의 꽃차례로 대부분은 꽃차례 바깥쪽에 크게 발달한 꽃덮개가 있는데 이를 '불염포'라고도 하며 모양이 꽃잎처럼 보이는 것이 많다.

암술 스파티필룸은 꽃덮개가 펼쳐지기 시작하면 암술이 먼저 성숙하는 암술먼저피기 꽃이다. 암술은 짧은 원뿔 모양이며 정받이가 끝나서 열매가 될 준비를 하고 있다.

살이삭꽃차례는 넓은 의미에서 이삭꽃차례에 포함할 수 있으며 무한꽃차례가 대부분이다.

꽃줄기 녹색 꽃줄기는 곧게 서고 끝에 도깨비방망이 모양의 살이삭꽃차례가 달린다.

살이삭꽃차례 단면 원통 모양의 살이삭꽃차례는 속살이 다육질이다.

스파티필룸 꽃송이 중미 원산의 늘푸른여러해살이풀로 실내관엽 식물로 기른다.

홍학꽃 실내관엽식물로 가는 원통형의 살이삭꽃차례 밑에 하트 모양의 붉은색 꽃덮개가 있다.

나무필로덴드론 실내관엽식물로 연한 적갈색 꽃덮개 안에 둥근 막대 모양의 살이삭꽃차례가 들어 있다.

애기앉은부채 산에서 자라는 여러해살이풀로 둥근 살이삭꽃차례를 자갈색 꽃덮개가 싸고 있다.

＊살이삭꽃차례[육수화서(肉穗花序), spadix]

이삭꽃차례

길고 가느다란 꽃대에 꽃자루가 거의 없는 작은 꽃들이 다닥다닥 붙는 꽃차례를 '이삭꽃차례'라고 한다. 꽃은 꽃자루가 거의 없는 것이 송이꽃차례(p.194)와 다른 점이다. 이삭꽃차례는 꽃이 꽃이삭 밑에서부터 차례대로 피어 올라가는 무한꽃차례가 대부분이다.

타래난초는 줄기 윗부분에 달리는 이삭꽃차례가 실타래처럼 꼬인다.

꽃송이가 계속 위로 자라는 무한꽃차례이다.

위꽃받침과 2장의 곁꽃잎은 붙어서 하나처럼 보이며 붉은색~분홍색이다.

곁꽃받침 2장의 곁꽃받침도 위꽃받침처럼 붉은색~분홍색이다.

입술꽃잎 입술꽃잎은 흰색이며 가장자리에 잔톱니가 있다.

암술과 수술이 붙은 꽃술대는 위꽃받침 안쪽에 숨어 있다. 곤충이 꿀을 빨기 위해 꽃 안으로 입을 들이밀면 끈적거리는 꽃가루덩이(p.235)가 입에 묻는데 그대로 다른 꽃에 가서 꽃가루받이를 해 준다.

타래난초 꽃 모양

어린 꽃봉오리는 흰색이지만 점차 붉어지기 시작한다.

실타래처럼 꼬이는 꽃대에 짧은 샘털이 있다.

타래난초의 꽃은 꽃자루가 없이 꽃줄기에 붙는 점이 특징이다.

꽃향유의 꽃은 꽃자루가 없이 꽃줄기에 한쪽 방향으로 붙는 점이 특징이다.

타래난초는 꽃대의 한쪽으로만 꽃이 배열하는데 이런 배열을 하는 것을 '편측성'이라고 한다.

꽃향유 산과 들에서 자라는 한해살이풀로 줄기와 가지 끝의 이삭꽃차례에 홍자색 꽃이 한쪽 방향으로 촘촘히 달린다.

타래난초 꽃송이 풀밭에서 자라는 여러해살이풀로 5~8월에 줄기 윗부분에 이삭꽃차례가 달린다.

＊이삭꽃차례[수상화서(穗狀花序), spike, spica] / 편측성(偏側性), secund

꼬리꽃차례

꼬리처럼 밑으로 늘어지는 가느다란 꽃대에 꽃자루가 거의 없는 작은 꽃들이 다닥다닥 붙는 꽃차례를 '꼬리꽃차례'라고 한다. 이삭꽃차례의 꽃대가 부드러워서 꼬리처럼 밑으로 늘어진 모양이며 무한꽃차례가 대부분이다. 꼬리꽃차례는 버드나무과, 자작나무과, 참나무과에서 흔히 볼 수 있고 수꽃이삭과 암꽃이삭이 구분되는 것이 대부분이다.

잎은 세모진 달걀 모양이며 끝이 길게 뾰족하고 가장자리에 겹톱니가 있다.

암꽃이삭 짧은가지에 달리는 연녹색 암꽃이삭은 꼬리꽃차례이며 수꽃이삭보다 작고 가늘다. 처음에는 위를 향하지만 점차 밑으로 처진다.

꽃턱잎 아직 벌어지지 않은 이삭은 꽃턱잎으로 덮여 있다. 각각의 꽃턱잎 밑에는 3개의 수꽃이 있다.

꽃밥 하나의 수꽃에는 수술이 2개이고 꽃밥은 노란색이다.

자작나무 수꽃이삭

수꽃이삭 긴가지 끝에 달리는 기다란 수꽃이삭은 꼬리꽃차례이며 밑으로 늘어진다. 꽃이 피면 꽃이삭이 바람에 흔들리면서 노란색 꽃가루가 날려 퍼진다.

하나의 수꽃이삭에는 500만 개 정도의 꽃가루가 들어 있어서 인해전술로 암꽃이삭에 도달한다.

수꽃이삭

자작나무 꽃가지 자작나무는 주로 북부 지방에서 자라는 갈잎큰키나무로 남한에서는 관상수로 심거나 산에 조림을 한다. 암수한그루로 4~6월에 잎이 돋을 때 꽃도 함께 핀다.

바람에 날리는 꽃가루가 기관지의 점막을 자극해서 알레르기 염증을 일으키기도 하는데 이를 '꽃가루알레르기'라고 한다.

가래나무 산에서 자라는 갈잎큰키나무로 4~5월에 잎이 돋을 때 꼬리꽃차례가 늘어진다.

송이꽃차례

기다란 꽃대에 꽃자루가 있는 작은 꽃들이 다닥다닥 붙는 꽃차례를 '송이꽃차례'라고 하며 '곧은꽃차례'라고도 한다. 이삭꽃차례 (p.192)와 비슷하지만 작은 꽃은 꽃자루가 있는 점이 다르다. 작은 꽃은 꽃이삭 밑에서부터 차례대로 피어 올라가는 무한꽃차례가 대부분이다.

흰색 꽃은 밑에서부터 차례대로 피어 올라가는 무한꽃차례이다.

꽃송이 기다란 꽃대에 꽃자루가 있는 꽃이 촘촘히 돌려가며 달리는 송이꽃차례이다.

비스듬히 휘어지는 꽃줄기에 붙는 각각의 꽃은 대부분 한쪽 방향으로 매달린다.

각각의 꽃은 꽃자루가 있는 것이 이삭꽃차례와 다른 점이다.

수술 수술은 6개이며 암술을 둘러싸고 있다.

암술 암술은 1개이며 암술머리는 셋으로 얕게 갈라진다.

흰색 꽃은 넓은 종 모양이며 끝부분은 6갈래로 얕게 갈라져 밖으로 젖혀진다.

벌은 밖으로 젖혀진 꽃부리 갈래조각을 발로 잡고 매달려서 꿀을 빤다. 항아리 모양의 꽃이 매달리는 고욤나무(p.60)나 정금나무(p.24)도 꽃부리 끝이 갈라져 뒤로 젖혀지기 때문에 벌이 잡고 매달리기가 좋다.

은방울꽃 꽃송이 산에서 자라는 여러해살이풀로 5월에 뿌리잎 사이에서 송이꽃차례가 나온다.

은방울꽃 꽃 모양

감자난 산에서 자라는 여러해살이풀로 5~6월에 줄기 끝에 노란색 송이꽃차례가 곧게 선다.

노루발 산에서 자라는 여러해살이풀로 초여름에 줄기 끝에 흰색 송이꽃차례가 곧게 선다.

미국자리공 마을 주변에서 자라는 여러해살이풀로 여름에 흰색 송이꽃차례가 달린다.

매발톱나무 산에서 자라는 갈잎떨기나무로 5~6월에 노란색 송이꽃차례가 밑으로 늘어진다.

＊송이꽃차례[총상화서(總狀花序), raceme]

원뿔꽃차례

기다란 꽃대에 송이꽃차례가 여러 개 모여 달리는데 밑부분의 송이꽃차례는 가지가 길고 위로 갈수록 가지가 짧아지므로 전체적으로 원뿔 모양을 만들어서 '원뿔꽃차례'라고 한다. 여러 개의 송이꽃차례가 모여서 만들어진 꽃차례이기 때문에 꽃차례의 크기가 큰 편이다. 작은 꽃은 꽃차례 밑에서부터 차례대로 피어 올라가는 무한꽃차례가 대부분이다.

싱아 산에서 자라는 여러해살이풀로 여름에 줄기 끝에 흰색 원뿔꽃차례가 달린다.

종려나무 꽃차례 암수딴그루로 5~6월에 잎겨드랑이에서 나오는 꽃송이는 여러 개의 송이꽃차례가 모여 달린 원뿔꽃차례이다.

작은 꽃가지는 송이꽃차례이다.

꽃 모양 암꽃이삭에는 연노란색 암꽃과 암수한꽃이 촘촘히 달리는데 짧은 자루가 있다.

밑부분의 꽃송이는 다시 가지가 갈라진다.

종려나무 암꽃이삭

꽃가지는 황록색이고 단단하다.

사철쑥 모래땅에서 잘 자라는 여러해살이풀로 늦여름에 줄기 끝에 원뿔꽃차례가 달린다.

종려나무 남쪽 섬에서 기르는 야자나무로 줄기 끝에 둥근 부채 모양의 잎이 빙 둘러난다.

*원뿔꽃차례[원추화서(圓錐花序), panicle]

195

우산꽃차례

꽃대 끝에 꽃자루가 있는 작은 꽃들이 우산살처럼 방사상으로 배열하는 꽃차례를 '우산꽃차례'라고 한다.
보통 작은 꽃자루의 길이가 같으므로 꽃차례는 우산 모양이 되며 둥근 공 모양이 되기도 한다.

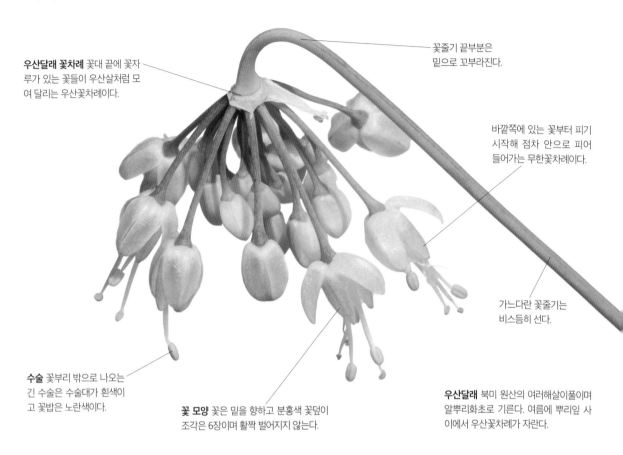

꽃줄기 끝부분은 밑으로 꼬부라진다.

우산달래 꽃차례 꽃대 끝에 꽃자루가 있는 꽃들이 우산살처럼 모여 달리는 우산꽃차례이다.

바깥쪽에 있는 꽃부터 피기 시작해 점차 안으로 피어 들어가는 무한꽃차례이다.

가느다란 꽃줄기는 비스듬히 선다.

수술 꽃부리 밖으로 나오는 긴 수술은 수술대가 흰색이고 꽃밥은 노란색이다.

꽃 모양 꽃은 밑을 향하고 분홍색 꽃덮이 조각은 6장이며 활짝 벌어지지 않는다.

우산달래 북미 원산의 여러해살이풀이며 알뿌리화초로 기른다. 여름에 뿌리잎 사이에서 우산꽃차례가 자란다.

가시오갈피 깊은 산에서 자라는 갈잎떨기나무로 초여름에 잎겨드랑이에서 자란 우산꽃차례에 자잘한 황록색 꽃이 둥글게 모여 달린다.

밀나물 여러해살이덩굴풀로 5~7월에 잎겨드랑이에서 자란 우산꽃차례에 자잘한 황록색 꽃이 둥글게 모여 핀다.

청가시덩굴 산에서 자라는 갈잎덩굴나무로 5~6월에 잎겨드랑이에서 자란 우산꽃차례에 자잘한 황록색 꽃이 모여 핀다.

상사화 여러해살이화초로 여름에 길게 자란 꽃줄기 끝에 깔때기 모양의 연한 홍자색 꽃이 우산 모양으로 달리는 우산꽃차례이다.

*우산꽃차례[산형화서(傘形花序, 散形花序), umbel]

겹우산꽃차례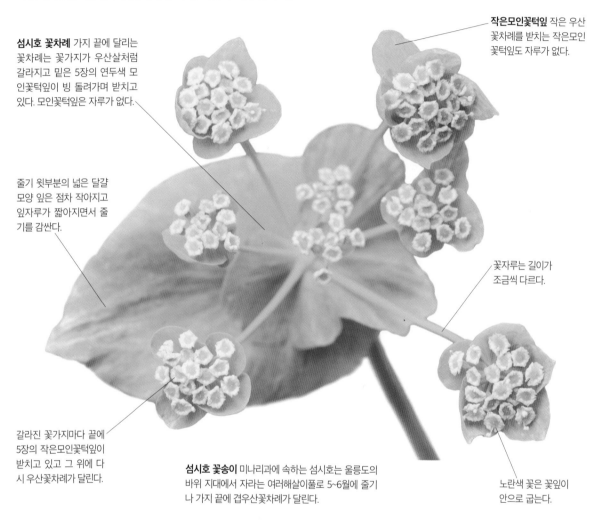

꽃대 끝에서 우산살처럼 방사상으로 갈라진 가지 끝마다 다시 우산꽃차례가 달리는 꽃차례를 '겹우산꽃차례'라고 한다. 미나리나 섬시호가 속해 있는 미나리과 식물은 공통적으로 우산꽃차례를 가지고 있기 때문에 '산형과(傘形科)'로 부르기도 하는데 실제로는 겹우산꽃차례를 가진 식물이 대부분이다.

작은모인꽃턱잎 작은 우산꽃차례를 받치는 작은모인꽃턱잎도 자루가 없다.

섬시호 꽃차례 가지 끝에 달리는 꽃차례는 꽃가지가 우산살처럼 갈라지고 밑은 5장의 연두색 모인꽃턱잎이 빙 돌려가며 받치고 있다. 모인꽃턱잎은 자루가 없다.

줄기 윗부분의 넓은 달걀 모양 잎은 점차 작아지고 잎자루가 짧아지면서 줄기를 감싼다.

꽃자루는 길이가 조금씩 다르다.

갈라진 꽃가지마다 끝에 5장의 작은모인꽃턱잎이 받치고 있고 그 위에 다시 우산꽃차례가 달린다.

섬시호 꽃송이 미나리과에 속하는 섬시호는 울릉도의 바위 지대에서 자라는 여러해살이풀로 5~6월에 줄기나 가지 끝에 겹우산꽃차례가 달린다.

노란색 꽃은 꽃잎이 안으로 굽는다.

기름나물(미나리과) 산에서 자라는 여러해살이풀로 7~9월에 흰색 겹우산꽃차례가 달린다.

피기 시작한 꽃송이

구릿대(미나리과) 습한 곳에서 자라는 여러해살이풀로 여름에 흰색 겹우산꽃차례가 달린다.

바디나물(미나리과) 산에서 자라는 여러해살이풀로 8~9월에 진자주색 겹우산꽃차례가 달린다.

※ 겹우산꽃차례[복산형화서(複傘形花序), compound umbel] / 작은모인꽃턱잎[소총포(小總苞), involucel]

197

고른꽃차례

꽃대의 아래 쪽에 있는 꽃자루일수록 길이가 길고 위에 있는 꽃자루는 길이가 짧아서 전체적으로 작은 꽃들이 거의 편평하게 배열하는 꽃차례를 '고른꽃차례'라고 한다. 송이꽃차례와 비슷하지만 꽃자루의 길이를 조정해 모든 꽃이 거의 편평하게 배열하는 것이 특징이라서 '편평꽃차례'라고도 한다.

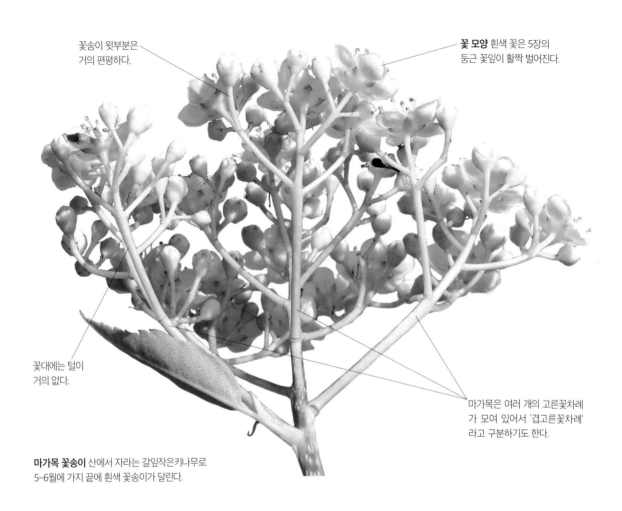

꽃송이 윗부분은 거의 편평하다.

꽃 모양 흰색 꽃은 5장의 둥근 꽃잎이 활짝 벌어진다.

꽃대에는 털이 거의 없다.

마가목은 여러 개의 고른꽃차례가 모여 있어서 '겹고른꽃차례'라고 구분하기도 한다.

마가목 꽃송이 산에서 자라는 갈잎작은키나무로 5~6월에 가지 끝에 흰색 꽃송이가 달린다.

톱풀 산에서 자라는 여러해살이풀로 늦여름에 줄기 끝에서 갈라진 꽃가지마다 자잘한 흰색 꽃송이가 촘촘히 달리는 고른꽃차례이다.

팥배나무 산에서 자라는 갈잎큰키나무로 늦은 봄에 가지 끝에 달리는 고른꽃차례에 자잘한 흰색 꽃이 촘촘히 달린다.

당단풍 산에서 자라는 갈잎작은키나무로 암수한그루이다. 봄에 잎과 함께 나오는 가지 끝의 고른꽃차례에 자잘한 붉은색 꽃이 밑을 보고 핀다.

＊고른꽃차례[편평꽃차례, 산방화서(繖房花序), corymb] / 겹고른꽃차례[복산방화서(複繖房花序), compound corymb]

머리모양꽃차례

줄기 끝에 작은 꽃이 다닥다닥 모여 달려 전체적으로 하나의 꽃같이 보이는 꽃차례를 '머리모양꽃차례'라고 한다. 머리모양꽃차례는 국화처럼 꽃송이가 하나의 꽃처럼 보이는 것이 특징이므로 홀로꽃차례(p.186)와 혼동하기 쉽다. 머리모양꽃차례는 꽃송이 가장자리의 꽃부터 피기 시작해 안으로 피어 들어가는 무한꽃차례가 대부분이다.

고려엉겅퀴 꽃송이 꽃송이는 많은 대롱꽃이 촘촘히 모여 달린 머리모양꽃차례이다. 언뜻 보면 홀로꽃차례로 착각하기 쉽다.

대롱꽃 자주색이며 꽃부리 밖으로 길게 벋는 암술대는 안쪽으로 살짝 굽는다.

대롱 모양의 꽃부리는 5갈래로 깊게 갈라진다.

모인꽃턱잎 꽃송이 밑부분의 모인꽃턱잎은 둥근 종 모양이며 거미줄 같은 털이 있다. 모인꽃턱잎조각은 끝이 뾰족하며 7줄로 붙는다.

잎 모양 잎은 어긋나고 긴 타원형~달걀형이며 가장자리에 가시 같은 톱니가 있다.

고려엉겅퀴 꽃가지 산에서 자라는 여러해살이풀로 7~10월에 줄기와 가지 끝에 자주색 꽃송이가 위를 보고 핀다.

절굿대 산에서 자라는 여러해살이풀로 7~9월에 가지 끝에 둥근 남자색 머리모양꽃차례가 달린다. 꽃송이는 모두 대롱꽃뿐이다.

모인꽃턱잎조각

뻐꾹채 산에서 자라는 여러해살이풀로 5~7월에 줄기 끝에 붉은색 머리모양꽃차례가 달린다. 반구형 모인꽃턱잎은 갈색 모인꽃턱잎조각이 붙는다.

쇠서나물 산과 들에서 자라는 여러해살이풀로 6~9월에 줄기 끝에 달리는 연노란색 머리모양꽃차례는 모두 혀꽃이다.

＊머리모양꽃차례[두상화서(頭狀花序), head, capitulum]

바람나름꽃

식물은 수술의 꽃가루가 암술머리에 묻어서 꽃가루받이가 되어야만 열매가 열리고 씨앗이 만들어진다. 식물은 수술의 꽃가루를 암술머리에 제대로 운반하기 위해 여러 가지 수단과 방법을 개발하였는데 이것이 꽃의 발달 과정이고 식물의 역사이다.

바람을 이용해 수술의 꽃가루를 퍼뜨려 꽃가루받이를 하는 꽃을 '바람나름꽃'이라고 한다. 바람나름꽃은 바람을 중매쟁이로 이용하기 때문에 아름다운 꽃잎이나 꽃받침이 필요 없고 꿀이나 향기도 없다. 대신 꽃가루는 작고 가볍거나 공기주머니가 있어서 약한 바람에도 멀리 날아갈 수 있다. 하지만 넓은 지역을 꽃가루로 덮어야 암꽃을 만날 확률이 높아지기 때문에 많은 양의 꽃가루를 생산해야만 한다. 바람나름꽃은 원시적인 꽃가루받이 방법으로 겉씨식물과 속씨식물의 일부가 바람나름꽃으로 꽃가루받이를 한다. 바람나름꽃은 같은 종의 식물이 무리지어 잘 자라는 온대나 한대 지방에 많다.

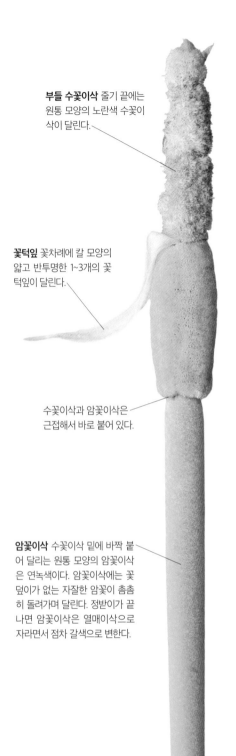

부들 수꽃이삭 줄기 끝에는 원통 모양의 노란색 수꽃이삭이 달린다.

꽃턱잎 꽃차례에 칼 모양의 얇고 반투명한 1~3개의 꽃턱잎이 달린다.

수꽃이삭과 암꽃이삭은 근접해서 바로 붙어 있다.

암꽃이삭 수꽃이삭 밑에 바짝 붙어 달리는 원통 모양의 암꽃이삭은 연녹색이다. 암꽃이삭에는 꽃덮이가 없는 자잘한 암꽃이 촘촘히 돌려가며 달린다. 정받이가 끝나면 암꽃이삭은 열매이삭으로 자라면서 점차 갈색으로 변한다.

소나무 겉씨식물은 꽃가루가 바람에 날리는 바람나름꽃이 대부분이다. 암솔방울은 꽃가루를 받기 쉽도록 줄기 끝부분에 달리는 나무가 많다.

부들 꽃이삭 부들은 연못가나 습지에서 자라는 여러해살이풀로 줄기가 모여나 곧게 자란다. 암수한그루로 6~7월에 꽃이 핀다.

*바람나름꽃[풍매화(風媒花), anemophilous flower]

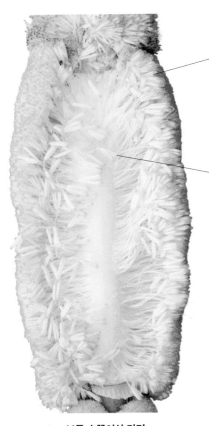

꽃대에 촘촘히 둘러 있는 수꽃은 꽃덮이가 없고 수술만 있다.

수꽃 수꽃은 노란색 꽃밥을 가진 수술이 보통 3개씩 모여 달리는데 가느다란 흰색 수술대는 합쳐지고 끝에 기다란 노란색 꽃밥이 붙는다. 꽃밥 속에는 노란색 꽃가루가 잔뜩 들어 있다.

부들 수꽃이삭 단면

부들 꽃가루 수술이 성숙하면 노란색 꽃가루가 바람에 날려 퍼진다. 꽃가루는 한방에서 지혈제 등으로 사용한다.

암술대

암술머리

암꽃이삭 단면 암꽃이삭에는 꽃덮이가 없는 자잘한 암꽃이 촘촘히 돌려가며 달린다. 암술대는 가느다란 관 모양이며 끝에 가느다란 주걱 모양의 연녹색 암술머리가 달린다. 암술은 수분이 많고 연약하다. 암꽃은 열매를 맺는 임성과 열매를 맺지 못하는 불임성이 섞여 있다.

부들 암꽃이삭 단면

암꽃

꽃자루

물나름꽃 물을 이용해 수술의 꽃가루를 퍼뜨려 꽃가루받이를 하는 꽃을 '물나름꽃'이라고 한다. 물나름꽃은 물을 중매쟁이로 이용하기 때문에 꽃이 아름답지도 않고 꿀이나 향기도 없다. 나사말의 수꽃은 꽃이 피면 자루에서 떨어져서 물 위를 떠다니다가 물 위에 떠 있는 암꽃을 만나면 꽃가루를 전해 준다. 꽃가루받이가 끝난 암술의 기다란 꽃자루는 나사처럼 돌돌 말리기 때문에 '나사말'이라는 이름을 얻었다.

*물나름꽃[수매화(水媒花), hydrophilous flower]

율무

벼과에 속하는 율무는 싹이 틀 때 1장의 떡잎이 나오는 외떡잎식물로 잎맥은 나란히맥이다. 율무는 암꽃과 수꽃이 한 그루에 따로 피는 암수한그루로 여름에 꽃이 피며 윗부분의 잎겨드랑이에서 몇 개의 꽃이삭이 모여 나온다. 꽃대 끝에 달린 항아리 모양의 꽃턱잎 속에는 3개의 암꽃이 들어 있다. 암꽃이삭을 뚫고 나온 수꽃이삭은 3㎝ 정도 길이이며 밑으로 처진다. 수꽃에서 나오는 꽃가루는 바람을 타고 퍼지는 바람나름꽃이다.

암술대 갓 핀 암꽃이삭에서 벋은 2개의 암술대는 좌우로 벌어져서 바람에 실려 오는 꽃가루를 받는다.

암꽃이삭 꽃대 끝에 달리는 암꽃이삭은 항아리 모양이며 세로로 홈이 있고 끝에서 2개의 기다란 흰색 암술대가 벋는다.

수꽃이삭 암꽃이삭 위로 나온 수꽃이삭은 밑으로 처진다. 수꽃은 아직 피지 않은 꽃봉오리 상태이다.

갓 핀 율무 꽃

본잎

벼과인 율무는 떡잎이 1장이고 이어서 본잎이 차례대로 나온다.

염주(벼과) 밭에서 재배하는 한해살이풀로 7월에 꽃이 핀다. 율무와 비슷하지만 항아리 모양의 열매는 좀 더 둥글고 홈이 없이 매끈하다. 열매는 단단해서 스님이 쓰는 염주를 만들기도 한다.

까락

개밀(벼과) 들에서 자라는 여러해살이풀로 6~7월에 꽃이 핀다. 깍지 끝에 자라는 기다란 털을 '까락' 또는 '까끄라기'라고 한다. 꽃밥의 꽃가루가 바람에 날려 퍼지는 바람나름꽃이다.

*까락[까끄라기, 망(芒), awn]

암술대 꽃가루받이가 끝난 암술대는 시들면서 점차 스러진다. 율무는 암꽃이 먼저 피는 암술먼저피기 꽃이다.

율무가 속한 벼과 식물은 바람이 꽃가루받이를 도와주기 때문에 꽃잎이나 꽃받침이 없어서 눈에 잘 띄지 않으며 꽃처럼 보이지도 않는다.

수꽃이삭 암꽃이삭을 뚫고 나온 수꽃이삭은 밑으로 처지며 마디마다 수꽃이 모여 달린다.

활짝 핀 율무 꽃

깍지 암꽃이삭의 꽃가루받이가 끝나면 수꽃은 깍지가 벌어지면서 꽃밥이 드러난다.

어린 꽃밥

암꽃이삭 암꽃이삭은 항아리 모양의 단단한 꽃턱잎에 싸여 있으며 속에는 3개의 암꽃이 들어 있지만 2개는 퇴화하고 1개만이 나오는데 암술대는 가늘게 둘로 갈라진다.

꽃밥 수꽃의 노란색 꽃밥이 터지면서 꽃가루가 나와 바람에 날려 퍼지는 바람나름꽃이다.

오리새 (벼과) 산과 들의 풀밭에서 자라는 여러해살이풀로 6~7월에 줄기 끝에 원뿔꽃차례가 곧게 서며 가지에 작은 돌기가 있다. 꽃밥의 꽃가루가 바람에 날려 퍼지는 바람나름꽃이다.

줄 (벼과) 연못에서 자라는 여러해살이풀로 8~9월에 줄기 끝에 달리는 원뿔꽃차례는 가지가 대부분 돌려나며 가지가 갈라지는 곳에 털이 있다. 꽃밥의 꽃가루가 바람에 날려 퍼지는 바람나름꽃이다.

*깍지[영(穎), 포영(苞穎), glume]

꽃과 곤충

아름다운 꽃잎과 향기로 치장한 꽃에는 여러 곤충이 찾아온다. 식물마다 꽃에 찾아오는 곤충의 종류가 제각기 다른데 식물마다 곤충을 불러 모으는 전략이 다르기 때문이다. 이렇게 불러들인 곤충에게 식물은 달콤한 꿀을 제공하고 대신에 꽃가루받이를 하는 데 도움을 받는다. 꿀을 찾는 곤충이 모여드는 꽃에는 이들을 노리는 다른 육식 곤충이나 새와 같은 동물도 모여들어서 아름다운 꽃밭은 늘 긴장이 감도는 삶의 터전이기도 하다.

빌로오도재니등에가 날갯짓을 하며 긴 주둥이로 꿀을 빨고 있다. 빌로오도재니등에는 꽃송이에 한참 머물며 싱싱한 꽃을 골라 꿀을 빤다.

가장자리의 혀꽃 대롱 모양의 혀꽃은 가장자리부터 안쪽으로 피어 들어간다. 하나의 꽃은 수명이 짧지만 안으로 계속해서 피어 들어가기 때문에 꽃송이에는 곤충이 끊임없이 찾아온다.

빨대 모양의 긴 주둥이를 대롱꽃 깊숙이 박고 꿀을 빨고 있다.

먼저 핀 가장자리의 혀꽃은 비스듬히 뒤로 젖혀진다.

안쪽의 혀꽃은 아직 피지 않고 봉오리 상태로 모여 있다.

민들레의 빌로오도재니등에 빌로오도재니등에는 재니등에과에 속하는 파리목 곤충으로 기다란 빨대 모양의 주둥이로 민들레 대롱꽃의 꽃꿀을 빨아 먹고 있다.

204

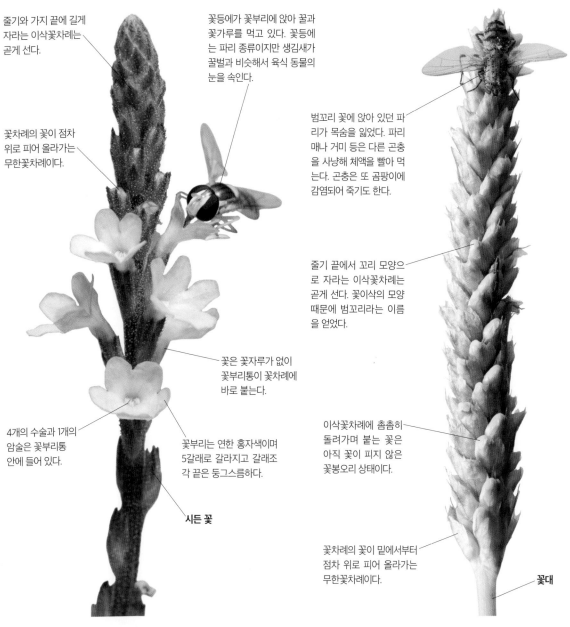

줄기와 가지 끝에 길게 자라는 이삭꽃차례는 곧게 선다.

꽃차례의 꽃이 점차 위로 피어 올라가는 무한꽃차례이다.

꽃은 꽃자루가 없이 꽃부리통이 꽃차례에 바로 붙는다.

4개의 수술과 1개의 암술은 꽃부리통 안에 들어 있다.

꽃부리는 연한 홍자색이며 5갈래로 갈라지고 갈래조각 끝은 둥그스름하다.

시든 꽃

꽃등에가 꽃부리에 앉아 꿀과 꽃가루를 먹고 있다. 꽃등에는 파리 종류이지만 생김새가 꿀벌과 비슷해서 육식 동물의 눈을 속인다.

범꼬리 꽃에 앉아 있던 파리가 목숨을 잃었다. 파리 매나 거미 등은 다른 곤충을 사냥해 체액을 빨아 먹는다. 곤충은 또 곰팡이에 감염되어 죽기도 한다.

줄기 끝에서 꼬리 모양으로 자라는 이삭꽃차례는 곧게 선다. 꽃이삭의 모양 때문에 범꼬리라는 이름을 얻었다.

이삭꽃차례에 촘촘히 돌려가며 붙는 꽃은 아직 꽃이 피지 않은 꽃봉오리 상태이다.

꽃차례의 꽃이 밑에서부터 점차 위로 피어 올라가는 무한꽃차례이다.

꽃대

마편초의 꽃등에 마편초는 남부 지방의 바닷가 풀밭에서 자라는 여러해살이풀로 6~9월에 꽃이 핀다.

범꼬리의 파리 범꼬리는 산의 풀밭에서 자라는 여러해살이풀로 6~7월에 꽃이 핀다.

천일홍의 팔랑나비 팔랑나비 종류는 나방과 비슷하게 생겼으며 긴 빨대 모양의 주둥이로 꿀을 빤다.

홑잎왕원추리의 꽃밥을 먹는 베짱이 여치는 종류에 따라 육식성, 초식성, 잡식성 등 먹이가 다르다.

백합의 꽃게거미 꿀을 빨기 위해 꽃을 찾는 곤충을 잡아먹기 위해 꽃게거미가 암술대에 붙어 있다.

매실나무

조팝나무

솜나물

산사나무

다래

흰색 꽃에는 나방, 나비, 딱정벌레, 파리 등이 모여든다.

용담

노루귀

팬지

청자색 꽃에는 벌과 나비 등이 모여든다.

도라지

물옥잠

큰개불알풀

파란색 꽃에는 벌이 모여든다.

미치광이풀

달개비

해당화

진달래

꽃의 색깔

식물은 수술의 꽃가루가 암술머리에 묻어서 꽃가루받이가 되어야만 열매가 열리고 씨앗이 만들어진다. 움직이지 못하는 식물은 꽃가루받이를 도와줄 곤충이나 새들이 잘 찾아오도록 꽃을 아름다운 색깔과 모양으로 치장하였다. 곤충이나 새들은 자기가 좋아하는 모양이나 색깔의 꽃을 찾아가 꿀을 빨아 먹고 꽃가루받이를 도와준다.

겹눈을 가진 곤충이 보는 꽃의 색깔은 사람과는 조금 다르며 곤충은 특히 사람이 보지 못하는 자외선을 볼 수 있는 능력을 가지고 있다. 예를 들면 식물의 꽃가루받이에 중요한 역할을 하는 벌은 주로 파란색 종류의 꽃을 좋아하고 꽃향기에도 매우 민감하다.

꽃의 색깔은 붉은색과 푸른색 등을 만드는 안토시아닌이라는 색소와 노란색과 주황색 등을 만드는 카로티노이드라는 색소에 의해 결정되며 색소가 부족한 꽃은 흰색을 띠게 된다.

담쟁이덩굴

사철나무

붓순나무

새팥

뱀딸기

노란색 꽃에는 나비, 벌, 꽃등에 등이 모여든다.

애기똥풀

진범

자주달개비

애기풀

망종화

보라색 꽃은 벌이 좋아한다.

꽃창포

동자꽃

자갈색 꽃에는 말벌이 모여든다.

수리취

으름덩굴

할미꽃

노랑코스모스

주황색과 붉은색 꽃은 새와 나비가 좋아한다.

군자란

분홍색 꽃에는 나비와 나방의 일부가 모여든다.

철쭉

코스모스

채송화

프리뮬러

협죽도

207

벌레나름꽃

곤충은 꽃구경을 하기 위해 아름다운 꽃을 찾아다니는 것은 아니다. 곤충이 좋아하는 색깔과 모양의 꽃에 가면 달콤하고 맛있는 꿀이 숨겨져 있기 때문에 그 꿀을 먹기 위해 찾아다니는 것이다. 곤충은 이 꽃 저 꽃을 찾아다니면서 꿀을 빨고 꽃가루받이를 도와주게 된다. 달콤한 꿀을 제공해 곤충이 찾아와 꽃가루받이를 돕게 만드는 꽃을 '벌레나름꽃'이라고 한다. 꽃에서 달콤한 꿀이 나오는 조직이나 기관은 '꿀샘'이라고 한다.

배추 밭에서 재배하는 두해살이풀로 무, 고추와 더불어 3대 채소의 하나이다. 봄에 뿌리잎 사이에서 자란 줄기 윗부분의 꽃송이에 노란색 꽃이 모여 핀다.

꽃 모양 4장의 노란색 꽃잎은 十자 모양으로 벌어지며 가운데에 1개의 암술과 6개의 수술이 있다.

배추 꽃송이 송이꽃차례에는 작은 꽃이 많이 모여 있어서 큰 꽃처럼 보이기 때문에 곤충의 눈에 잘 띈다.

꽃은 꽃송이 가장자리나 밑부분부터 피기 시작해 안이나 위로 피어 올라가는 무한꽃차례이다.

아까시나무 산에 심어 기르는 갈잎큰키나무로 5~6월에 피는 흰색 꽃에서 꿀을 많이 딴다.

밤나무 산에서 자라는 갈잎큰키나무로 6월에 피는 황백색 꽃은 향기가 진하며 꿀을 많이 딴다.

피나무 산에서 자라는 갈잎큰키나무로 6~7월에 피는 연노란색 꽃에서 꿀을 많이 딴다.

*꿀샘[밀선(蜜腺), nectary] / 꿀샘쟁반[밀선반(蜜腺盤), nectar disk]

배추 암술 꽃 가운데에 1개의 암술이 있다. 암술이 수술보다 먼저 성숙하는 암술먼저피기 꽃이다.

수술 수술은 6개이며 그중에 4개가 긴 넷긴수술이다. 꽃밥은 노란색이다.

6개의 수술 중에 2개는 짧아서 잘 보이지 않는다.

꽃잎 한 연구에 의하면 벌의 윙윙거리는 날갯짓 소리가 꽃잎에 진동을 일으키면 꿀물의 당분 농도가 높아지는 것이 관측되었다. 이로 보아 꽃잎은 색깔로 곤충을 불러 모을 뿐만 아니라 벌과 같은 곤충의 소리도 감지하는 것으로 추정하고 있다.

꽃받침 4장의 꽃받침은 꽃잎보다 작다.

꿀샘 꽃받침 부분의 꽃잎과 수술 사이에 녹색 꿀샘이 있어서 곤충에게 달콤한 꿀을 제공한다. 곤충이 꿀을 얻는 대신에 꽃가루받이를 도와주는 '벌레나름꽃'이다.

배추 꽃 단면

산수유 암술 꿀샘쟁반 가운데에 위치한다.

수술은 4개이며 꽃덮이조각과 어긋난다.

꿀샘쟁반

산수유 꽃 모양 산수유의 암술을 둘러싸고 있는 원반 모양의 꽃쟁반(p.141)은 꿀을 분비하기 때문에 '꿀샘쟁반'이라고도 한다. 오렌지(p.140)의 꽃쟁반도 꿀을 분비하는 꿀샘쟁반이다.

꽃덮이조각은 4장이며 뒤로 젖혀진다.

유채 밭에서 재배하는 두해살이풀로 3~5월에 피는 노란색 꽃에서 꿀을 많이 딴다.

호주매화 원산지에서는 '마누카'라고 부르며 이 꽃에서 채취한 마누카꿀은 유명하다.

＊벌레나름꽃[충매화(蟲媒花), entomophilous flower]

꿀주머니를 가진 꽃

꿀주머니는 꽃부리나 꽃받침의 일부가 가늘고 길게 벋은 부분으로 보통 꿀샘이 들어 있거나 비어 있다. 꿀주머니는 생김 새가 가느다란 뿔 모양이라서 '꽃뿔'이라고도 한다. 현호색은 산의 숲속에서 자라는 여러해살이풀로 4월에 줄기 끝에 송이 꽃차례가 위를 향해 달린다. 길쭉한 자주색 꽃부리는 옆을 향하며 앞쪽은 입술 모양으로 넓어지고 원통 모양의 뒷부분은 기다란 꿀주머니로 되어 있다. 꿀주머니는 뒷부분이 약간 밑으로 굽는데 싱싱한 꽃이 햇빛에 역광으로 비치는 것을 보면 꿀주머니가 굽은 부분에 꿀이 들어 있는 것을 볼 수 있다.

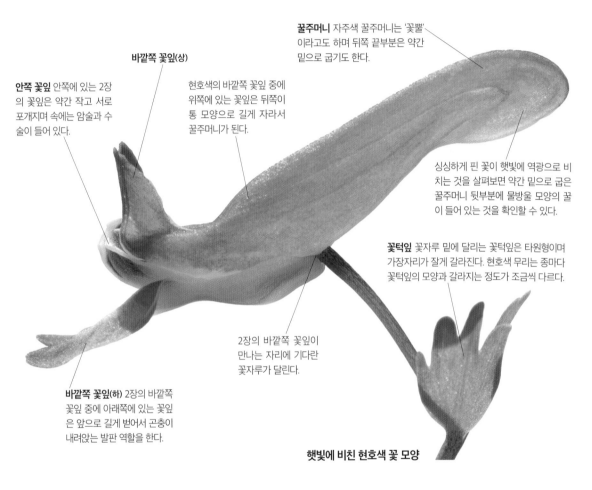

꿀주머니 자주색 꿀주머니는 '꽃뿔'이라고도 하며 뒤쪽 끝부분은 약간 밑으로 굽기도 한다.

바깥쪽 꽃잎(상)

안쪽 꽃잎 안쪽에 있는 2장의 꽃잎은 약간 작고 서로 포개지며 속에는 암술과 수술이 들어 있다.

현호색의 바깥쪽 꽃잎 중에 위쪽에 있는 꽃잎은 뒤쪽이 통 모양으로 길게 자라서 꿀주머니가 된다.

싱싱하게 핀 꽃이 햇빛에 역광으로 비치는 것을 살펴보면 약간 밑으로 굽은 꿀주머니 뒷부분에 물방울 모양의 꿀이 들어 있는 것을 확인할 수 있다.

꽃턱잎 꽃자루 밑에 달리는 꽃턱잎은 타원형이며 가장자리가 잘게 갈라진다. 현호색 무리는 종마다 꽃턱잎의 모양과 갈라지는 정도가 조금씩 다르다.

2장의 바깥쪽 꽃잎이 만나는 자리에 기다란 꽃자루가 달린다.

바깥쪽 꽃잎(하) 2장의 바깥쪽 꽃잎 중에 아래쪽에 있는 꽃잎은 앞으로 길게 벋어서 곤충이 내려앉는 발판 역할을 한다.

햇빛에 비친 현호색 꽃 모양

매발톱꽃 산에서 자라는 여러해살이풀로 5~7월에 피는 적갈색 꽃은 꽃잎 끝마다 매의 발톱을 닮은 꿀주머니가 있다.

큰제비고깔 산에서 자라는 여러해살이풀로 여름에 피는 진자주색 꽃부리 뒷부분은 기다란 꿀주머니로 되어 있다.

제비꽃 양지쪽 풀밭에서 자라는 여러해살이풀로 봄에 피는 진자주색 꽃부리 뒷부분은 기다란 꿀주머니로 되어 있다.

210

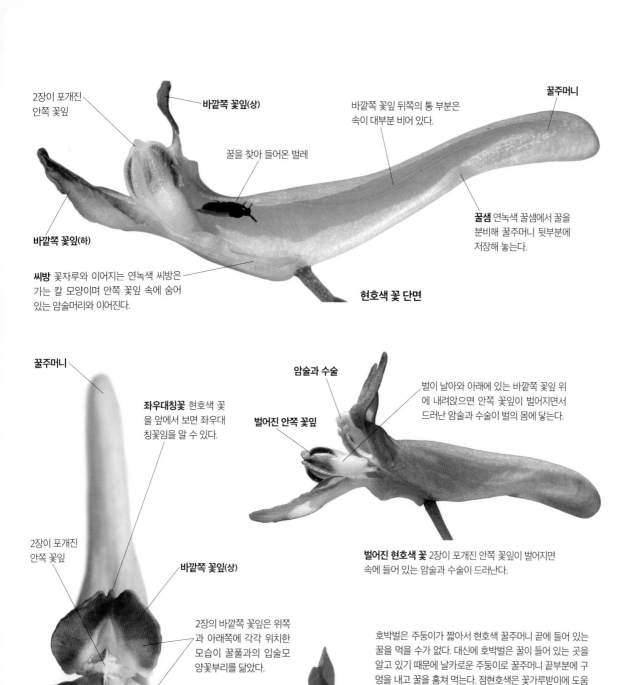

2장이 포개진 안쪽 꽃잎

바깥쪽 꽃잎(상)

꿀을 찾아 들어온 벌레

바깥쪽 꽃잎 뒤쪽의 통 부분은 속이 대부분 비어 있다.

꿀주머니

꿀샘 연녹색 꿀샘에서 꿀을 분비해 꿀주머니 뒷부분에 저장해 놓는다.

바깥쪽 꽃잎(하)

씨방 꽃자루와 이어지는 연녹색 씨방은 가는 칼 모양이며 안쪽 꽃잎 속에 숨어 있는 암술머리와 이어진다.

현호색 꽃 단면

꿀주머니

좌우대칭꽃 현호색 꽃을 앞에서 보면 좌우대칭꽃임을 알 수 있다.

암술과 수술

벌이 날아와 아래에 있는 바깥쪽 꽃잎 위에 내려앉으면 안쪽 꽃잎이 벌어지면서 드러난 암술과 수술이 벌의 몸에 닿는다.

벌어진 안쪽 꽃잎

벌어진 현호색 꽃 2장이 포개진 안쪽 꽃잎이 벌어지면 속에 들어 있는 암술과 수술이 드러난다.

2장이 포개진 안쪽 꽃잎

바깥쪽 꽃잎(상)

2장의 바깥쪽 꽃잎은 위쪽과 아래쪽에 각각 위치한 모습이 꿀풀과의 입술모양꽃부리를 닮았다.

호박벌은 주둥이가 짧아서 현호색 꿀주머니 끝에 들어 있는 꿀을 먹을 수가 없다. 대신에 호박벌은 꿀이 들어 있는 곳을 알고 있기 때문에 날카로운 주둥이로 꿀주머니 끝부분에 구멍을 내고 꿀을 훔쳐 먹는다. 점현호색은 꽃가루받이에 도움은 받지 못하고 호박벌에게 꿀만 뺏긴다.

바깥쪽 꽃잎(하)

현호색 꽃 앞면 꽃잎은 4장이며 바깥쪽의 2장은 입술처럼 위 아래로 벌어지고 안쪽에 있는 2장은 포개져서 암술과 수술을 둘러싸고 있다가 곤충이 내려앉으면 벌어지면서 암술과 수술이 드러난다.

꽃턱잎 잘게 갈라지는 꽃턱잎은 갈색을 띠며 점차 녹색이 돈다.

점현호색 꽃 모양 산에서 자라며 잎 앞면에 흰색 반점이 있어서 다른 현호색과 구분이 된다.

참나리 꿀고랑

한여름에 산과 들을 걷다 보면 사람 키만큼 곧게 자란 줄기에 탐스런 황적색 꽃이 모여 피는 참나리를 쉽게 만날 수 있다. 참나리는 6장의 꽃덮이조각에 흑자색 반점이 많아서 쉽게 알아볼 수 있다. 활짝 핀 참나리 꽃에는 호랑나비나 제비나비처럼 크고 아름다운 나비들이 모여들어서 더욱 눈길을 끈다. 나비는 기다란 암술과 수술에 다리를 걸치고 앉아 꿀을 빨아 먹는데 참나리의 꽃은 대롱 모양의 긴 주둥이를 가진 나비가 꿀을 빨아 먹기 좋은 구조로 되어 있다.

참나리 꽃 모양 여름에 줄기와 가지 끝에 고개를 숙이고 피는 황적색 꽃에 찾아온 나비는 길게 벋는 암술과 수술에 다리를 걸치고 꿀을 빨아 먹는데 이때 끈적거리는 꽃가루가 나비의 몸에 묻어서 꽃가루받이를 도와준다.

꿀고랑 입구에서 시작된 가는 관은 양쪽으로 2줄의 주름이 고랑을 만들어서 '꿀고랑'이라고 한다.

꿀고랑 입구 꽃덮이조각 안쪽의 약간 아래쪽에 꿀샘으로 가는 입구가 있다.

꿀고랑 입구

6장의 꽃덮이조각은 흑자색 반점이 많으며 뒤로 말린다.

꿀고랑은 보통 2줄의 흑자색 반점이 하나로 만나는 모양으로 나비에게 꿀샘의 입구를 알려 준다.

암술 단면

수술 단면

꿀고랑 입구

기다란 암술과 수술에 걸터앉은 나비는 가느다란 대롱 모양의 입을 꿀고랑 사이의 가는 관에 박고 꿀을 빨아 먹는다.

꿀고랑 입구에서 시작된 가는 관은 꽃덮이조각 밑부분에 있는 꿀샘까지 이어진다.

꿀고랑

암술과 수술을 제거한 참나리 꽃 모양

＊꿀고랑[밀구(蜜溝), 밀선구(蜜腺溝), nectary furrow]

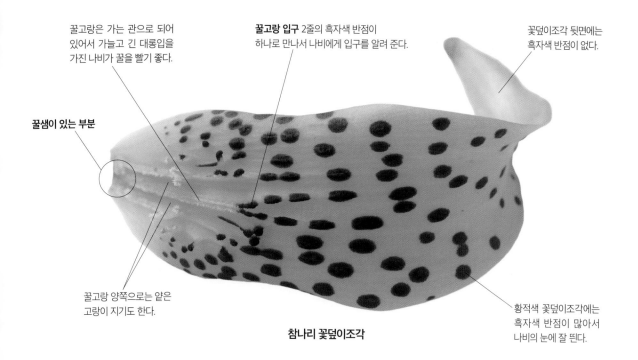

꿀고랑은 가는 관으로 되어 있어서 가늘고 긴 대롱입을 가진 나비가 꿀을 빨기 좋다.

꿀고랑 입구 2줄의 흑자색 반점이 하나로 만나서 나비에게 입구를 알려 준다.

꽃덮이조각 뒷면에는 흑자색 반점이 없다.

꿀샘이 있는 부분

꿀고랑 양쪽으로는 얕은 고랑이 지기도 한다.

황적색 꽃덮이조각에는 흑자색 반점이 많아서 나비의 눈에 잘 띈다.

참나리 꽃덮이조각

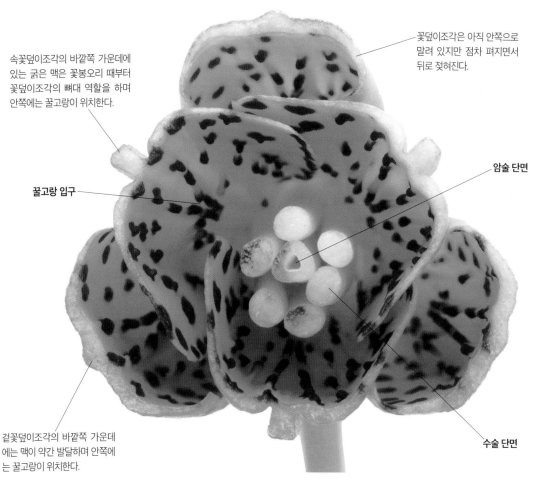

속꽃덮이조각의 바깥쪽 가운데에 있는 굵은 맥은 꽃봉오리 때부터 꽃덮이조각의 뼈대 역할을 하며 안쪽에는 꿀고랑이 위치한다.

꽃덮이조각은 아직 안쪽으로 말려 있지만 점차 펴지면서 뒤로 젖혀진다.

암술 단면

꿀고랑 입구

수술 단면

겉꽃덮이조각의 바깥쪽 가운데에는 맥이 약간 발달하며 안쪽에는 꿀고랑이 위치한다.

참나리 갓 피기 시작한 꽃 가로 단면

한겨울에 피는 꽃

가을이 깊어지면서 밤 기온이 영하로 떨어지기 시작하면 대부분의 나무는 낙엽을 떨구고 풀은 말라 죽는다. 하지만 한겨울 추위를 이겨내며 꽃이 피는 식물도 여럿 있다. 많은 식물이 꽃을 피우는 봄~여름에는 꽃가루받이를 도와줄 곤충을 차지하기 위한 경쟁이 치열하지만 겨울에는 경쟁할 필요가 거의 없다. 다만 꽃가루받이를 돕던 곤충도 대부분 활동을 멈추거나 겨울잠을 자기 때문에 겨울에 활동하는 곤충의 숫자도 얼마 되지는 않는다.

꽃 맨 끝에 있는 작은 꽃송이부터 흰색 꽃이 피기 시작한다.

꽃차례 팔손이는 10월부터 가지 끝에서 큼직한 원뿔꽃차례가 자라기 시작한다.

암술을 둘러싸는 꽃쟁반에서 꿀을 분비한다.

꽃잎과 수술은 각각 5개씩이다.

뭉쳐 있는 꽃봉오리에서 꽃 하나가 피기 시작했다.

뭉쳐 있는 꽃봉오리

1월에 핀 팔손이 꽃 남쪽 섬에서 자라는 늘푸른떨기나무로 한겨울에 꽃이 피는 대표적인 겨울꽃나무이다.

모인꽃턱잎 어린 꽃송이는 연한 황록색 모인꽃턱잎이 있지만 곧 떨어져 나간다.

10월 말에 피기 시작한 팔손이 꽃송이

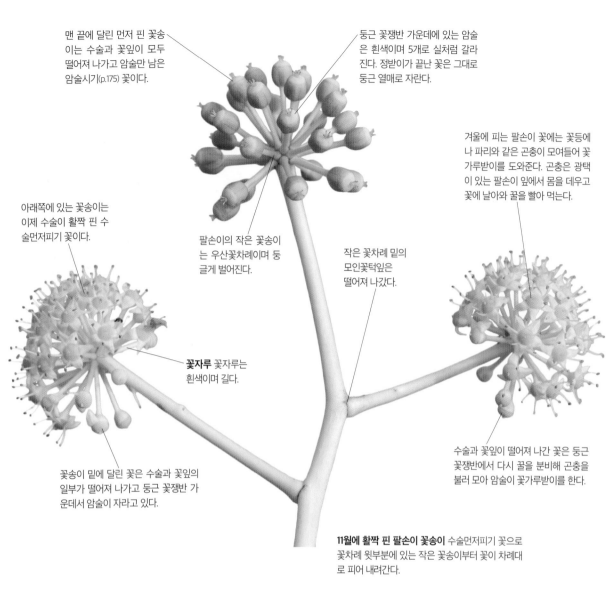

맨 끝에 달린 먼저 핀 꽃송이는 수술과 꽃잎이 모두 떨어져 나가고 암술만 남은 암술시기(p.175) 꽃이다.

둥근 꽃쟁반 가운데에 있는 암술은 흰색이며 5개로 실처럼 갈라진다. 정받이가 끝난 꽃은 그대로 둥근 열매로 자란다.

겨울에 피는 팔손이 꽃에는 꽃등에나 파리와 같은 곤충이 모여들어 꽃가루받이를 도와준다. 곤충은 광택이 있는 팔손이 잎에서 몸을 데우고 꽃에 날아와 꿀을 빨아 먹는다.

아래쪽에 있는 꽃송이는 이제 수술이 활짝 핀 수술먼저피기 꽃이다.

팔손이의 작은 꽃송이는 우산꽃차례이며 둥글게 벌어진다.

작은 꽃차례 밑의 모인꽃턱잎은 떨어져 나갔다.

꽃자루 꽃자루는 흰색이며 길다.

꽃송이 밑에 달린 꽃은 수술과 꽃잎의 일부가 떨어져 나가고 둥근 꽃쟁반 가운데서 암술이 자라고 있다.

수술과 꽃잎이 떨어져 나간 꽃은 둥근 꽃쟁반에서 다시 꿀을 분비해 곤충을 불러 모아 암술이 꽃가루받이를 한다.

11월에 활짝 핀 팔손이 꽃송이 수술먼저피기 꽃으로 꽃차례 윗부분에 있는 작은 꽃송이부터 꽃이 차례대로 피어 내려간다.

1월의 동백나무 남부 지방에서 자라는 늘푸른작은키나무로 11~4월에 붉은색 꽃이 핀다.

12월의 비파나무 남부 지방에서 자라는 늘푸른작은키나무로 11~1월에 황백색 꽃이 핀다.

1월의 수선화 여러해살이화초로 12~3월에 꽃줄기 끝에 5~6개의 흰색 꽃이 모여 핀다.

2월의 납매 관상수로 심는 갈잎떨기나무로 2월 경에 가지 가득 노란색 꽃이 핀다.

대롱 모양의 붉은색 꽃은 밑에서부터 차례대로 피어 올라간다.

꽃송이 알로에를 닮은 붉은색 꽃송이는 비스듬히 옆을 향한다.

붉은색 꽃이 가득 핀 나무를 보고 새가 모여든다.

알로에염주나무 꽃가지

굵은 가지에는 가시가 촘촘하다.

꽃에서 꿀을 빨아 먹고 있는 새

라벤더꽃바나나 열대 원산의 늘푸른여러해살이풀로 분홍색 꽃송이는 새나름꽃이다.

극락조화 남아공 원산의 늘푸른여러해살이풀로 극락조를 닮은 꽃이 피며 새나름꽃이다.

그레빌레아 '수퍼브' 호주 원산의 늘푸른떨기나무로 적황색이 도는 꽃은 새나름꽃이다. 꽃이 활짝 피면 달콤한 꿀이 흘러나와 바닥에 떨어질 정도라서 새와 곤충이 많이 모여든다.

꿀

새나름꽃

많은 꽃이 곤충을 이용해 꽃가루받이를 하지만 새를 이용해 꽃가루받이를 하는 꽃도 꽤 있다. 새가 꿀을 빨아 먹으면서 꽃가루를 날라다 꽃가루받이를 도와주는 꽃을 '새나름꽃'이라고 한다. 새나름꽃은 새를 중매쟁이로 이용하기 때문에 보통 새의 눈에 잘 띄는 붉은색으로 치장을 한 꽃이 많다. 또 새의 몸집에 맞게 꽃의 크기도 커야 하고 줄기나 가지도 튼튼해야 하며 꿀도 많이 준비해야 한다. 우리나라에서는 동박새나 직박구리 등이 꽃가루받이를 도와주고 동남아시아에서는 태양조, 중남미에서는 벌새, 아프리카나 호주에서는 홍작새 등이 꽃가루받이를 도와준다.

알로에염주나무(*Erythrina livingstoniana*)
열대 아프리카 원산의 늘푸른큰키나무로 줄기와 가지에 날카로운 가시가 많다. 가지 끝에 붉은색 꽃이 알로에 꽃송이처럼 촘촘히 돌려가며 달리고 기다란 꼬투리 열매는 염주처럼 올록볼록하다. 새가 꽃의 꿀을 빨아 먹으면서 꽃가루를 옮겨 주는 새나름꽃이다.

새는 냄새를 잘 맡지 못하기 때문에 꽃은 향기가 거의 없다.

꽃이 달린 가지는 가시가 없고 비스듬히 퍼져 새들이 앉아서 꿀을 빨기 좋도록 되어 있다.

동백나무 남부 지방에서 자라는 늘푸른작은키나무로 11~4월에 붉은색 꽃이 핀다. 한겨울에 피는 꽃은 동박새나 직박구리 등이 꽃가루를 날라다 꽃가루받이를 도와주는 새나름꽃이다.

헬리코니아 열대 아메리카와 태평양군도 원산의 늘푸른여러해살이풀로 가는 줄기 끝에 모여 피는 꽃은 새가 꽃가루받이를 도와주는 새나름꽃이다.

＊새나름꽃[조매화(鳥媒花), ornithophilous flower]

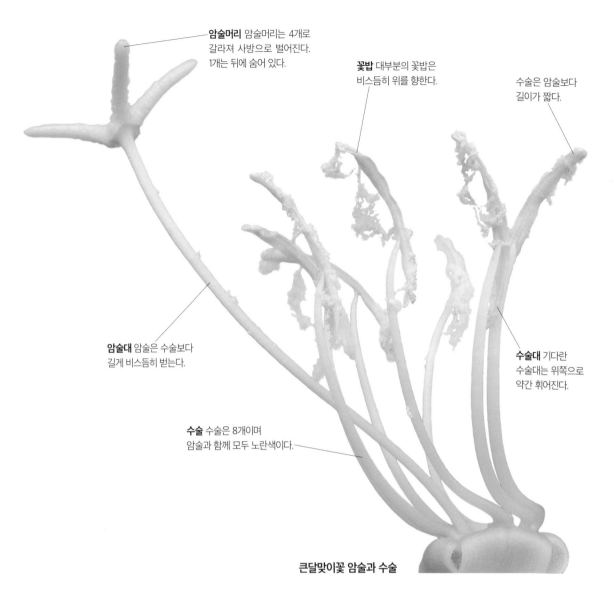

암술머리 암술머리는 4개로
갈라져 사방으로 벌어진다.
1개는 뒤에 숨어 있다.

꽃밥 대부분의 꽃밥은
비스듬히 위를 향한다.

수술은 암술보다
길이가 짧다.

암술대 암술은 수술보다
길게 비스듬히 벋는다.

수술대 기다란
수술대는 위쪽으로
약간 휘어진다.

수술 수술은 8개이며
암술과 함께 모두 노란색이다.

큰달맞이꽃 암술과 수술

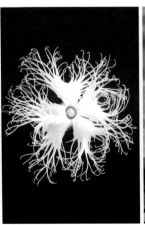

분꽃 남미 원산의 화초로 7~
10월에 가지 끝에 깔때기 모양
의 붉은색 꽃이 저녁에 핀다.

하늘타리 산기슭에서 자라는 여
러해살이덩굴풀로 여름에 잎겨
드랑이에 흰색 꽃이 밤에 핀다.

호박 밭에서 재배하는 한해살
이덩굴풀로 6~10월에 잎겨드
랑이에 노란색 꽃이 밤에 핀다.

박 인가 부근에서 재배하는 한해
살이덩굴풀로 7~9월에 잎겨드
랑이에 흰색 꽃이 저녁에 핀다.

밤에 피는 큰달맞이꽃

큰달맞이꽃은 북미 원산의 두해살이풀로 길가나 빈터에서 자라며 '왕달맞이꽃'이라고도 한다. 큰달맞이꽃은 7~9월에 줄기 윗부분의 잎겨드랑이에 큼직한 노란색 꽃이 달리는데 꽃은 해가 질 때쯤 피고 아침이 되면 서서히 시들기 시작하는 하루살이꽃이다. 밤에 꽃이 피는 큰달맞이꽃의 꽃가루받이는 주로 밤중에 활동하는 나방이 도와준다. 큰달맞이꽃처럼 우리나라에서 밤에 피는 꽃은 주로 나방이 꽃가루받이를 도와주지만 열대 지방으로 갈수록 나방과 함께 박쥐도 꽃가루받이를 많이 도와준다. 박쥐가 꽃가루받이를 도와주는 꽃은 대부분 꽃이 큼직하고 꿀이 많다.

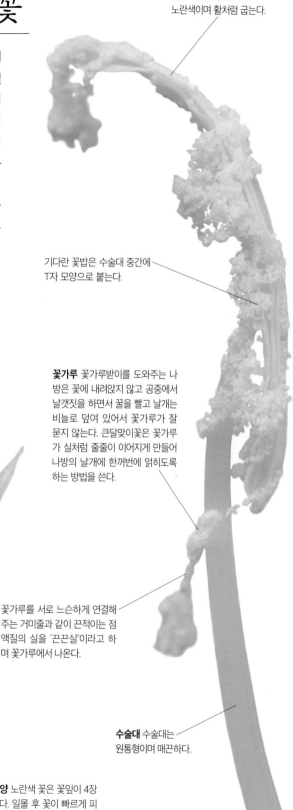

꽃밥 기다란 꽃밥은 노란색이며 활처럼 굽는다.

기다란 꽃밥은 수술대 중간에 T자 모양으로 붙는다.

꽃가루 꽃가루받이를 도와주는 나방은 꽃에 내려앉지 않고 공중에서 날갯짓을 하면서 꿀을 빨고 날개는 비늘로 덮여 있어서 꽃가루가 잘 묻지 않는다. 큰달맞이꽃은 꽃가루가 실처럼 줄줄이 이어지게 만들어 나방의 날개에 한꺼번에 얽히도록 하는 방법을 쓴다.

꽃가루를 서로 느슨하게 연결해 주는 거미줄과 같이 끈적이는 점액질의 실을 '끈끈실'이라고 하며 꽃가루에서 나온다.

수술대 수술대는 원통형이며 매끈하다.

큰달맞이꽃 수술

꽃봉오리

수술

암술

큰달맞이꽃 꽃 모양 노란색 꽃은 꽃잎이 4장이며 향기가 진하다. 일몰 후 꽃이 빠르게 피기 때문에 4장의 꽃잎이 서로 스치면서 소리가 난다고 한다.

*끈끈실[점사(粘絲), 점착사(粘着絲), viscin thread]

나라꽃인 무궁화는 7~9월에 잎겨드랑이에 분홍색 꽃이 피는데 꽃잎은 5장이 빙 둘러나는 방사대칭꽃이다.

암술 수술통 끝에서 나오는 암술은 암술머리가 5갈래로 갈라진다.

넥타 가이드 무궁화는 5장의 꽃잎 안쪽에 있는 진한 붉은색 무늬가 넥타 가이드 역할을 하는데 특별히 이 무늬를 '단심(丹心)'이라고 부른다.

곤충은 단심 무늬 밑부분의 꽃잎 사이에 난 틈으로 꽃받침통에 들어 있는 꿀을 빤다.

꽃의 넥타 가이드는 꽃을 더욱 아름답게 만들기 때문에 관상용 화초로 개발된 것이 많다.

단심선 붉은색 단심 무늬는 꽃잎의 맥을 따라 꽃잎 바깥쪽으로 붉은색 선이 방사상으로 뻗어 나가는데 이를 '단심선(丹心線)'이라고 한다. 무궁화 품종에 따라 단심 무늬와 단심선의 길이가 조금씩 다르다.

무궁화 꽃 모양

수술 기다란 수술통에 많은 수술이 촘촘히 돌려가며 달린다.

무궁화 꽃의 넥타 가이드를 따라 벌이 찾아와 꿀을 빠는 동안에 벌의 몸에 꽃가루가 잔뜩 묻었다.

가자니아 여러해살이화초로 빙 둘러난 노란색 꽃잎 중앙에 세로로 다갈색 무늬가 있다.

글록시니아 여러해살이화초로 종 모양의 꽃부리는 가장자리와 안쪽에 무늬가 있어 아름답다.

220

＊넥타 가이드[밀표(蜜標), nectar guide, 허니 가이드(honey guide)]

꽃의 넥타 가이드

곤충이 꿀을 먹으러 찾아오는 꽃 중에는 곤충이 꿀샘으로 가는 길을 잘 찾을 수 있도록 꽃잎에 특별한 색깔이나 무늬, 점 등으로 표시를 한 꽃도 있다. 이런 안내 역할을 하는 표시를 '넥타 가이드(nectar guide)'라고 하는데 꿀이 있는 곳을 안내한다는 뜻이다. 흔히 '허니 가이드(honey guide)'라고도 하지만 꿀잡이새의 영어 이름과 같아서 혼동할 수 있다. 넥타 가이드를 가지고 있는 꽃들은 제각기 개성적인 표식으로 곤충을 안내하고 있다. 곤충은 우리 눈에는 보이지 않는 자외선을 감지하기 때문에 실제로 우리가 보는 것과는 상당히 다른 모양의 무늬를 볼 수 있다.

윗입술꽃잎은 둥그스름하게 부풀어 오른다.

입술 모양의 꽃은 좌우대칭꽃이다.

아랫입술꽃잎은 넓어지며 안쪽에 흰색 무늬에 자주색 잔점이 많이 있어서 넥타 가이드 역할을 한다.

꽃부리통에는 샘털과 털이 있다.

광릉골무꽃 꽃 모양 중부 이남의 숲속에서 자라는 여러해살이풀로 5~6월에 줄기 윗부분의 송이꽃차례에 자주색 꽃이 2줄로 달린다.

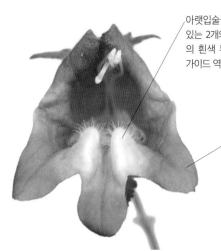

아랫입술꽃잎 안쪽에 있는 2개의 밥풀 모양의 흰색 무늬가 넥타 가이드 역할을 한다.

입술 모양의 꽃은 좌우대칭꽃이다.

나도송이풀 꽃 모양 산과 들에서 자라는 한해살이풀로 8~9월에 연홍자색 꽃이 핀다.

삼색메꽃 여러해살이화초로 깔때기 모양의 청자색 꽃은 안쪽에 흰색과 연노란색 무늬가 있다.

카틀레야 재배 난초로 많은 품종이 있으며 분홍색 꽃은 입술꽃잎 안쪽이 적자색이다.

팬지 한두해살이화초로 봄에 피는 노란색 꽃은 꽃잎 안쪽에 흑갈색 무늬가 있다. 재배 품종이 많다.

꽃봉오리 연한 황록색이며 꽃보다 더 병 모양과 비슷하다.

분홍색 꽃 먼저 핀 연노란색 꽃은 시간이 지남에 따라 분홍색으로 변한다.

시든 꽃이라도 오래 달고 있는 것이 풍성한 꽃송이처럼 보여서 곤충의 눈에 잘 띈다.

꽃 모양 깔때기 모양의 꽃은 연노란색으로 피어난다. 꽃이 병 모양을 닮았다.

잎 잎은 마주나고 달걀형~거꿀달걀형이며 양면에 털이 있다.

병꽃나무 꽃가지 산에서 자라는 갈잎떨기나무로 우리나라에서만 자라는 특산나무이며 5~6월에 꽃이 핀다.

인동덩굴 산과 들에서 자라는 갈잎덩굴나무로 5~6월에 잎겨드랑이에 피는 입술 모양의 흰색 꽃은 점차 노란색으로 변한다. 한 그루에 금색과 은색의 꽃이 달려서 '금은화(金銀花)'라고도 한다.

잇꽃 밭에서 재배하는 두해살이풀로 6~7월에 가지 끝에 달리는 노란색 꽃송이는 점차 붉은빛으로 변한다. 꽃에서 뽑은 붉은 색소는 물감으로 이용하였으며 화장에 이용하는 연지를 만드는 재료로도 썼다.

색깔이 변하는 꽃

앞(p.206)에서 꽃의 색깔에 따라 모여드는 곤충의 종류가 조금씩 다르다는 것을 알 수 있었다. 대부분의 식물은 꽃 색깔이 변하지 않지만 어떤 꽃들은 시간이 지남에 따라 꽃 색깔을 변화시키기도 하는데 곤충에게 꽃가루받이가 끝난 꿀이 없는 꽃임을 알려 주는 것일 수도 있고 나아가 색깔에 따라 각각 다른 곤충을 불러들이는 전략을 쓰는 꽃일 수도 있다. 병꽃나무는 잎겨드랑이에 깔때기 모양의 연노란색 꽃이 피는데 점차 분홍색에서 붉은색으로 변해 간다. 꽃이 피어 있는 기간이 길고 꽃마다 피는 시기가 달라서 한 그루에 2가지 색깔의 꽃이 달려 있는 것을 흔히 볼 수 있다.

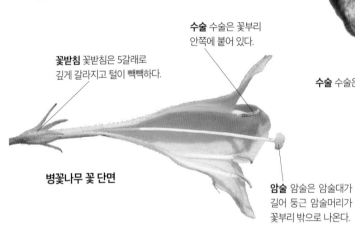

꽃받침 꽃받침은 5갈래로 깊게 갈라지고 털이 빽빽하다.

수술 수술은 꽃부리 안쪽에 붙어 있다.

병꽃나무 꽃 단면

암술 암술은 암술대가 길어 둥근 암술머리가 꽃부리 밖으로 나온다.

꽃부리 끝부분은 5갈래로 갈라진다.

수술 수술은 5개이다.

붉게 변한 꽃부리

붉게 변한 꽃 병꽃나무 꽃잎에는 안토시아닌과 폴라보노이드 색소가 포함되어 있다. 꽃이 핀 후에 붉은색을 띠는 안토시아닌이 점차 늘어나면서 연노란색 꽃은 분홍색으로 변하고 차차 붉은색이 진해지는데 꽃부리 안쪽이 더 진해져서 꿀이 없어진 오래된 꽃임을 알려 주고 있다. 병꽃나무 꽃을 찾는 벌이나 나비 등은 이를 알고 있기 때문에 갓 피어난 연노란색 꽃을 주로 찾아다닌다.

폐병풀 여러해살이화초로 5~6월에 가지 끝에 모여 피는 깔때기 모양의 분홍색 꽃은 점차 푸른색으로 변한다. 갓 피어난 분홍색 꽃에 꿀이 많아서 곤충이 모여든다.

은방울수선화 여러해살이화초로 3~4월에 꽃줄기 끝에 종 모양의 꽃이 고개를 숙이고 핀다. 꽃덮이조각의 바깥쪽 끝부분에 있는 초록색 반점은 점차 노란색으로 변해 간다.

장식꽃

산수국은 산에서 자라는 갈잎떨기나무로 여름에 가지 끝에 접시 모양의 커다란 꽃송이가 달리는데 꽃송이 가장자리에만 분홍색이나 파란색 꽃잎이 빙 둘러 있다. 이 꽃잎은 실제로는 꽃받침이 변한 것으로 3~5개가 꽃잎 모양으로 모여 달리는데 가운데에 암술과 수술이 없어 열매를 맺지 못하기 때문에 '무성꽃' 또는 '중성꽃'이라고 한다.

무성꽃인 이들은 꽃송이를 아름답게 장식해서 곤충을 불러 모으는 역할을 하기 때문에 흔히 '장식꽃'이라고도 한다. 이렇게 가장자리에만 장식꽃을 배열하면 꽃잎을 적게 만들어도 되기 때문에 양분을 많이 절약할 수 있게 된다. 가운데에 촘촘히 모여 피는 꽃은 암수한꽃으로 조그만 꽃잎 가운데에 암술과 수술이 들어 있어서 열매를 맺을 수 있다.

꽃송이 둘레에는 장식꽃이 꽃잎처럼 빙 둘러 있다.

꽃송이 가운데에 모여 피는 자잘한 꽃은 암술과 수술을 가진 암수한꽃이다.

산수국 꽃송이 화단에서 기르는 수국과 비슷하지만 산에서 자라서 산수국이라고 한다.

백당나무 산에서 자라며 꽃송이 가장자리의 흰색 장식꽃은 5갈래로 갈라진다.

별당나무 정원수로 심으며 꽃송이 가장자리의 흰색 장식꽃은 5갈래로 갈라진다.

분단나무 제주도에서 자라며 꽃송이 가장자리의 흰색 장식꽃은 5갈래로 갈라진다.

바위수국 제주도에서 자라며 꽃송이 가장자리의 흰색 장식꽃은 1개이고 갈라지지 않는다.

*장식꽃[장식화(裝飾花), 무성꽃(무성화:無性花), 중성꽃(중성화:中性花), ornamental flower, sterile floret, asexual flower, neuter flower]

산수국의 장식꽃 3~5장의 꽃받침 조각이 꽃잎처럼 빙 둘러 있으며 곤충을 불러 모으는 역할을 한다.

암수한꽃 가운데에 모여 피는 자잘한 꽃은 5장의 자잘한 꽃잎 가운데에 암술과 수술이 있는 암수한꽃으로 열매를 맺을 수 있다.

꽃봉오리 둥근 꽃봉오리가 벌어지면 암수한꽃이 핀다.

장식꽃 가운데에는 암술과 수술이 없다. 장식꽃에도 암술과 수술이 있는 품종도 있다.

산수국이나 수국 꽃은 산성 토양에서는 알루미늄 이온이 안토시아닌과 결합해 파란색을 띠는 꽃이 핀다. 알칼리성 토양에서는 알루미늄 이온이 없기 때문에 붉은색이나 분홍색을 띠는 꽃이 핀다.

산수국 꽃 모양

혀꽃

대롱꽃 가장자리에 있는 대롱꽃부터 1줄씩 안쪽으로 피어 들어간다.

백일홍 한해살이화초로 꽃송이 가장자리에 둘러 있는 혀꽃은 암꽃이며 장식꽃과 같은 역할을 하고 가운데 모여 있는 대롱꽃은 암수한꽃이다.

수국 산수국을 개량한 원예 품종으로 6~7월에 가지 끝에 달리는 크고 탐스런 꽃송이는 모두 장식꽃만으로 이루어진다.

등칡

등칡은 깊은 산에서 자라는 갈잎덩굴나무로 4~5월에 잎이 돋을 때 연노란색 꽃이 잎겨드랑이에 1~2개씩 달린다. 꽃부리는 특이하게도 U자형으로 구부러진 모양이 색소폰이라는 악기와 많이 닮았다. 꽃이 피면 퀴퀴한 냄새를 풍겨서 꽃가루받이를 도와줄 파리를 유인한다. 냄새에 이끌린 파리는 좁은 꽃부리 구멍을 통해 꽃 안으로 들어가는데 한번 들어가면 빠져나오기 어려운 구조로 되어 있다.

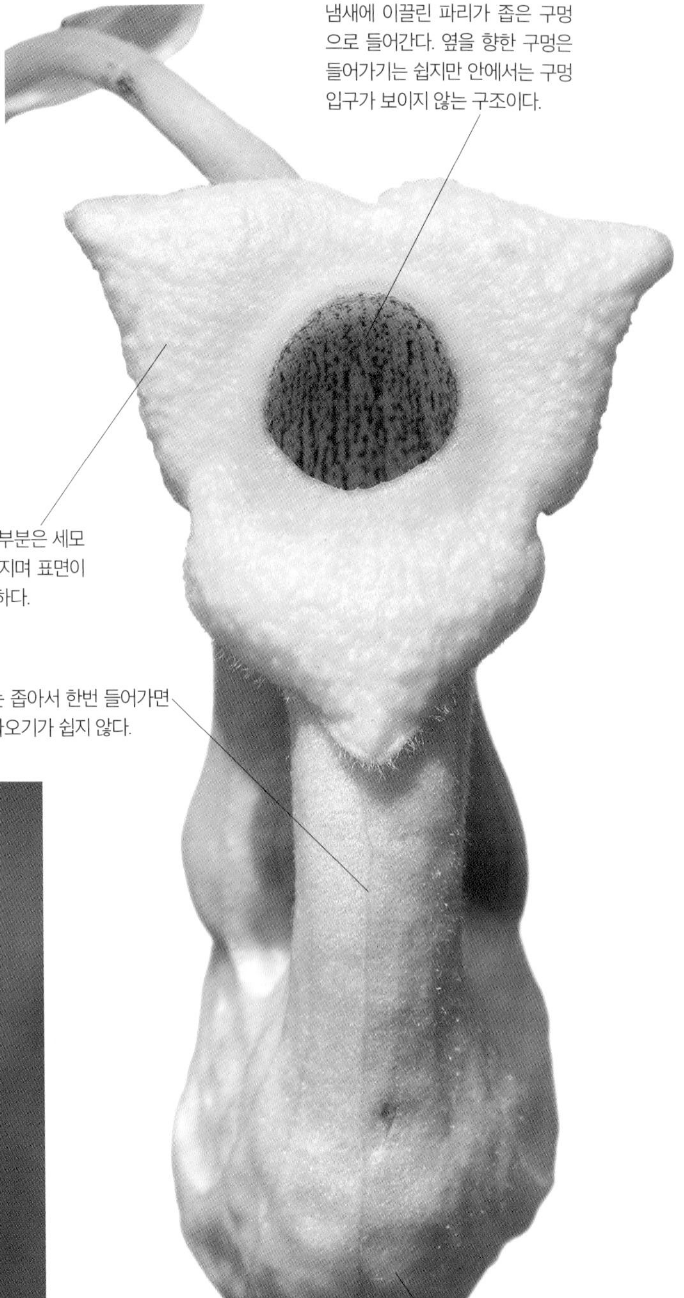

냄새에 이끌린 파리가 좁은 구멍으로 들어간다. 옆을 향한 구멍은 들어가기는 쉽지만 안에서는 구멍 입구가 보이지 않는 구조이다.

꽃부리 끝부분은 세모꼴로 벌어지며 표면이 우툴두툴하다.

나가는 통로인 입구 쪽은 구멍도 보이지 않고 어두컴컴해서 빛에 민감한 파리가 입구로 생각하지 못하게 만든다.

통로는 좁아서 한번 들어가면 빠져나오기가 쉽지 않다.

꽃술대

등칡 꽃부리

꽃부리 중간의 꼬부라진 부분은 넓어서 안쪽 공간이 넉넉하다.

등칡 꽃부리 밑부분 단면 빛에 민감하게 반응하는 파리는 어두컴컴한 입구 쪽 대신에 꽃술대가 있는 밝은 쪽을 출구로 생각하고 나가려고 하면서 꽃가루받이를 도와준다.

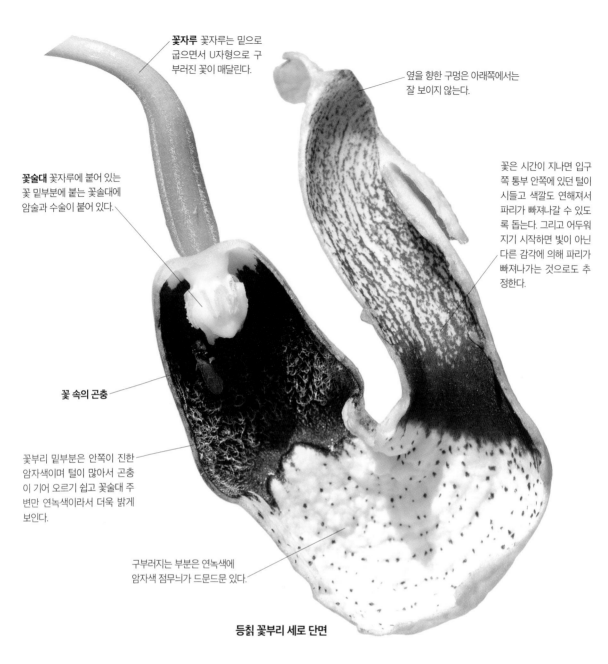

꽃자루 꽃자루는 밑으로 굽으면서 U자형으로 구부러진 꽃이 매달린다.

옆을 향한 구멍은 아래쪽에서는 잘 보이지 않는다.

꽃술대 꽃자루에 붙어 있는 꽃 밑부분에 붙는 꽃술대에 암술과 수술이 붙어 있다.

꽃은 시간이 지나면 입구 쪽 통부 안쪽에 있던 털이 시들고 색깔도 연해져서 파리가 빠져나갈 수 있도록 돕는다. 그리고 어두워지기 시작하면 빛이 아닌 다른 감각에 의해 파리가 빠져나가는 것으로도 추정한다.

꽃 속의 곤충

꽃부리 밑부분은 안쪽이 진한 암자색이며 털이 많아서 곤충이 기어 오르기 쉽고 꽃술대 주변만 연녹색이라서 더욱 밝게 보인다.

구부러지는 부분은 연녹색에 암자색 점무늬가 드문드문 있다.

등칡 꽃부리 세로 단면

암술 꽃이 피면 2일 정도 암술이 먼저 성숙한다. 암술머리는 삼각형이고 셋으로 갈라진다.

꽃술대 주변만 연녹색이어서 환하기 때문에 파리가 출구로 생각하고 나가려다가 몸에 꽃가루를 묻힌다.

수술 등칡의 수술은 세모진 꽃술대 1면에 2개씩 모두 6개이며 꽃밥은 노란색이다. 암술이 성숙한 후에 수술의 꽃밥이 터지면서 꽃가루가 나온다.

꽃술대 부분 등칡은 암술과 수술의 성숙 시기를 달리해 제꽃가루받이를 피한다. 등칡은 수술보다 암술이 먼저 성숙하는 암술먼저피기 꽃이다.

227

꽃의 향기

꽃들이 뿜어내는 향기는 공기를 타고 퍼져 나가기 때문에 꽃의 색깔을 보고 곤충이 찾아오게 만드는 것보다 더 먼 거리에 있는 곤충을 불러 모을 수 있다. 향기는 꽃이 활짝 피었을 때 대개 꽃잎의 특정 부분에서 만들어지지만 꿀샘에서 만들어지기도 한다. 같은 종류의 꽃에서는 낮은 곳에서 자란 꽃보다는 높은 산에서 자란 꽃의 색깔과 향기가 더욱 진한데 높은 곳에는 곤충의 수가 더 적기 때문이다. 밤에 활동하는 박쥐나 야행성 나방은 향기가 더욱 중요하기 때문에 밤에 피는 꽃은 향기가 더욱 진하다.

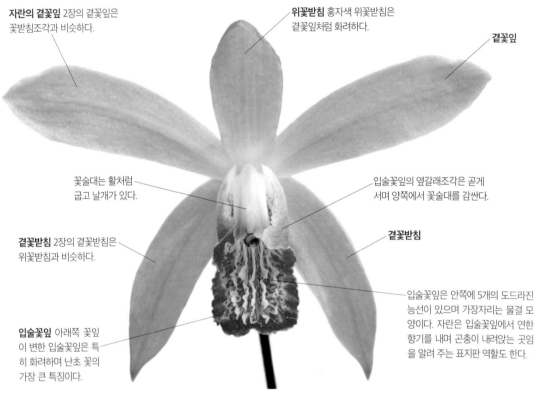

자란의 곁꽃잎 2장의 곁꽃잎은 꽃받침조각과 비슷하다.

위꽃받침 홍자색 위꽃받침은 곁꽃잎처럼 화려하다.

곁꽃잎

꽃술대는 활처럼 굽고 날개가 있다.

입술꽃잎의 옆갈래조각은 곧게 서며 양쪽에서 꽃술대를 감싼다.

곁꽃받침 2장의 곁꽃받침은 위꽃받침과 비슷하다.

곁꽃받침

입술꽃잎은 안쪽에 5개의 도드라진 능선이 있으며 가장자리는 물결 모양이다. 자란은 입술꽃잎에서 연한 향기를 내며 곤충이 내려앉는 곳임을 알려 주는 표지판 역할도 한다.

입술꽃잎 아래쪽 꽃잎이 변한 입술꽃잎은 특히 화려하며 난초 꽃의 가장 큰 특징이다.

자란 꽃 모양 전남 지방의 바닷가에서 자라는 난초로 여러해살이풀이며 5~6월에 홍자색 꽃이 핀다. 자란 꽃에는 꿀이 없다. 하지만 아름다운 색깔과 향기에 끌려 벌과 같은 곤충이 꽃을 찾아온다. 몇 번 속은 곤충은 다시는 자란을 찾지 않지만 워낙 곤충이 많아지는 시기이고 꽃 피는 기간이 길어서 자란 꽃은 무사히 꽃가루받이를 마칠 수 있다.

금목서 남부 지방에서 관상수로 기르는 늘푸른떨기나무로 가을에 잎겨드랑이에 모여 피는 주황색 꽃은 향기가 진하며 향수의 원료로 쓴다.

치자나무 남부 지방에서 기르는 늘푸른떨기나무로 초여름에 가지 끝에 1개씩 피는 흰색 꽃은 달콤한 향기가 나며 꽃잎을 먹기도 한다.

서향 남부 지방에서 기르는 늘푸른떨기나무로 이른 봄에 가지 끝에 모여 피는 홍자색 꽃은 향기가 진해서 '천리향'이라고도 한다.

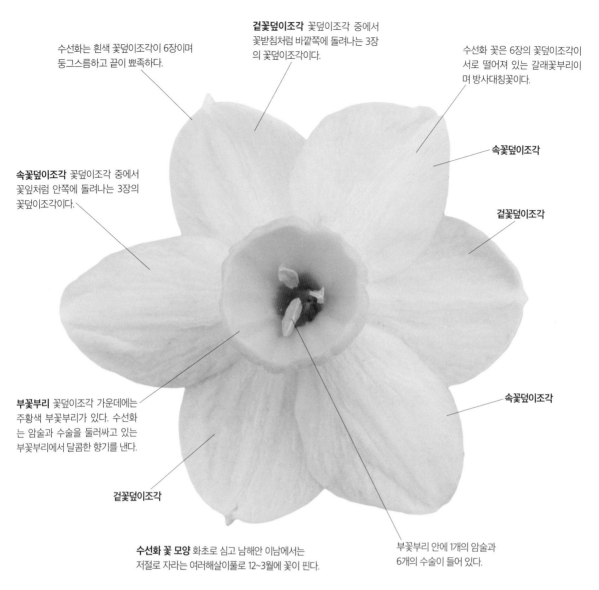

수선화는 흰색 꽃덮이조각이 6장이며 둥그스름하고 끝이 뾰족하다.

겉꽃덮이조각 꽃덮이조각 중에서 꽃받침처럼 바깥쪽에 돌려나는 3장의 꽃덮이조각이다.

수선화 꽃은 6장의 꽃덮이조각이 서로 떨어져 있는 갈래꽃부리이며 방사대칭꽃이다.

속꽃덮이조각

속꽃덮이조각 꽃덮이조각 중에서 꽃잎처럼 안쪽에 돌려나는 3장의 꽃덮이조각이다.

겉꽃덮이조각

부꽃부리 꽃덮이조각 가운데에는 주황색 부꽃부리가 있다. 수선화는 암술과 수술을 둘러싸고 있는 부꽃부리에서 달콤한 향기를 낸다.

속꽃덮이조각

겉꽃덮이조각

수선화 꽃 모양 화초로 심고 남해안 이남에서는 저절로 자라는 여러해살이풀로 12~3월에 꽃이 핀다.

부꽃부리 안에 1개의 암술과 6개의 수술이 들어 있다.

백리향 높은 산에서 자라며 여름에 가지 끝에 모여 피는 홍자색 꽃은 향기가 진하다.

야래향 온실에서 기르는 늘푸른떨기나무로 가는 대롱 모양의 연노란색 꽃은 향기가 진하다.

라일락 유럽 원산의 갈잎떨기나무로 4~5월에 피는 연자주색~흰색 꽃은 진한 향기가 난다.

빵꽃덩굴 자바 원산의 덩굴나무로 꽃에서 달콤한 빵 냄새나 코코넛 같은 달콤한 향기가 난다.

꽃향기를 담은 향수

사람들은 싱그럽고 달콤한 꽃향기를 항상 맡을 순 없을까 궁리한 끝에 꽃들이 뿜어내는 향기를 모아 향수를 만들었다. 꽃에 들어 있는 향기로운 휘발성 기름을 추출하기 위해 10세기 경 아랍에서 수증기 증류법을 개발하였다. 커다란 탱크에 꽃을 넣고 열을 가하면 꽃의 세포벽이 파괴되면서 세포벽 사이의 정유와 수증기가 기체가 되어 모인다. 이 기체가 냉각 탱크를 지나면서 향을 품은 에센셜오일이 되며 이 에센셜오일은 향수 등의 원료로 쓰인다.

일랑일랑은 인도네시아 원산의 늘푸른키나무로 가지 끝과 잎겨드랑이에 노란색 꽃이 1년 내내 고개를 숙이고 핀다. 관능적이고 에로틱한 향은 사랑의 전령사로 불리며 연인 사이의 무드를 고조시키는 데 도움을 주어서 원산지에서는 신혼부부의 침대에 이 꽃을 뿌려 놓는다고 한다. 일랑일랑은 말레이시아어로 '꽃중의 꽃'이란 뜻이다.

어린 꽃은 연녹색이 돌며 점차 노란색이 된다.

노란색 꽃은 부드럽고 달콤한 발삼향을 풍긴다.

가느다란 꽃잎은 끝부분이 꼬인다.

일랑일랑 노란색 꽃은 그리 아름답지는 않지만 감미로운 꽃향기는 최고로 친다. 꽃에서 추출한 에센셜오일은 샤넬과 같은 유명 향수의 원료로 쓰이는 것으로 알려져 있다.

흰자스민 남아시아 원산의 반덩굴나무로 꽃에서 에센셜오일을 추출하는데 감미롭고 우아한 꽃향기는 활력을 불어넣어 준다.

겹꽃말리화 열대아시아 원산의 늘푸른떨기나무로 꽃에서 에센셜오일을 추출하는데 감미로운 꽃향기는 활력을 불어넣어 준다.

유럽피나무 유럽 원산의 갈잎큰키나무로 꽃에서 추출한 에센셜오일의 달콤매콤한 향은 머리를 맑게 하고 호흡기 질환에 효과적이다.

로만캐모마일 유럽 원산의 허브식물로 꽃에서 에센셜오일을 추출하는데 사과처럼 상큼달콤한 향은 마음을 진정시켜 준다.

장미꽃잎은 아침 이슬이 맺혀 있는 새벽에 따서 증류해야만 질 좋고 많은 양의 에센셜오일을 얻을 수 있다고 한다.

백합 일본 원산의 여러해살이풀로 꽃에서 추출한 에센셜오일은 향수의 원료로 쓰이고 피부 미용 재료로도 쓰인다.

장미 장미는 세계적으로 수만 종이 넘는 품종이 재배되고 있을 정도로 많으며 시원하면서도 싱그러운 향기가 나기 때문에 에센셜오일을 추출하여 사용하고 있다. 장미의 에센셜오일을 많이 생산하는 지역은 튀르키예, 불가리아, 프랑스, 이탈리아, 모로코, 중국 등이다. 장미의 에센셜오일은 미용이나 향수를 만드는 데 사용하고 일부는 혈액 순환을 개선하는 등의 건강을 돕는 약재로 이용하기도 한다.

로즈마리 지중해 원산의 늘푸른떨기나무로 남해안 이남에서 화단에 심어 기르는 허브식물이다. 꽃과 잎에서 추출한 에센셜오일의 상쾌하고 깨끗한 향은 머리를 맑게 해 주고 기억력과 집중력을 높여 준다.

잉글리쉬라벤더 지중해 원산의 허브식물로 꽃과 잎에서 추출한 에센셜오일의 우아하고 깔끔한 향은 아로마테라피에 널리 쓰인다.

그린타임 유라시아 원산의 허브식물로 꽃과 잎에서 에센셜오일을 추출하는데 매콤한 향은 기억력과 집중력을 향상 시켜 준다.

바질 열대아시아 원산의 허브식물로 꽃과 잎에서 에센셜오일을 추출하는데 상큼한 향은 집중력을 향상시켜 준다.

히숍 유라시아 원산의 허브식물로 꽃과 잎에서 에센셜오일을 추출하는데 달콤한 향은 정신적 안정을 가져다 준다.

악취를 풍기는 꽃

많은 꽃이 곤충을 불러 모으기 위해 향긋한 꽃 향기를 풍기지만 어떤 식물은 향기 대신에 악취가 나는 꽃을 피우기도 한다. 악취를 풍기는 꽃은 동물의 배설물이나 시체가 썩는 것이라고 착각한 곤충들이 찾아와 알을 낳거나 꽃가루를 먹는 중에 꽃가루받이를 해 준다. 앉은부채는 산골짜기의 습한 곳에서 자라는 여러해살이 풀로 이른 봄에 꽃이 피는데 좋지 않은 냄새를 풍기기 때문에 영어로는 '스컹크 캐비지(skunk cabbage)'라고 불리며 둥근 꽃이삭은 도깨비방망이를 닮았다. 꽃이삭을 받치고 있는 꽃덮개는 불상 뒤를 꾸미는 무늬와 닮아서 '불염포(佛焰苞)'라고도 한다.

앉은부채 꽃은 영어로 '스컹크 캐비지'라고 불릴 정도로 좋지 않은 냄새로 파리와 같은 곤충을 불러 모은다.

꽃덮개 꽃덮개는 둥근 달걀 모양이고 자갈색이며 진한 색 반점이 있다. 부처의 후광처럼 꽃이삭의 뒤를 둘러싸고 있다.

꽃이삭 둥근 꽃이삭은 꽃덮개 속에 들어 있다. 앉은부채는 스스로 열을 내는 발열식물로 개화기에는 꽃덮개 속의 온도가 20도 정도로 유지된다고 한다.

앉은부채 꽃 모양 이른 봄에 피는 꽃은 열을 내기 때문에 냄새를 따라 들어온 파리나 꿀벌과 같은 곤충은 따스한 꽃 안에서 오래도록 머물면서 꽃가루받이를 도와준다.

스파티필룸 관엽식물로 꽃에서 나는 좋지 않은 냄새를 따라 파리가 많이 모여든다. 파리는 꽃가루를 먹으면서 꽃가루받이를 도와준다.

라플레시아 기생식물로 세계에서 가장 큰 꽃이 피는데 지름이 1m에 달한다. 파리를 유인하기 위해 꽃에서 고약한 냄새를 풍긴다.

타이탄아룸 인도네시아 원산의 여러해살이풀로 3m에 달하는 꽃송이는 시체 썩는 냄새를 풍긴다.

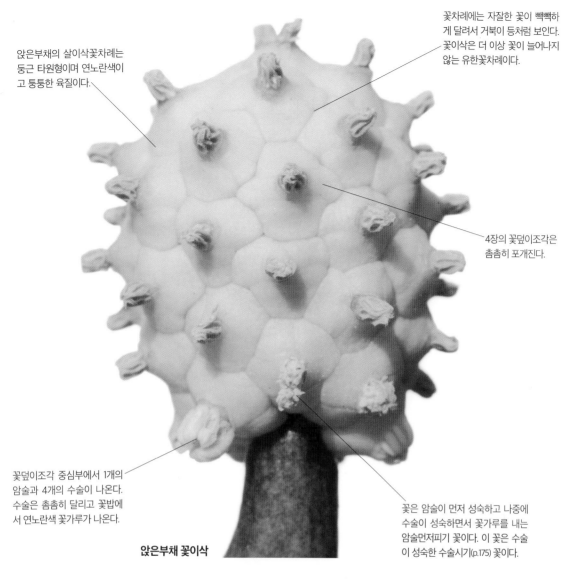

앉은부채의 살이삭꽃차례는
둥근 타원형이며 연노란색이
고 통통한 육질이다.

꽃차례에는 자잘한 꽃이 빽빽하
게 달려서 거북이 등처럼 보인다.
꽃이삭은 더 이상 꽃이 늘어나지
않는 유한꽃차례이다.

4장의 꽃덮이조각은
촘촘히 포개진다.

꽃덮이조각 중심부에서 1개의
암술과 4개의 수술이 나온다.
수술은 촘촘히 달리고 꽃밥에
서 연노란색 꽃가루가 나온다.

꽃은 암술이 먼저 성숙하고 나중에
수술이 성숙하면서 꽃가루를 내는
암술먼저피기 꽃이다. 이 꽃은 수술
이 성숙한 수술시기(p.175) 꽃이다.

앉은부채 꽃이삭

자이언트아룸 동남아시아 원
산의 여러해살이풀로 적갈색
꽃송이는 시체 썩는 냄새를 풍
긴다.

거성화 다육식물로 재배한다.
불가사리 모양의 큰 꽃은 고기 썩
는 냄새로 파리를 불러 모은다.

포포나무 관상수로 심는다. 이
른 봄에 암자색 꽃이 고개를 숙
이고 피는데 고기 썩는 냄새가
난다.

애기앉은부채 산에서 자라는
여러해살이풀로 여름에 꽃이
피는 것이 봄에 피는 앉은부채
와 다르다.

곤충을 속이는 개불알꽃

난초 중에는 자란(p.228)처럼 달콤한 보상을 줄 것처럼 곤충을 현혹해서 꽃가루받이를 돕도록 하고 꿀은 제공하지 않는 종류가 여럿 있다. 깊은 산에서 자라는 개불알꽃은 아름다운 색깔과 냄새로 벌을 유혹해서 요강 모양의 입술꽃잎에 있는 구멍으로 들어오게 한다. 입술꽃잎 속에 빠진 벌은 바닥을 기어올라 좁은 구멍으로 빠져나가면서 암술과 수술을 건드려 꽃가루받이를 돕는다. 개불알꽃에는 꿀이 없어서 벌은 아무 보상도 받지 못한다. 또 난초과의 투구난속(*Paphiopedilum*) 꽃들은 진딧물을 좋아하는 꽃등에를 진딧물을 닮은 점으로 유인해서 강제로 꽃가루받이를 돕도록 만들고 꿀은 제공하지 않는다.

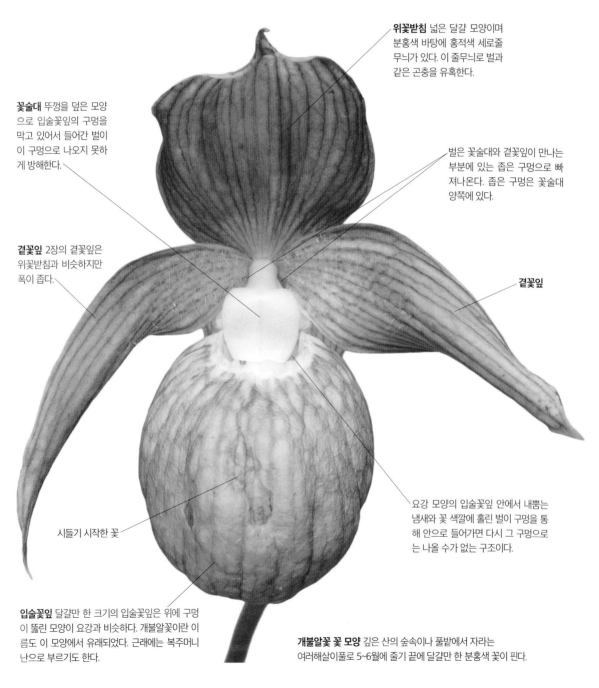

위꽃받침 넓은 달걀 모양이며 분홍색 바탕에 홍적색 세로줄 무늬가 있다. 이 줄무늬로 벌과 같은 곤충을 유혹한다.

꽃술대 뚜껑을 덮은 모양으로 입술꽃잎의 구멍을 막고 있어서 들어간 벌이 이 구멍으로 나오지 못하게 방해한다.

벌은 꽃술대와 곁꽃잎이 만나는 부분에 있는 좁은 구멍으로 빠져나온다. 좁은 구멍은 꽃술대 양쪽에 있다.

곁꽃잎 2장의 곁꽃잎은 위꽃받침과 비슷하지만 폭이 좁다.

곁꽃잎

시들기 시작한 꽃

요강 모양의 입술꽃잎 안에서 내뿜는 냄새와 꽃 색깔에 홀린 벌이 구멍을 통해 안으로 들어가면 다시 그 구멍으로는 나올 수가 없는 구조이다.

입술꽃잎 달걀만 한 크기의 입술꽃잎은 위에 구멍이 뚫린 모양이 요강과 비슷하다. 개불알꽃이란 이름도 이 모양에서 유래되었다. 근래에는 복주머니난으로 부르기도 한다.

개불알꽃 꽃 모양 깊은 산의 숲속이나 풀밭에서 자라는 여러해살이풀로 5~6월에 줄기 끝에 달걀만 한 분홍색 꽃이 핀다.

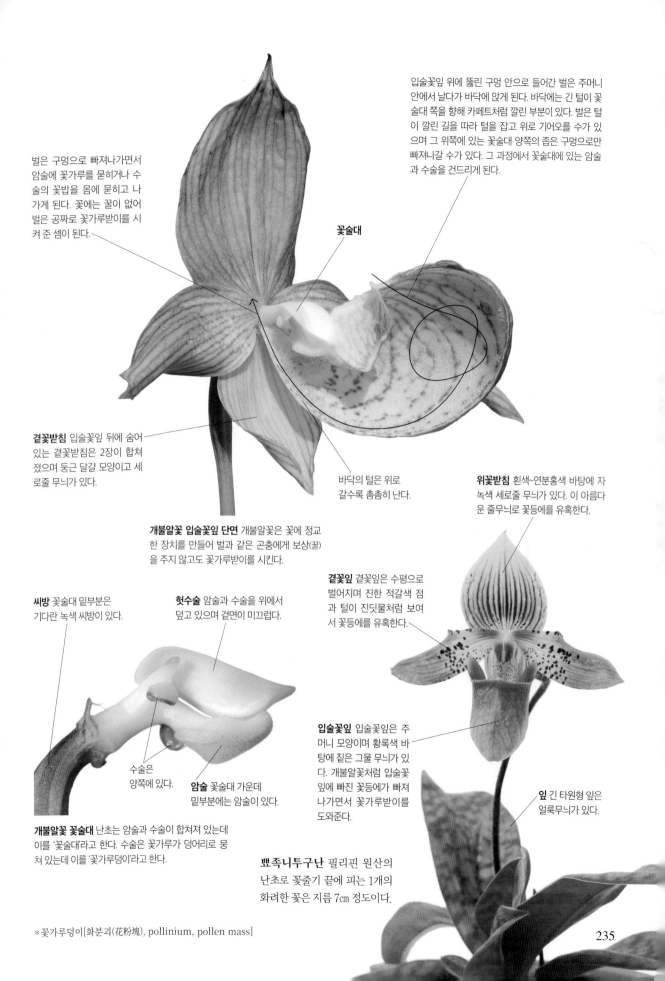

벌은 구멍으로 빠져나가면서 암술에 꽃가루를 묻히거나 수술의 꽃밥을 몸에 묻히고 나가게 된다. 꽃에는 꿀이 없어 벌은 공짜로 꽃가루받이를 시켜 준 셈이 된다.

입술꽃잎 위에 뚫린 구멍 안으로 들어간 벌은 주머니 안에서 날다가 바닥에 앉게 된다. 바닥에는 긴 털이 꽃술대 쪽을 향해 카페트처럼 깔린 부분이 있다. 벌은 털이 깔린 길을 따라 털을 잡고 위로 기어오를 수가 있으며 그 위쪽에 있는 꽃술대 양쪽의 좁은 구멍으로만 빠져나갈 수가 있다. 그 과정에서 꽃술대에 있는 암술과 수술을 건드리게 된다.

꽃술대

곁꽃받침 입술꽃잎 뒤에 숨어 있는 곁꽃받침은 2장이 합쳐졌으며 둥근 달걀 모양이고 세로줄 무늬가 있다.

바닥의 털은 위로 갈수록 촘촘히 난다.

위꽃받침 흰색~연분홍색 바탕에 자녹색 세로줄 무늬가 있다. 이 아름다운 줄무늬로 꽃등에를 유혹한다.

개불알꽃 입술꽃잎 단면 개불알꽃은 꽃에 정교한 장치를 만들어 벌과 같은 곤충에게 보상(꿀)을 주지 않고도 꽃가루받이를 시킨다.

곁꽃잎 곁꽃잎은 수평으로 벌어지며 진한 적갈색 점과 털이 진딧물처럼 보여서 꽃등에를 유혹한다.

씨방 꽃술대 밑부분은 기다란 녹색 씨방이 있다.

헛수술 암술과 수술을 위에서 덮고 있으며 겉면이 미끄럽다.

수술은 양쪽에 있다.

암술 꽃술대 가운데 밑부분에는 암술이 있다.

입술꽃잎 입술꽃잎은 주머니 모양이며 황록색 바탕에 짙은 그물 무늬가 있다. 개불알꽃처럼 입술꽃잎에 빠진 꽃등에가 빠져나가면서 꽃가루받이를 도와준다.

잎 긴 타원형 잎은 얼룩무늬가 있다.

개불알꽃 꽃술대 난초는 암술과 수술이 합쳐져 있는데 이를 '꽃술대'라고 한다. 수술은 꽃가루가 덩어리로 뭉쳐 있는데 이를 '꽃가루덩이'라고 한다.

뾰족니투구난 필리핀 원산의 난초로 꽃줄기 끝에 피는 1개의 화려한 꽃은 지름 7㎝ 정도이다.

*꽃가루덩이[화분괴(花粉塊), pollinium, pollen mass]

꽃의 수면운동

어떤 꽃은 햇빛의 세기나 온도와 같은 외부의 자극에 반응해 꽃잎을 열거나 닫는데 이런 활동을 '꽃의 수면운동'이라고 한다. 산에서 자라는 노루귀는 이른 봄에 보라색, 분홍색, 흰색 꽃이 피는데 꽃잎처럼 보이는 것은 꽃받침조각이다. 노루귀는 햇빛이 잘 비치면서 온도가 올라가는 한낮에만 꽃이 활짝 벌어지고 햇빛이 약해지면서 온도가 내려가면 다시 꽃을 오므리는 수면운동을 한다. 수면운동을 하는 꽃은 오므린 꽃에 햇빛이 비쳐 꽃 안의 온도가 올라가면 꽃잎 안쪽의 세포가 확장되면서 꽃이 벌어지고 해가 지고 온도가 내려가면 반대로 세포가 수축되면서 꽃을 오므려 추위로부터 암술과 수술을 보호한다.

노루귀 수술 수술은 수술대의 길이가 제각각이고 꽃밥은 흰색이다.

온도가 오르면 꽃잎처럼 보이는 꽃받침조각 안쪽의 세포가 확장되면서 꽃이 벌어진다.

암술 가운데에 있는 많은 암술을 많은 수술이 둘러싸고 있다.

보라색 꽃받침조각은 6~10장이다.

활짝 핀 노루귀 꽃 햇빛이 잘 비치는 한낮이 되면 보라색 꽃이 활짝 핀다. 흰색이나 분홍색 꽃이 피는 것도 있다.

튤립 알뿌리화초로 봄에 줄기 끝에 여러 색깔의 꽃이 위를 향해 피는데 밤에는 꽃덮이조각을 오므린다.

봄크로커스 알뿌리화초로 봄에 줄기 끝에 자주색 꽃이 위를 향해 피는데 밤에는 꽃덮이조각을 오므린다.

너도바람꽃 중북부의 산에서 자라는 여러해살이풀로 봄에 꽃이 피는데 밤에는 흰색 꽃받침조각을 오므린다.

변산바람꽃 산에서 자라는 여러해살이풀로 2~4월에 꽃이 피는데 밤에는 흰색 꽃받침조각을 오므린다.

＊수면운동(睡眠運動)[취면운동(就眠運動), nyctinasty, nyctinastic movement]

모인꽃턱잎조각 꽃받침처럼 보이는 모인꽃턱잎조각은 3개이며 달걀 모양이고 흰색 털이 빽빽하다. 모인꽃턱잎조각은 꽃봉오리 때부터 꽃받침과 암술과 수술을 따뜻하게 감싸서 보호한다.

꽃받침조각 뒷면은 연보라색이다.

꽃줄기에도 흰색 털이 빽빽하다.

온도가 내려가면 꽃받침조각 안쪽의 세포가 수축되기 시작하면서 꽃받침조각이 안쪽으로 오므라들기 시작한다.

저녁이 되면 꽃받침조각은 완전히 오므려서 속에 든 암술과 수술을 보호한다.

오므리고 있는 노루귀 꽃 오후가 되면서 햇빛이 약해지고 온도가 내려가면 꽃받침조각이 오므라들면서 닫히기 시작한다.

서양민들레 산과 들에서 자라는 여러해살이풀로 3~9월에 꽃이 피는데 밤에는 노란색 꽃송이를 오므린다.

수련 연못에서 자라는 여러해살이풀로 여름에 꽃이 피는데 밤에는 흰색 꽃송이가 꽃잎을 오므리고 잠을 잔다.

푸베스켄스수련 인도와 동남아시아 원산의 열대수련으로 8~10월에 붉은색이나 흰색의 큼직한 꽃이 물 밖으로 나와 핀다. 수련(睡蓮)은 '잠자는 연꽃'이란 뜻으로 밤에 꽃잎을 오므리지만 푸베스켄스수련은 밤에 꽃이 피며 낮에는 꽃잎을 오므리고 낮잠을 잔다.

꽃봉오리

식물은 꽃을 피우기 위해 미리 꽃눈을 준비한다. 꽃이 필 때가 가까워지면 꽃눈 속에서 키워 왔던 꽃망울이 부풀어 오른 상태를 '꽃봉오리'라고 하며 보통 눈비늘조각이나 꽃턱잎조각 등도 함께 포함시킨다. 꽃봉오리가 자라면 겹겹이 포개진 어린 꽃잎을 내밀기도 하고 꽃잎이 나사처럼 말리며 밀고 나오기도 한다. 식물마다 꽃 모양이 제각기 다른 것처럼 꽃봉오리의 모양도 여러 가지이다.

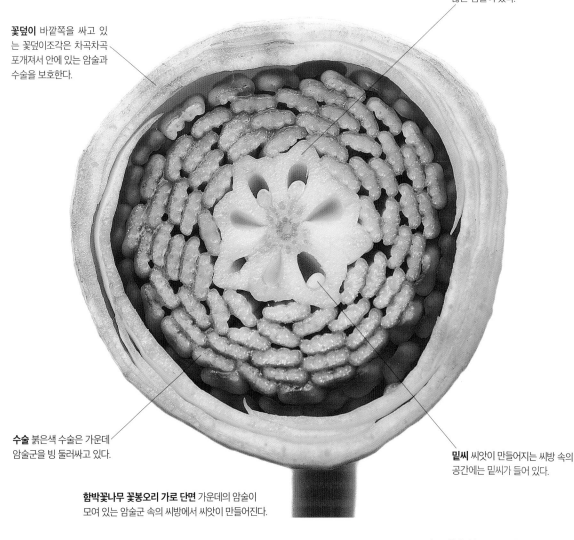

드러나는 꽃덮이조각

꽃턱잎 꽃봉오리가 자라면서 비늘조각 모양의 꽃턱잎은 점차 벗겨진다.

함박꽃나무 꽃봉오리 꽃봉오리가 벌어지면서 안에 있는 흰색 꽃덮이조각이 드러난다.

암술군 꽃턱 윗부분의 암술군에는 많은 암술이 있다.

꽃덮이 바깥쪽을 싸고 있는 꽃덮이조각은 차곡차곡 포개져서 안에 있는 암술과 수술을 보호한다.

수술 붉은색 수술은 가운데 암술군을 빙 둘러싸고 있다.

밑씨 씨앗이 만들어지는 씨방 속의 공간에는 밑씨가 들어 있다.

함박꽃나무 꽃봉오리 가로 단면 가운데의 암술이 모여 있는 암술군 속의 씨방에서 씨앗이 만들어진다.

238

*꽃봉오리[화봉(花峯, 花峰), flower bud]

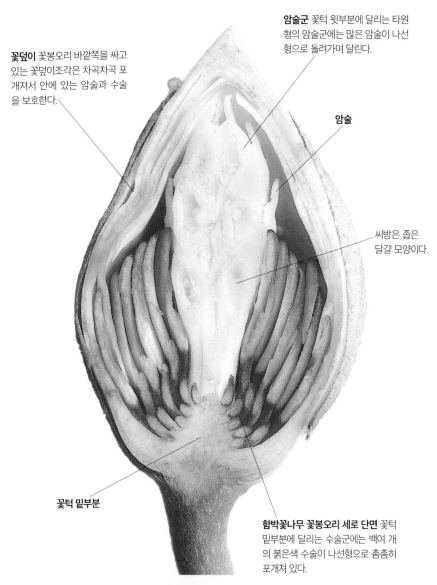

꽃덮이 꽃봉오리 바깥쪽을 싸고 있는 꽃덮이조각은 차곡차곡 포개져서 안에 있는 암술과 수술을 보호한다.

암술군 꽃턱 윗부분에 달리는 타원형의 암술군에는 많은 암술이 나선형으로 돌려가며 달린다.

암술

씨방은 좁은 달걀 모양이다.

꽃턱 밑부분

함박꽃나무 꽃봉오리 세로 단면 꽃턱 밑부분에 달리는 수술군에는 백여 개의 붉은색 수술이 나선형으로 촘촘히 포개져 있다.

등칡 산에서 자라는 갈잎덩굴나무로 색소폰 모양의 꽃부리 입구 부분은 막혀 있다가 3갈래로 벌어진다.

거성화 여러해살이 다육식물로 원통형 꽃봉오리가 벌어지면서 별 모양의 꽃이 핀다.

옥잠화 여러해살이화초로 8~9월에 둥근 뿌리잎 사이에서 자란 송이꽃차례에 흰색 꽃이 핀다. 기다란 흰색 꽃봉오리는 머리에 꽂는 비녀를 닮았다. 옥잠(玉簪)은 '옥으로 만든 비녀'란 뜻이다.

투구꽃 산에서 자라는 여러해살이풀로 꽃봉오리는 꽃보다 더 투구를 닮았다.

용머리 산과 들에서 자라는 여러해살이풀로 꽃봉오리와 꽃은 용의 머리를 닮았다.

*수술군[웅예군(雄蘂群), androeceum] / 암술군[자예군(雌蘂群), gynoeceum]

꽃봉오리 지키기

식물의 어린 꽃봉오리는 연약하면서도 양분이 많기 때문에 곤충이나 애벌레가 호시탐탐 노리는 먹잇감이다. 식물은 보통 꽃봉오리를 꽃받침으로 싸서 보호하지만 어떤 식물은 또 다른 방어 수단을 준비하기도 한다. 가시연꽃은 꽃받침과 꽃자루를 날카로운 가시로 촘촘히 덮어서 꽃봉오리를 보호하고 철쭉은 꽃받침을 독성분이 있는 끈적거리는 샘털로 덮어서 지키고 있다.

가시연꽃 꽃받침 꽃받침조각은 4장이고 꽃자루와 함께 날카로운 가시로 덮여 있어서 안에 든 꽃잎과 암술, 수술을 보호한다.

꽃잎

가시 바늘처럼 날카로운 가시는 길이가 조금씩 다르다.

꽃받침조각 밑부분은 합쳐지고 겉은 대부분 녹색이 돈다.

개화 꽃봉오리가 벌어지면서 암술과 수술이 드러나 꽃가루받이를 할 수 있는 상태가 되는 것을 '개화'라고 한다.

꽃자루 굵고 튼튼하며 날카로운 가시로 덮여 있다.

꽃잎

꽃받침조각

가시연꽃 꽃봉오리 연못에서 자라는 한해살이물풀로 8~9월에 자주색 꽃이 물 밖으로 올라와 핀다.

가시는 주름과 잎맥 위에 많다.

활짝 핀 가시연꽃 가시에 싸여 보호를 받은 꽃봉오리가 벌어지면서 아름다운 꽃이 핀다. 바깥쪽 꽃잎은 자주색이고 안쪽 꽃잎은 흰색이다. 둘레의 꽃받침은 4장이며 안쪽이 적자색이다. 물속에서 닫힌꽃(p.171)이 피는 꽃송이도 있다.

가시연꽃 어린 잎 새로 돋는 잎은 둥근 화살촉 모양이며 주름이 지고 양면이 가시로 덮여 있어서 잎몸을 보호한다. 둥그스름한 잎은 지름 2m까지 자라는 것도 있다.

*개화(開花)[anthesis, flowering, blooming]

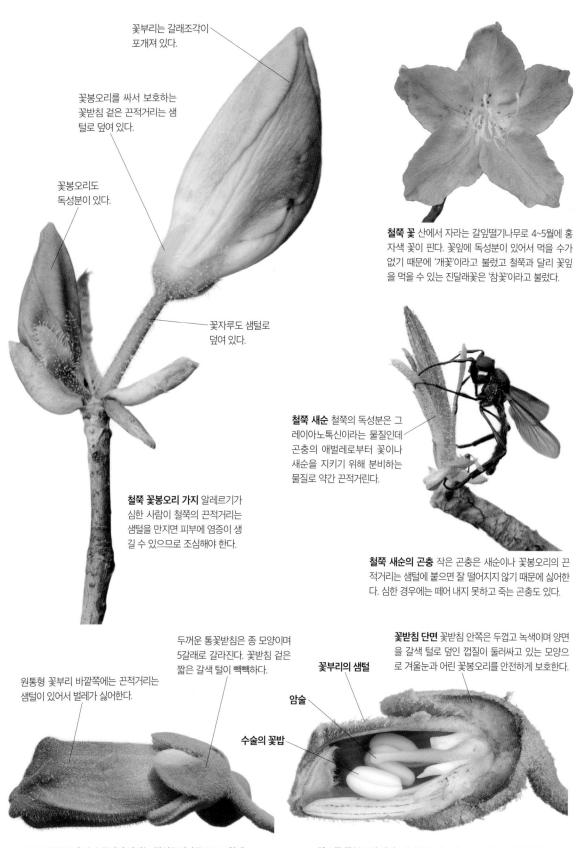

꽃부리는 갈래조각이
포개져 있다.

꽃봉오리를 싸서 보호하는
꽃받침 겉은 끈적거리는 샘
털로 덮여 있다.

꽃봉오리도
독성분이 있다.

꽃자루도 샘털로
덮여 있다.

철쭉 꽃봉오리 가지 알레르기가
심한 사람이 철쭉의 끈적거리는
샘털을 만지면 피부에 염증이 생
길 수 있으므로 조심해야 한다.

철쭉 꽃 산에서 자라는 갈잎떨기나무로 4~5월에 홍
자색 꽃이 핀다. 꽃잎에 독성분이 있어서 먹을 수가
없기 때문에 '개꽃'이라고 불렀고 철쭉과 달리 꽃잎
을 먹을 수 있는 진달래꽃은 '참꽃'이라고 불렀다.

철쭉 새순 철쭉의 독성분은 그
레이아노톡신이라는 물질인데
곤충의 애벌레로부터 꽃이나
새순을 지키기 위해 분비하는
물질로 약간 끈적거린다.

철쭉 새순의 곤충 작은 곤충은 새순이나 꽃봉오리의 끈
적거리는 샘털에 붙으면 잘 떨어지지 않기 때문에 싫어한
다. 심한 경우에는 떼어 내지 못하고 죽는 곤충도 있다.

두꺼운 통꽃받침은 종 모양이며
5갈래로 갈라진다. 꽃받침 겉은
짧은 갈색 털이 빽빽하다.

꽃받침 단면 꽃받침 안쪽은 두껍고 녹색이며 양면
을 갈색 털로 덮인 껍질이 둘러싸고 있는 모양으
로 겨울눈과 어린 꽃봉오리를 안전하게 보호한다.

꽃부리의 샘털

암술

원통형 꽃부리 바깥쪽에는 끈적거리는
샘털이 있어서 벌레가 싫어한다.

수술의 꽃밥

참오동 꽃봉오리 산과 들에서 자라는 갈잎큰키나무로 5~6월에
연보라색 꽃이 핀다. 두꺼운 꽃받침은 갈색 털이 빽빽하다.

참오동 꽃봉오리 단면 1개의 암술과 4개의 수술은 두꺼운 꽃받침과
막혀 있는 꽃부리가 싸서 보호하고 있다.

백선의 꽃 지키기

백선은 산기슭에서 자라는 여러해살이풀로 5~6월에 줄기 끝의 송이꽃차례에 연홍색 꽃이 모여 핀다. 백선은 꽃잎과 꽃받침 뒷면, 씨방, 수술대, 잎 등에 역한 냄새를 풍기는 샘물질이 흩어져 나는데 건드리면 냄새가 더 진해지기 때문에 곤충이나 애벌레가 잘 오지 않는다. 그런데 유독 산호랑나비 애벌레는 백선의 잎을 먹고 자란다. 백선을 먹고 자란 산호랑나비 애벌레는 냄새뿔을 이용해 역겨운 냄새를 풍기기 때문에 새가 잘 잡아먹지 않는다고 한다.

꽃잎 꽃잎은 5장이며 긴 타원형이고 끝이 뾰족하며 연홍색 바탕에 보라색 줄무늬가 핏줄처럼 갈라진다.

5장의 꽃잎 중에서 4장은 칠부채처럼 펼쳐지고 맨 밑의 꽃잎은 밑으로 처진다.

수술은 10개이다.

성숙한 수술은 수술대가 위로 휘어진다.

성숙하지 않은 수술

밑으로 처진 맨 밑의 꽃잎

백선 꽃 모양

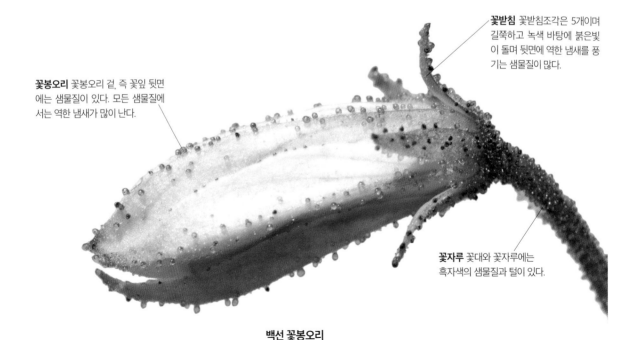

꽃받침 꽃받침조각은 5개이며 길쭉하고 녹색 바탕에 붉은빛이 돌며 뒷면에 역한 냄새를 풍기는 샘물질이 많다.

꽃봉오리 꽃봉오리 겉, 즉 꽃잎 뒷면에는 샘물질이 있다. 모든 샘물질에서는 역한 냄새가 많이 난다.

꽃자루 꽃대와 꽃자루에는 흑자색의 샘물질과 털이 있다.

백선 꽃봉오리

242

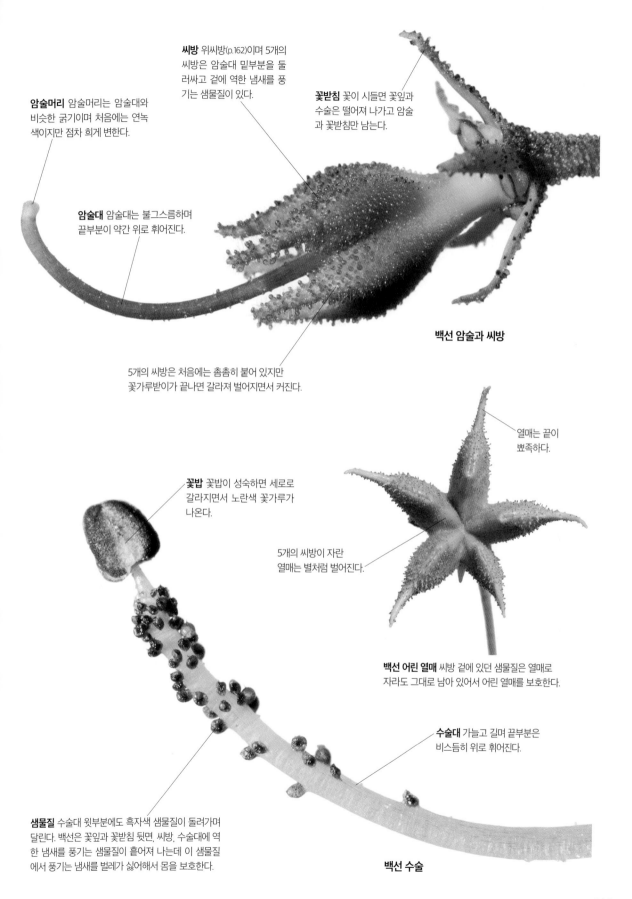

씨방 위씨방(p.162)이며 5개의 씨방은 암술대 밑부분을 둘러싸고 겉에 역한 냄새를 풍기는 샘물질이 있다.

꽃받침 꽃이 시들면 꽃잎과 수술은 떨어져 나가고 암술과 꽃받침만 남는다.

암술머리 암술머리는 암술대와 비슷한 굵기이며 처음에는 연녹색이지만 점차 희게 변한다.

암술대 암술대는 불그스름하며 끝부분이 약간 위로 휘어진다.

백선 암술과 씨방

5개의 씨방은 처음에는 촘촘히 붙어 있지만 꽃가루받이가 끝나면 갈라져 벌어지면서 커진다.

열매는 끝이 뾰족하다.

꽃밥 꽃밥이 성숙하면 세로로 갈라지면서 노란색 꽃가루가 나온다.

5개의 씨방이 자란 열매는 별처럼 벌어진다.

백선 어린 열매 씨방 겉에 있던 샘물질은 열매로 자라도 그대로 남아 있어서 어린 열매를 보호한다.

수술대 가늘고 길며 끝부분은 비스듬히 위로 휘어진다.

샘물질 수술대 윗부분에도 흑자색 샘물질이 돌려가며 달린다. 백선은 꽃잎과 꽃받침 뒷면, 씨방, 수술대에 역한 냄새를 풍기는 샘물질이 흩어져 나는데 이 샘물질에서 풍기는 냄새를 벌레가 싫어해서 몸을 보호한다.

백선 수술

이질풀 꽃받침 5개의 꽃받침이 각각 떨어져 있는 갈래꽃받침이다.

꽃잎 꽃잎 뒷면에도 진한 색 줄무늬가 보인다.

꽃받침

꽃받침은 꽃을 구성하는 4가지 요소 중에서 가장 바깥 쪽에 위치하며 안쪽에 있는 꽃잎, 수술, 암술을 보호하는 역할을 한다. 특히 꽃봉오리 때는 꽃잎과 수술, 암술을 싸서 꽃이 필 때까지 보호한다. 꽃이 피면 꽃잎은 커지지만 꽃받침은 크게 자라지 않는 것이 대부분이라서 꽃잎보다 작아진다. 꽃받침은 녹색인 것이 많고 수나 모양은 여러 가지이다. 꽃받침은 보통 꽃부리가 통꽃이면 꽃받침도 통으로 되어 있는 것이 많고 갈래꽃은 꽃받침도 갈라져 떨어진 경우가 대부분이다.

이질풀 꽃 뒷면 산과 들에서 자라는 여러해살이풀로 8~9월에 분홍색이나 흰색 갈래꽃이 핀다. 꽃잎과 꽃받침은 각각 5장이며 서로 떨어져 있다. 녹색 꽃받침에는 세로줄이 있다. 이질풀처럼 각각의 꽃받침조각이 서로 떨어져 있는 것을 '갈래꽃받침'이라고 한다.

5장의 꽃잎은 서로 떨어져 있다.

갈래꽃받침

통꽃받침

큰개별꽃 산에서 자라는 여러해살이풀로 4~6월에 줄기 끝에 흰색 갈래꽃이 핀다. 흰색 꽃잎과 녹색 꽃받침은 각각 5~8장이며 서로 떨어져 있다.

앵두나무 과일나무로 3~4월에 연분홍색~흰색 꽃이 핀다. 5장의 꽃잎이 서로 떨어진 갈래꽃이지만 꽃받침의 밑부분은 통꽃받침이고 윗부분만 5갈래로 갈라진다.

＊갈래꽃받침[이판악(離瓣萼), 이악(離萼), aposepalous calyx, polypetalous calyx]

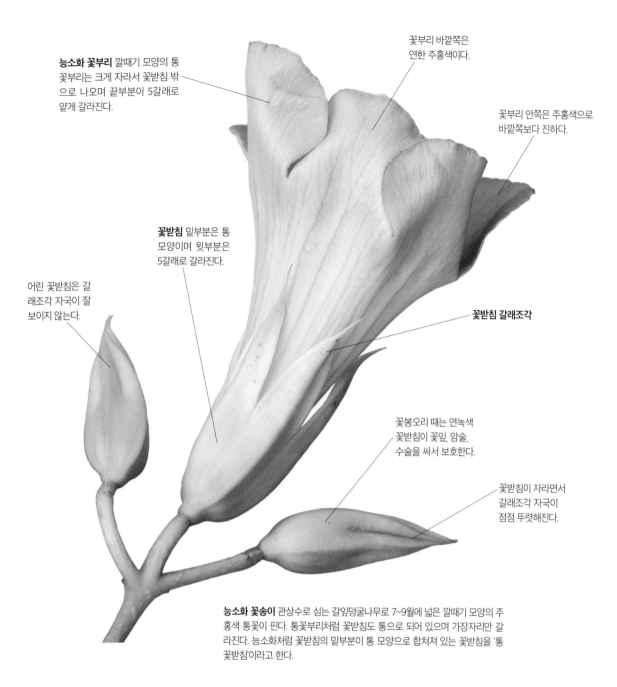

능소화 꽃부리 깔때기 모양의 통 꽃부리는 크게 자라서 꽃받침 밖으로 나오며 끝부분이 5갈래로 얕게 갈라진다.

꽃부리 바깥쪽은 연한 주홍색이다.

꽃부리 안쪽은 주홍색으로 바깥쪽보다 진하다.

꽃받침 밑부분은 통 모양이며 윗부분은 5갈래로 갈라진다.

어린 꽃받침은 갈래조각 자국이 잘 보이지 않는다.

꽃받침 갈래조각

꽃봉오리 때는 연녹색 꽃받침이 꽃잎, 암술, 수술을 싸서 보호한다.

꽃받침이 자라면서 갈래조각 자국이 점점 뚜렷해진다.

능소화 꽃송이 관상수로 심는 갈잎덩굴나무로 7~9월에 넓은 깔때기 모양의 주홍색 통꽃이 핀다. 통꽃부리처럼 꽃받침도 통으로 되어 있으며 가장자리만 갈라진다. 능소화처럼 꽃받침의 밑부분이 통 모양으로 합쳐져 있는 꽃받침을 '통꽃받침'이라고 한다.

통꽃받침

통꽃받침

달맞이꽃 노란색 갈래꽃은 꽃잎이 4장이다. 4장의 꽃받침은 2개씩 합쳐져 뒤로 젖혀진다.

도라지 종 모양의 보라색 꽃은 통꽃부리이고 꽃받침도 통꽃받침이며 끝이 5갈래로 갈라진다.

초롱꽃 초롱 모양의 녹백색 꽃은 통꽃부리이고 꽃받침도 통꽃받침이며 5갈래로 깊게 갈라진다.

＊통꽃받침[합판악(合瓣萼), 합악(合萼), synsepalous calyx]

색깔이 있는 꽃받침

일반적으로 꽃받침은 잎처럼 녹색인 식물이
많지만 꽃잎처럼 다양한 색깔로 꽃받침을 치
장한 식물도 주변에서 찾아볼 수 있다.

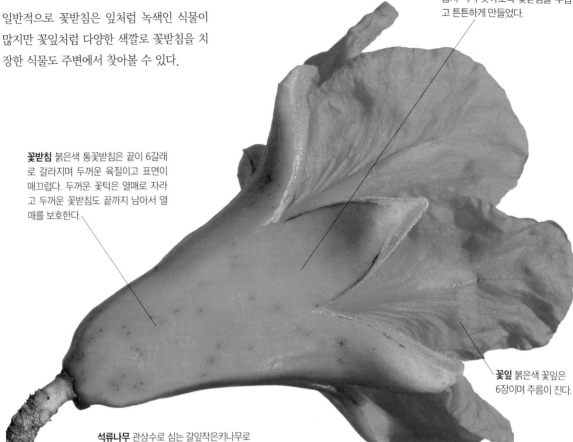

석류나무 꽃은 직박구리 등이 꽃가
루받이를 도와주는 새나름꽃이다.
새가 꽃받침을 뚫고 속에 든 꿀을
훔쳐 먹지 못하도록 꽃받침을 두껍
고 튼튼하게 만들었다.

꽃받침 붉은색 통꽃받침은 끝이 6갈래
로 갈라지며 두꺼운 육질이고 표면이
매끄럽다. 두꺼운 꽃턱은 열매로 자라
고 두꺼운 꽃받침도 끝까지 남아서 열
매를 보호한다.

꽃잎 붉은색 꽃잎은
6장이며 주름이 진다.

석류나무 관상수로 심는 갈잎작은키나무로
5~6월에 가지 끝에 붉은색 꽃이 핀다.

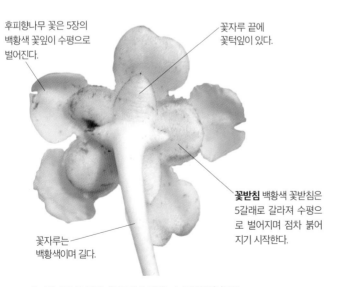

후피향나무 꽃은 5장의
백황색 꽃잎이 수평으로
벌어진다.

꽃자루 끝에
꽃턱잎이 있다.

꽃받침 백황색 꽃받침은
5갈래로 갈라져 수평으
로 벌어지며 점차 붉어
지기 시작한다.

꽃자루는
백황색이며 길다.

후피향나무 꽃 뒷면 제주도에서 자라는 늘푸른큰키나무로
6~7월에 잎겨드랑이에 백황색 꽃이 밑을 보고 핀다.

꽃받침통

갯완두 바닷가 모래땅에서 자라며
둥근 꽃받침통 끝의 갈래조각은 길
이가 서로 다르다.

꽃받침 뒷부분에 부속체가 있다.

꽃줄기 끝부분은 밑으로 꼬부라진다.

꽃잎 흰색 꽃잎은 5장이며 향기가 진하다.

꽃부리 뒷부분은 원통형 꿀주머니로 되어 있다.

남산제비꽃 꽃 모양 산과 들에서 자라는 여러해살이풀로 4~5월에 꽃줄기 끝에 1개의 흰색 꽃이 옆을 보고 핀다.

꽃받침 꽃받침조각은 피침형이며 자갈색이고 5개가 빙 둘러난다.

개오동 꽃받침 통꽃받침은 적갈색이며 입술처럼 둘로 갈라진다.

꽃부리 통꽃부리는 넓은 깔때기 모양이며 주름이 진다.

갈래조각

칡 꽃받침통 연한 적자색이며 윗부분이 5갈래로 절반 정도 갈라진다.

개오동 관상수로 기르는 갈잎큰키나무로 6~7월에 가지 끝의 원뿔꽃차례에 연노란색 꽃이 핀다.

칡 산과 들에서 자라는 갈잎덩굴나무로 여름에 잎겨드랑이의 송이꽃차례에 나비 모양의 적자색 꽃이 핀다.

산벚나무 봄에 피는 연홍색~흰색 갈래꽃은 자갈색 꽃받침통이 5갈래로 갈라져 벌어진다.

깨꽃 여러해살이화초로 원통형 통꽃부리와 꽃받침통이 모두 붉은색이며 입술 모양으로 갈라진다.

가지 열매채소로 기르며 통꽃부리는 연보라색이고 자줏빛 꽃받침통은 5갈래로 깊게 갈라진다.

꽃잎처럼 보이는 꽃받침

어떤 식물은 꽃받침을 아름답게 치장하는 것에서 한 걸음 더 나아가 아예 꽃받침을 꽃잎처럼 크고 아름답게 만들어서
꽃잎 대신에 곤충을 불러들이는 역할을 맡게 하기도 한다.

용골꽃잎(p.69)처럼 보이는 1장의 큰 꽃잎은 연홍색이며 끝부분이 잘게 갈라진 것이 닭벼슬처럼 보인다.

애기풀 꽃잎 3장의 꽃잎이 합쳐져서 통 모양으로 되며 끝부분은 3갈래로 갈라진다. 곁의 작은 꽃잎은 2장이며 끝이 둥그스름하다.

꽃받침조각 5장의 꽃받침조각 중에서 2장이 꽃잎처럼 크며 좌우로 나비의 날개처럼 배열한다. 가운데의 꽃잎보다도 2장의 꽃받침조각이 더 꽃잎처럼 보인다.

작은 꽃받침조각은 3장이지만 1장은 반대편에 숨어 있어서 보이지 않는다.

애기풀 꽃 모양 산의 풀밭에서 자라는 여러해살이풀로 4~6월에 잎겨드랑이에서 자라는 송이꽃차례에 연자주색 나비 모양의 꽃이 핀다.

꽃잎은 여러 장이며 수술이 변한 것이다.

많은 수술은 점차 꽃잎처럼 뒤로 젖혀진다.

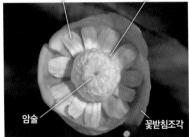

암술

꽃받침조각

꽃받침조각

꽃받침조각

개연꽃 연못에서 자라는 여러해살이풀로 여름에 물 밖으로 나오는 노란색 꽃은 5장의 꽃받침조각이 꽃잎처럼 보인다.

금꿩의다리 산골짜기에서 자라는 여러해살이풀로 여름에 피는 꽃은 4장의 자주색 꽃받침조각이 꽃잎처럼 보인다.

동의나물 습지에서 자라는 여러해살이풀로 봄에 피는 꽃은 5~6장의 노란색 꽃받침조각이 꽃잎처럼 보인다.

종덩굴 꽃자루에는 잎처럼
생긴 꽃턱잎이 2개씩 달린다.

수술 실 모양의 수술은 많으며
꽃받침보다 짧다. 암술은 수술
밑부분 속에 들어 있다.

꽃받침

꽃받침은 꽃잎처럼
아름다우며 꽃잎은 없다.

꽃받침 밑부분은 통 모
양으로 붙어 있고 끝부
분은 4갈래로 갈라져
벌어진다.

종덩굴 꽃 단면 꽃받침은 두껍고 끝부분이 갈라
져서 뒤로 젖혀진다. 속에는 암술과 수술만 가득
들어 있고 꽃잎은 없다.

종덩굴 꽃 모양 숲 가장자리에서 자라는 갈잎덩굴나무로 6~7월에 종처럼 매달리는
진자주색 꽃은 꽃잎이 없고 꽃받침이 꽃잎처럼 보인다.

꽃받침

꽃받침통

백서향 남쪽 섬에서 자라는 늘푸른떨기나
무로 2~4월에 피는 통 모양의 흰색 꽃은
꽃받침통이며 꽃잎은 없다.

꽃받침조각

큰꽃으아리 산기슭에서 자라는 갈잎덩굴
나무로 봄에 피는 백황색 꽃은 5~8장의
꽃받침조각이 꽃잎처럼 보인다.

등수국 제주도와 울릉도에서 자라는 갈잎
덩굴나무로 5~6월에 가지 끝에 고른꽃차
례가 달린다. 꽃송이 가장자리에 돌려나는
흰색 장식꽃은 꽃받침이며 꽃받침조각은
3~5장이다.

부꽃받침

어떤 식물은 꽃받침만으로는 꽃을 보호하기가 부족하다고 생각했는지 한 겹의 꽃받침을 더 만들기도 하는데 이를 '부꽃받침' 또는 '덧꽃받침'이라고 한다. 그리고 하나하나의 조각을 '부꽃받침조각'이라고 하며 '덧꽃받침조각'이라고도 한다. 부꽃받침은 꽃받침이나 턱잎에서 유래한 것으로 보고 있으며 꽃받침과 함께 꽃봉오리를 보호하는 역할을 한다. 부꽃받침은 장미과나 아욱과 등의 일부 식물에서 볼 수 있다.

많은 암술과 많은 수술 사이에 꿀샘이 있어 꿀이 나온다.

뱀딸기 꽃받침 연녹색 꽃받침조각은 둥근 삼각형이며 끝이 뾰족하고 5장이 서로 떨어져 있다. 꽃받침조각은 각각 꽃잎 사이에 위치한다.

꽃잎 노란색 꽃잎은 끝부분이 편평하거나 약간 파이며 서로 떨어져 있는 갈래꽃부리이다.

수술 수술은 20개 정도가 꽃턱 둘레에 달리며 꽃밥은 노란색이다.

부꽃받침 부꽃받침은 녹색이며 3~5갈래로 갈라지고 각각 꽃잎 뒤쪽에 위치한다. 꽃받침보다 약간 크다.

뱀딸기 풀숲과 길가에서 자라는 여러해살이풀로 4~7월에 잎겨드랑이에 노란색 꽃이 핀다.

암술 많은 암술이 반원형의 부푼 꽃턱 위에 촘촘히 달린다.

＊부꽃받침[덧꽃받침, 부악(副萼), epicalyx, accessory calyx]

부꽃받침조각

시든 수술은 꽃잎처럼
곧 떨어져 나간다.

**5갈래로 갈라진
부꽃받침조각**

꽃받침조각은
다시 안쪽으로 굽는다.

꽃받침조각

암술

**3갈래로 갈라진
부꽃받침조각**

**4갈래로 갈라진
부꽃받침조각**

시들기 시작한 뱀딸기 꽃 꽃가루받이가 끝나면 꽃받침과 부꽃받침과 암술은 남아 있고 꽃잎과 수술은 떨어져 나간다.

뱀딸기 시든 꽃 어린 열매가 맺히면 꽃봉오리 때처럼 꽃받침조각은 다시 안쪽으로 굽으면서 어린 열매를 둘러싸서 보호한다. 밑에 있는 부꽃받침 조각은 3~5갈래로 갈라진 모양이 잎처럼 보인다.

꽃받침조각은 황록색이며
꽃잎 사이에 위치한다.

꽃잎

부꽃받침조각은
연녹색이며 꽃잎
뒤에 위치한다.

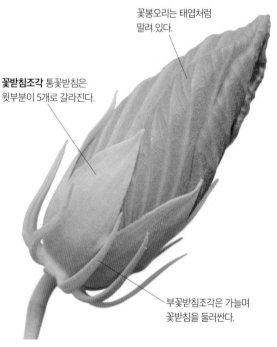

꽃봉오리는 태엽처럼
말려 있다.

꽃받침조각 통꽃받침은
윗부분이 5개로 갈라진다.

부꽃받침조각은 가늘며
꽃받침을 둘러싼다.

물싸리 북부 지방의 높은 산에서 자라며 관상수로도 심는 갈잎 떨기나무로 여름에 햇가지 끝이나 잎겨드랑이에 노란색 꽃이 2~3개씩 핀다. 5장의 노란색 꽃잎 밑에 5장의 황록색 꽃받침조 각이 있고 그 밑에 5장의 연녹색 부꽃받침조각이 꽃잎 뒤쪽에 위치한다.

미국부용 여러해살이화초로 7~9월에 잎겨드랑이에 분홍색 꽃이 핀다. 여러 재배 품종이 있으며 색깔과 모양이 여러 가지이다. 5장의 분홍색 꽃잎 밑을 받치는 5장의 연녹색 꽃받침조각은 밑부분이 통 모양이고 그 밑에 가느다란 연녹색 부꽃받침조각이 10개가 돌려난다.

*부꽃받침조각[덧꽃받침조각, 부악편(副萼片), epicalyx lobe]

영구꽃받침

꽃받침은 꽃의 가장 바깥쪽에 위치하며 꽃봉오리 때부터 꽃잎과 수술, 암술을 싸서 꽃이 필 때까지 보호한다. 치자나무는 꽃봉오리 때부터 싸고 있던 꽃받침이 열매가 다 익을 때까지 남아서 씨앗까지 보호하는데 이런 꽃받침을 '영구꽃받침'이라고 한다. 반면에 주변에서 흔히 볼 수 있는 애기똥풀은 꽃봉오리가 벌어져 꽃잎이 보이기 시작할 때부터 꽃받침이 떨어져 나가기 시작한다. 애기똥풀은 꽃받침의 역할이 꽃이 필 때까지만이라고 여기는 듯하다.

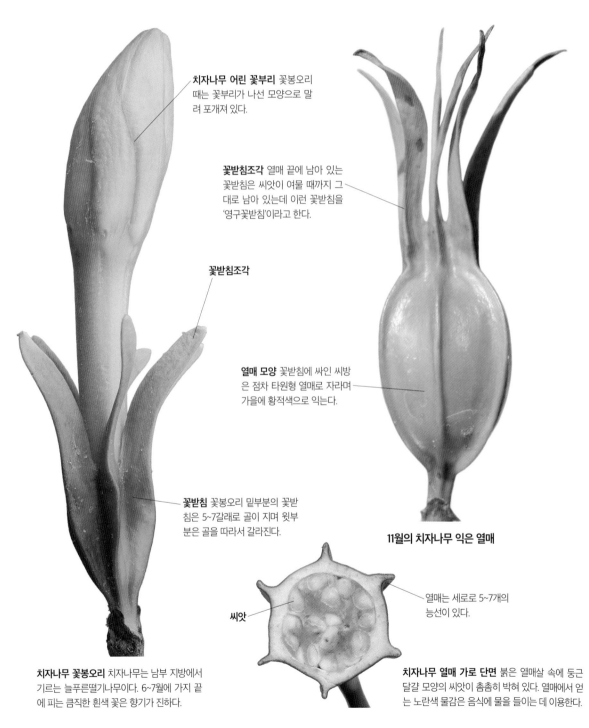

치자나무 어린 꽃부리 꽃봉오리 때는 꽃부리가 나선 모양으로 말려 포개져 있다.

꽃받침조각 열매 끝에 남아 있는 꽃받침은 씨앗이 여물 때까지 그대로 남아 있는데 이런 꽃받침을 '영구꽃받침'이라고 한다.

꽃받침조각

열매 모양 꽃받침에 싸인 씨방은 점차 타원형 열매로 자라며 가을에 황적색으로 익는다.

꽃받침 꽃봉오리 밑부분의 꽃받침은 5~7갈래로 골이 지며 윗부분은 골을 따라서 갈라진다.

11월의 치자나무 익은 열매

씨앗

열매는 세로로 5~7개의 능선이 있다.

치자나무 꽃봉오리 치자나무는 남부 지방에서 기르는 늘푸른떨기나무이다. 6~7월에 가지 끝에 피는 큼직한 흰색 꽃은 향기가 진하다.

치자나무 열매 가로 단면 붉은 열매살 속에 둥근 달걀 모양의 씨앗이 촘촘히 박혀 있다. 열매에서 얻는 노란색 물감은 음식에 물을 들이는 데 이용한다.

*영구꽃받침[숙악(宿萼), 숙존악(宿存萼), persistent calyx]

애기똥풀은 4장의 둥근 꽃잎
이 활짝 벌어지며 가장자리가
조금씩 겹쳐진다.

꽃이 피면 꽃받침조각은
모두 떨어져 나간다.

애기똥풀 꽃봉오리1 꽃봉오리가 자
라면서 꽃봉오리를 싸고 있던 꽃받
침조각이 벌어지기 시작한다.

애기똥풀 꽃 뒷면 길가나 풀밭에서 자라는 두해살이풀로 5~8월에 가지 끝의 우산꽃차례에 노란색 꽃이 핀다.
꽃봉오리가 벌어지면서 꽃봉오리를 싸서 보호하던 꽃받침조각이 떨어져 나가기 시작한다.

꽃받침통은
5갈래로 갈라져
비스듬히 벌어진다.

꽃받침통은 원통형이며
겉에 털이 있다.

열매를 싸고 있는
꽃받침은 영구꽃받침이다.

애기똥풀 꽃봉오리2 꽃봉오리가 더
부풀어 오르면서 첫번째 꽃받침조
각이 떨어져 나갔다.

10월의 댕강나무 열매 중부 이북의 석회암 지대에서 자라며 관상수로도 심는 갈잎떨기나무
로 5월에 가지 끝에 백홍색 꽃이 모여 핀다. 꽃받침통은 원통형이고 끝이 5갈래로 갈라져 벌어
지며 열매가 익을 때까지 남아 있는 영구꽃받침이다.

애기똥풀 꽃봉오리3 꽃봉오리가 벌
어지면서 4개의 꽃받침조각 중에
3개가 떨어져 나갔다.

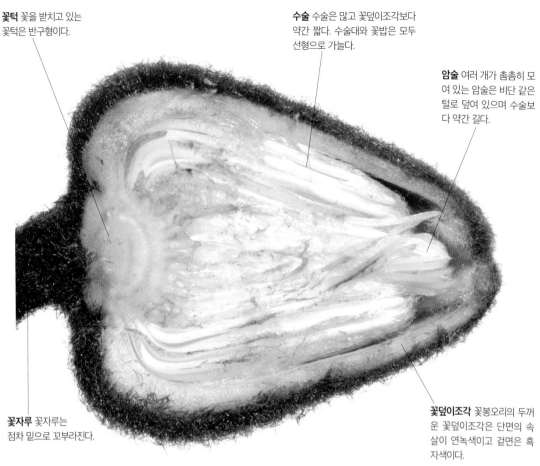

꽃턱 꽃을 받치고 있는 꽃턱은 반구형이다.

수술 수술은 많고 꽃덮이조각보다 약간 짧다. 수술대와 꽃밥은 모두 선형으로 가늘다.

암술 여러 개가 촘촘히 모여 있는 암술은 비단 같은 털로 덮여 있으며 수술보다 약간 길다.

꽃자루 꽃자루는 점차 밑으로 꼬부라진다.

꽃덮이조각 꽃봉오리의 두꺼운 꽃덮이조각은 단면의 속살이 연녹색이고 겉면은 흑자색이다.

검종덩굴 꽃봉오리 세로 단면 중부 이북의 숲속에서 자라는 갈잎덩굴나무로 6~7월에 가지 끝이나 잎겨드랑이에 종 모양의 흑자색 꽃이 핀다.

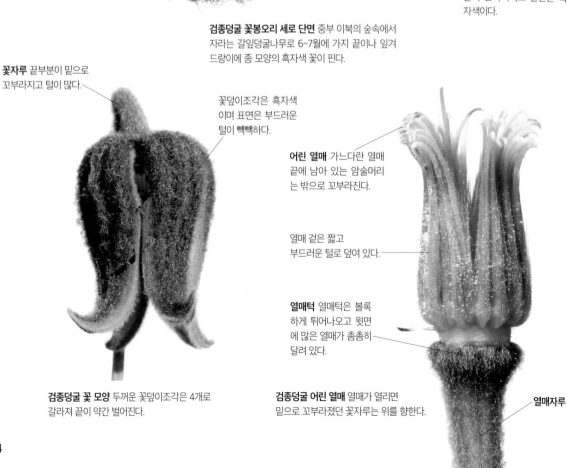

꽃자루 끝부분이 밑으로 꼬부라지고 털이 많다.

꽃덮이조각은 흑자색이며 표면은 부드러운 털이 빽빽하다.

어린 열매 가느다란 열매 끝에 남아 있는 암술머리는 밖으로 꼬부라진다.

열매 겉은 짧고 부드러운 털로 덮여 있다.

열매턱 열매턱은 볼록하게 튀어나오고 윗면에 많은 열매가 촘촘히 달려 있다.

열매자루

검종덩굴 꽃 모양 두꺼운 꽃덮이조각은 4개로 갈라져 끝이 약간 벌어진다.

검종덩굴 어린 열매 열매가 열리면 밑으로 꼬부라졌던 꽃자루는 위를 향한다.

여러 가지 꽃턱

꽃턱은 암술, 수술, 꽃잎, 꽃받침이 붙는 꽃자루나 꽃대의 끝부분으로 '꽃받기'라고도 한다. 꽃턱의 모양은 반구형이 흔하지만 목련처럼 꽃턱이 길어진 모양을 하고 있는 것도 있고 연꽃처럼 물뿌리개 주둥이 모양을 하고 있는 것도 있는 등 여러 가지이다. 식물 중에는 꽃턱이 비대해져서 열매가 되기도 하는데 씨방이 자란 열매인 참열매와 구분하기 위해 '헛열매'라고 한다.

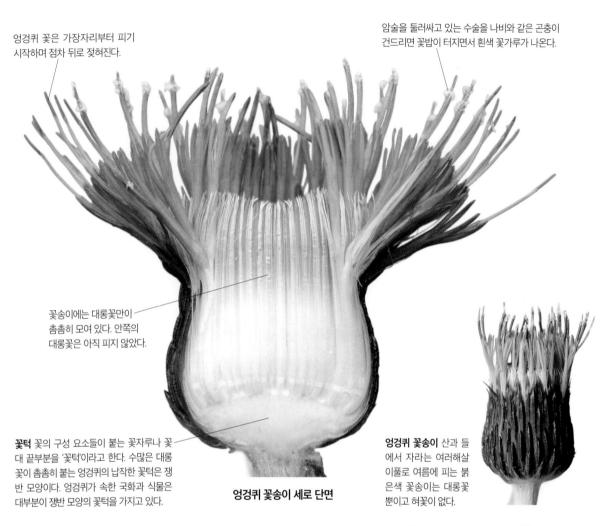

엉겅퀴 꽃은 가장자리부터 피기 시작하며 점차 뒤로 젖혀진다.

암술을 둘러싸고 있는 수술을 나비와 같은 곤충이 건드리면 꽃밥이 터지면서 흰색 꽃가루가 나온다.

꽃송이에는 대롱꽃만이 촘촘히 모여 있다. 안쪽의 대롱꽃은 아직 피지 않았다.

꽃턱 꽃의 구성 요소들이 붙는 꽃자루나 꽃대 끝부분을 '꽃턱'이라고 한다. 수많은 대롱꽃이 촘촘히 붙는 엉겅퀴의 납작한 꽃턱은 쟁반 모양이다. 엉겅퀴가 속한 국화과 식물은 대부분이 쟁반 모양의 꽃턱을 가지고 있다.

엉겅퀴 꽃송이 세로 단면

엉겅퀴 꽃송이 산과 들에서 자라는 여러해살이풀로 여름에 피는 붉은색 꽃송이는 대롱꽃뿐이고 혀꽃이 없다.

꽃턱

목련 목련처럼 꽃턱이 길어진 모양을 하고 있는 것을 일반적으로 원시적인 식물로 본다.

꽃턱 암술

수술

연꽃 연꽃의 꽃턱은 물뿌리개 주둥이 모양이며 폭신거리고 윗면에 암술이 촘촘히 달린다.

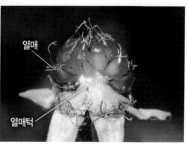

열매

열매턱

산딸기 둥그스름한 열매턱에 즙이 많은 붉은색 열매가 촘촘히 모여 달리며 단맛이 난다.

꽃턱통

꽃의 밑부분에 꽃잎, 꽃받침, 수술, 암술이 붙는 꽃턱이 통 모양으로 비대해진 것을 '꽃턱통'이라고 한다. 꽃턱통은 항아리 모양, 종 모양, 잔 모양 등으로 다양하며 씨방을 싸고 있는데 꽃턱통에 싸여 있는 씨방은 아래씨방(p.165)에 해당한다. 식물 중에는 꽃턱이 점차 크게 자라서 열매가 되기도 하는데 씨방이 자란 열매인 참열매와 구분하기 위해 '헛열매'라고 한다.

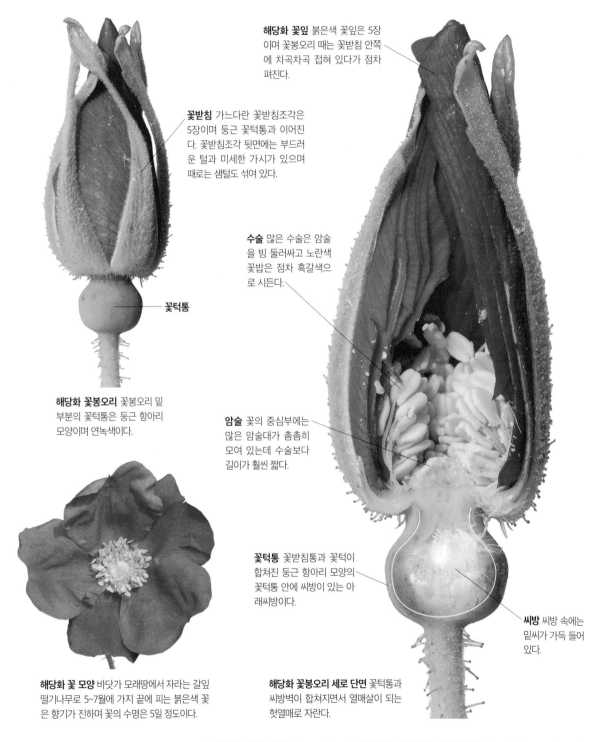

해당화 꽃잎 붉은색 꽃잎은 5장이며 꽃봉오리 때는 꽃받침 안쪽에 차곡차곡 접혀 있다가 점차 펴진다.

꽃받침 가느다란 꽃받침조각은 5장이며 둥근 꽃턱통과 이어진다. 꽃받침조각 뒷면에는 부드러운 털과 미세한 가시가 있으며 때로는 샘털도 섞여 있다.

수술 많은 수술은 암술을 빙 둘러싸고 노란색 꽃밥은 점차 흑갈색으로 시든다.

꽃턱통

해당화 꽃봉오리 꽃봉오리 밑부분의 꽃턱통은 둥근 항아리 모양이며 연녹색이다.

암술 꽃의 중심부에는 많은 암술대가 촘촘히 모여 있는데 수술보다 길이가 훨씬 짧다.

꽃턱통 꽃받침통과 꽃턱이 합쳐진 둥근 항아리 모양의 꽃턱통 안에 씨방이 있는 아래씨방이다.

씨방 씨방 속에는 밑씨가 가득 들어 있다.

해당화 꽃 모양 바닷가 모래땅에서 자라는 갈잎떨기나무로 5~7월에 가지 끝에 피는 붉은색 꽃은 향기가 진하며 꽃의 수명은 5일 정도이다.

해당화 꽃봉오리 세로 단면 꽃턱통과 씨방벽이 합쳐지면서 열매살이 되는 헛열매로 자란다.

＊꽃턱통[화탁통(花托筒), hypanthium] / 헛열매[위과(僞果), 가과(假果), false fruit, pseudocarp]

수꽃 풀명자는 암수한그루로 수꽃과 암수한꽃이 섞여 핀다. 수꽃에는 많은 수술만 촘촘히 모여 있고 암술은 퇴화되었다.

암수한꽃 암수한꽃은 많은 수술 사이로 암술이 길게 나온다.

꽃잎 5장의 둥그스름한 꽃잎은 주황색이며 가운데가 오목하게 들어간다. 여러 재배 품종이 있으면 품종에 따라 꽃 색깔이 여러 가지이다.

암술대 기다란 암술대는 5개이다.

풀명자 꽃 모양 관상수로 기르는 갈잎떨기나무로 봄에 잎겨드랑이에 몇 개의 붉은색 꽃이 핀다. 암수한그루 중에서 풀명자처럼 한 그루에 암수한꽃과 암수딴꽃이 함께 피는 것은 특별히 '잡성그루'라고 한다.

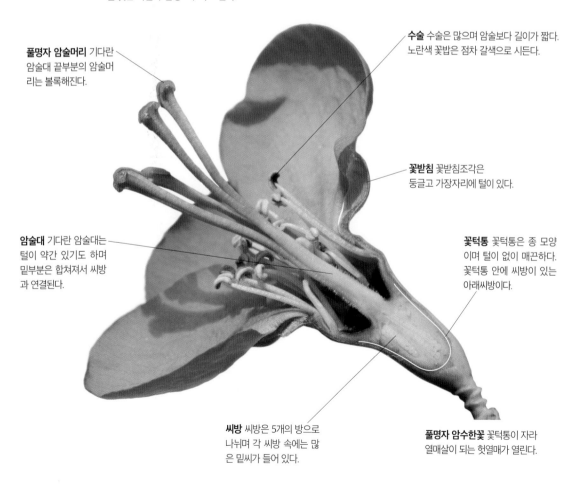

풀명자 암술머리 기다란 암술대 끝부분의 암술머리는 볼록해진다.

수술 수술은 많으며 암술보다 길이가 짧다. 노란색 꽃밥은 점차 갈색으로 시든다.

꽃받침 꽃받침조각은 둥글고 가장자리에 털이 있다.

암술대 기다란 암술대는 털이 약간 있기도 하며 밑부분은 합쳐져서 씨방과 연결된다.

꽃턱통 꽃턱통은 종 모양이며 털이 없이 매끈하다. 꽃턱통 안에 씨방이 있는 아래씨방이다.

씨방 씨방은 5개의 방으로 나뉘며 각 씨방 속에는 많은 밑씨가 들어 있다.

풀명자 암수한꽃 꽃턱통이 자라 열매살이 되는 헛열매가 열린다.

＊잡성그루[잡성주(雜性株), 양성동주(兩性同株), 자웅잡가(雌雄雜家), polygamous]

꽃턱과 열매턱

딸기는 밭에서 재배하는 여러해살이풀로 줄기는 땅 위를 기면서 벋어 나간다. 5~6월에 뿌리에서 나온 꽃줄기에 흰색 꽃이 모여 핀다. 꽃 가운데에 원뿔 모양의 둥그스름한 꽃턱이 있고 정받이가 이루어지면 열매턱으로 크게 자라는데 이것이 우리가 과일로 먹는 딸기이다.

부꽃받침조각 부꽃받침조각은 5장이며 각각 꽃잎 뒤쪽에 위치한다.

꽃받침조각 꽃받침조각은 5장이며 각각 꽃잎 사이에 위치한다.

꽃턱 원뿔 모양의 비대한 꽃턱에 많은 암술대가 촘촘히 모여 달린다.

꽃잎 흰색 꽃잎은 5장이며 서로 약간씩 겹친다.

수술 많은 수술은 꽃턱 가장자리에 둘러 있으며 꽃밥은 노란색이다. 꽃가루를 낼 때쯤이면 수술대가 밖으로 벌어진다.

딸기 꽃 모양 비대한 꽃턱에 많은 암술대가 촘촘히 붙고 열매가 맺히면 꽃턱이 더 크게 자란다.

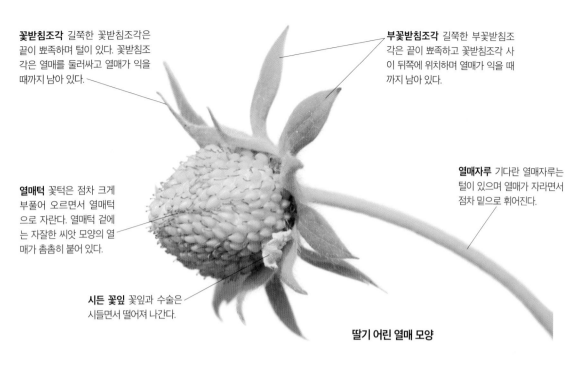

꽃받침조각 길쭉한 꽃받침조각은 끝이 뾰족하며 털이 있다. 꽃받침조각은 열매를 둘러싸고 열매가 익을 때까지 남아 있다.

부꽃받침조각 길쭉한 부꽃받침조각은 끝이 뾰족하고 꽃받침조각 사이 뒤쪽에 위치하며 열매가 익을 때까지 남아 있다.

열매자루 기다란 열매자루는 털이 있으며 열매가 자라면서 점차 밑으로 휘어진다.

열매턱 꽃턱은 점차 크게 부풀어 오르면서 열매턱으로 자란다. 열매턱 겉에는 자잘한 씨앗 모양의 열매가 촘촘히 붙어 있다.

시든 꽃잎 꽃잎과 수술은 시들면서 떨어져 나간다.

딸기 어린 열매 모양

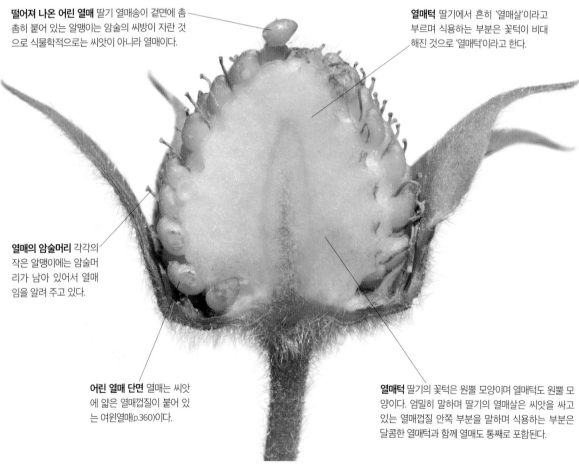

떨어져 나온 어린 열매 딸기 열매송이 겉면에 촘촘히 붙어 있는 알맹이는 암술의 씨방이 자란 것으로 식물학적으로는 씨앗이 아니라 열매이다.

열매턱 딸기에서 흔히 '열매살'이라고 부르며 식용하는 부분은 꽃턱이 비대해진 것으로 '열매턱'이라고 한다.

열매의 암술머리 각각의 작은 알맹이에는 암술머리가 남아 있어서 열매임을 알려 주고 있다.

어린 열매 단면 열매는 씨앗에 얇은 열매껍질이 붙어 있는 여윈열매(p.360)이다.

열매턱 딸기의 꽃턱은 원뿔 모양이며 열매턱도 원뿔 모양이다. 엄밀히 말하며 딸기의 열매살은 씨앗을 싸고 있는 열매껍질 안쪽 부분을 말하며 식용하는 부분은 달콤한 열매턱과 함께 열매도 통째로 포함된다.

딸기 어린 열매송이 세로 단면 밭에서 재배하는 열매채소이다. 딸기 꽃의 꽃턱 겉면에는 많은 암술이 촘촘히 붙어 있으며 꽃가루받이가 끝나면 자잘한 열매가 촘촘히 붙는 열매송이로 자란다. 자잘한 열매가 붙은 열매턱은 점차 붉게 변한다.

＊열매턱[과탁(果托), fruit receptacle]

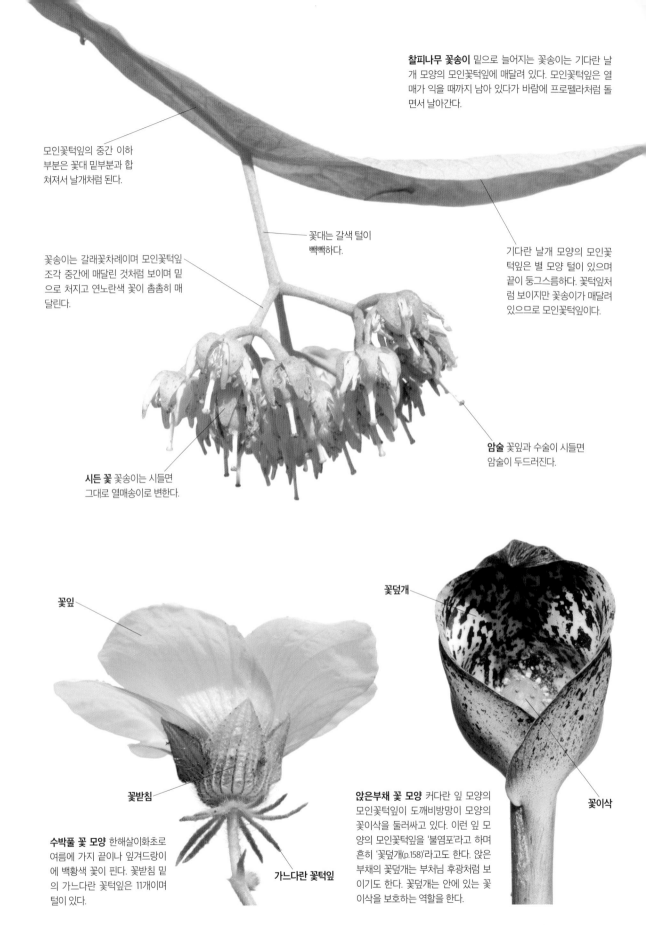

찰피나무 꽃송이 밑으로 늘어지는 꽃송이는 기다란 날개 모양의 모인꽃턱잎에 매달려 있다. 모인꽃턱잎은 열매가 익을 때까지 남아 있다가 바람에 프로펠러처럼 돌면서 날아간다.

모인꽃턱잎의 중간 이하 부분은 꽃대 밑부분과 합쳐져서 날개처럼 된다.

꽃대는 갈색 털이 빽빽하다.

기다란 날개 모양의 모인꽃턱잎은 별 모양 털이 있으며 끝이 둥그스름하다. 꽃턱잎처럼 보이지만 꽃송이가 매달려 있으므로 모인꽃턱잎이다.

꽃송이는 갈래꽃차례이며 모인꽃턱잎 조각 중간에 매달린 것처럼 보이며 밑으로 처지고 연노란색 꽃이 촘촘히 매달린다.

암술 꽃잎과 수술이 시들면 암술이 두드러진다.

시든 꽃 꽃송이는 시들면 그대로 열매송이로 변한다.

꽃잎

꽃덮개

꽃받침

꽃이삭

수박풀 꽃 모양 한해살이화초로 여름에 가지 끝이나 잎겨드랑이에 백황색 꽃이 핀다. 꽃받침 밑의 가느다란 꽃턱잎은 11개이며 털이 있다.

가느다란 꽃턱잎

앉은부채 꽃 모양 커다란 잎 모양의 모인꽃턱잎이 도깨비방망이 모양의 꽃이삭을 둘러싸고 있다. 이런 잎 모양의 모인꽃턱잎을 '불염포라고 하며 흔히 '꽃덮개(p.158)'라고도 한다. 앉은부채의 꽃덮개는 부처님 후광처럼 보이기도 한다. 꽃덮개는 안에 있는 꽃이삭을 보호하는 역할을 한다.

260

＊꽃턱잎[꽃싸개잎, 포(苞), bract]

꽃턱잎과 모인꽃턱잎

'꽃턱잎'은 꽃이나 꽃대의 밑에 있는 잎이 변형된 것으로 '꽃싸개잎' 또는 '포(苞)'라고도 하며 꽃이나 눈을 보호하는 역할을 한다. 보통 잎이 작아지거나 모양이 달라지기도 하고 비늘조각 모양으로 변한 것도 있다. 붙는 자리도 꽃받침 아래에 바로 붙는가 하면 꽃자루나 꽃대의 기부에 붙기도 한다.

많은 꽃이 촘촘히 모인 꽃송이에서는 짧아진 꽃자루에 꽃턱잎이 촘촘히 붙는 경우가 있는데 이를 '모인꽃턱잎' 또는 '모인꽃싸개잎' 또는 '총포(總苞)'라고도 하고 각각을 '모인꽃턱잎조각'이라고 한다. 국화과에서 가장 흔히 볼 수 있으며 종을 구분하는 기준이 되기도 한다.

모인꽃턱잎조각

꽃받침조각 흰색 꽃잎처럼 보이며 꽃잎은 없다.

섬노루귀 꽃 모양 3개의 모인꽃턱잎조각은 꽃받침처럼 녹색이며 달걀 모양이고 흰색 꽃받침조각보다 크다.

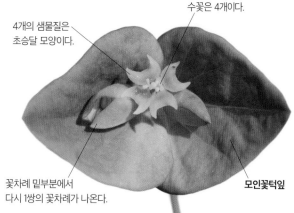

수꽃은 4개이다.

4개의 샘물질은 초승달 모양이다.

꽃차례 밑부분에서 다시 1쌍의 꽃차례가 나온다.

모인꽃턱잎

갓 핀 개감수 꽃차례 1쌍의 세모진 달걀 모양의 모인꽃턱잎이 꽃차례 밑을 받치고 있다. 가운데에 4개의 샘물질과 4개의 수꽃이 있고 그 밑에 1개의 암꽃이 숨어 있다.

어린 혀꽃

모인꽃턱잎조각

백일홍 꽃봉오리 꽃송이 밑부분을 여러 겹으로 둘러싸고 있는 모인꽃턱잎조각은 둥글며 끝부분이 검은색이다.

바깥쪽모인꽃턱잎조각

안쪽모인꽃턱잎조각

큰금계국 꽃 뒷면 북아메리카 원산의 화초로 여름에 노란색 꽃이 핀다. 꽃송이 밑부분의 모인꽃턱잎조각은 2줄로 배열하는데 바깥쪽에 있는 8개의 녹색 모인꽃턱잎조각은 '바깥쪽모인꽃턱잎조각', 안쪽에 있는 8개의 막질의 모인꽃턱잎조각은 '안쪽모인꽃턱잎조각'으로 구분하기도 한다.

*모인꽃턱잎[모인꽃싸개잎, 총포(總苞), involucre] / 모인꽃턱잎조각[총포조각, 총포편(總苞片), 총포엽(總苞葉), involucral bract]

꽃턱잎이 만든 가짜 꽃잎

잎이 변한 꽃턱잎이나 모인꽃턱잎은 원래 꽃이나 어린 눈을 보호하는 역할을 하지만 꽃턱잎조각이 꽃잎처럼 변한 식물도 많다. 언뜻 보기에는 꽃잎처럼 보이지만 꽃의 구조를 자세히 살펴보면 꽃잎처럼 보이는 가짜 꽃잎인 것을 알 수 있다. 이런 꽃턱잎이 변한 가짜 꽃잎은 꽃잎과 똑같이 곤충을 불러들이는 역할을 하고 가운데에 있는 진짜 꽃은 매우 작고 볼품이 없는 경우가 많다.

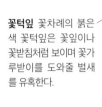

꽃턱잎 꽃차례의 붉은색 꽃턱잎은 꽃잎이나 꽃받침처럼 보이며 꽃가루받이를 도와줄 벌새를 유혹한다.

꽃받침조각 노란색 꽃받침조각이 튀어나온 꽃은 벌새에게 꿀이 많이 있는 꽃임을 알려 준다. 꽃은 하루살이꽃이다.

각각의 꽃턱잎은 붉은색이며 가장자리는 노란색이다.

꽃차례의 중심축은 붉은색이며 벌새가 앉을 만큼 튼튼하다.

각각의 꽃은 포개져 있다가 중심축과 직각으로 벌어지면서 차례대로 피어 올라간다.

헬리코니아 로스트라타 남미 원산의 늘푸른여러해살이화초로 밑으로 늘어지는 꽃차례에 달걀 모양의 꽃턱잎이 2줄로 어긋나게 달린다. 벌새 등이 붉은색 꽃을 보고 찾아와 꽃가루받이를 도와주는 새나름꽃이다.

꽃턱잎
꽃

샴튤립 늘푸른여러해살이화초로 6~9월에 이삭꽃차례에 돌려나는 적자색 꽃턱잎의 밑부분에 작은 꽃이 핀다.

모인꽃턱잎
꽃이삭

노랑꽃칼라 남아공 원산의 늘푸른여러해살이풀로 굵은 땅속줄기에서 모여나는 잎은 달걀 모양의 하트형이고 흰색 점이 흩어져 난다. 잎 사이에서 자란 긴 꽃줄기 끝에 달리는 원통 모양의 노란색 꽃이삭을 커다란 꽃잎 모양의 노란색 모인꽃턱잎이 둘러싸고 있는데 흔히 '꽃덮개'라고 한다.

꽃턱잎

구즈마니아 코니페라 남미 원산으로 원뿔 모양의 꽃송이에 촘촘히 돌려나는 주홍색 꽃턱잎조각이 꽃잎처럼 보인다.

모인꽃턱잎조각 붉은색 모인꽃턱잎조각은 4장이 수평으로 빙 둘러나 곤충을 불러 모은다.

붉은색 모인꽃턱잎조각은 꽃잎처럼 보이며 끝이 오목하게 패인다.

꽃 꽃송이 가운데에 15~50개의 자잘한 황록색 꽃이 촘촘히 모여 핀다.

붉은꽃서양산딸나무 꽃가지 관상수로 기르는 갈잎큰키나무로 3~5월에 피는 꽃은 4장의 붉은색 모인꽃턱잎이 꽃잎처럼 보이며 가운데에 자잘한 황록색 꽃이 모여 핀다.

붉은꽃서양산딸나무 꽃 모양 자잘한 꽃은 황록색 꽃잎이 4장이며 수술도 4개이고 암술은 1개이다.

꽃이삭은 원통형이다.

홍학꽃/안수리움 남미 원산의 늘푸른여러해살이풀로 기다란 꽃이삭을 받치고 있는 1개의 모인꽃턱잎은 붉은색으로 꽃잎처럼 아름답다. 모인꽃턱잎의 색깔이 제각각인 여러 가지 품종이 개발되었다.

붉은색 모인꽃턱잎은 하트 모양이다.

꽃줄기는 길며 꽃줄기째 잘라서 꽃이꽃으로 꽃꽂이나 꽃다발 등에 이용한다.

부겐빌레아 남미 원산으로 작은 대롱 모양의 흰색 꽃을 받치는 3장의 붉은색 꽃턱잎이 꽃잎처럼 아름답다.

꽃턱잎 꽃

모인꽃턱잎 꽃이삭

스파티필룸 온실에서 기르는 늘푸른여러해살이풀로 뿌리에서 긴 타원형 잎이 무더기로 모여난다. 긴 꽃대 끝에 달리는 원통형의 꽃이삭을 타원형의 흰색 모인꽃턱잎이 받치고 있다.

*꽃이꽃[절화(切花), cut flower]

263

가시로 변한 모인꽃턱잎

초식 동물로부터 도망갈 수 없는 식물은 자기 몸을 지키기 위해 여러 가지 방어 수단을 발전시켜 왔는데 흔한 방법 중의 하나가 가시로 몸을 보호하는 방법이다. 식물 중에는 꽃을 보호하기 위해 꽃송이를 덮고 있는 모인꽃턱잎조각을 가시로 변형시키기도 하는데 특히 국화과 식물에 많다. 밤나무 암꽃도 가시 같은 모인꽃턱잎에 싸여 있다가 나중에 가시로 덮인 열매송이로 변한다.

지느러미엉겅퀴 꽃송이가 머리모양꽃차례에 자주색 대롱꽃이 촘촘히 모여 핀다.

가시 모양의 모인꽃턱잎조각이 7~8줄로 배열하여 꽃송이를 지킨다.

꽃봉오리도 가시 모양의 모인꽃턱잎조각으로 덮여 있다.

암꽃 보통 3개씩 모여나기 때문에 한 열매에 밤톨도 보통 3개가 들어 있다.

깃꼴로 갈라지는 잎도 끝이 가시로 변해서 몸을 보호한다.

모인꽃턱잎조각

줄기에 날개가 있는데 날개의 가장자리는 가시가 있어 몸을 보호한다.

밤나무 산에 심어 기르는 갈잎큰키나무이다. 암꽃이삭은 바늘 모양의 녹색 모인꽃턱잎조각으로 덮여 있는데 열매로 자라면서 모인꽃턱잎조각은 뾰족하고 단단한 가시로 변한다.

지느러미엉겅퀴 밭이나 길가에서 자라는 두해살이풀로 5~6월에 가지 끝에 자주색 꽃송이가 달린다.

둥근 모인꽃턱잎은 거미줄 같은 흰색 털로 덮여 있다.

모인꽃턱잎조각은 기다란 바늘 모양이다.

머리모양꽃차례에 갈자색 대롱꽃이 촘촘히 모여 핀다.

수리취 산에서 자라는 여러해살이풀로 9~10월에 고개를 숙이고 피는 갈자색 꽃송이는 기다란 바늘 같은 모인꽃턱 잎조각으로 덮여 있다.

모인꽃턱잎조각

우엉 7월에 피는 자주색 꽃송이는 굽은 바늘 모양의 녹색 모 인꽃턱잎조각으로 덮여 있다.

머리모양꽃차례에 흰색 대롱꽃이 촘촘히 모여 핀다.

모인꽃턱잎조각 2줄로 배열하며 깃꼴로 갈라지고 갈래조각은 가시 모양이다.

삽주 산에서 자라는 여러해살이풀로 7~10월에 줄기와 가지 끝에 흰색 꽃송이가 달린다. 적갈색 모인꽃턱잎조각은 깃꼴로 갈라지며 갈래조각은 가시처럼 가늘고 길다.

모인꽃턱잎조각

잇꽃 6~7월에 피는 노란색 꽃송이는 가시가 있는 커다란 모 인꽃턱잎조각에 싸여 있다.

모인꽃턱잎조각

흰무늬엉겅퀴 6월에 피는 홍자색 꽃송이는 칼 모양의 커다란 모인꽃턱잎조각에 싸여 있다.

265

시든 꽃

사람들은 아름다운 꽃이 영원하기를 바라지만 한 번 핀 꽃은 시들기 마련이다. 꽃의 수명은 종마다 조금씩 다르며 날씨와 같은 환경이나 영양 상태 등에 의해 큰 영향을 받는다. 또 시든 꽃이 떨어져 나가는 방법도 조금씩 다르다. 낙화(落花)도 낙엽(落葉)처럼 '떨켜'가 만들어지면서 떨어져 나간다.

시든 꽃 무궁화 꽃은 대부분이 하루살이 꽃으로 아침에 활짝 피었다가 저녁이 되면 꽃잎을 말아 닫는다.

말린 꽃잎과 꽃받침 안쪽 사이에 떨켜가 생기면서 말린 꽃잎과 수술은 통째로 떨어져 나가고 꽃받침과 암술은 남아서 열매로 자란다.

떨어진 무궁화 꽃 저녁이 되면 시든 꽃은 꽃잎이 말린 채 떨어지기 때문에 나무에는 항상 싱싱한 꽃이 달린다.

무궁화 꽃가지 무궁화는 6~9월에 꽃이 핀다.

토끼풀 풀밭에서 자라는 여러해살이풀로 5~7월에 둥근 흰색 꽃송이가 달린다. 시든 꽃은 차례대로 밑으로 처지고 마른 꽃잎은 열매가 다 익을 때까지도 남아 있으면서 조금씩 부서져 나간다.

갯버들 낙화 이른 봄에 핀 수꽃이삭이 통째로 떨어진 모양이 애벌레를 닮았다.

*떨켜[이층(離層), absciss layer, abscission layer]

어린 꽃봉오리 가지 끝에서는 계속 꽃이 필 어린 꽃봉오리가 자라고 있다.

꽃봉오리 시든 꽃 옆에는 다음날 필 새로운 꽃봉오리가 준비되어 있다. 꽃잎은 돌돌 말려 있다가 다음날 새벽에 활짝 벌어진다.

잎 모양 잎은 어긋나고 달걀형이며 가장자리가 3갈래로 얕게 갈라지기도 하고 불규칙한 톱니가 있다.

4월에 핀 왕벚나무 꽃 왕벚나무는 봄에 잎보다 먼저 나무 가득 흰색 꽃이 한꺼번에 피기 때문에 눈부시게 아름답다.

왕벚나무 낙화 왕벚나무는 꽃이 질 때도 필 때처럼 한꺼번에 지기 때문에 꽃잎이 바람에 흩날리는 모습은 마치 꽃비가 내리는 듯하며 낱낱의 꽃잎이 바닥에 수북이 싸인다.

동백나무 남부 지방에서 자라는 동백나무는 12~4월에 큼직한 붉은색 꽃이 피는데 꽃이 질 때 모양이 온전한 꽃이 통째로 떨어진다. 그래서 나무에만 꽃이 피어 있는 것이 아니라 바닥에도 붉은 동백꽃이 점점이 피어 있다.

자주목련 꽃은 꽃샘추위에 벌어지던 꽃봉오리의 윗부분이 얼어 죽었지만 눈비늘조각에 싸여 있던 밑부분의 꽃덮이조각, 암술, 수술은 살아남아서 꽃을 피웠다. 꽃덮이조각은 일부만이 벌어졌다.

꽃샘추위에 얼어 죽은 꽃봉오리의 윗부분은 꽃덮이조각이 들러붙어서 잘 벌어지지 못했다.

꽃덮이조각 일부가 벌어진 사이로 벌이 드나들며 암술과 수술의 꽃가루받이를 돕는다.

자주목련 꽃 중국 원산의 갈잎큰키나무로 이른 봄에 잎이 돋기 전에 피는 홍자색 꽃은 꽃덮이조각 안쪽이 흰색이다. 일찍 고개를 내민 꽃봉오리는 서리를 맞아 윗부분이 얼었다.

꽃의 역할

식물은 아무리 힘들어도 꽃을 피우는 일만은 우선으로 하는데 꽃을 피워서 씨앗을 퍼뜨리는 일이 무엇보다 중요하기 때문이다. 이른 봄에 꽃을 피우는 자주목련은 꽃봉오리가 벌어질 때 서리가 내려 꽃봉오리가 얼기도 하지만 암술과 수술만 온전하면 어떻게 해서든 꽃을 피워낸다. 그리고 귀룽나무는 일찍 꽃을 피우기 위해 이른 봄에 새순이 빨리 돋는다. 귀룽나무는 새순이 빨리 돋기 때문에 높은 산에서 꽃샘추위에 눈보라를 만나 새순이 얼어 죽기도 한다. 새순이 얼어 죽으면 그 옆의 숨은눈에서 다시 새순이 나와 꽃을 피우고 잎도 돋는다.

귀룽나무 새순 높은 산에서 자라는 귀룽나무가 4월 말에 뒤늦게 찾아온 꽃샘추위에 눈보라를 만나 새순이 얼음에 뒤덮였다. 얼음에 싸인 새순은 얼음이 녹으면 대부분 살아나지만 찬바람이 쌩쌩 불면 얼어 죽기도 한다.

다시 잎이 나와 자란다.

처음 돋은 새순이
자란 가지는 꽃샘
추위에 얼어 죽었다.

얼어 죽은 가지 대신에
숨은눈에서 다시 새 가
지가 나와 자란다.

다시 자란 가지 밑부분에
잎이 나와 자란다.

말라 죽은 새순 옆에서
자란 가지에 잎과 함께
꽃송이도 나와 자란다.

다시 자란 꽃송이는 처음
에 제대로 핀 꽃송이처럼
풍성하지 않고 꽃송이와
꽃 모양이 빈약하다.

귀룽나무 꽃가지 귀룽나무는 산에서 자라는
갈잎큰키나무로 4~6월에 나무 가득 흰색 꽃
송이가 달린다.

4월 말의 나래회나무 높은 산에서 자라는
갈잎떨기나무로 싹이 튼 가지에 눈보라가
몰아쳤다.

4월 말의 마가목 높은 산에서 자라는 갈
잎작은키나무로 싹이 튼 가지에 눈보라가
몰아쳤다.

5월의 진달래 산에서 자라는 갈잎떨기나
무로 꽃 피기 시작한 가지에 눈보라가
몰아쳤다.

화초

꽃이 아름답거나 향기가 좋거나 모양이 독특해서 화단이나 화분에 심어서 감상하는 식물을 흔히 '화초(花草)'라고 한다. 화초로 기르는 풀은 한두해살이화초, 여러해살이화초, 알뿌리화초 등으로 구분한다. 넓은 의미로는 꽃나무, 관엽식물 등 관상용이 되는 모든 식물을 통틀어 말하기도 한다. 화초는 사람들에게 아름다움과 멋을 느끼게 할 뿐만 아니라 마음의 안정을 가져다 주는 역할을 한다.

한두해살이화초(나팔꽃) 봄에 씨앗을 뿌리면 여름과 가을에 꽃을 피우고 열매를 맺은 후에 죽는 화초로 나팔꽃, 백일홍, 해바라기 등이 있다. 씨앗을 뿌리면 한꺼번에 많은 모종을 만들 수 있어서 경제적이다.

한두해살이화초(팬지) 가을에 씨앗을 뿌려 노지나 온실, 실내에서 모종 상태로 겨울을 난 뒤에 이듬해 봄부터 꽃을 피우고 열매를 맺은 후에 죽는 화초로 팬지, 금잔화, 페튜니아 등이 있다. 한꺼번에 많은 모종을 만들고 비교적 병충해의 피해가 적어 손이 많이 가지 않는 점이 유리하다.

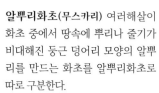

여러해살이화초(원추천인국) 한번 심으면 2년 이상 자라면서 해마다 꽃을 피우고 열매를 맺는 화초로 원추천인국, 국화, 양귀비, 붓꽃 등이 있다. 화단에 구분해서 심어서 잘 관리하면 해마다 아름다운 꽃을 감상할 수 있다. 여러해살이화초는 대개 꺾꽂이나 포기나누기로 번식시킨다.

알뿌리화초(무스카리) 여러해살이 화초 중에서 땅속에 뿌리나 줄기가 비대해진 둥근 덩어리 모양의 알뿌리를 만드는 화초를 알뿌리화초로 따로 구분한다.

관엽식물(알로카시아) 주로 잎의 모양을 감상하는 식물로 열대가 원산인 식물이 많다. 이외에도 선인장이나 다육식물 등도 화분 등에 심어 널리 기르고 있다.

꽃나무(무궁화) 무궁화처럼 아름다운 꽃이 피는 나무도 넓은 의미에서 화초에 포함시킨다.

꽃꽂이

꽃이나 나뭇가지를 물이 담긴 꽃병이나 수반에 꽂아 감상하는 것을 '꽃꽂이'라고 한다. 이미 삼국 시대에도 꽃꽂이를 한 기록이 있으며 꽃을 꽃병이나 수반뿐만 아니라 머리나 옷에도 꽂아 몸치장을 하기도 했다. 꽃꽂이를 전공으로 하는 사람을 흔히 '플로리스트'라고 부른다.

창 모양의 틀에 백합을 이용한 꽃꽂이

수반에 장미와 보리,
국화를 이용한 꽃꽂이

극락조화와 백합,
솔가지를 이용한 꽃꽂이

수국과 아스타, 제라늄 등을 이용한 꽃꽂이

272   *꽃꽂이[삽화(揷花), flower arrangement] / 말린꽃[건조화(乾燥花), dried flower]

말린꽃으로 장식한 꽃병 풀이나 꽃, 과일 등의 모양을 유지하면서 말려서 관상용으로 만든 것을 '말린꽃'이라고 한다. 생화(生花)에 비해 색깔이 변색되었지만 수명이 길다.

꽃다발 꽃을 묶어서 만든 꽃다발은 장식을 하거나 선물로 이용한다.

꽃 장식 장미 꽃송이로 둥근 꽃다발을 만든 것이 하나의 꽃송이처럼 보이며 길가를 장식하고 있다.

누름꽃과 보존꽃

누름꽃

꽃과 잎, 줄기 등을 채취하여 눌러서 말린 그림을 '누름꽃' 또는 '압화'라고 한다. 누름꽃은 식물 표본을 만드는 방법에서 유래하였다. 누름꽃은 식물을 평면으로 말려서 사용하기 때문에 그림뿐만 아니라 카드, 편지지 등에도 사용하고 액세서리, 전등갓 등의 생활용품에도 이용된다.

누름꽃 만들기 책갈피 사이에 휴지를 깔고 꽃과 잎을 펴서 놓은 위에 다시 휴지를 덮는다. 책을 무거운 물체로 눌러 주면 점차 꽃이 마른다.

누름꽃 액자 누름꽃을 이용해 만든 작품을 그림처럼 액자에 담아 전시한다.

누름꽃 시계 누름꽃을 시계와 함께 장식한 작품이다.

누름꽃 옷장 옷장의 앞면을 누름꽃으로 장식한 작품이다.

*누름꽃[압화[(押花), 꽃누르미, pressed flower]

보존꽃

아름다운 생화를 특수한 보존액에 담가서 수분 대신에 보존액이 채워지게 만들어 오랜 기간 꽃을 볼 수 있게 만든 것을 '보존꽃' 또는 '천일꽃'이라고 한다. 잘 만든 보존꽃은 몇 년 동안 그대로 원형을 유지할 수 있다. 보존꽃을 만들면서 물감을 넣으면 꽃 색깔을 다양하게 바꿀 수도 있다.

보존꽃을 꽃다발 모양으로 만들어 철제 받침대에 올려놓은 작품이다. 신부의 부케로도 많이 이용한다.

보존꽃을 화분 모양으로 만든 작품이다. 물을 줄 필요가 없는 화분이다.

보존꽃을 화분 모양으로 만든 작품이다. 물을 줄 필요가 없는 화분이다.

보존꽃으로 화환처럼 만든 작품이다.

*보존꽃[천일꽃, 보존화(保存花), 프리저브드 플라워(preserved flower)]

275

그 밖의 꽃의 이용

화단에 심어진 화초는 사람들에게 아름다움을 선사한다.
그 밖에도 꽃은 향기로운 냄새를 이용해 향료를 만들기도
하고, 약으로 이용하기도 한다. 또 꽃잎의 색깔을 물감으
로 이용하기도 하고, 맛이 있으면서 독성이 없는 꽃을 골
라서 음식에 넣어 먹거나 차를 만들어 마시기도 한다.

회화나무 꽃을 노란색 물을 들이는
물감 재료로 이용한다.

잇꽃 꽃으로 옷감에 홍색 물을 들이거나
입술 연지를 만드는 데 이용한다.

인동덩굴 꽃은 열을 내리고 독을
없애는 한약재로 쓴다.

백목련 꽃봉오리를 '신이
화'라고 하며 콧병을 치료
하는 약재로 쓴다.

매리골드 꽃으로 차를 끓여 마시는데
루테인 성분이 많이 들어 있어서 눈 건
강에 도움을 주는 것으로 알려져 있다.

매실나무 꽃으로 차를 끓여 마시는데 혈액 순환에 도움을 준다.

칡 꽃으로 차를 끓여 마시면 숙취를 해소하는 데 좋다.

진달래 봄에 핀 꽃으로 화전을 만들어 먹고, 차를 끓여 마시기도 한다.

산국 꽃으로 튀김을 만들어 먹고 차를 끓여 마시는데 두통을 낮게 해 준다.

그린 콜리플라워 녹색을 띠는 콜리플라워 종류로 꽃봉오리를 데쳐서 샐러드를 만들어 먹는다.

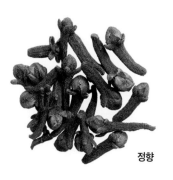

정향

꽃

꽃봉오리

정향/클로브 인도네시아 원산으로 꽃봉오리를 따서 말린 것을 고급 향신료로 이용한다. 정향(丁香)은 꽃봉오리의 모양이 고무래(丁)와 비슷하고 향기가 좋아서 붙인 이름이다.

10월의 노박덩굴 열매

열매

꽃은 수술의 꽃가루가 암술머리에 묻는 꽃가루받이가
이루어지면 꽃가루관이 씨방까지 뻗어서 정받이가 이루어진다.
일반적으로 정받이가 끝나면 밑씨가 들어 있는 씨방은 열매로 자란다.
꽃의 생김새가 여러 가지인 것처럼 꽃에서 열매가
만들어지는 과정도 여러 가지이며 열매의 모양도 제각각이다.
식물은 열매 속에 들어 있는 씨앗을 널리 퍼뜨려야만 종족을
보존할 수 있는데 동물처럼 자유롭게 움직일 수 없으므로
제자리에서 씨앗을 멀리 보낼 수 있는 여러 가지 방법을 궁리해 냈다.
그 결과 씨앗의 모양이나 씨앗을 퍼뜨리는 방법도 다양하게 진화했다.
씨앗은 단단한 껍질에 싸여 보호를 받으며 오랜 기간 생존할 수 있다.
그리고 물 없이는 살 수 없는 식물과 달리 씨앗은 건조에 강해 물이
없어도 살아남아서 싹 틀 수 있는 환경이 될 때까지 오래 참고 기다린다.

꽃받침에 싸인 꽃봉오리

부꽃받침

1. 어린 꽃봉오리 5장의 녹색 꽃받침에 싸여서 자라며
그 둘레를 꽃받침 모양의 녹색 부꽃받침이 에워싸고 있다.

꽃 4~7월에 노란색
꽃이 잎과 마주 달린다.

줄기는 땅바닥을
비스듬히 기며
벋어 나간다.

수술 부푼 반원형의 꽃턱
밑부분에 돌려가며 붙는다.

암술 꽃턱에 100~400개의
암술이 촘촘히 붙는
여러암술꽃(p.150)이다.

꽃받침

부꽃받침

2. 활짝 핀 꽃 5장의 꽃잎과 꽃받침이 활짝 벌어지면 곤충이
날아와 꽃가루받이를 도와준다.

꽃에서 열매까지

뱀딸기는 장미과에 속하는 여러해살이풀로 4월부터 꽃
봉오리가 맺히기 시작한다. 꽃봉오리는 꽃받침과 부꽃
받침에 싸여 있다가 성숙하면 꽃잎과 꽃받침이 벌어지
기 시작한다. 꽃은 꽃가루받이가 끝나면 꽃잎을 떨어뜨
린 후에 꽃받침이 다시 오므라들면서 씨방을 싸서 보호

꽃턱은 점차
부풀어 오른다.

꽃받침 세모진 꽃받침은 끝이
갑자기 바늘처럼 뾰족해진다.

꽃받침은 다시
꽃턱을 둘러싼다.

부꽃받침

시드는 꽃밥

부꽃받침 꽃받침 사이에 달리며
윗부분은 3~5갈래로 갈라진다.

3. 시든 꽃 꽃이 시들면 5장의 꽃잎은 떨어져 나가고 수술과
꽃밥은 점차 스러져 없어지며 꽃턱이 부풀어 오르기 시작한다.

4. 어린 열매 꽃턱을 꽃받침이 다시 둘러싸서 보호하는 모습은
어린 꽃봉오리와 비슷하다.

잎 세겹잎은 줄기에 어긋난다. 작은잎은 타원형이며 가장자리에 톱니가 있다.

5월 초에 핀 꽃 뱀딸기는 풀숲과 길가에서 흔히 자란다.

8. 씨앗 붉은 여윈열매 껍질을 벗기면 속에 적갈색 씨앗이 들어 있다. 씨앗은 땅에 떨어지면 새싹이 터서 자란다.

여윈열매는 씨앗에 열매껍질이 단단히 붙어 있으며 익어도 갈라지지 않는다.

꽃턱이 비대해진 열매턱은 스펀지처럼 부드럽고 폭신거린다.

7. 둥근 열매송이 겉에는 깨알 같은 여윈열매(p.360)가 촘촘히 돌려가며 달린다. 여윈열매는 작아서 씨앗처럼 보인다.

하는데 그 모습이 어린 꽃봉오리 때와 비슷하다. 꽃받침이 싸서 보호하는 씨방은 점차 열매로 자라며 씨앗이 만들어진다. 식물이 꽃을 피우는 목적은 이처럼 열매와 씨앗을 만들어 자손을 퍼뜨리는 데 있다.

열매송이

5. 자라는 열매 꽃턱이 둥그스름하게 부풀어 오르면서 꽃받침 밖으로 붉게 변한 열매송이가 보이기 시작한다.

열매송이

꽃받침

부꽃받침

6. 8월에 붉게 익은 둥근 열매송이는 여러 암술꽃이 자라서 맺은 모인열매(p.368)로 열매송이에 자잘한 열매가 촘촘히 붙는다.

어린 열매

꽃은 정받이가 이루어지면 씨방과 그 속에 들어 있
는 밑씨가 점차 열매와 씨앗으로 자란다. 곤충을
불러 모으기 위해 꽃의 생김새가 다양한 것처럼 씨
앗을 퍼뜨리기 위해 열매와 씨앗도 다양한 모습을
하고 있다.

씨앗이 맺힌 방

씨앗이 맺히지
않은 방

붓순나무 어린 열매 만두 모양의 열매는
6~12개의 방으로 나누어지며 씨앗이 맺히지
않는 방도 있다.

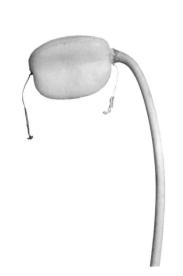

천남성 어린 열매 옥수수 모양의 열매송이가
열리며 가을에 붉은색으로 익는다.

얼레지 어린 열매 열매는 넓은 타원형~구형
이며 보통 3개의 골이 진다.

수선화 어린 열매 드물게 열리는 열매는 둥근
타원형이며 익으면 윗부분부터 3갈래로 갈라
져 벌어진다.

꽃받침

부꽃받침

새박 어린 열매 가는 자루에 매달리는 새알
같은 둥근 박 모양의 열매는 가을에 회백색
으로 익는다.

상수리나무 어린 열매 어린 열매는 얇은 비늘
조각에 둘러싸여 있으며 자라면서 비늘조각
은 점차 벌어진다.

딸기 어린 열매 달걀 모양의 열매는 각각 5장
의 꽃받침과 부꽃받침에 둘러싸여 있으며 점
차 붉은색으로 익는다.

살구나무 어린 열매 둥그스름한 열매는 겉에 털이 빽빽하며 7월에 황색으로 익고 새콤달콤한 맛이 난다.

닥풀 어린 열매 긴 달걀 모양의 열매는 5개의 모가 지고 뻣뻣한 털로 덮여 있다.

함박꽃나무 어린 열매 타원형 열매송이는 연한 녹황색이며 점차 비스듬히 처진다.

모감주나무 어린 열매 열매는 삼각뿔 모양이며 꽈리처럼 속에 빈 공간이 있다.

무환자나무 어린 열매 보통 3개의 심피(p.152) 중에 1개만 둥근 열매가 되지만 2개가 정받이 된 열매는 하트 모양이나 쌍방울 모양으로 자란다.

달맞이장구채 어린 열매 꽈리처럼 부풀어 오른 꽃받침통은 달걀 모양이며 안쪽에 달걀 모양의 열매가 자라고 있다.

개나리 어린 열매 달걀 모양의 열매는 끝이 뾰족하고 겉에 사마귀 같은 돌기가 있다.

토마토 어린 열매 둥그스름한 열매는 밑을 향해 매달리며 점차 붉은색으로 익는다.

어린 열매 단면

뜨거운 햇볕을 쬐면서 커가는 열매 속에서는 씨앗이 만들어지고 있다. 열매의 모양이 여러 가지인 것처럼 열매 속에 든 씨앗의 모양과 개수도 제각기 다르다. 어린 열매를 가로나 세로로 잘라 보면 열매 속에 씨앗이 들어 있는 구조를 관찰할 수 있다.

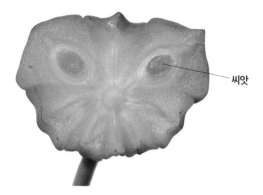

씨앗

붓순나무 어린 열매 단면 여러 개의 씨방 중에 2개의 방에만 씨앗이 맺혔다.

씨앗

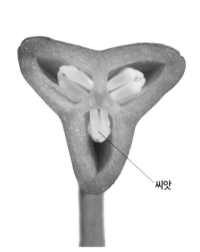

씨앗

씨앗

천남성 어린 열매 단면 열매이삭에 촘촘히 돌러가며 달리는 열매는 약간 일그러진 구형이며 가을에 붉게 익는다.

얼레지 어린 열매 단면 3칸으로 나뉘어진 방마다 가운데기둥에 씨앗이 촘촘히 붙는다.

수선화 어린 열매 단면 열매 속은 3개의 방으로 나뉘어지며 방마다 가운데기둥에 씨앗이 붙어 있다.

씨앗

도토리열매

열매

새박 어린 열매 단면 3칸으로 나뉘어진 방마다 납작한 타원형 씨앗이 촘촘히 포개져 있다.

상수리나무 어린 열매 단면 깍정이 안에서 1개의 둥그스름한 도토리열매가 자라기 시작한다.

딸기 어린 열매 단면 둥근 달걀 모양의 열매송이 겉에는 깨알 같은 열매가 촘촘히 달리며 점차 붉게 익는다.

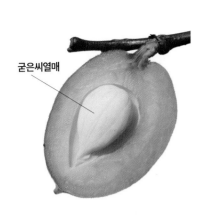

살구나무 어린 열매 단면 열매 속에 든 1개의 납작한 타원형 굳은씨열매 속에 1개의 씨앗이 들어 있다.

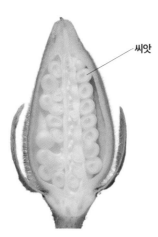

닥풀 어린 열매 단면 열매 속은 5개의 방으로 나뉘어지며 방마다 가운데기둥을 따라 씨앗이 촘촘히 붙는다.

함박꽃나무 어린 열매 단면 열매송이 속에는 촘촘히 돌려가며 씨앗이 만들어지고 있다.

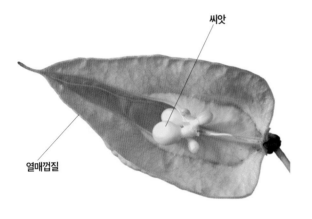

모감주나무 어린 열매 단면 열매껍질은 종이처럼 얇고 열매 속은 3칸으로 나뉘어져 있으며 칸마다 둥근 씨앗이 보통 1개씩 만들어진다.

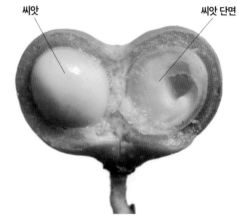

무환자나무 어린 열매 단면 열매 속의 방마다 1개씩 들어 있는 둥근 씨앗이 점차 검은색으로 익는다.

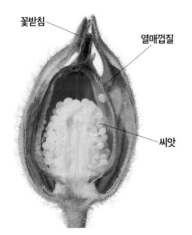

달맞이장구채 어린 열매 단면 동그스름한 열매 가운데의 짧아진 기둥에 깨알 같은 씨앗이 촘촘히 붙어 있다.

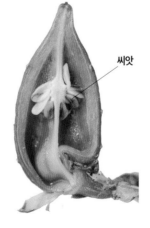

개나리 어린 열매 단면 가운데기둥 중간에 씨앗이 촘촘히 붙어 있으며 열매는 익으면 2개로 쪼개지면서 씨앗이 나온다.

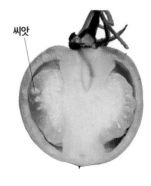

토마토 어린 열매 단면 열매 속은 열매살과 즙이 많으며 열매살에 자잘한 씨앗이 많이 박혀 있다.

285

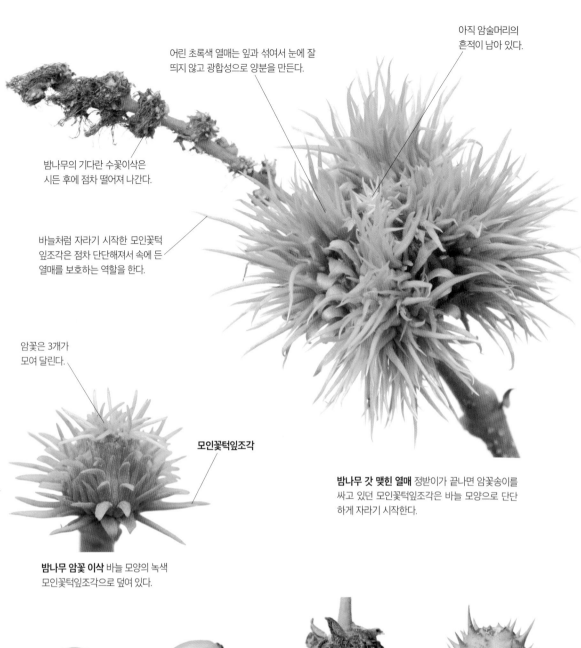

어린 초록색 열매는 잎과 섞여서 눈에 잘
띄지 않고 광합성으로 양분을 만든다.

아직 암술머리의
흔적이 남아 있다.

밤나무의 기다란 수꽃이삭은
시든 후에 점차 떨어져 나간다.

바늘처럼 자라기 시작한 모인꽃턱
잎조각은 점차 단단해져서 속에 든
열매를 보호하는 역할을 한다.

암꽃은 3개가
모여 달린다.

모인꽃턱잎조각

밤나무 갓 맺힌 열매 정받이가 끝나면 암꽃송이를
싸고 있던 모인꽃턱잎조각은 바늘 모양으로 단단
하게 자라기 시작한다.

밤나무 암꽃 이삭 바늘 모양의 녹색
모인꽃턱잎조각으로 덮여 있다.

옻나무 어린 열매 열매나 잎, 줄기에 상처를 내면 흰색 유액이 나
오는데 유액이 살갗에 닿으면 여드름처럼 우툴두툴 돋고 몹시 가
려우므로 조심해야 한다.

양다래 어린 열매 흔히 '키위'라고
하는 열매는 겉이 갈색 털로 빽빽이
덮여 있다.

독말풀 어린 열매 달걀 모양의 열
매 겉면은 뾰족한 가시로 덮여 있어
서 동물이 먹지를 못한다.

어린 열매 지키기

열매 속의 씨앗이 온전하게 자라서 여물려면 많은 시간이 필요하다. 하지만 새와 같은 동물들은 지난해에 따먹던 맛있는 열매 맛을 기억하고 열매가 익기도 전에 나무를 찾아온다. 식물은 어린 열매를 보통 잎과 같은 초록색으로 만들어 동물의 눈에 띄지 않게 한다. 어떤 열매는 단단하게 만들어서 먹기가 곤란하게 만들고 솜털이나 가시로 덮어서 보호하는 열매도 있다. 또 열매가 익기 전까지는 단맛 대신에 쓰거나 시거나 떫은맛 등으로 동물이 먹기 힘들게 한다. 어떤 식물은 독이 들어 있어서 먹으면 배탈이 나거나 심지어는 동물이 죽게 만드는 경우도 있다.

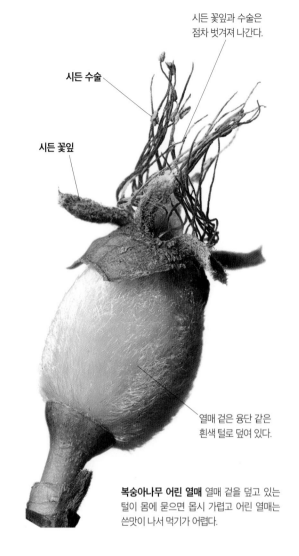

시든 꽃잎과 수술은 점차 벗겨져 나간다.

시든 수술

시든 꽃잎

열매 겉은 융단 같은 흰색 털로 덮여 있다.

목련 어린 열매 어린 열매는 매우 단단하다. 일본 이름은 '고부시'인데 '주먹'이라는 뜻으로 단단한 열매의 모양이 주먹을 닮아서 붙여진 이름이다. 단단한 어린 열매는 동물이 따 먹기가 힘들다.

복숭아나무 어린 열매 열매 겉을 덮고 있는 털이 몸에 묻으면 몹시 가렵고 어린 열매는 쓴맛이 나서 먹기가 어렵다.

호두야자 어린 열매 열대 지방에서 흔히 자라는 나무로 열매가 맛있는 망고 열매를 닮아서 아이들이 따 먹기도 하는데 독성이 강해 죽기도 한다. 인도에서는 일부러 열매 속의 씨앗을 먹고 죽는 사람이 있어서 '자살나무'라고도 부른다.

씨자리

속씨식물의 씨방 안에서 밑씨가 붙는 부위를 '씨자리'라고 한다. 씨자리에 붙어 있던 밑씨는 정받이가 이루어지면 점차 씨앗으로 자란다. 씨자리는 밑씨가 붙는 위치에 따라 한쪽 가장자리에 줄로 붙는 테씨자리, 가운데기둥에 붙는 속씨자리, 가운데의 짧아진 기둥에 붙는 중앙씨자리, 씨방 벽에 붙는 벽씨자리, 씨방의 천장 꼭대기에 붙는 꼭대기씨자리, 씨방 밑바닥에 붙는 바닥씨자리 등 여러 가지로 나눌 수 있다.

꽃받침 밖으로 열매의 일부가 뾰족이 얼굴을 내민다.

마른 꽃잎

꽃받침 열매의 대부분은 꽃받침 속에 들어 있다. 열매는 거꿀달걀형이며 위를 향해 곧게 선다.

도라지 어린 열매

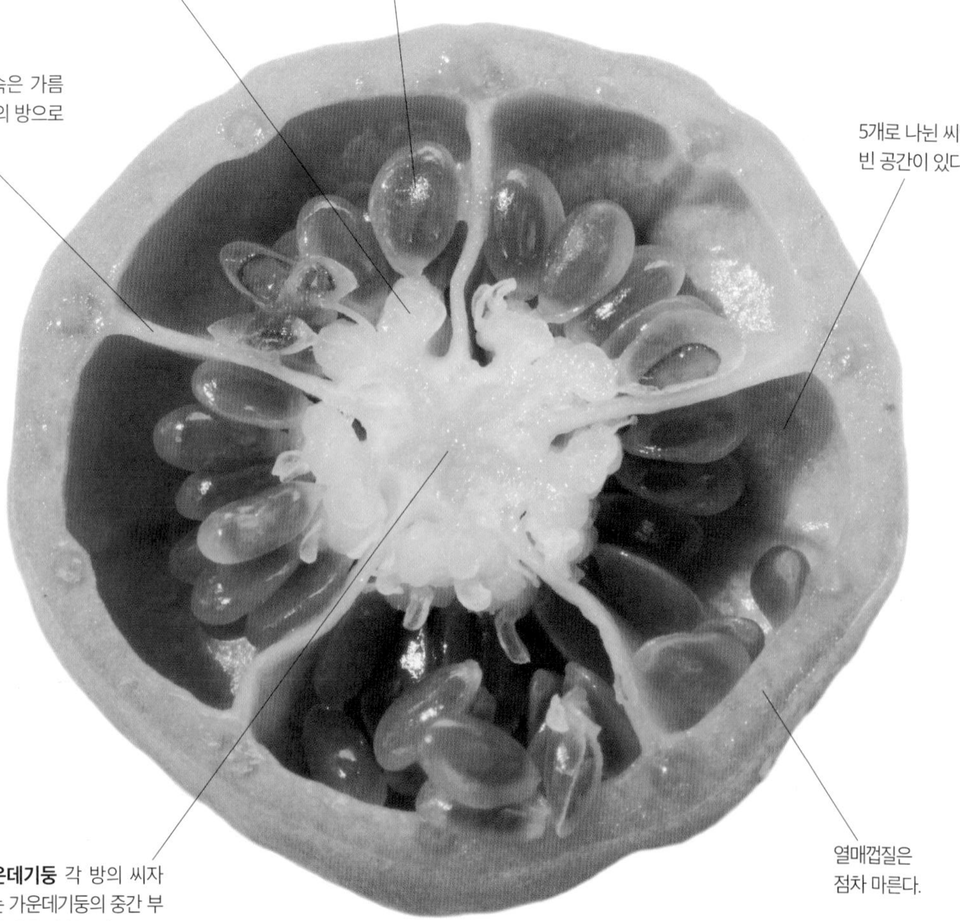

씨자리 5개의 방마다 가운데기둥에서 볼록하게 튀어나온 씨자리 가장자리에 씨앗이 촘촘히 붙는다.

씨앗

가름막 열매 속은 가름막에 의해 5개의 방으로 나누어져 있다.

5개로 나뉜 씨방은 빈 공간이 있다.

가운데기둥 각 방의 씨자리는 가운데기둥의 중간 부분에 촘촘히 붙는다.

열매껍질은 점차 마른다.

도라지 어린 열매 가로 단면

*씨자리[태좌(胎座), placenta]

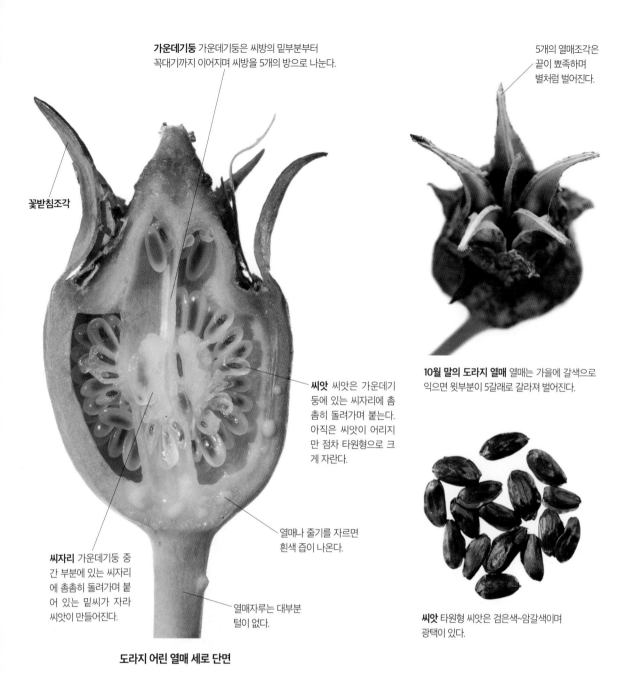

가운데기둥 가운데기둥은 씨방의 밑부분부터 꼭대기까지 이어지며 씨방을 5개의 방으로 나눈다.

5개의 열매조각은 끝이 뾰족하며 별처럼 벌어진다.

꽃받침조각

씨앗 씨앗은 가운데기둥에 있는 씨자리에 촘촘히 돌려가며 붙는다. 아직은 씨앗이 어리지만 점차 타원형으로 크게 자란다.

10월 말의 도라지 열매 열매는 가을에 갈색으로 익으면 윗부분이 5갈래로 갈라져 벌어진다.

씨자리 가운데기둥 중간 부분에 있는 씨자리에 촘촘히 돌려가며 붙어 있는 밑씨가 자라 씨앗이 만들어진다.

열매나 줄기를 자르면 흰색 즙이 나온다.

열매자루는 대부분 털이 없다.

씨앗 타원형 씨앗은 검은색~암갈색이며 광택이 있다.

도라지 어린 열매 세로 단면

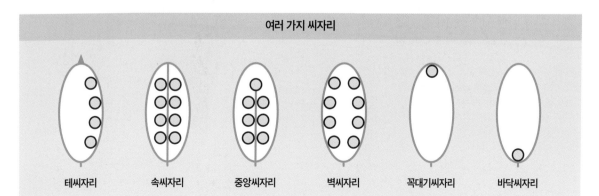

여러 가지 씨자리

| 테씨자리 | 속씨자리 | 중앙씨자리 | 벽씨자리 | 꼭대기씨자리 | 바닥씨자리 |

테씨자리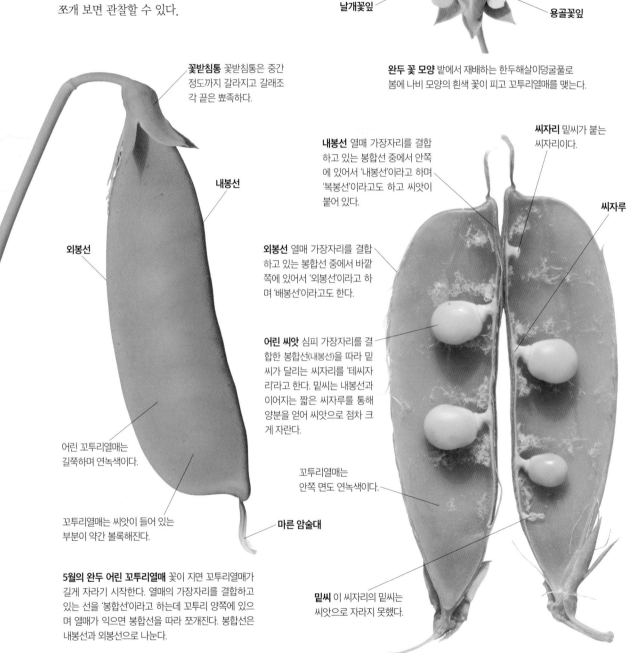

암술은 1개의 심피로 이루어지고 씨방은 한 개이며 심피 가장자리를 결합한 봉합선을 따라 밑씨가 달리는 씨자리를 '테씨자리'라고 한다. 테씨자리를 가지고 있는 식물은 콩과가 대표적으로 꼬투리열매를 쪼개 보면 관찰할 수 있다.

기꽃잎

날개꽃잎

용골꽃잎

완두 꽃 모양 밭에서 재배하는 한두해살이덩굴풀로 봄에 나비 모양의 흰색 꽃이 피고 꼬투리열매를 맺는다.

꽃받침통 꽃받침통은 중간 정도까지 갈라지고 갈래조각 끝은 뾰족하다.

내봉선

외봉선

어린 꼬투리열매는 길쭉하며 연녹색이다.

꼬투리열매는 씨앗이 들어 있는 부분이 약간 볼록해진다.

마른 암술대

5월의 완두 어린 꼬투리열매 꽃이 지면 꼬투리열매가 길게 자라기 시작한다. 열매의 가장자리를 결합하고 있는 선을 '봉합선'이라고 하는데 꼬투리 양쪽에 있으며 열매가 익으면 봉합선을 따라 쪼개진다. 봉합선은 내봉선과 외봉선으로 나눈다.

내봉선 열매 가장자리를 결합하고 있는 봉합선 중에서 안쪽에 있어서 '내봉선'이라고 하며 '복봉선'이라고도 하고 씨앗이 붙어 있다.

외봉선 열매 가장자리를 결합하고 있는 봉합선 중에서 바깥쪽에 있어서 '외봉선'이라고 하며 '배봉선'이라고도 한다.

어린 씨앗 심피 가장자리를 결합한 봉합선(내봉선)을 따라 밑씨가 달리는 씨자리를 '테씨자리'라고 한다. 밑씨는 내봉선과 이어지는 짧은 씨자루를 통해 양분을 얻어 씨앗으로 점차 크게 자란다.

꼬투리열매는 안쪽 면도 연녹색이다.

씨자리 밑씨가 붙는 씨자리이다.

씨자루

밑씨 이 씨자리의 밑씨는 씨앗으로 자라지 못했다.

완두 어린 꼬투리열매 세로 단면

＊테씨자리[변연태좌(邊緣胎座), marginal placentation] / 봉합선(縫合線)[봉선(縫線), suture]

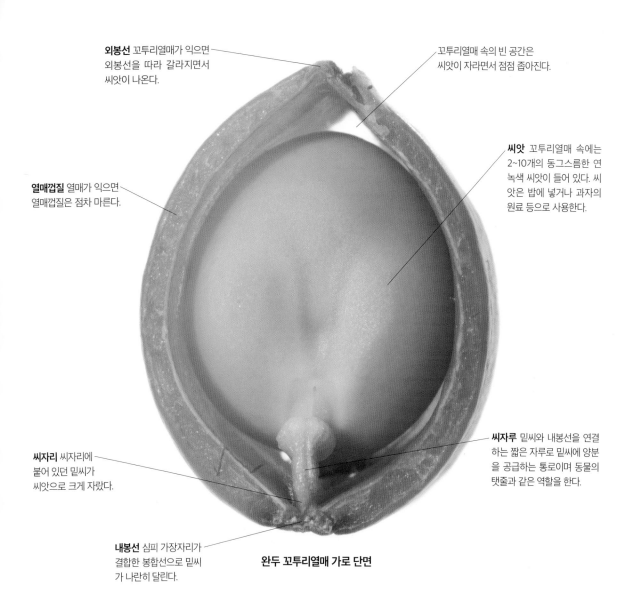

외봉선 꼬투리열매가 익으면 외봉선을 따라 갈라지면서 씨앗이 나온다.

꼬투리열매 속의 빈 공간은 씨앗이 자라면서 점점 좁아진다.

씨앗 꼬투리열매 속에는 2~10개의 동그스름한 연녹색 씨앗이 들어 있다. 씨앗은 밥에 넣거나 과자의 원료 등으로 사용한다.

열매껍질 열매가 익으면 열매껍질은 점차 마른다.

씨자루 밑씨와 내봉선을 연결하는 짧은 자루로 밑씨에 양분을 공급하는 통로이며 동물의 탯줄과 같은 역할을 한다.

씨자리 씨자리에 붙어 있던 밑씨가 씨앗으로 크게 자랐다.

내봉선 심피 가장자리가 결합한 봉합선으로 밑씨가 나란히 달린다.

완두 꼬투리열매 가로 단면

꼬투리열매

씨앗

벌완두 꼬투리열매 단면 빈터에서 자라는 한해살이풀로 길고 납작한 꼬투리열매는 테씨자리이다.

씨앗

다릅나무 꼬투리열매 단면 산에서 자라는 갈잎큰키나무로 납작한 긴 타원형 꼬투리열매는 테씨자리이다.

* 내봉선(內縫線)[복봉선(腹縫線), ventral suture] / 외봉선(外縫線)[배봉선(背縫線), dorsal suture]

속씨자리

몇 개의 심피로 이루어진 씨방에서 각각의 심피 가장자리가 합착하여 씨방실의 중앙에 가운데기둥이 만들어진 것을 '속씨자리'라고 한다. 속씨자리는 각각의 심피에 있는 테씨자리 봉합선이 중심에서 합쳐져서 가운데기둥을 만들고 심피수만큼의 씨방실이 생긴다. 각 씨방실의 밑씨는 가운데기둥에 촘촘히 붙는다. 가운데기둥은 밑에서부터 끝까지 연결된다. 속씨자리를 갖는 식물로는 백합과, 붓꽃과, 쥐방울덩굴과, 물레나물과, 진달래과, 바늘꽃과, 괭이밥과, 쥐손이풀과, 질경이과, 초롱꽃과, 가지과 등으로 가장 흔히 볼 수 있는 씨자리이다.

마른 꽃덮이

부채붓꽃 어린 열매 열매는 타원형~달걀형이며 3개의 모와 골이 진다.

가운데기둥 부채붓꽃 열매는 3개의 방으로 나뉘어져 있으며 가운데기둥을 따라 씨앗이 촘촘히 붙는다.

가름막 씨방은 얇은 가름막에 의해 3개의 방으로 나뉘어진다.

열매껍질 열매껍질은 약간 두툼하고 열매살이 적으며 열매가 익으면서 점차 마른다.

씨앗 단면 달걀 모양의 씨앗은 연갈색으로 익는다.

씨방실 씨방 안에 가름막으로 나뉘어진 작은 방으로 보통 심피의 숫자와 같다. 씨방실에 위치한 밑씨가 자라 씨앗이 된다.

부채붓꽃 어린 열매 가로 단면 3개의 심피로 이루어진 씨방실의 중앙에 가운데기둥이 있는 속씨자리이다.

＊속씨자리[중축태좌(中軸胎座), axile placentation, axile placenta]

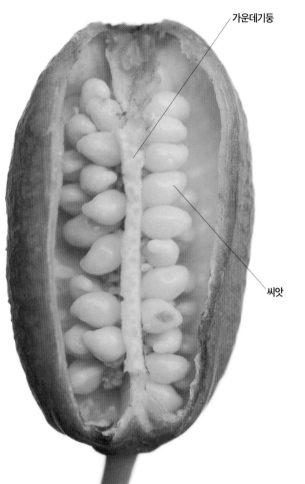

가운데기둥

씨앗

부채붓꽃 어린 열매 세로 단면 밑에서부터 끝까지 연결되는 가운데기둥에 씨앗이 촘촘히 붙는다.

개나리 열매 전국에서 심어 기르는 갈잎떨기나무로 달걀 모양의 열매는 끝이 뾰족하고 겉에 사마귀 같은 돌기가 있다. 씨방실의 가운데기둥 중간에 씨앗이 촘촘히 붙어 있는 속씨자리이다.

미국부용 열매 북미 원산의 여러해살이화초로 둥근 달걀 모양의 열매는 끝이 뾰족하고 꽃받침이 남아 있다. 씨방실의 가운데기둥에 씨앗이 촘촘히 붙어 있는 속씨자리이다.

도라지 열매 산과 들에서 자라는 여러해살이풀로 둥그스름한 열매는 끝이 뾰족하다. 씨방실의 가운데기둥에 씨앗이 촘촘히 붙어 있는 속씨자리이다.

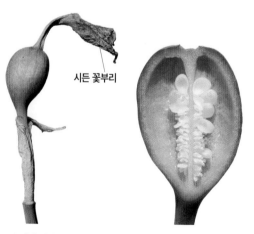

시든 꽃부리

수선화 열매 여러해살이화초로 남부 지방에서 저절로 자라기도 한다. 드물게 열리는 달걀 모양의 열매는 세로로 모가 지며 씨방실의 가운데기둥에 씨앗이 촘촘히 붙어 있는 속씨자리이다.

시든 꽃잎이 어린
열매에 남아 있기도 한다.

닥풀 어린 열매 정받이가
이루어진 씨방과 밑씨는
부꽃받침에 싸여 점차 열
매로 자란다.

부꽃받침

닥풀 꽃 모양 한해살이화초로 8~9월에 옆을 보고
피는 큼직한 노란색 꽃은 5장의 꽃잎이 바람개비 모
양으로 배열하며 서로 약간씩 겹쳐진다.

가운데기둥 촘촘히 붙
는 씨앗에 양분을 공급
해 주는 통로이다.

어린 씨앗

씨자루 씨앗은 가운데
기둥과 이어지는 씨자
루를 통해 양분을 얻어
자란다.

씨방실 씨방 안에 가름막으로
나뉘어진 작은 방으로 보통
심피의 숫자와 같다. 닥풀 열
매는 심피가 1개씩인 5개의 씨
방이 자란 열매이다.

열매 겉은 긴 털로
덮여 있다.

가름막 열매 속은 가름막에
의해 5칸으로 나누어진다.

닥풀 어린 열매 가로 단면 열매는 5각이 지고 속은 5개의 방으로 나뉘어졌으며
각 방마다 가운데기둥에 동글납작한 씨앗이 촘촘히 붙어서 자란다.

닥풀 씨자리

닥풀은 중국 원산의 한해살이풀로 8~9월에 피는 큼직한 연노란색 꽃이 아름다워서 흔히 화초로 심어 기른다. 닥풀은 뿌리에 점액이 많기 때문에 닥나무 껍질로 종이를 만들 때 첨가제로 사용하여서 닥풀이라는 이름으로 불린다. 달걀 모양의 열매 속은 씨방을 나누는 가운데기둥에 씨앗이 촘촘히 올라가며 붙는 속씨자리이다.

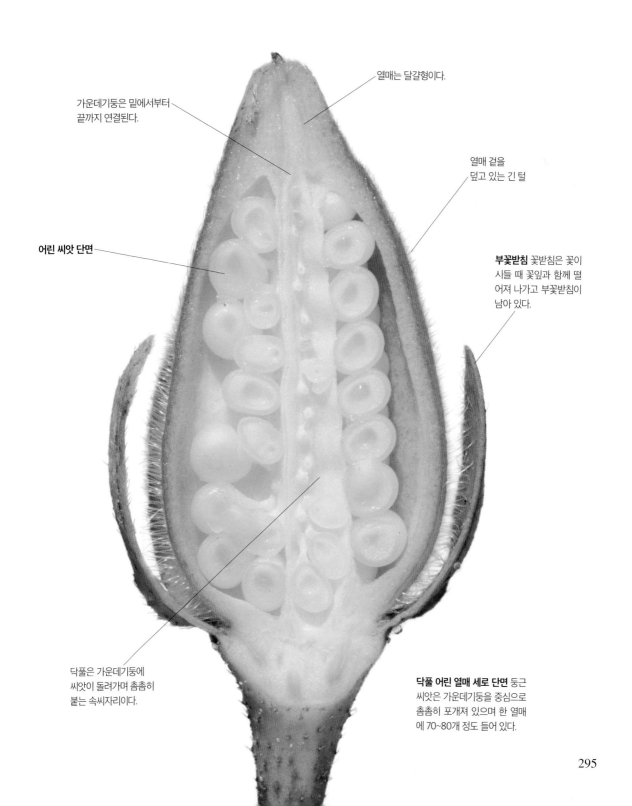

열매는 달걀형이다.

가운데기둥은 밑에서부터 끝까지 연결된다.

열매 겉을 덮고 있는 긴 털

어린 씨앗 단면

부꽃받침 꽃받침은 꽃이 시들 때 꽃잎과 함께 떨어져 나가고 부꽃받침이 남아 있다.

닥풀은 가운데기둥에 씨앗이 돌려가며 촘촘히 붙는 속씨자리이다.

닥풀 어린 열매 세로 단면 둥근 씨앗은 가운데기둥을 중심으로 촘촘히 포개져 있으며 한 열매에 70~80개 정도 들어 있다.

중앙씨자리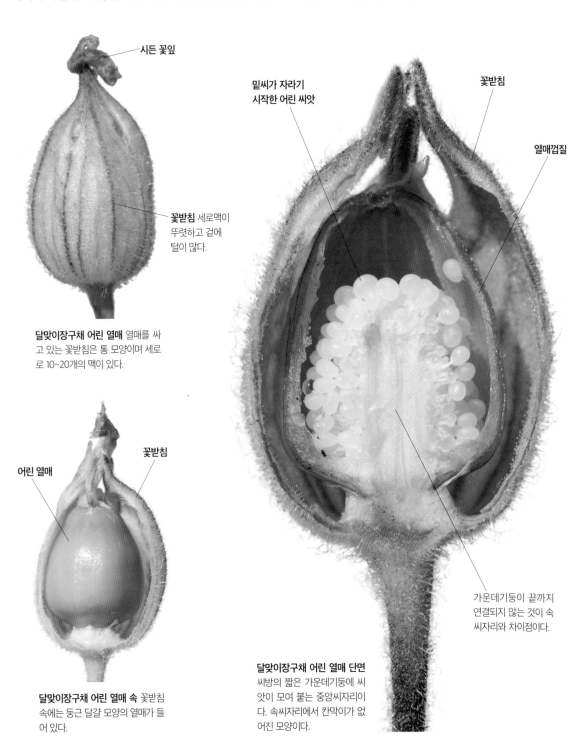

속씨자리의 각 방 사이에 있던 가름막이 자라는 동안 없어지면서 하나의 씨방실이 되고 안쪽 벽과 떨어져서 독립된 가운데기둥에 밑씨가 붙는 것을 '중앙씨자리'라고 한다. 가운데기둥은 부풀어 오른 모양이며 끝까지 연결되지 않는 것이 속씨자리와 다른 점이다. 심피는 여러 개이다. 중앙씨자리를 갖는 식물로는 석죽과, 앵초과, 통발과 등이 있다.

시든 꽃잎

밑씨가 자라기
시작한 어린 씨앗

꽃받침

열매껍질

꽃받침 세로맥이
뚜렷하고 겉에
털이 많다.

달맞이장구채 어린 열매 열매를 싸고 있는 꽃받침은 통 모양이며 세로로 10~20개의 맥이 있다.

어린 열매

꽃받침

가운데기둥이 끝까지
연결되지 않는 것이 속
씨자리와 차이점이다.

달맞이장구채 어린 열매 단면
씨방의 짧은 가운데기둥에 씨앗이 모여 붙는 중앙씨자리이다. 속씨자리에서 칸막이가 없어진 모양이다.

달맞이장구채 어린 열매 속 꽃받침
속에는 둥근 달걀 모양의 열매가 들어 있다.

*중앙씨자리[독립중앙태좌(獨立中央胎座), free central placentation]

둥근 달걀 모양의 열매는 가을에 익으면 끝부분이 10갈래로 갈라지면서 씨앗이 나온다.

갈래조각 끝은 뾰족하며 살짝 벌어진다.

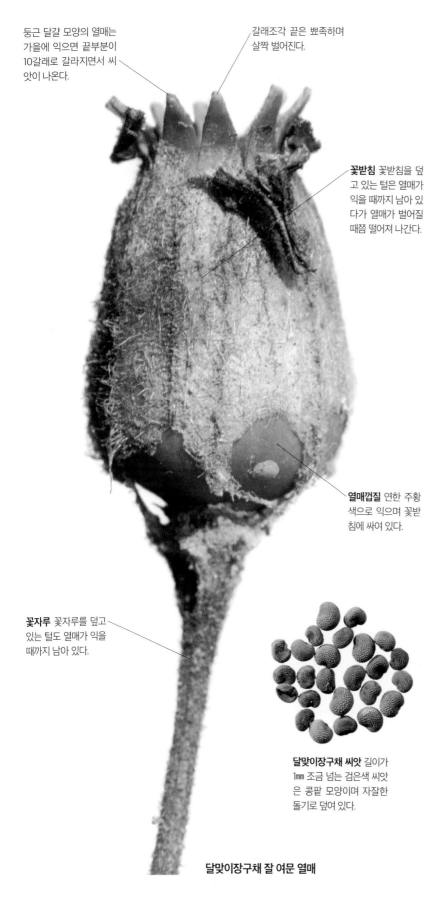

꽃받침 꽃받침을 덮고 있는 털은 열매가 익을 때까지 남아 있다가 열매가 벌어질 때쯤 떨어져 나간다.

열매껍질 연한 주황색으로 익으며 꽃받침에 싸여 있다.

꽃자루 꽃자루를 덮고 있는 털도 열매가 익을 때까지 남아 있다.

패랭이꽃 풀밭에서 자라는 여러해살이풀로 여름에 붉은색 꽃이 피고 씨자리는 중앙씨자리이다.

장구채 산과 들에서 자라는 두해살이풀로 여름에 흰색 꽃이 피고 씨자리는 중앙씨자리이다.

달맞이장구채 씨앗 길이가 1mm 조금 넘는 검은색 씨앗은 콩팥 모양이며 자잘한 돌기로 덮여 있다.

달맞이장구채 잘 여문 열매

앵초 습한 곳에서 자라는 여러해살이풀로 봄에 홍자색 꽃이 피고 씨자리는 중앙씨자리이다.

벽씨자리

가운데기둥과 각 방 사이의 벽이 없어져서 하나의 씨방실로 합쳐지고 씨방실 안쪽 옆 벽의 가름막이던 자리에 밑씨가 붙는 씨 자리를 '벽씨자리'라고 한다. 벽씨자리를 갖는 식물로는 박과, 물레나물과, 제비꽃과, 시계꽃과, 베고니아과, 버드나무과, 선인장과 등이 있다.

정반이가 끝나고 맺힌 어린 열매

어린 열매는 점차 자라면서 촘촘히 덮고 있는 붉은색 가시털이 길게 자란다.

빅사(Bixa orellana) 어린 열매의 자람

어린 씨앗 열매 양쪽 옆벽에 있는 씨자리에 촘촘히 달리는 밑씨는 붉은색 헛씨껍질로 덮여 있으며 점차 씨앗으로 자란다.

씨자리 열매 안쪽 옆벽에 2개의 씨자리가 마주 보고 있는 벽씨자리이다.

씨자루 어린 열매는 흰색 씨자루에 달린다.

가시털 어린 열매의 붉은색 가시털은 1~2㎝ 길이로 길게 자라면 성장을 멈춘다.

열매 속은 비어 있다.

씨자리

헛씨껍질 씨앗을 싸고 있는 붉은 오렌지색 헛씨껍질에서 얻는 물감은 립스틱 등의 화장품이나 버터나 치즈 등의 식품에 물감으로 이용된다.

빅사 어린 열매 가로 단면

＊벽씨자리[측막태좌(側膜胎座), 측벽태좌(側壁胎座), parietal placentation]

열매를 덮고 있는 가시털은 뻣뻣하지만 찌르지는 않는다.

씨앗이 양쪽 옆 벽에 붙는 벽씨자리이다.

붉은색 헛씨껍질에 싸인 씨앗은 새가 찾아와 먹고 씨앗을 퍼뜨린다.

빅사 열매 열대 아메리카 원산의 늘푸른작은키나무로 달걀 모양의 열매는 붉은색 가시털로 덮여 있고 익으면 세로로 2조각으로 쪼개진다.

빅사 열매 세로 단면 2개의 씨자리가 양쪽 옆벽에 붙는 벽씨자리이다.

열매껍질은 보통 노란색으로 익지만 녹색 등으로 익는 품종도 있다. 참외 껍질은 얇지만 단단하여 신선도가 오래 유지된다.

안쪽 옆벽의 가름막이 있던 자리에 붙는 씨자리에 많은 밑씨가 2줄로 촘촘히 달리며 씨앗으로 자란다.

두툼한 열매살은 맛이 달콤하다.

3개의 씨자리는 서로 연결되어 있다.

씨앗

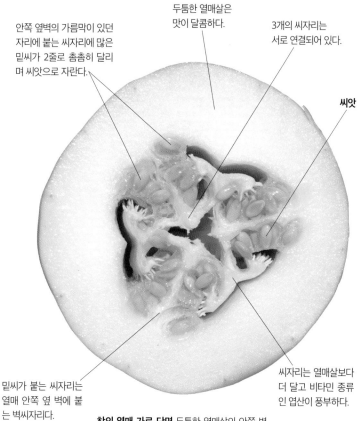

참외 열매 밭에서 재배하는 한해살이풀로 박과에 속한다. 여름에 잎겨드랑이에 노란색 꽃이 피고 타원형 열매는 노랗게 익는다. 열매살은 달콤하며 과일로 먹는다.

밑씨가 붙는 씨자리는 열매 안쪽 옆 벽에 붙는 벽씨자리다.

씨자리는 열매살보다 더 달고 비타민 종류인 엽산이 풍부하다.

참외 열매 가로 단면 두툼한 열매살의 안쪽 벽에 붙는 3개의 씨자리에 많은 씨앗이 2줄로 촘촘히 배열하는 벽씨자리이다.

꼭대기씨자리

나중에 씨앗으로 자랄 밑씨가 씨방의 꼭대기에 붙어 있는
것을 '꼭대기씨자리'라고 한다. 벽씨자리에서 밑씨의 대부분
이 없어지고 꼭대기에만 1~몇 개의 밑씨가 남은 형태로 볼
수 있다. 층층나무과, 미나리과, 인동과, 마타리과 등의 일
부 식물에서 찾아 볼 수 있다.

흰말채나무 꽃 모양 북부 지방에서 자라는 갈잎떨기나무로
관상수로 심어 기르며 5~6월에 흰색 꽃이 핀다.

뾰족한 암술이
남아 있다.

어린 열매는
녹색이며 겉이
매끈하다.

씨방은 1개이며
속이 비어 있다.

밑씨 씨방의 꼭대기에 밑씨가 붙어
있어서 '꼭대기씨자리'라고 한다. 제
대로 정받이가 이루어지지 않아서 열
매는 둥글게 커졌지만 밑씨는 제대로
씨앗으로 자라지 못한 모양이다.

흰말채나무 어린 열매 어린 열매는 둥근 타원형이지만
점차 자라면서 둥글어진다.

흰말채나무 어린 열매 세로 단면 밑씨가 씨방의
꼭대기에 붙어 있는 꼭대기씨자리이다.

* 꼭대기씨자리[정생태좌(頂生胎座), 정단태좌(頂端胎座), apical placentation]

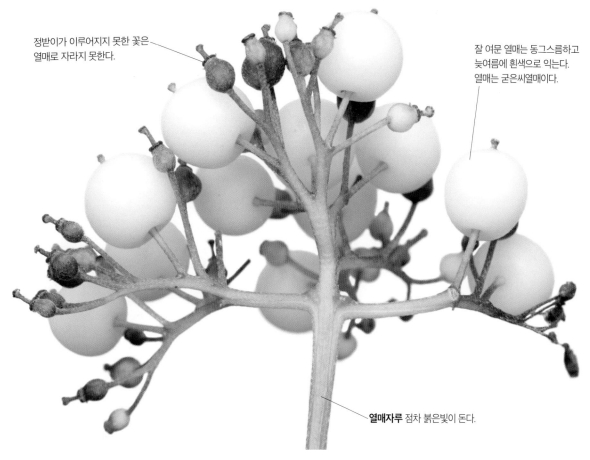

정받이가 이루어지지 못한 꽃은
열매로 자라지 못한다.

잘 여문 열매는 동그스름하고
늦여름에 흰색으로 익는다.
열매는 굳은씨열매이다.

열매자루 점차 붉은빛이 돈다.

흰말채나무 열매송이 열매송이에 촘촘히 모여 달리는 둥근 열매는 8~9월에 흰색으로 익는다.
열매자루는 점차 붉은빛이 도는데 겨울이 되면 줄기도 붉게 변하는 특징을 가지고 있다.

암술대는 열매가
익을 때까지 남아 있다.

열매살은 열매껍질처럼
흰색이며 수분이 많다.

세로줄

굳은씨

흰말채나무 열매 세로 단면 말랑거리는
열매살 속에는 단단한 굳은씨가 들어 있다.

흰말채나무 굳은씨 밑씨가 자란 둥글
납작한 굳은씨는 양 끝이 약간 뾰족
하며 몇 개의 세로줄이 있다.

바닥씨자리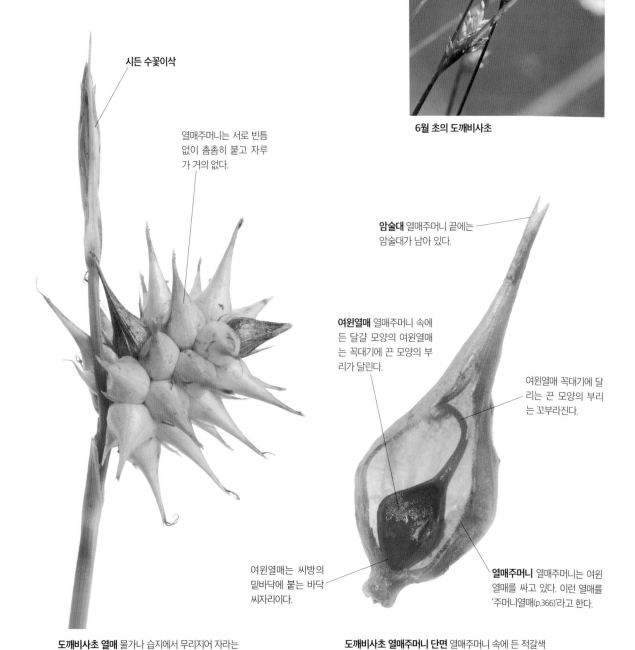

나중에 씨앗으로 자랄 밑씨가 씨방의 밑바닥에 붙어 있는 것을 '바닥씨자리'라고 한다. 중앙씨자리나 벽씨자리에서 밑씨의 대부분이 없어지고 밑바닥에만 1~몇 개의 밑씨가 남은 형태로 볼 수 있다. 장미과, 미나리아재비과, 사초과, 후추과, 마디풀과, 쐐기풀과, 지치과, 꿀풀과, 국화과 등의 일부 식물에서 찾아볼 수 있다.

6월 초의 도깨비사초

시든 수꽃이삭

열매주머니는 서로 빈틈 없이 촘촘히 붙고 자루가 거의 없다.

암술대 열매주머니 끝에는 암술대가 남아 있다.

여윈열매 열매주머니 속에 든 달걀 모양의 여윈열매는 꼭대기에 끈 모양의 부리가 달린다.

여윈열매 꼭대기에 달리는 끈 모양의 부리는 꼬부라진다.

여윈열매는 씨방의 밑바닥에 붙는 바닥씨자리이다.

열매주머니 열매주머니는 여윈열매를 싸고 있다. 이런 열매를 '주머니열매(p.366)'라고 한다.

도깨비사초 열매 물가나 습지에서 무리지어 자라는 여러해살이풀로 열매이삭은 도깨비방망이 모양이다.

도깨비사초 열매주머니 단면 열매주머니 속에 든 적갈색 여윈열매는 씨방의 밑바닥에 붙는 바닥씨자리이다.

＊바닥씨자리[기저태좌(基底胎座), basal placentation] / 열매주머니[과포(果胞), perigynium]

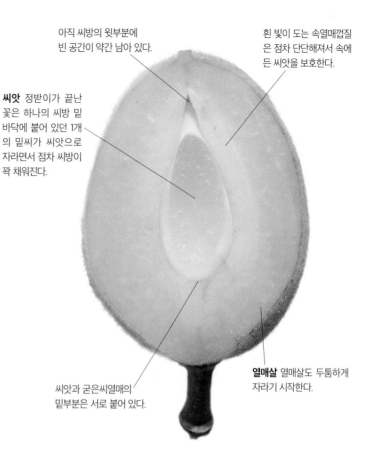

아직 씨방의 윗부분에 빈 공간이 약간 남아 있다.

흰 빛이 도는 속열매껍질은 점차 단단해져서 속에 든 씨앗을 보호한다.

씨앗 정받이가 끝난 꽃은 하나의 씨방 밑바닥에 붙어 있던 1개의 밑씨가 씨앗으로 자라면서 점차 씨방이 꽉 채워진다.

씨앗과 굳은씨열매의 밑부분은 서로 붙어 있다.

열매살 열매살도 두툼하게 자라기 시작한다.

살구나무 어린 열매 시골 마을에서 마당가에 심어 기르던 갈잎큰키나무로 4월에 잎이 돋기 전에 나무 가득 연홍색~흰색 꽃이 핀다. 꽃이 지면 열리는 둥그스름한 열매는 겉에 털이 있지만 점차 없어진다.

살구나무 어린 열매 세로 단면 열매 속에서는 1개의 굳은씨가 만들어지고 있다. 이 굳은씨는 밑바닥에 붙어 있던 밑씨가 자란 것이다. 이처럼 살구나무는 밑씨가 씨방의 밑바닥에 붙어 있는 '바닥씨자리'이다.

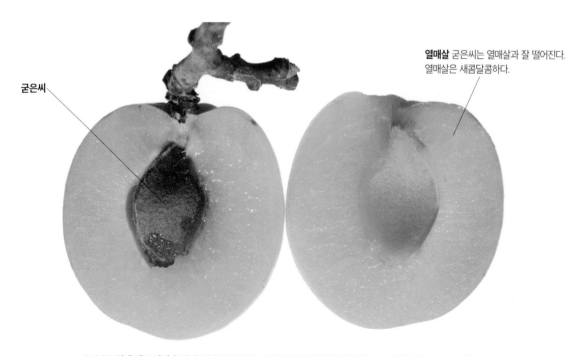

굳은씨

열매살 굳은씨는 열매살과 잘 떨어진다. 열매살은 새콤달콤하다.

살구나무 열매 세로 단면 황색~황적색 열매살은 수분이 많으며 새콤달콤한 맛이 나고 과일로 먹으며 통조림이나 말린 살구, 잼, 술 등을 만들어 먹는다. 열매 속에 든 1개의 굳은씨는 열매살과 잘 떨어지는 것이 특징이다.

비파나무 씨자리

비파나무는 중국 원산의 늘푸른큰키나무로 남부 지방에서 과일나무나 관상수로 심어 기른다. 비파나무는 늦가을인 11월부터 꽃이 피기 시작해 다음해 1월까지 한겨울에 꽃을 볼 수 있는 귀한 나무이다. 비파라는 현악기를 닮은 열매는 6월 경에 노르스름하게 익으며 과일로 먹는다. 비파나무 어린 열매를 세로로 잘라 보면 여러 개의 씨앗은 밑바닥에 붙어 있고 윗부분은 비어 있는 것을 볼 수 있다. 이로 보아 비파나무는 밑씨가 씨방의 밑바닥에 붙어 있는 바닥씨자리임을 알 수 있다.

비파나무 꽃 모양 겨울에 가지 끝에 모여 피는 흰색 꽃은 누른빛이 돌기도 하며 향기가 진하다. 동박새나 꿀벌 등이 꽃가루받이를 도와 준다.

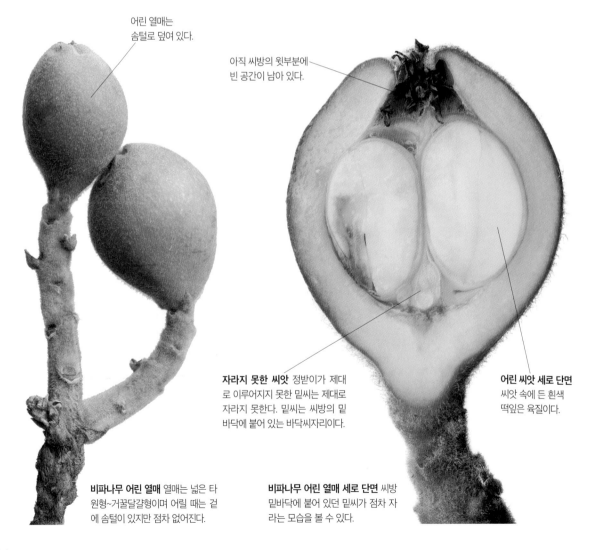

어린 열매는 솜털로 덮여 있다.

아직 씨방의 윗부분에 빈 공간이 남아 있다.

자라지 못한 씨앗 정받이가 제대로 이루어지지 못한 밑씨는 제대로 자라지 못한다. 밑씨는 씨방의 밑바닥에 붙어 있는 바닥씨자리이다.

어린 씨앗 세로 단면 씨앗 속에 든 흰색 떡잎은 육질이다.

비파나무 어린 열매 열매는 넓은 타원형~거꿀달걀형이며 어릴 때는 겉에 솜털이 있지만 점차 없어진다.

비파나무 어린 열매 세로 단면 씨방 밑바닥에 붙어 있던 밑씨가 점차 자라는 모습을 볼 수 있다.

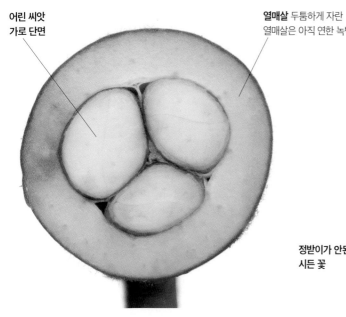

어린 씨앗 가로 단면

열매살 두툼하게 자란 열매살은 아직 연한 녹백색이다.

비파나무 어린 열매 가로 단면 열매 속에는 1~몇 개의 씨앗이 만들어진다.

정받이가 안된 시든 꽃

열매 끝부분에 꽃받침 조각이 남아 있어서 도려내고 먹어야 한다.

비파나무 열매 비파를 닮은 열매는 6월 경에 노르스름하게 익는다.

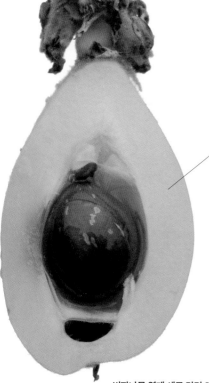
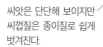

노르스름하게 익은 열매 살은 말랑거리며 단맛이 나고 과일로 먹는다. 열매에 상처를 내면 점차 검게 변한다.

비파나무 열매 세로 단면 익은 열매 속의 씨앗은 흑갈색이다.

씨앗은 단단해 보이지만 씨껍질은 종이질로 쉽게 벗겨진다.

비파나무 씨앗 씨앗은 달걀형~타원형이고 심으면 바로 싹이 터서 자란다.

참열매와 헛열매

참열매

식물의 열매는 씨방이나 꽃턱 등이 발달해서 씨앗을 감싸게 되는데 씨방이나 꽃턱이 두껍게 발달하는 방법이나 씨앗을 포장해서 담고 있는 방법은 식물마다 제각기 다르다. 속씨식물의 씨방이 발달해서 만들어진 열매를 진짜 열매란 뜻으로 '참열매'라고 한다.

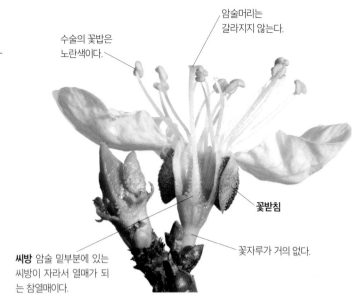

수술의 꽃밥은 노란색이다.

암술머리는 갈라지지 않는다.

꽃받침

꽃자루가 거의 없다.

씨방 암술 밑부분에 있는 씨방이 자라서 열매가 되는 참열매이다.

살구나무 꽃 단면 마을에서 기르는 갈잎키나무로 4월에 꽃이 핀다. 5장의 흰색 꽃잎 가운데에 1개의 암술과 많은 수술이 있다.

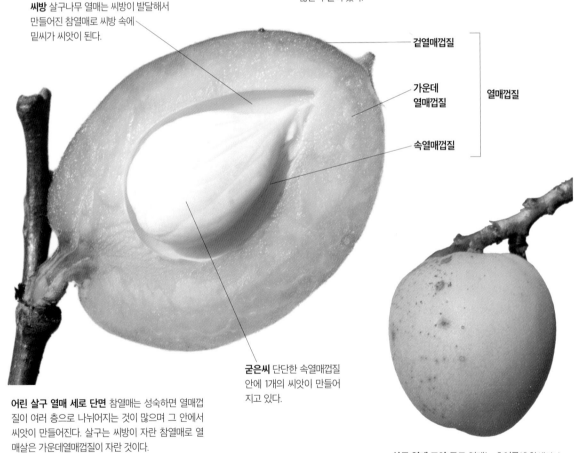

씨방 살구나무 열매는 씨방이 발달해서 만들어진 참열매로 씨방 속에 밑씨가 씨앗이 된다.

겉열매껍질

가운데 열매껍질

열매껍질

속열매껍질

굳은씨 단단한 속열매껍질 안에 1개의 씨앗이 만들어지고 있다.

어린 살구 열매 세로 단면 참열매는 성숙하면 열매껍질이 여러 층으로 나뉘어지는 것이 많으며 그 안에서 씨앗이 만들어진다. 살구는 씨방이 자란 참열매로 열매살은 가운데열매껍질이 자란 것이다.

살구 열매 모양 둥근 열매는 초여름에 황색이나 황적색으로 익으며 새콤달콤한 맛이 난다.

*참열매[진과(眞果), true fruit] / 돌세포[석세포(石細胞), stone cell]

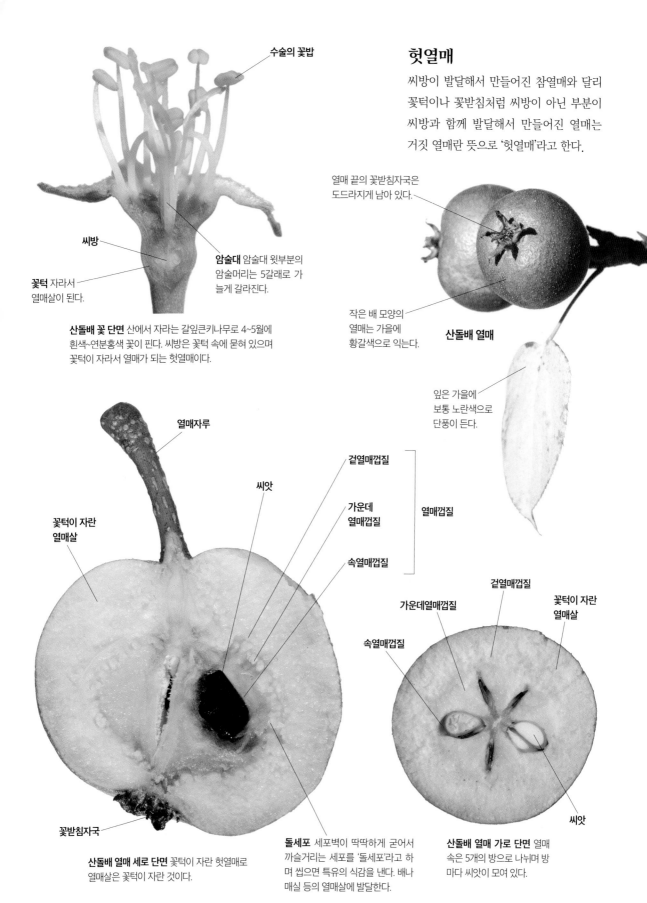

수술의 꽃밥

헛열매

씨방이 발달해서 만들어진 참열매와 달리 꽃턱이나 꽃받침처럼 씨방이 아닌 부분이 씨방과 함께 발달해서 만들어진 열매는 거짓 열매란 뜻으로 '헛열매'라고 한다.

열매 끝의 꽃받침자국은 도드라지게 남아 있다.

씨방

암술대 암술대 윗부분의 암술머리는 5갈래로 가늘게 갈라진다.

꽃턱 자라서 열매살이 된다.

작은 배 모양의 열매는 가을에 황갈색으로 익는다.

산돌배 열매

산돌배 꽃 단면 산에서 자라는 갈잎큰키나무로 4~5월에 흰색~연분홍색 꽃이 핀다. 씨방은 꽃턱 속에 묻혀 있으며 꽃턱이 자라서 열매가 되는 헛열매이다.

잎은 가을에 보통 노란색으로 단풍이 든다.

열매자루

씨앗

겉열매껍질

가운데
열매껍질

속열매껍질

열매껍질

꽃턱이 자란
열매살

가운데열매껍질

겉열매껍질

속열매껍질

꽃턱이 자란
열매살

꽃받침자국

씨앗

산돌배 열매 세로 단면 꽃턱이 자란 헛열매로 열매살은 꽃턱이 자란 것이다.

돌세포 세포벽이 딱딱하게 굳어서 까슬거리는 세포를 '돌세포'라고 하며 씹으면 특유의 식감을 낸다. 배나 매실 등의 열매살에 발달한다.

산돌배 열매 가로 단면 열매 속은 5개의 방으로 나뉘며 방마다 씨앗이 모여 있다.

*겉열매껍질[외과피(外果皮), epicarp, exocarp] / 가운데열매껍질[중과피(中果皮), mesocarp] / 속열매껍질[내과피(內果皮), endocarp]

홑열매와 겹열매

홑열매

보통 하나의 꽃에 들어 있는 암술 밑부분의
1개의 씨방이 자란 열매를 '홑열매'라고 한다.

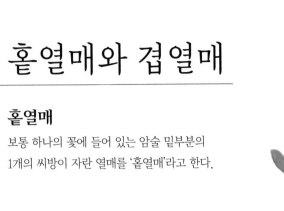

암술은 1개이며
수술보다 약간 길다.

수술은 많고 길이가
조금씩 다르며 꽃밥
은 노란색이다.

흰색~연홍색
꽃잎은 5장이다.

꽃받침 원통형 꽃받침은 끝이
5갈래로 갈라져 벌어진다.

씨방 암술 밑부분의 녹색 씨방은
타원형이며 털이 있고 속에 1개
의 밑씨가 들어 있다.

꽃자루는 짧고
잔털이 많다.

앵두나무 꽃 단면

열매살 1개의 씨방에서
자란 열매를 '홑열매'라
고 한다.

씨앗 열매 속에는
1개의 씨앗이 만들
어진다.

어린 열매 겉은
털로 덮여 있다.

앵두나무 어린 열매 단면 1개의 씨방이 자란
열매 속에 1개의 씨앗이 들어 있는 홑열매이다.

열매자루는 짧다.

열매는 붉게
익으며 단맛이 난다.

앵두나무 열매 둥그스름한 열매는 6월에
붉게 익으며 단맛이 나고 과일로 먹는다.

＊홑열매[단과(單果), simple fruit]

겹열매

여러 개의 꽃이 촘촘히 모여 핀 꽃차례가
자라서 하나의 열매처럼 뭉쳐 있는 열매송
이가 달리는 것은 '겹열매'라고 한다.

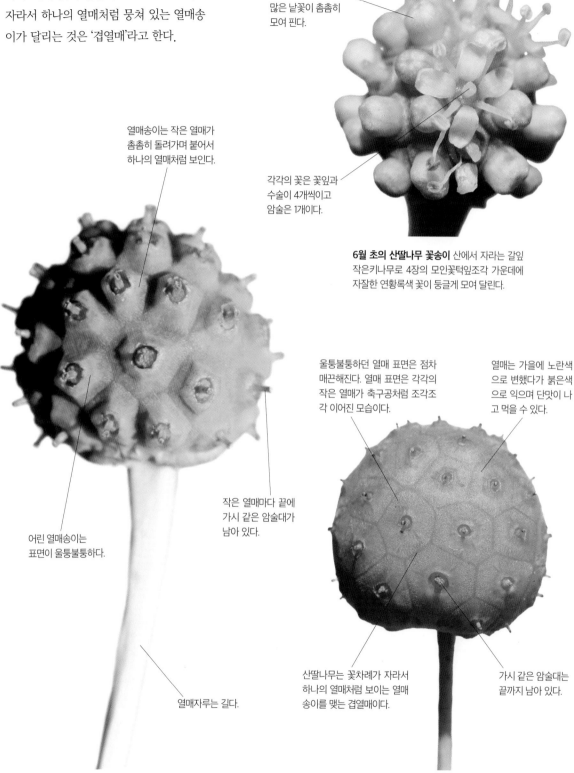

낱꽃 둥근 꽃송이에
많은 낱꽃이 촘촘히
모여 핀다.

열매송이는 작은 열매가
촘촘히 돌려가며 붙어서
하나의 열매처럼 보인다.

각각의 꽃은 꽃잎과
수술이 4개씩이고
암술은 1개이다.

6월 초의 산딸나무 꽃송이 산에서 자라는 갈잎
작은키나무로 4장의 모인꽃턱잎조각 가운데에
자잘한 연황록색 꽃이 둥글게 모여 달린다.

울퉁불퉁하던 열매 표면은 점차
매끈해진다. 열매 표면은 각각의
작은 열매가 축구공처럼 조각조
각 이어진 모습이다.

열매는 가을에 노란색
으로 변했다가 붉은색
으로 익으며 단맛이 나
고 먹을 수 있다.

작은 열매마다 끝에
가시 같은 암술대가
남아 있다.

어린 열매송이는
표면이 울퉁불퉁하다.

열매자루는 길다.

산딸나무는 꽃차례가 자라서
하나의 열매처럼 보이는 열매
송이를 맺는 겹열매이다.

가시 같은 암술대는
끝까지 남아 있다.

7월 말의 산딸나무 열매송이 둥근 열매송이는 하나의
열매처럼 보이며 각각의 열매마다 가시 같은 암술대가 남아 있다.

9월의 산딸나무 열매송이 잘 익은 열매송이는
붉은색으로 익으며 모양이 딸기 열매와 비슷하다.

＊겹열매[다화과(多花果), 복과(複果), multiple fruit, composite fruit]

살열매와 마른열매

살열매

열매는 다 익었을 때 물기를 어느 정도 포함하느냐에 따라서 살열매와 마른열매로 구분한다. 열매살이 두껍고 열매즙이 있는 열매는 '살열매'라고 한다. 살열매에는 물열매, 굳은씨열매, 박꼴열매, 귤꼴열매, 석류꼴열매, 배꼴열매 등이 있다.

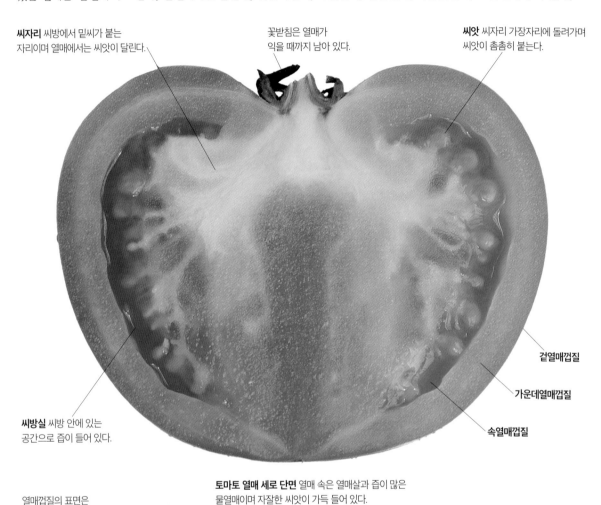

씨자리 씨방에서 밑씨가 붙는 자리이며 열매에서는 씨앗이 달린다.

꽃받침은 열매가 익을 때까지 남아 있다.

씨앗 씨자리 가장자리에 돌려가며 씨앗이 촘촘히 붙는다.

겉열매껍질

가운데열매껍질

속열매껍질

씨방실 씨방 안에 있는 공간으로 즙이 들어 있다.

토마토 열매 세로 단면 열매 속은 열매살과 즙이 많은 물열매이며 자잘한 씨앗이 가득 들어 있다.

열매껍질의 표면은 매끈하며 광택이 있다.

꽃받침

토마토 열매 둥그스름한 열매는 열매살이 많고 탱탱한 살열매이자 물열매이며 붉은색으로 익는다.

열매는 여러 가지 색깔로 익어서 '칼라방울토마토'라고 부르기도 한다.

크기가 작은 열매는 한 입에 넣을 수 있어서 먹기가 편하다.

방울토마토 열매 토마토의 품종으로 작은 열매가 송이로 열린다.

＊살열매[육질과(肉質果), 다육과(多肉果), fleshy fruit]

마른열매

어린 열매는 수분이 있지만 열매가 익으면 열매껍질이 마르면서 건조해지는 열매를 '마른열매'라고 한다.
마른열매는 마른 열매껍질이 자연스럽게 갈라지느냐 갈라지지 않느냐에 따라 다시 '열리는열매'와 '닫힌열매'로 구분한다.

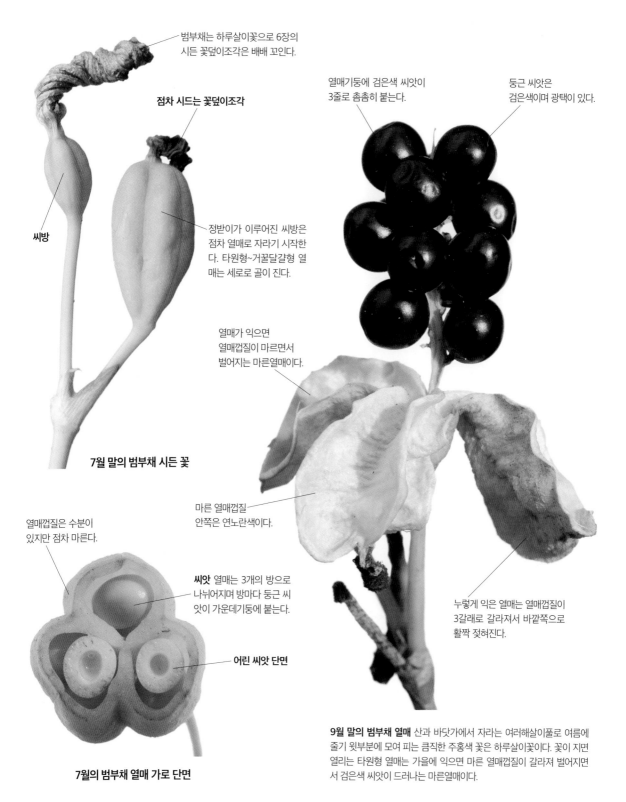

범부채는 하루살이꽃으로 6장의 시든 꽃덮이조각은 배배 꼬인다.

점차 시드는 꽃덮이조각

씨방

정받이가 이루어진 씨방은 점차 열매로 자라기 시작한다. 타원형~거꿀달걀형 열매는 세로로 골이 진다.

7월 말의 범부채 시든 꽃

열매기둥에 검은색 씨앗이 3줄로 촘촘히 붙는다.

둥근 씨앗은 검은색이며 광택이 있다.

열매가 익으면 열매껍질이 마르면서 벌어지는 마른열매이다.

마른 열매껍질 안쪽은 연노란색이다.

누렇게 익은 열매는 열매껍질이 3갈래로 갈라져서 바깥쪽으로 활짝 젖혀진다.

열매껍질은 수분이 있지만 점차 마른다.

씨앗 열매는 3개의 방으로 나뉘어지며 방마다 둥근 씨앗이 가운데기둥에 붙는다.

어린 씨앗 단면

7월의 범부채 열매 가로 단면

9월 말의 범부채 열매 산과 바닷가에서 자라는 여러해살이풀로 여름에 줄기 윗부분에 모여 피는 큼직한 주홍색 꽃은 하루살이꽃이다. 꽃이 지면 열리는 타원형 열매는 가을에 익으면 마른 열매껍질이 갈라져 벌어지면서 검은색 씨앗이 드러나는 마른열매이다.

*마른열매[건과(乾果), dry fruit]

311

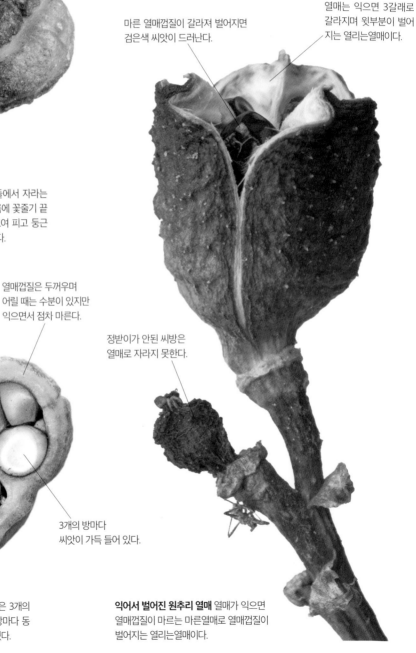

열매 끝부분은 오목하다.

원추리 열매는
둥근 타원형이며
세로로 골이 진다.

열리는열매와 닫힌열매

열리는열매

마른열매 중에서 열매가 익으면 열매껍질이 벌어져서 씨앗이 드러나는 열매를 '열리는열매'라고 한다. 앞쪽(p.311)의 범부채 열매도 열리는열매이다. 열리는열매에는 꼬투리열매, 터짐열매, 뚜껑열매, 뿔열매, 쪽꼬투리열매 등이 있다.

마른 열매껍질이 갈라져 벌어지면
검은색 씨앗이 드러난다.

열매는 익으면 3갈래로
갈라지며 윗부분이 벌어
지는 열리는열매이다.

원추리 열매 산과 들에서 자라는
여러해살이풀로 여름에 꽃줄기 끝
에 진노란색 꽃이 모여 피고 둥근
타원형 열매를 맺는다.

열매는 3개의
얕은 골이 진다.

열매껍질은 두꺼우며
어릴 때는 수분이 있지만
익으면서 점차 마른다.

정받이가 안된 씨방은
열매로 자라지 못한다.

씨앗 단면

3개의 방마다
씨앗이 가득 들어 있다.

어린 열매 가로 단면 열매 속은 3개의
방으로 나뉘어져 있으며 각 방마다 동
그스름한 씨앗이 가득 들어 있다.

익어서 벌어진 원추리 열매 열매가 익으면
열매껍질이 마르는 마른열매로 열매껍질이
벌어지는 열리는열매이다.

312

＊열리는열매[열개과(裂開果), dehiscent fruit]

닫힌열매

마른열매 중에서 열매가 익은 후에도 열매껍질이 벌어지지 않는 열매를 '닫힌열매'라고 한다. 닫힌열매에는 낟알열매, 날개열매, 여윈열매, 굳은껍질열매, 마디꼬투리열매, 주머니열매 등이 있다.

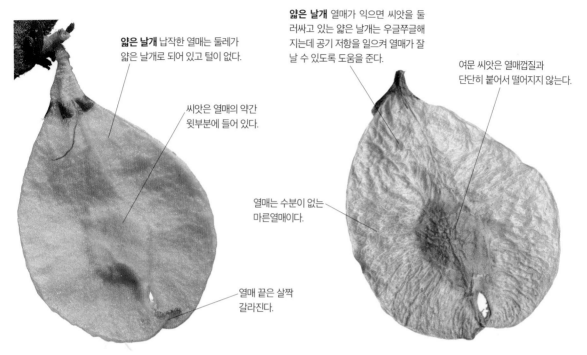

얇은 날개 납작한 열매는 둘레가 얇은 날개로 되어 있고 털이 없다.

씨앗은 열매의 약간 윗부분에 들어 있다.

얇은 날개 열매가 익으면 씨앗을 둘러싸고 있는 얇은 날개는 우글쭈글해지는데 공기 저항을 일으켜 열매가 잘 날 수 있도록 도움을 준다.

여문 씨앗은 열매껍질과 단단히 붙어서 떨어지지 않는다.

열매는 수분이 없는 마른열매이다.

열매 끝은 살짝 갈라진다.

느릅나무 어린 열매 산에서 자라는 갈잎큰키나무로 이른 봄에 잎보다 먼저 꽃이 피고 납작한 거꿀달걀형 열매가 열린다. 가운데에 있는 씨앗의 둘레에 얇은 날개가 있어서 바람에 날려 퍼지는 날개열매이다.

느릅나무 열매 꽃이 핀 지 한 달 정도 지나면 열매는 갈색으로 익으면서 바람에 날려 퍼지기 시작한다. 열매껍질은 익어도 벌어지지 않는 닫힌열매이다.

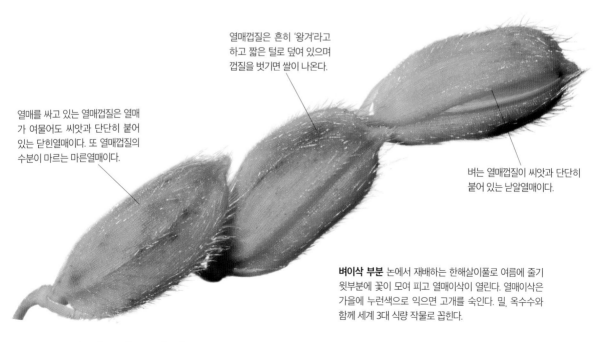

열매껍질은 흔히 '왕겨'라고 하고 짧은 털로 덮여 있으며 껍질을 벗기면 쌀이 나온다.

열매를 싸고 있는 열매껍질은 열매가 여물어도 씨앗과 단단히 붙어 있는 닫힌열매이다. 또 열매껍질의 수분이 마르는 마른열매이다.

벼는 열매껍질이 씨앗과 단단히 붙어 있는 낟알열매이다.

벼이삭 부분 논에서 재배하는 한해살이풀로 여름에 줄기 윗부분에 꽃이 모여 피고 열매이삭이 열린다. 열매이삭은 가을에 누런색으로 익으면 고개를 숙인다. 밀, 옥수수와 함께 세계 3대 식량 작물로 꼽힌다.

*닫힌열매[폐과(閉果), indehiscent fruit]

오디꼴열매(산뽕나무)

물열매(까마귀밥여름나무)

굳은씨열매(매실나무)

숨은꽃열매(무화과)

모인열매(뱀딸기)

겹열매

모인열매

열매의 분류

속씨식물의 열매는 종류에 따라 여러 가지 모양을 하고 있다. 움직이지 못하는 식물이 꽃가루받이를 하기 위해 꽃의 모양을 여러 가지로 발달시켜 왔던 것처럼 열매도 씨앗을 멀리 퍼뜨리기 위해 여러 가지 모양으로 발달해 왔기 때문이다.

닫힌열매

주머니열매(나문재)

마디꼬투리열매(도둑놈의갈고리)

굳은껍질열매(졸참나무)

여윈열매(종덩굴)

날개열매(네군도단풍)

박꼴열매(수박)

귤꼴열매(귤)

석류꼴열매(석류나무)

배꼴열매(콩배나무)

살열매

홑열매

열매는 만들어지는 위치나 방법에 따라 생김새가 달라지고 열매 속에 포함되어 있는 수분의 양도 각기 다르다. 각각의 특징에 따라 열매를 여러 가지 방법으로 분류하는데 어떤 종은 유형을 구분하기 애매한 것도 있다.

열리는열매

마른열매

꼬투리열매(콩)

터짐열매(독말풀)

낱알열매(벼)

쪽꼬투리열매(붓순나무)

뿔열매(냉이)

뚜껑열매(뚜껑덩굴)

물열매

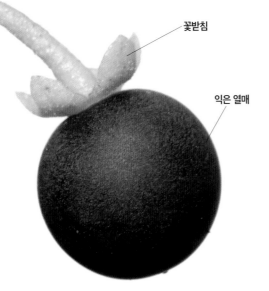

꽃받침

익은 열매

물열매는 살열매의 하나로 열매살과 열매즙이 있는 씨방벽이 두껍게 발달해서 만들어진다. 열매껍질은 3층으로 되어 있으며 겉열매껍질은 얇지만 가운데열매껍질과 속열매껍질은 두꺼운 육질로 열매즙이 많고 부드러우며 익어도 벌어지지 않는다. 열매살 사이에 비교적 단단한 1~여러 개의 씨앗이 들어 있다. 물열매 중에는 열매즙이 달콤해서 과일로 먹는 것이 여럿 있는데 비타민과 같은 여러 영양분이 풍부하다.

까마중 열매 들에서 자라는 한해살이풀로 둥근 열매는 1~8개가 모여 매달린다. 열매는 검은색으로 익으며 대부분 광택이 없다.

씨자리 씨방에서 밑씨가 붙는 자리이다.

열매껍질은 얇은 편이다.

꽃받침

열매살 즙이 많으며 점차 검게 변한다. 잘 익은 열매는 단맛이 있지만 솔라닌과 같은 독 성분이 있으므로 많이 따 먹는 것은 삼가해야 한다.

씨앗 씨앗은 2mm 정도 크기이며 씨자리에 붙어 있다.

까마중 열매 가로 단면 열매 속은 열매살과 즙이 많은 물열매이며 자잘한 씨앗이 가득 들어 있다.

＊물열매[장과(漿果), 액과(液果), berry]

씨앗 단면 고욤나무는
씨앗을 잘 맺는다.

감나무 열매 감나무는 과일나무로 심어 기르며 열매인 감은 가을에 황홍색으로 익는다. 단단한 감을 오래 저장해 두면 말랑말랑한 홍시가 되는데 달콤하면서도 부드러운 열매살의 맛이 일품이다.

고욤나무 열매 가로 단면 산에서 자라는 고욤나무는 감나무와 비슷하지만 열매가 작고 씨앗에 비해 열매살이 적으며 떫은 맛이 강해서 먹기가 불편하다.

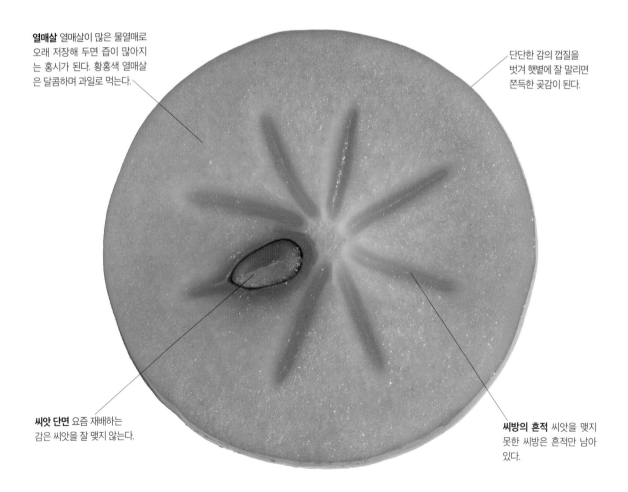

열매살 열매살이 많은 물열매로 오래 저장해 두면 즙이 많아지는 홍시가 된다. 황홍색 열매살은 달콤하며 과일로 먹는다.

단단한 감의 껍질을 벗겨 햇볕에 잘 말리면 쫀득한 곶감이 된다.

씨앗 단면 요즘 재배하는 감은 씨앗을 잘 맺지 않는다.

씨방의 흔적 씨앗을 맺지 못한 씨방은 흔적만 남아 있다.

감나무 열매 가로 단면 어릴 때의 열매살은 떫은맛이 강하지만 가을에 익으면서 단맛이 점차 강해진다. 열매살이 많은 물열매는 날로 먹기에 좋으며 수정과나 떡 등을 만드는 데에도 들어 간다.

바나나 열매

바나나는 열대 아시아 원산의 여러해살이풀로 10m 정도 높이까지 크게 자라는 것도 있다. 잎 사이에서 늘어지는 꽃줄기 끝의 꽃송이가 시들면 기다란 바나나 열매가 층층으로 돌려가며 커다란 송이를 이루고 매달린다. 열매는 대표적인 열대 과일로 껍질을 벗기면 속은 달콤하면서도 부드러운 열매살로 이루어진 물열매이다. 오랜 기간 품종 개량을 통해 열매살 속에 씨앗이 없는 품종이 만들어져 먹기가 편하다. 재래종 바나나 종류는 열매 속에 씨앗이 들어 있는 것을 볼 수 있다.

꽃턱잎 층층으로 포개지는 각각의 꽃턱잎 겨드랑이에 꽃이 촘촘히 돌려가며 달린다.

바나나 꽃과 어린 열매 처지는 꽃송이는 커다란 붉은색~암자색 꽃턱잎에 층층으로 싸여 있다.

바나나 열매 송이로 달리는 기다란 열매는 안쪽으로 약간씩 구부러지고 어릴 때는 5개의 모가 지며 점차 노란색으로 익는다. 바나나(Banana)란 이름은 손가락을 뜻하는 아랍어 바난(Banan)에서 유래되었다. 무게를 기준으로 전 세계에서 가장 많이 생산되는 과일이다.

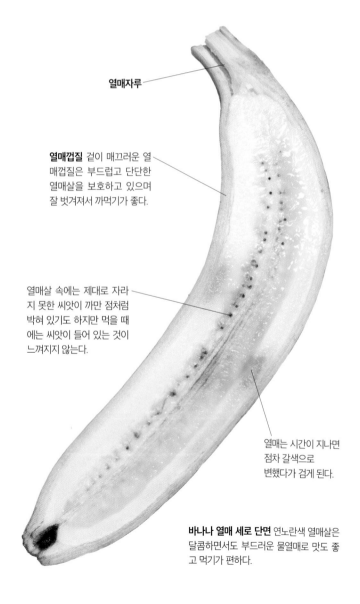

열매자루

열매껍질 겉이 매끄러운 열매껍질은 부드럽고 단단한 열매살을 보호하고 있으며 잘 벗겨져서 까먹기가 좋다.

열매살 속에는 제대로 자라지 못한 씨앗이 까만 점처럼 박혀 있기도 하지만 먹을 때에는 씨앗이 들어 있는 것이 느껴지지 않는다.

열매는 시간이 지나면 점차 갈색으로 변했다가 검게 된다.

바나나 열매 세로 단면 연노란색 열매살은 달콤하면서도 부드러운 물열매로 맛도 좋고 먹기가 편하다.

라벤더꽃바나나 열매 둥근 타원형 열매는
잔털로 덮여 있으며 붉게 익는다.

씨앗 검은색 씨앗이
세로로 줄지어 들어 있다.

열매살 열매살에 물기가 많은 물열매이다.
열매는 먹을 수 있지만 약간 쓴맛이 나며
씨앗이 많아서 먹기가 불편하다.

라벤더꽃바나나 열매 세로 단면 열매 속에는 자잘한
씨앗이 세로로 줄을 지어 촘촘히 들어 있다.

씨앗

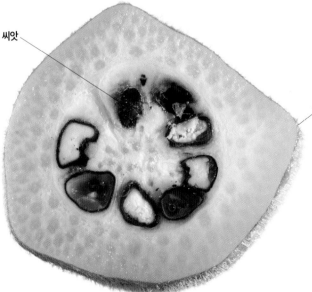

열매는 세로로
몇 개의 불규칙한
모가 진다.

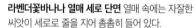

라벤더꽃바나나 열매 가로 단면 열매 속의 씨앗은
둥글게 배열하며 까만색으로 익는다.

라벤더꽃바나나 동남아시아 원산의 바
나나 종류로 꽃송이와 열매송이는 위를
향한다.

굳은씨열매

굳은씨열매는 열매살과 열매즙이 있는 살열매로 씨방벽이 두껍게 발달해서 만들어진다. 물열매와 비슷하지만 속열매껍질이 단단한 나무질로 되어서 동물 등이 먹기가 어렵기 때문에 속에 든 씨앗을 보호한다.

속열매껍질 씨껍질처럼 보이는 속열매껍질은 점차 단단해져서 굳은씨가 된다. 굳은씨는 점차 나무질로 단단해져서 속에 만들어지는 씨앗을 보호한다.

겉열매껍질

가운데열매껍질

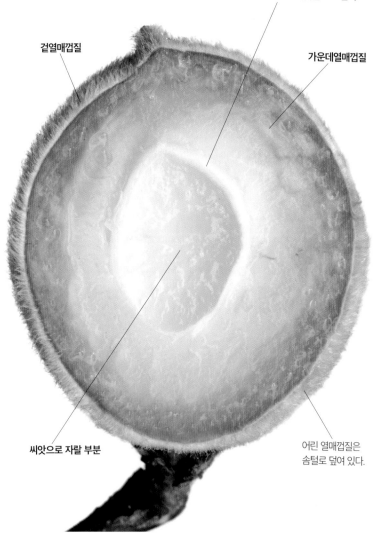

묵은 수술

어린 열매

복숭아나무 어린 열매 과일나무로 기르는 갈잎작은키나무로 봄에 분홍색 꽃이 핀다. 묵은 꽃받침과 수술이 벗겨지면서 자라는 어린 열매는 솜털로 덮여 있는데 솜털에 스치면 가렵거나 알레르기 반응를 일으키기도 한다.

씨앗으로 자랄 부분

어린 열매껍질은 솜털로 덮여 있다.

복숭아나무 어린 열매 단면 가운데열매껍질은 육질의 열매살이 되며 속열매껍질은 점차 단단한 나무질로 변해서 속에 든 씨앗을 보호하는 굳은씨열매이다. 아직은 속열매껍질과 씨앗이 여물지 않아서 말랑말랑하다.

장구밥나무 바닷가 산기슭에서 자라며 장구통 모양의 열매는 굳은씨열매이다.

때죽나무 산에서 자라며 둥근 달걀형 열매는 굳은씨가 들어 있는 굳은씨열매이다.

검팽나무 산에서 자라며 적갈색으로 익는 둥근 열매는 굳은씨열매이다.

＊굳은씨열매[핵과(核果), 석과(石果), drupe, stone fruit]

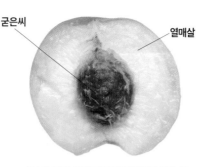

굳은씨

열매살

복숭아 열매 둥근 열매는 얕은 골이 지며 여름에 황적색이나 황색으로 익는다. 복숭아는 옛날부터 몸에 좋은 과일로 알려져 있다.

복숭아 열매 단면 가운데열매껍질이 자란 두툼한 열매살은 달콤한 즙이 많고 속열매껍질이 변한 굳은씨와 단단히 붙어서 잘 떨어지지 않는다.

복숭아 굳은씨 속열매껍질이 변한 굳은씨는 약간 납작하고 겉면에 불규칙한 주름이 지며 매우 단단하다.

굳은씨

씨앗 씨앗은 굳은씨에 싸여 보호된다.

굳은씨는 씨앗을 구성하는 요소가 아니라 열매의 일부인 속열매껍질이다.

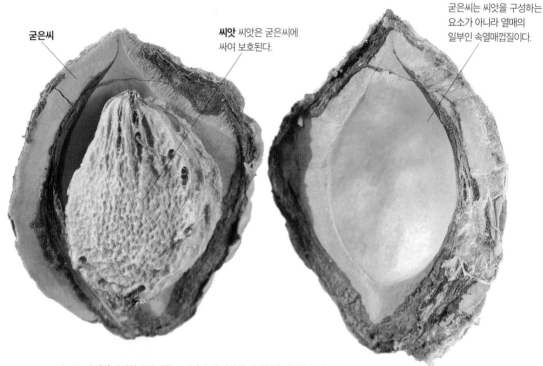

복숭아 굳은씨 단면 단단한 굳은씨를 쪼개면 속에 납작한 타원형의 씨앗이 들어 있다. 동물이 열매살을 먹을 때 단단한 굳은씨는 씨앗을 보호하는 역할을 한다.

자두나무 과일나무로 기르며 노란색~붉은색으로 익는 둥근 열매는 굳은씨열매이다.

뜰보리수 관상수로 심으며 붉은색으로 익는 넓은 타원형 열매는 굳은씨열매이다.

호두나무 과일나무로 기르며 1~3개가 모여 달리는 둥근 열매는 굳은씨열매이다.

＊굳은씨[핵(核), 과핵(果核), putamen, pit]

박꼴열매

박꼴열매는 씨방이 아닌 꽃턱이나 꽃받침의 밑부분이 두껍게 발달해서 씨방을 싸고 있는 살열매이자 헛열매이다. 꽃턱은 육질로 비대해지며 열매껍질은 단단해지는 것이 특징이다. 박꼴열매는 박과(珀科)에 속하는 식물의 열매로 겉열매껍질은 가죽질이고 열매살은 물렁거리며 익어도 벌어지지 않는다.

갓 피기 시작한 꽃 종 모양의 등황색 꽃부리는 5갈래로 갈라져 별 모양으로 벌어진다.

어린 호박 열매 어린 호박은 흔히 '애호박'이라고 부르며 반찬을 만들어 먹는다.

꽃받침 암꽃의 꽃받침은 잎처럼 보인다.

씨방

호박 암꽃 암수한그루로 암꽃은 아래쪽에 둥근 씨방이 있다.

꽃받침자국

암술 자국

얇은 겉열매껍질은 질기고 단단하다. 호박은 밭에서 재배하는 열매채소로 많은 재배 품종이 있다.

둥글납작한 호박 열매

여러 품종의 호박 열매 근래에는 독특한 모양의 호박 품종을 개발해서 기르는데 흔히들 '꽃호박'이라고 한다.

박 관상용으로 기르며 매끈한 박꼴열매는 원형~타원형이고 익으면 반으로 잘라서 바가지를 만든다.

여주 관상용으로 기르며 울퉁불퉁한 박꼴열매는 가을에 황적색으로 익으면 불규칙하게 갈라진다.

＊박꼴열매[호과(瓠果), pepo]

열매살은 가운데열매껍질과 속열매껍질로
이루어지며 다육질이다. 열매살은 꽃턱이
자란 것이며 식용한다.

밑씨가 붙는 씨자리는 부드러우며
열매 안쪽 벽에 붙는 벽씨자리이다.

두툼한 열매살 안쪽은 3개의
방으로 나뉘어져 있으며 방마
다 많은 씨앗이 만들어진다.

가운데열매껍질

속열매껍질

겉열매껍질

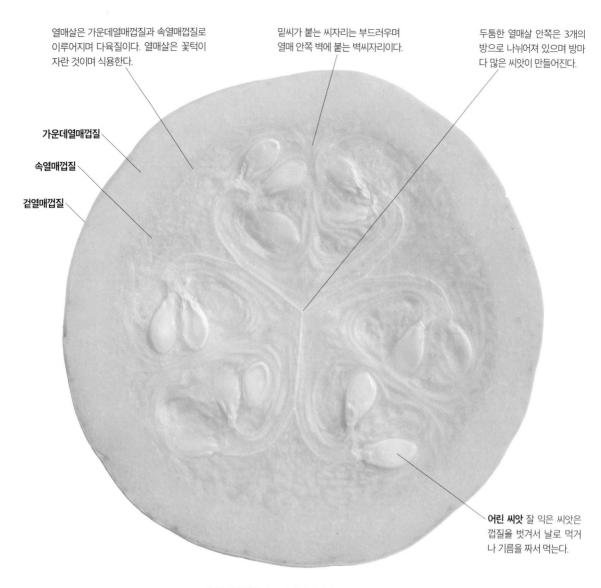

어린 씨앗 잘 익은 씨앗은
껍질을 벗겨서 날로 먹거
나 기름을 짜서 먹는다.

호박 어린 열매 가로 단면 열매껍질은 두껍고 꽃턱이 자란
열매살은 육질이며 속에 씨앗이 많은 박꼴열매이다.

호박 열매 가로 단면 열매살은 주황색으로
익으며 열매 안쪽에 빈 공간이 생기기도 한다.

참외 열매채소로 매끈한 박꼴열매는 타원
형이며 노랗게 익고 달고 아삭한 식감이
일품이다.

수박 열매채소로 둥그스름한 박꼴열매는
암녹색 세로줄이 있고 속살은 붉게 익으며
달콤한 즙이 많다.

귤꼴열매

귤꼴열매는 열매살과 열매즙이 있는 살열매로 씨방벽이 두껍게 발달해서 만들어진다. 물열매와 비슷하지만 겉열매껍질과 가운데열매껍질은 서로 연결되어 있고 속열매껍질은 세로로 여러 개의 작은 방으로 나뉘며 그 속에 즙이 많은 열매살이 들어 있다. 귤꼴열매는 귤, 탱자, 유자와 같은 귤속 열매가 포함된다.

동글납작한 열매는 어릴 때는 녹색이고 단단하지만 겨울에 주황색으로 익으면 약간 말랑거리는 귤꼴열매이다.

가지에 어긋나는 긴 타원형 잎은 잎자루에 날개가 거의 없다. 추운 겨울 날씨에 잎이 누렇게 변하고 있다.

산귤 열매 제주도에서 예전부터 기르던 재래종 귤의 하나이다.

속열매껍질 속열매껍질은 중심부까지 벗어서 열매살을 세로로 여러 개의 작은 방으로 구분하는 칸막이 역할을 한다.

겉열매껍질 산귤 열매의 겉열매껍질은 가죽처럼 질기고 튼튼하다.

가운데열매껍질 가운데열매껍질은 두껍고 부드러우며 겉열매껍질과 서로 연결되어 있다.

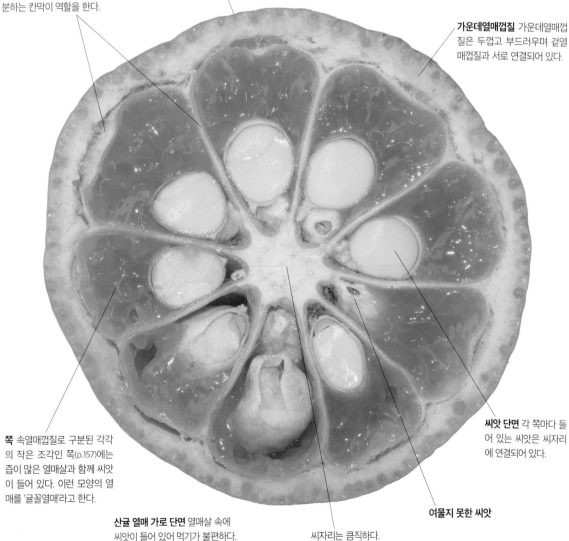

쪽 속열매껍질로 구분된 각각의 작은 조각인 쪽(p.157)에는 즙이 많은 열매살과 함께 씨앗이 들어 있다. 이런 모양의 열매를 '귤꼴열매'라고 한다.

씨앗 단면 각 쪽마다 들어 있는 씨앗은 씨자리에 연결되어 있다.

여물지 못한 씨앗

산귤 열매 가로 단면 열매살 속에 씨앗이 들어 있어 먹기가 불편하다.

씨자리는 큼직하다.

＊귤꼴열매[감과(柑果), hesperidium]

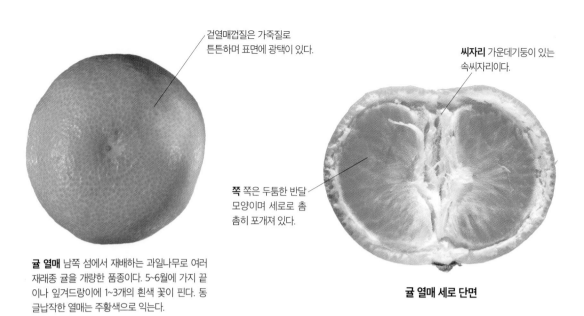

겉열매껍질은 가죽질로
튼튼하며 표면에 광택이 있다.

씨자리 가운데기둥이 있는
속씨자리이다.

쪽 쪽은 두툼한 반달
모양이며 세로로 촘
촘히 포개져 있다.

귤 열매 남쪽 섬에서 재배하는 과일나무로 여러
재래종 귤을 개량한 품종이다. 5~6월에 가지 끝
이나 잎겨드랑이에 1~3개의 흰색 꽃이 핀다. 동
글납작한 열매는 주황색으로 익는다.

귤 열매 세로 단면

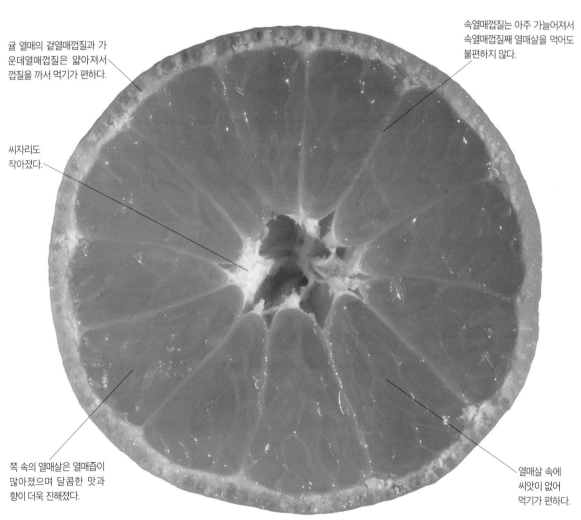

귤 열매의 겉열매껍질과 가
운데열매껍질은 얇아져서
껍질을 까서 먹기가 편하다.

속열매껍질는 아주 가늘어져서
속열매껍질째 열매살을 먹어도
불편하지 않다.

씨자리도
작아졌다.

쪽 속의 열매살은 열매즙이
많아졌으며 달콤한 맛과
향이 더욱 진해졌다.

열매살 속에
씨앗이 없어
먹기가 편하다.

귤 열매 가로 단면 껍질을 까기 좋도록 겉열매껍질과 가운데열매껍질은 얇아졌다.
속열매껍질은 가늘어지고 씨자리는 작아졌으며 씨앗은 맺지 않아서 먹기가 편하다.

석류꼴열매

석류꼴열매는 열매살과 열매즙이 있는 살열매로 씨방벽이 두껍게 발달해서 만들어진다. 물열매와 비슷하지만 속열매껍질이 여러 개의 작은 방으로 나뉘고 방마다 씨앗이 가득 들어 있으며 씨앗을 싸고 있는 헛씨껍질이 육질이고 즙이 많다.

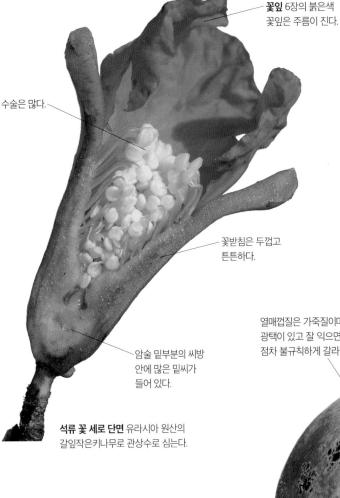

꽃잎 6장의 붉은색 꽃잎은 주름이 진다.

수술은 많다.

꽃받침은 두껍고 튼튼하다.

암술 밑부분의 씨방 안에 많은 밑씨가 들어 있다.

석류 꽃 세로 단면 유라시아 원산의 갈잎작은키나무로 관상수로 심는다.

남아 있는 꽃받침은 왕관 모양이며 안에는 시든 수술이 들어 있다.

열매껍질은 가죽질이며 광택이 있고 잘 익으면 점차 불규칙하게 갈라진다.

꽃받침 밑부분의 꽃턱이 발달해서 열매가 된다.

꽃받침은 열매가 익을 때까지 남아 있다.

어린 열매 모양

석류 둥그스름한 열매는 붉은색으로 익으며 끝에 꽃받침조각이 남아 있다. 잘 익은 열매는 껍질이 불규칙하게 갈라지면서 벌어지고 속에 든 씨앗이 드러난다.

*석류꼴열매[석류과(石榴果), pomegranate, balausta]

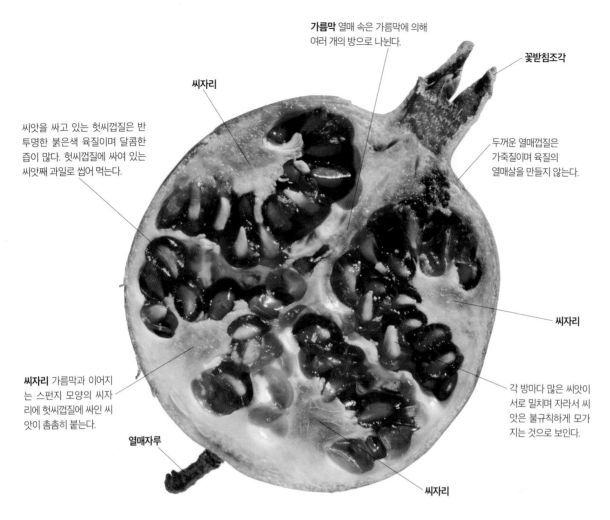

가름막 열매 속은 가름막에 의해 여러 개의 방으로 나뉜다.

꽃받침조각

씨자리

씨앗을 싸고 있는 헛씨껍질은 반투명한 붉은색 육질이며 달콤한 즙이 많다. 헛씨껍질에 싸여 있는 씨앗째 과일로 씹어 먹는다.

두꺼운 열매껍질은 가죽질이며 육질의 열매살을 만들지 않는다.

씨자리

씨자리 가름막과 이어지는 스펀지 모양의 씨자리에 헛씨껍질에 싸인 씨앗이 촘촘히 붙는다.

각 방마다 많은 씨앗이 서로 밀치며 자라서 씨앗은 불규칙하게 모가 지는 것으로 보인다.

열매자루

씨자리

석류 열매 세로 단면 열매 속은 여러 개의 방으로 나뉘어지며 각 방마다 씨앗이 가득 들어 있다. 씨앗을 싸고 있는 육질의 헛씨껍질은 달콤한 즙이 많아 씨앗째 과일로 먹는다. 이런 열매를 '석류꼴열매'라고 한다.

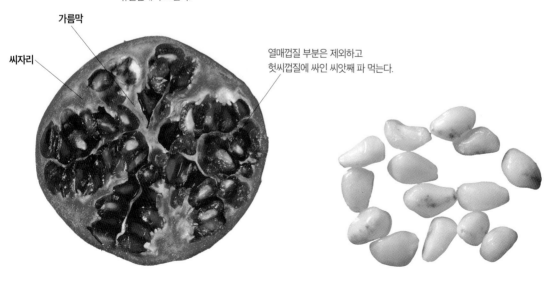

가름막

씨자리

열매껍질 부분은 제외하고 헛씨껍질에 싸인 씨앗째 파 먹는다.

석류 열매 가로 단면 열매 속은 가름막에 의해 여러 개의 방으로 나뉜다.

석류 씨앗 불규칙하게 모가 지는 달걀 모양의 씨앗은 흰색이며 광택이 있다.

배꼽열매

배꼽열매는 씨방이 아닌 꽃턱이나 꽃받침의 밑부분이 두껍게 발달해서 씨방을 싸고 있는 헛열매이다. 심피는 연골질이나 종이질이며 씨앗은 많다. 배꼽열매는 열매살과 열매즙이 있는 살열매로 사과, 서부해당화, 배 등의 열매가 포함된다.

꽃사과 종류는 일반적으로 열매자루가 긴 편이다.

열매는 붉게 익으며 껍질은 광택이 있다.

꽃받침 열매 끝에는 꽃받침이 남아 있다.

꽃사과 열매 관상수로 기르는 교잡종이다. 열매는 지름 2㎝ 정도로 사과보다 훨씬 작으며 가을에 붉게 익는다.

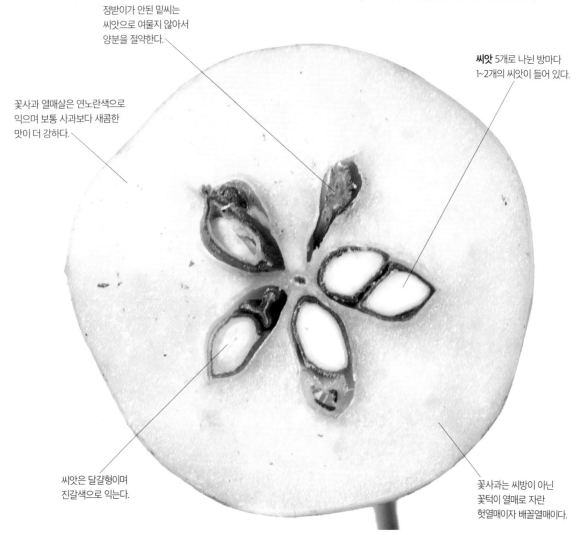

정받이가 안된 밑씨는 씨앗으로 여물지 않아서 양분을 절약한다.

씨앗 5개로 나뉜 방마다 1~2개의 씨앗이 들어 있다.

꽃사과 열매살은 연노란색으로 익으며 보통 사과보다 새콤한 맛이 더 강하다.

씨앗은 달걀형이며 진갈색으로 익는다.

꽃사과는 씨방이 아닌 꽃턱이 열매로 자란 헛열매이자 배꼽열매이다.

꽃사과 열매 가로 단면 열매는 5심피씨방이 자란 열매로 속은 5개의 방으로 나뉘며 방마다 씨앗이 들어 있다.

*배꼽열매[이과(梨果), pome]

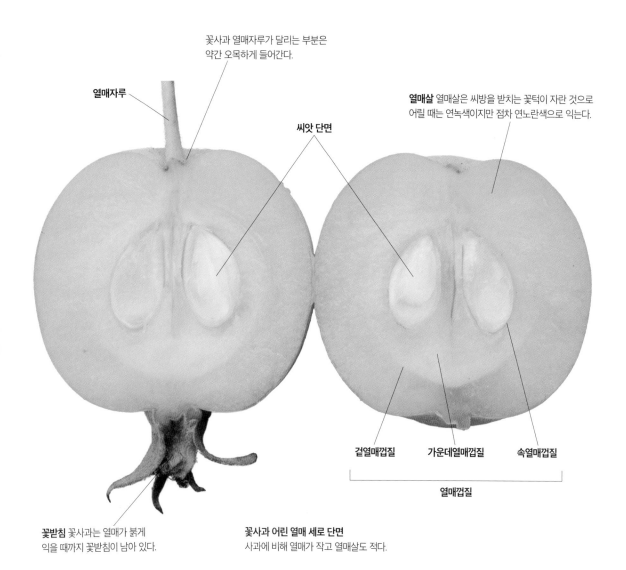

꽃사과 열매자루가 달리는 부분은
약간 오목하게 들어간다.

열매자루

씨앗 단면

열매살 열매살은 씨방을 받치는 꽃턱이 자란 것으로
어릴 때는 연녹색이지만 점차 연노란색으로 익는다.

겉열매껍질　　가운데열매껍질　　속열매껍질

열매껍질

꽃받침 꽃사과는 열매가 붉게
익을 때까지 꽃받침이 남아 있다.

꽃사과 어린 열매 세로 단면
사과에 비해 열매가 작고 열매살도 적다.

산돌배 산에서 자라는 갈잎큰
키나무로 황갈색으로 익는 둥
근 열매는 배꼽열매이고 꽃받
침이 남아 있다.

콩배나무 산에서 자라는 갈잎
떨기나무로 흑갈색으로 익는
작고 둥근 배꼽열매는 열매자
루가 길다.

야광나무 산에서 자라는 갈잎
작은키나무로 붉은색으로 익
는 둥근 열매는 배꼽열매이고
자루가 길다.

모과나무 관상수로 기르는 갈
잎작은키나무로 노랗게 익는
배꼽열매는 타원형이고 보통
울퉁불퉁하다.

꼬투리열매

꼬투리열매는 열매가 익으면 껍질이 마르는 열리는열매의 하나이다. 콩과에 속하는 식물 대부분에서 볼 수 있는데 1개의 심피로 된 씨방이 자란 꼬투리열매는 익으면 양쪽의 봉합선을 따라 두 줄로 갈라지면서 씨앗이 나온다. 족제비싸리나 토끼풀처럼 갈라지지 않는 꼬투리열매도 드물게 있다. 콩, 팥, 녹두처럼 꼬투리열매 속의 씨앗을 중요한 식량 자원인 곡식으로 이용하는 것이 많이 있다.

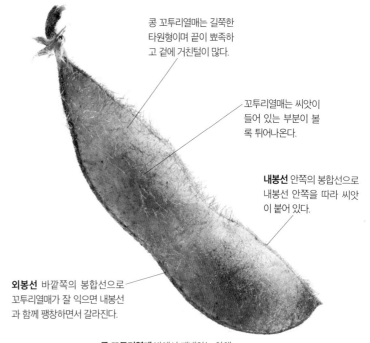

콩 꼬투리열매는 길쭉한 타원형이며 끝이 뾰족하고 겉에 거친털이 많다.

꼬투리열매는 씨앗이 들어 있는 부분이 볼록 튀어나온다.

내봉선 안쪽의 봉합선으로 내봉선 안쪽을 따라 씨앗이 붙어 있다.

외봉선 바깥쪽의 봉합선으로 꼬투리열매가 잘 익으면 내봉선과 함께 팽창하면서 갈라진다.

콩 꼬투리열매 밭에서 재배하는 한해살이풀로 중요한 곡식이며 콩과에 속하고 꼬투리열매를 맺는다.

족제비싸리 열매는 토끼풀 열매처럼 열매가 익어도 저절로 터지지 않는 것이 다른 콩과 식물과 다른 점이다. 족제비싸리는 콩과 식물이지만 꼬투리열매가 열리는열매가 아닌 점이 특이하다.

열매 겉에 우툴두툴한 점이 많다.

족제비싸리 꼬투리열매 개울가에서 자라는 갈잎떨기나무로 꼬투리열매는 타원형이고 약간 구부러지며 겉에 도드라진 점이 많고 속에 콩팥 모양의 씨앗이 1개가 들어 있다.

열매 끝에 작은 돌기가 있다.

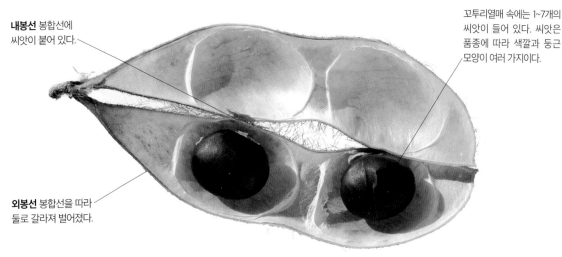

내봉선 봉합선에 씨앗이 붙어 있다.

꼬투리열매 속에는 1~7개의 씨앗이 들어 있다. 씨앗은 품종에 따라 색깔과 둥근 모양이 여러 가지이다.

외봉선 봉합선을 따라 둘로 갈라져 벌어졌다.

쪼개 본 콩 꼬투리열매

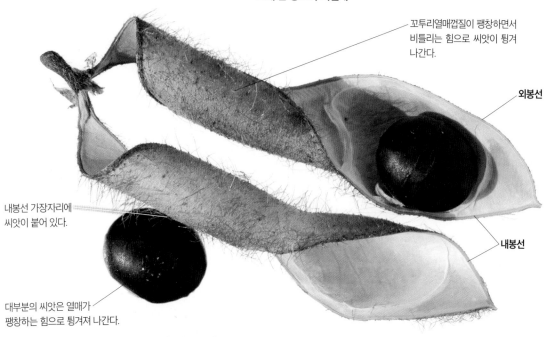

꼬투리열매껍질이 팽창하면서 비틀리는 힘으로 씨앗이 튕겨 나간다.

외봉선

내봉선 가장자리에 씨앗이 붙어 있다.

내봉선

대부분의 씨앗은 열매가 팽창하는 힘으로 튕겨져 나간다.

콩 갈라진 꼬투리열매 꼬투리열매는 익으면 바짝 마른 열매 가장자리의 봉합선이 갈라지면서 팽창하는 힘으로 씨앗이 튕겨 나간다.

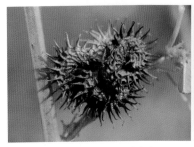

개자리 빈터에서 자라는 한해살이풀로 꼬투리열매는 2~3회 나선형으로 말리고 갈고리 같은 가시가 있다.

큰도둑놈의 갈고리 산의 숲속에서 자라는 여러해살이풀이며 꼬투리열매는 1~2개의 마디와 갈고리 모양의 잔털이 있다.

갯황기 바닷가나 냇가에서 자라는 여러해살이풀로 기다란 원통 모양의 꼬투리열매는 퉁퉁하게 부푼다.

*꼬투리열매[협과(莢果), 두과(豆果), legume]

여우콩 열매

여우콩은 남부 지방의 산기슭이나 들에서 자라는 여러해살이풀로 덩굴지는 줄기는 다른 물체를 감고 오른다. 여름에 잎겨드랑이에서 자란 꽃송이에 노란색 나비 모양의 꽃이 모여 피고 꼬투리열매를 맺는다. 꼬투리열매는 가을에 붉은색으로 익으면 보통 한쪽의 봉합선이 갈라지면서 2개의 까만 씨앗이 드러난다. 씨앗은 봉합선에 붙어 있는 채로 오래도록 달려 있다.

어린 열매송이

어린 꼬투리열매

꽃송이 꽃이 다 피면 꽃송이는 배 가까이 자란다.

잎 모양 어긋나는 잎은 세겹잎이며 작은잎은 보통 마름모진 거꿀달걀형이다. 잎은 작지만 칡 잎과 모양이 비슷하다.

어린 꼬투리열매 꼬투리열매는 편평한 긴 타원형이며 어릴 때는 연노란색이지만 점차 녹색으로 변했다가 붉은색으로 익는다.

꼬투리열매 붉게 익는 꼬투리열매 겉은 털로 덮여 있으며 가운데가 약간 잘록하다.

9월의 꼬투리열매 잎겨드랑이에 달리는 열매송이에 모여 달리는 꼬투리열매는 가을에 붉은색으로 익는다.

꼬투리열매의 길이는 15㎜ 정도 길이이며 보통 2개의 씨앗이 들어 있다. 꼬투리열매는 점차 부풀어 오른다.

열매자루는 털로 덮여 있다.

봉합선 부풀어 오른 꼬투리열매는
보통 한쪽 봉합선을 따라 갈라져
벌어지는 열리는열매이다.

씨앗은 꼬투리열매
봉합선에 붙어 있다.

씨앗 까만 씨앗은 둥근
타원형이며 5mm 정도
길이이고 광택이 있다.

갈라진 꼬투리열매 꼬투리열매는 한쪽 봉합선을
따라 갈라지면서 까만 씨앗이 드러난다.

다른 봉합선은
일부분만 갈라졌다.

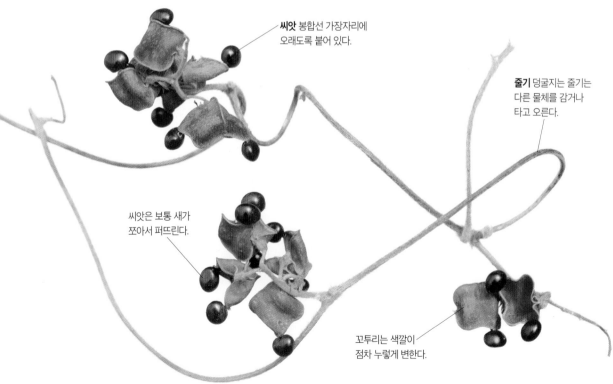

씨앗 봉합선 가장자리에
오래도록 붙어 있다.

줄기 덩굴지는 줄기는
다른 물체를 감거나
타고 오른다.

씨앗은 보통 새가
쪼아서 퍼뜨린다.

꼬투리는 색깔이
점차 누렇게 변한다.

2월의 열매 한겨울까지도 꼬투리 봉합선에 씨앗이 붙어 있다.

타원형 열매는 처지는 가지 끝에서 위를 향해 곧게 선다.

참죽나무 어린 열매 참죽나무는 중국 원산의 갈잎큰키나무로 마을 주변에 심어 기른다.

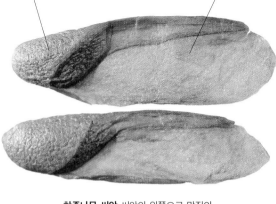

씨앗

날개

참죽나무 씨앗 씨앗의 위쪽으로 막질의 긴 날개가 있어서 바람에 날려 퍼진다.

씨앗 열매조각이 벌어지면 씨앗이 드러난다.

벌어진 열매 열매껍질은 윗부분부터 5갈래로 갈라져 벌어지는 터짐열매로 밑부분은 갈라지지 않고 붙어 있다.

열매조각 타원형 열매조각은 끝이 뾰족하며 얇고 안쪽은 연한 황갈색이다.

타원형 열매는 진갈색으로 익는다.

열리는열매로 열매조각은 각 심피의 외봉선과 가름막을 따라 세로로 갈라져 별처럼 벌어진다.

가운데기둥 굵고 둔한 오각기둥 모양이다.

씨앗 각각의 벌어진 열매조각과 가운데기둥 사이에 들어 있는 씨앗은 열매 조각이 더 벌어지면 빠져나와 바람을 타고 날아간다.

참죽나무 벌어진 열매 열매는 위쪽에서 5갈래로 갈라져 벌어지는 열리는열매이자 터짐열매로 꽃잎이 벌어진 모습과 비슷하다.

334

＊터짐열매[삭과(蒴果), capsule]

터짐열매

터짐열매는 열매가 익으면 껍질이 마르는 마른열매이며 열리는열매의 하나이다. 터짐열매는 열매 속이 여러 칸으로 나뉘고 각 칸마다 많은 씨앗이 들어 있다. 보통 열매가 마르면 씨앗을 싸고 있는 열매껍질의 등쪽이나 사이가 세로로 길게 터지면서 씨앗이 나오며 위쪽이 열리면서 씨앗이 나오는 것도 있다.

참오동 열매 중국 원산의 갈잎큰키나무로 산과 들에 심어 기르며 저절로 자라기도 한다. 달걀 모양의 열매는 끝이 뾰족하며 가을에 갈색으로 익는다. 열리는열매의 하나로 열매가 익으면 열매껍질이 세로로 길게 둘로 갈라지면서 씨앗이 나오는 터짐열매이다.

참오동 씨앗 납작한 씨앗은 가장자리에 반투명한 날개가 있어서 바람에 잘 날려 퍼진다.

독밀풀 열매 열대 아메리카 원산의 한해살이풀로 들에서 저절로 퍼져 자라는 귀화식물이다. 달걀 모양의 열매 겉은 가시로 덮여 있고 가을에 갈색으로 익는다. 열리는열매의 하나로 열매가 익으면 열매껍질의 윗부분이 4갈래로 갈라지면서 방마다 들어 있는 자잘한 씨앗이 나오는 터짐열매이다.

보춘화 열매 남부 지방의 숲속에서 자라는 늘푸른여러해살이난초이다. 긴 타원형 열매는 세로로 골이 진다. 열리는열매의 하나로 열매가 익으면 열매껍질의 중간 부분이 세로로 갈라져 벌어지면서 자잘한 씨앗이 나오는 터짐열매이다.

335

벽중간열림

동백나무는 남부 지방의 산과 들에서 자라는 늘푸른작은 키나무로 겨우내 피는 꽃이 아름다워 관상수로도 많이 심는다. 큼직한 붉은색 꽃이 지고 나면 원형~둥근 타원형 열매가 자라기 시작한다. 열매 속은 가운데기둥을 중심으로 3~5개의 방으로 나뉘어지는 속씨자리이다. 가을에 붉게 익는 열매는 껍질이 마르면서 열매가 벌어지는 열리는열매이자 터짐열매이다. 동백나무 열매는 세로로 배열하는 3~5개의 외봉선을 따라 갈라지는데 이처럼 외봉선을 따라 터짐열매가 갈라지는 것을 '벽중간열림'이라고 한다.

광택이 있는 열매

동백나무 어린 열매 동그스름한 열매는 단단하고 광택이 있다.

가름막 가운데기둥을 중심으로 가름막에 의해 3~5개의 방으로 나뉘어진다.

가운데기둥 동백나무는 가운데기둥을 중심으로 3~5개의 방으로 나뉘는 속씨자리이다.

어린 씨앗 이 열매는 5개의 방으로 나뉘어지고 방마다 씨앗이 자라고 있다.

열매살 어릴 때는 두툼하고 수분이 있지만 열매가 익으면서 점차 마른다.

동백나무 어린 열매 가로 단면

336   *벽중간열림[포배열개(胞背裂開), loculicidal dehiscence]

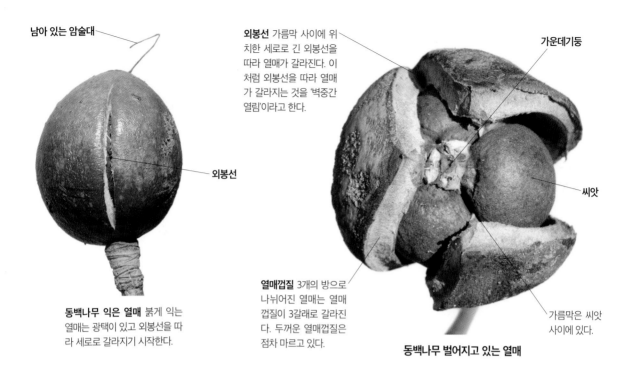

남아 있는 암술대

외봉선 가름막 사이에 위
치한 세로로 긴 외봉선을
따라 열매가 갈라진다. 이
처럼 외봉선을 따라 열매
가 갈라지는 것을 '벽중간
열림'이라고 한다.

가운데기둥

외봉선

씨앗

열매껍질 3개의 방으로
나뉘어진 열매는 열매
껍질이 3갈래로 갈라진
다. 두꺼운 열매껍질은
점차 마르고 있다.

가름막은 씨앗
사이에 있다.

동백나무 익은 열매 붉게 익는
열매는 광택이 있고 외봉선을 따
라 세로로 갈라지기 시작한다.

동백나무 벌어지고 있는 열매

벌어진 **열매껍질** 어린 열매껍
질은 약간 두껍고 육질이지만
익어서 벌어질 때는 껍질이 말
라서 얇아진다.

외봉선 가름막 사이에 위
치한 세로로 긴 외봉선을
따라 열매가 갈라진다.

갈색 씨앗으로 짠 기름은
머릿기름 등으로 사용한다.

가름막 씨앗 사이에 있는
가름막의 일부가 열매껍
질에 남아 있다.

동백나무 활짝 벌어진 열매 열매는 세로로 3~5갈래로 갈라지는
열리는열매이자 터짐열매이며 점차 활짝 벌어진다.

벽사이열림

물레나물은 산과 들에서 자라는 여러해살이풀로 여름에 가지 끝에 피는 노란색 꽃은 5장의 꽃잎이 낫처럼 휘어지는 모습이 물레처럼 생겨서 물레나물이라고 한다. 노란색 꽃이 지고 나면 열리는 원뿔 모양의 열매는 끝에 암술이 남아 있다. 열매는 익으면 열매껍질이 마르면서 갈라져 벌어지는 열리는열매이자 터짐열매이다. 열매는 잘 익으면 열매 속을 나누는 5개의 가름막을 따라 윗부분부터 갈라져 벌어지는데 이처럼 가름막을 따라 터짐열매가 갈라지는 것을 '벽사이열림'이라고 한다.

물레나물 꽃 모양 여름에 피는 큼직한 노란색 꽃은 선풍기 날개 모양이다.

암술대 기다란 암술대가 남아 있다.

꽃받침

마른 꽃잎

물레나물 어린 열매 꽃이 지면 원뿔 모양의 열매가 열린다.

물레나물 열매는 익으면 열매 속을 여러 칸으로 나눈 가름막을 따라 갈라져 벌어진다. 이처럼 열매가 가름막을 따라 갈라져 벌어지는 것을 '벽사이열림'이라고 한다.

긴 원뿔형 열매는 가름막을 따라 세로로 점차 밑부분까지 갈라지는 터짐열매이다.

마른 꽃받침

마른 꽃잎 꽃받침과 함께 마른 꽃잎이 열매가 다 익을 때까지 남아 있기도 한다.

가운데기둥

어린 씨앗

물레나물 어린 열매 세로 단면 각 방마다 가운데기둥을 중심으로 씨앗이 촘촘히 붙는 속씨자리이다.

물레나물 갈라진 열매

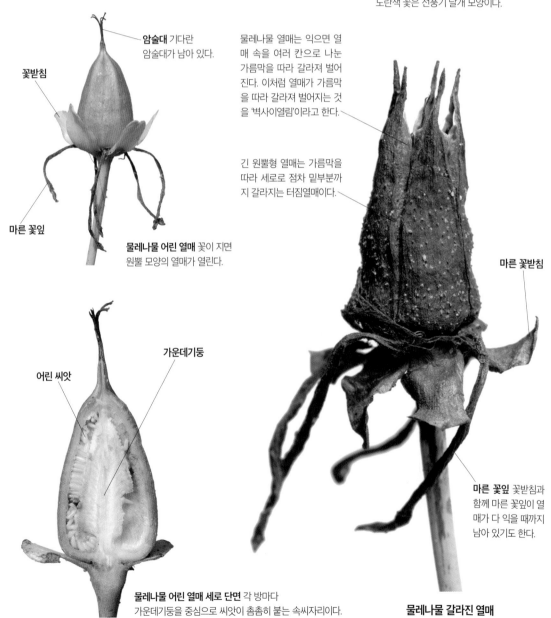

＊벽사이열림[포간열개(胞間裂開), septicidal dehiscence]

마른 꽃받침 꽃받침은 진갈색으로 변하며 열매가 벌어질 때까지 계속 남아 있다.

가름막 열매 속은 5개의 가름막으로 나뉘어져 있고 익으면 가름막을 따라 갈라지는 벽사이열림이다.

씨자리 가운데기둥에 방마다 돌려가며 볼록하게 튀어나온 씨자리가 있고 이 씨자리에 씨앗이 붙어 있다.

씨앗 5개의 방마다 자잘한 씨앗이 촘촘히 들어 있다.

열매껍질 열매껍질이 마르면 가름막과 만나는 부분을 따라 갈라져 벌어진다.

가운데기둥은 속이 비어 있다.

씨앗 길쭉한 씨앗은 어두운 적갈색~황갈색이다.

물레나물 열매 가로 단면 원뿔 모양의 열매 속은 5개의 가름막으로 나누어져 있고 열매껍질이 마르면 가름막과 만나는 부분을 따라 갈라지는 벽사이열림이다.

구멍열림

개양귀비는 유럽 원산의 한두해살이화초로 화단에 심어 기르며 들로 퍼져 나가 저절로 자라기도 한다. 5~6월에 가지 끝에 붉은색 꽃이 피며 여러 색깔의 품종이 있다. 열매는 넓은 거꿀달걀형이며 윗부분에 접시 모양의 편평한 암술머리쟁반이 남아 있다. 열매는 익으면 열매껍질이 마르면서 암술머리쟁반과 열매 사이에 가름막을 남기고 구멍이 뚫리는데 이런 방식으로 열매가 벌어지는 것을 '구멍열림'이라고 한다. 구멍열림하는 열매도 열리는열매에 속하는 터짐열매이다.

개양귀비 꽃 모양 4장의 붉은색 꽃잎은 十자 모양으로 배열하고 가운데에 있는 암술 둘레에 많은 수술이 돌려난다.

암술머리쟁반 13~17개의 암술머리가 방사상으로 배열한다.

암술머리쟁반과 열매의 폭은 비슷하다.

암술머리

개양귀비 열매 넓은 거꿀달걀형 열매는 털이 없이 매끈하며 윗부분은 암술머리쟁반이 우산처럼 덮고 있다.

가름막　　**씨앗**

열매껍질은 얇다.

개양귀비 어린 열매 가로 단면 열매 속은 암술머리 개수만큼의 가름막에 의해 방사상으로 나뉘어져 있고 방마다 자잘한 씨앗이 가득 만들어지고 있다.

암술머리 암술머리쟁반에 방사상으로 배열하는 진한 적갈색 암술머리에는 털이 있지만 점차 없어진다.

개양귀비 암술머리쟁반 열매 윗부분에 남아 있는 암술머리쟁반은 열매가 자라면서 편평해지며 13~17개의 암술머리가 방사상으로 배열된다.

씨앗

가름막

개양귀비 열매 세로 단면 열매 껍질을 살짝 벗겨내면 가름막으로 나뉘어진 세로로 긴 방마다 자잘한 씨앗이 가득 들어 있는 것을 볼 수 있다.

가름막

가운데기둥

씨앗

개양귀비 열매 가로 단면 암술머리쟁반을 가로로 잘라 내면 가름막에 의해 방사상으로 나뉘어진 방을 볼 수 있다.

구멍으로 빠져나온 씨앗 하나가 암술머리쟁반에 붙어 있다.

암술머리쟁반은 열매가 익어도 남아서 장독 뚜껑처럼 덮고 있다.

가름막 열매가 마르기 시작하면 겉으로 가름막의 흔적이 점차 뚜렷이 나타나며 위로는 암술머리쟁반까지 이어진다.

구멍열림 열매가 익으면 암술머리쟁반과 열매 사이에 가름막을 남기고 구멍이 뚫리는데 이를 '구멍열림'이라고 한다. 이 구멍으로 자잘한 씨앗이 빠져나온다. 구멍열림하는 열매도 터짐열매로 본다.

열매자루 끝은 볼록하게 튀어나온다.

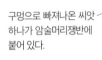

열매자루에는 거센털이 있다.

6월 말에 익은 개양귀비 열매 열매는 점차 갈색으로 익으며 겉은 매끈하고 가름막이 세로줄로 나타난다.

양귀비

양귀비는 북아프리카와 남부 유럽 원산의 여러해살이풀로 예전에 심어 기르던 것이 퍼져 나가 드물게 저절로 자란다. 전체에 털이 없다. 덜 익은 둥근 열매에 상처를 내면 나오는 흰색 즙을 말린 것을 '아편'이라고 하며 마약의 일종이기 때문에 재배를 엄격히 금지하고 있다. 양귀비 열매도 개양귀비 열매처럼 구멍열림을 하는 열리는열매에 속하는 터짐열매이다.

줄기 끝에서 위를 향해 피는 꽃은 꽃잎 밑부분에 암자색 무늬가 있다.

어린 열매 꽃이 지면 열리는 둥그스름한 열매는 위를 향한다.

잎 모양 잎은 어긋나고 긴 달걀 모양이며 밑부분은 줄기를 둘러싸고 끝은 뾰족하며 가장자리에 불규칙한 톱니가 있다. 잎 전체가 분백색이 돈다.

꽃봉오리 타원형 꽃봉오리는 밑으로 처져 있다가 점차 위를 향하면서 꽃이 핀다.

5월에 핀 양귀비 꽃 봄에 줄기 끝에 1개의 자주색, 붉은색, 흰색 등의 꽃이 위를 향해 핀다. 전체에 털이 없는 것이 특징이다.

암술

양귀비 꽃 모양 4장의 꽃잎 가운데에 둥그스름한 암술이 있고 암술 둘레에 많은 수술이 돌려난다.

암술머리쟁반은 암술머리 사이가 약간 오목하게 들어간다.

암술머리쟁반 열매 윗부분에 남아 있는 암술머리쟁반은 열매가 자라면서 편평해지며 5~9개의 암술머리가 방사상으로 배열된다.

양귀비 어린 열매 모양

암술머리쟁반은 편평하다.

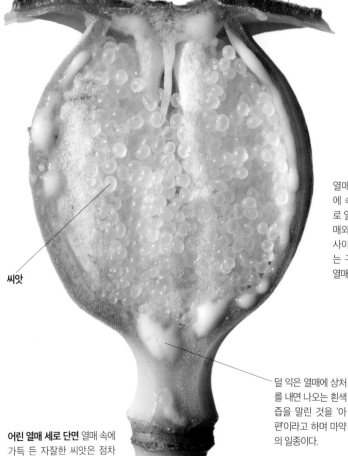

씨앗

어린 열매 세로 단면 열매 속에 가득 든 자잘한 씨앗은 점차 검은색으로 여문다.

덜 익은 열매에 상처를 내면 나오는 흰색 즙을 말린 것을 '아편'이라고 하며 마약의 일종이다.

열매는 열리는열매에 속하는 터짐열매로 열매가 익으면 열매와 암술머리쟁반 사이에 구멍이 뚫리는 구멍열림을 하는 열매이다.

어린 열매 겉은 매끈하며 잎처럼 분백색이 약간 돈다.

양귀비 어린 열매 옆 모양 열매가 익으면 둥그스름한 열매와 암술머리쟁반 사이에 구멍이 뚫리면서 자잘한 씨앗이 빠져나온다.

뚜껑열매

뚜껑열매는 터짐열매의 한 가지로 열매가 익으면 가로로 금이 생기면서 열매껍질 윗부분의 뚜껑이 모자처럼 벗겨져 나가는 열매로 열리는열매에 속한다. 쇠비름, 채송화, 질경이, 창질경이, 뚜껑덩굴 등의 열매가 뚜껑열매에 속한다.

5장의 꽃잎 끝은 오목하게 패인다.

잎은 주걱 모양이며 통통한 육질이다.

7월에 핀 쇠비름 꽃 밭이나 빈터에서 자라는 한해살이풀로 여름에 잎겨드랑이에 노란색 꽃이 핀다.

쇠비름 열매는 중간 부분에 가로로 금이 생긴다. 열매가 익으면 가로로 금이 갈라진다.

열매뚜껑 금이 갈라지면 열매껍질 윗부분의 뚜껑이 모자처럼 벗겨져 나가는 '뚜껑열매'이다.

가로열림 열매뚜껑이 가로로 갈라지며 떨어져 나가는 것을 '가로열림'이라고 한다. 열매 안쪽에는 자잘한 까만 씨앗이 잔뜩 들어 있다.

쇠비름 열매는 타원형~달걀형이며 광택이 있다.

쇠비름 열매송이 쇠비름은 길가나 빈터에서 자라는 한해살이풀로 전체가 통통한 육질이다. 타원형~달걀형 열매는 가로로 금이 생기면서 윗부분이 뚜껑처럼 떨어져 나가는 가로열림을 하는 뚜껑열매이다. 뚜껑열매는 열리는열매에 속하는 터짐열매의 한 가지로 보기도 한다.

＊뚜껑열매[개과(蓋果), pyxidium, pyxis]

뚜껑덩굴은 긴 열매자루에 달걀형 열매가 매달린다.

달걀형 열매는 연한 황록색이며 하반부가 도토리 깍정이처럼 생겼고 가시 같은 돌기가 있다.

열매는 익으면 가로로 금이 갈라지면서 상반부가 뚜껑처럼 벗겨져 나가는 뚜껑열매이다.

열매 중간 부분에 가로로 금이 있다.

열매 상반부의 열매뚜껑 부분은 매끈하다.

갈라진 열매 속에는 2개의 흑갈색 씨앗이 들어 있다. 씨앗은 점차 검은색으로 익는다.

씨앗은 가벼워서 물에 잘 뜨며 떠다니다가 땅에 닿으면 뿌리를 내리고 싹이 터자란다.

뚜껑덩굴 열매 물가에서 자라는 한해살이덩굴풀로 잎겨드랑이에 도토리 모양의 달걀형 열매가 매달린다.

뚜껑덩굴 갈라진 열매

채송화 열매 한해살이화초로 잎은 육질이며 7~10월에 여러 색깔의 꽃이 핀다. 열매는 가을에 익으면 열매 윗부분의 열매뚜껑이 가로로 갈라지면서 벌어지는 뚜껑열매이며 까만 씨앗이 나온다.

질경이 열매 길가나 빈터에서 자라며 열매는 가운데가 뚜껑처럼 열리는 뚜껑열매이다.

창질경이 꽃차례 길가에서 자라며 창 모양의 꽃송이가 달리고 열매는 뚜껑열매이다.

345

뿔열매

뿔열매는 마른열매의 한 가지로 씨앗을 담고 있는 심피는 2개이며 각 칸마다 자잘한 많은 씨앗이 들어 있다. 심피가 2개인 것이 심피가 1개인 꼬투리열매와 다른 점이다. 배추를 비롯한 겨자과(십자화과) 식물에서 볼 수 있으며 열매가 뿔처럼 생긴 것이 많아 '뿔열매'라고 한다. 열매는 익으면 보통 양쪽 열매껍질이 밑에서부터 위로 올라가면서 터진다. 뿔열매 중에서 길이가 너비의 3배 이상인 것을 '긴뿔열매'라고 하고 길이가 너비의 3배 미만인 것을 '짧은뿔열매'라고 한다.

꽃다지 열매는 납작한 긴 타원형이며 길이가 너비의 3배 미만인 짧은뿔열매이다.

열매 겉에 잔털이 많다.

꽃다지 열매 열매는 기다란 자루 끝에 달린다.

꽃다지 열매 속에는 자잘한 타원형의 적갈색 씨앗이 많이 들어 있다.

씨앗은 양쪽 가장자리에 2줄로 배열한다.

씨앗이 붙어 있던 씨자리의 흔적이다.

열매는 익으면 세로로 둘로 쪼개져서 벌어지고 씨앗이 나온다.

열매자루 끝 부분은 약간 볼록하다.

꽃다지 쪼개진 열매 열매는 여름에 황록색으로 익는다.

꽃다지 들과 밭에서 자라는 두해살이풀로 봄에 노란색 꽃이 핀다.

*뿔열매[각과(角果), silique] / 긴뿔열매[장각과(長角果), silique]

유채 밭과 들에서 자라는 두해살이풀로 3~5월에 줄기와 가지 끝에 노란색 꽃송이가 달린다.

싸리냉이 말린 열매조각 열매는 익으면 긴뿔열매 중앙에 있는 봉합선이 갈라지면서 양쪽의 조각이 밑에서부터 위로 말려 올라가는 탄력으로 씨앗을 튕겨 보낸다.

남은 씨앗

긴뿔열매 꽃이 지면 열리는 긴뿔열매는 위를 향한다.

가름막 열매조각이 말려 올라가는 탄력으로 가름막에 붙어 있던 씨앗이 모두 튕겨져 나갔다.

싸리냉이 열매 산에서 자라는 두해살이풀로 5~6월에 흰색 꽃이 모여 핀다.

유채 열매 끝에는 가늘고 긴 부리가 있다.

열매는 가늘고 긴 원기둥 모양이며 길이가 너비의 3배 이상인 긴뿔열매이다.

씨앗이 들어 있는 부분이 약간 볼록하다.

어린 유채 열매

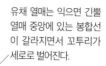

유채 열매는 익으면 긴뿔열매 중앙에 있는 봉합선이 갈라지면서 꼬투리가 세로로 벌어진다.

열매 속에는 20개 정도의 흑갈색 씨앗이 들어 있다. 씨앗으로는 기름을 짠다. 기름은 대부분 식용하며 윤활유 등의 공업용으로도 쓰인다.

열매는 봉합선을 따라 밑부분부터 쪼개져 올라간다.

익어서 갈라진 유채 열매

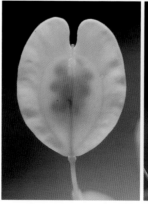

말냉이 밭이나 빈터에서 자라는 두해살이풀로 둥글넓적한 짧은뿔열매는 둘레에 넓은 날개가 있다.

갯무 바닷가에서 자라는 한두해살이풀로 긴뿔열매를 맺는다. 열매는 익어도 갈라지지 않는다.

*짧은뿔열매[단각과(短角果), silicle]

냉이 열매

냉이는 들과 밭에서 흔히 자라는 두해살이풀로 이른 봄에 방석처럼 펼쳐진 뿌리 잎을 뿌리째 캐서 나물로 먹는다. 봄에 줄기 끝의 꽃송이에 흰색 꽃이 모여 핀 후에 열리는 역삼각형 모양의 납작한 열매는 심피가 2개인 뿔열매이다. 역삼각형 모양의 열매는 길이가 너비의 3배 미만이기 때문에 짧은뿔열매에 속한다.

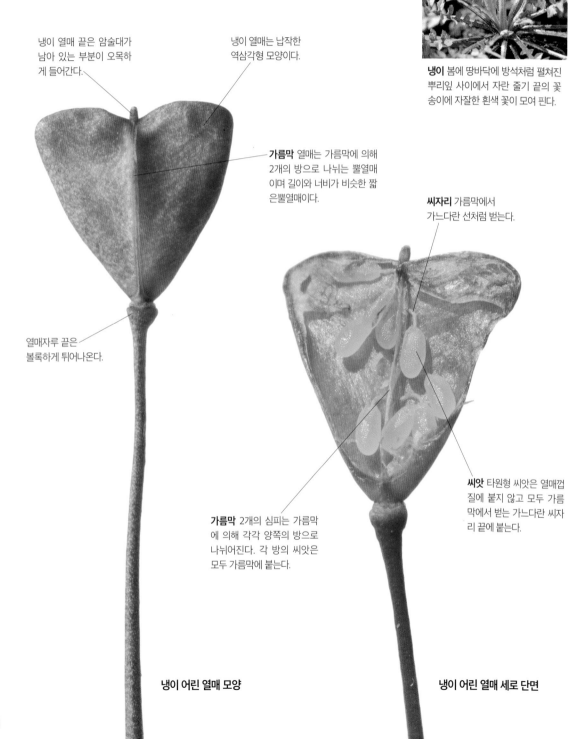

냉이 봄에 땅바닥에 방석처럼 펼쳐진 뿌리잎 사이에서 자란 줄기 끝의 꽃송이에 자잘한 흰색 꽃이 모여 핀다.

냉이 열매 끝은 암술대가 남아 있는 부분이 오목하게 들어간다.

냉이 열매는 납작한 역삼각형 모양이다.

가름막 열매는 가름막에 의해 2개의 방으로 나뉘는 뿔열매이며 길이와 너비가 비슷한 짧은뿔열매이다.

씨자리 가름막에서 가느다란 선처럼 벋는다.

열매자루 끝은 볼록하게 튀어나온다.

씨앗 타원형 씨앗은 열매껍질에 붙지 않고 모두 가름막에서 벋는 가느다란 씨자리 끝에 붙는다.

가름막 2개의 심피는 가름막에 의해 각각 양쪽의 방으로 나뉘어진다. 각 방의 씨앗은 모두 가름막에 붙는다.

냉이 어린 열매 모양

냉이 어린 열매 세로 단면

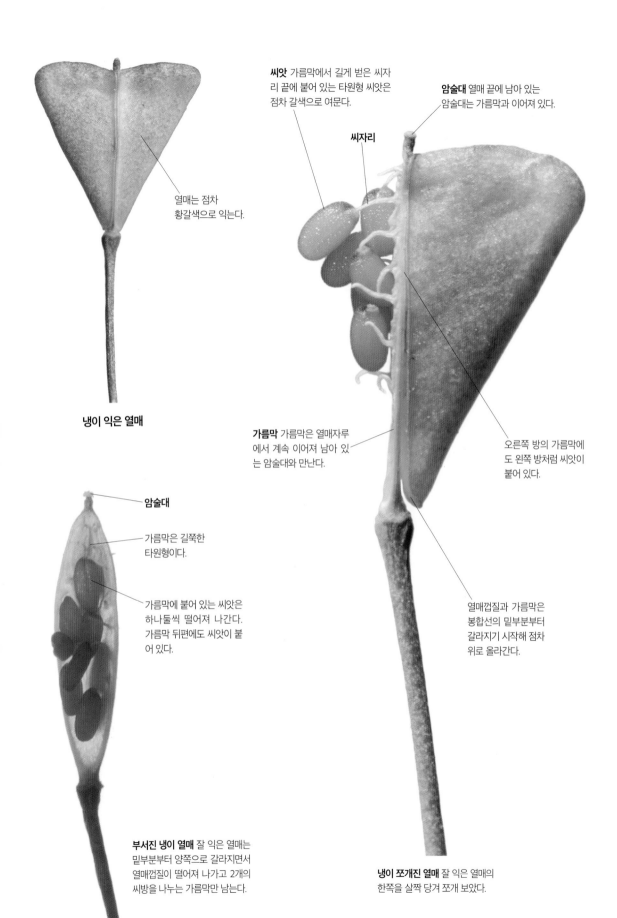

씨앗 가름막에서 길게 뻗은 씨자리 끝에 붙어 있는 타원형 씨앗은 점차 갈색으로 여문다.

씨자리

암술대 열매 끝에 남아 있는 암술대는 가름막과 이어져 있다.

열매는 점차 황갈색으로 익는다.

냉이 익은 열매

가름막 가름막은 열매자루에서 계속 이어져 남아 있는 암술대와 만난다.

오른쪽 방의 가름막에도 왼쪽 방처럼 씨앗이 붙어 있다.

암술대

가름막은 길쭉한 타원형이다.

가름막에 붙어 있는 씨앗은 하나둘씩 떨어져 나간다. 가름막 뒤편에도 씨앗이 붙어 있다.

열매껍질과 가름막은 봉합선의 밑부분부터 갈라지기 시작해 점차 위로 올라간다.

부서진 냉이 열매 잘 익은 열매는 밑부분부터 양쪽으로 갈라지면서 열매껍질이 떨어져 나가고 2개의 씨방을 나누는 가름막만 남는다.

냉이 쪼개진 열매 잘 익은 열매의 한쪽을 살짝 당겨 쪼개 보았다.

쪽꼬투리열매

쪽꼬투리열매는 열매가 익으면 껍질이 말라서 터지는 열리는 열매의 하나이다. 단단한 열매껍질은 익어서 마르면 1줄의 봉합선을 따라 벌어지면서 씨앗이 드러난다. 쪽꼬투리열매는 1개의 씨방 안에 1~여러 개의 씨앗이 들어 있다. 미나리아재비과의 일부와 박주가리과, 계수나무과 등에서 볼 수 있다.

마삭줄 열매는 원기둥 모양이며 2개씩 모여 달리고 밑으로 늘어진다.

길쭉한 열매는 익으면 세로로 밑부분부터 갈라지는 쪽꼬투리열매이며 갈라진 부분에서 씨앗이 나온다.

씨앗 선형 씨앗은 끝에 비단실 같은 갓털이 모여 있어서 바람에 잘 날려 퍼진다.

마삭줄 열매 남부 지방의 산과 들에서 자라는 늘푸른덩굴나무로 기다란 원기둥 모양의 열매는 2개씩 매달리고 익으면 세로로 배가 갈라지는 쪽꼬투리열매이다.

너도바람꽃 열매는 기다란 창 끝 모양이며 끝이 길게 뾰족하고 익어도 연녹색이다.

열매 속에는 둥근 씨앗이 들어 있다.

열매 겉에는 부드러운 털이 있다.

열매는 익으면 세로로 배가 갈라지는 쪽꼬투리열매이다.

너도바람꽃 열매 산에서 자라는 여러해살이풀로 자루 끝에 긴 타원형 열매가 별 모양으로 빙 둘러난다.

열매는 익으면 세로로 배가 갈라지는 쪽꼬투리열매이다.

모란 관상수로 심는 갈잎떨기나무로 긴 달걀 모양의 쪽꼬투리열매는 털이 많고 별처럼 빙 둘러난다.

*쪽꼬투리열매[대과(袋果), 골돌과(骨突果), follicle]

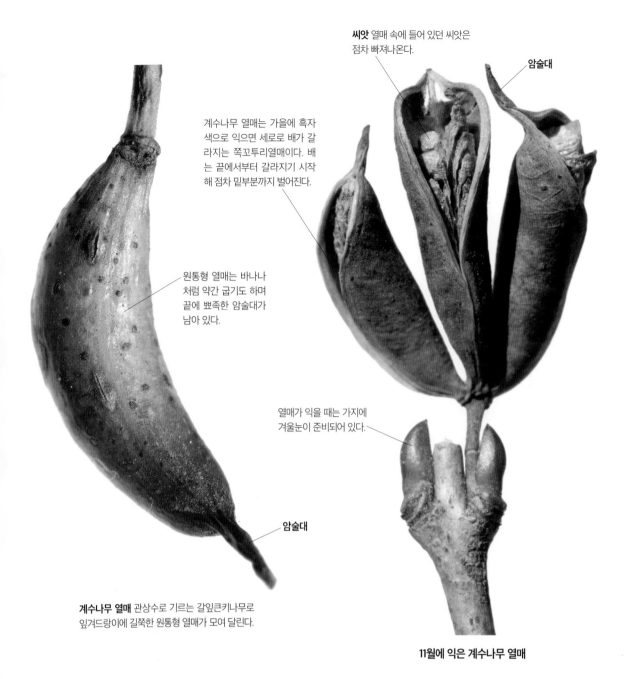

씨앗 열매 속에 들어 있던 씨앗은 점차 빠져나온다.

암술대

계수나무 열매는 가을에 흑자색으로 익으면 세로로 배가 갈라지는 쪽꼬투리열매이다. 배는 끝에서부터 갈라지기 시작해 점차 밑부분까지 벌어진다.

원통형 열매는 바나나처럼 약간 굽기도 하며 끝에 뾰족한 암술대가 남아 있다.

열매가 익을 때는 가지에 겨울눈이 준비되어 있다.

암술대

계수나무 열매 관상수로 기르는 갈잎큰키나무로 잎겨드랑이에 길쭉한 원통형 열매가 모여 달린다.

11월에 익은 계수나무 열매

동의나물 열매 산의 습지에서 자라는 여러해살이풀로 자루 끝에 긴 타원형의 쪽꼬투리열매가 빙 둘러난다.

하늘매발톱 열매 높은 산에서 자라는 여러해살이풀로 가지 끝에 5개의 쪽꼬투리열매가 원통형으로 모여 달린다.

목련 열매 제주도의 산에서 자라는 갈잎큰키나무로 쪽꼬투리열매가 익으면 칸칸이 벌어지며 주홍색 씨앗이 드러난다.

낟알열매

벼과의 꽃은 꽃턱잎조각으로 이루어진 껍질에 싸여 있는데 열매가 익어도 그대로 남는다. 얇은 열매껍질은 열매가 익을 때면 마르면서 얇은 막으로 되어 속에 든 씨앗과 단단히 붙어 있는데 이런 열매를 '낟알열매'라고 한다. 여윈열매와 비슷하지만 열매껍질이 씨앗에 단단히 붙어 있는 점이 다르다. 낟알열매는 닫힌열매에 속한다. 낟알열매에는 벼, 밀, 보리처럼 인류가 주식으로 하는 곡식이 많은데 마른 열매껍질이 씨앗과 단단히 붙어 있어서 예로부터 열매껍질을 제거하는 여러 가지 방법을 고안했다.

기장은 씨앗에 꽃턱잎조각으로 이루어진 열매껍질이 단단히 붙어 있는 낟알열매이다.

꽃턱잎조각으로 이루어진 얇은 열매껍질 속에는 흰색~적갈색 속껍질에 싸여 있는 씨앗이 들어 있다.

기장 열매이삭 밭에서 재배하며 줄기 끝의 열매이삭은 열매가 익으면 고개를 숙인다. 노란색 씨앗은 열매껍질에 단단히 싸여 있는 낟알열매이다.

벼 논에서 재배하며 익은 열매이삭은 비스듬히 처지고 낟알열매가 촘촘히 붙는다.

밀 밭에서 재배하며 곧게 서는 열매이삭은 긴 까끄라기가 달린 낟알열매가 촘촘히 붙는다.

호밀 밭에서 재배하며 곧게 서는 열매이삭은 긴 까끄라기가 달린 낟알열매가 촘촘히 붙는다.

보리 밭에서 재배하며 곧게 서는 열매이삭은 긴 까끄라기가 달린 낟알열매가 촘촘히 붙는다.

*낟알열매[영과(穎果), 곡과(穀果), caryopsis, grain]

열매이삭은 씨앗이 익으면서
점차 고개를 숙인다.

열매껍질에는
세로줄이 있다.

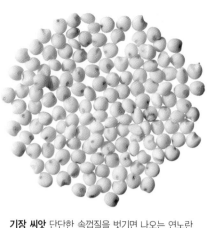

기장 씨앗 단단한 속껍질을 벗기면 나오는 연노란
색 씨앗은 좁쌀보다 약간 크며 밥이나 떡을 만들어
먹고 사료로도 이용한다.

씨앗을 단단히
싸고 있는 속껍질

나도개피 풀밭에서 자라며 한
쪽 방향으로 달리는 열매가지
에 낱알열매가 촘촘히 달린다.

기장 낱알열매 둥그스름한 씨앗을 싸고 있는
속껍질도 꽃턱잎조각이며 씨앗과 단단히 붙어 있다.

조 밭에서 재배하며 익으면 비
스듬히 처지는 열매이삭에 낱
알열매가 촘촘히 붙는다.

수수 밭에서 재배하며 곧게 서
는 커다란 열매이삭에 낱알열
매가 촘촘히 붙는다.

귀리 밭에서 재배하며 곧게 서
는 열매이삭에 작은 이삭이 층
층으로 달린다.

강아지풀 길가에서 자라며 원
통형 열매이삭에 긴 까끄라기가
달린 낱알열매가 촘촘히 붙는다.

옥수수 열매

옥수수는 남미 원산의 한해살이작물로 열매인 옥수수를 쪄서 먹거나 가루를 내어 엿, 밥, 술 등을 만들어 먹고 가축 사료로도 널리 이용한다. 전 세계에서 널리 재배하며 생산량이 가장 많은 곡식이다. 어금니를 닮은 열매는 열매껍질이 단단히 붙어 있는 낟알열매이다.

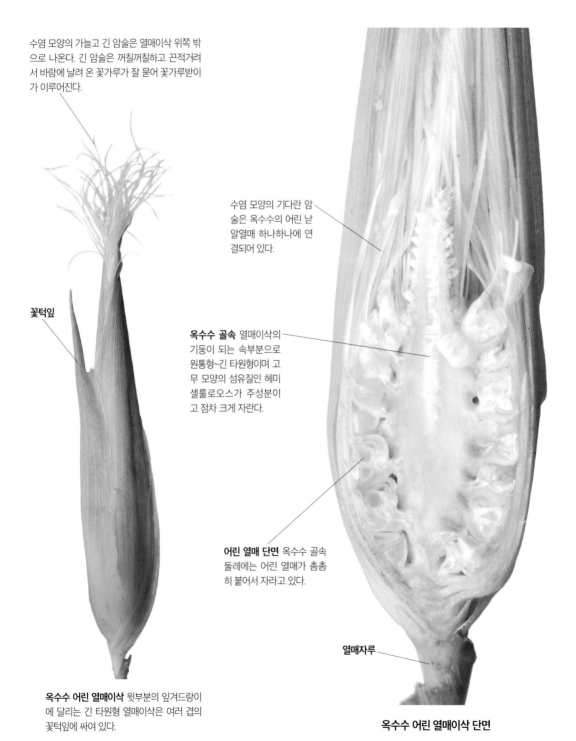

수염 모양의 가늘고 긴 암술은 열매이삭 위쪽 밖으로 나온다. 긴 암술은 꺼칠꺼칠하고 끈적거려서 바람에 날려 온 꽃가루가 잘 묻어 꽃가루받이가 이루어진다.

수염 모양의 기다란 암술은 옥수수의 어린 낟알열매 하나하나에 연결되어 있다.

꽃턱잎

옥수수 골속 열매이삭의 기둥이 되는 속부분으로 원통형~긴 타원형이며 고무 모양의 섬유질인 헤미셀룰로오스가 주성분이고 점차 크게 자란다.

어린 열매 단면 옥수수 골속 둘레에는 어린 열매가 촘촘히 붙어서 자라고 있다.

열매자루

옥수수 어린 열매이삭 윗부분의 잎겨드랑이에 달리는 긴 타원형 열매이삭은 여러 겹의 꽃턱잎에 싸여 있다.

옥수수 어린 열매이삭 단면

*골속[수(髓), pith]

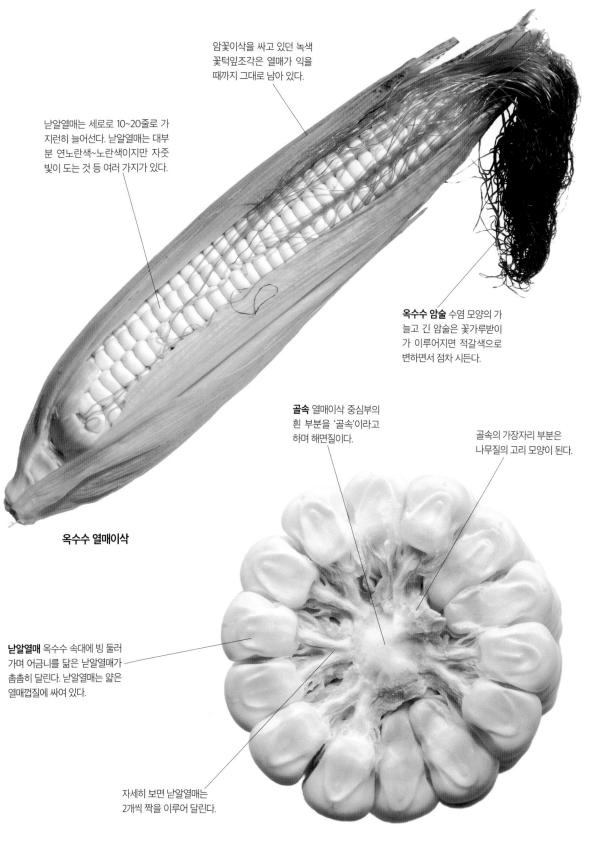

암꽃이삭을 싸고 있던 녹색 꽃턱잎조각은 열매가 익을 때까지 그대로 남아 있다.

낟알열매는 세로로 10~20줄로 가지런히 늘어선다. 낟알열매는 대부분 연노란색~노란색이지만 자줏빛이 도는 것 등 여러 가지가 있다.

옥수수 암술 수염 모양의 가늘고 긴 암술은 꽃가루받이가 이루어지면 적갈색으로 변하면서 점차 시든다.

골속 열매이삭 중심부의 흰 부분을 '골속'이라고 하며 해면질이다.

골속의 가장자리 부분은 나무질의 고리 모양이 된다.

낟알열매 옥수수 속대에 빙 둘러가며 어금니를 닮은 낟알열매가 촘촘히 달린다. 낟알열매는 얇은 열매껍질에 싸여 있다.

자세히 보면 낟알열매는 2개씩 짝을 이루어 달린다.

옥수수 열매이삭

옥수수 열매이삭 가로 단면 어금니를 닮은 열매는 얇은 열매껍질에 싸여 있는 낟알열매로 식용한다.

날개열매

날개열매는 열매껍질의 일부가 날개 모양으로 발달한 열매로 열매가 익으면 열매껍질이 마르는 마른열매이며 열매가 익어도 열매껍질이 벌어지지 않는 닫힌열매이다. 열매껍질은 얇은 막질로 날개처럼 자라서 바람을 타고 빙글빙글 돌며 날아간다. 열매의 날개는 제각기 다른 모양을 하고 있어서 바람에 날리는 모습도 조금씩 다르다. 날개열매는 단풍나무속이나 느릅나무과 등의 열매에서 볼 수 있다.

복자기 열매자루는 가늘고 길며 다 자라면 열매와 함께 떨어진다. 열매와 함께 털로 덮여 있다.

씨앗은 좌우에 각각 1개씩 들어 있으며 얇은 열매껍질과 단단히 붙어 있어서 끝까지 떨어지지 않는 닫힌열매이다.

열매껍질은 한쪽으로 길어지며 얇은 날개로 된다. 씨앗에 날개가 단단히 붙어 있는 날개열매이다.

얇은 날개의 가장자리는 단단해서 헬리콥터 날개처럼 빠르게 회전해도 끄떡 없다.

열매는 나중에 중심선을 따라 둘로 갈라져 분리되며 각각 싹이 터서 자란다.

주름지는 날개의 맥은 공기 저항을 일으켜 열매를 뜨게 하는 양력(揚力)이 생긴다.

복자기 열매 산에서 자라는 갈잎큰키나무로 열매의 두 날개는 보통 직각 정도로 벌어진다. 열매가 익으면 열매껍질이 마르는 마른열매이다.

열매는 3장의 날개가 있고 끝이 오목하다.

날개열매는 붉은색으로 변했다가 가을에 갈색으로 익는다.

열매는 가장자리가 날개로 되어 있는 날개열매이다.

타원형 씨앗은 날개가 만나는 밑부분에 들어 있다.

날개열매 가운데에 씨앗이 들어 있다.

미역줄나무 산에서 자라는 갈잎덩굴나무로 열매는 3장의 날개가 있어 바람에 날려 퍼지고 날개는 끝이 오목하다.

느릅나무 열매 산에서 자라는 갈잎큰키나무로 납작한 거꿀달걀형 열매는 하나의 날개에 둘러싸여 있고 5월에 갈색으로 익는다.

356

＊날개열매[시과(翅果), 익과(翼果), samara, keyfruit]

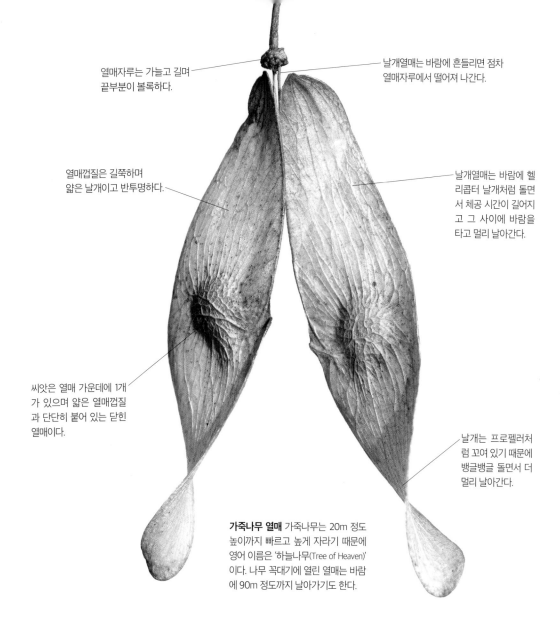

열매자루는 가늘고 길며 끝부분이 볼록하다.

날개열매는 바람에 흔들리면 점차 열매자루에서 떨어져 나간다.

열매껍질은 길쭉하며 얇은 날개이고 반투명하다.

날개열매는 바람에 헬리콥터 날개처럼 돌면서 체공 시간이 길어지고 그 사이에 바람을 타고 멀리 날아간다.

씨앗은 열매 가운데에 1개가 있으며 얇은 열매껍질과 단단히 붙어 있는 닫힌 열매이다.

날개는 프로펠러처럼 꼬여 있기 때문에 뱅글뱅글 돌면서 더 멀리 날아간다.

가죽나무 열매 가죽나무는 20m 정도 높이까지 빠르고 높게 자라기 때문에 영어 이름은 '하늘나무(Tree of Heaven)'이다. 나무 꼭대기에 열린 열매는 바람에 90m 정도까지 날아가기도 한다.

단풍나무 산에서 자라는 갈잎큰키나무로 2개가 합쳐진 날개열매는 양쪽 날개가 거의 수평으로 벌어진다.

은단풍 관상수로 심는 갈잎큰키나무로 2개가 합쳐진 날개열매는 흔히 한쪽만 크게 자라기도 한다.

물푸레나무 산에서 자라는 갈잎큰키나무로 날개열매는 거꿀피침형이고 가장자리가 날개로 되어 있다.

두충 심어 기르는 갈잎큰키나무로 납작한 긴 타원형 날개열매는 가장자리가 날개로 되어 있다.

헛 날개열매

열매껍질의 일부가 날개 모양으로 발달한 진정한 의미의 날개열매는 아니지만 열매껍질이 아닌 꽃덮이조각이나 꽃받침 또는 꽃턱잎 등이 날개 모양으로 자라서 바람을 타고 날아가는 열매도 있다. 이들은 열매껍질의 일부가 날개로 발달한 진정한 의미의 날개열매와 구분하기 위해서 '헛날개열매'라고 한다.

열매는 달걀 모양이며 여윈열매이다.

속꽃덮이조각은 날개 모양으로 자라 열매를 감싸며 가장자리에 톱니가 있다.

참소리쟁이 열매 들에서 자라는 여러해살이풀로 3장의 속꽃덮이조각이 점차 자라서 날개처럼 열매를 감싸는데 가장자리에 톱니가 있다. 참소리쟁이는 속꽃덮이조각이 날개 모양으로 발달하는 헛날개열매이다.

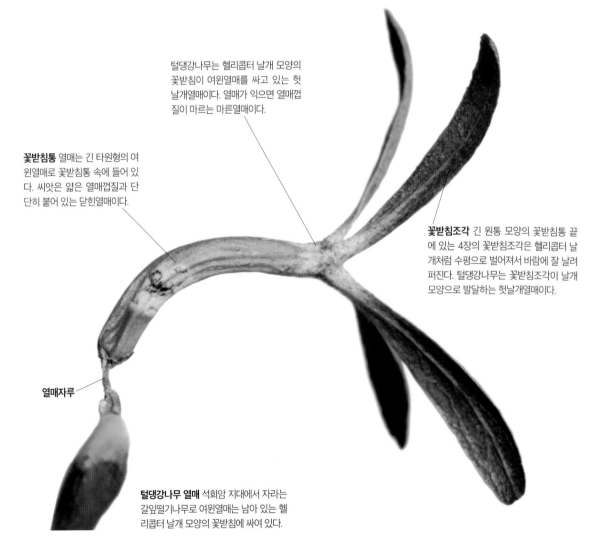

털댕강나무는 헬리콥터 날개 모양의 꽃받침이 여윈열매를 싸고 있는 헛날개열매이다. 열매가 익으면 열매껍질이 마르는 마른열매이다.

꽃받침통 열매는 긴 타원형의 여윈열매로 꽃받침통 속에 들어 있다. 씨앗은 얇은 열매껍질과 단단히 붙어 있는 닫힌열매이다.

꽃받침조각 긴 원통 모양의 꽃받침통 끝에 있는 4장의 꽃받침조각은 헬리콥터 날개처럼 수평으로 벌어져서 바람에 잘 날려 퍼진다. 털댕강나무는 꽃받침조각이 날개 모양으로 발달하는 헛날개열매이다.

열매자루

털댕강나무 열매 석회암 지대에서 자라는 갈잎떨기나무로 여윈열매는 남아 있는 헬리콥터 날개 모양의 꽃받침에 싸여 있다.

*헛날개열매[위시과(僞翅果), 위익과(僞翼果), pseudosamara]

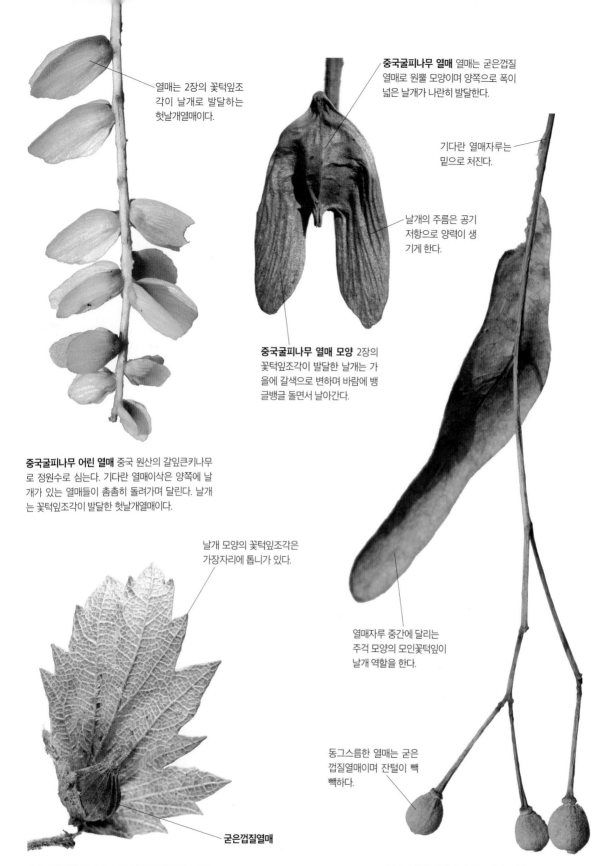

열매는 2장의 꽃턱잎조각이 날개로 발달하는 헛날개열매이다.

중국굴피나무 열매 열매는 굳은껍질 열매로 원뿔 모양이며 양쪽으로 폭이 넓은 날개가 나란히 발달한다.

기다란 열매자루는 밑으로 처진다.

날개의 주름은 공기 저항으로 양력이 생기게 한다.

중국굴피나무 열매 모양 2장의 꽃턱잎조각이 발달한 날개는 가을에 갈색으로 변하며 바람에 뱅글뱅글 돌면서 날아간다.

중국굴피나무 어린 열매 중국 원산의 갈잎큰키나무로 정원수로 심는다. 기다란 열매이삭은 양쪽에 날개가 있는 열매들이 촘촘히 돌려가며 달린다. 날개는 꽃턱잎조각이 발달한 헛날개열매이다.

날개 모양의 꽃턱잎조각은 가장자리에 톱니가 있다.

열매자루 중간에 달리는 주걱 모양의 모인꽃턱잎이 날개 역할을 한다.

동그스름한 열매는 굳은 껍질열매이며 잔털이 빽빽하다.

굳은껍질열매

소사나무 어린 열매 서남해안의 산에서 자라는 갈잎 작은키나무로 1장의 반달갈형 꽃턱잎조각이 굳은껍질열매를 받치고 있는 헛날개열매이다.

피나무 열매 산에서 자라는 갈잎큰키나무로 열매자루에 붙어 있는 3~7㎝ 길이의 주걱 같은 모인꽃턱잎이 날개 역할을 하는 헛날개열매이다.

359

여윈열매

여윈열매는 열매가 익어도 열매껍질이 벌어지지 않는 닫힌열매이다. 열매껍질은 얇은 막질이며 속에 들어 있는 1개의 씨앗과 단단히 붙어 있어서 전체가 씨앗처럼 보이는 열매이다. 미나리아재비과, 국화과, 쐐기풀과 등의 열매에서 볼 수 있다. 국화과 여윈열매 끝에는 꽃받침이 변한 털뭉치가 달리기도 하는데 이를 '갓털'이라고 하며 열매가 바람에 날려 퍼지도록 도와 준다.

암술대 열매는 암술대가 길게 자라며 암술대에 가는 털이 깃털 모양으로 촘촘히 붙는다.

깃털 모양의 암술대가 달린 열매는 바람에 날려 퍼진다.

가는 열매자루

종덩굴 열매 열매는 납작한 달걀 모양이며 열매껍질과 씨앗이 단단히 붙어 있는 여윈열매이자 닫힌열매이다.

종덩굴 열매송이 종덩굴은 숲 가장자리에서 자라는 갈잎덩굴나무로 둥근 공 모양의 열매송이는 가을에 익으면 털복숭이 모양이 된다.

젓가락나물 습한 들에서 자라는 여러해살이풀로 긴 타원형 열매송이에 여윈열매가 촘촘히 붙는다.

왜젓가락나물 습지에서 자라는 두해살이풀로 둥근 열매송이에 촘촘히 붙는 여윈열매는 뾰족한 끝부분이 구부러진다.

참소리쟁이 습한 들에서 자라는 여러해살이풀로 여윈열매의 속꽃덮이 가장자리에는 톱니가 약간 있다.

느티나무 산과 들에서 자라는 갈잎큰키나무로 여윈열매는 약간 납작하고 일그러진 공 모양이며 단단하다.

＊여윈열매[수과(瘦果), achene]

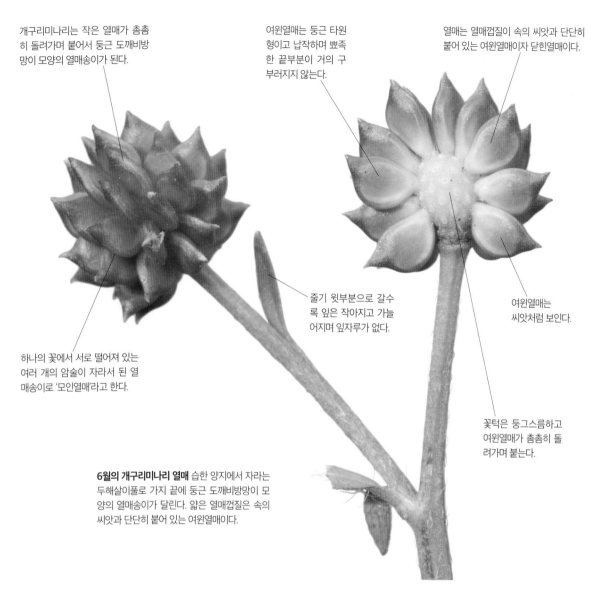

개구리미나리는 작은 열매가 촘촘히 돌려가며 붙어서 둥근 도깨비방망이 모양의 열매송이가 된다.

여윈열매는 둥근 타원형이고 납작하며 뾰족한 끝부분이 거의 구부러지지 않는다.

열매는 열매껍질이 속의 씨앗과 단단히 붙어 있는 여윈열매이자 닫힌열매이다.

하나의 꽃에서 서로 떨어져 있는 여러 개의 암술이 자라서 된 열매송이로 '모인열매'라고 한다.

줄기 윗부분으로 갈수록 잎은 작아지고 가늘어지며 잎자루가 없다.

여윈열매는 씨앗처럼 보인다.

6월의 개구리미나리 열매 습한 양지에서 자라는 두해살이풀로 가지 끝에 둥근 도깨비방망이 모양의 열매송이가 달린다. 얇은 열매껍질은 속의 씨앗과 단단히 붙어 있는 여윈열매이다.

꽃턱은 둥그스름하고 여윈열매가 촘촘히 돌려가며 붙는다.

자주조희풀 산에서 자라는 갈잎떨기나무로 둥근 털복숭이 모양의 열매송이에 여윈열매가 촘촘히 붙는다.

산토끼꽃 깊은 산에서 자라는 두해살이풀로 둥근 열매송이에 여윈열매가 촘촘히 붙는다.

갓털

여윈열매

엉겅퀴 산에서 자라는 여러해살이풀로 열매송이에 촘촘히 모여 달린 여윈열매 끝에는 갓털이 있다.

갓털

여윈열매

솜방망이 산기슭이나 들에서 자라는 여러해살이풀로 둥근 열매송이에 갓털이 달린 여윈열매가 촘촘히 붙는다.

굳은껍질열매

굳은껍질열매는 열매가 익어도 열매껍질이 벌어지지 않는 닫힌열매이다. 열매는 단단한 열매껍질로 덮여 있고 많은 꽃턱잎조각이 발달하여 만들어진 종지 모양의 깍정이에 싸여 있는 것도 있다. 도토리처럼 굳은껍질열매가 깍정이에 받쳐 있는 열매를 따로 구분해서 '깍정이열매'라고도 한다. 도토리나 밤과 같은 굳은껍질열매의 고소한 속살을 좋아하는 다람쥐와 같은 동물이 열매를 겨울 양식으로 바위 구멍이나 땅속에 저장하여 둔 것이 싹이 터 자라는 경우가 많다.

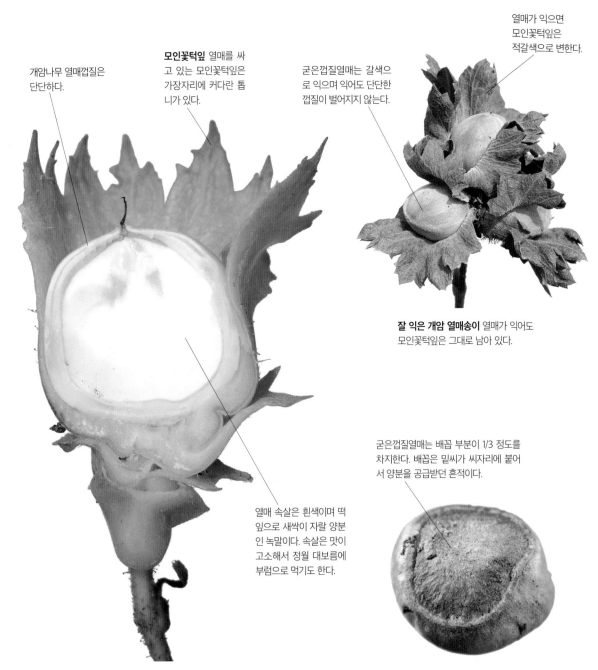

개암나무 열매껍질은 단단하다.

모인꽃턱잎 열매를 싸고 있는 모인꽃턱잎은 가장자리에 커다란 톱니가 있다.

굳은껍질열매는 갈색으로 익으며 익어도 단단한 껍질이 벌어지지 않는다.

열매가 익으면 모인꽃턱잎은 적갈색으로 변한다.

잘 익은 개암 열매송이 열매가 익어도 모인꽃턱잎은 그대로 남아 있다.

열매 속살은 흰색이며 떡잎으로 새싹이 자랄 양분인 녹말이다. 속살은 맛이 고소해서 정월 대보름에 부럼으로 먹기도 한다.

굳은껍질열매는 배꼽 부분이 1/3 정도를 차지한다. 배꼽은 밑씨가 씨자리에 붙어서 양분을 공급받던 흔적이다.

개암나무 어린 열매 단면 산에서 자라는 갈잎떨기나무로 둥그스름한 굳은껍질열매를 모인꽃턱잎조각이 둘러싸고 있다.

굳은껍질열매 둥그스름한 굳은껍질열매는 단단한 껍질을 깨야 속에 든 고소한 속살을 맛볼 수 있다.

＊굳은껍질열매[견과(堅果), nut] / 깍정이열매[각두과(殼斗果), acorn]

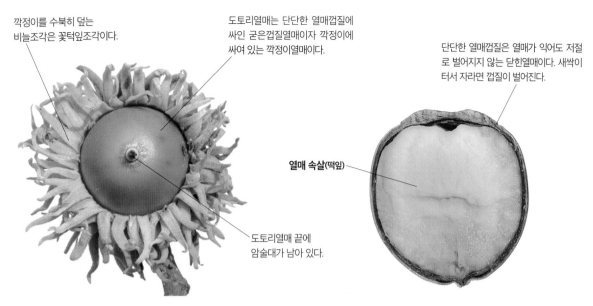

깍정이를 수북히 덮는
비늘조각은 꽃턱잎조각이다.

도토리열매는 단단한 열매껍질에
싸인 굳은껍질열매이자 깍정이에
싸여 있는 깍정이열매이다.

단단한 열매껍질은 열매가 익어도 저절
로 벌어지지 않는 닫힌열매이다. 새싹이
터서 자라면 껍질이 벌어진다.

열매 속살(떡잎)

도토리열매 끝에
암술대가 남아 있다.

상수리나무 열매 산기슭에서 자라는 갈잎큰키나무로 깍정이는 가
시 모양의 비늘조각으로 수북이 덮여 있으며 도토리열매는 익어도
껍질이 벌어지지 않는다.

상수리나무 열매 세로 단면 열매 속살은 떡잎으로 새싹이 자랄
양분인 녹말인데 가루를 내어 묵을 만들어 먹는다.

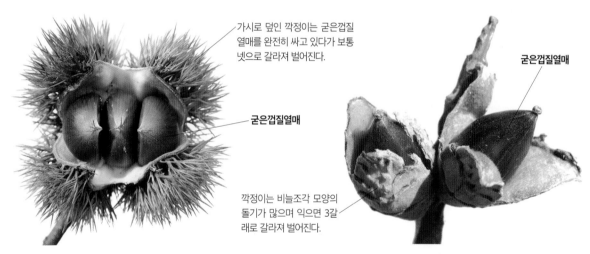

가시로 덮인 깍정이는 굳은껍질
열매를 완전히 싸고 있다가 보통
넷으로 갈라져 벌어진다.

굳은껍질열매

굳은껍질열매

깍정이는 비늘조각 모양의
돌기가 많으며 익으면 3갈
래로 갈라져 벌어진다.

밤나무 열매 산에서 자라는 갈잎큰키나무로 둥근 밤송이는 날카로
운 가시 모양의 꽃턱잎이 가득한 깍정이로 덮여 있고 익으면 넷으로
갈라져 벌어진다. 밤송이 속에는 굳은껍질열매가 1~3개 들어 있다.

구실잣밤나무 열매 남쪽 섬에서 자라며 달걀 모양의 굳은껍질열매를
싸고 있는 깍정이 표면은 돌기가 많아 우툴두툴하다.

종가시나무 남쪽 섬에서 자라는 늘푸른큰
키나무로 굳은껍질열매 밑부분을 싸고 있
는 깍정이는 동심원 테가 있다.

사방오리나무 남부 지방에서 조림수로
심는 갈잎작은키나무로 달걀형 열매 속에
굳은껍질열매가 들어 있다.

굴피나무 중부 이남의 산에서 자라는 갈
잎작은키나무로 타원형 열매 속에 굳은
껍질열매가 들어 있다.

*깍정이[각두(殼斗), cupule, acorn cup] / 배꼽[제(臍), hilum]

마디꼬투리열매

꼬투리열매 중에서 꼬투리는 가로로 몇 개의 마디가 생기고 익으면 마디가 분리되어 떨어져 나가는 열매를 '마디꼬투리열매'라고 한다. 분리과(分離果)의 한 형태로 여겨지기도 한다. 꼬투리열매와 비슷하지만 분리된 마디 속의 씨앗은 익어도 저절로 터지지 않는 닫힌열매라는 점에서 마디꼬투리열매로 따로 구분한다.

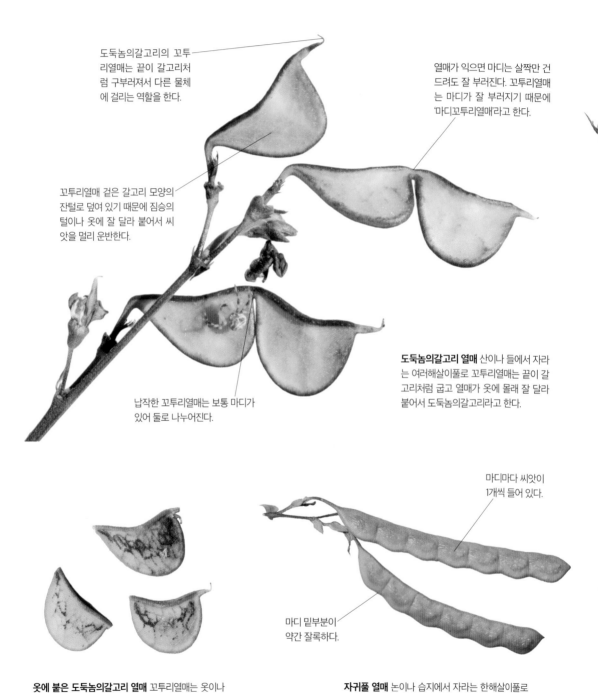

도둑놈의갈고리의 꼬투리열매는 끝이 갈고리처럼 구부러져서 다른 물체에 걸리는 역할을 한다.

열매가 익으면 마디는 살짝만 건드려도 잘 부러진다. 꼬투리열매는 마디가 잘 부러지기 때문에 '마디꼬투리열매'라고 한다.

꼬투리열매 겉은 갈고리 모양의 잔털로 덮여 있기 때문에 짐승의 털이나 옷에 잘 달라 붙어서 씨앗을 멀리 운반한다.

도둑놈의갈고리 열매 산이나 들에서 자라는 여러해살이풀로 꼬투리열매는 끝이 갈고리처럼 굽고 열매가 옷에 몰래 잘 달라 붙어서 도둑놈의갈고리라고 한다.

납작한 꼬투리열매는 보통 마디가 있어 둘로 나누어진다.

마디마다 씨앗이 1개씩 들어 있다.

마디 밑부분이 약간 잘록하다.

옷에 붙은 도둑놈의갈고리 열매 꼬투리열매는 옷이나 털에 스치면 마디가 잘라지면서 달라 붙는다.

자귀풀 열매 논이나 습지에서 자라는 한해살이풀로 꼬투리열매는 6~8개의 마디로 이루어지며 익으면 마디가 잘리면서 떨어져 나간다.

*마디꼬투리열매[절과(節果), 절두과(節豆果), loment]

된장풀 꼬투리열매 길고 납작한 꼬투리열매는 5~7㎝ 길이이며 4~8개의 잘록한 마디가 있고 밑으로 처진다.

마디가 잘록하며 잘 잘라진다.

잘려 나가는 열매조각은 저절로 벌어지지 않는다.

마디마다 씨앗이 1개씩 들어 있다.

꼬투리열매 끝에는 암술대가 남아 있다.

열매자루

마른 꽃

열매 표면에는 갈고리 모양의 잔털이 많아서 털이나 옷에 닿으면 달라 붙으면서 마디가 잘려 나간다.

열매는 가을에 점차 갈색으로 익는다.

마디가 잘라진 된장풀 꼬투리열매 조각

잘려진 마디 부분 열매에 약간의 힘을 가하면 잘록한 마디 부분이 쉽게 잘려 나간다.

된장풀 꼬투리열매 제주도에서 자라는 갈잎떨기나무로 잔털이 많은 열매는 옷에 잘 붙고 마디마다 잘려 나가는 마디꼬투리열매이다.

된장풀 씨앗 씨앗은 납작한 타원형이며 8~10mm 길이이다.

주머니열매

주머니열매는 열매가 벌어지지 않는 닫힌열매이다. 얇은 열매주머니가 바깥을 둘러싸고 있는 열매로 열매주머니는 보통 얇은 막질이며 벌어지지 않는다. 사초과나 명아주과 등의 열매에서 볼 수 있다.

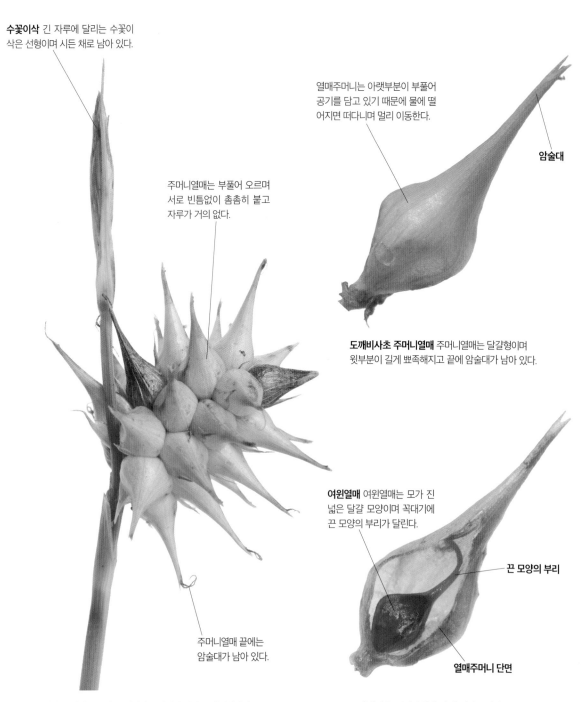

수꽃이삭 긴 자루에 달리는 수꽃이삭은 선형이며 시든 채로 남아 있다.

주머니열매는 부풀어 오르며 서로 빈틈없이 촘촘히 붙고 자루가 거의 없다.

열매주머니는 아랫부분이 부풀어 공기를 담고 있기 때문에 물에 떨어지면 떠다니며 멀리 이동한다.

암술대

도깨비사초 주머니열매 주머니열매는 달걀형이며 윗부분이 길게 뾰족해지고 끝에 암술대가 남아 있다.

여윈열매 여윈열매는 모가 진 넓은 달걀 모양이며 꼭대기에 끈 모양의 부리가 달린다.

끈 모양의 부리

열매주머니 단면

주머니열매 끝에는 암술대가 남아 있다.

도깨비사초 열매 물가나 습지에서 무리지어 자라는 여러해살이풀로 주머니열매가 모여 달린 열매이삭은 도깨비방망이 모양이다.

도깨비사초 주머니열매 단면 열매주머니 속에는 적갈색 여윈열매가 들어 있다.

*주머니열매[낭과(囊果), 포과(胞果), utricle]

열매 속에는 까만 씨앗이
1개씩 들어 있다.

나문재의 주머니열매는 둥글납작
한 별 모양이다. 녹색 열매는 점차
노란색이나 붉은색으로 물이 든다.

얇은 열매껍질은
씨앗을 둘러싼다.

선형 잎은 퉁퉁한
육질이며 회녹색이다.

나문재 바닷가에서 자라는 한해살이풀로 줄기는 곧게 선다.
둥글납작한 별 모양의 주머니열매 속에 까만 씨앗이 들어 있다.

맨드라미 화단에 심는 한해살이화초로 줄기 끝에 닭의 볏 모양의 꽃이삭이 달리며 주머니열매가 열린다.

방석나물 바닷가에서 방석처럼 퍼져 자라는 한해살이풀로 울퉁불퉁한 주머니열매가 열린다.

명아주 빈터에서 자라는 한해살이풀로 주머니열매는 어릴 때는 꽃받침에 싸여 있지만 여물 때에는 겉으로 드러난다.

꽃턱 개구리자리는 1개의 꽃속에 여러 개의 암술이 있는 여러암술꽃이다. 하나의 꽃 가운데에 있는 둥근 타원형 꽃턱에 자잘한 암술이 촘촘히 모여 있다.

꽃받침조각 꽃받침조각은 5장이며 연녹색이지만 꽃잎처럼 노란빛이 돌기도 하고 점차 뒤로 젖혀진다.

꽃잎 노란색 꽃잎은 둥근 타원형이며 5장이고 광택이 있다.

꿀 노란색 꽃잎 밑부분에는 꿀샘이 있어 꿀이 흘러 나오기도 한다.

수술 수술은 많고 암술 둘레에 돌려나며 꽃밥은 노란색이다.

개구리자리 꽃 모양 습지에서 자라는 두해살이풀로 5~6월에 가지마다 노란색 꽃이 핀다.

꽃턱은 점차 길게 자라기 시작한다.

둥근 타원형의 꽃턱이 길게 자란 긴 타원형 열매 송이에 자잘한 초록색 열매가 촘촘히 돌려가며 자라기 시작한다.

꽃잎은 점차 뒤로 젖혀진다.

개구리자리 성숙한 꽃 모양 꽃이 성숙하면 꽃턱은 점차 길게 자라고 수술의 꽃밥은 시들기 시작한다.

개구리자리 어린 열매

＊모인열매[취과(聚果), 집합과(集合果), aggregate fruit, etaerio]

모인열매

하나의 꽃에 여러 개의 암술(씨방)이 있는 여러암술꽃이 자라서 된 열매를 '모인열매'라고 한다. 여러 개의 꽃이 모여 달린 꽃송이가 열매송이로 변한 겹열매와 비슷하지만 하나의 꽃에서 자란 열매송이란 점이 다르다. 모인열매는 미나리아재비속, 목련속, 매발톱속, 산딸기속, 뱀딸기속, 장미속 등에서 볼 수 있다.

하나하나의 열매는 점차 노랗게 익으면 하나씩 떨어져 나간다.

열매턱 꽃턱은 둥근 타원형이지만 열매턱은 긴 타원형으로 길게 자란다.

꽃턱에 촘촘히 붙는 하나하나의 열매는 여윈열매이다. 여윈열매는 둥근 거꿀달걀형이며 납작하고 털이 없다.

꽃턱은 속이 비어 있다.

개구리자리는 100여 개에 달하는 여윈열매가 타원형 꽃턱에 촘촘히 돌려가며 붙는 '모인열매'이다. 여윈열매가 많이 모인 열매라서 '모인여윈열매'로 구분하기도 한다.

개구리자리 어린 열매 세로 단면

6월 초의 개구리자리 열매송이

*모인여윈열매[집합수과(集合瘦果), etaerio of achenes]

산딸기와 뱀딸기

산과 들에서 자라는 산딸기는 가시가 있는 갈잎떨기
나무이고 풀숲과 길가에서 자라는 뱀딸기는 바닥을
기며 자라는 여러해살이풀이라서 구분이 어렵지 않
다. 하지만 비슷한 시기에 익는 붉은색 열매는 얼핏
보면 모양이 비슷해서 혼동하는 경우가 있다. 그러나
열매를 자세히 보면 겉모습이 다르고 열매를 잘라 보
면 둘이 확연히 다른 것을 알 수 있다.

산딸기 열매 둥그스름한 열매는 초여름에
붉게 익는데 단맛이 난다.

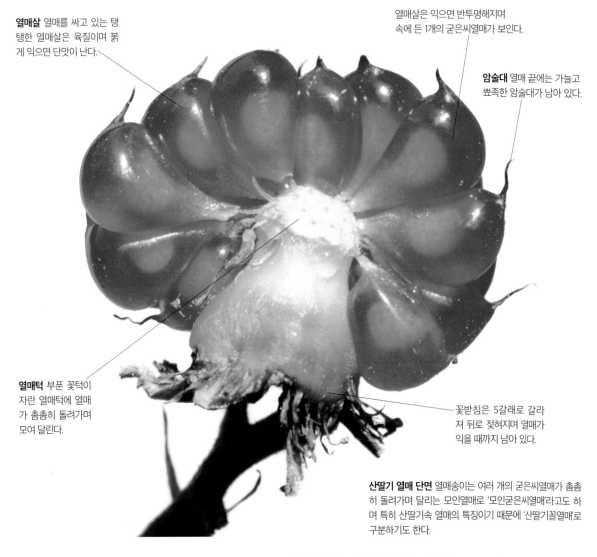

열매살 열매를 싸고 있는 탱
탱한 열매살은 육질이며 붉
게 익으면 단맛이 난다.

열매살은 익으면 반투명해지며
속에 든 1개의 굳은씨열매가 보인다.

암술대 열매 끝에는 가늘고
뾰족한 암술대가 남아 있다.

열매턱 부푼 꽃턱이
자란 열매턱에 열매
가 촘촘히 돌려가며
모여 달린다.

꽃받침은 5갈래로 갈라
져 뒤로 젖혀지며 열매가
익을 때까지 남아 있다.

산딸기 열매 단면 열매송이는 여러 개의 굳은씨열매가 촘촘
히 돌려가며 달리는 모인열매로 '모인굳은씨열매'라고도 하
며 특히 산딸기속 열매의 특징이기 때문에 '산딸기꼴열매'로
구분하기도 한다.

*모인굳은씨열매[산딸기꼴열매, 집합핵과(集合核果), etaerio of drupes, drupetum]

산딸기 굳은씨열매 열매살을 제거한 굳은 씨열매 겉에는 자잘한 돌기가 많다.

뱀딸기 여윈열매 열매껍질을 제거한 여윈열매 겉에는 돌기가 거의 없다.

뱀딸기 열매 둥그스름한 열매는 초여름에 붉게 익고 먹음직스러워 보이지만 별 맛이 없다.

여윈열매 열매턱 겉면에 촘촘히 붙어 있는 깨알 같은 열매는 열매살이 없이 씨앗과 열매껍질이 단단히 붙어 있는 여윈열매로 초여름에 붉은색으로 익는다. 여윈열매의 표면은 부드럽고 광택이 있다.

열매턱 열매송이는 열매를 받치고 있는 열매턱이 열매처럼 비대해진 헛열매이다. 열매턱은 흰색~연분홍색이며 말랑거리고 별 맛이 없다.

모인여윈열매 열매송이는 비대해진 열매턱에 여윈열매가 촘촘히 붙어 있는 모인여윈열매이다.

꽃받침조각 5장의 세모진 꽃받침조각은 열매를 둘러싸고 있다.

부꽃받침조각 뱀딸기는 잎 모양의 부꽃받침조각이 있는데 5개가 꽃받침조각을 받치고 있다.

뱀딸기 열매 세로 단면 꽃턱이 자란 열매턱이 크게 비대해진 헛열매 둘레에 자잘한 여윈열매가 촘촘히 붙는 모인열매로 모인여윈열매에 속하며 특별히 '딸기꼴열매'로 구분하기도 한다.

*딸기꼴열매[매상과(苺狀果), etaerio]

모인쪽꼬투리열매

백목련은 중국 원산의 갈잎큰키나무로 봄에 나무 가득 피
는 큼직한 흰색 꽃이 아름다워서 오래전부터 관상수로 심
어 길렀다. 꽃이 지면 열리는 원통형 열매송이는 가을에
익으면 방마다 1줄의 봉합선을 따라 벌어지면서 1개의 씨
앗이 드러나는 쪽꼬투리열매이다. 백목련 열매송이는 많
은 쪽꼬투리열매가 모여 있는 모인열매로 '모인쪽꼬투리
열매'라고도 한다. 주황색 씨껍질에 싸인 씨앗은 흰색 실
모양의 자루에 매달리기도 한다.

백목련 어린 열매 꽃이 지고 잎이 크게 자랄 때쯤이면
꽃턱이 기다란 원통 모양의 열매송이로 자라기 시작한다.

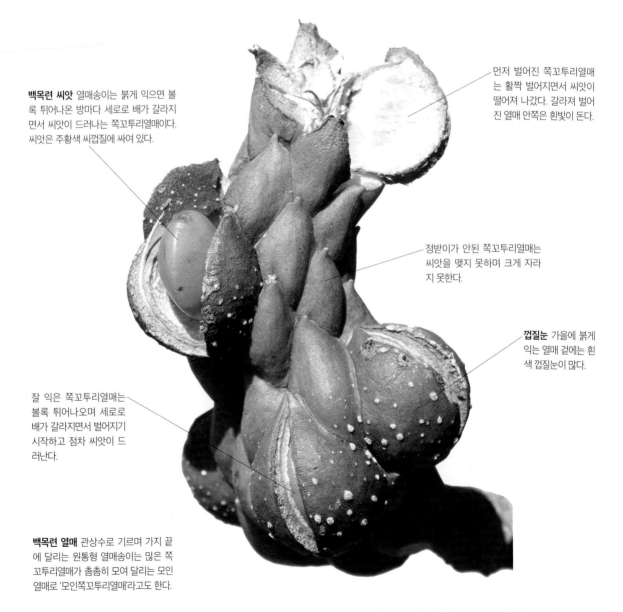

백목련 씨앗 열매송이는 붉게 익으면 볼
록 튀어나온 방마다 세로로 배가 갈라지
면서 씨앗이 드러나는 쪽꼬투리열매이다.
씨앗은 주황색 씨껍질에 싸여 있다.

먼저 벌어진 쪽꼬투리열매
는 활짝 벌어지면서 씨앗이
떨어져 나갔다. 갈라져 벌어
진 열매 안쪽은 흰빛이 돈다.

정받이가 안된 쪽꼬투리열매는
씨앗을 맺지 못하며 크게 자라
지 못한다.

껍질눈 가을에 붉게
익는 열매 겉에는 흰
색 껍질눈이 많다.

잘 익은 쪽꼬투리열매는
볼록 튀어나오며 세로로
배가 갈라지면서 벌어지기
시작하고 점차 씨앗이 드
러난다.

백목련 열매 관상수로 기르며 가지 끝
에 달리는 원통형 열매송이는 많은 쪽
꼬투리열매가 촘촘히 모여 달리는 모인
열매로 '모인쪽꼬투리열매'라고도 한다.

372

＊모인쪽꼬투리열매[집합대과(集合袋果), etaerio of follicles, follicetum]

목련 열매자루가 바짝 마르면 가지에서 열매송이가 통째로 떨어져 나간다.

열매송이는 점차 바짝 마르는 마른열매이며 열매가 갈라져 벌어지는 열리는열매로 방마다 올록볼록 튀어나온다.

열매는 1줄의 봉합선을 따라 활짝 벌어지는 쪽꼬투리열매이다.

씨앗을 살짝 잡아 당기면 열매와 씨앗 사이에는 흰색 실 모양의 조직이 늘어나 주황색 씨껍질에 싸인 씨앗이 매달린다. 주황색 씨껍질에 싸인 씨앗은 흰색 실 모양의 자루에 매달려 바람에 흔들리다가 떨어져 나간다.

씨껍질에 싸인 씨앗 흰색 실 모양의 짧은 자루는 벌어진 열매 속의 씨앗이 떨어지는 것을 잠시 막아 주어 눈에 잘 띄게 하는 역할을 하는 것으로 보기도 한다. 동글납작한 씨앗은 드물게 새가 먹기도 하지만 대부분은 시간이 지나면서 그대로 땅으로 떨어진다.

목련 마른 열매 제주도 한라산에서 자라는 갈잎큰키나무로 관상수로 기르는 백목련과 생김새와 생태가 비슷하다.

씨앗에서 흰색 실이 연결되었던 부분은 밑씨가 씨자리에 연결되어 양분을 공급받던 흔적인 배꼽 부분이다.

목련 씨앗 주황색 씨껍질을 벗겨 내면 속에는 1개의 검은색 씨앗이 드러나는데 둥그스름한 하트 모양이다.

＊씨앗[씨, 종자(種子), seed]

모인물열매

오미자는 산에서 자라는 갈잎덩굴나무로 늦은 봄에 핀 암꽃은 가운데에 암술이 촘촘히 모여 있는 여러암술꽃이다. 꽃이 지면 작은 포도송이 모양의 열매송이가 매달리는 모인열매이며 열매살은 즙이 많은 물열매라서 '모인물열매'라고도 한다. 오미자(五味子)란 이름은 익은 열매가 단맛, 신맛, 매운맛, 쓴맛, 짠맛의 5가지 맛이 모두 나서 붙여진 이름이며 특히 신맛이 강하다. 오미자 열매는 기관지를 보호하는 등의 한약재로 쓰인다.

꽃덮이조각   **암술**

오미자 암꽃 모양 6~9장의 꽃덮이조각은 비스듬히 벌어지고 가운데에 연녹색 암술이 둥근 꽃턱에 촘촘히 모여 있는 여러암술꽃이다.

열매자루 오미자의 긴 열매자루는 밑으로 처진다.

열매턱 둥근 꽃턱은 점차 자라면서 기다란 열매턱으로 변한다. 열매턱은 점차 붉은색으로 변한다.

자라지 못한 열매 정받이가 이루어지지 못했거나 영양분을 제대로 공급받지 못한 열매는 크게 자라지 못한다.

물열매 둥근 열매는 가을에 붉게 익는다. 열매는 열매살에 즙이 많은 물열매이다.

모인열매 둥근 열매는 기다란 열매턱에 촘촘히 돌려가며 붙는 모인열매이다.

오미자 씨앗 열매 속에 든 1~2개의 씨앗은 콩팥 모양이며 겉이 매끈하다.

오미자 열매송이 둥근 물열매가 다닥다닥 모여 달린 모인열매는 '모인물열매'라고도 한다.

＊모인물열매[집합장과(集合漿果), etaerio of berries]

수꽃의 수술

꽃덮이조각

남오미자 수꽃 모양 남오미자는 남쪽 섬에서 자라는 늘푸른덩굴나무로 7~9월에 연노란색 꽃이 핀다. 수꽃은 가운데에 붉은색 수술이 둥글게 모여 있고 암꽃은 백록색 암술이 둥글게 모여 있다.

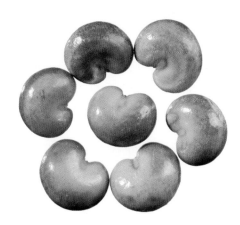

남오미자 씨앗 씨앗은 콩팥 모양이며 연갈색이고 광택이 있다.

제대로 여물지 못한 열매

열매턱 둥근 꽃턱이 자란 열매턱은 육질이며 열매가 익으면 겉이 붉게 변한 모습이 산딸나무 열매를 닮았지만 속살은 흰색이다. 열매턱에 촘촘히 돌려가며 둥근 열매가 달린다.

가을에 붉게 익는 열매는 광택이 있다.

물열매 둥근 열매는 열매살에 즙이 많은 물열매이며 속에 2~3개의 씨앗이 들어 있다. 열매살은 단맛이 전혀 없다.

남오미자 열매송이 둥근 꽃턱에 둥근 물열매가 모여 달리는 모인물열매이다. 오미자와 달리 열매송이가 둥글어서 구분이 된다.

장미꼴열매

장미과 장미속(Rosa)에 속하는 꽃은 꽃을 받치고 있는 꽃턱이 항아리 모양이고 꽃턱 둘레에 수술과 꽃잎, 꽃받침이 돌려가며 달리며 항아리 모양의 꽃턱 안쪽에 많은 암술이 모여 있다. 정받이가 이루어지면 많은 암술은 각각 여읜열매로 자라서 열매턱 안을 가득 채운 모인열매를 이루고 열매턱은 두툼한 다육질이 된다. 이런 장미속의 특징적인 모인여읜열매를 '장미꼴열매'로 구분하기도 한다.

암술

수술

꽃잎

해당화 꽃 모양 바닷가 모래땅에서 자라는 갈잎떨기나무로 5~7월에 피는 붉은색 꽃은 향기가 진하다.

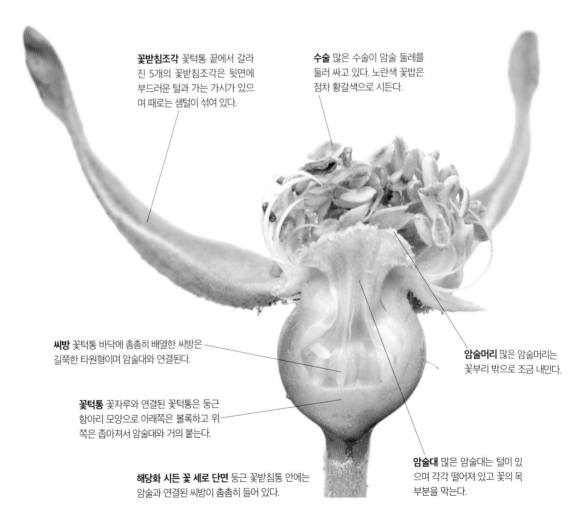

꽃받침조각 꽃턱통 끝에서 갈라진 5개의 꽃받침조각은 뒷면에 부드러운 털과 가는 가시가 있으며 때로는 샘털이 섞여 있다.

수술 많은 수술이 암술 둘레를 둘러 싸고 있다. 노란색 꽃밥은 점차 황갈색으로 시든다.

씨방 꽃턱통 바닥에 촘촘히 배열한 씨방은 길쭉한 타원형이며 암술대와 연결된다.

암술머리 많은 암술머리는 꽃부리 밖으로 조금 내민다.

꽃턱통 꽃자루와 연결된 꽃턱통은 둥근 항아리 모양으로 아래쪽은 볼록하고 위쪽은 좁아져서 암술대와 거의 붙는다.

암술대 많은 암술대는 털이 있으며 각각 떨어져 있고 꽃의 목 부분을 막는다.

해당화 시든 꽃 세로 단면 둥근 꽃받침통 안에는 암술과 연결된 씨방이 촘촘히 들어 있다.

＊장미꼴열매[장미상과(薔薇狀果), cynarrhodium]

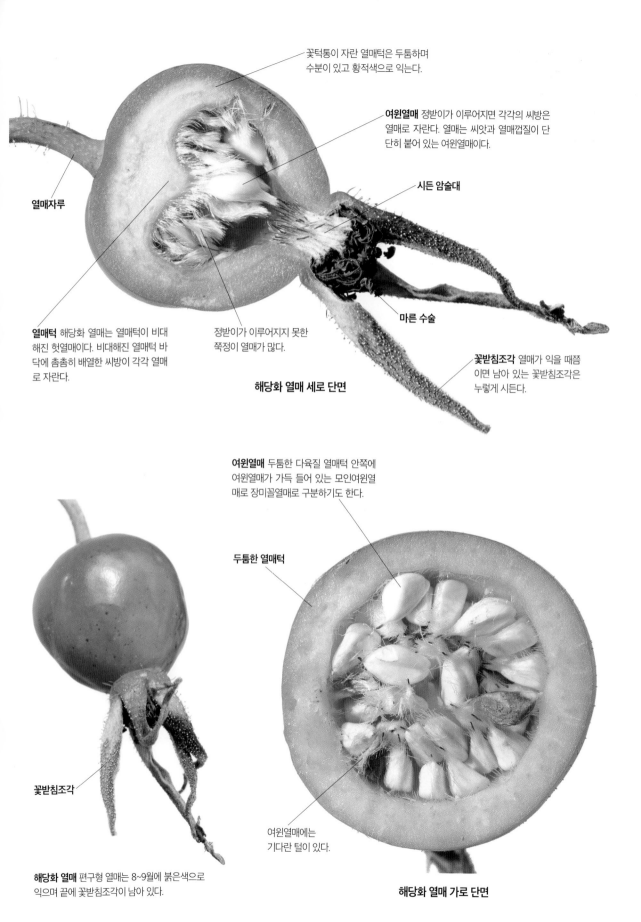

꽃턱통이 자란 열매턱은 두툼하며
수분이 있고 황적색으로 익는다.

여윈열매 정받이가 이루어지면 각각의 씨방은
열매로 자란다. 열매는 씨앗과 열매껍질이 단
단히 붙어 있는 여윈열매이다.

시든 암술대

열매자루

열매턱 해당화 열매는 열매턱이 비대
해진 헛열매이다. 비대해진 열매턱 바
닥에 촘촘히 배열한 씨방이 각각 열매
로 자란다.

정받이가 이루어지지 못한
쪽정이 열매가 많다.

마른 수술

꽃받침조각 열매가 익을 때쯤
이면 남아 있는 꽃받침조각은
누렇게 시든다.

해당화 열매 세로 단면

여윈열매 두툼한 다육질 열매턱 안쪽에
여윈열매가 가득 들어 있는 모인여윈열
매로 장미꼴열매로 구분하기도 한다.

두툼한 열매턱

꽃받침조각

여윈열매에는
기다란 털이 있다.

해당화 열매 편구형 열매는 8~9월에 붉은색으로
익으며 끝에 꽃받침조각이 남아 있다.

해당화 열매 가로 단면

겹열매

여러 개의 꽃이 촘촘히 모인 꽃차례가 자라서 된 열매송이가 하나의 열매처럼 된 것을 '겹열매'라고 한다.
겹열매에는 오디꼴열매, 숨은꽃열매 등이 있다.

오디꼴열매

오디꼴열매는 많은 꽃이 촘촘히 모인 꽃송이가 자라서 된 열매송이로 하나의 열매처럼 보이며 열매살에 수분이 많다.

수분이 많은 물열매가 촘촘히 돌려가며 붙는 겹열매로 오디 꼴열매로 구분하기도 한다.

암꽃 꽃송이에 촘촘 히 돌려가며 달리며 꽃자루가 없다.

씨방은 달걀형이다.

암술머리는 점차 떨어져 나간다.

암술머리는 갈라지며 돌기가 있다.

뽕나무 어린 열매송이 암꽃이삭 모양대로 열리는 열매송이는 붉게 변했다가 흑자색으로 익는다.

뽕나무 암꽃이삭 꽃송이에 여러 개의 암꽃이 촘촘히 모여 달린다.

열매살 속에는 여윈열매가 하나씩 들어 있다.

파인애플 중남미 원산의 늘푸른여러해살 이풀로 청자색 꽃이 촘촘히 모여 핀 둥근 꽃이삭이 자라서 오디열매처럼 둥근 겹열 매를 이룬다.

각각의 열매를 싸고 있 는 열매살은 영구꽃받 침이 변한 것이다.

뽕나무 어린 열매송이 단면

숨은꽃열매

숨은꽃열매는 열매 모양의 둥근 꽃턱 속에 많은 꽃이 촘촘히 모인 숨은꽃차례가 자라서 된 열매송이로
하나의 열매처럼 보이며 열매살에 수분이 많다. 열매 속에는 자잘한 여윈열매가 가득하다.

곤충이 드나드는 구멍

암꽃주머니는
꽃봉오리처럼 보인다.

암꽃 원산지에서는 꽃
주머니 끝의 구멍을 통
해 곤충이 드나들며 꽃
가루받이를 시켜 주지
만 우리나라에서 재배
하는 품종은 꽃가루받
이를 하지 않아도 열매
를 맺는 품종이다.

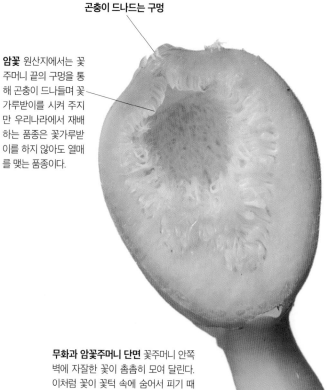

무화과 암꽃주머니 동그스름한
꽃주머니는 잎겨드랑이에 달린다.

무화과 암꽃주머니 단면 꽃주머니 안쪽
벽에 자잘한 꽃이 촘촘히 모여 달린다.
이처럼 꽃이 꽃턱 속에 숨어서 피기 때
문에 '숨은꽃차례'라고 한다.

씨앗을 담고 있는
여윈열매는 렌즈 모양이다.

열매껍질은 부드
럽기 때문에 열매
는 껍질째 날로
먹는다.

무화과 열매 세로 단면 열매 속에는
붉은색 열매살과 함께 자잘한 씨앗
이 가득 들어 있는 겹열매이다. 꽃처
럼 열매도 꽃턱 속에 숨어 있기 때문
에 '숨은꽃열매'라고도 한다.

왕모람 남쪽 섬에서 자라는 늘
푸른덩굴나무로 무화과처럼
숨은꽃차례가 자라서 숨은꽃
열매를 맺는다.

인도반얀나무 열대 아시아 원
산의 늘푸른큰키나무로 숨은
꽃차례가 자라서 숨은꽃열매
를 맺는다.

*오디꼴열매[상과(桑果), sorosis] / 숨은꽃열매[은화과(隱花果), syconus, syconium]

사방오리 열매

사방오리는 일본 원산의 갈잎작은키나무로 남부 지방의 산에 사방용으로 심어 기른다. 암수한그루로 기다란 원통형 암꽃이삭에 자잘한 암꽃이 촘촘히 모여 핀 후에 열매이삭이 열리는데 어린 열매이삭은 하나의 열매처럼 보이지만 겹열매의 하나이다. 사방오리의 익은 열매이삭은 솔방울열매와 모양이 비슷한데 이와 비슷한 겹열매를 맺는 식물은 자작나무, 양버즘나무, 구슬꽃나무 등에서 찾아볼 수 있다.

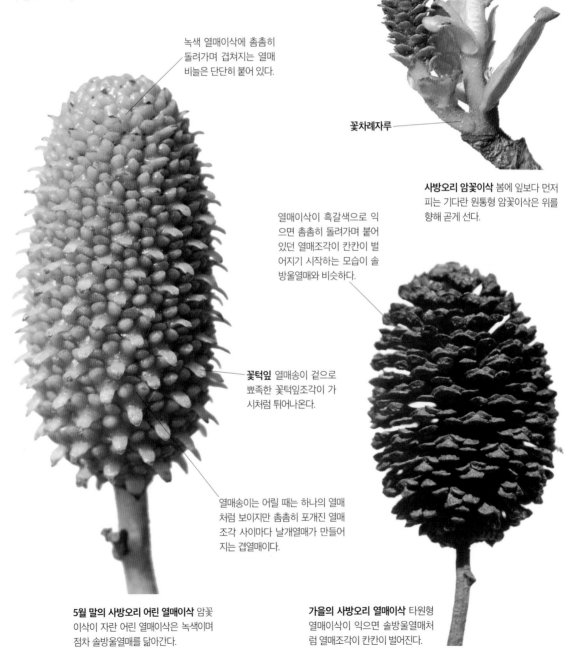

암꽃이삭

꽃차례자루

사방오리 암꽃이삭 봄에 잎보다 먼저 피는 기다란 원통형 암꽃이삭은 위를 향해 곧게 선다.

녹색 열매이삭에 촘촘히 돌려가며 겹쳐지는 열매비늘은 단단히 붙어 있다.

열매이삭이 흑갈색으로 익으면 촘촘히 돌려가며 붙어 있던 열매조각이 칸칸이 벌어지기 시작하는 모습이 솔방울열매와 비슷하다.

꽃턱잎 열매송이 겉으로 뾰족한 꽃턱잎조각이 가시처럼 튀어나온다.

열매송이는 어릴 때는 하나의 열매처럼 보이지만 촘촘히 포개진 열매조각 사이마다 날개열매가 만들어지는 겹열매이다.

5월 말의 사방오리 어린 열매이삭 암꽃이삭이 자란 어린 열매이삭은 녹색이며 점차 솔방울열매를 닮아간다.

가을의 사방오리 열매이삭 타원형 열매이삭이 익으면 솔방울열매처럼 열매조각이 칸칸이 벌어진다.

날개열매 열매조각 사이마다 날개열매 가 들어 있다.

열매기둥

열매조각

열매기둥

열매조각

사방오리 열매이삭 가로 단면 열매기둥에 돌려가며 붙는 열매조각은 납작한 부채꼴이며 세로로 주름이 진다.

사방오리 열매이삭 세로 단면 가운데 열매기둥에 촘촘히 돌려 가며 붙는 열매조각이 벌어지면서 날개열매가 나와 바람에 날 려 퍼진다. 열매가 익어도 열매조각은 떨어지지 않는다.

암술대 2개의 암술대 가 나비의 더듬이처럼 남아 있다.

굳은껍질열매

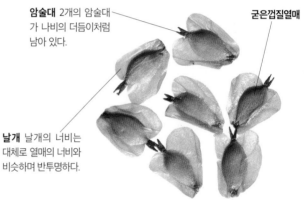

날개 날개의 너비는 대체로 열매의 너비와 비슷하며 반투명하다.

사방오리 날개열매 굳은껍질열매 양쪽으로 반투명한 날개가 있는 날개열매는 끝에 암술대가 남아 있다.

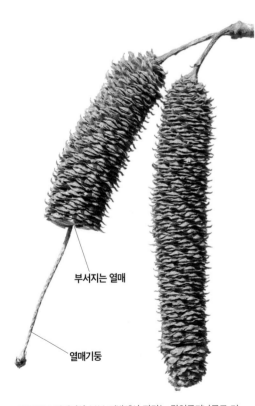

부서지는 열매

열매기둥

자작나무 열매이삭 북부 지방에서 자라는 갈잎큰키나무로 기 다란 원통형 열매이삭은 겹열매이며 밑으로 늘어진다. 사방오 리와 달리 열매가 익으면 열매이삭이 조금씩 부서지면서 열매 조각과 날개열매가 한꺼번에 떨어져 나간다.

양버즘나무는 둥근 열매턱 에 여윈열매가 촘촘히 돌려 가며 붙는 겹열매이다.

여윈열매는 기부에 뻣뻣한 털이 돌려가며 있어서 바람 에 날려 퍼진다.

열매턱

양버즘나무 열매이삭 북미 원산의 갈잎큰키나무이다. 방울 모양의 열매이삭은 겹열매이며, 열매이삭에 촘촘히 붙는 여 윈열매는 기부에 뻣뻣한 털이 많다.

구슬꽃나무 열매

구슬꽃나무는 제주도의 산골짜기에서 자라는 갈잎떨기나무로 여름에 둥근 머리모양꽃차례에 자잘한 많은 꽃이 촘촘히 모여 핀 모습이 스님의 머리를 닮아서 '중대가리나무'라고도 부른다. 둥근 열매송이는 많은 열매가 하나처럼 뭉쳐 있는 겹열매이며 각각의 작은 열매는 열매껍질이 마르면서 열리는 터짐열매이다.

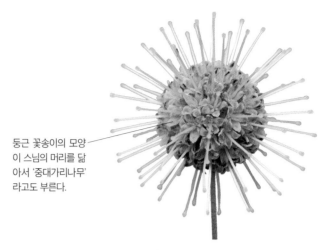

둥근 꽃송이의 모양이 스님의 머리를 닮아서 '중대가리나무'라고도 부른다.

8월의 꽃송이 머리모양꽃차례에 자잘한 황홍색~흰색 꽃이 촘촘히 모여 핀다.

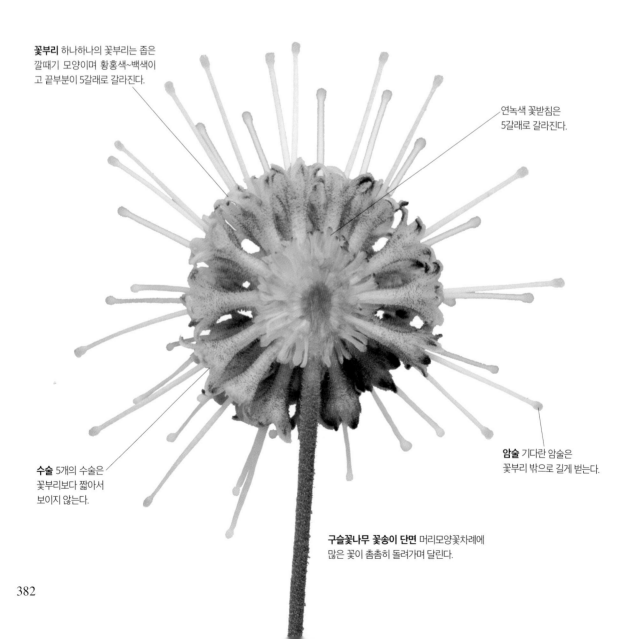

꽃부리 하나하나의 꽃부리는 좁은 깔때기 모양이며 황홍색~백색이고 끝부분이 5갈래로 갈라진다.

연녹색 꽃받침은 5갈래로 갈라진다.

암술 기다란 암술은 꽃부리 밖으로 길게 벋는다.

수술 5개의 수술은 꽃부리보다 짧아서 보이지 않는다.

구슬꽃나무 꽃송이 단면 머리모양꽃차례에 많은 꽃이 촘촘히 돌려가며 달린다.

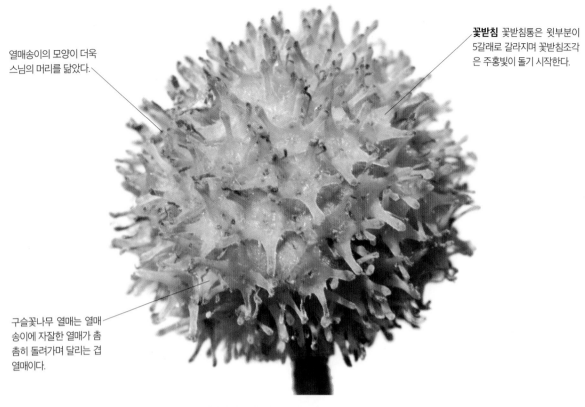

열매송이의 모양이 더욱
스님의 머리를 닮았다.

꽃받침 꽃받침통은 윗부분이
5갈래로 갈라지며 꽃받침조각
은 주홍빛이 돌기 시작한다.

구슬꽃나무 열매는 열매
송이에 자잘한 열매가 촘
촘히 돌려가며 달리는 겹
열매이다.

9월의 어린 열매송이 꽃부리는 떨어져 나가고 5갈래로
갈라진 꽃받침조각은 주홍빛이 돌기 시작한다.

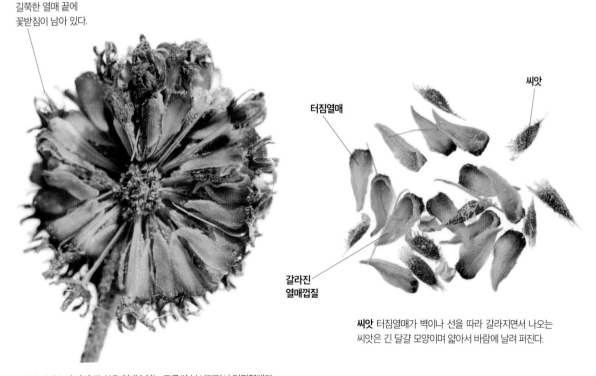

길쭉한 열매 끝에
꽃받침이 남아 있다.

씨앗

터짐열매

갈라진
열매껍질

씨앗 터짐열매가 벽이나 선을 따라 갈라지면서 나오는
씨앗은 긴 달걀 모양이며 얇아서 바람에 날려 퍼진다.

1월의 열매송이 단면 잘 익은 열매송이는 조금씩 부서지면서 터짐열매가
떨어져 나간다. 구슬꽃나무는 터짐열매가 모여서 만들어진 겹열매이다.

383

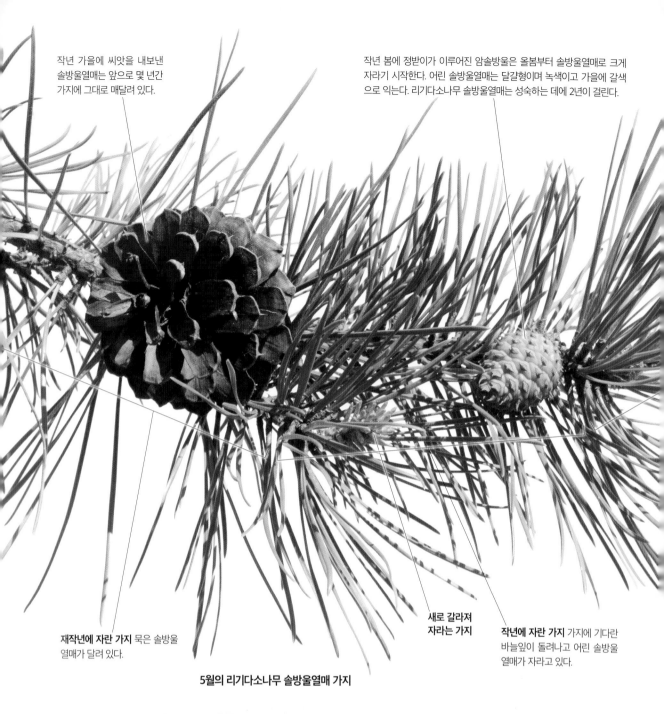

작년 가을에 씨앗을 내보낸
솔방울열매는 앞으로 몇 년간
가지에 그대로 매달려 있다.

작년 봄에 정받이가 이루어진 암솔방울은 올봄부터 솔방울열매로 크게
자라기 시작한다. 어린 솔방울열매는 달걀형이며 녹색이고 가을에 갈색
으로 익는다. 리기다소나무 솔방울열매는 성숙하는 데에 2년이 걸린다.

재작년에 자란 가지 묵은 솔방울
열매가 달려 있다.

**새로 갈라져
자라는 가지**

작년에 자란 가지 가지에 기다란
바늘잎이 돌려나고 어린 솔방울
열매가 자라고 있다.

5월의 리기다소나무 솔방울열매 가지

잣나무 산에서 자라는 늘푸른큰키나무로
달걀형 솔방울열매는 다음 해에 익고 씨앗
의 속살은 고소하며 식용한다.

곰솔 바닷가에서 자라는 늘푸른큰키나무
로 솔방울열매는 다음 해에 익고 오래 매
달려 있다가 통째로 떨어진다.

방크스소나무 산에 심는 늘푸른큰키나무
로 솔방울열매는 다음 해에 익어도 오랫동
안 벌어지지 않고 매달려 있다.

384

＊솔방울열매[구과(毬果), cone, strobilus]

올봄에 새로 핀 암솔방울은 솔방울열매가 될 준비를 한다. 올해에는 솔방울열매가 별로 크게 자라지 않는다.

어린 바늘잎

올해 새로 자란 가지 가지 끝의 새순은 점차 새 가지로 자라면서 어린 바늘잎도 점차 길어진다.

단단한 솔방울열매

바늘잎나무에 열리는 솔방울열매는 모양이 대부분 둥근 편이어서 '구과(毬果)'라고도 한다. 근래에는 씨방이 없이 만들어진 겉씨식물의 솔방울열매는 열매로 보지 않는다. 일반적으로 바늘잎나무의 솔방울열매는 씨앗이 성숙할 때까지의 시간이 속씨식물의 열매보다 오래 걸린다. 산에 조림수로 심는 리기다소나무의 솔방울열매는 익으면 조각조각 벌어지는데 각각의 조각을 '솔방울조각'이라고 한다. 리기다소나무의 솔방울열매는 날개가 달린 씨앗을 바람에 날려 퍼뜨린 뒤에도 오랫동안 매달려 있다가 솔방울열매가 통째로 떨어진다.

10월 말의 리기다소나무 솔방울열매 달걀 모양이며 솔방울조각 끝에 짧은 가시가 있다. 솔방울열매가 갈색으로 익으면 조각조각 벌어지면서 씨앗이 나온다.

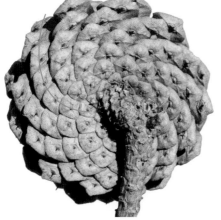

리기다소나무 묵은 솔방울열매 뒷면 솔방울조각은 나선 모양으로 호를 그리며 차곡차곡 배열한다.

씨앗

날개

리기다소나무 씨앗 씨앗은 한쪽에 막질의 넓은 날개가 있어서 바람에 날려 퍼진다.

솔송나무 울릉도에서 자라는 늘푸른큰키나무로 솔방울열매는 그 해에 익고 오래 매달려 있다가 통째로 떨어진다.

일본잎갈나무 산에 심는 늘푸른큰키나무로 솔방울열매는 그 해에 익고 오래 매달려 있다가 통째로 떨어진다.

금송 관상수로 심는 늘푸른큰키나무로 솔방울열매는 다음 해에 익고 오래 매달려 있다가 통째로 떨어진다.

*솔방울조각[실편(實片), 종린(種鱗), ovuliferous scale, cone scale]

솔방울열매의 자람

솔방울열매는 씨방이 없이 밑씨가 드러나 있다고 하지만 대부분의 솔방울열매는 단단한 솔방울조각이 촘촘히 포개져서 밑씨가 씨앗으로 성숙할 때까지 보호해 준다. 솔방울열매가 익으면 솔방울조각이 칸칸이 벌어지면서 씨앗이 나오는데 날 개가 달린 씨앗을 퍼뜨려야 하는 솔방울열매는 맑은 날에는 틈이 벌어져 씨앗이 나오고 흐리거나 비가 오는 날은 다시 닫혀서 씨앗의 날개가 젖지 않게 보호한다.

어린 섬잣나무 솔방울열매는 25~40개의 솔방울조각이 촘촘히 포개져 있다.

섬잣나무 어린 솔방울열매 울릉도에서 자라는 늘푸른큰키나무로 솔방울열매는 익는데 2년이 걸리고 익으면 조각조각 벌어진다.

솔방울조각은 단단히 합쳐져 있어서 틈이 전혀 보이지 않는다.

씨앗 단면 빈틈이 없는 솔방울조각 사이에서는 씨앗이 자라고 있다.

섬잣나무 어린 솔방울열매 단면

섬잣나무 씨앗 둥근 달걀형이며 날개가 거의 없다.

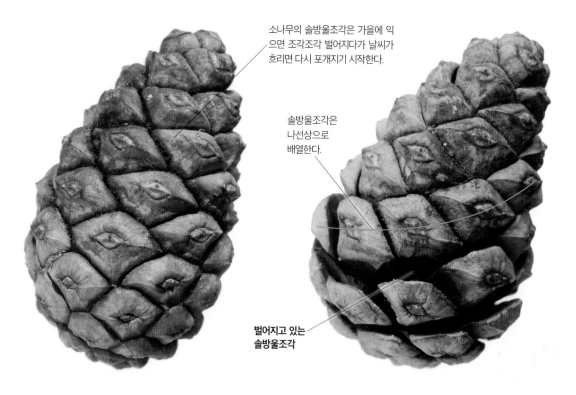

소나무의 솔방울조각은 가을에 익으면 조각조각 벌어지다가 날씨가 흐리면 다시 포개지기 시작한다.

솔방울조각은 나선상으로 배열한다.

벌어지고 있는 솔방울조각

닫히고 있는 소나무 솔방울열매 습한 날에는 솔방울조각이 굳게 닫혀서 안에 있는 씨앗이 젖지 않도록 보호한다.

벌어지는 소나무 솔방울열매 날이 다시 맑아지면 솔방울조각은 하나둘 벌어지기 시작한다.

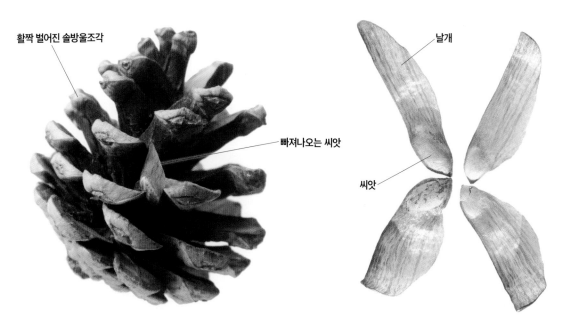

활짝 벌어진 솔방울조각

빠져나오는 씨앗

날개

씨앗

활짝 벌어진 소나무 솔방울열매 솔방울열매는 맑은 날씨가 계속 되면 활짝 벌어지면서 씨앗이 나온다. 옛날에는 솔방울열매를 보고 날씨를 예측하기도 했다고 한다.

소나무 씨앗 씨앗 한쪽에는 막질의 날개가 있어 바람에 날려 퍼진다. 날개가 물에 젖으면 무게 때문에 멀리 날아갈 수가 없다.

387

겨우살이(전북) · 삼나무(경북) · 호랑가시나무(경남) · 이나무(전남) · 먼나무(제주) · 굴피나무(광주)

1월 · **2월** · **3월**

노박덩굴(대전) · 산딸나무(경기) · 구실잣밤나무(제주) · 사과나무(경북) · 구기자나무(인천) · 작살나무(충남)

11월

개버무리(강원)

10월

열매 달력

식물은 제각각 꽃이 피는 시기가 정해져 있는 것처럼 열매가 익는 시기도 식물의 종마다 다르다. 봄에 숲속에서 일찍 꽃이 피는 너도바람꽃과 같은 풀꽃은 나무들이 잎을 내서 해를 가리기 전에 부지런히 열매를 맺는다. 반면에 상수리나무처럼 열매가 열리는데 2년씩 걸리는 나무도 있다. 송악이나 보리밥나무는 늦가을에 꽃이 피고 추운 겨울 동안 열매가 자라다가 봄이 되면 열매가 익는다.

주목(대구)

9월

상수리나무(전북) · 돌배나무(강원) · 며느리배꼽(서울) · 모감주나무(울산) · 산사나무(전북) · 석류나무(경북)

송악(제주)　　백량금(대구)　　서양민들레(충남)　　보리밥나무(전남)　　너도바람꽃(경기)　　뱀딸기(충북)

·월　　5월

6
월

소나무솔(부산)　　만년청(제주)　　꼬리겨우살이(강원)　　사철나무(대구)

구골나무(경남)

12월

뽕나무(충북)

이처럼 식물마다 열매를 맺는 시기와 익는
기간이 제각기 다르고 열매가 달려 있는 기
간도 제각각이다.

남천(대전)

8월　　7월

앵두나무(부산)

삿갓사초포(인천)　　곰딸기(강원)　　자두나무(울산)　　복숭아나무(서울)　　살구나무(경기)　　말냉이(경기)

제철 과일

사람들이 식용으로 하는 열매를 '과일'이라고 한다. 요즈음은 과일을 온실에서 재배하는 경우가 많기 때문에 마트에서는 1년 내내 팔고 있는 과일도 있다. 하지만 대부분의 과일은 생산되는 계절에만 시장에 나오고 또 제철에 생산되는 과일이 영양가도 높고 맛도 좋으며 가격도 저렴하다.

딸기 밭에서 재배하는 열매채소로 노지재배한 것은 5~6월에 열매를 수확하지만 온실에서 재배한 것은 주로 겨울~봄에 수확해서 과일로 먹는다.

레몬 남쪽 섬에서 재배하며 열매는 신맛이 강하다. 열매즙은 식품에 향료로 사용한다.

봄

겨울

귤 교배종으로 남해안 일대에서 재배하는 과일나무이다. 겨울에 익는 열매는 과일로 먹는다.

유자 중국 원산으로 남쪽 바닷가에서 재배한다. 신맛이 강한 열매는 차를 끓여 마신다.

양다래 중국 원산의 교배종으로 흔히 '키위'라고 하는 커다란 다래 모양의 열매는 표면에 갈색 털이 빽빽하다. 열매는 가을~겨울에 익는다.

복숭아 흔히 과일나무로 재배하며 7~8월에 연분홍색~노란색으로 익는 열매는 과일로 먹는다.

살구 마을 주변에 심는 과일나무로 6~7월에 황색으로 익는 열매는 과일로 먹는다.

비파 남부 지방에서 재배하며 타원형 열매는 6월에 등황색으로 익고 과일로 먹는다.

자두 마을 주변이나 밭에 심는 과일나무로 7월에 노란색~빨간색으로 익는 열매는 과일로 먹는다.

포도 밭에서 재배하는 과일나무로 8월부터 흑자색으로 익는 열매송이는 과일로 먹거나 포도주를 담근다.

수박 밭에서 재배하는 열매채소로 여름에 익는 열매는 주로 붉은색 속살을 과일로 먹는다.

대추 마을 주변에 심는 과일나무로 가을에 적갈색으로 익는 열매는 과일로 먹는다.

감 마을 주변에 심는 과일나무로 가을에 황홍색으로 익는 열매는 과일로 먹는다.

무화과 남부 지방에서 심는 과일나무로 가을에 갈색~흑자색으로 익는 열매는 과일로 먹는다.

사과 밭에서 재배하는 과일나무로 가을에 붉은색으로 익는 열매는 과일로 먹는다.

배 밭에서 재배하는 과일나무로 가을에 황갈색으로 익는 열매는 과일로 먹는다.

밤 산과 들에서 자라며 가시로 싸여 있는 굳은껍질열매를 가을에 과일로 먹는다.

여름

가을

열매채소

일반적으로 과일은 열매살과 열매즙이 달콤하고 향기가 좋아서 먹거리로 이용하는 식물의 열매를 말한다. 하지만 농업을 연구하는 농학에서는 과일은 먹을 수 있는 열매를 생산하는 나무의 열매를 말하고 먹을 수 있는 열매를 생산하기 위해 재배하는 풀의 열매는 열매채소로 구분한다. 이 구분에 따르면 우리가 흔히 과일로 알고 먹는 딸기, 참외, 수박, 멜론 등은 오이, 가지, 호박 등과 함께 열매채소로 구분해야 한다.

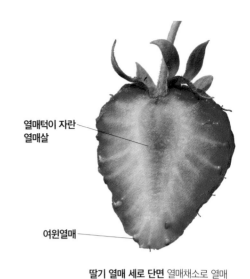

열매턱이 자란 열매살

여윈열매

딸기 열매 세로 단면 열매채소로 열매턱이 자란 열매살은 붉은색으로 변하며 단맛과 향기가 좋아 날로 먹는다.

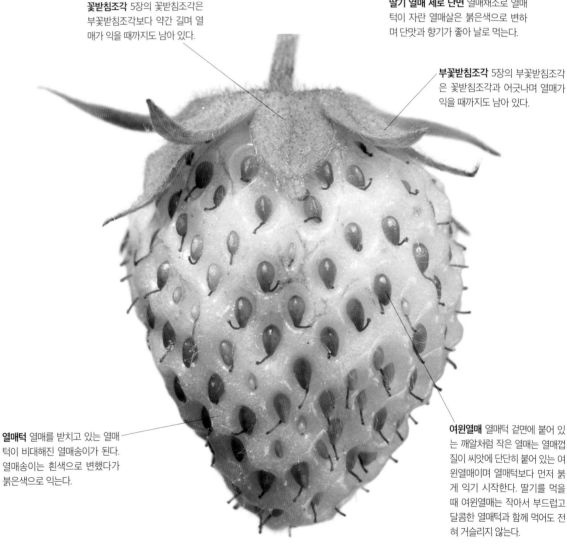

꽃받침조각 5장의 꽃받침조각은 부꽃받침조각보다 약간 길며 열매가 익을 때까지도 남아 있다.

부꽃받침조각 5장의 부꽃받침조각은 꽃받침조각과 어긋나며 열매가 익을 때까지도 남아 있다.

열매턱 열매를 받치고 있는 열매턱이 비대해진 열매송이가 된다. 열매송이는 흰색으로 변했다가 붉은색으로 익는다.

여윈열매 열매턱 겉면에 붙어 있는 깨알처럼 작은 열매는 열매껍질이 씨앗에 단단히 붙어 있는 여윈열매이며 열매턱보다 먼저 붉게 익기 시작한다. 딸기를 먹을 때 여윈열매는 작아서 부드럽고 달콤한 열매턱과 함께 먹어도 전혀 거슬리지 않는다.

딸기 어린 열매 교잡종으로 온실이나 밭에서 재배하는 여러해살이 풀이다. 열매턱이 열매처럼 비대해진 헛열매로 흔히 과일로 먹지만 풀에서 열리는 열매라서 열매채소로 구분하기도 한다.

392

＊열매채소[과채류(果菜類), fruit vegetables]

 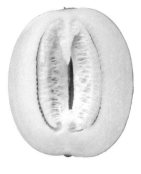

참외 열매와 단면 열매채소로 노랗게 익는 박꼴열매는
단맛과 향기가 좋으며 날로 먹는다.

수박 열매와 단면 열매채
소로 속살이 붉게 익는 박
꼴열매는 달콤한 즙이 많
으며 날로 먹는다.

멜론 열매와 단면 열매채소로 열매 속살이 흰색, 연녹색,
황등색 등으로 익는 박꼴열매는 부드럽고 달콤한 열매살
을 날로 먹거나 주스, 아이스크림 등을 만들어 먹는다.

오이 열매 열매채소로 어린 박꼴
열매는 샐러드나 볶음, 나물 요리
등을 만들어 먹는다.

호박 열매 열매채소로 어린 박꼴
열매는 호박고지나 반찬 등을 만
들어 먹고 익은 열매는 쪄서 먹거
나 호박범벅 등으로 이용한다.

가지 열매와 단면 열매채소로 검은 자주색으로 익는 물
열매는 반찬으로 삶아서 무치거나 볶아 먹고 가지튀김
이나 가지전을 해 먹는다.

토마토 열매와 단면 열매채소로 붉은색 등으로 익는 물열매는 날
로 먹거나 익혀 먹고 소스나 케첩을 만들어 먹는다. 딸기보다 약
간 작은 열매가 열리는 것은 흔히 '방울토마토'라고 부른다.

고추 열매

고추는 중남미 원산의 한해살이풀로 밭에서 재배하는 작물이다. 열매를 식용하는 열매채소로 붉게 익은 고추 열매는 먹음직스럽지만 매운맛이 강해서 포유동물이 먹기가 어렵다. 하지만 새는 매운맛을 느끼지 못하기 때문에 원산지에서 자라는 야생종은 새가 고추를 따 먹고 씨앗을 퍼뜨린다. 사람들이 고추의 매운맛을 즐기기 시작하면서 새 대신에 전 세계에 고추를 퍼뜨렸다.

꽃받침

씨앗 연노란색~황갈색 씨앗은 둥글납작하다.

열매자루

시든 꽃

씨자리 가운데에 세로로 긴 씨자리를 중심으로 보통 2개의 방으로 나뉘며 속은 비어 있다. 가운데 씨자리에 씨앗이 돌려가며 붙는다. 고추의 매운 성분인 캡사이신은 씨자리에 가장 많다.

어린 열매 녹색이며 밑으로 처지고 어느 정도 자라면 반찬거리로 이용한다.

열매 속에는 빈 공간이 있다.

열매살 열매살은 물기가 적은 물열매이다. 열매는 비타민 C가 풍부하며 요리를 해도 비타민 C가 거의 파괴되지 않는다.

붉게 익은 열매 기다란 원뿔 모양의 열매는 밑으로 처지며 약간 굽기도 하고 붉은색으로 익는다.

고추는 일반적으로 씨자리와 가름막이 연속되므로 구분이 어렵다.

고추 열매 우리나라에서 재배하는 고추는 대부분이 기다란 원뿔 모양이다. 고추는 열매채소로 익은 열매를 말려서 낸 가루를 양념이나 향신료로 널리 이용하고 한약재로도 사용한다.

고추 열매 세로 단면

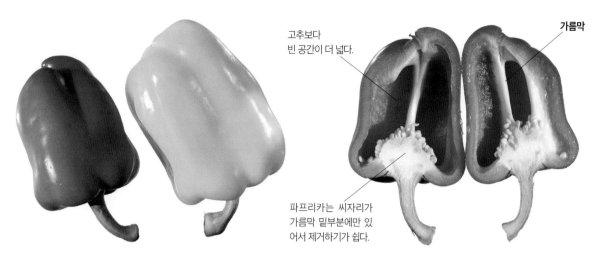

고추보다
빈 공간이 더 넓다.

가름막

파프리카는 씨자리가
가름막 밑부분에만 있
어서 제거하기가 쉽다.

파프리카 열매 피망을 개량한 작물로 열매는 짧은 타원형이며 끝은
납작하고 밑부분은 오목하게 들어간다. 어릴 때는 피망처럼 녹색이
지만 점차 붉은색, 노란색, 주황색 등으로 익는다.

파프리카 열매 세로 단면 열매살은 매운맛이 나는 피망과 달리 단맛
이 나고 아삭거리며 씹히는 맛이 좋아 날로 먹거나 샐러드 등을 만들
어 먹는다.

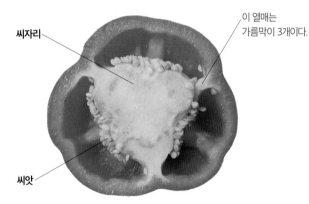

씨자리

씨앗

이 열매는
가름막이 3개이다.

파프리카 열매 가로 단면 씨자리는 가름막 밑부분에 위치하며 열매
속은 가름막에 의해 몇 개의 방으로 나눈다.

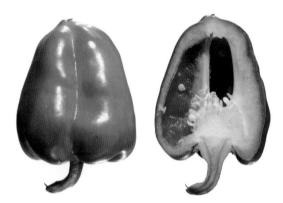

피망 열매 세로 단면 피망은 고추를 개량한 작물로 생김새가 파프리
카와 비슷하지만 매운맛이 약간 나고 녹색에서 점차 붉은색으로 익
는다.

부트 졸르키아 인도 등지에서 재배하는 고추의 품종으로 청양고
추보다 100배나 더 맵다. 부트 졸르키아는 '악령의 고추'란 뜻의
이름으로 열매가 너무 매워서 먹으면 넋이 나가 유령처럼 된다는
뜻이다.

꽃고추 고추의 재배 품종으로 열매의 색깔과 모양이 다른 여러
가지 품종이 있으며 화단에 심어 기른다. 보통 열매가 위를 향하
는 것이 많아 '하늘고추' 또는 '화초고추'로도 불린다.

땅에서 열리는 콩

땅콩은 남미 원산의 한해살이풀로 밭에서 재배하는 작물이다. 여름에 잎겨드랑이에 나비 모양의 노란색 꽃이 피는데 꽃이 달린 긴 자루는 꽃자루가 아니라 꽃받침통이며 안에 1개의 씨방이 있다. 정받이가 이루어지면 씨방 밑부분이 아래로 길게 자라서 땅속으로 들어가 꼬투리열매가 열리기 때문에 '땅속결실식물'이라고도 한다. 이처럼 땅콩은 스스로 씨앗을 심는 독특한 식물이다. 꼬투리열매 속에는 1~3개의 씨앗이 들어 있다. 열매 속의 씨앗을 식용하므로 열매채소로 구분한다. 콩과에 속하며 특이하게도 땅속에서 열매가 자라기 때문에 땅콩이라고 한다. 단단한 꼬투리 속에 들어 있는 씨앗을 먹기 때문에 흔히 견과류로 분류하기도 한다.

긴 꽃받침통

땅콩 꽃 나비 모양의 꽃이 달린 긴 꽃받침통 안에 든 씨방은 정받이가 이루어지면 아래로 길게 자란다.

땅속으로 파고든 꼬투리열매

긴 꽃받침통 아래로 길게 자라 땅속으로 들어가지만 덩이뿌리도 덩이줄기도 아니다.

꼬투리열매는 대부분이 땅속으로 파고든다.

땅콩 열매 잎겨드랑이에서 핀 꽃이 시들면서 밑으로 길게 자란 씨방은 대부분이 땅속으로 들어가 꼬투리열매를 맺는 땅속결실을 한다. 이처럼 땅콩은 스스로 땅속에 씨앗을 심는 독특한 식물이다.

*땅속결실[지하결실(地下結實), geocarpy]

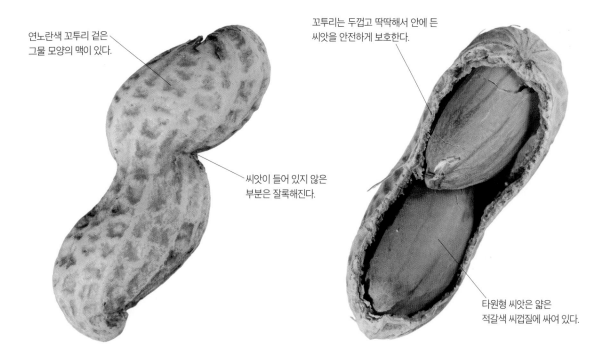

연노란색 꼬투리 겉은
그물 모양의 맥이 있다.

꼬투리는 두껍고 딱딱해서 안에 든
씨앗을 안전하게 보호한다.

씨앗이 들어 있지 않은
부분은 잘록해진다.

타원형 씨앗은 얇은
적갈색 씨껍질에 싸여 있다.

땅콩 꼬투리열매 꼬투리열매는 긴 타원형이며
두껍고 딱딱하며 겉에 그물 모양의 맥이 있다.

땅콩 꼬투리열매 단면 단단한 꼬투리열매 속에 1~3개의 씨
앗이 들어 있다. 고소한 씨앗은 '땅콩'이라고 하며 흔히 견과
류로 취급하고 볶아 먹거나 기름을 짠다. 땅콩은 정월 대보
름에 부럼으로 깨문다.

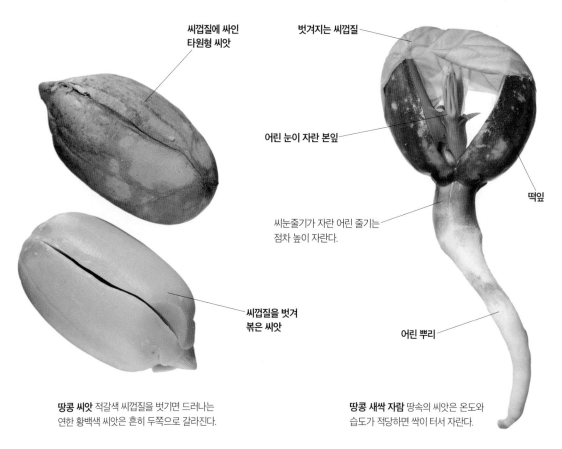

씨껍질에 싸인
타원형 씨앗

벗겨지는 씨껍질

어린 눈이 자란 본잎

떡잎

씨눈줄기가 자란 어린 줄기는
점차 높이 자란다.

씨껍질을 벗겨
볶은 씨앗

어린 뿌리

땅콩 씨앗 적갈색 씨껍질을 벗기면 드러나는
연한 황백색 씨앗은 흔히 두쪽으로 갈라진다.

땅콩 새싹 자람 땅속의 씨앗은 온도와
습도가 적당하면 싹이 터서 자란다.

*땅속결실식물[지하결실식물(地下結實植物), geocarpic plant]

열매와 씨앗

대추나 살구처럼 열매 속에 1개의 씨앗이 만들어지는 것도 있지만 대부분의 식물은 하나의 열매 속에 여러 개의 씨앗이 만들어진다. 열매마다 들어 있는 씨앗의 개수가 다른 것처럼 씨앗의 모양과 크기, 색깔도 식물마다 조금씩 다르다. 난초 종류는 먼지처럼 작은 씨앗이 여물고 호두나 밤처럼 큰 씨앗이 열리는 나무도 있다.

노각나무 달걀형 열매 속에 많은 씨앗이 들어 있다.

대추나무 타원형 열매 속에 1개의 씨앗이 들어 있다.

동백나무 둥근 열매 속에는 보통 2~3개의 씨앗이 들어 있다.

무궁화 타원형 열매 속에는 갈색 씨앗이 촘촘히 들어 있다.

독말풀 열매는 4개로 나뉜 방마다 많은 씨앗이 들어 있다.

말나리 열매는 6개의 방마다 납작한 씨앗이 촘촘히 포개져 있다.

등칡 원통형 열매는 6개로 방마다 씨앗이 촘촘히 포개진다.

피마자 털이 많은 열매는 3개의 방마다 씨앗이 1개씩 들어 있다.

참오동 달걀형 열매 속을 나눈 2개의 방마다 많은 씨앗이 들어 있다.

생강나무 둥근 열매 속에는 1개의 씨앗이 들어 있다.

칠엽수 둥근 열매 속에는 1~2개의 씨앗이 들어 있다.

치자나무 긴 타원형 열매 속의 붉은 열매살 속에 씨앗이 촘촘히 박혀 있다.

회양목 둥근 열매 속을 나눈 3개의 방마다 씨앗이 2개씩 들어 있다.

가침박달 별 모양의 열매는 5개의 방마다 1~2개의 납작한 씨앗이 들어 있다.

황벽나무 둥근 열매 속에는 5개의 씨앗이 만들어진다.

노각나무 갈색 씨앗은 불규칙한 타원형이다.

대추나무 달걀 모양의 씨앗은 양 끝이 뾰족하고 표면이 우툴두툴하다.

동백나무 씨앗은 불규칙하게 모가 진다.

무궁화 납작한 씨앗 가장자리에는 긴 털이 있다.

독말풀 둥글납작한 검은색 씨앗은 다른 부위와 함께 독이 있다.

말나리 둥근 세모꼴의 씨앗은 납작하다.

등칡 납작한 세모꼴 씨앗은 모서리가 둥글다.

피마자 타원형 씨앗은 갈색 점이 있는 것이 새알 모양이고 기름을 짠다.

참오동 타원형 씨앗은 둘레에 투명한 날개가 있다.

생강나무 둥근 씨앗은 갈색이며 광택이 있다.

칠엽수 둥근 씨앗은 밤톨보다 커서 '말밤' 이라고도 한다.

치자나무 둥근 달걀 모양의 씨앗은 납작하다.

회양목 긴 타원형 씨앗은 검은색이고 광택이 있다.

가침박달 일그러진 달걀 모양의 씨앗은 납작하며 가장자리에 좁은 날개가 있다.

황벽나무 타원형 씨앗은 표면에 미세한 돌기가 있다.

씨앗의 구조

씨젖이 있는 씨앗

씨방 속에 있는 밑씨는 정받이가 끝나면 씨앗으로 자란다. 식물마다 씨앗의 모양과 크기, 색깔, 싹 트는 능력, 성분 등이 다르며 하나의 열매 속에 들어 있는 씨앗의 개수도 다르다. 씨앗의 바깥쪽을 둘러싸고 있는 씨껍질은 밑씨의 껍질이 변한 것이다. 씨껍질 속에는 '씨눈'과 '씨젖'이 들어 있다. 씨앗 속의 씨눈은 앞으로 싹이 터서 식물체로 자랄 부분이다. 씨젖은 '배젖' 또는 '눈젖'이라고도 하며 양분을 저장하고 있는 기관이다. 씨젖의 양분은 씨눈이 싹이 터서 혼자 광합성을 통해 양분을 만들 수 있을 때가지 자라는 데 쓰인다. 씨앗 안쪽에 씨젖을 가진 씨앗은 '유배유종자'라고 한다.

씨젖 씨눈이 싹이 터서 혼자 자랄 수 있을 때까지 필요한 양분을 저장한 기관이다. 씨젖은 대부분이 녹말이다.

씨껍질 씨눈과 씨젖을 싸서 보호하는 기관이다.

씨앗은 씨껍질로 싸여 있다.

떡잎 장차 떡잎으로 자랄 부분. 본잎으로 자랄 어린눈도 함께 있다.

씨눈줄기 장차 줄기로 자랄 부분이다.

감나무 씨앗 씨앗은 넓은 달걀형 이며 갈색이고 속에 씨젖이 들어 있는 유배유종자이다.

어린뿌리 장차 뿌리로 자랄 부분이다.

감나무 씨앗 단면

씨눈 앞으로 싹이 터서 식물체로 자랄 기관이다. 무배유종자의 씨눈은 떡잎, 씨눈줄기, 어린뿌리로 구성된다.

사과나무 씨앗 씨앗의 속살이 씨 젖인 유배유종자로 독성이 있으 므로 먹지 않도록 해야 한다.

보리 씨앗 대표적인 곡식의 하나 로 씨앗의 속살이 씨젖인 유배유 종자로 녹말이 대부분이다.

수수 씨앗 대표적인 곡식의 하나 로 씨앗의 속살이 씨젖인 유배유 종자로 녹말이 대부분이다.

*씨껍질[씨앗껍질, 종피(種皮), seed coat] / 씨눈[배(胚), 배아(胚芽), embryo] / 씨젖[배젖, 눈젖, 배유(胚乳), endosperm] / 떡잎[자엽(子葉), cotyledon] / 씨눈줄기[배축(胚軸), embryonic axis]

씨젖이 없는 씨앗

씨앗 중에는 씨젖이 없는 것도 있는데 이런 씨앗을 '무배유종자'라고 한다. 무배유종자는 씨젖 대신에 씨눈의 떡잎 등에 양분을 저장한다. 무배유종자는 콩, 땅콩, 강낭콩, 호두, 밤 등이 있다. 떡잎은 씨젖처럼 양분을 저장하고 있어서 크고 두꺼우며 씨눈이 싹이 터서 스스로 양분을 만들 수 있을 때까지 자라기 위한 양분을 제공한다.

씨의 배꼽 밑씨가 씨자리에 붙어 있던 흔적이다.

강낭콩 씨앗 씨앗 속에 씨젖이 없고 대신 떡잎이 양분을 저장하는 무배유종자이다.

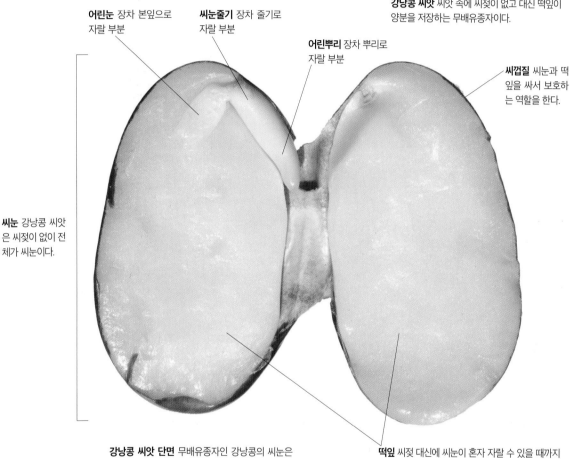

어린눈 장차 본잎으로 자랄 부분

씨눈줄기 장차 줄기로 자랄 부분

어린뿌리 장차 뿌리로 자랄 부분

씨껍질 씨눈과 떡잎을 싸서 보호하는 역할을 한다.

씨눈 강낭콩 씨앗은 씨젖이 없이 전체가 씨눈이다.

강낭콩 씨앗 단면 무배유종자인 강낭콩의 씨눈은 떡잎, 어린눈, 씨눈줄기, 어린뿌리로 구성된다.

떡잎 씨젖 대신에 씨눈이 혼자 자랄 수 있을 때까지 양분을 제공하는데 대부분이 녹말이다.

팥 씨앗 곡식의 하나로 붉은색 씨앗은 씨젖이 없고 떡잎인데 떡잎은 녹말이 대부분이다.

씨의 배꼽

녹두 씨앗 곡식의 하나로 녹색 씨앗은 씨젖이 없고 떡잎인데 떡잎은 녹말이 대부분이다.

씨의 배꼽

밤나무 씨앗 열매 속의 고소한 속살은 떡잎이며 녹말이 대부분이다.

*어린뿌리[유근(幼根), radicle] / 어린눈[유아(幼芽), plumule] / 유배유종자(有胚乳種子), albuminous seed / 무배유종자(無胚乳種子), exalbuminous seed

연자심

연못에서 자라는 연꽃은 여름에 큼직한 분홍색이나 흰색 꽃이 피고 물뿌리개 주둥이 모양의 열매를 맺는다. 열매 윗부분의 구멍마다 까만 씨앗 모양의 굳은껍질열매가 들어 있는데 껍질은 매우 단단하다. 굳은껍질열매 속의 씨앗은 수명이 길어서 2천년 묵은 씨앗이 싹이 튼 경우도 있다. 이처럼 씨앗은 시간을 뛰어 넘는 타임캡슐과 같다고 볼 수 있다. 씨앗을 세로로 잘라 보면 떡잎 가운데에 초록색 씨눈이 들어 있는 것을 볼 수 있다. 이 씨눈은 한방에서 '연자심(蓮子心)' 또는 '연심(蓮心)'이라고 부르며 열을 없애고 피를 멈추게 하는 한약재로 이용한다.

꽃턱   암술   수술

연꽃 여름에 물 밖으로 나오는 긴 꽃줄기 끝에 분홍색이나 흰색 꽃이 핀다. 꽃 가운데에 있는 물뿌리개 모양의 꽃턱 윗면에 점처럼 튀어나온 것이 암술이다.

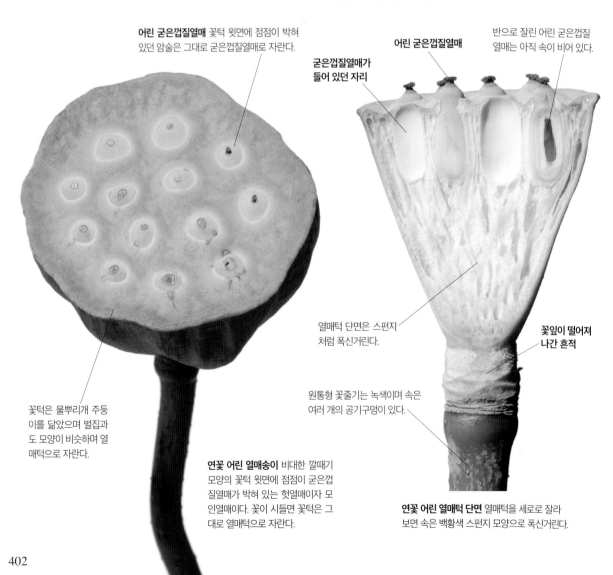

어린 굳은껍질열매 꽃턱 윗면에 점점이 박혀 있던 암술은 그대로 굳은껍질열매로 자란다.

어린 굳은껍질열매

반으로 잘린 어린 굳은껍질열매는 아직 속이 비어 있다.

굳은껍질열매가 들어 있던 자리

열매턱 단면은 스펀지처럼 폭신거린다.

꽃잎이 떨어져 나간 흔적

꽃턱은 물뿌리개 주둥이를 닮았으며 벌집과도 모양이 비슷하며 열매턱으로 자란다.

원통형 꽃줄기는 녹색이며 속은 여러 개의 공기구멍이 있다.

연꽃 어린 열매송이 비대한 깔때기 모양의 꽃턱 윗면에 점점이 굳은껍질열매가 박혀 있는 헛열매이자 모인열매이다. 꽃이 시들면 꽃턱은 그대로 열매턱으로 자란다.

연꽃 어린 열매턱 단면 열매턱을 세로로 잘라 보면 속은 백황색 스펀지 모양으로 폭신거린다.

열매턱이 점차 마르면서 쪼그라들고 딱딱해지면 굳은껍질열매가 들어 있는 공간이 넓어져서 빠져나오기가 쉽게 된다.

굳은껍질열매

연꽃 열매송이 열매송이가 점차 갈색으로 익으면 굳은껍질열매는 흑자색이 된다.

굳은껍질열매 끝에는 뾰족한 암술대가 남아 있다.

연꽃 굳은껍질열매 굳은껍질열매는 타원형이며 단단한 열매껍질로 덮여 있다. 속에 든 씨앗은 '연밥'이라고 하며 식용하고 한방에서는 '연자육(蓮子肉)' 또는 '연육(蓮肉)'이라고 하여 한약재로 쓴다.

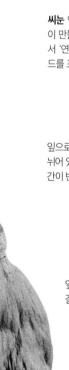

씨눈 연꽃의 씨앗 속에는 녹색 씨눈이 만들어져 있다. 이 씨눈은 한방에서 '연자심'이라고 부르며 알칼로이드를 포함하고 있어 쓴맛이 난다.

잎으로 자랄 부분은 둘로 나뉘어 있는데 하나는 길고 중간이 반으로 접혀져 있다.

잎으로 자랄 또 하나는 길이가 짧다.

뿌리줄기와 뿌리로 자랄 부분은 원기둥 모양이며 연노란색이다.

떡잎 흔히 '연밥'이라고 하며 식용하고 한약재로도 쓴다.

연꽃 구부러진 열매자루 열매가 점차 익으면 줄기가 구부러지면서 굳은껍질열매가 빠져나와 물로 떨어진다.

연꽃 씨앗 세로 단면 연꽃 씨앗을 잘라 보면 속을 꽉 채우고 있는 떡잎 가운데에 녹색 씨눈이 들어 있다.

헛씨껍질

씨앗을 둘러싸고 있는 씨껍질은 보통 밑씨의 껍질이 변한 것이다. 열매 중에는 정받이가 끝난 뒤에 밑씨가 붙는 씨자리나 밑씨가 심피에 붙는 자루 부분이 발달해서 씨앗을 둘러싸는 껍질이 된 것도 있는데 이를 '헛씨껍질'이라고 한다.

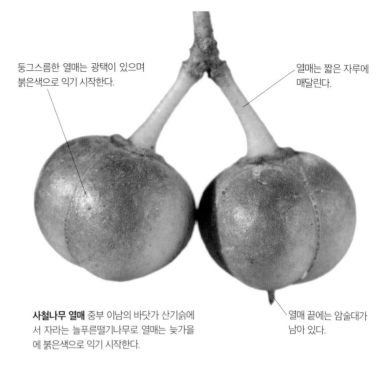

둥그스름한 열매는 광택이 있으며 붉은색으로 익기 시작한다.

열매는 짧은 자루에 매달린다.

열매 끝에는 암술대가 남아 있다.

사철나무 열매 중부 이남의 바닷가 산기슭에서 자라는 늘푸른떨기나무로 열매는 늦가을에 붉은색으로 익기 시작한다.

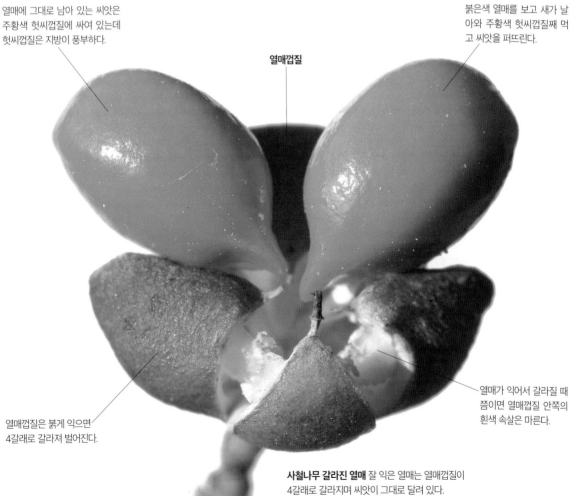

열매에 그대로 남아 있는 씨앗은 주황색 헛씨껍질에 싸여 있는데 헛씨껍질은 지방이 풍부하다.

열매껍질

붉은색 열매를 보고 새가 날아와 주황색 헛씨껍질째 먹고 씨앗을 퍼뜨린다.

열매가 익어서 갈라질 때쯤이면 열매껍질 안쪽의 흰색 속살은 마른다.

열매껍질은 붉게 익으면 4갈래로 갈라져 벌어진다.

사철나무 갈라진 열매 잘 익은 열매는 열매껍질이 4갈래로 갈라지며 씨앗이 그대로 달려 있다.

404

*헛씨껍질[가종피(假種皮), 종의(種衣), aril, arillus]

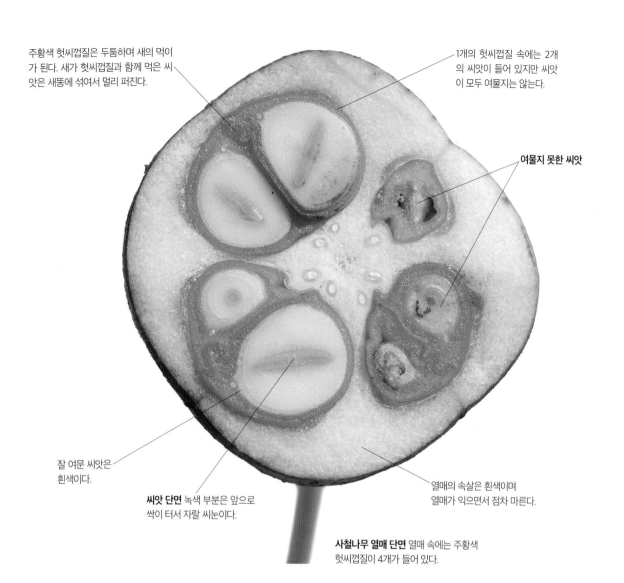

주황색 헛씨껍질은 두툼하며 새의 먹이
가 된다. 새가 헛씨껍질과 함께 먹은 씨
앗은 새똥에 섞여서 멀리 퍼진다.

1개의 헛씨껍질 속에는 2개
의 씨앗이 들어 있지만 씨앗
이 모두 여물지는 않는다.

여물지 못한 씨앗

잘 여문 씨앗은
흰색이다.

씨앗 단면 녹색 부분은 앞으로
싹이 터서 자랄 씨눈이다.

열매의 속살은 흰색이며
열매가 익으면서 점차 마른다.

사철나무 열매 단면 열매 속에는 주황색
헛씨껍질이 4개가 들어 있다.

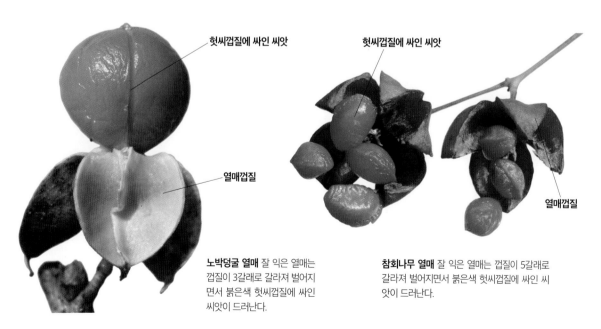

헛씨껍질에 싸인 씨앗

열매껍질

노박덩굴 열매 잘 익은 열매는
껍질이 3갈래로 갈라져 벌어지
면서 붉은색 헛씨껍질에 싸인
씨앗이 드러난다.

헛씨껍질에 싸인 씨앗

열매껍질

참회나무 열매 잘 익은 열매는 껍질이 5갈래로
갈라져 벌어지면서 붉은색 헛씨껍질에 싸인 씨
앗이 드러난다.

열매가 동물에게 먹혀서 퍼지는 씨앗

꽃이 피는 식물은 대부분이 씨앗을 만든다. 그래서 꽃식물을 다른 말로 '씨식물'이라고도 한다. 식물은 씨앗을 멀리 퍼뜨리려서 종족을 보존해야 하는데 동물처럼 자유롭게 움직일 수 없으므로 제자리에서 씨앗을 멀리 보낼 수 있는 여러 가지 방법을 궁리해 냈다.

열매 중에는 맛있는 열매살을 동물이 먹도록 해서 씨앗을 퍼뜨리는 것이 있다. 동물이 먹은 열매 속의 씨앗은 동물이 옮겨 다니면서 똥을 배설하기 때문에 멀리 떨어진 장소에서 싹이 틀 수 있다. 이런 열매는 열매가 맛있을 뿐만 아니라 동물의 눈에 띄도록 아름다운 색깔로 치장을 한다.

붉게 익은 열매는 특히 새들이 좋아하는 먹이이다.

익지 않은 열매는 독성분이 많기 때문에 새들이 먹지 않는다.

배풍등 열매 산에서 자라는 여러해살이풀이다. 붉고 투명한 열매에 '솔라닌'이라는 독성분이 있기 때문인지 직박구리가 가끔 찾고 다른 새들은 잘 먹지 않는다고 한다. 열매를 따 먹은 새는 먼 곳에서 배설을 해서 씨앗을 퍼뜨리는데 이렇게 소화 과정을 거친 씨앗은 싹이 더 잘 튼다.

열매자루

타원형~달걀형 열매는 푸른색이나 남색으로 익고 광택이 있다.

꽃자루가 발달한 열매자루는 열매를 매달고 있으며 끝으로 갈수록 굵어진다.

열매살은 즙이 많은 물열매이다.

암술대가 뾰족하게 남아 있다.

씨앗

노린재나무 산에서 자라는 갈잎떨기나무로 굳은씨열매는 타원형~달걀형이고 가을에 푸른색~남색으로 익는다. 열매가 익으면 딱새나 박새와 같은 작은 새들이 날아와서 열매를 따 먹는다. 식물이 새를 좋아하는 이유는 새는 이빨이 없어 열매를 통째로 삼켜 씨앗이 부숴질 염려가 없고 소화 기관이 짧아 씨앗이 무사히 빠져나오기 때문이다.

배풍등 어린 열매 단면 열매 속은 열매살과 즙이 많은 물열매이며 자잘한 씨앗이 가득 들어 있다. 씨앗은 둥글납작하다.

＊열매자루[과병(果柄), fruit stalk]

둥근 열매 겉면은
광택이 있다.

둥근 열매는 파란색~보라색
꽃덮이로 덮여 있다.

꽃덮이 속에는 둥
근 흑자색 여윈열
매가 들어 있다.

개머루 열매 숲가에서 자라는 갈잎덩굴나무로 특이하게도 열매는 가을에 자주색, 푸른색, 보라색 등의 여러 가지 색깔로 익는다. 사람이나 동물은 먹지 못하기 때문에 '개머루'라고 부르지만 알록달록한 열매는 새들이 잘 알아보고 모여든다. 새들은 열매의 색깔과 더불어 근자외선으로 이 열매를 알아본다.

며느리배꼽 열매 길가나 빈터에서 자라는 한해살이덩굴풀이다. 둥근 열매의 겉을 싸고 있는 꽃덮이는 파란색~보라색으로 알록달록하며 물열매처럼 보여서 새들이 따 먹지만 속에는 마른열매인 여윈열매가 들어 있다.

열매송이는 둥근
꽃턱잎이 받치고 있다.

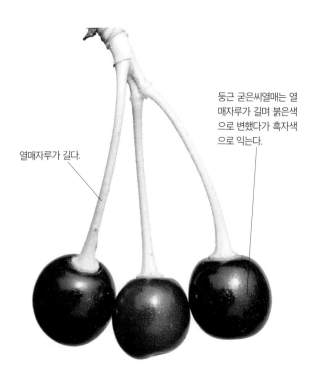

열매자루가 길다.

둥근 굳은씨열매는 열
매자루가 길며 붉은색
으로 변했다가 흑자색
으로 익는다.

왕벚나무 열매 관상수로 심는 갈잎큰키나무이다. 벚나무 열매인 버찌는 새들이 즐겨 따 먹으며 반달가슴곰도 즐겨 먹는다.

새가 쪼아
먹다만 열매

말라서
우글쭈글해진 열매

고욤나무 열매 낮은 산에서 자라는 갈잎큰키나무이다. 잘 익은 고욤나무 열매는 새들이 모여들어서 말랑거리는 열매살을 쪼아 먹는다. 열매살은 달짝지근하면서도 떫은맛이 강해서 새가 한꺼번에 많이 먹지는 못하기 때문에 조금씩 오랜 기간 동안 먹고 씨앗을 지속적으로 퍼뜨린다.

산에서 따 먹는 열매

나무 열매 중에는 맛있는 열매살을 가지고 있는 것도 많다. 산행 길에서 이런 맛있는 열매를 만나면 하나둘 따 먹는 재미가 쏠쏠하다. 나무마다 열매가 익는 계절이 조금씩 다르기 때문에 때를 잘 맞춰야 열매를 따 먹을 수 있다. 열매를 따 먹을 때는 나뭇가지가 상하지 않도록 조심해서 따도록 해야 한다.

보리밥나무(4~5월) 보리가 영그는 봄에 붉게 익는 열매는 새콤달콤하면서도 약간 떫은맛도 있다.

왕벚나무(5~6월) 긴 자루에 달리는 둥근 열매는 '버찌'라고 하며 붉게 변했다가 검게 익는데 달콤하면서도 약간 씁쓸한 맛이 난다.

뽕나무(5~6월) 붉은색으로 변했다가 검게 익는 열매는 단맛이 나며 간식거리로 따 먹는다. 요즘은 웰빙 식품으로 주목받고 있다.

닥나무(6~7월) 여러 개의 작은 열매가 촘촘히 모여 달린 둥근 열매송이는 여름에 붉게 익으며 따 먹지만 그다지 좋은 맛은 아니다.

뜰보리수(6~7월) 마을 주변에 기르거나 정원수로 심는다. 여름에 붉게 익는 열매는 새콤달콤하면서도 약간 떫은맛이 난다.

산딸기(6~8월) 여러 개의 작은 열매가 촘촘히 모여 달린 둥근 열매송이는 여름에 붉게 익으며 단맛이 난다.

복분자딸기(7~8월) 둥근 열매송이는 여름에 붉게 변했다가 검은색으로 익으며 단맛이 난다. 흔히 과실주를 담가 먹는다.

주목(8~9월) 둥근 헛씨껍질은 가을에 붉게 익는데 단맛이 나며 먹을 수 있지만 씨앗은 독성이 강하므로 먹지 않도록 해야 한다.

해당화(8~9월) 여름부터 붉게 익기 시작하는 열매는 씨앗을 빼고 날로 먹으며 잼을 만들기도 한다.

정금나무(8~10월) 둥근 열매는 가을에 흑자색으로 익으며 새콤한 맛이 나는데 날로 먹거나 과실주를 담근다.

가래나무(9월) 가을에 익는 굳은씨열매 속에 속살이 들어 있는 것이 호두와 비슷하며 맛이 고소하다.

산앵도나무(8~9월) 붉게 익는 열매는 윗부분에 남아 있는 꽃받침조각 때문에 절구같이 보이며 단맛이 난다.

왕머루(9월) 포도송이 모양의 열매는 크기가 작으며 가을에 검게 익으면 새콤달콤한 맛이 나고 식용한다.

으름덩굴(9~10월) 열매는 가을에 갈색으로 익는다. 세로로 갈라지면서 드러나는 속살은 생김새와 맛이 바나나와 비슷하다.

산딸나무(9~10월) 가을에 붉게 익는 딸기 모양의 열매는 노란 속살이 단맛이 나며 간식거리로 따 먹는다.

청미래덩굴(9~10월) 둥근 열매는 '명감' 또는 '망개'라고 하며 빨갛게 익으면 아이들이 따 먹는데 열매살이 적다.

꾸지뽕나무(9~10월) 둥근 열매는 가을에 붉게 익으며 단맛이 나고 식용한다.

보리수나무(9~11월) 가을에 붉게 익는 열매는 약간 떫으면서도 달짝지근한 맛이 나서 간식거리로 따 먹는다.

구실잣밤나무(10월) 남쪽 섬에서 자라는 큰키나무로 도토리와 비슷한 씨앗의 속살은 잣처럼 작지만 맛은 밤처럼 고소해서 날로 까 먹는다.

팽나무(10월) 작고 둥근 열매는 가을에 등황색으로 익으며 단맛이 난다.

고욤나무(10월) 생김새와 맛이 감과 비슷하지만 크기가 작다. 열매는 타닌이 많아서 떫은맛이 강하며 열매살에 비해 씨앗이 큰 편이다.

다래(10월) 가을에 익어도 녹색인 열매는 날로 먹는데 키위와 비슷한 맛이 나며 과실주를 담그기도 한다.

멀꿀(10~11월) 남쪽 섬에서 자라며 열매는 붉게 익어도 갈라지지 않는다. 열매살은 꿀처럼 단맛이 난다.

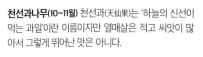

천선과나무(10~11월) 천선과(天仙果)는 '하늘의 신선이 먹는 과일'이란 이름이지만 열매살은 적고 씨앗이 많아서 그렇게 뛰어난 맛은 아니다.

헛개나무 열매

식물은 씨앗을 퍼뜨리기 위해 동물에게 맛있는 열매살을 제공하는 것이 많다. 산에서 자라는 헛개나무는 둥근 열매 대신에 열매송이의 자루 부분이 점차 굵어지면서 육질화되며 단맛이 나서 동물을 불러 모은다. 육질화된 열매송이의 자루는 술에 취했을 때 먹으면 술이 빨리 깬다고 해서 근래에 숙취 해소 음료로 각광받고 있다. 열매송이의 자루와 함께 줄기와 가지도 간을 보호하는 한약재로 사용한다.

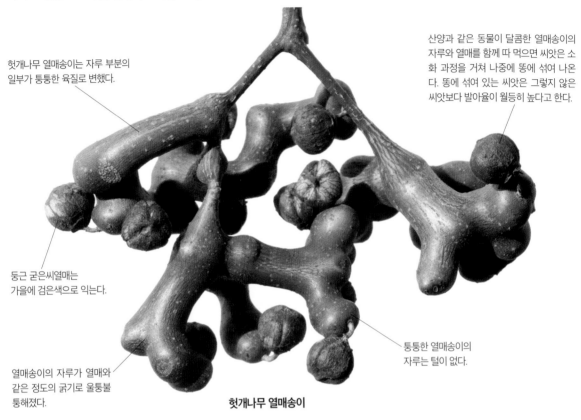

헛개나무 열매송이는 자루 부분의 일부가 퉁퉁한 육질로 변했다.

산양과 같은 동물이 달콤한 열매송이의 자루와 열매를 함께 따 먹으면 씨앗은 소화 과정을 거쳐 나중에 똥에 섞여 나온다. 똥에 섞여 있는 씨앗은 그렇지 않은 씨앗보다 발아율이 월등히 높다고 한다.

둥근 굳은씨열매는 가을에 검은색으로 익는다.

열매송이의 자루가 열매와 같은 정도의 굵기로 울퉁불퉁해졌다.

퉁퉁한 열매송이의 자루는 털이 없다.

헛개나무 열매송이

6월 말에 핀 헛개나무 꽃 6~7월에 가지 끝과 잎겨드랑이에서 자라는 갈래꽃차례에 자잘한 흰색 꽃이 모여 핀다.

7월 초의 헛개나무 어린 열매 어린 열매가 맺힐 때부터 열매송이의 자루가 점차 굵어지기 시작한다.

열매송이의 자루 부분은 울퉁불퉁해진다. 울퉁불퉁해진 열매송이의 자루는 배와 비슷한 단맛이 나며 먹을 수 있다.

열매자루

열매 밑부분에 꽃받침이 남아 있다.

둥근 열매는 짧은 자루에 매달리는데 그 모습이 건포도와 비슷해서 영어 이름은 'Oriental raisin tree(동양건포도나무)'이다.

헛개나무 열매 모양 굵어진 열매송이의 자루에 열매가 달린 모양이 외계인 이티가 귀걸이를 한 모양처럼 보인다.

7월의 헛개나무 묵은 열매 열매송이는 다음 해까지 그대로 남아 있기도 한다.

헛개나무 씨앗 동글납작한 씨앗은 흑적색~흑색이며 광택이 난다.

잃어버린 도토리

동그란 도토리는 떼굴떼굴 굴러서 산비탈을 내려가서 퍼지기도 한다. 하지만 다람쥐나 청설모가 겨울 식량으로 땅을 파고 묻어 놓고는 찾아 먹지 못한 것이 싹이 터서 자라는 경우가 대부분이다. 연구에 의하면 다람쥐는 땅에 묻은 도토리의 95%를 찾지 못한다고 한다. 다람쥐는 색깔보다는 맛으로 열매를 찾기 때문에 도토리의 색깔은 화려하지 않다.

도토리의 배꼽 부분은 깍정이와 연결되어 있던 관다발자국으로 물과 양분이 이동하던 통로이다.

'도토리 키재기'라는 속담이 있는데 하잘것없는 재주를 가지고 서로 낫다고 다투는 것을 비유한 말이다.

열매껍질은 얇지만 매우 단단하고 겉면은 광택이 있다.

도토리 끝에는 암술대의 흔적이 뾰족하게 남아 있다.

도토리 굴참나무 밑에 도토리가 잔뜩 떨어졌다. 도토리는 '돼지(도)가 좋아하는 밤톨(토리)'이라는 뜻의 이름이며 서양에서도 도토리를 돼지 사료로 널리 이용했다. 도토리열매는 다람쥐와 청설모뿐만 아니라 멧돼지, 곰, 너구리, 딱따구리 등 많은 포유동물과 새들이 즐겨 먹는 소중한 먹거리이다. 참나무는 열매를 많이 맺지만 대부분 벌레와 동물에게 먹히고 일부만이 싹을 틔운다.

비늘조각

굴참나무 깍정이 도토리를 싸고 있는 깍정이 표면은 비늘조각이 수북하다.

떡잎

열매껍질

굴참나무 도토리열매 단면 열매 속에 들어 있는 떡잎은 새싹이 자랄 양분인 녹말 성분이며 떫은맛이 나지만 동물이 즐겨 먹는다.

암술대

씨눈

도토리 6형제

보통 도토리열매를 맺는 나무를 아울러 '참나무'라고 부르는데 가을에 낙엽이 지는 참나무는 상수리나무, 굴참나무, 갈참나무, 졸참나무, 떡갈나무, 신갈나무 등 6종이 있다.

상수리나무 도토리열매는 꽃이 핀 다음 해 가을에 익고 깍정이 표면은 비늘조각이 수북하다.

굴참나무 도토리열매는 꽃이 핀 다음 해 가을에 익고 깍정이 표면은 비늘조각이 수북하다.

떡갈나무 도토리열매는 꽃이 핀 그해 가을에 익고 깍정이 표면은 비늘조각이 수북하다.

신갈나무 도토리열매는 꽃이 핀 그해 가을에 익고 깍정이 표면은 비늘조각이 기와처럼 포개져 있다.

졸참나무 도토리열매는 꽃이 핀 그해 가을에 익고 깍정이 표면은 비늘조각이 납작하게 포개져 있다.

갈참나무 도토리열매는 꽃이 핀 그해 가을에 익고 깍정이 표면은 비늘조각이 납작하게 포개져 있다.

가시나무 가시나무도 갈참나무처럼 도토리열매를 맺는 참나무 종류로 늘푸른나무이다. 가시나무와 같은 상록성 참나무는 종가시나무, 참가시나무, 붉가시나무, 개가시나무, 졸가시나무 등이 있는데 모두 따뜻한 남쪽 지방에서 자란다. 가시나무 종류는 모두 도토리열매를 싸고 있는 깍정이 표면이 둥글게 층을 이루는 것이 특징이다.

층을 이루는 깍정이

413

개미가 옮겨서 퍼지는 씨앗

애기똥풀이나 얼레지 등은 씨앗의 겉에 '엘라이오솜'이라는 흰색 알갱이가 붙어 있는데 엘라이오솜에는 지방, 단백질, 비타민 등이 들어 있어서 개미가 좋아하는 먹이이다. 개미는 엘라이오솜을 먹기 위해 씨앗을 집으로 운반해서 먹은 다음에는 씨앗을 밖에 내다 버린다. 이처럼 개미를 이용해 씨앗을 퍼뜨리는 식물을 '개미살포식물'이라고 한다. 개미살포식물은 전 세계적으로 3천여 종이 있고 우리나라에는 20여 종이 조금 넘는다고 한다.

애기똥풀 열매 풀밭이나 길가에서 자라는 두해살이풀로 길쭉한 열매는 익으면 세로로 갈라지며 씨앗이 드러난다.

애기똥풀 씨앗 씨앗에 붙어 있는 엘라이오솜은 금방 마르고 작아지기 때문에 개미는 엘라이오솜을 씨앗째 물고 운반하는 것으로 추측된다. 엘라이오솜을 먹고 남은 씨앗은 개미가 내다 버리는 개미살포식물이다.

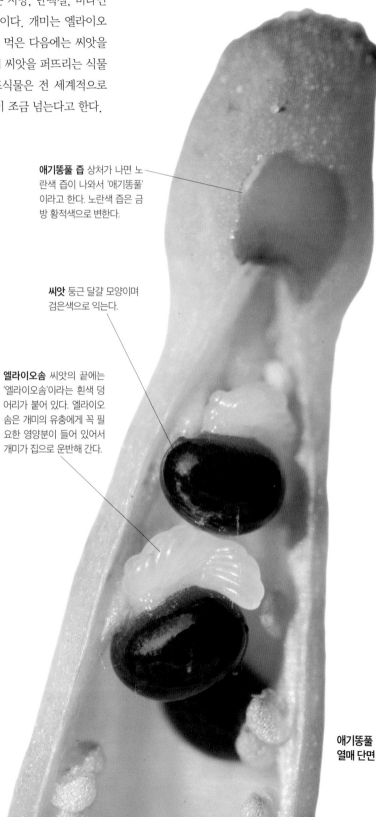

애기똥풀 즙 상처가 나면 노란색 즙이 나와서 '애기똥풀'이라고 한다. 노란색 즙은 금방 황적색으로 변한다.

씨앗 둥근 달걀 모양이며 검은색으로 익는다.

엘라이오솜 씨앗의 끝에는 '엘라이오솜'이라는 흰색 덩어리가 붙어 있다. 엘라이오솜은 개미의 유충에게 꼭 필요한 영양분이 들어 있어서 개미가 집으로 운반해 간다.

애기똥풀 열매 단면

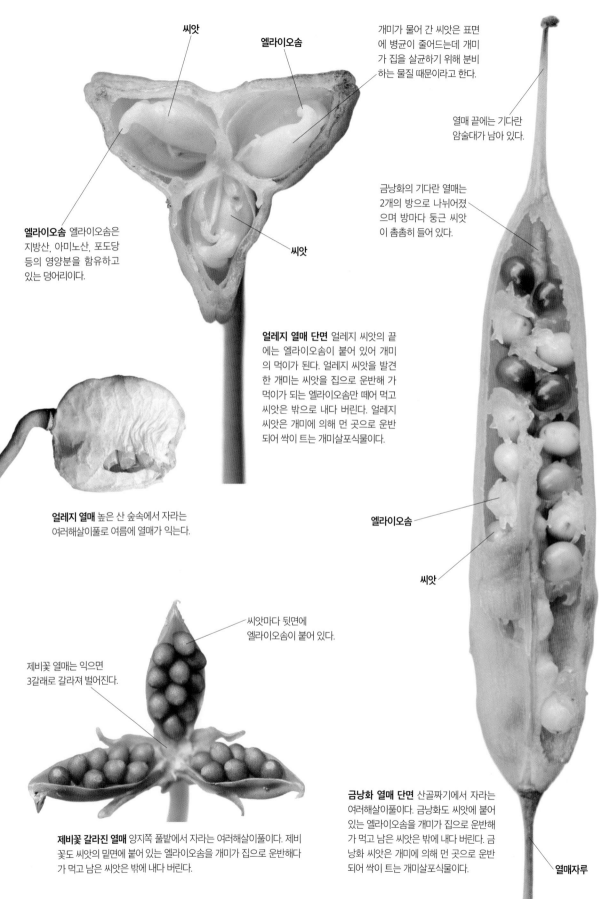

씨앗

엘라이오솜

개미가 물어 간 씨앗은 표면에 병균이 줄어드는데 개미가 집을 살균하기 위해 분비하는 물질 때문이라고 한다.

열매 끝에는 기다란 암술대가 남아 있다.

금낭화의 기다란 열매는 2개의 방으로 나뉘어졌으며 방마다 둥근 씨앗이 촘촘히 들어 있다.

엘라이오솜 엘라이오솜은 지방산, 아미노산, 포도당 등의 영양분을 함유하고 있는 덩어리이다.

씨앗

얼레지 열매 단면 얼레지 씨앗의 끝에는 엘라이오솜이 붙어 있어 개미의 먹이가 된다. 얼레지 씨앗을 발견한 개미는 씨앗을 집으로 운반해 가 먹이가 되는 엘라이오솜만 떼어 먹고 씨앗은 밖으로 내다 버린다. 얼레지 씨앗은 개미에 의해 먼 곳으로 운반되어 싹이 트는 개미살포식물이다.

얼레지 열매 높은 산 숲속에서 자라는 여러해살이풀로 여름에 열매가 익는다.

엘라이오솜

씨앗

씨앗마다 뒷면에 엘라이오솜이 붙어 있다.

제비꽃 열매는 익으면 3갈래로 갈라져 벌어진다.

제비꽃 갈라진 열매 양지쪽 풀밭에서 자라는 여러해살이풀이다. 제비꽃도 씨앗의 밑면에 붙어 있는 엘라이오솜을 개미가 집으로 운반해다가 먹고 남은 씨앗은 밖에 내다 버린다.

금낭화 열매 단면 산골짜기에서 자라는 여러해살이풀이다. 금낭화도 씨앗에 붙어 있는 엘라이오솜을 개미가 집으로 운반해 가 먹고 남은 씨앗은 밖에 내다 버린다. 금낭화 씨앗은 개미에 의해 먼 곳으로 운반되어 싹이 트는 개미살포식물이다.

열매자루

415

동물의 몸에 붙어서 퍼지는 씨앗

씨앗에 갈고리 모양의 가시나 끈적거리는 털 등이 있어서 동물의 털이나 사람의 옷에 잘 달라붙어서 씨앗을 퍼뜨리는 식물도 있다. 이런 식물들은 동물이나 사람이 지나다니는 길가에서 잘 자란다. 식물의 씨앗 중에는 배나 비행기 또는 짐 등에 붙어서 퍼지는 것도 있다. 외국에서 들어와 자라는 귀화식물은 대부분이 이런 경로를 통해 들어온 것이다. 그런데 사람들이 동물의 몸에 붙어서 퍼지는 씨앗이라고 말하는 것들은 엄밀히 말하면 하나의 씨앗이 얇은 껍질에 싸인 열매인 경우가 많다.

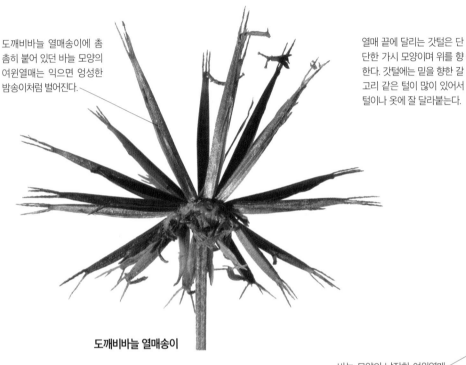

도깨비바늘 열매송이에 촘촘히 붙어 있던 바늘 모양의 여윈열매는 익으면 엉성한 밤송이처럼 벌어진다.

열매 끝에 달리는 갓털은 단단한 가시 모양이며 위를 향한다. 갓털에는 밑을 향한 갈고리 같은 털이 많이 있어서 털이나 옷에 잘 달라붙는다.

도깨비바늘 열매송이

바늘 모양의 납작한 여윈열매는 생김새 때문에 흔히 씨앗처럼 보인다. 여윈열매는 3~4개의 능선과 짧은 털이 있고 끝에는 2~4개의 갓털이 있다.

털옷에 달라붙은 도깨비바늘 열매 도깨비바늘은 산과 들의 빈터에서 자라는 한해살이풀이다. 원통 모양의 열매는 익으면 바늘 모양의 여윈열매가 엉성한 밤송이처럼 퍼진다. 기다란 여윈열매 끝에는 갓털이 변한 2~4개의 가시가 벋는데 가시에 갈고리가 있어서 동물의 털이나 사람의 옷에 잘 붙는다. 특히 털옷에 더 잘 달라붙고 잘 떨어지지도 않는다. 바늘 모양의 여윈열매가 도깨비처럼 나도 모르는 사이에 몰래 달라붙기 때문에 '도깨비바늘'이라고 한다.

도깨비바늘 열매

큰뱀무의 열매송이는 타원형~원형이며 작은 밤송이를 닮았다.

열매가 영글지 못한 쭉정이 열매

열매는 아래로 내려 갈수록 암술대가 밑으로 처진다.

큰뱀무 열매송이 단면 산과 들의 습한 풀밭에서 자라는 여러해살이풀이다. 가을에 갈색으로 익는 열매송이에 여윈열매가 촘촘히 돌려가며 붙는다.

여윈열매는 흔히 씨앗처럼 보인다. 여윈열매는 타원형이며 털로 덮여 있고 끝에는 긴 암술대가 남아 있다.

암술대는 단단해지며 끝부분이 갈고리처럼 굽어서 옷이나 털 등에 달라붙어 퍼진다.

큰뱀무 열매송이 단면

열매송이는 가을에 익으면 밤송이처럼 둥글게 벌어진다.

2개의 갓털이 변한 단단한 가시에 밑을 향한 갈고리 같은 잔털이 많아서 털이나 옷에 잘 달라붙는다.

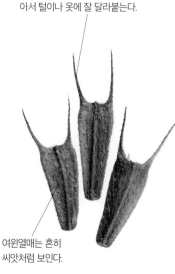

여윈열매는 흔히 씨앗처럼 보인다.

미국가막사리 열매송이 개울가나 빈터에서 자라는 한해살이풀로 가을에 익은 열매는 가벼워서 물에 떠서 퍼지기도 한다.

미국가막사리 열매 모양 납작한 여윈열매 끝에는 2개의 가시가 있는데 가시에는 밑을 향한 갈고리가 많이 있어서 옷이나 털에 잘 달라붙는다.

주름조개풀 산의 숲속에서 자라는 여러해살이풀이다. 기다란 까끄라기는 열매가 익는 가을이면 끈적거리는 액체를 분비해서 옷이나 털 등에 달라붙어 퍼진다.

동물의 몸에 붙어서 퍼지는 열매

식물 중에는 큼직한 열매에 갈고리 가시나 끈적거리는 털 등이 있어서
열매째 옷이나 털에 붙어서 씨앗을 퍼뜨리는 것도 많다.

가시에는 비늘조각
모양의 털과 밑에는
흰색 털이 있다.

가시도꼬마리의 타원형 열매 표면에는
많은 가시가 촘촘히 돌려난다.

열매 끝에는 부리 모양의
돌기 2개가 있다.

2개의 부리에도 가시처럼
비늘조각 모양의 털과 밑
에는 흰색 털이 있다.

가시도꼬마리 열매 길가나 빈터에서 자라는 한해살이풀로 타원
형 열매는 짧은 가시로 덮여 있다. 열매 속에는 씨앗처럼 보이는
2개의 여윈열매가 들어 있다.

가시는 끝이 갈고리처럼 굽어서
옷이나 털에 잘 걸려서 달라붙는다.

갈고리 가시털 옷이나
털에 잘 걸려서 달라붙는다.

우엉 밭에서 재배하는 여러해살이풀로 동그란 열매송이는 가시
모양의 꽃턱잎으로 덮여 있는데 꽃턱잎의 끝이 갈고리처럼 생겨
서 옷이나 털에 잘 달라붙는다.

벨크로 스위스 사람 메스트랄은 산책길에서 발견한 우엉 열매를 본떠서 두
물체를 붙일 수 있는 '벨크로'를 발명하였는데 우리말로는 '찍찍이'라고 부
른다.

짚신나물은 종 모양의 열매 끝부분에 가시 모양의 억센 털이 많다.

가시 모양의 억센 털은 끝이 갈고리처럼 굽어서 옷이나 털에 잘 걸려서 달라붙는다. 옛날 사람들이 신던 짚신에 잘 달라붙어 '짚신나물'이라고 한다.

짚신나물 산과 들에서 자라는 여러해살이풀로 여름에 노란색 꽃이 피고 가을에 종 모양의 열매가 열린다.

가시털은 끝이 갈고리처럼 굽어서 옷에 잘 달라붙는다.

고슴도치풀 열매 길가나 빈터에서 자라는 한해살이풀로 열매가 고슴도치처럼 가시로 덮여서 '고슴도치풀'이라고 한다.

끈적거리는 털

멸가치 습한 숲속에서 자라는 여러해살이풀로 곤봉 모양의 열매는 윗부분에 끈끈한 액체가 나오는 털이 있어서 옷이나 털에 잘 달라붙는다.

쇠무릎 긴 타원형 열매에 2~3개의 가시 같은 작은 꽃턱잎이 있어서 털이나 옷에 잘 달라붙는다.

털진득찰 들이나 밭에서 자라는 한해살이풀이다. 열매송이를 받치는 5개의 가는 주걱 모양의 모인꽃턱잎조각은 끈적거리는 샘털이 많아서 짐승의 털이나 옷에 잘 달라붙어 퍼진다.

털이슬 둥그스름한 열매는 갈고리 모양의 억센 털로 덮여 있어서 털이나 옷에 잘 달라붙는다.

열매가 파열하는 힘으로 퍼지는 씨앗

대부분의 마른열매들은 바람이 불기를 기다리거나 동물이 스쳐 지나갈 때까지 무작정 기다리는 반면에 어떤 마른열매들은 스스로의 힘으로 씨앗을 멀리 보낼 궁리를 했다. 예를 들어 콩이나 쥐손이풀은 열매가 익으면 마른 열매껍질이 스프링이 튕겨 나가듯 갈라져 벌어지는 힘으로 씨앗을 멀리 튕겨 보낸다.

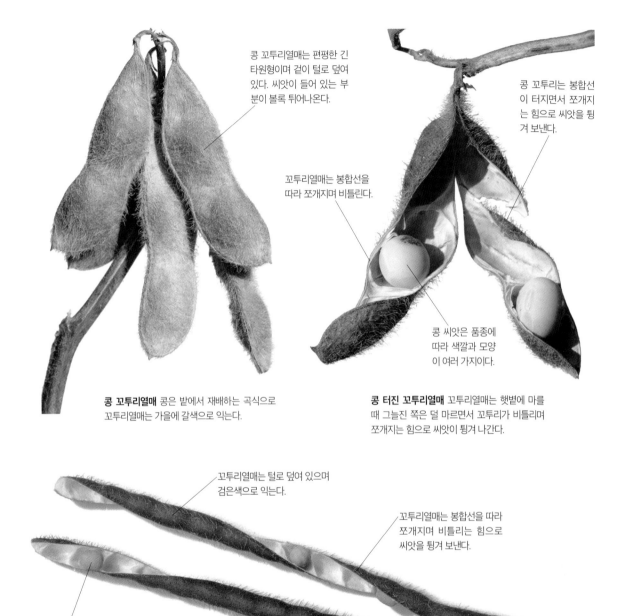

콩 꼬투리열매는 편평한 긴 타원형이며 겉이 털로 덮여 있다. 씨앗이 들어 있는 부분이 볼록 튀어나온다.

꼬투리열매는 봉합선을 따라 쪼개지며 비틀린다.

콩 꼬투리는 봉합선이 터지면서 쪼개지는 힘으로 씨앗을 튕겨 보낸다.

콩 씨앗은 품종에 따라 색깔과 모양이 여러 가지이다.

콩 꼬투리열매 콩은 밭에서 재배하는 곡식으로 꼬투리열매는 가을에 갈색으로 익는다.

콩 터진 꼬투리열매 꼬투리열매는 햇볕에 마를 때 그늘진 쪽이 덜 마르면서 꼬투리가 비틀리며 쪼개지는 힘으로 씨앗이 튕겨 나간다.

꼬투리열매는 털로 덮여 있으며 검은색으로 익는다.

꼬투리열매는 봉합선을 따라 쪼개지며 비틀리는 힘으로 씨앗을 튕겨 보낸다.

둥근 타원형 씨앗은 녹두죽을 쑤어 먹거나 빈대떡을 부쳐 먹는다.

녹두 열매 밭에서 재배하는 곡식으로 가느다란 원통형의 꼬투리열매는 비틀리면서 쪼개지는 힘으로 씨앗을 튕겨 낸다.

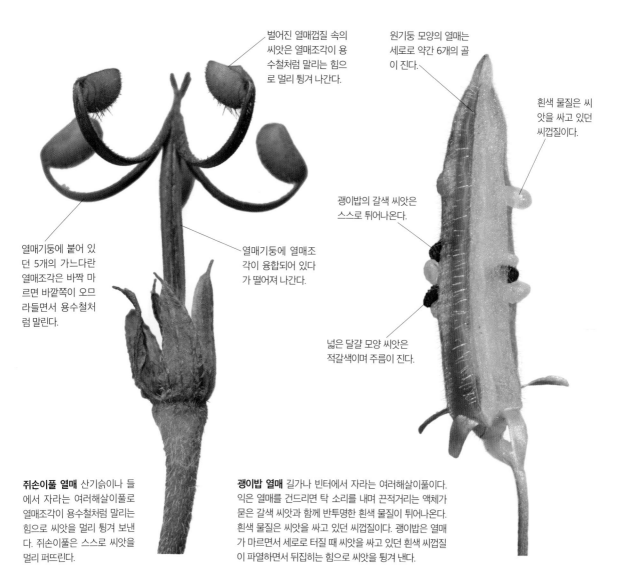

벌어진 열매껍질 속의 씨앗은 열매조각이 용수철처럼 말리는 힘으로 멀리 튕겨 나간다.

원기둥 모양의 열매는 세로로 약간 6개의 골이 진다.

흰색 물질은 씨앗을 싸고 있던 씨껍질이다.

열매기둥에 붙어 있던 5개의 가느다란 열매조각은 바짝 마르면 바깥쪽이 오므라들면서 용수철처럼 말린다.

열매기둥에 열매조각이 융합되어 있다가 떨어져 나간다.

괭이밥의 갈색 씨앗은 스스로 튀어나온다.

넓은 달걀 모양 씨앗은 적갈색이며 주름이 진다.

쥐손이풀 열매 산기슭이나 들에서 자라는 여러해살이풀로 열매조각이 용수철처럼 말리는 힘으로 씨앗을 멀리 튕겨 보낸다. 쥐손이풀은 스스로 씨앗을 멀리 퍼뜨린다.

괭이밥 열매 길가나 빈터에서 자라는 여러해살이풀이다. 익은 열매를 건드리면 탁 소리를 내며 끈적거리는 액체가 묻은 갈색 씨앗과 함께 반투명한 흰색 물질이 튀어나온다. 흰색 물질은 씨앗을 싸고 있던 씨껍질이다. 괭이밥은 열매가 마르면서 세로로 터질 때 씨앗을 싸고 있던 흰색 씨껍질이 파열하면서 뒤집히는 힘으로 씨앗을 튕겨 낸다.

암술대

암술대

사람주나무 열매 주로 남부 지방의 산에서 자라는 갈잎작은키나무로 동글납작한 열매는 3개의 골이 지며 끝에 3개의 암술대가 남아 있다. 잘 익은 열매는 껍질이 팽창하면서 터지는 힘으로 씨앗을 튕겨 낸다.

조록나무 열매 남쪽 섬의 산에서 자라는 늘푸른큰키나무로 달걀형 열매는 끝에 2개의 암술대가 남아 있으며 황갈색 털로 덮여 있다. 잘 익은 열매는 열매껍질이 팽창하는 힘으로 씨앗을 튕겨 낸다.

봉숭아 열매

봉숭아는 인도와 동남아시아 원산의 한해살이화초로 화단에 심어 가꾼다. 여름에 잎겨드랑이에 피는 꽃이 오똑하게 일어선 모양이 봉황을 닮아서 '봉선화(鳳仙花)'라고도 한다. 꽃이 지고 나면 타원형~달걀형 열매가 열리는데 열매는 익으면 열매 겉과 안쪽의 세포의 크기가 다르게 자라서 스프링처럼 되기 때문에 살짝 건드리기만 해도 조각조각 갈라지면서 열매 조각과 씨앗이 함께 튕겨져 나간다. 그래서 봉숭아의 꽃말은 '나를 건드리지 마세요'이다.

열매 겉은 잔털로 덮여 있다.

봉숭아 열매 봉숭아는 꽃이 지면 타원형~달걀형 열매를 맺는다.

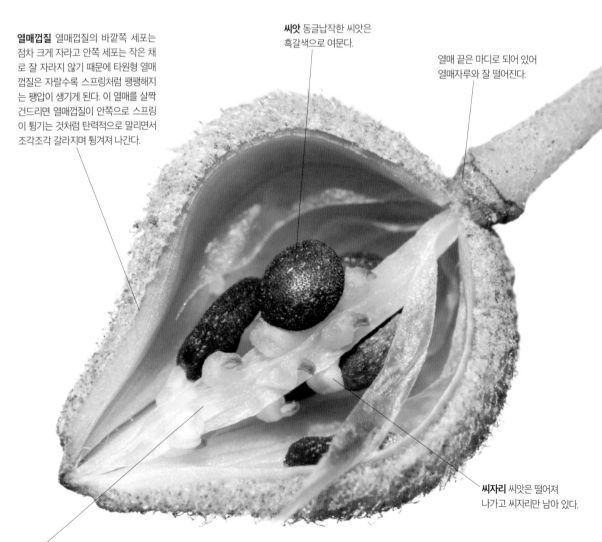

열매껍질 열매껍질의 바깥쪽 세포는 점차 크게 자라고 안쪽 세포는 작은 채로 잘 자라지 않기 때문에 타원형 열매 껍질은 자랄수록 스프링처럼 팽팽해지는 팽압이 생기게 된다. 이 열매를 살짝 건드리면 열매껍질이 안쪽으로 스프링이 튕기는 것처럼 탄력적으로 말리면서 조각조각 갈라지며 튕겨져 나간다.

씨앗 동글납작한 씨앗은 흑갈색으로 여문다.

열매 끝은 마디로 되어 있어 열매자루와 잘 떨어진다.

씨자리 씨앗은 떨어져 나가고 씨자리만 남아 있다.

가운데기둥 씨방의 중앙에 있는 가운데기둥에 돌려가며 생기는 씨자리에 밑씨가 붙어서 씨앗으로 자란다.

손으로 살짝 누른 봉숭아 열매1 잘 익은 봉숭아 열매를 손으로 살짝 눌러 보았다.

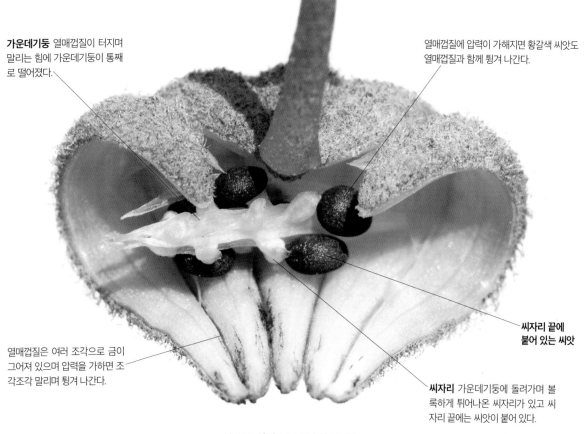

가운데기둥 열매껍질이 터지며 말리는 힘에 가운데기둥이 통째로 떨어졌다.

열매껍질에 압력이 가해지면 황갈색 씨앗도 열매껍질과 함께 튕겨 나간다.

열매껍질은 여러 조각으로 금이 그어져 있으며 압력을 가하면 조각조각 말리며 튕겨 나간다.

씨자리 끝에 붙어 있는 씨앗

씨자리 가운데기둥에 돌려가며 볼록하게 튀어나온 씨자리가 있고 씨자리 끝에는 씨앗이 붙어 있다.

손으로 살짝 누른 봉숭아 열매2

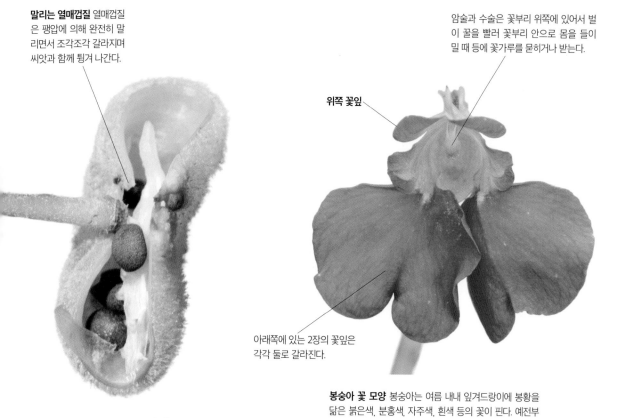

말리는 열매껍질 열매껍질은 팽압에 의해 완전히 말리면서 조각조각 갈라지며 씨앗과 함께 튕겨 나간다.

암술과 수술은 꽃부리 위쪽에 있어서 벌이 꿀을 빨러 꽃부리 안으로 몸을 들이밀 때 등에 꽃가루를 묻히거나 받는다.

위쪽 꽃잎

아래쪽에 있는 2장의 꽃잎은 각각 둘로 갈라진다.

손으로 살짝 누른 봉숭아 열매3

봉숭아 꽃 모양 봉숭아는 여름 내내 잎겨드랑이에 봉황을 닮은 붉은색, 분홍색, 자주색, 흰색 등의 꽃이 핀다. 예전부터 부녀자들이 꽃과 잎으로 손톱을 붉게 물들였다.

423

빗방울에 의해 퍼지는 씨앗

식물 중에는 드물게 빗방울이 떨어지는 힘으로 씨앗을 퍼뜨리는 것도 있다. 산의 그늘진 습지에서 자라는 산괭이눈은 열매가 익으면 세로로 벌어져서 깨알보다 작은 많은 씨앗이 드러난다. 여기에 빗방울이나 흐르는 계곡물의 물방울이 떨어지면 물방울이 튀는 힘에 의해 씨앗도 함께 튕겨 나간다. 실험에 의하면 어떤 괭이눈은 씨앗이 1m 정도 거리까지 튕겨 나갔다고 한다.

산괭이눈 산에서 자라는 여러해살이풀로 5월에 줄기 끝에 6~10개의 노란색 꽃이 모여 핀다. 꽃송이 둘레에 잎 모양의 연녹색 꽃턱잎이 빙 둘러난다. 꽃이 시들면 땅 위 가까이에 살눈이 생긴다.

꽃 가지 끝에 6~10개의 노란색 꽃이 모여 핀다. 꽃잎은 없고 4장의 노란색 꽃받침이 꽃잎처럼 보인다.

잎 줄기에 어긋나는 1~2장의 잎은 잎자루가 길다.

꽃송이 둘레에는 잎 모양의 연녹색 꽃턱잎조각이 빙 둘러난다.

열매가 벌어진 모양이 고양이 눈을 닮아서 괭이눈이라는 이름을 얻었다.

꽃턱잎 꽃송이를 둘러싸고 있는 꽃턱잎은 연녹색이며 가장자리에 무딘 톱니가 있다.

숲속에서 자라는 산괭이눈은 높이 자란 큰키나무의 나뭇잎에 모였다가 떨어지는 빗방울을 맞으면 씨앗이 물방울과 함께 튕겨 나간다.

4장의 꽃받침조각은 반원형이며 꽃이 필 때는 노란색이지만 점차 황록색으로 변한다.

어린 열매는 2개가 뿔 모양으로 튀어나온다.

꽃이 시들고 있으며 아직 열매는 맺지 않았다.

산괭이눈 열매 산괭이눈처럼 빗물에 의해 씨앗을 퍼뜨리는 식물은 소나기가 잦은 곳이나 폭포 주변에서 흔히 만날 수 있다.

애기괭이눈 산의 습지에서 자라는 여러해살이풀로 노란색 꽃 밑의 꽃턱잎은 좁은 달걀 모양이고 큰 톱니가 있으며 녹색이다.

천마괭이눈 산의 습지에서 자라는 여러해살이풀로 노란색 꽃 밑의 꽃턱잎은 가장자리에 굵고 무딘 톱니가 있으며 거의 전체가 노랗게 물든다.

선괭이눈 중부 이북의 산에서 자라는 여러해살이풀로 노란색 꽃 밑의 꽃턱잎은 날카로운 톱니가 있으며 일부가 노란빛이 돈다.

열매는 긴 자루에 매달린다.

물에 떠서 퍼지는 씨앗

물가에서 자라는 식물 중에는 열매나 씨앗이 가볍고 물에 젖지 않는 구조로 되어 있어서 바닷물이나 강물에 떠다니다가 퍼지는 것도 있다. 씨앗은 물살을 따라 떠다니다가 땅에 닿으면 뿌리를 내리고 싹이 터서 자란다. 바닷물에 떠서 퍼지는 씨앗을 가진 식물 중에는 여러 대륙의 바닷가에 널리 퍼져 자라는 것도 있다.

뚜껑덩굴 열매는 익으면 가로로 갈라지면서 뚜껑이 열리는 뚜껑열매이다.

열매 속에 든 2개의 적갈색~흑갈색 씨앗은 무게가 가볍다.

뚜껑덩굴 열매 물가에서 자라는 덩굴식물이다. 달걀 모양의 열매는 가로로 뚜껑이 열리면서 2개의 씨앗이 나온다.

물 위에 뜬 뚜껑덩굴 씨앗 동글납작한 씨앗은 가벼워서 물에 잘 떠서 퍼진다.

물에 뜬 열매

질경이택사 논이나 물가에서 자라는 여러해살이풀로 여름에 엉성한 꽃줄기에 자잘한 흰색 꽃이 핀다. 여윈열매는 편평한 거꿀달걀형이며 가벼워서 물에 떠서 퍼진다.

헛씨껍질에 싸인 씨앗

가시연꽃 연못에서 자라는 한해살이풀이다. 열매가 익으면 헛씨껍질에 싸인 씨앗이 물 위를 떠다니다가 헛씨껍질이 썩거나 터져서 물이 들어가면 씨앗이 물 밑으로 가라앉았다가 다음 해에 싹이 터 자란다.

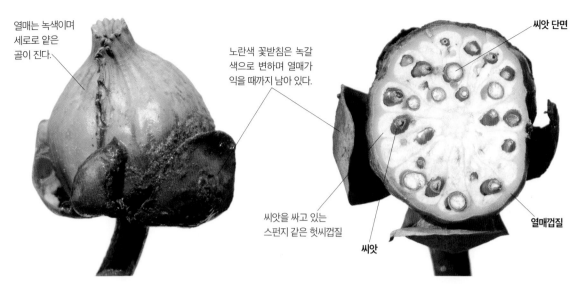

열매는 녹색이며 세로로 얕은 골이 진다.

노란색 꽃받침은 녹갈색으로 변하며 열매가 익을 때까지 남아 있다.

씨앗을 싸고 있는 스펀지 같은 헛씨껍질

씨앗 단면

씨앗

열매껍질

개연꽃 열매 연못에서 자란다. 원뿔 모양의 녹색 열매는 자루가 구부러져서 물 속에 잠기고 익으면 물컹거리며 갈라지는 물열매이다.

개연꽃 열매 가로 단면 열매 속은 8개의 방으로 나뉘며 씨앗을 싸고 있는 스펀지 같은 헛씨껍질이 세로로 촘촘히 포개진다.

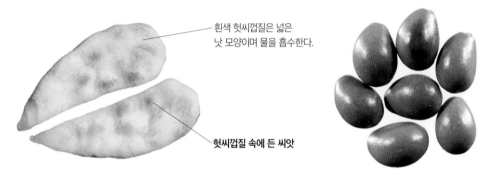

흰색 헛씨껍질은 넓은 낫 모양이며 물을 흡수한다.

헛씨껍질 속에 든 씨앗

개연꽃의 헛씨껍질 여러 개의 씨앗을 담고 있는 스펀지 같은 헛씨껍질은 물을 흡수하면 가스가 생기면서 팽창해 물 위에 뜬다. 헛씨껍질은 물 위를 떠다니다가 씨앗을 퍼뜨린다.

개연꽃 씨앗 둥근 달걀 모양의 씨앗은 갈색이며 광택이 있다.

싹이 튼 열매

씨앗

코코스야자 열대 원산의 야자나무로 바닷물에 떠다니던 열매는 육지에 닿으면 뿌리를 내리고 싹이 터서 자란다. 바닷물을 타고 퍼지기 때문에 열대 지방의 바닷가에서 널리 퍼져 자란다.

세이셸야자 인도양의 세이셸제도 원산의 야자나무로 열매는 무게가 15~30㎏이 되며 여무는 데 6~10년이 걸린다. 열매는 바닷물에 떠서 퍼진다. 씨앗의 생김새 때문에 '겹야자' 또는 '쌍둥이 야자'라고도 한다.

털이 달린 씨앗

어떤 씨앗은 씨앗에 가벼운 털이 달려 있어서 바람을 타고 날아가 퍼진다. 씨앗에 달린 털의 모양과 위치는 종마다 제각각 다르다. 특히 국화과 식물 중에는 씨앗에 갓털이 달려서 바람에 퍼지는 것이 많이 있다.

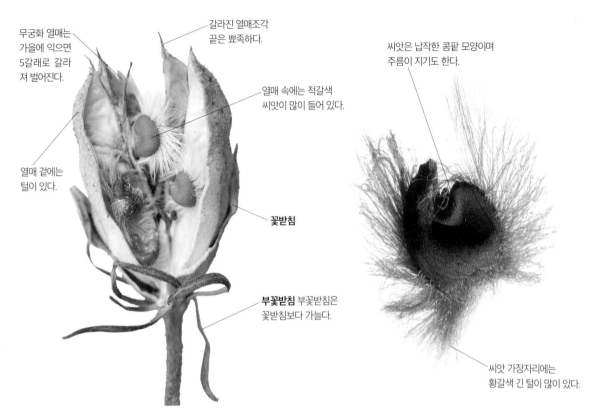

무궁화 열매는 가을에 익으면 5갈래로 갈라져 벌어진다.

갈라진 열매조각 끝은 뾰족하다.

열매 속에는 적갈색 씨앗이 많이 들어 있다.

열매 겉에는 털이 있다.

꽃받침

부꽃받침 부꽃받침은 꽃받침보다 가늘다.

씨앗은 납작한 콩팥 모양이며 주름이 지기도 한다.

씨앗 가장자리에는 황갈색 긴 털이 많이 있다.

무궁화 열매 단면 정원수로 심는 갈잎떨기나무로 긴 타원형 열매는 익으면 세로로 5갈래로 갈라져 벌어지면서 씨앗이 나온다.

무궁화 씨앗 씨앗 가장자리의 털은 바람을 타고 날아가는 데 도움을 주며 물에 떨어지면 씨앗이 물을 타고 떠내려가는 데 도움을 준다.

물에 떨어진 열매와 씨앗

박주가리 산기슭이나 들에서 자라며 박처럼 쪼개진 열매 속에 긴 털이 달린 씨앗이 가득 들어 있다.

애기부들 연못이나 습지에서 자라며 열매이삭에 촘촘히 붙는 씨앗에는 솜털이 달려 있다.

호랑버들 산에서 자라는 갈잎작은키나무로 열매는 5월 경에 익으며 씨앗에는 솜털이 달려 있다. 버드나무 종류의 털이 달린 씨앗이 바람을 타고 하얗게 퍼지면 흔히 알레르기를 일으키는 꽃가루로 오해한다.

열매송이에는 많은 씨앗이 촘촘히 붙는다. 우리가 흔히 씨앗이라고 부르지만 실제로는 하나하나가 여윈열매이다.

쇠서나물 여윈열매 끝에는 흰색 갓털이 촘촘히 달려서 여윈열매가 바람을 타고 퍼질 수 있게 한다.

여윈열매는 길쭉한 타원형이고 홍갈색이며 6개의 능선이 있다. 열매는 1개의 씨앗에 열매껍질이 단단히 붙어서 씨앗처럼 보이는 여윈열매이다.

모인꽃턱잎조각 꽃이 필 때는 위를 향하지만 열매가 익을 때는 뒤로 젖혀진다.

쇠서나물 열매 산과 들에서 자라는 두해살이풀이다. 가지 끝에서 위를 향하는 열매송이는 가을에 익는다.

억새 산과 들의 풀밭에서 무리 지어 자라며 낟알열매에는 솜털이 달려 있어서 바람을 타고 퍼진다.

솜나물 산과 들에서 자라며 여윈열매 끝에는 연한 황갈색 갓털이 촘촘히 달려 있다.

엉겅퀴 산과 들에서 자라며 여윈열매 끝에는 연한 황갈색 갓털이 촘촘히 달려 있다.

서양민들레 산과 들에서 널리 자라며 여윈열매 끝에는 낙하산 모양의 갓털이 달려 있다.

날개가 달린 씨앗

어떤 씨앗은 씨앗에 날개가 달려 있어서 바람을 타고 날아가 퍼진다. 난초 종류의 씨앗은 날개나 털은 없지만 씨앗이 워낙 작아서 꽃가루처럼 바람에 날려 퍼지기도 한다.

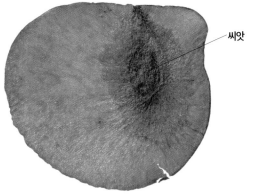

마 씨앗 산과 들에서 자라는 여러해살이덩굴풀로 씨앗은 지름 10~15mm이며 둘레에 얇은 막질의 둥근 날개가 있어 바람에 날려 퍼진다.

참오동 씨앗 중국 원산의 갈잎큰키나무로 씨앗은 길이가 3~4mm이고 둘레에 투명한 날개가 있어 바람에 날려 퍼진다.

계수나무 씨앗 일본과 중국 원산의 갈잎큰키나무로 씨앗은 길이가 5mm 정도이며 한쪽에 얇은 막질의 날개가 있다.

자란 열매와 씨앗 전남의 바닷가 산기슭에서 자라는 여러해살이풀이다. 자란은 난초과에 속하며 긴 타원형 열매 속에는 먼지 같은 씨앗이 가득 들어 있어서 바람에 날려 퍼진다. 난초 중에는 한 열매에 300만 개 정도의 씨앗이 들어 있는 것도 있다. 난초 종류는 먼지 같은 씨앗이 싹 트는데 특정한 균의 도움을 받아야 한다.

배롱나무 씨앗 중국 원산의 갈잎작은키나무로 씨앗은 길이가 4~5mm이며 한쪽에 얇고 넓은 날개가 있다.

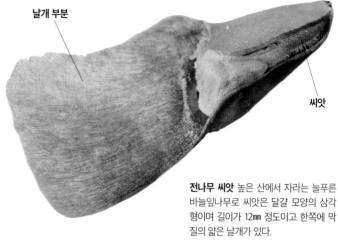

날개 부분

씨앗

전나무 씨앗 높은 산에서 자라는 늘푸른 바늘잎나무로 씨앗은 달걀 모양의 삼각형이며 길이가 12mm 정도이고 한쪽에 막질의 얇은 날개가 있다.

암술대

날개 부분

씨앗

나래가막사리 씨앗 빈터에서 자라는 여러해살이풀로 씨앗 양쪽으로 날개가 있고 암술대가 남아 있어 나비처럼 보인다.

씨앗

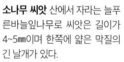

날개 부분

소나무 씨앗 산에서 자라는 늘푸른바늘잎나무로 씨앗은 길이가 4~5mm이며 한쪽에 얇은 막질의 긴 날개가 있다.

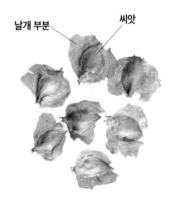

날개 부분

씨앗

물박달나무 씨앗 산에서 자라는 갈잎큰키나무로 납작한 달걀 모양의 씨앗은 지름 4mm 정도이며 양쪽에 투명한 막질의 날개가 있다.

씨앗

날개 부분

자작나무 씨앗 북부 지방의 산에서 자라는 갈잎큰키나무로 씨앗은 길이가 2~3mm이며 양쪽에 투명한 막질의 날개가 있고 끝에는 꼬리 모양의 암술대가 남아 있다.

날개 부분

씨앗

접시꽃 씨앗 중국 원산의 여러해살이화초로 둥근 씨앗은 길이가 6mm 정도이며 둘레에 부채 모양의 날개가 있다.

풍선덩굴 열매

풍선덩굴은 남아메리카 원산의 한해살이덩굴풀로 화초로 심어 기른다. 덩굴지는 줄기는 덩굴손으로 다른 물체를 감고 오른다. 여름에 잎겨드랑이에서 자란 긴 꽃대 끝에 자잘한 흰색 꽃이 모여 핀다. 꽃이 지면 연두색 열매가 풍선처럼 둥글게 부풀어 오르는데 언뜻 보면 꽈리를 닮았다. 얇은 열매껍질은 종이질이며 속은 3개의 방으로 나뉘어져 있고 각 방마다 가운데기둥 중간 쯤에 둥근 녹색 씨앗이 1개씩 붙어 있다. 열매는 갈색으로 익으면 속에 든 씨앗은 검은색으로 여문다. 풍선 모양의 열매는 바람에 날려 퍼지거나 물에 떠서 퍼지기도 한다.

8월의 풍선덩굴

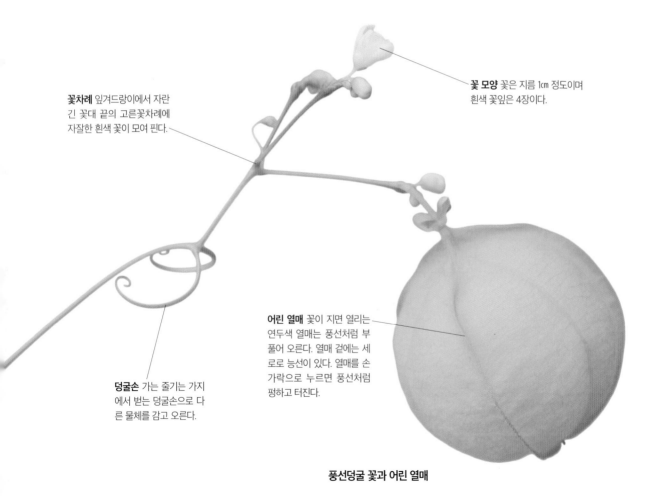

꽃차례 잎겨드랑이에서 자란 긴 꽃대 끝의 고른꽃차례에 자잘한 흰색 꽃이 모여 핀다.

꽃 모양 꽃은 지름 1㎝ 정도이며 흰색 꽃잎은 4장이다.

어린 열매 꽃이 지면 열리는 연두색 열매는 풍선처럼 부풀어 오른다. 열매 겉에는 세로로 능선이 있다. 열매를 손가락으로 누르면 풍선처럼 펑하고 터진다.

덩굴손 가는 줄기는 가지에서 벋는 덩굴손으로 다른 물체를 감고 오른다.

풍선덩굴 꽃과 어린 열매

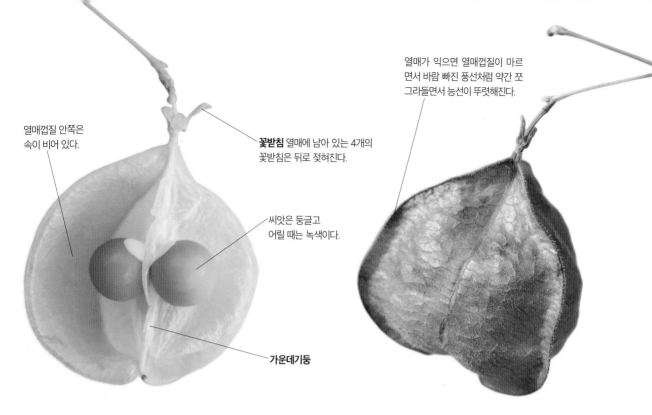

열매껍질 안쪽은
속이 비어 있다.

꽃받침 열매에 남아 있는 4개의
꽃받침은 뒤로 젖혀진다.

씨앗은 둥글고
어릴 때는 녹색이다.

가운데기둥

열매가 익으면 열매껍질이 마르
면서 바람 빠진 풍선처럼 약간 쪼
그라들면서 능선이 뚜렷해진다.

풍선덩굴 어린 열매 세로 단면 얇은 열매껍질 안쪽은 속이
비어 있으며 가운데기둥 중간 쯤에 둥근 녹색 씨앗이 돌려
가며 붙어 있다.

풍선덩굴 익은 열매 열매는 가을에 갈색으로 익으며
겉은 광택이 있다. 풍선 모양의 열매는 바람에 날려
퍼지기도 하고 물에 떠서 퍼지기도 한다.

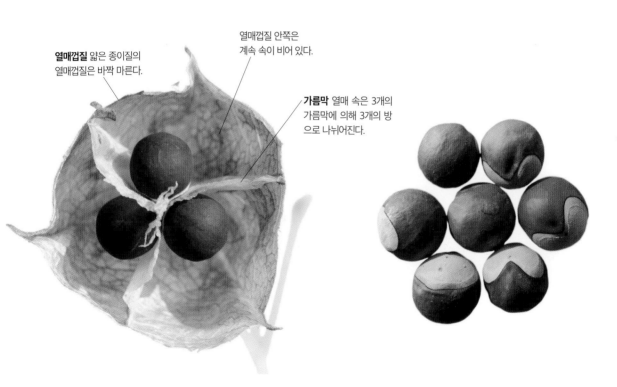

열매껍질 얇은 종이질의
열매껍질은 바짝 마른다.

열매껍질 안쪽은
계속 속이 비어 있다.

가름막 열매 속은 3개의
가름막에 의해 3개의 방
으로 나뉘어진다.

풍선덩굴 열매 가로 단면 열매는 터짐열매로 열매 속은 가
름막에 의해 3개의 방으로 나뉘어지며 각 방마다 가운데기
둥에 둥근 검은색 씨앗이 1개씩 붙어 있다.

풍선덩굴 씨앗 둥근 씨앗은 검은색이고 씨앗의
배꼽 부분은 하트 모양이며 흰빛이 돈다.

꽈리 열매

꽈리는 산과 들에서 자라는 여러해살이풀로 화단에 심어 기르기도 한다. 초여름에 잎겨드랑이에 피는 수레바퀴 모양의 흰색 꽃이 지면 열리는 둥근 열매는 꽃받침이 자라서 완전히 둘러싼다. 열매를 싸고 있는 달걀 모양의 꽃받침은 가을에 붉게 익어도 벌어지지 않으며 속에 든 둥근 물열매도 함께 붉게 익는다. 풍선덩굴과 달리 열매를 싸고 있는 것은 열매껍질이 아니라 꽃받침이 자란 것이다.

꽈리 꽃 모양 흰색 꽃부리는 5각이 지며 고개를 숙이고 핀다.

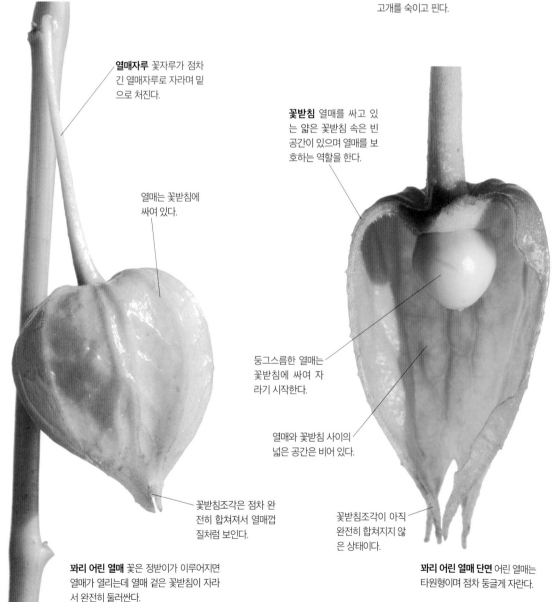

열매자루 꽃자루가 점차 긴 열매자루로 자라며 밑으로 처진다.

열매는 꽃받침에 싸여 있다.

꽃받침 열매를 싸고 있는 얇은 꽃받침 속은 빈 공간이 있으며 열매를 보호하는 역할을 한다.

둥그스름한 열매는 꽃받침에 싸여 자라기 시작한다.

열매와 꽃받침 사이의 넓은 공간은 비어 있다.

꽃받침조각은 점차 완전히 합쳐져서 열매껍질처럼 보인다.

꽃받침조각이 아직 완전히 합쳐지지 않은 상태이다.

꽈리 어린 열매 꽃은 정받이가 이루어지면 열매가 열리는데 열매 겉은 꽃받침이 자라서 완전히 둘러싼다.

꽈리 어린 열매 단면 어린 열매는 타원형이며 점차 둥글게 자란다.

434

꽃받침 얇은 꽃받침은 맥이 그물망 모양으로 벋어서 모양을 유지한다.

열매와 꽃받침 사이의 넓은 공간은 계속 비어 있다.

물열매 꽃받침에 싸인 작고 둥근 물열매는 광택이 있으며 방울토마토를 닮았다.

꽈리 열매 열매를 싸고 있는 달걀 모양의 꽃받침은 열매껍질처럼 보이며 열매가 다 익어도 벌어지지 않고 속에 든 열매를 보호한다.

꽈리 열매 단면 둥근 물열매는 꽃받침에 싸여 있다. 둥근 열매의 속살과 씨앗을 조심스럽게 파내고 남은 열매껍질을 입에 넣고 불면 꽈악 소리가 나는데 이 놀잇감을 '꽈리'라고 하며 예전에 아이들이 만들어 불고 놀았다.

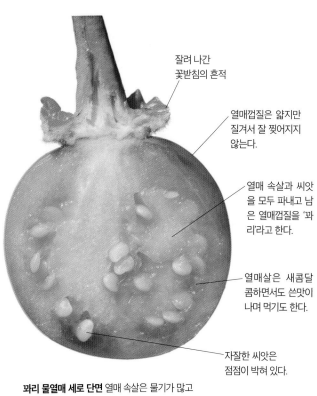

잘려 나간 꽃받침의 흔적

열매껍질은 얇지만 질겨서 잘 찢어지지 않는다.

열매 속살과 씨앗을 모두 파내고 남은 열매껍질을 '꽈리'라고 한다.

열매살은 새콤달콤하면서도 쓴맛이 나며 먹기도 한다.

자잘한 씨앗은 점점이 박혀 있다.

꽈리 물열매 세로 단면 열매 속살은 물기가 많고 동글납작한 씨앗이 많은 것이 방울토마토 열매와 비슷하다.

한약방의 꽈리 전체를 말린 것을 '산장(酸漿)'이라 하여 열을 내리는 한약재로 쓴다.

강낭콩 씨앗이 싹 터서 자라는 과정

땅에 떨어진 씨앗은 싹이 틀 조건이 맞을 때까지 가만히 기다리는데 이것을 '휴면'이라고 한다. 식물의 종에 따라 씨앗의 모양과 크기가 다른 것처럼 씨앗의 휴면 기간도 조금씩 다르다. 씨앗은 주변의 온도나 수분 등 조건이 좋아지면 휴면을 끝내고 싹이 터서 자라기 시작한다. 보통 가을에 땅에 떨어진 씨앗은 겨우내 휴면을 하다가 봄이 되면 싹이 터서 자란다. 씨앗이 싹이 트기 위해서는 적당한 수분과 온도가 필요하고 싹이 트기 시작하면 호흡을 하기 위해 산소가 필요하다.

씨껍질 속에는 2장의 떡잎이 들어 있다.

씨껍질을 뚫고 나오는 어린 뿌리

원뿌리에서는 여러 개의 곁뿌리가 갈라져 나와 길게 자라기 시작한다.

떡잎은 아직 씨껍질에 싸여 있는 채로 모양을 유지하고 있다.

싹이 튼 강낭콩 씨앗 적당한 온도에서 수분을 흡수한 씨앗은 떡잎의 양분을 이용해 어린 뿌리가 자라서 두꺼운 씨껍질을 뚫고 나오는데 이를 '싹트기'라고 한다.

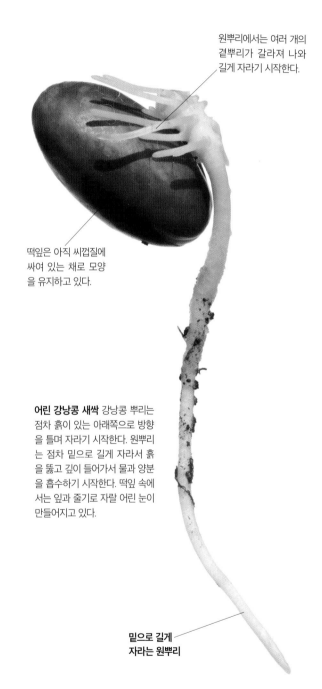

어린 강낭콩 새싹 강낭콩 뿌리는 점차 흙이 있는 아래쪽으로 방향을 틀며 자라기 시작한다. 원뿌리는 점차 밑으로 길게 자라서 흙을 뚫고 깊이 들어가서 물과 양분을 흡수하기 시작한다. 떡잎 속에서는 잎과 줄기로 자랄 어린 눈이 만들어지고 있다.

본잎

떡잎

밑으로 길게 자라는 원뿌리

강낭콩 새싹 떡잎의 양분으로 자란 본잎은 넓은잎을 활짝 펼치고 광합성(光合成)을 통해 스스로 양분을 만들어 자란다.

＊휴면(休眠), dormancy / 싹트기[발아(發芽), germination]

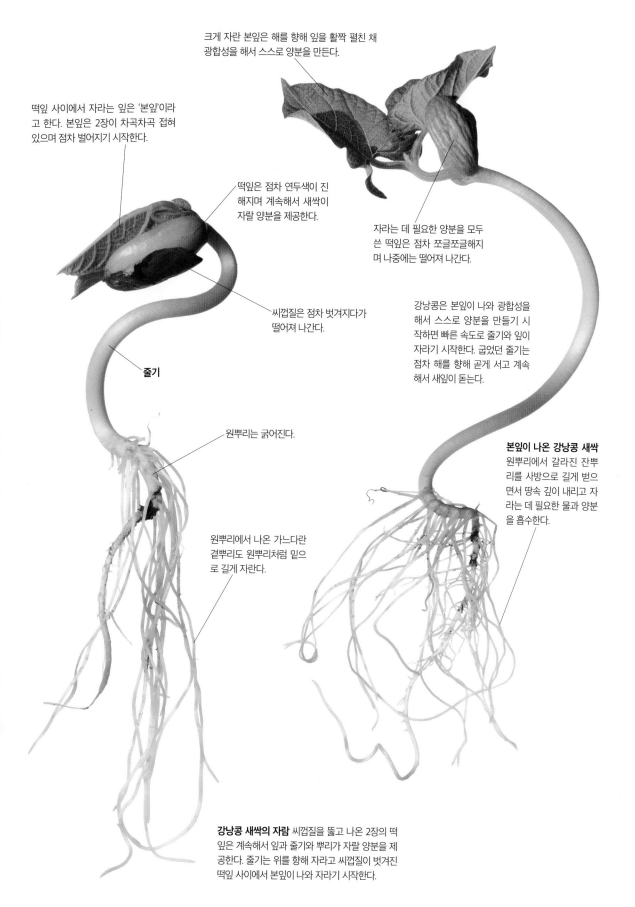

크게 자란 본잎은 해를 향해 잎을 활짝 펼친 채 광합성을 해서 스스로 양분을 만든다.

떡잎 사이에서 자라는 잎은 '본잎'이라고 한다. 본잎은 2장이 차곡차곡 접혀 있으며 점차 벌어지기 시작한다.

떡잎은 점차 연두색이 진해지며 계속해서 새싹이 자랄 양분을 제공한다.

자라는 데 필요한 양분을 모두 쓴 떡잎은 점차 쪼글쪼글해지며 나중에는 떨어져 나간다.

씨껍질은 점차 벗겨지다가 떨어져 나간다.

강낭콩은 본잎이 나와 광합성을 해서 스스로 양분을 만들기 시작하면 빠른 속도로 줄기와 잎이 자라기 시작한다. 굽었던 줄기는 점차 해를 향해 곧게 서고 계속해서 새잎이 돋는다.

줄기

원뿌리는 굵어진다.

본잎이 나온 강낭콩 새싹
원뿌리에서 갈라진 잔뿌리를 사방으로 길게 뻗으면서 땅속 깊이 내리고 자라는 데 필요한 물과 양분을 흡수한다.

원뿌리에서 나온 가느다란 곁뿌리도 원뿌리처럼 밑으로 길게 자란다.

강낭콩 새싹의 자람 씨껍질을 뚫고 나온 2장의 떡잎은 계속해서 잎과 줄기와 뿌리가 자랄 양분을 제공한다. 줄기는 위를 향해 자라고 씨껍질이 벗겨진 떡잎 사이에서 본잎이 나와 자라기 시작한다.

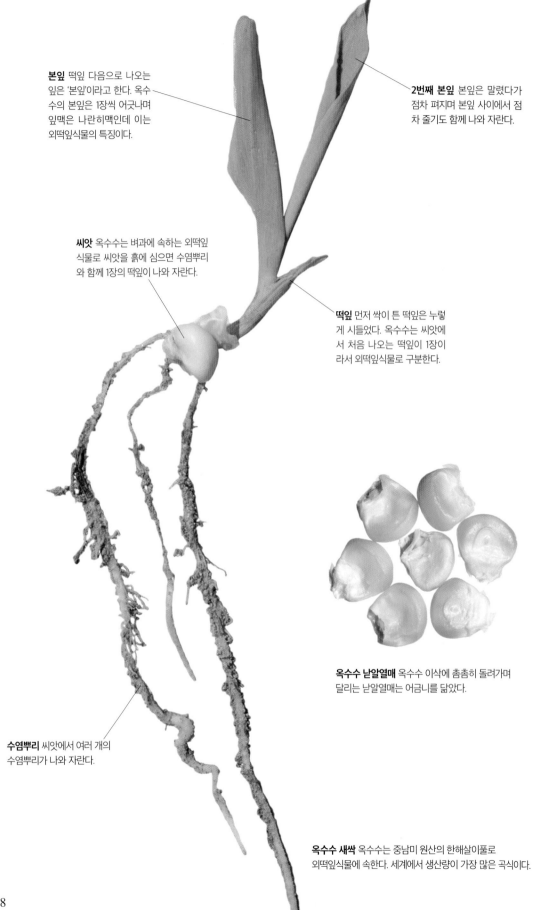

본잎 떡잎 다음으로 나오는 잎은 '본잎'이라고 한다. 옥수수의 본잎은 1장씩 어긋나며 잎맥은 나란히맥인데 이는 외떡잎식물의 특징이다.

2번째 본잎 본잎은 말렸다가 점차 펴지며 본잎 사이에서 점차 줄기도 함께 나와 자란다.

씨앗 옥수수는 벼과에 속하는 외떡잎식물로 씨앗을 흙에 심으면 수염뿌리와 함께 1장의 떡잎이 나와 자란다.

떡잎 먼저 싹이 튼 떡잎은 누렇게 시들었다. 옥수수는 씨앗에서 처음 나오는 떡잎이 1장이라서 외떡잎식물로 구분한다.

옥수수 낟알열매 옥수수 이삭에 촘촘히 돌려가며 달리는 낟알열매는 어금니를 닮았다.

수염뿌리 씨앗에서 여러 개의 수염뿌리가 나와 자란다.

옥수수 새싹 옥수수는 중남미 원산의 한해살이풀로 외떡잎식물에 속한다. 세계에서 생산량이 가장 많은 곡식이다.

봄에 싹이 트는 씨앗

사계절이 뚜렷한 온대 지방에서는 가을에 씨앗이 여무는 식물이 많다. 가을에 땅에 떨어진 씨앗은 땅에 떨어진 채 추운 겨울을 난다. 봄이 되어 기온이 올라가면 겨우내 움추리고 있던 씨앗이 흙을 뚫고 새싹을 내밀며 자라기 시작한다.

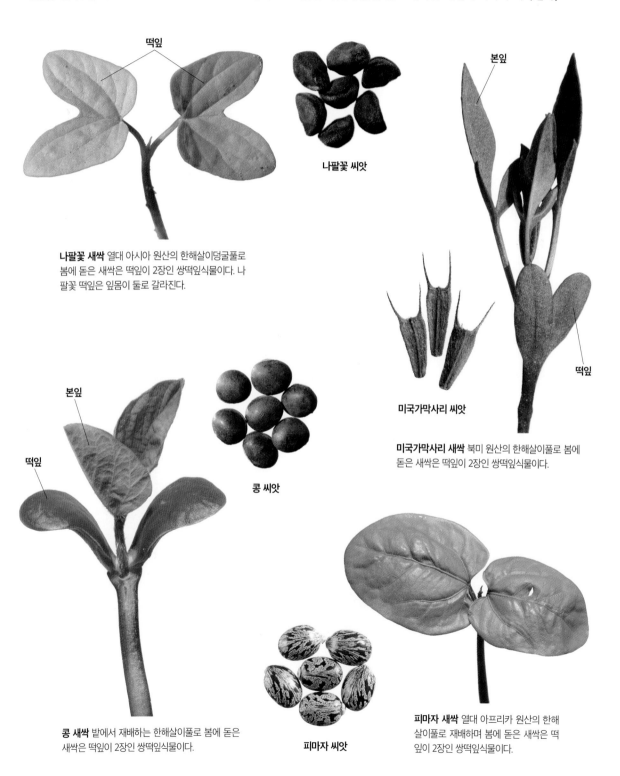

나팔꽃 씨앗

본잎

떡잎

나팔꽃 새싹 열대 아시아 원산의 한해살이덩굴풀로 봄에 돋은 새싹은 떡잎이 2장인 쌍떡잎식물이다. 나팔꽃 떡잎은 잎몸이 둘로 갈라진다.

미국가막사리 씨앗

떡잎

미국가막사리 새싹 북미 원산의 한해살이풀로 봄에 돋은 새싹은 떡잎이 2장인 쌍떡잎식물이다.

본잎

떡잎

콩 씨앗

콩 새싹 밭에서 재배하는 한해살이풀로 봄에 돋은 새싹은 떡잎이 2장인 쌍떡잎식물이다.

피마자 씨앗

피마자 새싹 열대 아프리카 원산의 한해살이풀로 재배하며 봄에 돋은 새싹은 떡잎이 2장인 쌍떡잎식물이다.

가을에 싹이 트는 씨앗

풀 중에는 가을에 싹이 터서 겨울을 나는 것이 있다. 이 풀들은 모진 겨울 바람과 추위를 견디기 위해 뿌리에서 모여난 잎을 땅바닥에 납작하게 방석처럼 펼치고 겨울을 난다. 이런 모습이 장미꽃잎이 사방으로 벌어진 모습과 비슷해서 '로제트식물'이라고 한다. 이렇게 싹이 튼 채 겨울 추위를 이겨 내면 이른 봄에 뿌리잎 가득 햇빛을 받고 남보다 먼저 자라 꽃을 피울 수 있다.

꽃다지 씨앗

가을에 싹이 터서 자란 뿌리잎은 장미꽃잎처럼 사방으로 펼쳐져서 '로제트식물'이라고 한다.

잎 모양 뿌리잎은 긴 타원형이며 짧은 털이 빽빽하고 가장자리에 몇 개의 톱니가 있다.

이른 봄이면 가운데 부분의 작은 뿌리잎 사이에서 줄기가 나와 노란색 꽃이 모여 핀다.

꽃다지 뿌리잎 두해살이풀로 뿌리잎을 펼친 모양이 장미꽃과 비슷해서 '로제트식물'이라고도 한다. 이른 봄에 뿌리잎을 캐서 나물로 먹는다.

냉이 씨앗

봄맞이 씨앗

냉이 뿌리잎 두해살이풀로 가을에 싹이 튼 뿌리잎은 로제트 모양으로 땅바닥에 붙이고 겨울을 난다. 봄에 뿌리째 캐서 나물로 먹는다.

봄맞이 뿌리잎 들과 산기슭에서 자라는 한두해 살이풀로 가을에 싹이 튼 뿌리잎 사이에서 이른 봄에 가는 꽃줄기가 나와 흰색 꽃이 모여 핀다.

배암차즈기 씨앗

쇠별꽃 씨앗

배암차즈기 뿌리잎 두해살이풀로 봄에 뿌리잎 사이에서 30~70㎝ 높이로 줄기가 곧게 자란다.

쇠별꽃 뿌리잎 길가나 밭둑에서 자라는 두해~여 러해살이풀로 가을에 싹이 튼 뿌리잎 사이에서 자란 줄기에 봄에 흰색 꽃이 핀다.

애기똥풀 씨앗

달맞이꽃 씨앗

애기똥풀 뿌리잎 두해살이풀로 줄기를 자르면 나오는 노란색 즙이 아기 똥 같다고 '애기똥풀'이라고 한다.

달맞이꽃 뿌리잎 두해살이풀로 가을에 싹이 튼 뿌 리잎이 바닥을 덮고 자라며 다음 해 여름에 뿌리잎 사이에서 자란 줄기 윗부분에 노란색 꽃이 핀다.

씨앗의 역할

무궁화 열매는 가을에 익으면 5갈래로 갈라져 벌어지면서 긴 털이 달린 씨앗을 바람을 이용해 퍼뜨린다. 열매 중에는 활짝 벌어지지 못해 씨앗이 날아가지 못하고 남아 있는 것도 있다. 열매에 남아 있던 씨앗은 장마철에 빗물을 흠뻑 머금게 되자 싹이 터서 자라기 시작했다. 열매 안에서는 새싹이 제대로 자랄 수 없는 것이 분명하지만 조건만 맞으면 싹을 틔우는 것이 씨앗의 역할이자 운명이다. 씨앗이 가득한 환삼덩굴 열매가 씨앗을 퍼뜨리지 못하고 열매송이가 그대로 땅에 떨어지면 다음 해 봄에 한자리에서 많은 새싹이 돋아난다. 좁은 땅에서 물과 양분과 햇빛을 얻기 위해 서로 경쟁하며 살아야 하기 때문에 이 또한 모두가 제대로 자랄 수 없는 운명이다.

4월의 환삼덩굴 새싹 씨앗이 가득 든 채로 땅에 떨어진 환삼덩굴 열매는 4월에 한자리에서 많은 새싹이 돋아났다.

떡잎

본잎

먼저 벌어진 옆의 열매조각
이 닿아서 미는 바람에 열
매가 활짝 벌어지지 못하고
씨앗이 남았다.

옆의 씨앗도 빗
물에 젖자 싹이
트기 시작했다.

무궁화 열매는 가을에 잘 익으면
5갈래로 갈라져 활짝 벌어지면서
씨앗이 바람에 날려 퍼진다.

남아 있는 씨앗이 장마철 빗물에
흠뻑 젖으면서 연두색 싹이 텄다.

7월의 무궁화 묵은 열매

무궁화 씨앗 열매가 벌어지면 씨앗은 둘레에
긴 털이 많아서 바람에 날려 퍼진다.

반쯤 벗겨지고 남은
열매껍질

벗겨진 열매껍질
속의 씨앗

열매껍질에
둘러싸인 여윈열매

환삼덩굴 여윈열매 얇은 열매
껍질에 싸인 둥근 씨앗은 흔
히 새가 먹어서 퍼뜨린다.

벼는 줄기 끝에 달리는 이삭에 타원형의 낟알열매가 촘촘히 달린다. 잘 익은 벼이삭은 누렇게 변하며 무게 때문에 점차 고개를 숙인다.

아시아인의 주식 벼

벼는 우리나라를 포함한 대부분의 아시아 사람이 먹는 곡식으로 세계 인구의 절반 정도가 주식(主食)으로 하는 중요한 작물이다. 지금은 옥수수 다음으로 많이 생산되지만 몇 해 전까지도 세계에서 가장 많이 생산되는 작물이었다. 벼는 선사 시대부터 재배되었으며 충북 소로리에서 출토된 볍씨는 탄소 연대 측정 결과 1만 2,500년 전의 것으로 확인되어 가장 오래된 볍씨임이 밝혀졌다. 벼는 못자리에 볍씨를 파종하여 어린 모를 기른 다음 논에 물을 대고 모내기를 해서 기르는 품이 많이 드는 작물이지만 단위 면적당 소출량이 많아서 벼 농사 지역은 인구가 많다.

벼의 낟알열매는 원래 기다란 까끄라기가 있었지만 근래에 재배되는 품종은 까끄라기가 퇴화되어 없어진 것이 많다.

낟알열매가 싹이 터서 뿌리가 조금 자랐다.

싹이 튼 낟알열매 흔히 '볍씨'라고도 부르며 열매껍질은 속에 든 씨앗과 단단히 붙어 있어서 벗기기가 어렵다. 벼의 낟알열매는 방앗간에서 껍질을 벗기는 공정을 통해 쌀을 만든다.

벼이삭 원뿔꽃차례는 그대로 열매이삭으로 변한다. 벼는 오곡의 하나이다.

현미 볍씨의 깍지인 왕겨를 벗겨 낸 것을 '현미'라고 한다. 쌀눈이 붙어 있는 현미는 쌀보다 영양분이 풍부하지만 소화가 잘 안되고 거칠어서 잘 먹지 않는다.

쌀눈

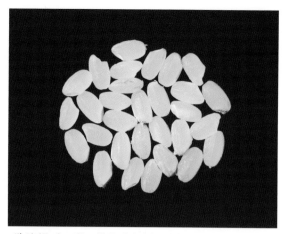

쌀 현미를 싸고 있는 겨층을 벗겨 내면 우리가 먹는 쌀이 되는데 색깔이 희어서 '백미(白米)'라고도 한다. 영양분이 현미보다는 적지만 밥이 부드러워서 가장 많이 먹는다.

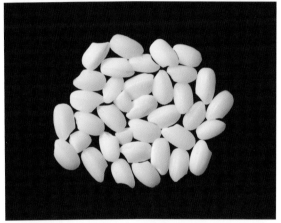

찹쌀 벼의 한 품종인 찰벼에서 나는 쌀을 '찹쌀'이라고 하며 밥을 지으면 차지고 소화가 잘된다. 쌀알이 반투명한 쌀과 달리 쌀알이 유백색이라서 구분이 된다.

흑미 벼의 한 품종으로 쌀알이 진갈색, 붉은색, 검은색을 띠지만 밥을 지으면 진보라색이 되며 쌀도 함께 물이 든다. 흑미는 쌀눈이 붙어 있어서 영양분이 풍부하다.

벼 꽃이삭 여름에 줄기 끝에 달리는 원뿔꽃차례는 곧추서며 바람이 꽃가루받이를 돕는다.

벼 어린 열매이삭 꽃이삭 모양대로 열린 열매이삭은 무게 때문에 점차 처지기 시작한다.

벼 익은 열매이삭 누렇게 익은 열매이삭은 무게 때문에 둥글게 휘어진다.

흑미 어린 열매이삭 벼의 한 품종으로 열매이삭과 쌀의 색깔이 검은빛이 돈다.

곡식

사람들이 식량으로 이용하는 씨앗을 '곡식' 또는 '곡물'이라고 한다. 예전에는 사람들이 주식(主食)으로 이용하는 벼와 밀을 세계 2대 식량 작물이라고 하였다. 하지만 옥수수의 생산량이 계속 늘어나면서 지금은 옥수수의 생산량이 가장 많아져서 벼, 밀, 옥수수를 세계 3대 식량 작물이라고 한다. 동양에서는 주식으로 이용하는 벼 이외의 곡식은 통틀어 '잡곡'이라고 한다. 우리나라에서는 콩 종류도 곡식으로 다룬다.

강낭콩 기다란 꼬투리열매 속의 씨앗은 밥에 넣어 먹거나 떡이나 과자를 만드는 데 넣는다.

완두콩 납작한 꼬투리열매 속의 씨앗은 밥에 넣어 먹거나 떡이나 과자를 만드는 데 넣는다.

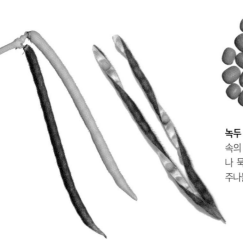

녹두 기다란 꼬투리열매 속의 씨앗으로 빈대떡이나 묵을 만들어 먹고 숙주나물을 길러 먹는다.

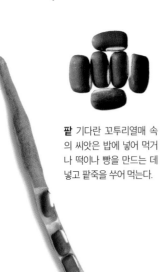

팥 기다란 꼬투리열매 속의 씨앗은 밥에 넣어 먹거나 떡이나 빵을 만드는 데 넣고 팥죽을 쑤어 먹는다.

콩 오곡의 하나로 꼬투리열매 속의 씨앗으로 두부, 메주, 콩기름을 만들고 콩나물을 키워 먹는다. 씨앗으로 기름을 짜서 식용한다.

검정동부 씨앗

동부 기다란 꼬투리열매 속의 씨앗은 흰색, 녹색, 갈색, 검은색 등으로 다양하며 밥에 넣어 먹거나 떡을 만드는 데 넣는다.

446

*곡식(穀食)[곡물(穀物), cereals]

수수 씨앗은 쌀과 함께 밥을 지어 먹거나 수수 팥떡을 해 먹는다.

옥수수 수염이 달린 열매는 익으면 간식으로 쪄서 먹거나 밥에 넣어 먹는다. 가축 사료도 널리 이용한다. 세계에서 가장 생산량이 많은 작물이다.

기장 오곡의 하나로 자잘한 씨앗은 좁쌀보다 약간 크다. 쌀과 함께 밥을 지어 먹고 떡을 만들어 먹으며 가축 사료로도 이용한다. 오곡은 우리나라에서 예로부터 중요하게 여긴 다섯 가지 곡식으로 벼, 보리, 콩, 조, 기장을 일컫는다.

조 오곡의 하나로 껍질을 벗긴 씨앗을 '좁쌀'이라고 하며 쌀과 함께 밥을 지어 먹고 차를 끓여 마신다.

보리 오곡의 하나로 쌀과 섞어서 밥을 지어 먹고 보리차를 끓여 마신다.

밀 씨앗으로 가루를 낸 밀가루는 빵이나 음식 재료로 널리 이용한다. 옥수수, 벼와 함께 세계 3대 식량 작물에 속한다.

독이 있는 씨앗

식물의 씨앗은 싹이 트는 데 필요한 양분을 씨젖이나 떡잎 등에 저장하고 있기 때문에 사람이나 동물의 중요한 식량 자원이 된다. 특히 견과류 등의 씨앗은 지방과 단백질을 비롯한 여러 영양소가 풍부해서 건강 식품으로 각광받고 있다. 하지만 식물 중에는 씨앗을 보호하기 위해 독성분을 함유하고 있는 것들도 있으므로 아무 씨앗이나 먹지 않도록 주의해야 한다. 특히 과일을 먹을 때 무심코 씨앗도 함께 씹어 먹는 경우가 있는데 조심하는 것이 좋다.

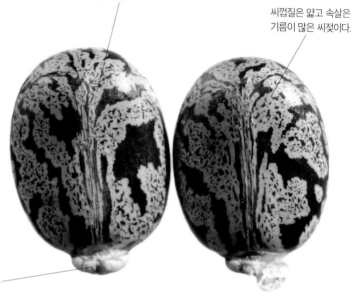

타원형 씨앗은 회색~은색~연갈색을 띠며 진갈색 얼룩 무늬와 광택이 있는 것이 대리석과 비슷하다.

씨껍질은 얇고 속살은 기름이 많은 씨젖이다.

씨혹 씨앗의 배꼽 부분에 생기는 작은 돌기는 '씨혹'이라고 한다.

피마자 씨앗 얼룩덜룩한 피마자 씨앗에는 '리신'이라는 유독 성분이 들어 있어서 먹으면 구토와 설사, 환각과 경련 등을 일으키며 심한 경우 사망할 수도 있다. 씨앗으로 짠 기름은 설사약으로 쓰거나 공업 원료로 쓴다.

복숭아나무 씨앗 단면 열매는 맛있는 과일이지만 단단한 껍질 속의 씨앗에는 '청산배당체'라고 하는 독성분이 있으므로 먹지 않는 것이 좋다.

매실나무 씨앗 열매를 발효시켜서 매실차 등을 만들어 마시는데 씨앗에는 '청산배당체'라고 하는 독성분이 있으므로 씨앗은 빼고 담그는 것이 좋다.

살구나무 씨앗 열매는 맛있는 과일로 먹지만 단단한 껍질 속의 씨앗에는 '청산배당체'라고 하는 독성분이 있으므로 먹지 않도록 주의해야 한다.

＊씨혹[종침(種枕), 종부(種阜), caruncle]

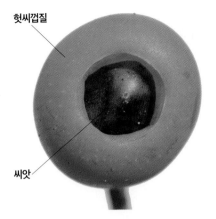

헛씨껍질

씨앗

주목 열매와 씨앗 붉게 익는 열매살은 헛씨껍질로 단맛이 나며 먹을 수 있지만 씨앗은 '탁신'이라는 유독 성분이 들어 있어서 먹으면 호흡 곤란이나 경련 등을 일으키고 심하면 사망할 수 있다.

적자색 씨앗은 둥근 달걀 모양이며 광택이 있다.

주목 씨앗은 '탁신'이라는 독성분이 있어 먹으면 위험하다.

왕벚나무 씨앗 버찌 열매는 맛있게 따 먹지만 씨앗에는 '청산배당체'라고 하는 독성분이 있으므로 먹지 않는 것이 좋다.

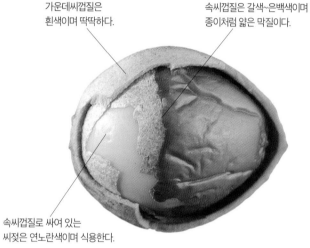

가운데씨껍질은 흰색이며 딱딱하다.

속씨껍질은 갈색~은백색이며 종이처럼 얇은 막질이다.

속씨껍질로 싸여 있는 씨젖은 연노란색이며 식용한다.

은행나무 씨앗 단면 단단한 가운데씨껍질을 깨면 나오는 씨젖은 구워 먹거나 쪄 먹지만 독성분이 있으므로 많이 먹지 않도록 해야 한다.

나팔꽃 씨앗 씨앗에는 '에르골린 알카로이드'라는 독성 물질이 들어 있어서 먹으면 동공 확대, 수전증, 혈압 상승 등의 부작용이 있다.

사과나무 씨앗 열매는 맛있는 과일이지만 씨앗에는 '청산배당체'라고 하는 독성분이 있으므로 먹지 않는 것이 좋다.

유동 씨앗 열매 속에는 3개의 씨앗이 들어 있으며 씨앗에서 짠 기름을 '동유(桐油)'라고 한다. 씨앗에는 독성분이 있어서 기름은 공업용으로 사용한다.

기는줄기로 번식하는 식물

씨앗은 보통 딴꽃가루받이에 의해 만들어지기 때문에 유전적으로 어미그루와는 조금씩 다른 특성을 지니게 된다. 이런 번식 방법을 '유성번식'이라고 한다. 반면에 씨앗이 아닌 어미그루의 몸의 일부를 이용해서 새로운 개체인 새끼그루를 만들어 내면 어미그루와 유전적으로 똑같은 식물을 복제할 수 있다. 이와 같이 똑같은 새끼그루를 만드는 번식 방법을 '영양번식'이라고 한다. 똑같은 식물을 계속 복제할 수 있는 영양번식은 농사를 짓는 농부나 화초를 기르는 정원사가 아름다운 꽃이나 맛있는 열매를 가진 특성이 우수한 식물을 계속 불려 나가는 데 매우 유용하다.

기는줄기

잎 모양 뿌리잎은 세겹잎이며 작은잎은 네모진 달걀 모양이고 가장자리에 톱니가 있다.

마디에서 잎이 모여나고 뿌리를 내리면서 자라면 다시 새로운 기는줄기를 내서 새끼그루를 만든다. 새끼그루가 점차 자라면 꽃이 피고 열매를 맺는 새로운 어미그루가 된다.

*기는줄기[포복경(匍匐莖), 포복지(匍匐枝), creeping stem, stolon, runner] / 새끼그루[자주(子株), 자묘(子苗), daughter plant] / 어미그루 [모주(母株), 친주(親株), 친묘(親苗), mother plant]

잎은 다육질이며 암자색 무늬가 있고 가장자리에 물결 모양의 톱니가 있다.

어미그루의 잎

기는줄기 끝에서 새로운 개체인 새끼 그루가 자란다. 새끼그루는 어미그루 와 유전적으로 똑같이 복제된 그루로 '영양번식'이라고 한다.

기는줄기는 점차 밑으로 처진다.

새끼그루는 땅에 닿으면 뿌리를 내린 다. 이처럼 새끼그루가 옆으로 벋어 나가면서 자라서 거접련의 영어 이름 은 'Walking Kalanchoe'라고 한다.

거접련(칼란코에 신세파라) 마다가스카르 원산의 다육식물로 어미그루의 잎 사이 에서 길게 자란 기는줄기 끝에 새로운 싹이 자라는데 이 싹이 땅에 닿으면 뿌 리를 내리고 새끼그루로 자란다.

기는줄기 줄기가 위로 높이 자라는 일반적인 식물의 줄기와 달리 마디 에서 나오는 줄기가 땅과 수평으로 벋어서 '기는줄기'라고 한다.

새로운 마디에서 잎이 모여났다.

기는줄기로 번식하는 딸기 딸기는 기는줄기를 이용해 번 식한다. 기는줄기는 옆으로 벋으면서 마디에서 새로운 싹 과 뿌리가 나와 새로운 포기로 자라는데 이와 같은 번식 방법을 '영양번식'이라고 한다. 영양번식을 통해 자란 새 로운 포기는 '새끼그루'라고 한다.

새끼그루 기는줄기 끝에서 잎과 뿌리가 나와 새로운 개체인 새끼 그루로 자라고 있다.

마디에서 뿌리가 내린다.

*유성번식(有性繁殖)[유성생식(有性生殖), sexual reproduction, syngenesis] / 영양번식(營養繁殖)[영양생식(營養生殖), vegetative reproduction]   451

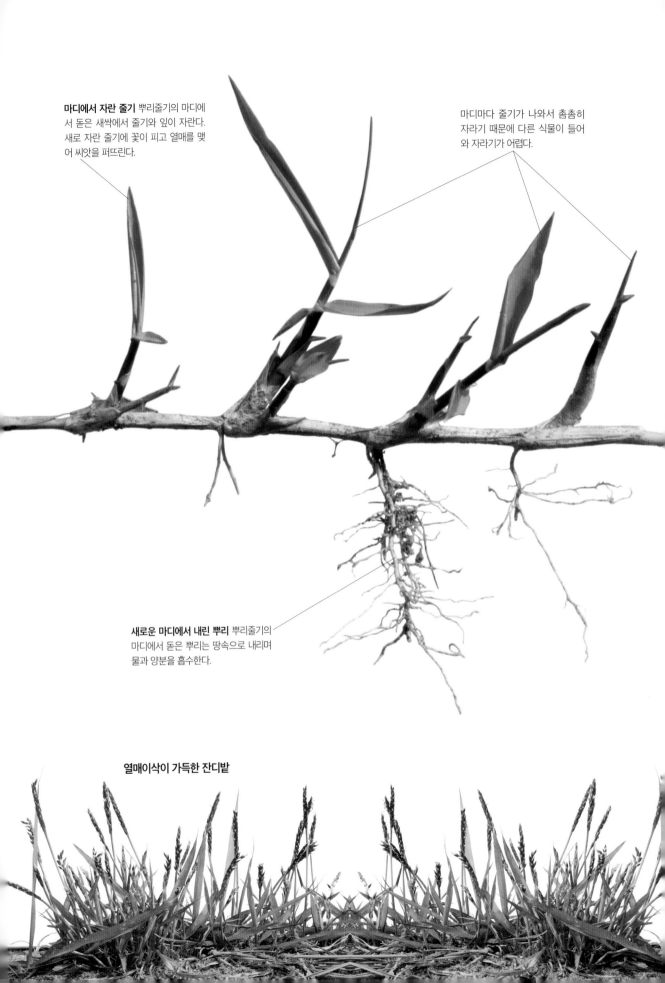

마디에서 자란 줄기 뿌리줄기의 마디에서 돋은 새싹에서 줄기와 잎이 자란다. 새로 자란 줄기에 꽃이 피고 열매를 맺어 씨앗을 퍼뜨린다.

마디마다 줄기가 나와서 촘촘히 자라기 때문에 다른 식물이 들어와 자라기가 어렵다.

새로운 마디에서 내린 뿌리 뿌리줄기의 마디에서 돋은 뿌리는 땅속으로 내리며 물과 양분을 흡수한다.

열매이삭이 가득한 잔디밭

뿌리줄기로 번식하는 식물

양지쪽 풀밭에서 자라는 잔디는 땅속에서 옆으로 뿌리줄기가 번으면서 땅위로 줄기가 나오고 땅속으로 뿌리를 내려가며 퍼져 나간다. 뿌리줄기의 일부는 땅위를 기며 번기도 한다. 잔디처럼 뿌리줄기를 번어 퍼져 나가는 식물에는 대나무, 연꽃 등이 있다.

옆으로 계속 번어 나가는 뿌리줄기 뿌리줄기는 얕은 땅속에서 옆으로 기며 퍼져 나가 잔디만이 무성하게 자라는 잔디밭을 만든다.

마디에서 돋은 새싹

낱알열매 잔디의 열매이삭에는 자잘한 낱알열매가 촘촘히 돌려가며 붙는다. 낱알열매가 땅에 떨어져 번식하기도 한다.

떼를 입히기 위해 맨땅에 쌓아 놓은 떼장 잔디의 뿌리줄기와 흙이 붙어 있는 상태로 떼어 낸 조각을 '떼' 또는 '떼장'이라고 한다. 떼를 입히면 땅에 뿌리를 내리고 뿌리줄기가 번으면서 바닥을 완전히 덮어 잔디밭을 만든다.

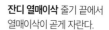

잔디 열매이삭 줄기 끝에서 열매이삭이 곧게 자란다.

덩이줄기 등으로 번식하는 식물

영양번식을 하는 식물은 딸기와 잔디 이외에도 많이 있다. 우리가 즐겨 먹는 감자는 땅속의 덩이줄기인데 봄이 되면 덩이줄기에서 싹이 터서 새로운 식물로 자란다. 마늘은 땅속에 비늘줄기가 만들어지는데 봄이 되면 비늘줄기의 마늘쪽 하나하나가 싹이 터서 자란다. 감자와 함께 즐겨 먹는 고구마는 땅속에 덩이뿌리가 많이 생기는데 봄이 되면 덩이뿌리에서 싹이 터서 새로운 식물로 자란다. 식물은 여러 부위에서 영양번식을 하며 자손을 퍼뜨린다.

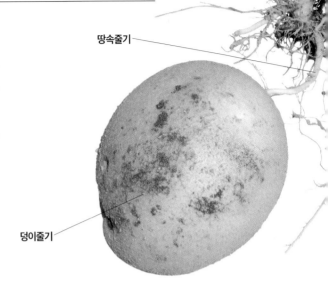

땅속줄기

덩이줄기

감자 덩이줄기 덩이줄기는 땅속줄기가 양분을 저장해서 만들어지며 봄이 되면 싹이 터서 자란다. 감자는 덩이줄기로 영양번식을 한다.

감자 덩이줄기 덩이줄기인 감자는 싹이 터 자랄 양분이 충분하기 때문에 봄에 씨앗 대신 심으면 새싹이 돋아 자란다.

감자의 새싹에도 솔라닌이 생기므로 절대 먹지 않도록 해야 한다.

감자는 눈마다 싹이 트기 때문에 감자를 심을 때는 눈을 따라 나누어 심는다.

싹이 튼 감자 덩이줄기 감자는 햇빛을 받으면 녹색으로 변하면서 '솔라닌'이라는 독성 물질이 생기므로 절대 먹지 않도록 해야 한다.

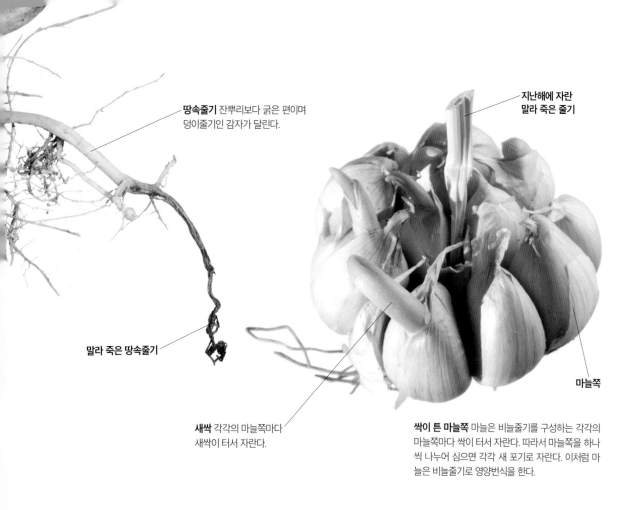

땅속줄기 잔뿌리보다 굵은 편이며 덩이줄기인 감자가 달린다.

지난해에 자란 말라 죽은 줄기

말라 죽은 땅속줄기

마늘쪽

새싹 각각의 마늘쪽마다 새싹이 터서 자란다.

싹이 튼 마늘쪽 마늘은 비늘줄기를 구성하는 각각의 마늘쪽마다 싹이 터서 자란다. 따라서 마늘쪽을 하나 씩 나누어 심으면 각각 새 포기로 자란다. 이처럼 마 늘은 비늘줄기로 영양번식을 한다.

새싹에 양분을 제공한 덩이뿌리는 점차 우글쭈글해진다.

고구마도 감자처럼 덩이뿌리 의 눈마다 싹이 터서 자란다. 고구마는 덩이뿌리에서 싹이 터서 영양번식을 한다.

싹이 튼 줄기를 잘라 꺾꽂 이를 하면 뿌리가 내리며 새 로운 개체로 자란다.

수경 재배한 고구마 덩이뿌리 고구마를 물이 담긴 그릇에 담가 놓으면 싹이 터서 자라는 모습이 보기 좋은데 이를 '수경 재배'라고 한다.

뿌리에서 자라는 덩이뿌리

고구마 덩이뿌리 고구마는 뿌리의 일부가 비대해 진 것으로 '덩이뿌리'라고 한다.

참나리 번식

참나리는 산과 들의 풀밭에서 자라는 여러해살이풀로 여름에 고개를 숙이고 피는 황적색 꽃은 꽃덮이조각 안쪽에 흑자색 반점이 많아서 눈에 잘 띈다. 참나리는 잎 겨드랑이에 둥근 흑자색 물체가 자라는 것을 볼 수 있는데 흔히 '살눈'이라고 한다. 참나리의 살눈은 겨드랑눈의 비늘조각(잎)이 양분을 저장해서 살이 많아진 형태로 비늘눈으로 구분하기도 한다. 반면에 마(p.461)의 줄기에 생기는 살눈은 줄기가 비대해져서 생긴 살눈이다.

참나리 꽃 여름에 고개를 숙이고 피는 황적색 꽃은 6장의 꽃덮이조각에 흑자색 반점이 많다.

잎 칼 모양의 잎은 줄기에 서로 어긋난다.

살눈 줄기 윗부분의 잎겨드랑이마다 둥근 흑자색 살눈이 생긴다.

줄기 둥근 줄기는 흑자색이 돌고 진한 흑자색 점이 있다.

참나리의 살눈은 잎겨드랑이에 생기는 겨드랑눈의 비늘조각이 양분을 저장해서 둥근 모양으로 살이 많아진 형태로 비늘눈으로 구분하기도 한다. 땅속의 비늘줄기와 구조가 비슷하다.

참나리 줄기의 살눈 줄기의 잎겨드랑이마다 살눈이 자라고 있다.

*살눈[주아(珠芽), bulbil] / 겨드랑눈[액아(腋芽), axillary bud]

뿌리

참나리 싹이 튼 살눈 살눈은 잎겨드랑이에 달린 채로 뿌리가 돋기 시작한 모습이 열대에서 자라는 맹그로브의 태생종자를 닮았다. 살눈이 땅에 떨어지면 뿌리가 바로 땅속으로 내린다.

양분을 저장한 잎이 변한 비늘조각

참나리 살눈 세로 단면 참나리의 살눈은 잎이 변한 비늘조각이 포개져 있는 형태로 땅속의 알뿌리(비늘줄기)와 생김새와 구조가 비슷하다. 양파의 비늘줄기를 쪼갠 모양과 비슷하다.

길게 자라는 뿌리

참나리 뿌리가 자라는 살눈 땅에 떨어진 살눈에서 자라는 뿌리는 점차 주름이 지면서 수축해서 살눈을 땅속으로 끌어들여서 알뿌리처럼 땅에 묻혀 겨울을 나게 해 준다. 봄이 되면 땅에 묻힌 살눈에서 싹이 터서 줄기와 잎이 자라기 시작한다.

참나리 열매 드물게 열매가 열려서 자라기도 하지만 익어도 잘 벌어지지 않으며 속에 든 납작한 씨앗은 싹이 트지 못하는 불임성이 대부분이다.

산달래 살눈

살눈

산달래는 산과 들의 풀밭에서 자라는 여러해살이풀로 5~6월에 가느다란 줄기 끝의 우산꽃차례에 연분홍색~흰색 꽃이 둥글게 모여 핀다. 꽃송이에는 꽃과 함께 꽃이 되어야 할 세포가 알뿌리와 비슷하게 변한 살눈이 함께 섞여 있는 것이 특징이다. 꽃과 살눈의 분포는 꽃송이마다 제각기 다르다. 살눈은 점차 자갈색으로 변하며 촘촘히 모여 달려 돌기가 많은 철퇴 모양이 된다.

산달래 살눈 자갈색 살눈이 촘촘히 모여 달린 모습은 철퇴를 닮았다.

꽃봉오리 꽃봉오리가 벌어진 꽃의 꽃덮이조각은 6장이다.

꽃봉오리의 일부는 살눈으로 변한다. 살눈은 꽃덮이조각처럼 진보라색 줄이 있다.

꽃자루는 길지만 살눈은 자루가 없다.

살눈은 점차 자갈색으로 변하며 꽃보다 먼저 성숙한다. 논밭 주변에서 자라는 산달래는 꽃이 없이 살눈만 달고 있는 개체가 많은데 농부가 자주 벌초를 하기 때문에 꽃보다 먼저 성숙하는 살눈을 만드는 것이 유리하기 때문인 것으로 보인다.

산달래 꽃봉오리 꽃이삭에는 꽃봉오리와 함께 꽃봉오리가 변한 살눈이 섞여 있다.

꽃봉오리 꽃송이에서 하나의 연노란색 꽃봉오리가 얼굴을 내밀었다.

살눈 이 꽃송이는 꽃봉오리의 대부분이 살눈으로 변했다. 새끼꿩의비름도 산달래처럼 꽃봉오리의 일부가 살눈으로 변한다.

살눈 새끼꿩의비름은 꽃송이뿐만 아니라 참나리처럼 잎겨드랑이에도 살눈이 달린다.

잎 줄기에 마주나거나 3장씩 돌려나는 잎은 육질이고 가장자리는 밋밋하거나 둔한 톱니가 있다.

새끼꿩의비름 꽃차례 산에서 자라는 여러해살이풀로 8~9월에 줄기 끝과 잎겨드랑이에 연노란색 꽃송이가 달린다.

꽃 모양 연노란색 꽃부리는 5개로 깊게 갈라지며 열매를 잘 맺는다.

수술 수술은 10개이고 꽃부리 밖으로 살짝 나오며 꽃밥은 노란색이다.

꽃받침조각은 꽃부리와 색깔이 비슷하다.

살눈 꽃자루에도 살눈이 촘촘히 달린다.

새끼꿩의비름 꽃차례 부분

작은잎 반하 잎은 세겹잎이며 작은잎은 타원형~좁은 피침형이고 가장자리가 밋밋하다.

살눈 잎자루와 작은잎이 만나는 부분에 생기는 동그스름한 살눈은 갈색이며 땅에 떨어지면 싹이 터서 새로운 개체로 자란다.

잎자루 가늘고 길며 끝에 3장의 작은잎이 붙는다.

반하 뿌리잎 땅속의 덩이줄기에서 1~2장이 나오는 뿌리잎은 세겹잎이며 기다란 잎자루와 작은잎이 만나는 부분에 살눈이 생긴다.

그 밖의 살눈으로
번식하는 식물

참나리나 산달래처럼 살눈으로 번식하는 식물은 많이 있다. 밭이나 길가에서 자라는 천남성과 여러해살이풀인 반하는 잎자루 끝부분이나 중간 부분에 살눈이 생긴다. 산과 들에서 자라는 여러해살이덩굴풀인 마는 잎겨드랑이에 육질의 둥그스름한 살눈이 생긴다. 논둑이나 산기슭에서 자라는 두해살이풀인 말똥비름은 잎겨드랑이에 보통 2쌍의 잎을 가진 살눈이 달린다. 마다가스카르 원산의 당나귀귀칼란코에는 말똥비름처럼 돌나물과에 속하는 다육식물로 땅바닥에 펼쳐지는 잎의 가장자리에 몇 쌍의 잎을 가진 살눈이 달리고 살눈은 뿌리를 내려 새로운 개체로 자란다. 당나귀귀칼란코에가 속하는 칼란코에속에는 잎 가장자리에 살눈이 달리는 종이 많이 있다.

반하 살눈 반하는 잎자루 중간 부분에 살눈이 생기기도 한다.

잎 마 잎은 마주나거나 돌려 나고 달걀형이며 끝이 뾰족하고 밑부분은 심장저이다.

단풍이 든 잎

살눈은 작은 돌기가 있으며 땅에 떨어지면 싹이 터서 새로운 개체로 자란다.

살눈 잎자루 밑부분의 줄기에 달리는 동그스름한 살눈은 줄기가 비대해져서 만들어진다.

마 살눈이 달린 줄기 동그스름한 살눈의 속살은 육질로 뿌리인 마와 맛과 씹는 느낌이 비슷하며 한약재로 쓰인다.

줄기

살눈 말똥비름의 잎겨드랑 이에 달리는 살눈은 보통 2쌍의 다육질 잎을 가진다.

잎 당나귀칼란코에의 두툼한 다육질 잎은 자주색 얼룩이 있으며 점차 밑으로 처진다.

살눈 잎 가장자리에 달리는 살눈은 몇 쌍의 다육질 잎을 가진다.

잎은 기다란 주걱 모양이며 육질이다.

말똥비름 살눈 다육식물로 잎겨드랑 이에 생기는 살눈은 땅에 떨어지면 싹이 터서 새로운 개체로 자란다.

당나귀칼란코에 살눈 관상용으로 기르는 다육식물로 잎 가장자리에 달리는 살눈은 뿌리를 내려 새로운 개체로 자란다.

홀씨로 번식하는 이끼식물

물속에서 살아가는 녹색말 중에서 땅에 적응해 육지로 올라와 자라기 시작한 최초의 식물을 '이끼식물'이라고 한다. 원시적인 이끼식물의 몸은 보통 잎 모양으로 생겨서 '엽상체'라고 부르며 점차 줄기와 잎이 구분되는 종으로 진화했다. 이끼식물의 뿌리는 물과 양분을 흡수하지 못하는 헛뿌리로 이끼식물은 물을 몸으로 흡수해야 하기 때문에 습한 곳에서 잘 자란다. 이끼식물은 아직 꽃이 발달하지 못하고 원시적인 씨앗이라고 할 수 있는 홀씨를 만들어 번식하기 때문에 고사리식물과 더불어 '홀씨식물' 또는 '민꽃식물'이라고도 한다. 대표적인 이끼식물로는 우산이끼와 솔이끼를 들 수 있다.

우산이끼

엽상체 몸 전체가 편평한 잎처럼 생기고 관다발이 없는 간단한 구조로 광합성을 한다.

수그루는 접시 모양이다.

우산이끼 수그루 뿌리, 줄기, 잎의 구별이 없이 몸 전체가 잎사귀처럼 생긴 엽상체이다. 암수딴그루로 엽상체에서 둥근 접시 모양의 수그루가 자란다.

접시 가장자리는 약간 높아서 물이 고인다.

우산이끼 수그루 납작한 수그루에서 만들어진 정자는 비가 내려 접시에 물이 고이면 헤엄쳐 나와 암그루의 난자와 만나 정받이가 이루어진다.

우산이끼 헛뿌리 이끼식물의 뿌리는 물과 양분을 흡수하지 못하고 몸을 지탱하는 역할만 하기 때문에 '헛뿌리'라고 한다.

*이끼식물[선태식물(蘚苔植物), bryophyta] / 홀씨식물[포자식물(胞子植物), sporophyte]

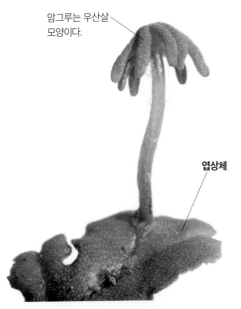

암그루는 우산살
모양이다.

엽상체

우산이끼 암그루 엽상체에서 우산살 모양의 암그루가
자란다.

무성아

우산이끼 무성아 우산이끼 엽상체 위의 둥근 컵 속에
무성아가 생기는데 물방울에 의해서 컵 속의 무성아가 퍼진다.

홀씨주머니가 터지
면서 노란색 홀씨가
바람에 날린다.

우산이끼 암그루 홀씨 정받이가
끝나면 암그루 밑부분에 홀씨주
머니가 자라 익으면 노란색 가루
모양의 홀씨가 바람에 날려 퍼진
다. 홀씨는 땅에 떨어지면 싹이
터서 새로운 개체로 자란다.

덮개 부분

솔이끼

수그루

솔이끼 수그루 줄기가 없는 우산이끼와 달리 줄기가
발달한다. 암수딴그루로 줄기 끝에서 수그루가 자란다.

솔이끼 암그루 암그루는 줄기 끝에
원통 모양의 홀씨주머니이삭이 긴
자루 끝에 달린다.

솔이끼 홀씨주머니이삭 원통형 이삭
이 성숙하면 꼭대기의 덮개가 떨어져
나가면서 홀씨가 바람에 날려 퍼진다.

*엽상체(葉狀體), thallus / 헛뿌리[가근(假根), rhizoid] / 무성아(無性芽), gemma

홀씨로 번식하는 쇠뜨기

고사리식물은 이끼식물처럼 홀씨를 만들어 번식하는 홀씨식물이자 민꽃식물이다. 고사리식물은 이끼식물과 달리 뿌리, 줄기, 잎의 구분이 뚜렷하다. 특히 뿌리로 빨아들인 물을 줄기를 통해 잎까지 보내는 관다발을 가지게 되었다. 그래서 고사리식물은 씨식물과 함께 관다발식물에 포함된다. 쇠뜨기는 원시적인 고사리식물로 봄이 되면 뿌리줄기에서 연갈색 줄기가 돋는데 홀씨를 퍼뜨리는 역할을 하기 때문에 '홀씨줄기'라고 한다. 홀씨줄기가 스러질 때쯤이면 녹색 줄기가 돋는데 햇빛을 받아 양분을 만들기 때문에 '영양줄기'라고 한다.

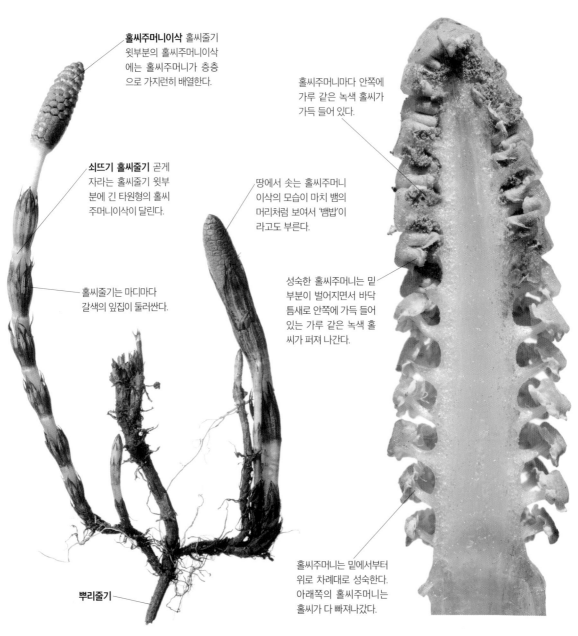

홀씨주머니이삭 홀씨줄기 윗부분의 홀씨주머니이삭에는 홀씨주머니가 층층으로 가지런히 배열한다.

쇠뜨기 홀씨줄기 곧게 자라는 홀씨줄기 윗부분에 긴 타원형의 홀씨주머니이삭이 달린다.

홀씨줄기는 마디마다 갈색의 잎집이 둘러싼다.

뿌리줄기

쇠뜨기 뿌리줄기 뿌리줄기가 땅속에서 옆으로 벋으면서 퍼져 나간다.

홀씨주머니마다 안쪽에 가루 같은 녹색 홀씨가 가득 들어 있다.

땅에서 솟는 홀씨주머니이삭의 모습이 마치 뱀의 머리처럼 보여서 '뱀밥'이라고도 부른다.

성숙한 홀씨주머니는 밑부분이 벌어지면서 바닥 틈새로 안쪽에 가득 들어 있는 가루 같은 녹색 홀씨가 퍼져 나간다.

홀씨주머니는 밑에서부터 위로 차례대로 성숙한다. 아래쪽의 홀씨주머니는 홀씨가 다 빠져나갔다.

쇠뜨기 홀씨주머니이삭 세로 단면 홀씨주머니이삭에는 홀씨주머니가 층층으로 가지런히 배열한다.

＊홀씨줄기[포자경(胞子莖), 생식경(生殖莖), fertile stem] / 영양줄기[영양경(營養莖), sterile stem]

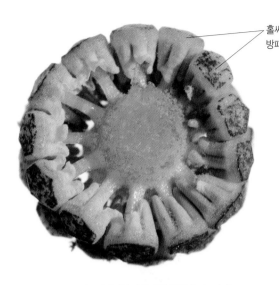

홀씨주머니는 육각이 진 방패 모양이다.

자루에 달린 홀씨주머니는 아래쪽이 벌어지면서 바닥 틈새로 홀씨가 퍼져 나간다.

쇠뜨기 홀씨주머니이삭 가로 단면 윗면 홀씨주머니는 층층으로 돌려가며 촘촘히 배열한다.

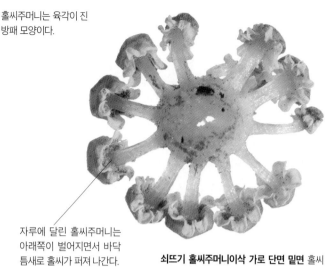

쇠뜨기 홀씨주머니이삭 가로 단면 밑면 홀씨주머니는 성숙하면 아래쪽이 벌어지면서 가루 모양의 홀씨가 퍼진다.

어린 영양줄기의 잎집은 적갈색이 돈다.

쇠뜨기 영양줄기 싹 홀씨줄기가 시들 무렵 영양줄기가 자라기 시작한다.

영양줄기는 전체가 녹색이다.

가지

쇠뜨기 영양줄기 영양줄기의 마디마다 가지가 층층으로 돌려나고 줄기와 가지는 잎집이 둘러싼다.

홀씨주머니무리

루모라고사리 열대 원산의 고사리식물로 2~3회 깃꼴로 갈라지는 잎 뒷면에 홀씨주머니무리가 달린다.

홀씨주머니무리

산일엽초 산에서 자라는 고사리식물로 칼 모양의 잎 뒤에 홀씨주머니무리가 2줄로 달린다.

* 홀씨주머니이삭[포자낭수(胞子囊穗), spore cone, strobilus] / 홀씨주머니무리[포자낭군(胞子囊群), sorus] / 잎집[엽초(葉鞘), leaf sheath]

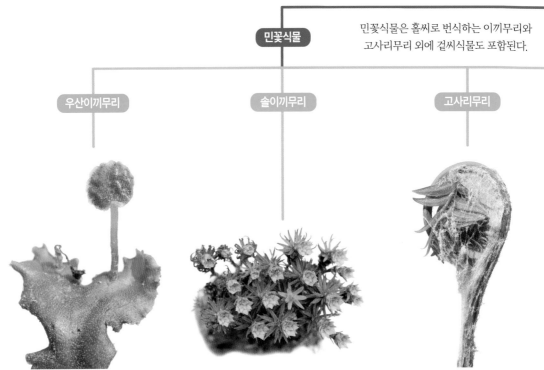

민꽃식물은 홀씨로 번식하는 이끼무리와
고사리무리 외에 겉씨식물도 포함된다.

민꽃식물

우산이끼무리

솔이끼무리

고사리무리

우산이끼 몸 전체가 잎사귀처럼 생긴 엽
상체이고 뿌리는 헛뿌리이다. 홀씨로 번식
하며 육지의 습지에서 생활한다.

솔이끼 줄기와 가는 잎이 구별되지만 뿌
리는 헛뿌리이다. 홀씨로 번식하며 육지의
습지에서 생활한다.

고비 새싹 뿌리, 줄기, 잎의 구별이 되고
관다발이 있으며 홀씨로 번식한다. 이끼
무리보다 크게 자란다.

식물의 구분

물에서 육지로 올라와 자라기 시작한 최초의 식물은 이끼무리와 고사리무리이다. 이끼무리와 고사
리무리는 꽃이 피지 않고 홀씨주머니에서 영근 가루 모양의 홀씨가 퍼져 번식을 하기 때문에 '홀씨
식물'이라고 한다. 홀씨는 떨어진 장소에 잠복해 있다가 기온이나 습도와 같은 생장 조건이 맞으면
싹이 터서 자란다.

소나무와 같은 겉씨식물은 씨앗을 생산하지만 씨방이 없어서 밑씨가 겉으로 드러나기 때문에 꽃식
물에는 포함되지 못하고 홀씨식물과 함께 꽃이 없는 민꽃식물로 구분한다. 하지만 씨앗을 생산하
기 때문에 편의상 꽃식물과 함께 '씨식물'로 구분하기도 한다. 또 고사리무리와 씨식물은 물과 양분
을 나르는 관다발이 발달하기 때문에 '관다발식물'이라고도 한다.

수련과 같은 속씨식물은 밑씨를 씨방이 감싸고 있는 진정한 꽃이 피기 때문에 '꽃식물'이라고 한다.
꽃식물은 원시적인 꽃을 가진 기초속씨식물군과 목련군 그리고 외떡잎식물군과 진정쌍떡잎식물군
으로 구분한다.

*씨식물[씨앗식물, 종자식물(種子植物), spermatophyte]

식물

고사리무리와 씨식물을 합쳐 '관다발식물'이라고 한다.

꽃식물

겉씨식물

겉씨식물과 속씨식물을 합쳐 '씨식물'이라고 한다.

속씨식물

속씨식물은 겉씨식물과 달리 밑씨가 씨방 속에 들어 있는 꽃을 피우는 꽃식물이다. 예전에는 속씨식물을 외떡잎식물과 쌍떡잎식물로 구분했지만 쌍떡잎식물 중에서 원시적으로 진화한 무리가 있는 것이 밝혀져 이들을 기초속씨식물군과 목련군으로 따로 구분하고 나머지 쌍떡잎식물은 진정쌍떡잎식물군으로 구분한다.

소철, 은행나무, 매마등무리

솔방울식물

소철 소철무리는 나무고사리처럼 줄기 끝에 잎이 돌려나고 은행나무와 매마등무리는 바늘잎이 아닌 넓은잎을 가졌다.

구상나무 암꽃의 밑씨가 씨방이 없이 겉으로 드러나 있고 대부분 솔방울열매를 맺는다. 보통 바늘잎을 가진 바늘잎나무가 대부분이다.

속씨식물을 기초속씨식물군, 목련군, 외떡잎식물군, 진정쌍떡잎식물군으로 구분하는 최신의 분류 체계를 'APG 분류 체계'라고 한다. 꽃식물의 계통도는 p.34~35에 자세히 나와 있다.

기초속씨식물군

목련군

외떡잎식물군

진정쌍떡잎식물군

수련 예전에는 쌍떡잎식물에 속했으며 수련, 홀아비꽃대, 붓순나무, 오미자 등이 있다.

함박꽃나무 예전에는 쌍떡잎식물에 속했으며 목련 종류, 녹나무 종류, 후추나무 등이 있다.

수선화 싹이 틀 때 떡잎은 1장이며 잎맥은 나란히맥이 대부분이고 꽃이 3의 배수이다.

할미꽃 싹이 틀 때 떡잎이 2장이며 잎맥은 대부분이 그물맥이고 꽃은 4와 5의 배수이다.

＊관다발식물[관속식물(管束植物), 유관속식물(維管束植物), tracheophyte, vascular plant]

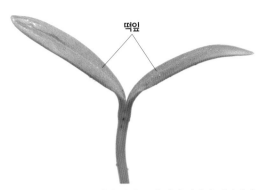

1. 5월 초의 코스모스 새싹 봄이 오면 땅에 떨어진 씨앗에서 싹이 터서 자란다. 새싹은 2장의 길쭉한 떡잎이 나오는 쌍떡잎 식물이다.

2. 5월의 코스모스 새싹 2장의 떡잎 사이에서 본잎이 나와 자라기 시작한다. 본잎은 새의 깃털처럼 잘게 갈라진다.

여윈열매는 씨앗에 열매껍질이 단단히 붙어 있으며 익어도 갈라지지 않는다.

열매턱

코스모스의 한살이

코스모스는 국화과에 속하는 한해살이화초로 보통 여름부터 줄기와 가지 끝에 꽃봉오리가 맺히기 시작한다. 꽃봉오리는 모인꽃턱잎조각이 2줄로 둘러싸서 보호하고 있다가 성숙하면 모인꽃턱잎조각이 점차 벌어지기 시작한다. 활짝 핀 꽃송이는 꽃가루받이가 끝나면 시든

10. 열매송이 단면 가운데 열매턱에 길쭉한 여윈열매가 촘촘히 붙는다. 여윈열매 속에는 길쭉한 흰색 씨앗이 1개씩 들어 있다.

여윈열매

안쪽모인꽃턱잎조각

바깥쪽모인꽃턱잎조각

어린 열매

안쪽모인꽃턱잎조각

바깥쪽모인꽃턱잎조각

9. 어린 열매송이 열매송이는 가을에 익기 시작하면 모인꽃턱잎조각이 벌어지면서 길쭉한 여윈열매가 흑갈색으로 익기 시작한다.

8. 시든 꽃 꽃이 시들면 둘레의 혀꽃은 시들면서 떨어져 나가고 중심부의 대롱꽃은 열매로 자라기 시작한다.

3. 6월의 코스모스 잎줄기
곧게 자라는 줄기에 깃꼴로 갈라지는 잎이 마주 달린다. 잎몸의 갈래조각은 실처럼 가늘다. 줄기가 점차 더 높이 자라면 갈라지는 가지 끝마다 꽃봉오리가 맺힌다.

꽃잎을 떨어뜨린 후에 점차 열매로 자라기 시작한다. 땅에 떨어진 열매 속의 씨앗은 봄이 되면 싹이 터서 줄기와 가지가 자라기 시작하고 다시 꽃이 핀다. 이처럼 식물은 씨앗이 싹이 터서 꽃을 피우고 다시 열매와 씨앗을 만들어 세대를 이어 간다.

바깥쪽모인꽃턱잎조각

안쪽모인꽃턱잎조각에 싸인 꽃봉오리

4. 8월의 어린 꽃봉오리 7~9장의 가느다란 녹색 바깥쪽모인꽃턱잎조각이 빙 둘러 받치고 꽃봉오리는 막질의 안쪽모인꽃턱잎조각이 에워싸고 있다.

바깥쪽모인꽃턱잎조각

안쪽모인꽃턱잎조각은 혀꽃을 싸고 함께 벌어진다.

5. 8월의 벌어지는 꽃봉오리 바깥쪽모인꽃턱잎조각 안쪽에 있는 막질의 안쪽모인꽃턱잎조각이 벌어지면서 붉은색 혀꽃도 함께 벌어지기 시작한다.

대롱꽃

혀꽃

7. 활짝 핀 꽃 꽃송이 둘레에 빙 둘러 있는 7~9장의 혀꽃은 붉은색, 분홍색, 흰색 등이며 중심부의 많은 대롱꽃은 노란색이다.

안쪽모인꽃턱잎조각은 혀꽃을 싸고 있다.

촘촘히 모여 있는 대롱꽃

6. 8월의 벌어지는 꽃봉오리 단면 혀꽃 안쪽에는 가느다란 대롱꽃이 촘촘히 모여 있다. 코스모스는 가지 끝에 작은 꽃이 촘촘히 달린 꽃송이가 하나의 꽃처럼 보이는 머리모양꽃차례이다.

용어 해설

T자붙기꽃밥 94쪽
수술대가 꽃밥의 중앙 부분에 T자 모양으로 붙는 것을 'T자붙기꽃밥'이라고 한다. 정자착약(丁字着藥), versatile anther라고도 한다.

T자붙기꽃밥 : 참나리 수술

가과(假果) 256쪽 헛열매

가근(假根) 463쪽 헛뿌리

가로열림 120쪽
꽃가루주머니나 열매가 가로로 열리는 것을 '가로열림'이라고 한다. 가로열림으로 꽃가루가 나오는 꽃밥을 '가로열림꽃밥'이라고 한다. 가로열림은 횡개(橫開), 횡선열개(橫線裂開), 횡열(橫裂), transverse dehiscence라고도 한다.

가로열림 : 뚜껑덩굴 벌어진 열매

가름막 157쪽
씨방이나 열매 등에서 방과 방 사이를 나누는 얇은 벽을 말한다. 격막(隔膜), 격벽(隔壁), septum이라고도 한다.

가름막 : 도라지 열매 단면

가면모양꽃부리 73쪽
금어초처럼 입술 모양으로 갈라진 꽃부리는 아랫입술꽃잎이 도드라지면서 꽃부리목을 막아 가면처럼 보이는 꽃부리를 말한다. 질경이과의 금어초속과 해란초속 식물에서 볼 수 있다. 가면상화관(假面狀花冠), personate corolla라고도 한다.

가면모양꽃부리 : 금어초 품종

가면상화관(假面狀花冠) 73쪽 가면모양꽃부리

가운데기둥 157쪽
사물의 중심을 꿰뚫는 기둥을 말한다. 예를 들어 씨방이나 열매 속은 가운데기둥을 중심으로 여러 개의 방으로 나뉘기도 하고 가운데기둥에 밑씨나 씨앗이 붙어서 자라기도 한다. 중축(中軸), axile이라고도 한다.

가운데기둥 : 붓꽃 열매 단면

가운데씨방 166쪽
씨방이 꽃받침의 중간쯤에 붙어 있는 것을 '가운데씨방'이라고 한다. 가운데씨방인 식물은 위씨방처럼 흔하지가 않다. 중위자방(中位子房), half inferior ovary, perigynous 라고도 한다.

가운데씨방 : 도라지 꽃봉오리 부분

가운데열매껍질 307쪽
열매에서 겉열매껍질과 속열매껍질 사이에 있는 부분으로 보통 살열매에서는 두꺼운 육질의 열매살 부분을 이룬다. 중과피(中果皮), mesocarp라고도 한다.

가운데열매껍질 : 호박 열매 단면

가웅예(假雄蕊) 116쪽 헛수술

가종피(假種皮) 404쪽 헛씨껍질

각과(角果) 346쪽 뿔열매

각두(殼斗) 363쪽 깍정이

각두과(殼斗果) 362쪽 깍정이열매

갈래꽃 25쪽
꽃잎 밑부분이 한 조각씩 서로 떨어지는 꽃을 말한다. 이판화(離瓣花), polypetalous라고도 한다.

갈래꽃 : 여뀌바늘 꽃 모양

갈래꽃받침 244쪽

꽃받침이 여러 조각으로 갈라지는 꽃에서 각각의 꽃받침조각이 서로 떨어져 있는 것을 '갈래꽃받침'이라고 한다. 이판악(離瓣萼), 이악(離萼), aposepalous calyx, polypetalous calyx라고도 한다.

갈래꽃받침 :
이질풀 꽃 뒷면

갈래꽃부리 25쪽

꽃잎이 한 장씩 떨어지는 갈래꽃을 가진 꽃부리를 말한다. 이판화관(離瓣花冠), polypetalous corolla라고도 한다.

갈래꽃부리 :
치자나무 꽃 모양

갈래꽃차례 187쪽

꽃대 끝에 1개의 꽃이 달리고, 그 꽃 밑에서 2가닥으로 갈라진 꽃차례 가지가 자라 그 끝마다 또 1개씩의 꽃이 달리는 모양이 계속 반복되는 꽃차례를 말한다. 취산화서(聚散花序), 집산화서(集散花序), cyme, cymose inflorescence라고도 한다.

갈래꽃차례 :
사철나무 꽃송이

갈래붙기꽃밥 97쪽

꽃밥이 둘로 갈라져서 윗부분은 수술대에 붙고 밑부분은 보통 八자 모양으로 벌어지는 모양의 꽃밥을 '갈래붙기꽃밥'이라고 한다. 개자약(个字藥), divergent anther라고도 한다.

갈래붙기꽃밥 :
능소화 수술

갈래심피 155쪽

하나의 꽃에 심피와 같은 수의 암술이 있는 것을 '갈래심피'라고 한다. 하나의 꽃에 1개의 심피가 있는 홑심피와 1개의 꽃 안에 여러 개의 심피가 있는 여러심피가 있다. 이생심피(離生心皮), apocarpous carpel이라고도 한다.

갈래심피 : 으름덩굴

감과(柑果) 324쪽 귤꼴열매

갓털 78쪽

국화과 등의 씨방이나 열매의 윗부분에 붙어 있는 털이나 털 모양의 돌기를 말한다. 나중에 열매나 씨앗을 바람에 날려 보내는 역할을 한다. 우산털, 관모(冠毛), pappus라고도 한다.

갓털 : 서양민들레 열매

갓춘꽃 14쪽

꽃을 구성하는 요소인 꽃잎, 꽃받침, 암술, 수술의 4가지를 모두 갖추고 있는 꽃을 말한다. 완전화(完全花), complete flower, perfect flower라고도 한다. 4가지 중에서 어느 한 가지라도 갖추지 못한 꽃은 '안갓춘꽃'이라고 한다.

갓춘꽃 : 쥐손이풀 꽃 모양

같은꽃덮이꽃 21쪽

꽃잎과 꽃받침을 모두 갖추고 있는 양꽃덮이꽃 중에서 꽃잎과 꽃받침의 모양과 색깔이 비슷해서 서로 구분이 어려운 꽃을 말한다. 동화피화(同花被花), 동피화(同被花), homochlamydeous flower라고도 한다.

같은꽃덮이꽃 :
하늘나리 꽃 모양

개과(蓋果) 344쪽 뚜껑열매

개자약(个字藥) 97쪽 갈래붙기꽃밥

개화(開花) 240쪽

꽃봉오리 상태에서 꽃잎이 활짝 벌어지면서 암술과 수술이 성숙해서 꽃가루받이를 할 수 있는 상태가 되는 것을 '개화'라고 한다. anthesis, flowering, blooming이라고도 한다.

개화 : 자주달개비 꽃 모양

개화수정(開花受精) 173쪽 열린꽃정받이

개화호르몬 83쪽

식물의 몸속에서 빛을 느끼는 색소인 피토크롬이 낮과 밤의 길이를 측정하여 꽃의 개화 시기를 알아내면 개화를 유도하는 호르몬이 만들어지는데 이를 '개화호르몬'이라고 한다. 플로리겐(florigen), 화성소(花成素)라고도 한다. 개화호르몬이 만들어지면 꽃눈이 자라 꽃이 피기 시작한다.

거(距) 75쪽 꽃뿔

건과(乾果) 311쪽 마른열매

건조화(乾燥花) 272쪽 말린꽃

겉꽃덮이조각 53쪽
꽃덮이가 2줄로 배열한 경우에 꽃받침처럼 바깥쪽에 위치한 꽃덮이의 하나하나를 말한다. 외화피편(外花被片), outer tepal이라고도 한다.

겉꽃덮이조각 :
백합 꽃 모양

겉씨식물 30쪽
씨식물의 한 종류로 암술에 씨방이 생기지 않고 밑씨가 겉으로 드러나 있기 때문에 '겉씨식물'이라고 한다. 나자식물(裸子植物), gymnosperm이라고도 한다. 대부분이 바늘잎나무이다.

겉씨식물 :
독일가문비 수솔방울

겉열매껍질 307쪽
열매의 가장 겉쪽에 있는 껍질로 열매가 익으면 보통 색깔이 변한다. 외과피(外果皮), epicarp, exocarp라고도 한다.

겉열매껍질 :
호박 열매 단면

겨드랑눈 456쪽
잎겨드랑이에 형성되는 곁눈으로 장차 새 가지나 잎으로 자랄 눈이다. 참나리 등의 잎겨드랑이에 생기는 살눈도 겨드랑눈의 하나이다. 액아(腋芽), axillary bud라고도 한다.

겨드랑눈 : 회양목 겨울눈

격막(隔膜) 157쪽 가름막

격벽(隔壁) 157쪽 가름막

견과(堅果) 362쪽 굳은껍질열매

겹고른꽃차례 198쪽
작은 꽃들이 편평하게 배열하는 고른꽃차례가 계속 반복되는 꽃차례를 말한다. 복산방화서(複繖房花序), compound corymb라고도 한다.

겹고른꽃차례 :
마가목 꽃송이

겹꽃 135쪽
장미나 국화처럼 여러 겹의 꽃잎으로 이루어진 꽃을 말한다. 중판화(重瓣花), double flower라고도 한다. 꽃잎이 한 겹으로 이루어진 홑꽃에 대응되는 말이다.

겹꽃 : 장미 꽃 모양

겹열매 309쪽
여러 개의 꽃이 촘촘히 모여 핀 꽃차례가 자라서 하나의 열매처럼 뭉쳐 있는 열매송이가 달리는 것을 '겹열매'라고 한다. 다화과(多花果), 복과(複果), multiple fruit, composite fruit라고도 한다.

겹열매 : 산딸나무

겹우산꽃차례 197쪽
꽃대 끝에서 우산살처럼 방사상으로 갈라진 가지 끝마다 다시 우산꽃차례가 달리는 꽃차례를 '겹우산꽃차례'라고 한다. 미나리과(산형과) 식물은 겹우산꽃차례를 가진 식물이 대부분이다. 복산형화서(複繖形花序), compound umbel이라고도 한다.

우산꽃차례

겹우산꽃차례 :
섬시호 꽃송이

곁꽃받침 65쪽
난초나 투구꽃 등의 꽃받침 중에 옆을 향하는 2장의 꽃받침조각을 말한다. 측악편(側萼片), 부판(副瓣), lateral sepal이라고도 한다.

곁꽃받침 : 자란 꽃 모양

곁꽃잎 64쪽
난초의 꽃이나 제비꽃을 구성하고 있는 5장의 꽃잎 중 양 옆으로 벌어

곁꽃잎 : 새우난초 꽃 모양

지는 2장의 꽃잎을 말한다. 측화판(側花瓣), lateral petal, side petal이라고도 한다.

고깔모양꽃부리 66쪽 투구모양꽃부리

고른꽃차례 198쪽
꽃대의 아래 쪽에 있는 꽃자루일수록 길이가 길고 위에 있는 꽃자루는 길이가 짧아서 전체적으로 작은 꽃들이 거의 편평하게 배열하는 꽃차례를 '고른꽃차례'라고 한다. 편평꽃차례, 산방화서(繖房花序), corymb라고도 한다.

고른꽃차례 : 팥배나무 꽃송이

곡과(穀果) 352쪽 낟알열매

곡물(穀物) 446쪽 곡식

곡식(穀食) 446쪽
사람들이 식량으로 이용하는 씨앗을 '곡식'이라고 한다. 곡식 중에서 생산량이 많은 벼, 밀, 옥수수를 세계 3대 식량 작물이라고 한다. 곡물(穀物), cereals라고도 한다.

곡식 : 옥수수

골돌과(骨突果) 350쪽 쪽꼬투리열매

골속 354쪽
풀이나 나무줄기 등의 한가운데에 들어 있는 연한 심을 '골속'이라고 한다. 수(髓), pith라고도 한다.

공개(孔開) 123쪽 구멍열림

과병(果柄) 406쪽 열매자루

과채류(果菜類) 392쪽 열매채소

과탁(果托) 259쪽 열매턱

골속 : 국수나무

과포(果胞) 302쪽 열매주머니

과핵(果核) 321쪽 굳은씨

관다발식물 467쪽
식물체에 물과 양분을 전달할 수 있는 관다발이 있는 식물로 이끼를 제외한 고사리식물과 씨식물이 해당된다. 관속식물(管束植物), 유관속식물(維管束植物), tracheophyte, vascular plant라고도 한다.

관다발식물 : 애기똥풀 줄기 단면

관모(冠毛) 78쪽 갓털

관상화(管狀花) 77쪽 대롱꽃

관상화관(管狀花冠) 76쪽 대롱모양꽃부리

관속식물(管束植物) 467쪽 관다발식물

구과(毬果) 384쪽 솔방울열매

구멍열림 123쪽
수술의 꽃밥이 끝부분에 구멍이 뚫리면서 열리는 것을 '구멍열림'이라고 하고 구멍열림으로 꽃가루가 나오는 꽃밥을 '구멍열림꽃밥'이라고 한다. 구멍열림은 공개(孔開), 포공열개(胞孔裂開), poricidal dehiscence라고도 한다.

구멍열림꽃밥 : 노루발 꽃 모양

구심꽃차례 77쪽
꽃송이가 가장자리나 아래쪽부터 꽃이 피기 시작해서 점차 안쪽이나 위쪽으로 피어 들어가는 꽃차례를 말한다. 구심화서(求心花序), centripetal inflorescense라고도 한다.

구심꽃차례 : 뻐꾹채 어린 꽃송이 단면

구심화서(求心花序) 77쪽 구심꽃차례

국화군(菊花群) 35쪽

진정쌍떡잎식물은 크게 장미군과 국화군의 두 그룹으로 나뉘며 국화군에는 초롱꽃군과 꿀풀군 등이 속한다. 속씨식물 중에서 가장 번성하고 있는 그룹으로 전체의 1/3을 차지하고 있다.

국화군 :
수레국화 꽃 모양

굳은껍질열매 362쪽

열매를 덮고 있는 단단한 열매껍질은 익어도 벌어지지 않는 닫힌열매이고 속에 1~여러 개의 씨앗이 들어 있는 열매를 '굳은껍질열매'라고 한다. 견과(堅果), nut라고도 한다.

굳은껍질열매 :
개암나무 열매

굳은씨 321쪽

속열매껍질이 점차 나무질로 단단해져서 씨앗처럼 보이지만 속에 씨앗이 들어 있어서 '굳은씨'라고 한다. 굳은씨는 동물 등이 먹기가 어렵기 때문에 속에 든 씨앗을 보호한다. 핵(核), 과핵(果核), putamen, pit라고도 한다.

씨앗

굳은씨 :
복숭아나무 굳은씨 단면

굳은씨열매 320쪽

굳은씨열매는 열매살과 열매즙이 있는 살열매로 씨방벽이 두껍게 발달해서 만들어진다. 물열매와 비슷하지만 속열매껍질이 단단한 나무질로 되어서 동물 등이 먹기가 어렵기 때문에 속에 든 씨앗을 보호한다. 핵과(核果), 석과(石果), drupe, stone fruit라고도 한다.

굳은씨

굳은씨열매 :
복숭아나무 열매 단면

권산화서(卷繖花序) 188쪽 말린꽃차례

귤꼴열매 324쪽

물열매와 비슷하지만 겉열매껍질은 가죽질이고 가운데열매껍질은 부드러우며 속열매껍질은 세로로 여러 개의 작은 방으로 나뉘고 그 속에 즙이 많은 열매살이 들어 있는 열매를 말

귤꼴열매 :
산귤 열매 단면

한다. 감과(柑果), hesperidium이라고도 한다.

근생화경(根生花莖) 27쪽 꽃줄기

기꽃잎 68쪽

콩과 식물의 나비모양꽃부리에서 맨 위쪽에 있는 1장의 꽃잎을 말한다. 꽃이 피면 기꽃잎은 보통 나비가 날개를 편 모양이 된다. 기판(旗瓣), banner, vexillum, flag petal이라고도 한다.

기꽃잎 :
회화나무 꽃 모양

기는줄기 450쪽

마디에서 나오는 줄기가 땅과 수평으로 벋으며 자라서 '기는줄기'라고 한다. 마디에서 잎줄기와 뿌리가 나와 새끼그루를 만들기도 한다. 포복경(匍匐莖), 포복지(匍匐枝), creeping stem, stolon, runner라고도 한다.

기는줄기 : 딸기

기저태좌(基底胎座) 302쪽 바닥씨자리

기저피자식물군(基底被子植物群) 33쪽 기초속씨식물군

기초속씨식물군 33쪽

속씨식물 중에서 원시적인 형질을 지닌 식물 무리가 있는 것이 밝혀졌는데 이들 무리를 따로 구분해서 기초속씨식물군이라고 한다. 기초피자식물군(基礎被子植物群), 기저피자식물군(基底被子植物群), Basal angiosperm이라고도 한다.

기초속씨식물군 :
붓순나무 꽃 모양

기초피자식물군(基礎被子植物群) 33쪽 기초속씨식물군

기판(旗瓣) 68쪽 기꽃잎

긴낮식물 82쪽 햇빛이 비치는 낮의 길이가 길어지면 꽃눈이 만들어지고 꽃을 피우는 식물을 말한다. 긴낮식물은 대부분이 온대와 한대 같은 위

긴낮식물 : 복수초 꽃 모양

도가 높은 지방이 원산지인 것이 많다. 짧은밤식물, 장일식물(長日植物), long-day plant라고도 한다.

긴밤식물 82쪽 짧은낮식물

긴뿔열매 346쪽

가름막 양쪽에 자잘한 많은 씨앗이 달린 뿔열매 중에서 길이가 너비의 3배 이상인 것을 '긴뿔열매'라고 한다. 장각과(長角果), silique라고도 한다.

긴뿔열매 : 유채 갈라진 열매

긴암술꽃 180쪽

하나의 꽃 안에서 암술은 길고 수술은 짧은 꽃을 말한다. 보통 수술대가 짧으며 암술대는 길어서 암술머리와 수술의 꽃밥이 떨어져 있기 때문에 제꽃가루받이를 최대한 피한다. 장주화(長柱花), long-styled flower, pin이라고도 한다.

긴암술꽃 : 큰앵초 꽃 단면

까끄라기 202쪽 까락

까락 202쪽

벼과 식물에서 깍지의 끝 부분이 자라서 된 털 모양의 돌기물을 말한다. 까끄라기, 망(芒), awn이라고도 한다.

까락 : 개밀 꽃송이

깍정이 363쪽

참나무 등의 열매를 싸고 있는 술잔, 또는 주머니 모양의 받침을 '깍정이'라고 한다. 깍정이는 모인꽃턱잎을 구성하는 꽃턱잎이 촘촘히 모여서 만들어진다. 각두(殻斗), cupule, acorn cup이라고도 한다.

깍정이 : 갈참나무 열매

깍정이열매 362쪽

도토리처럼 굳은껍질열매가 컵 모양의 깍정이에 싸여 있는 열매를 특별히 '깍정이열매'라고 구분하기도 한다. 각두과(殻斗果), acorn이라고 한다.

깍정이열매 : 상수리나무 열매

깍지 203쪽

벼과 식물의 잔이삭 밑부분을 받치는 한 쌍의 작은 꽃턱잎조각을 말한다. 겉쪽의 것을 겉깍지, 안쪽의 것을 속깍지라고 한다. 영(穎), 포영(苞穎), glume이라고도 한다.

깍지 : 율무 꽃송이

깔때기모양꽃부리 59쪽

통꽃부리의 하나로 꽃부리통의 아랫부분은 좁고 위로 갈수록 점차 넓어지는 것이 깔때기와 비슷한 꽃부리를 말한다. 메꽃과 식물이나 가지과의 일부 식물에서 볼 수 있다. 누두형화관(漏斗形花冠), funnelform corolla, infundibuliform corolla라고도 한다.

깔때기모양꽃부리 : 갯메꽃 꽃 모양

꼬리꽃차례 193쪽

꼬리처럼 밑으로 늘어지는 가느다란 꽃대에 꽃자루가 거의 없는 작은 꽃들이 다닥다닥 붙는 꽃차례를 말한다. 자작나무과나 참나무과에서 흔히 볼 수 있다. 미상화서(尾狀花序), 유이화서(葇荑花序), catkin, ament라고도 한다.

꼬리꽃차례 : 자작나무 꽃가지

꼬투리열매 331쪽

콩과에 속하는 식물 대부분에서 볼 수 있는 열매로 1개의 심피로 된 씨방이 자란 꼬투리열매는 익으면 보통 양쪽의 봉합선을 따라 두 줄로 갈라지면서 씨앗이 나온다. 협과(莢果), 두과(豆果), legume라고도 한다.

꼬투리열매 : 벌완두 열매와 단면

꼭대기씨자리 300쪽

나중에 씨앗으로 자랄 밑씨가 씨방의 꼭대기에 붙어 있는 것을 '꼭대기씨자리'라고 한다. 벽씨자리에서 밑씨의 대부분이 없어지고 꼭대기에만 1~몇 개의 밑씨가 남은 형태로 볼 수 있다. 정생태좌(頂生胎座), 정단태좌(頂端胎座), apical placentation이라고도 한다.

꼭대기씨자리 : 흰말채나무 어린 열매 단면

꽃이꽃 263쪽

꽃꽂이나 꽃다발 재료로 쓰기 위해 줄기를 잘라 쓰는 꽃을 '꽃이꽃'이라고 한다. 절화(切花), cut flower라고도 한다. 꽃의 수명이 긴 대표적인 꽃이꽃 재료로는 홍학꽃, 장미, 카네이션, 국화, 튤립, 거베라 등이 있다.

꽃이꽃 : 홍학꽃 꽃송이

꽃 8쪽

속씨식물의 생식을 담당하는 기관으로 기본적으로 꽃잎, 꽃받침, 암술, 수술의 네 기관으로 이루어져 있다. 화(花), flower라고도 한다. 꽃은 정받이가 이루어지면 열매와 씨앗이 자란다.

수술 암술
꽃잎 꽃받침
꽃 : 이질풀 꽃 모양

꽃가루 128쪽

수술의 꽃밥 속에 들어 있는 가루 모양의 알갱이. 화분(花粉), pollen이라고도 한다. 바람에 날려 퍼지는 꽃가루는 알레르기 증상을 일으키기도 한다. 꽃가루가 암술머리에 옮겨 붙는 꽃가루받이가 일어나면 열매가 맺힌다.

꽃가루 : 부들 꽃가루

꽃가루관 169쪽

꽃가루가 암술머리에서 발아하여 밑씨까지 자라는 관으로 꽃가루의 정자핵이 이 관을 통해 이동한다. 화분관(花粉管), pollen tube라고도 한다.

꽃가루덩이 235쪽

암술과 수술이 합쳐져 있는 난초의 꽃술대에 달리는 수술은 꽃가루가 덩어리로 뭉쳐 있는데 이를 '꽃가루덩이'라고 한다. 화분괴(花粉塊), pollinium, pollen mass라고도 한다.

꽃가루덩이 : 개불알꽃 꽃술대

꽃가루받이 168쪽

수술의 꽃가루가 암술머리에 옮겨 붙는 것을 말한다. 수분(受粉), pollination이라고도 한다. 꽃가루는 곤충, 동물, 바람 등이 운반한다.

꽃가루받이 : 백합 암수술

꽃가루알레르기 193쪽

자작나무나 돼지풀의 꽃가루처럼 바람에 날려 퍼진 꽃가루가 입 안에 들어가면 기관지의 점막을 자극해서 알레르기 염증을 일으키기도 하는데 이를 '꽃가루알레르기'라고 한다. 화분증(花粉症), polinosis, pollen allergy라고도 한다.

꽃가루알레르기 : 돼지풀 꽃송이

꽃가루주머니 129쪽

1개의 꽃밥은 보통 2개의 절반꽃밥으로 이루어지고 절반꽃밥은 다시 내부에서 2개로 나누어지는데 각각을 '꽃가루주머니'라고 한다. 화분낭(花粉囊), 약실(葯室), pollen sac이라고도 한다.

꽃가루주머니 : 백합 꽃밥 단면

꽃꽂이 272쪽

꽃이나 나뭇가지를 물이 담긴 꽃병이나 수반에 꽂아 감상하는 것을 '꽃꽂이'라고 한다. 삽화(揷花), flower arrangement라고도 한다. 꽃꽂이를 전공으로 하는 사람은 흔히 '플로리스트'라고 부른다.

꽃꽂이

꽃누르미 274쪽 누름꽃

꽃대 26쪽

식물의 줄기나 가지 끝에 달리는 꽃이나 꽃차례를 받치고 있는 줄기 부분을 말한다. 꽃대 밑부분의 줄기에는 잎이 달리는 것이 꽃줄기와 다른 점이다. 화경(花梗), 화축(花軸), 화서축(花序軸), peduncle이라고도 한다.

꽃대 : 황칠나무 꽃가지

꽃덮개 158쪽

살이삭꽃차례를 둘러싸고 있는 넓은 모인꽃턱잎. 불염포(佛焰苞), spathe라고도 한다. 천남성과에서 흔히 볼 수 있으며 생김새와 크기, 모양, 빛깔은 속(屬)에 따라 조금씩 다르다.

꽃덮개 : 천남성 꽃송이

꽃덮이 16쪽

꽃부리와 꽃받침의 구분이 명확하지 않을 때 둘을 통틀어 이르는 말로 겉꽃덮이와 속꽃덮이로 구분할 수도 있다. 넓은 뜻으로 꽃부리와 꽃받침을 통틀어 말하기도 한다. 화피(花被), perianth라고도 한다.

겉꽃덮이조각 속꽃덮이조각

꽃덮이 : 물옥잠 꽃 모양

꽃덮이꽃 16쪽

꽃잎이나 꽃받침 중에 어느 하나라도 갖추고 있는 꽃을 말하며 꽃덮이가 없는 민꽃덮이꽃에서 더 진화한 꽃으로 대부분의 속씨식물에서 볼 수 있다. 유화피화(有花被花), 유피화(有被花), chlamydeous flower라고도 한다.

꽃덮이꽃 :
큰개별꽃 꽃 모양

꽃덮이조각 52쪽

꽃잎과 꽃받침을 구분하기가 어려운 꽃덮이를 이루는 하나하나의 조각을 말한다. 화피편(花被片), tepal이라고도 한다.

겉꽃덮이조각

속꽃덮이조각

꽃덮이조각 : 백합 꽃 모양

꽃받기 39쪽 꽃턱

꽃받침 9쪽

꽃의 가장 밖에서 꽃잎을 받치고 있는 조각을 말한다. 악(萼), calyx라고도 하며 꽃잎과 함께 암술과 수술을 보호하는 역할을 한다. 밑부분이 합쳐진 것도 있고 여러 개의 조각으로 나누어진 것도 있는 등 모양이 여러 가지이다.

꽃받침 :
여뀌바늘 꽃 모양

꽃받침조각 9쪽

꽃받침이 여러 개의 조각으로 나누어져 있을 때 각각의 조각을 말한다. 악편(萼片), sepal이라고도 한다.

꽃받침조각 :
이질풀 시든 꽃

꽃받침통 18쪽

꽃받침이 합쳐져서 통 모양을 이룬 부분을 말한다. 악통(萼筒), calyx tube라고도 한다. 갈라진 꽃받침조각을 제외한 아래쪽의 원통 부분은 '통부(筒部)'라고 한다.

꽃받침통 :
석류나무 꽃 모양

꽃밥 90쪽

수술의 끝에 달린 꽃가루를 담고 있는 주머니를 말한다. 약(葯), anther라고도 한다. 일반적으로 꽃밥은 4개의 꽃가루주머니로 이루어지며 크기와 모양이 다양하다.

꽃밥 : 얼레지 꽃 모양

꽃밥부리 95쪽

꽃밥은 보통 2개의 방으로 나뉘어 있는 모양인데 각각의 절반꽃밥 사이를 연결해 주는 조직을 '꽃밥부리'라고 한다. 약격(葯隔), connective, connectivum이라고도 한다.

꽃밥부리 :
털중나리 꽃봉오리 단면

꽃봉오리 238쪽

꽃이 필 때가 가까워지면 꽃눈 속에서 키워 왔던 꽃망울이 부풀어 오른 상태를 '꽃봉오리'라고 하며 보통 눈비늘조각이나 꽃턱잎조각 등도 함께 포함시킨다. 화봉(花峯, 花峰), flower bud라고도 한다.

꽃봉오리 : 함박꽃나무

꽃부리 44쪽

꽃에서 꽃잎 부분을 모두 합쳐 이르는 말로 북한에서는 '꽃갓'이라고 한다. 화관(花冠), corolla라고도 한다. 꽃부리는 수술과 암술을 보호하거나 곤충을 불러들이는 역할을 한다.

꽃부리 :
금강초롱꽃 꽃 모양

꽃부리목 58쪽

통꽃의 꽃부리에서 꽃부리가 넓어지기 시작하는 부분을 말한다. 화후(花喉), 판인(瓣咽), corolla throat라고도 한다.

꽃부리목 :
둥근잎유홍초 꽃 모양

꽃부리조각 24쪽

꽃잎이 합쳐져 있는 통꽃부리도 가장자리는 여러 갈래로 갈라지는 경우가 많은데 갈라진 각각의 조각을 말한다. 화관열편(花冠裂片), corolla lobe라고도 한다.

꽃부리조각 :
은방울꽃 꽃 모양

꽃부리테 59쪽

통꽃의 꽃부리에서 위쪽 부분은 보통 넓어지는데 이 부분을 말한다. 판연(瓣緣), corolla limb이라고도 한다.

꽃부리테 :
둥근잎유홍초 꽃 모양

꽃부리통 58쪽

통꽃의 꽃부리에서 통으로 된 부분을 말한다. 화관통부(花冠筒部), 화관통(花冠筒), corolla tube라고도 한다.

꽃부리통 :
둥근잎유홍초 꽃 모양

꽃뿔 75쪽

꽃부리나 꽃받침의 일부가 뒤쪽으로 길게 튀어나온 부분으로 속이 비어 있거나 꿀샘이 있다. 꿀주머니, 거(距), spur라고도 한다.

꽃뿔 : 물봉선 꽃 모양

꽃뿔모양꽃부리 74쪽

꽃의 밑부분이 기다란 꽃뿔로 되어 있는 꽃부리를 말하며 흔히 꿀이 들어 있다. 제비꽃과, 현호색속, 물봉선과, 난초과, 투구꽃속 등의 꽃에서 볼 수 있다. 유거화관(有距花冠), calcarate corolla라고도 한다.

꽃뿔모양꽃부리 :
매발톱꽃 꽃 단면

꽃술대 65쪽

암술과 수술이 함께 합쳐져 있는 복합체를 말한다. 일반적으로 난초과나 박주가리과 등의 식물에서 볼 수 있다. 예주(蘂柱), gynostemium, column이라고도 한다.

꽃술대 : 보춘화 꽃 부분

꽃식물 28쪽

꽃이 피고 열매와 씨앗을 맺는 식물을 말한다. 꽃은 속씨식물의 번식 기관을 뜻하기 때문에 꽃식물은 속씨식물과 같은 뜻으로 쓰인다. 현화식물(顯花植物), flowering plant라고도 한다.

꽃식물 : 이질풀 꽃 모양

꽃실 90쪽 수술대

꽃싸개잎 260쪽 꽃턱잎

꽃이삭 13쪽

한 개의 꽃대에 이삭 모양으로 꽃이 무리지어 달린 꽃차례를 이르는 말이다. 화수(花穗), spike라고도 한다.

꽃이삭 : 꽃향유

꽃잎 9쪽

꽃부리를 이루고 있는 낱낱의 조각으로 보통 암수술과 꽃받침 사이에 있다. 화판(花瓣), petal이라고도 한다. 꽃받침과 함께 암수술을 보호하고 곤충을 불러들이는 역할을 한다.

꽃잎 : 어깨바늘 꽃 모양

꽃잎모양수술 133쪽

칸나는 커다란 꽃잎처럼 생긴 한쪽 편에 꽃밥이 붙어 있는데 이런 수술을 '꽃잎모양수술'이라고 한다. 화판상웅예(花瓣狀雄蘂), petaloid stamen이라고도 한다.

꽃잎모양수술 :
칸나 꽃 모양

꽃잎부착수술 137쪽

수술이 꽃잎 위에 붙어서 나는 것을 말한다. 앵초과나 용담과, 인동과 등에서 볼 수 있다. 화판상생웅예(花瓣上生雄蘂), epipetalous stamen이라고도 한다.

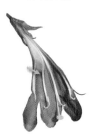

꽃잎부착수술 :
붉은병꽃 꽃 단면

478

꽃자루 27쪽

꽃차례에서 각각의 꽃을 달고 있는 자루를 말한다. 화병(花柄), pedice라고도 한다. 열매가 익을 때까지 남아 있으면 그대로 열매자루가 된다.

꽃자루 : 괭이밥 꽃송이

꽃쟁반 141쪽

씨방의 기부를 둘러싸는 꽃턱의 일부가 쟁반 모양으로 비대해진 것을 '꽃쟁반'이라고 하며 흔히 꿀을 분비한다. 화반(花盤), disk라고도 한다.

꽃쟁반 : 오렌지 시든 꽃

꽃줄기 27쪽

줄기가 없이 뿌리잎만 모여난 사이에서 나오는 꽃이나 꽃차례가 달린 줄기로 보통 잎이 달리지 않는 것이 꽃대와 다른 점이다. 근생화경(根生花莖), scape라고도 한다.

꽃줄기 : 히아신스

꽃차례 184쪽

작은 꽃이 피는 식물은 곤충의 눈에 잘 띄기 위해 많은 꽃이 모여 달린 커다란 꽃송이를 만드는데 작은 꽃이 줄기나 가지에 배열하는 모양을 '꽃차례'라고 한다. 화서(花序), inflorescence라고도 한다.

꽃차례 : 오동나무 꽃송이

꽃턱 39쪽

꽃에서 꽃잎, 꽃받침, 암술, 수술 등의 모든 기관이 달리는 꽃자루 맨 끝의 볼록한 부분을 말한다. 화탁(花托), 화상(花床), 꽃받기, receptacles, torus, thalamus라고도 한다.

꽃턱 : 검종덩굴 꽃봉오리 단면

꽃턱잎 260쪽

꽃이나 꽃대의 밑에 있는 작은 잎을 '꽃턱잎'이라고 한다. 꽃싸개잎, 포(苞), bract이라고도 한다. 잎이 변한 것으로 꽃이나 눈을 보호하며 아름다운 꽃잎 모양인 것도 있다. 꽃턱잎을

꽃받침　꽃턱잎
꽃턱잎 : 수박풀 꽃 모양

구성하는 각각의 조각은 꽃턱잎조각, 포조각 또는 포편(苞片)이라고 한다.

꽃턱통 256쪽

꽃의 밑부분에 꽃잎, 꽃받침, 수술, 암술이 붙는 꽃턱이 통 모양으로 비대해진 것을 '꽃턱통'이라고 한다. 꽃턱통은 항아리 모양, 종 모양, 잔 모양 등으로 다양하며 씨방을 싸고 있다. 화탁통(花托筒), hypanthium이라고도 한다.

꽃턱통 : 해당화 꽃봉오리 단면

꿀고랑 212쪽

백합속 꽃덮이조각에는 2줄의 주름이 고랑을 만들어서 안쪽의 꿀샘으로 가는 가느다란 관이 만들어지는데 이를 '꿀고랑'이라고 한다. 밀구(蜜溝), 밀선구(蜜腺溝), nectary furrow라고도 한다.

꿀고랑 : 참나리 꽃잎

꿀샘 208쪽

꽃이나 잎 등에서 달콤한 꿀을 내는 조직이나 기관을 말한다. 밀선(蜜腺), nectary라고도 한다. 달콤한 꿀을 먹기 위해 찾아온 곤충이나 동물이 꽃가루받이를 도와준다.

꿀샘 : 배추 꽃 단면

꿀샘쟁반 208쪽

씨방의 기부에 위치한 꽃턱에서 솟아나온 원반 모양이나 도너츠 모양의 꽃쟁반이 꿀을 분비하면 '꿀샘쟁반'이라고 한다. 밀선반(蜜腺盤), nectar disk라고도 한다.

꿀샘쟁반 : 산수유 꽃 모양

꿀주머니 75쪽　꽃뿔

끈끈실 219쪽

큰달맞이꽃의 꽃밥에서 꽃가루를 서로 느슨하게 연결해 주는 거미줄과 같이 끈적이는 점액질의 실을 '끈끈

끈끈실 : 큰달맞이꽃 수술

479

실'이라고 하며 꽃가루에서 나온다. 점사(粘絲), 점착사(粘着絲), viscin thread라고도 한다.

나비모양꽃부리 69쪽

5장의 꽃잎이 배열된 모습이 나비와 비슷한 모양의 꽃부리를 말한다. 나비모양꽃부리는 갈래꽃부리로 좌우대칭꽃이며 콩과 식물의 꽃이 가지고 있는 특징이다. 접형화관(蝶形花冠), papilionaceous corolla라고도 한다.

나비모양꽃부리 : 회화나무 꽃 모양

나선모양꽃차례 188쪽 말린꽃차례

나엽(裸葉) 29쪽 영양잎

나자식물(裸子植物) 30쪽 겉씨식물

난초모양꽃부리 64쪽

꽃잎 중에서 1장이 독특한 입술꽃잎으로 발달하는 특징을 가진 난초과 식물의 꽃부리를 말한다. 난형화관(蘭形花冠), orchidaceous corolla라고도 한다.

입술꽃잎
난초모양꽃부리 : 새우난초 꽃 모양

난형화관(蘭形花冠) 64쪽 난초모양꽃부리

낟알열매 352쪽

벼과의 얇은 열매껍질은 열매가 익을 때면 마르면서 얇은 막으로 되어 속에 든 씨앗과 단단히 붙어 있는데 이런 열매를 '낟알열매'라고 한다. 여원열매와 비슷하지만 열매껍질이 씨앗에 단단히 붙어 있는 점이 다르다. 영과(穎果), 곡과(穀果), caryopsis, grain이라고도 한다.

낟알열매 : 벼

날개꽃잎 68쪽

콩과 식물의 나비모양꽃부리에서 맨 위쪽의 기꽃잎 안쪽으로 양쪽에 있는 2장의 꽃잎을 말하며 나비의 날개에 빗대어 붙인 이름이다. 익판(翼瓣),

날개꽃잎 : 골담초 꽃 모양

wing petal이라고도 한다.

날개열매 356쪽

날개열매는 열매껍질의 일부가 날개 모양으로 발달한 열매로 열매가 익어도 마른 열매껍질이 벌어지지 않는 닫힌열매이며 바람을 타고 날아간다. 시과(翅果), 익과(翼果), samara, keyfruit라고도 한다.

날개열매 : 가죽나무 열매

낭과(囊果) 366쪽 주머니열매

내과피(內果皮) 307쪽 속열매껍질

내봉선(內縫線) 291쪽

꼬투리열매의 가장자리를 결합하고 있는 2개의 봉합선 중에서 안쪽에 있는 봉합선을 '내봉선'이라고 하며 씨앗이 붙어 있다. 복봉선(腹縫線), ventral suture라고도 한다.

외봉선
내봉선 : 완두 열매

내향꽃밥 124쪽

꽃밥이 기다란 수술대 끝부분의 안쪽에 붙어서 안을 향하는 꽃밥을 말한다. 꽃밥이 수술대 바깥쪽을 향하는 외향꽃밥과 상대되는 말이다. 내향약(內向葯), introse anther라고도 한다.

내향꽃밥 : 도라지모시대 꽃봉오리 단면

내향약(內向葯) 124쪽 내향꽃밥

내화피편(內花被片) 53쪽 속꽃덮이조각

넥타 가이드 220쪽

곤충이 꿀을 먹으러 찾아오는 꽃 중에는 곤충이 꿀샘으로 가는 길을 잘 찾을 수 있도록 꽃잎에 특별한 색깔이나 무늬, 점 등으로 표시를 한 꽃도 있다. 이런 안내 역할을 하는 표시를 '넥타 가이드(nectar guide)'라고 한다. 밀

넥타 가이드 : 무궁화 꽃 모양

표(蜜標), 허니 가이드(honey guide)라고도 한다.

넷긴수술 100쪽
겨자과(십자화과) 식물은 한 꽃 안에 6개의 수술이 들어 있는데 그중에서 2개는 짧고 4개는 길어 '넷긴수술'이라고 한다. 사강웅예(四强雄蕊), tetradynamous stamen이라고도 한다.

넷긴수술 : 배추 꽃 모양

누두형화관(漏斗形花冠) 59쪽 깔때기모양꽃부리

누름꽃 274쪽
꽃, 잎, 줄기 등을 채취하여 눌러서 말린 것을 '누름꽃'이라고 한다. 압화(押花), 꽃누르미, pressed flower라고도 한다. 누름꽃은 식물 표본을 만드는 방법에서 유래하였다.

누름꽃 액자

눈젖 400쪽 씨젖

다른꽃덮이꽃 20쪽
꽃잎과 꽃받침을 모두 갖추고 있는 양꽃덮이꽃 중에서 꽃잎과 꽃받침의 생김새가 서로 달라서 구분이 가능한 꽃을 말한다. 이화피화(異花被花), 이피화(異被花), heterochlamydeous flower라고도 한다.

꽃잎
꽃받침
다른꽃덮이꽃 : 싸리 꽃 모양

다심피자방(多心皮子房) 155쪽 여러심피씨방

다육과(多肉果) 310쪽 살열매

다자예화(多雌蕊花) 150쪽 여러암술꽃

다체웅예(多體雄蕊) 107쪽 여러몸수술

다화과(多花果) 309쪽 겹열매

단각과(短角果) 347쪽 짧은뿔열매

단과(單果) 308쪽 홑열매

단성꽃 10쪽 암수딴꽃

단성생식(單性生殖) 79쪽 단위생식

단성화(單性花) 10쪽 단성꽃

단심피자방(單心皮子房) 154쪽 홑심피씨방

단위생식(單爲生殖) 79쪽
꽃가루받이를 하지 않고도 밑씨 안에서 스스로 정받이가 이루어져서 열매를 맺는 것을 말한다. 서양민들레는 단위생식도 한다. 단성생식(單性生殖), 처녀생식(處女生殖), parthenogenesis라고도 한다.

단위생식 : 서양민들레 꽃송이

단일식물(短日植物) 82쪽 짧은낮식물

단자엽식물(單子葉植物) 32쪽 외떡잎식물

단정화서(單頂花序) 186쪽 홀로꽃차례

단주화(短柱花) 180쪽 짧은암술꽃

단체웅예(單體雄蕊) 102쪽 한몸수술

단판화(單瓣花) 134쪽 홑꽃

단피화(單被花) 18쪽 홑꽃덮이꽃

단화피화(單花被花) 18쪽 홑꽃덮이꽃

닫힌꽃 171쪽
꽃부리가 열리지 않고 속에서 암술과 수술이 제꽃가루받이를 해서 열매를 맺는 꽃을 말한다. 폐쇄화(閉鎖花), cleistogamous flower라고도 한다.

닫힌꽃 : 솜나물

닫힌꽃정받이 171쪽

닫힌꽃 속에서 제꽃가루받이가 이루어지는 것을 '닫힌꽃정받이'라고 한다. 폐화수정(閉花受精), cleistogamy 라고도 한다.

닫힌꽃정받이로 맺은 어린 열매송이

닫힌꽃정받이 : 솜나물

닫힌열매 313쪽

마른열매 중에서 열매가 익은 후에도 열매껍질이 벌어지지 않는 열매를 '닫힌열매'라고 한다. 닫힌열매에는 낱알열매, 날개열매, 여윈열매, 굳은껍질열매, 마디꼬투리열매, 주머니열매 등이 있다. 폐과(閉果), indehiscent fruit라고도 한다.

씨앗

닫힌열매 : 느릅나무 열매

대과(袋果) 350쪽 쪽꼬투리열매

대롱꽃 77쪽

국화과의 머리모양꽃차례를 이루는 꽃의 하나로 꽃부리가 대롱 모양으로 생기고 끝만 조금 갈라진 꽃을 말한다. 관상화(管狀花), 통상화(筒狀花), disk floret, tubulous flower라고도 한다.

대롱꽃 : 뻐꾹채 어린 꽃송이 단면

대롱모양꽃부리 76쪽

통꽃부리의 하나로 국화과에서 볼 수 있으며 촘촘히 모여 있는 꽃부리는 가늘고 긴 대롱 모양이다. 관상화관(管狀花冠), 통상화관(筒狀花冠), tubular corolla 라고도 한다.

대롱모양꽃부리 : 뚱딴지

덧꽃받침 250쪽 부꽃받침

덧꽃받침조각 251쪽 부꽃받침조각

덧꽃부리 62쪽 부꽃부리

독립중앙태좌(獨立中央胎座) 296쪽 중앙씨자리

돌세포 306쪽

세포벽이 딱딱하게 굳어서 까슬거리는 세포를 '돌세포'라고 하며 씹으면 특유의 식감을 낸다. 배나 매실 등의 열매살에 발달한다. 석세포(石細胞), stone cell이라고도 한다.

돌세포 : 산돌배 열매 단면

동피화(同被花) 21쪽 같은꽃덮이꽃

동화피화(同花被花) 21쪽 같은꽃덮이꽃

두과(豆果) 331쪽 꼬투리열매

두몸수술 106쪽

한 꽃 안에 있는 수술의 수술대가 2묶음으로 뭉쳐 있는 수술을 '두몸수술'이라고 한다. 콩과 식물 중에 두몸수술을 가진 것이 많다. 양체웅예(兩體雄蘂), diadelphous stamen이라고도 한다.

두몸수술 : 골담초 수술

두상화서(頭狀花序) 199쪽

머리모양꽃차례

두형화관(兜形花冠) 66쪽 투구모양꽃부리

둘긴수술 98쪽

4개의 수술 중에 2개는 길고 2개는 짧은 모양의 수술을 '둘긴수술'이라고 한다. 둘긴수술은 오동나무과, 꿀풀과, 현삼과, 댕강나무속, 능소화속 등에서 볼 수 있다. 이강웅예(二强雄蘂), didynamous stamen이라고도 한다.

둘긴수술 : 참오동 암수술

들창열림 122쪽

수술의 꽃밥이 여닫이 창문이 열리듯 벌어지는 것을 '들창열림'이라고 하고 들창열림으로 꽃가루가 나오는 꽃밥을 '들창열림꽃밥'이라고 한다. 들창열림은 판개(瓣開), valvular dehiscence라고도 한다.

들창열림꽃밥 : 매발톱나무 꽃 모양

등꽃받침 65쪽 위꽃받침

등붙기꽃밥 93쪽

수술대가 꽃밥 등쪽의 가운데에 붙어 있는 형태로 꽃밥이 이런 모양으로 달리는 것을 '등붙기꽃밥'이라고 한다. 배착약(背着葯), dorsifixed anther라고도 한다.

등붙기꽃밥 : 비비추 꽃봉오리 단면

등잔모양꽃차례 189쪽

컵 모양의 모인꽃턱잎 속에 1개의 암꽃과 여러 개의 수꽃이 들어 있는 꽃차례를 '등잔모양꽃차례'라고 한다. 대극과 대극속에 속하는 식물이 가진 꽃의 특징이다. 술잔모양꽃차례, 배상화서(杯狀花序), cyathium이라고도 한다.

등잔모양꽃차례 : 대극 꽃송이

딴꽃가루받이 172쪽

한 개체의 꽃가루가 다른 개체의 암술머리에 옮겨져서 이루어지는 꽃가루받이를 말한다. 제꽃가루받이는 유전적으로 좋지 않은 씨앗을 만들 가능성이 높기 때문에 식물은 딴꽃가루받이를 하기 위해 여러 가지 방법을 쓴다. 타화수분(他花受粉), 타가수분(他家受粉), cross pollination, xenogamy라고도 한다.

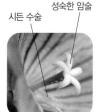

시든 수술　성숙한 암술

딴꽃가루받이 : 도라지는 수술이 먼저 성숙하고 암술은 나중에 성숙해서 딴꽃가루받이를 한다.

딸기꼴열매 371쪽

딸기 열매는 비대한 열매턱 둘레에 자잘한 여윈열매가 촘촘히 붙는 모인 여윈열매에 속하며 특별히 '딸기꼴열매'로 구분하기도 한다. 매상과(苺狀果), etaerio라고도 한다

딸기꼴열매 : 뱀딸기 열매

땅속결실 396쪽

땅콩처럼 땅 위에서 핀 꽃이 꽃가루받이를 한 후에 씨방이 밑으로 자라면서 땅속으로 들어가 열매를 맺는 일을

땅속결실 : 땅콩 꼬투리열매

'땅속결실'이라고 하며 이런 식물을 '땅속결실식물(p.397)'이라고 한다. 지하결실(地下結實), geocarpy라고도 한다.

떡잎 400쪽

씨앗에서 처음으로 싹 트는 최초의 잎. 싹이 틀 때 1장의 떡잎이 나오는 외떡잎식물과 싹이 틀 때 2장의 떡잎이 나오는 쌍떡잎식물이 있다. 자엽(子葉), cotyledon이라고도 한다.

본잎

떡잎

떡잎 : 콩 새싹

떨켜 266쪽

잎, 꽃, 과일 등이 줄기나 가지에서 떨어져 나갈 때 연결되었던 부분에 생기는 특별한 세포층을 '떨켜'라고 한다. 떨켜는 수분이 빠져나가는 것을 막고 병균이 침입하는 것도 막는 역할을 한다. 이층(離層), absciss layer, abscission layer라고도 한다.

떨켜 : 칡 잎자루

뚜껑열매 344쪽

터짐열매의 한 가지로 열매가 익으면 가로로 금이 생기면서 열매껍질 윗부분이 뚜껑이나 모자처럼 벗겨져 나가는 열매로 열리는열매에 속한다. 개과(蓋果), pyxidium, pyxis라고도 한다.

뚜껑열매 : 뚜껑덩굴 벌어진 열매

마디꼬투리열매 364쪽

꼬투리열매 중에서 꼬투리는 가로로 몇 개의 마디가 생기고 익으면 마디가 분리되어 떨어져 나가는 열매를 '마디꼬투리열매'라고 한다. 분리된 마디 속의 씨앗은 닫힌열매이다. 절과(節果), 절두과(節荳果), loment라고도 한다.

잘려나간 마디

마디꼬투리열매 : 된장풀 잘라진 열매

마른열매 311쪽

어린 열매는 수분이 있지만 열매가 익으면 열매껍질이 마르면서 건조해지는 열매를 '마른열매'라고 한다. 마

마른열매 : 중국굴피나무 열매

른열매는 마른 열매껍질이 자연스럽게 갈라지느냐 갈라지지 않느냐에 따라 다시 '열리는열매'와 '닫힌열매'로 구분한다. 건과(乾果), dry fruit라고도 한다.

말린꽃 272쪽
꽃을 말려서 관상용으로 만든 것으로 보존 기간이 길다. 풀이나 열매 등도 말려서 관상용으로 이용하는데 같이 말린꽃에 포함시키기도 한다. 건조화(乾燥花), dried flower라고도 한다.

말린꽃으로 장식한 꽃병

말린꽃차례 188쪽
꽃이 달린 줄기가 한쪽으로만 계속 가지가 갈라지고 처음에는 태엽이나 나선 모양으로 말렸다가 조금씩 펴지는 꽃차례를 말한다. 나선모양꽃차례, 권산화서(卷繖花序), helicoid cyme라고도 한다.

말린꽃차례 : 컴프리 꽃송이

망(芒) 202쪽 까락

매상과(苺狀果) 371쪽 딸기꼴열매

머리모양꽃차례 199쪽
줄기 끝에 작은 꽃이 다닥다닥 모여 달려 전체적으로 하나의 꽃같이 보이는 꽃차례를 '머리모양꽃차례'라고 한다. 머리모양꽃차례는 국화처럼 꽃송이가 하나의 꽃처럼 보이는 것이 특징이므로 홀로꽃차례와 혼동하기 쉽다. 두상화서(頭狀花序), head, capitulum이라고도 한다.

머리모양꽃차례 : 고려엉겅퀴 꽃송이

모인굳은씨열매 370쪽
모인열매 중에서 굳은씨열매가 촘촘히 모여 달리는 열매송이를 '모인굳은씨열매'로 구분하기도 한다. 특히 산딸기속 열매의 특징이기 때문에 '산딸기꼴열매'로 구분하기도 한다. 집합핵과(集合核果), etaerio of drupes,

모인굳은씨열매 : 산딸기 열매 단면

drupetum이라고도 한다.

모인꽃싸개잎 261쪽 모인꽃턱잎

모인꽃턱잎 261쪽
많은 꽃이 촘촘히 모인 꽃송이에서는 짧아진 꽃자루에 꽃턱잎이 촘촘히 붙는 경우가 있는데 이를 '모인꽃턱잎'이라고 한다. 국화과에서 흔히 볼 수 있다. 모인꽃싸개잎, 총포(總苞), involucre이라고도 한다.

모인꽃턱잎 : 백일홍 꽃봉오리 개화

모인꽃턱잎조각 261쪽
모인꽃턱잎을 구성하는 각각의 조각을 말한다. 총포조각, 총포편(總苞片), 총포엽(總苞葉), involucral bract이라고도 한다.

모인꽃턱잎조각 : 백일홍 꽃봉오리 개화

모인물열매 374쪽
모인열매 중에서 물열매가 촘촘히 모여 달리는 열매송이를 '모인물열매'로 구분하기도 한다. 집합장과(集合漿果), etaerio of berries라고도 한다.

모인물열매 : 남오미자 열매송이

모인여윈열매 369쪽
모인열매 중에서 여윈열매가 촘촘히 모여 달리는 열매송이를 '모인여윈열매'로 구분하기도 한다. 집합수과(集合瘦果), etaerio of achenes라고도 한다.

모인여윈열매 : 개구리자리 열매송이

모인열매 368쪽
하나의 꽃에 여러 개의 암술이 있는 여러암술꽃이 자라서 된 열매를 모인열매라고 한다. 여러 개의 꽃이 모여 달린 꽃송이가 열매송이로 변한 겹열매와 비슷하지만 하나의 꽃에서 자란 열매송이란 점이 다르다. 취과(聚果), 집합과(集合果), aggregate fruit, etaerio라고도 한다.

모인열매 : 멍석딸기 열매송이

모인쪽꼬투리열매 372쪽

모인열매 중에서 쪽꼬투리열매가 촘촘히 모여 달리는 열매송이를 '모인쪽꼬투리열매'로 구분하기도 한다. 집합대과(集合袋果), etaerio of follicles, follicetum이라고도 한다.

모인쪽꼬투리열매 :
백목련 열매송이

모주(母株) 450쪽 어미그루

목련군(木蓮群) 34쪽

속씨식물 중에서 기초속씨식물군처럼 원시적인 형질을 지닌 식물 무리의 하나로 후추목, 녹나무목, 목련목 등이 속해 있다. 일부 종은 겉씨식물과 해부학적으로 유사성을 가지고 있다.

목련군 :
함박꽃나무 꽃가지

무배유종자(無胚乳種子) 401쪽

씨앗 중에는 씨젖이 없는 씨앗도 있는데 이런 씨앗을 '무배유종자'라고 한다. 무배유종자는 씨젖 대신에 씨눈의 떡잎 등에 양분을 저장한다. exalbuminous seed라고도 한다.

떡잎이 양분을 저장한다.

무배유종자 : 강낭콩

무성꽃 224쪽 장식꽃

무성아(無性芽) 463쪽

식물체의 일부가 본체에서 떨어져서 새로운 개체가 될 수 있는 기관으로 흔히 이끼식물에서 볼 수 있다. gemma라고도 한다.

무성아 : 우산이끼 엽상체

무성화(無性花) 224쪽 장식꽃

무피화(無被花) 17쪽 민꽃덮이꽃

무한꽃차례 185쪽

유한꽃차례와 반대로 꽃차례의 꽃이 밑에서부터 위로 계속 피어 올라가거나 밖에서부터 안으로 계속 피어 들어가는 것은 '무한꽃차례'라고 한다.

무한꽃차례 : 칡 꽃송이

무한화서(無限花序), indeterminate inflorescence라고도 한다.

무한화서(無限花序) 185쪽 무한꽃차례

무화과꽃차례 190쪽 숨은꽃차례

무화피화(無花被花) 17쪽 민꽃덮이꽃

물나름꽃 201쪽

물을 이용해 수술의 꽃가루를 퍼뜨려 꽃가루받이를 하는 꽃을 '물나름꽃'이라고 한다. 물나름꽃은 물을 중매쟁이로 이용하기 때문에 꽃이 아름답지도 않고 꿀이나 향기도 없다. 수매화(水媒花), hydrophilous flower라고도 한다.

물나름꽃 :
나사말 꽃 모양

물열매 316쪽

물열매는 살열매의 하나로 열매살과 열매즙이 있는 씨방벽이 두껍게 발달해서 만들어진다. 물열매 중에는 열매즙이 달콤해서 과일로 먹는 것이 여럿 있다. 장과(漿果), 액과(液果), berry라고도 한다.

물열매 : 까마중 열매

미상화서(尾狀花序) 193쪽 꼬리꽃차례

민꽃덮이꽃 17쪽

꽃에 암술이나 수술만 있고 꽃잎과 꽃받침은 없는 꽃을 말하며 겉씨식물이나 일부 속씨식물에서 볼 수 있다. 민덮개꽃, 무화피화(無花被花), 무피화(無被花), achlamydeous flower라고도 한다.

민꽃덮이꽃 :
계수나무 암꽃

민꽃식물 28쪽

꽃이 피지 않고 홀씨 등을 퍼뜨려 번식하는 원시적인 식물로 은화식물(隱花植物), cryptogam, non-flowering plant, flowerless plant라고도 한다.

민꽃식물 : 콩짜개덩굴

민꽃식물은 인위적인 분류 방법이라서 현대 분류학에서는 거의 이용하지 않고 있다.

민덮개꽃 17쪽 민꽃덮이꽃

밀구(蜜溝) 212쪽 꿀고랑

밀선(蜜腺) 208쪽 꿀샘

밀선구(蜜腺溝) 212쪽 꿀고랑

밀선반(蜜腺盤) 208쪽 꿀샘쟁반

밀표(蜜標) 220쪽 넥타 가이드

밑꽃받침 67쪽
투구꽃속은 5장의 꽃받침조각을 가지고 있는데 그중에서 아래로 퍼진 2장의 꽃받침조각을 따로 '밑꽃받침'이라고 구분한다. 하악편(下萼片), lower sepal이라고도 한다.

밑꽃받침 : 투구꽃 꽃 모양

밑붙기꽃밥 91쪽
수술의 꽃밥이 수술대 끝에 곧게 붙어 있는 것을 '밑붙기꽃밥'이라고 한다. 저착약(底着葯), basifixed anther라고도 한다.

밑붙기꽃밥 : 얼레지 수술

밑씨 161쪽
암술대 밑부분의 씨방 속에 들어 있으며 정받이를 한 뒤에 자라서 씨앗이 되는 기관을 말한다. 배주(胚珠), ovule이라고도 한다. 닭풀은 씨방 속에 깨알같이 자잘한 밑씨가 차곡차곡 포개져 있다.

밑씨 : 닭풀 꽃봉오리 단면

바닥씨자리 302쪽
나중에 씨앗으로 자랄 밑씨가 씨방의 밑바닥에 붙어 있는 것을 '바닥씨자리'라고 한다. 중앙씨자리나 벽씨자

바닥씨자리 :
도깨비사초 열매 단면

리에서 밑씨의 대부분이 없어지고 밑바닥에만 1~몇 개의 밑씨가 남은 형태로 볼 수 있다. 기저태좌(基底胎座), basal placentation이라고도 한다.

바람나름꽃 200쪽
바람을 이용해 수술의 꽃가루를 퍼뜨려 꽃가루받이를 하는 꽃을 '바람나름꽃'이라고 한다. 바람나름꽃은 바람을 중매쟁이로 이용하기 때문에 아름다운 꽃잎이나 꽃받침이 필요 없고 꿀이나 향기도 없다. 풍매화(風媒花), anemophilous flower라고도 한다.

바람나름꽃 : 소나무 가지

박꼴열매 322쪽
박꼴열매는 씨방이 아닌 꽃턱이나 꽃받침의 밑부분이 두껍게 발달해서 씨방을 싸고 있는 살열매이자 헛열매이다. 꽃턱은 육질로 비대해지며 열매껍질은 단단해지는 것이 특징이다. 호과(瓠果), pepo라고도 한다.

박꼴열매 : 호박 열매

반겹꽃 135쪽
겹꽃 중에서 수술의 일부만이 꽃잎으로 변한 꽃을 '반겹꽃'이라고 한다. 반중판화(半重瓣花), semi-double flower라고도 한다. 겹꽃과의 구분이 애매할 때도 있다.

반겹꽃 : 무궁화 품종

반약(半葯) 94쪽 절반꽃밥

반중판화(半重瓣花) 135쪽 반겹꽃

발아(發芽) 436쪽 싹트기

방사대칭꽃 22쪽
꽃잎이 가지런히 배열된 꽃의 중심을 평면으로 잘랐을 때 양쪽이 똑같은 모양으로 나누어지는 대칭축이 몇 개씩 있는 꽃을 말한다. 방사대칭꽃은 꽃잎의 수에 따라 대칭축

방사대칭꽃 :
애기똥풀 꽃 모양

의 수가 다르다. 방사대칭화(放射對稱花), 방사상칭화(放射相稱花), 정제화(整齊花), actinomorphic flower라고도 한다.

방사대칭화(放射對稱花) 22쪽 방사대칭꽃

방사상칭화(放射相稱花) 22쪽 방사대칭꽃

배(胚) 400쪽 씨눈

배꼴열매 328쪽
배꼴열매는 씨방이 아닌 꽃턱이나 꽃받침의 밑부분이 두껍게 발달해서 씨방을 싸고 있는 헛열매로 살열매의 일종이다. 심피는 연골질이나 종이질이며 씨앗은 많다. 이과(梨果), pome라고도 한다.

배꼴열매 : 꽃사과 열매

배꼽 363쪽
굳은껍질열매에서 밑씨가 씨자리에 붙어서 양분을 공급받던 흔적을 '배꼽'이라고 한다. 제(臍), hilum이라고도 한다.

배꼽 : 개암나무 굳은껍질열매

배봉선(背縫線) 291쪽 외봉선

배상화서(杯狀花序) 189쪽 등잔모양꽃차례

배아(胚芽) 400쪽 씨눈

배악편(背萼片) 65쪽 위꽃받침

배유(胚乳) 400쪽 씨젖

배젖 400쪽 씨젖

배주(胚珠) 161쪽 밑씨

배착약(背着葯) 93쪽 등붙기꽃밥

배축(胚軸) 400쪽 씨눈줄기

백합모양꽃부리 52쪽
백합처럼 6장의 꽃덮이조각이 나팔처럼 벌어지는 꽃 모양을 말한다. 갈래꽃부리의 하나로 외떡잎식물에 속하는 백합과 식물에서 흔히 볼 수 있다. 백합형화관(百合形花冠), liliaceous corolla라고도 한다.

백합모양꽃부리 : 백합 꽃 모양

백합형화관(百合形花冠) 52쪽 백합모양꽃부리

벌레나름꽃 209쪽
꿀샘 등에서 달콤한 꿀을 제공해 곤충이나 동물이 찾아와 꽃가루받이를 돕게 만드는 꽃을 '벌레나름꽃'이라고 한다. 충매화(蟲媒花), entomophilous flower라고도 한다.

벌레나름꽃 : 민들레의 빌로오도재니등에

벽사이열림 338쪽
터짐열매가 열매껍질이 마르면서 갈라질 때 열매 속을 나누는 몇 개의 가름막을 따라 윗부분부터 갈라져 벌어지는 것을 '벽사이열림'이라고 한다. 포간열개(胞間裂開), septicidal dehiscence라고도 한다.

벽사이열림 : 물레나물 열매

벽씨자리 298쪽
가운데기둥과 각 방 사이의 벽이 없어져서 하나의 씨방실로 합쳐지고 씨방실 안쪽 옆 벽의 가름막이 있던 자리에 밑씨가 붙는 씨자리를 '벽씨자리'라고 한다. 측막태좌(側膜胎座), 측벽태좌(側壁胎座), parietal placentation이라고도 한다.

벽씨자리 : 참외 열매 단면

벽중간열림 336쪽
터짐열매가 열매껍질이 마르면서 갈라질 때 세로로 배열하는 몇 개의 외봉선을 따라 갈라지는 것을 '벽중간열림'이라고 한다. 포배열개(胞背裂開), loculicidal dehiscence라고도 한다.

벽중간열림 : 동백나무 벌어진 열매

변연태좌(邊緣胎座) 290쪽 테씨자리

보존꽃 275쪽
아름다운 생화를 특수한 보존액에 담가서 수분 대신에 보존액이 채워지게 만들어 오랜 기간 꽃을 볼 수 있게 만든 것을 '보존꽃'이라고 한다. 천일꽃, 보존화(保存花), 프리저브드 플라워(preserved flower)라고도 한다.

보존꽃 꽃다발

보존화(保存花) 275쪽 보존꽃

복과(複果) 309쪽 겹열매

복봉선(腹縫線) 291쪽 내봉선

복산방화서(複繖房花序) 198쪽 겹고른꽃차례

복산형화서(複傘形花序) 197쪽 겹우산꽃차례

봉선(縫線) 290쪽 봉합선

봉합선(縫合線) 290쪽
열매의 가장자리를 결합하고 있는 선을 '봉합선'이라고 하는데 열매가 익으면 봉합선을 따라 쪼개진다. 봉선(縫線), suture라고도 한다.

봉합선 : 완두 꼬투리열매

부꽃받침 250쪽
꽃받침의 바깥쪽 또는 꽃받침 사이에 생긴 꽃받침 모양의 부속체를 '부꽃받침'이라고 한다. 부꽃받침은 꽃받침이나 턱잎에서 유래한 것으로 보고 있으며 꽃받침과 함께 꽃봉오리를 보호하는 역할을 한다. 덧꽃받침, 부악(副萼), epicalyx, accessory calyx라고도 한다.

부꽃받침 꽃받침
부꽃받침 :
뱀딸기 시드는 꽃

부꽃받침조각 251쪽
부꽃받침을 이루고 있는 각각의 조각을 말한다. 덧꽃받침조각, 부악편(副萼片), epicalyx lobe라고도 한다.

꽃받침조각 부꽃받침조각
부꽃받침조각 :
뱀딸기 시든 꽃

부꽃부리 62쪽
꽃부리와 수술 사이 또는 꽃잎 사이에 생긴 꽃잎처럼 생긴 작은 부속체를 말한다. 덧꽃부리, 부화관(副花冠), corona라고도 한다. 수선화는 꽃덮이조각 가운데에 잔이나 왕관 모양의 부꽃부리가 있다.

부꽃부리 :
수선화 꽃 모양

부악(副萼) 250쪽 부꽃받침

부악편(副萼片) 251쪽 부꽃받침조각

부정제꽃 23쪽 좌우대칭꽃

부정제화(不整齊花) 23쪽 좌우대칭꽃

부판(副瓣) 65쪽 곁꽃받침

부화관(副花冠) 62쪽 부꽃부리

불염포(佛焰苞) 158쪽 꽃덮개

불완전화(不完全花) 15쪽 안갖춘꽃

불임성(不稔性) 13쪽
수술이 꽃가루를 만들지 못하거나 암술이 씨앗을 맺지 못하는 상태를 '불임성'이라고 한다. sterile이라고도 한다.

불임성 수술
불임성 : 가죽나무 암꽃

비대칭꽃 23쪽
꽃들은 대부분 방사대칭꽃이나 좌우대칭꽃이 많지만 송이풀이나 칸나처럼 대칭축을 찾기 어려운 꽃도 있는데 이를 '비대칭꽃'이라고 한다. 비대칭

비대칭꽃 : 송이풀 꽃 모양

화(非對稱花), asymmetrical flower라고도 한다.

비대칭화(非對稱花) 23쪽 비대칭꽃

뿔열매 346쪽

뿔열매는 터짐열매의 한 가지로 씨앗을
담고 있는 심피는 2개이며 가운데에 있
는 가름막 양쪽에 자잘한 많은 씨앗이 달
려 있으며 열매가 뿔처럼 생긴 것이 많아
'뿔열매'라고 한다. 다시 긴뿔열매와 짧은
뿔열매로 구분한다. 각과(角果), silique
라고도 한다.

뿔열매 :
유채 갈라진 열매

사강웅예(四強雄蘂) 100쪽 넷긴수술

삭과(蒴果) 334쪽 터짐열매

산딸기꼴열매 370쪽 모인굳은씨열매

산방화서(繖房花序) 198쪽 고른꽃차례

산형화서(傘形花序, 散形花序) 196쪽 우산꽃차례

살눈 456쪽

곁눈의 한 가지로 양분을 저장하고
있어서 살이 많고 땅에 떨어지면
씨앗처럼 싹이 터서 자라는 조직을
말한다. 주아(珠芽), bulbil이라고도
한다.

살눈 : 마

살열매 310쪽

열매살이 두껍고 열매즙이 있는 열
매를 '살열매'라고 한다. 살열매에는
물열매, 굳은씨열매, 박꼴열매, 귤꼴
열매, 석류꼴열매, 배꼴열매 등이 있
다. 육질과(肉質果), 다육과(多肉果),
fleshy fruit라고도 한다.

살열매 : 앵두나무 열매

살이삭꽃차례 191쪽

다육질인 꽃대 주위에 꽃자루가 없
는 수많은 작은 꽃들이 빽빽이 달린
꽃차례를 '살이삭꽃차례'라고 하는데
꽃이삭이 다육질인 것이 특징이다. 살
이삭꽃차례는 천남성과에 속하는 식
물들이 가지고 있는 꽃차례이다. 육수
화서(肉穗花序), spadix라고도 한다.

살이삭꽃차례 :
스파티필룸 꽃송이

삽화(揷花) 272쪽 꽃꽂이

상과(桑果) 379쪽 오디꼴열매

상순화판(上脣花瓣) 71쪽 윗입술꽃잎

상악편(上萼片) 65쪽 위꽃받침

상위자방(上位子房) 162쪽 위씨방

새끼그루 450쪽

씨앗이 아닌 어미그루의 몸의 일부를
이용해서 새로운 개체를 만들어 내는
영양번식을 통해 자란 새로운 포기를
'새끼그루'라고 한다. 자주(子株), 자묘
(子苗), daughter plant라고도 한다.

새끼그루 : 딸기

새나름꽃 217쪽

새가 꿀을 빨아 먹으면서 꽃가루를
날라다 꽃가루받이를 도와주는 꽃을
'새나름꽃'이라고 한다. 새나름꽃은
새를 중매쟁이로 이용하기 때문에 보
통 새의 눈에 잘 띄는 붉은색으로 치
장을 한 꽃이 많다. 조매화(鳥媒花),
ornithophilous flower라고도 한다.

새나름꽃 : 헬리코니아

샘물질 119쪽

씨방의 밑부분이나 잎몸, 잎자루, 꽃
잎 등에 보이는 검은 점이나 투명한 점
모양의 돌기로 분비물이나 배설물 등
을 담고 있다. 선체(腺體), 선점(腺點),

샘물질 : 후박나무 꽃 모양

샘점, glandular tissue라고도 한다.

샘점 119쪽 샘물질

샘털 153쪽
부푼 끝부분에 분비물이 들어 있는
털. 분비되는 물질은 점액, 수지, 꿀,
기름 등 식물마다 다르다. 선모(腺毛),
glandular hair, glandular trichome
이라고도 한다.

샘털 : 가래나무 암꽃

생식경(生殖莖) 464쪽 홀씨줄기

석과(石果) 320쪽 굳은씨열매

석류과(石榴果) 326쪽 석류꼴열매

석류꼴열매 326쪽
물열매와 비슷하지만 속열매껍질이
여러 개의 작은 방으로 나뉘고 방마
다 씨앗이 가득 들어 있으며 씨앗을
싸고 있는 헛씨껍질이 육질이고 즙이
많다. 석류과(石榴果), pomegranate,
balausta라고도 한다.

석류꼴열매 : 석류 열매

석세포(石細胞) 306쪽 돌세포

석죽형화관(石竹形花冠) 49쪽 패랭이꽃모양꽃부리

선모(腺毛) 153쪽 샘털

선점(腺點) 119쪽 샘물질

선체(腺體) 119쪽 샘물질

선태식물(蘚苔植物) 462쪽 이끼식물

설상화(舌狀花) 78쪽 혀꽃

설상화관(舌狀花冠) 78쪽 혀모양꽃부리

세로열림 121쪽
꽃가루주머니가 세로로 길게 갈라지는 것을
'세로열림'이라고 하고 세로열림으로 꽃가루
가 나오는 꽃밥을 '세로열림꽃밥'이라고 한
다. 세로열림은 종개(縱開), 종선열개(縱線裂
開), 종열(縱裂), longitudinal dehiscence라
고도 한다.

세로열림꽃밥 :
노랑꽃창포 수술

소총포(小總苞) 197쪽 작은모인꽃턱잎

속꽃덮이조각 53쪽
꽃덮이가 2줄로 배열한 경우에 꽃잎
처럼 안쪽에 위치한 꽃덮이의 하나
하나를 말한다. 내화피편(內花被片),
inner tepal이라고도 한다.

속꽃덮이조각
겉꽃덮이조각
속꽃덮이조각 :
백합 꽃 모양

속씨식물 31쪽
꽃이 피고 열매를 맺는 씨식물 중에서
씨방 안에 밑씨가 들어 있는 식물을
말한다. 식물 중에서 가장 진화한 무
리로 전체 식물의 90% 정도를 차지한
다. 피자식물(被子植物), angiosperm
이라고도 한다.

씨방
속씨식물 : 장미
꽃봉오리 단면

속씨자리 292쪽
몇 개의 심피로 이루어진 씨방에서 각
각의 심피 가장자리가 합착하여 씨방
실의 중앙에 가운데기둥이 만들어진
것을 '속씨자리'라고 한다. 중축태좌
(中軸胎座), axile placentation, axile
placenta라고도 한다.

가운데기둥
속씨자리 : 수선화
어린 열매 단면

속열매껍질 307쪽
열매의 껍질 중에서 가장 안쪽에 있
는 껍질을 '속열매껍질'이라고 한다.
살구나무 등에서는 굳은씨가 되고 귤
에서는 열매살을 싸고 있는 등 여러
가지이다. 내과피(內果皮), endocarp
라고도 한다.

겉열매껍질 속열매껍질
속열매껍질 : 살구나무
어린 열매 단면

솔방울열매 384쪽

바늘잎나무에 열리는 솔방울열매는 나무질의 비늘조각이 여러 겹으로 포개져 있으며 조각 사이마다 씨앗이 들어 있다. 구과(毬果), cone, strobilus라고도 한다.

솔방울열매 : 소나무

솔방울조각 385쪽

솔방울열매를 구성하는 각각의 비늘 모양의 조각을 '솔방울조각'이라고 하며 단단한 나무질로 이루어져 있다. 실편(實片), 종린(種鱗), ovuliferous scale, cone scale이라고도 한다.

솔방울조각 : 소나무 솔방울열매

송이꽃차례 194쪽

긴 꽃대에 꽃자루가 있는 여러 개의 작은 꽃이 어긋나게 붙어서, 밑에서부터 피어 올라가는 꽃차례를 말한다. 이삭꽃차례와 비슷하지만 작은 꽃은 꽃자루가 있는 점이 다르다. 총상화서(總狀花序), raceme이라고도 한다.

꽃자루

송이꽃차례 : 은방울꽃 꽃송이

수(髓) 354쪽 골속

수과(瘦果) 360쪽 여윈열매

수구화수 37쪽 수솔방울

수그루 13쪽

암꽃과 수꽃이 서로 다른 그루에 피는 암수딴그루 중에서 수꽃이 피는 그루를 말하며 웅주(雄株), male plant라고도 한다. 암꽃만 피는 암그루와 대응되는 말이다.

수그루 : 먼나무 수꽃송이

수꽃 11쪽

암수딴꽃 중에서 수술은 완전하지만 암술은 없거나 퇴화되어 흔적만 있는 꽃을 말한다. 웅화(雄花), male flower라고도 한다. 암술만 가지고 있는 암꽃과 대응되는 말이다.

수술

수꽃 : 여주

수레바퀴모양꽃부리 54쪽

통꽃부리의 하나로 짧은 통꽃부리 끝에서 여러 갈래로 갈라져 수평으로 퍼지는 납작한 꽃부리의 모양이 수레의 바퀴처럼 보이는 꽃부리를 말한다. 지치과나 가지과, 앵초과, 꼭두서니과 등의 꽃에서 볼 수 있다. 차형화관(車形花冠), rotate corolla라고도 한다.

수레바퀴모양꽃부리 : 참꽃마리 꽃 모양

수매화(水媒花) 201쪽 물나름꽃

수면운동(睡眠運動) 236쪽

어떤 꽃은 햇빛의 세기나 온도와 같은 외부의 자극에 반응해 꽃잎을 열거나 닫는데 이런 활동을 꽃의 '수면운동'이라고 한다. 취면운동(就眠運動), nyctinasty, nyctinastic movement라고도 한다.

수면운동 : 노루귀 닫히는 꽃

수분(受粉) 168쪽 꽃가루받이

수상화서(穗狀花序) 192쪽 이삭꽃차례

수솔방울 37쪽

겉씨식물에서 꽃가루를 생산하는 기관으로 속씨식물의 수꽃차례에 해당한다. 수구화수, 웅구화수(雄毬花穗), 웅성구화수(雄性毬花穗), male cone이라고도 한다.

수솔방울 : 독일가문비

수술 8쪽

식물이 씨앗을 만드는 데 꼭 필요한 꽃가루를 만드는 기관을 말한다. 웅예(雄蘂), stamen이라고도 한다. 꽃가루를 담고 있는 꽃밥과 꽃밥을 받치고 있는 수술대의 두 부분으로 되어 있다. 수술은 보통 한 꽃에 여러 개가 모여 달린다.

수술 : 좀가지풀 꽃 모양

수술군 239쪽

한송이 꽃 안에 있는 모든 수술을 말할 때 '수술군'이라고 한다. 웅예군(雄蘂群), androeceum이라고도 한다.

수술군 : 다래 수꽃

수술다발 105쪽

흔히 2개 이상의 수술대가 합쳐진 것을 '수술다발'이라고 한다. 동백꽃은 수술다발이 둥근 통 모양을 이루는데 수술다발은 벌레가 침입하는 것을 막아 준다. 웅예속(雄蘂束), staminal bundles라고도 한다.

수술다발 : 동백나무 꽃 단면

수술대 90쪽

수술의 일부분으로 꽃밥을 달고 있는 실 같은 자루를 말한다. 보통은 실 모양이지만 아욱과처럼 합쳐져서 통 모양이 되는 것도 있고 수련처럼 수술이 넓고 편평해서 수술대를 구분하기 어려운 것도 있다. 꽃실, 화사(花絲), filament라고도 한다.

꽃밥

수술대 : 얼레지 수술

수술먼저피기 174쪽

암수한꽃에 있는 암술과 수술 중에서 수술이 먼저 자라고 수술의 꽃밥이 스러질 때쯤 암술이 자라게 하는 방법으로 제꽃가루받이를 피하는데 이를 '수술먼저피기'라고 한다. 웅예선숙(雄蘂先熟), 웅성선숙(雄性先熟), protandrous, protandry라고도 한다.

나중에 암술이 나와 성숙한다.

수술먼저피기 : 접시꽃 수술

수술시기 175쪽

암수한꽃에서 수술의 꽃가루가 나오는 시기를 '수술시기'라고 한다. 암술이 성숙하는 암술시기에 대응되는 말이다. 웅성기(雄性期), male stage라고도 한다.

수술시기 : 접시꽃 수술

수술통 103쪽

멀구슬나무 꽃처럼 여러 개의 수술대

수술통 : 멀구슬나무 꽃 모양

가 서로 합쳐져서 만들어진 통을 말하며 한몸수술에 해당한다. 웅예통(雄蘂筒), staminal tube라고도 한다.

수정(受精) 168쪽 정받이

숙악(宿萼) 252쪽 영구꽃받침

숙존악(宿存萼) 252쪽 영구꽃받침

순판(脣瓣) 64쪽 입술꽃잎

순형화관(脣形花冠) 70쪽 입술모양꽃부리

술잔모양꽃차례 189쪽 등잔모양꽃차례

숨은꽃열매 379쪽

숨은꽃열매는 열매 모양의 둥근 꽃턱 속에 많은 꽃이 촘촘히 모인 숨은꽃차례가 자라서 된 열매송이로 하나의 열매처럼 보이며 열매살에 수분이 많다. 열매 속에는 자잘한 여윈열매가 가득하다. 은화과(隱花果), syconus, syconium이라고도 한다.

숨은꽃열매 : 무화과 꽃주머니 단면

숨은꽃차례 190쪽

꽃대 끝의 꽃턱이 커져서 항아리 모양을 만들고 그 안쪽 면에 많은 꽃이 달리기 때문에 겉에서는 꽃이 보이지 않는 꽃차례로 뽕나무과의 무화과속 나무들에게서 주로 볼 수 있기 때문에 '무화과꽃차례'라고도 한다. 은두화서(隱頭花序), hypanthodium, syconium이라고도 한다.

숨은꽃차례 : 무화과 꽃주머니 단면

시과(翅果) 356쪽 날개열매

실엽(實葉) 29쪽 홀씨잎

실편(實片) 385쪽 솔방울조각

심피(心皮) 152쪽

암술을 구성하는 단위로 씨방, 밑씨, 암술대, 암술머리로 이루어져 있다. 보통 암술은 1~여러 개의 심피로 이루어지지만 겉만 보고 심피의 수를 알기 어려울 때도 많다. carpel이라고도 한다.

암술과 심피는 각각 6~9개이다.

심피 : 으름덩굴 암꽃

십자모양꽃부리 46쪽

4장의 꽃잎이 2장씩 마주보고 수평으로 퍼진 모양이 한자의 십(十)자를 닮은 꽃부리를 말한다. 겨자과 식물은 십자모양꽃부리를 하고 있어서 '십자화과'라고도 한다. 십자화관(十字花冠), cruciform corolla라고도 한다.

십자모양꽃부리 : 배추 꽃 모양

십자화관(十字花冠) 46쪽 십자모양꽃부리

싹트기 436쪽

적당한 온도에서 수분을 흡수한 씨앗은 씨젖이나 떡잎의 양분을 이용해 어린 뿌리가 자라서 두꺼운 씨껍질을 뚫고 나오는데 이를 '싹트기'라고 한다. 발아(發芽), germination이라고도 한다.

싹트기 : 강낭콩 새싹

쌍떡잎식물 32쪽

싹이 틀 때 2장의 떡잎이 나오는 속씨식물을 말한다. 쌍떡잎식물의 뿌리는 보통 원뿌리에서 곁뿌리가 내리고 잎맥은 대부분이 그물맥을 가지고 있다. 쌍자엽식물(雙子葉植物), dicotyledon이라고도 한다.

쌍떡잎식물 : 둥근잎나팔꽃 새싹

쌍자엽식물(雙子葉植物) 32쪽 쌍떡잎식물

씨 373쪽 씨앗

씨껍질 400쪽

식물의 씨앗을 싸고 있는 껍질을 '씨껍질'이라고 하며 밑씨의 껍질이 변한

속살

씨껍질 : 밤나무 씨앗 단면

것이다. 씨앗껍질, 종피(種皮), seed coat라고도 한다.

씨눈 400쪽

씨앗 속에 들어 있는 씨눈은 앞으로 싹이 터서 식물체로 자랄 기관이다. 배(胚), 배아(胚芽), embryo라고도 한다.

씨눈
씨눈줄기

씨눈 : 감나무 씨앗 단면

씨눈줄기 400쪽

씨앗 속에 들어 있는 씨눈에서 앞으로 줄기로 자랄 부분. 배축(胚軸), embryonic axis라고도 한다.

씨방 31쪽

암술대 밑부분에 있는 통통한 주머니 모양을 한 부분으로 속에 밑씨가 들어 있다. 자방(子房), ovary라고도 한다.

씨방 : 장미 꽃봉오리 단면

씨방실 157쪽

씨방 안에 가름막으로 나뉘어진 작은 방으로 보통 심피의 숫자와 같다. 씨방실에 위치한 밑씨가 자라 씨앗이 된다. 자방실(子房室), locule이라고도 한다.

씨방실 : 도라지 열매 단면

씨식물 466쪽

암술의 밑씨가 수술의 꽃가루를 받아 씨앗을 만드는 식물을 말하며 겉씨식물과 속씨식물로 나눈다. 씨앗식물, 종자식물(種子植物), spermatophyte라고도 한다.

씨식물 : 제비꽃 열매

씨앗 373쪽

식물의 밑씨가 정받이를 한 뒤에 자란 열매 속에 들어 있는 기관. 씨껍질, 씨젖, 씨눈으로 구성되며 씨식물에서만 볼 수 있다. 씨, 종자(種子), seed라고도 한다.

씨앗 : 풍선덩굴 열매 단면

씨앗껍질 400쪽 씨껍질

씨앗식물 466쪽 씨식물

씨자리 288쪽

속씨식물의 씨방 안에서 밑씨가 붙는 부위를 '씨자리'라고 한다. 씨자리에 붙어 있던 밑씨는 정받이가 이루어지면 점차 씨앗으로 자란다. 태좌(胎座), placenta라고도 한다.

씨자리 :
파프리카 열매 단면

씨젖 400쪽

씨앗 속에 들어 있는 씨젖은 씨눈이 싹이 터서 혼자 자랄 수 있을 때까지 필요한 양분을 저장한 기관이다. 씨젖은 대부분이 녹말이다. 배젖, 눈젖, 배유(胚乳), endosperm이라고도 한다.

씨젖 : 감나무 씨앗 단면

씨혹 448쪽

씨앗의 배꼽 부분에 생기는 작은 돌기는 '씨혹'이라고 한다. 종침(種枕), 종부(種阜), caruncle이라고도 한다.

씨혹 : 피마자 씨앗

아래씨방 165쪽

씨방이 꽃받침보다 아래에 붙어 있는 것을 '아래씨방'이라고 한다. 아래씨방은 위씨방보다 좀더 발전된 씨방으로 열매 끝에 꽃받침자국이 남아 있는 경우가 있다. 하위자방(下位子房), inferior ovary, epigynous라고도 한다.

꽃받침
씨방
아래씨방 : 호박 암꽃

아랫입술꽃잎 71쪽

입술모양꽃부리에서 갈라지는 2개의 꽃잎 중 아래쪽의 꽃잎을 말하며 위쪽에 있는 윗입술꽃잎과 모양이 다른 경우가 많다. 하순화판(下脣花瓣), lower lip이라고도 한다.

윗입술꽃잎
아랫입술
꽃잎
아랫입술꽃잎 :
용머리 꽃 모양

아무낮식물 83쪽

낮의 길이와 관계없이 온도만 맞으면 아무 때나 꽃을 피우는 식물을 말한다. 중일식물(中日植物), 중성식물(中性植物), day-neutral plant라고도 한다.

아무낮식물 :
개쑥갓 꽃송이

악(萼) 9쪽 꽃받침

악통(萼筒) 18쪽 꽃받침통

악편(萼片) 9쪽 꽃받침조각

안갖춘꽃 15쪽

꽃을 구성하는 요소인 꽃잎, 꽃받침, 암술, 수술의 4가지 중에서 어느 한 가지라도 퇴화되어 없는 꽃을 말한다. 불완전화(不完全花), incomplete flower, imperfect flower라고도 한다.

꽃받침조각
수술
안갖춘꽃 :
으름덩굴 수꽃

암구화수 30쪽 암솔방울

암그루 13쪽

암꽃과 수꽃이 서로 다른 그루에 피는 암수딴그루 중에서 암꽃이 피는 그루를 말한다. 수꽃만 피는 수그루와 대응되는 말이다. 자주(雌株), female plant라고도 한다.

암꽃
암그루 : 먼나무 암꽃송이

암꽃 11쪽

암수딴꽃으로 암술은 완전하지만 수술은 없거나 퇴화되어 흔적만 있는 꽃을 말한다. 수술만 가지고 있는 수꽃과 대응되는 말이다. 자화(雌花), female flower라고도 한다.

암술
암꽃 : 여주

암솔방울 30쪽

겉씨식물에서 암배우체를 생산하는 기관으로 속씨식물의 암꽃차례에 해당한다. 암구화수, 자구화수(雌毬花穗), 자성구화수(雌性毬花穗), female cone이라고도 한다.

암솔방울 : 독일가문비

암수딴그루 12쪽

암꽃이 달리는 암그루와 수꽃이 달리는 수그루가 각각 다른 식물을 말한다. 자웅이주(雌雄異株), 이가화(二家花), dioecism, dioecious plant라고도 한다.

암수딴그루 : 계수나무 수꽃

암수딴꽃 10쪽

하나의 꽃에 수술만 있거나 암술만 있는 꽃으로 암컷(암술)과 수컷(수술) 중 한 성만 있는 꽃이란 뜻이다. 단성꽃, 단성화(單性花), unisexual flower라고도 한다. 암술만 있는 꽃은 암꽃, 수술만 있는 꽃은 수꽃이라고 한다.

암수딴꽃 : 여주 암꽃

암수섞어피기 177쪽

한 종에서 절반 정도의 그루는 암술이 먼저 성숙하고 나머지 절반 정도의 그루는 수술이 먼저 성숙해서 더 효율적으로 딴꽃가루받이를 하는데 이를 '암수섞어피기'라고 한다. 자웅이숙(雌雄異熟), 이형이숙((異型異熟), dichogamy라고도 한다.

암수섞어피기 : 굴피나무 꽃송이

암수한그루 12쪽

암꽃과 수꽃이 한 그루에 따로 달리는 식물을 말한다. 자웅동주(雌雄同株), 일가화(一家花), monoecism, monoecious plant라고도 한다.

암수한그루 : 가래나무 꽃가지

암수한꽃 10쪽

하나의 꽃 속에 암술과 수술을 함께 갖춘 꽃을 말한다. 양성꽃, 양성화(兩性花), bisexual flower라고도 한다. 꽃이 피는 식물의 70% 정도가 암수한꽃이다. 실제 생식(生殖)에 관여하는 암술과 수술이 한 꽃에 모두 있어서 완전화(完全花)라고도 한다.

암수한꽃 : 순비기나무 꽃 모양

암술 8쪽

꽃의 가운데에 있으며 꽃가루를 받아 씨앗과 열매를 맺는 기관을 말한다. 자예(雌蘂), pistil이라고도 한다. 보통 암술머리, 암술대, 씨방의 세 부분으로 이루어져 있으며 암술대가 없는 것도 흔하다.

암술 : 가죽나무 암꽃

암술군 239쪽

한 송이 꽃 안에 있는 모든 암술이나 모든 심피를 말할 때 '암술군'이라고 한다. 수술군에 대응되는 말이다. 자예군(雌蘂群), gynoeceum이라고도 한다.

암술군 : 으름덩굴 암꽃

암술대 140쪽

암술에서 암술머리와 씨방을 연결하는 가는 대롱 부분을 말한다. 암술대는 꽃가루가 씨방으로 들어가는 통로가 되며 암술대가 없는 꽃도 있다. 화주(花柱), style이라고도 한다.

암술대 : 치자나무 꽃 단면

암술머리 140쪽

암술 꼭대기에서 꽃가루를 받는 부분을 말한다. 주두(柱頭), stigma라고도 한다. 암술머리는 식물의 과(科)나 속(屬)에 따라 일정한 모양을 하고 있다.

암술머리 : 도라지 시드는 꽃

암술머리쟁반 38쪽

개연꽃속의 암술처럼 여러 개의 암술머리가 합쳐져서 쟁반처럼 편평한 모양을 하고 있는 것을 말한다. 주두반(柱頭盤), stigma disk라고도 한다.

암술머리쟁반 : 남개연꽃 꽃 모양

암술먼저피기 176쪽

한 꽃에 있는 암술과 수술 중에서 암술이 먼저 자라고 암술의 꽃가루받이가 끝나면 수술이 자라게 하는 방법으로 제꽃가루받이를 피하는데 이를 '암술먼저피기'라고 한다. 자예선숙(雌蘂

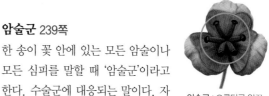

암술먼저피기 : 백목련 암수술

先熟), protogynous, protogyny라고도 한다.

암술시기 175쪽

암수한꽃에서 암술이 성숙하는 시기를 '암술시기'라고 한다. 수술이 성숙해서 꽃가루가 나오는 수술시기에 대응되는 말이다. 자성기(雌性期), female stage라고도 한다.

암술시기 : 접시꽃 암수술

압화(押花) 274쪽 누름꽃

액과(液果) 316쪽 물열매

액아(腋芽) 456쪽 겨드랑눈

약(葯) 90쪽 꽃밥

약격(葯隔) 95쪽 꽃밥부리

약실(葯室) 129쪽 꽃가루주머니

양꽃덮이꽃 19쪽

꽃잎과 꽃받침을 모두 갖추고 있는 꽃을 말하며 둘 중에 한 가지만 있는 홑꽃덮이꽃과 구분이 된다. 갖춘꽃과 암수딴꽃 중에서 꽃잎과 꽃받침을 모두 갖추고 있는 꽃이 해당된다. 양화피화(兩花被花), 양피화(兩被花), dichlamydeous flower라고도 한다.

양꽃덮이꽃 :
고로쇠나무 꽃 모양

양낭(瓤囊) 157쪽 쪽

양성꽃 10쪽 암수한꽃

양성동주(兩性同株) 257쪽 잡성그루

양성화(兩性花) 10쪽 암수한꽃

양체웅예(兩體雄蘂) 106쪽 두몸수술

양피화(兩被花) 19쪽 양꽃덮이꽃

양화피화(兩花被花) 19쪽 양꽃덮이꽃

어린눈 401쪽

씨앗 속에 들어 있는 씨눈에서 씨눈줄기 윗부분에 있는 장차 잎으로 자랄 부분. 유아(幼芽), plumule이라고도 한다.

어린눈 : 강낭콩 씨앗 단면

어린뿌리 401쪽

씨앗 속에 들어 있는 씨눈에서 앞으로 뿌리로 자랄 부분. 유근(幼根), radicle이라고도 한다.

어린뿌리 :
강낭콩 씨앗 단면

어미그루 450쪽

식물의 영양번식이나 교배 등을 할 때 기본이 되는 식물체를 '어미그루'라고 한다. 모주(母株), 친주(親株), 친묘(親苗), mother plant라고도 한다.

새끼그루

어미그루

어미그루 : 거접련

여러몸수술 107쪽

많은 수술이 3개 이상의 다발로 나뉘는 것을 '여러몸수술'이라고 한다. 여러몸수술은 물레나물과나 차나무과 등에서 볼 수 있다. 다체웅예(多體雄蘂), polyadelphous stamen이라고도 한다.

여러몸수술 :
망종화 꽃 모양

여러심피씨방 155쪽

1개의 꽃 안에 여러 개의 갈래심피가 있는 씨방을 말한다. 여러심피씨방을 가진 꽃은 뱀딸기나 목련처럼 1개의 열매송이에 많은 열매나 씨앗을 촘촘히 맺는다. 다심피자방(多心皮子房), polycarpellary ovary라고도 한다.

여러심피씨방 :
뱀딸기 꽃 모양

여러암술꽃 150쪽

하나의 꽃에 암술이나 암술대가 여러 개인 것을 '여러암술꽃'이라고 한다. 다자예화(多雌蘂花), polycarpous flower라고도 한다.

여러암술꽃 :
멍석딸기 꽃 단면

여윈열매 360쪽

마른 열매껍질은 얇은 막질이며 속에 들어 있는 1개의 씨앗과 단단히 붙어 있어서 전체가 씨앗처럼 보이는 열매를 '여윈열매'라고 한다. 수과(瘦果), achene이라고도 한다.

여윈열매 : 개구리미나리
열매송이 단면

열개과(裂開果) 312쪽   열리는열매

열리는열매 312쪽

마른열매 중에서 열매가 익으면 열매껍질이 벌어져서 씨앗이 드러나는 열매를 '열리는열매'라고 한다. 열리는열매에는 꼬투리열매, 터짐열매, 뚜껑열매, 뿔열매, 쪽꼬투리열매 등이 있다. 열개과(裂開果), dehiscent fruit라고도 한다.

열리는열매 : 원추리 열매

열린꽃정받이 173쪽

꽃이 핀 상태에서 정받이가 이루어지는 것을 '열린꽃정받이'라고 한다. 닫힌꽃정받이에 상대되는 말이며 대부분의 식물은 열린꽃정받이를 한다. 개화수정(開花受精), chasmogamy라고도 한다.

열린꽃정받이 :
마편초 꽃송이

열매자루 406쪽

열매가 매달려 있는 자루. 꽃이 열매로 자라면 꽃자루가 자연스럽게 열매자루가 된다. 과병(果柄), fruit stalk라고도 한다.

열매자루 :
왕벚나무 열매송이

열매주머니 302쪽

사초 등의 열매를 싸고 있는 주머니 모양의 기관을 '열매주머니'라고 한다. 과포(果胞), perigynium이라고도 한다.

여윈열매

열매주머니

열매주머니 :
도깨비사초 열매 단면

열매채소 392쪽

농학에서는 먹을 수 있는 열매를 생산하기 위해 재배하는 풀의 열매를 '열매채소'로 구분한다. 과채류(果菜類), fruit vegetables이라고도 한다.

열매채소 : 수박 열매

열매턱 259쪽

꽃자루 끝부분의 꽃턱이 점차 비대해져서 생긴 열매의 일부분을 '열매턱'이라고 한다. 과탁(果托), fruit receptacle이라고도 한다.

열매턱 : 딸기
어린 열매 단면

엽상체(葉狀體) 463쪽

우산이끼의 몸은 보통 잎 모양으로 생겨서 '엽상체'라고 부르며 점차 줄기와 잎이 구분되는 종으로 진화했다. thallus라고도 한다.

엽상체 : 우산이끼

엽초(葉鞘) 465쪽   잎집

영(穎) 203쪽   깍지

영과(穎果) 352쪽   낟알열매

영구꽃받침 252쪽

꽃봉오리 때부터 싸고 있던 꽃받침이 열매가 다 익을 때까지 남아서 씨앗까지 보호하는데 이런 꽃받침을 '영구꽃받침'이라고 한다. 숙악(宿萼), 숙존악(宿存萼), persistent calyx라고도 한다.

영구꽃받침 :
치자나무 열매

영양경(營養莖) 464쪽   영양줄기

영양번식(營養繁殖) 451쪽

식물의 잎, 줄기, 뿌리와 같은 영양
기관을 이용해서 번식하는 방법을 말
한다. 영양생식(營養生殖), vegetative
reproduction이라고도 한다.

영양번식 : 고구마 새싹

영양생식(營養生殖) 451쪽 영양번식

영양엽(營養葉) 29쪽 영양잎

영양잎 29쪽

고사리식물에서 광합성을 해서 양
분을 만드는 잎을 말한다. 영양엽(營
養葉), 나엽(裸葉), trophophyll이라
고도 한다.

홀씨잎
영양잎 : 콩짜개덩굴

영양줄기 464쪽

양분을 만드는 잎 등이 달리는 줄기를
말하며 홀씨줄기와 구분하기 위해서 쓰
는 말이다. 영양경(營養莖), sterile stem
이라고도 한다.

영양줄기 : 쇠뜨기

옆붙기꽃밥 92쪽

수술 중에는 수술대가 꽃밥의 옆면에
붙어 있는 것이 있는데 꽃밥이 이런
모양으로 달리는 것을 '옆붙기꽃밥'
이라고 한다. 측착약(側着葯), adnate
anther라고도 한다.

옆붙기꽃밥 :
개구리자리 꽃 모양

예주(蘂柱) 65쪽 꽃술대

오디꼴열매 379쪽

꽃대에 많은 꽃이 촘촘히 돌려가며 모여
달린 꽃송이가 자라서 된 열매송이로 하
나의 열매처럼 보이지만 겹열매이며 열매
살에 수분이 많다. 상과(桑果), sorosis라
고도 한다.

오디꼴열매 :
뽕나무 열매

완전화(完全花) 14쪽 갖춘꽃

왕관모양꽃부리 63쪽

수선화처럼 부꽃부리가 왕관 모양으
로 발달하는 꽃부리를 말한다. 왕관
형화관(王冠形花冠), coronate corolla
라고도 한다.

왕관모양꽃부리 :
수선화 품종

왕관형화관(王冠形花冠) 63쪽

왕관모양꽃부리

외과피(外果皮) 307쪽 겉열매껍질

외떡잎식물 32쪽

싹이 틀 때 1장의 떡잎이 나오는 식물을
말한다. 외떡잎식물은 잎이 대개 나란히
맥이고 뿌리는 대부분이 수염뿌리이다.
단자엽식물(單子葉植物), monocotyledon
이라고도 한다.

외떡잎식물 : 참나리 새싹

외봉선(外縫線) 291쪽

꼬투리열매의 가장자리를 결합하고
있는 2개의 봉합선 중에서 바깥쪽에
있는 봉합선을 '외봉선'이라고 한다.
배봉선(背縫線), dorsal suture라고도
한다.

내봉선
외봉선 : 완두 꼬투리열매

외향꽃밥 126쪽

수술대 끝부분에 달리는 꽃밥이 밖
을 향하는 것을 말한다. 꽃밥이 수술
대 안쪽을 향하는 내향꽃밥과 상대
되는 말이다. 외향약(外向葯), extrose
anther라고도 한다.

외향꽃밥 :
금붓꽃 꽃 단면

외향약(外向葯) 126쪽 외향꽃밥

외화피편(外花被片) 53쪽

겉꽃덮이조각

용골꽃잎 69쪽

콩과 식물의 나비모양꽃부리에서 날개
꽃잎 안쪽에 있는 2장의 꽃잎을 말한

용골꽃잎 :
회화나무 꽃 모양

다. 용골꽃잎은 보통 2장이 포개져 있으며 속에 암술과 수술이 숨어 있다. 용골판(龍骨瓣), keel petal이라고도 한다.

용골판(龍骨瓣) 69쪽 용골꽃잎

우산꽃차례 196쪽
꽃대 끝에 꽃자루가 있는 작은 꽃들이 우산살처럼 방사상으로 배열하는 꽃차례를 '우산꽃차례'라고 한다. 보통 작은 꽃자루의 길이가 같으므로 꽃차례는 우산 모양이 되며 둥근 공 모양이 되기도 한다. 산형화서(傘形花序, 散形花序), umbel이라고도 한다.

우산꽃차례 :
우산달래 꽃송이

우산털 78쪽 갓털

웅구화수(雄毬花穗) 37쪽 수술방울

웅성구화수(雄性毬花穗) 37쪽 수술방울

웅성기(雄性期) 175쪽 수술시기

웅성선숙(雄性先熟) 174쪽 수술먼저피기

웅예(雄蘂) 8쪽 수술

웅예군(雄蘂群) 239쪽 수술군

웅예선숙(雄蘂先熟) 174쪽 수술먼저피기

웅예속(雄蘂束) 105쪽 수술다발

웅예통(雄蘂筒) 103쪽 수술통

웅주(雄株) 13쪽 수그루

웅화(雄花) 11쪽 수꽃

원뿔꽃차례 195쪽
기다란 꽃대에 송이꽃차례가 모여

원뿔꽃차례 :
종려나무 암꽃송이

달리는데 밑부분의 송이꽃차례는 가지가 길고 위로 갈수록 가지가 짧아져서 전체적으로 원뿔 모양을 만들므로 '원뿔꽃차례'라고 하며 일반적으로 꽃차례가 큰 편이다. 원추화서(圓錐花序), panicle이라고도 한다.

원추화서(圓錐花序) 195쪽 원뿔꽃차례

위과(僞果) 256쪽 헛열매

위꽃받침 65쪽
난초나 투구꽃 등의 꽃받침 중에 가장 위쪽에 있는 꽃받침조각을 말한다. 등꽃받침, 배악편(背萼片), 상악편(上萼片), 주판(主瓣), dorsal sepal, upper sepal이라고도 한다.

위꽃받침 :
새우난초 꽃 모양

위시과(僞翅果) 358쪽 헛날개열매

위씨방 162쪽
씨방이 꽃받침보다 위에 붙어 있는 것을 '위씨방'이라고 하며 꽃식물의 씨방 중에서 가장 흔하다. 위씨방에서 만들어진 열매는 꽃받침보다 위에 있으므로 어린 열매로도 씨방의 위치를 알 수 있다. 상위자방(上位子房), superior ovary, hypogynous라고도 한다.

위씨방 : 감자 꽃 단면

위익과(僞翼果) 358쪽 헛날개열매

윗입술꽃잎 71쪽
입술모양꽃부리에서 갈라지는 2개의 꽃잎 중 위쪽의 꽃잎을 말하며 아래쪽에 있는 아랫입술꽃잎과 모양이 다른 경우가 많다. 상순화판(上脣花瓣), upper lip이라고도 한다.

윗입술꽃잎
아랫입술
꽃잎
윗입술꽃잎 :
용머리 꽃 모양

유거화관(有距花冠) 74쪽 꽃뿔모양꽃부리

유관속식물(維管束植物) 467쪽 관다발식물

유근(幼根) 401쪽 어린뿌리

유배유종자(有胚乳種子) 401쪽
씨앗 안쪽에 씨젖을 가진 씨앗은 '유배유종자'라고 한다. 씨젖의 양분은 씨눈이 싹이 터서 혼자 광합성을 통해 양분을 만들 수 있을 때까지 자라는 데 쓰인다. albuminous seed라고도 한다.

씨젖

유배유종자 :
감나무 씨앗 단면

유성번식(有性繁殖) 451쪽
다른 그루간의 정받이에 의해 유전적으로 어미그루와는 조금씩 다른 특성을 지닌 씨앗을 만들어 번식하는 것을 말한다. 유성생식(有性生殖), sexual reproduction, syngenesis라고도 한다.

유성번식 : 강낭콩 새싹

유성생식(有性生殖) 451쪽 유성번식

유아(幼芽) 401쪽 어린눈

유이화서(葇荑花序) 193쪽 꼬리꽃차례

유피화(有被花) 16쪽 꽃덮이꽃

유한꽃차례 184쪽
무한꽃차례와 반대로 꽃차례의 꽃이 위에서부터 밑으로 피어 내려가거나 안에서부터 밖으로 피어가는 것을 '유한꽃차례'라고 한다. 유한화서(有限花序), determinate inflorescence라고도 한다.

유한꽃차례 :
오이풀 꽃송이

유한화서(有限花序) 184쪽 유한꽃차례

유화피화(有花被花) 16쪽 꽃덮이꽃

육수화서(肉穗花序) 191쪽 살이삭꽃차례

육질과(肉質果) 310쪽 살열매

은두화서(隱頭花序) 190쪽 숨은꽃차례

은화과(隱花果) 379쪽 숨은꽃열매

은화식물(隱花植物) 28쪽 민꽃식물

이가화(二家花) 12쪽 암수딴그루

이강웅예(二强雄蘂) 98쪽 둘긴수술

이과(梨果) 328쪽 배꼴열매

이끼식물 462쪽
최초의 육상 식물로 관다발이 없고 헛뿌리를 가지고 있으며 홀씨로 번식하는 홀씨식물이다. 선태식물(蘚苔植物), bryophyta라고도 한다.

이끼식물 : 솔이끼

이삭꽃차례 192쪽
길고 가느다란 꽃대에 꽃자루가 거의 없는 작은 꽃들이 다닥다닥 붙는 꽃차례를 '이삭꽃차례'라고 한다. 각각의 꽃은 꽃자루가 거의 없는 것이 송이꽃차례와 다른 점이다. 수상화서(穗狀花序), spike, spica라고도 한다.

이삭꽃차례 :
타래난초 꽃이삭

이생심피(離生心皮) 155쪽 갈래심피

이악(離萼) 244쪽 갈래꽃받침

이층(離層) 266쪽 떨켜

이판악(離瓣萼) 244쪽 갈래꽃받침

이판화(離瓣花) 25쪽 갈래꽃

이판화관(離瓣花冠) 25쪽 갈래꽃부리

이피화(異被花) 20쪽 다른꽃덮이꽃

이형이숙((異型異熟) 177쪽 암수섞어피기

이형화주성(異形花柱性) 181쪽 이화주성

이화주성(異花柱性) 181쪽

같은 종에 긴암술꽃과 짧은암술꽃이 함께 피는 것을 '이화주성'이라고 한다. 동일한 형태의 꽃에서 나온 꽃가루는 꽃가루받이가 되지 않고 다른 형태의 꽃에서 나온 꽃가루만 꽃가루받이가 이루어지기 때문에 제꽃가루받이를 피한다. 이형화주성(異形花柱性), heterostyly라고도 한다.

짧은암술꽃

긴암술꽃

이화주성 : 큰앵초 꽃 단면

이화피화(異花被花) 20쪽 다른꽃덮이꽃

익과(翼果) 356쪽 날개열매

익판(翼瓣) 68쪽 날개꽃잎

일가화(一家花) 12쪽 암수한그루

일륜화(一輪花) 134쪽 홀꽃

일심피자방(一心皮子房) 154쪽 홀심피씨방

입술꽃잎 64쪽

꿀풀과나 난초과 식물 등에서 볼 수 있는 입술 모양의 꽃잎을 말한다. 순판(脣瓣), labellum이라고도 한다. 꿀풀과는 입술꽃잎 중에서 위쪽에 있는 것은 '윗입술꽃잎'이라고 하고 아래쪽 것은 '아랫입술꽃잎'이라고 한다.

입술꽃잎 : 자란 꽃 모양

입술모양꽃부리 70쪽

원통 모양의 통꽃부리 윗부분이 둘로 깊게 갈라져 벌어진 모양이 입술과 비슷한 꽃부리를 말한다. 주로 꿀풀과나 현삼과, 밭둑외풀과 등의 식물에서 볼 수 있다. 순형화관(脣形花冠), labiate corolla, bilabiate corolla라고도 한다.

윗입술꽃잎

아랫입술꽃잎

입술모양꽃부리 : 용머리 꽃 모양

잎집 465쪽

잎의 밑부분에서 줄기를 싸고 있는 부분을 말한다. 벼과 식물이나 쇠뜨기와 같은 고사리식물 등에서 볼 수 있다. 엽초(葉鞘), leaf sheath라고도 한다.

잎집 : 나도바랭이 줄기

자가수분(自家受粉) 170쪽 제꽃가루받이

자구화수(雌毬花穗) 30쪽 암솔방울

자묘(子苗) 450쪽 새끼그루

자방(子房) 31쪽 씨방

자방실(子房室) 157쪽 씨방실

자성구화수(雌性毬花穗) 30쪽 암솔방울

자성기(雌性期) 175쪽 암술시기

자엽(子葉) 400쪽 떡잎

자예(雌蕊) 8쪽 암술

자예군(雌蕊群) 239쪽 암술군

자예선숙(雌蕊先熟) 176쪽 암술먼저피기

자웅동주(雌雄同株) 12쪽 암수한그루

자웅이숙(雌雄異熟) 177쪽 암수섞어피기

자웅이주(雌雄異株) 12쪽 암수딴그루

자웅잡가(雌雄雜家) 257쪽 잡성그루

자주(雌株) 13쪽 암그루

자주(子株) 450쪽 새끼그루

자화(雌花) 11쪽 암꽃

자화수분(自花受粉) 170쪽 제꽃가루받이

작은모인꽃턱잎 197쪽
섬시호와 같이 겹우산꽃차례를 가진
꽃차례에서 2차의 작은 우산꽃차례
를 받치고 있는 꽃턱잎을 '작은모인
꽃턱잎'이라고 한다. 소총포(小總苞),
involucel이라고도 한다.

작은모인꽃턱잎 :
섬시호 꽃송이

잡성그루 257쪽
암수한그루 중에서 풀명자처럼 한
그루에 암수한꽃과 암수딴꽃이 함께
피는 것은 특별히 '잡성그루'라고 한
다. 암수한꽃과 수꽃이 피는 종도 있
고 암수한꽃과 암꽃이 피는 종도 있
는 등 여러 가지이다. 잡성주(雜性
株), 양성동주(兩性同株), 자웅잡가(雌
雄雜家), polygamous라고도 한다.

수꽃   암수한꽃
잡성그루 :
풀명자 꽃가지

잡성주(雜性株) 257쪽 잡성그루

장각과(長角果) 346쪽 긴뿔열매

장과(漿果) 316쪽 물열매

장미군(薔薇群) 35쪽
진정쌍떡잎식물은 크게 장미군과 국
화군의 두 그룹으로 나뉘며 장미군에
는 콩군과 아욱군 등이 속한다. 장미
군은 속씨식물의 1/4 정도를 차지할
정도로 번성하고 있다.

장미군 :
조팝나무 꽃 모양

장미꼴열매 376쪽
헛열매 중에서 항아리 모양의 열
매턱 안쪽에 많은 여윈열매가 들
어 있는 장미속의 특징적인 모인
여윈열매를 '장미꼴열매'로 구분
하기도 한다. 장미상과(薔薇狀果),

장미꼴열매 :
해당화 열매 단면

cynarrhodium이라고도 한다.

장미모양꽃부리 50쪽
장미과 식물의 특징적인 꽃 모양으
로 갈래꽃부리의 하나이며 5장의 꽃
잎이 접시처럼 빙 둘러 난 모양이다.
장미형화관(薔薇形花冠), rosaceous
corolla라고도 한다.

장미모양꽃부리 :
복숭아나무 꽃 모양

장미상과(薔薇狀果) 376쪽 장미꼴열매

장미형화관(薔薇形花冠) 50쪽 장미모양꽃부리

장식꽃 224쪽
암술과 수술이 모두 퇴화하여 없는
꽃으로 열매를 맺지 못하는 장식용
꽃을 말하며 아름다운 꽃잎으로 곤충
을 불러들이는 역할을 한다. 장식화
(裝飾花), 무성꽃, 무성화(無性花), 중
성꽃, 중성화(中性花), ornamental
flower, sterile floret, asexual
flower, neuter flower라고도 한다.

장식꽃 : 산수국 꽃가지

장식화(裝飾花) 224쪽 장식꽃

장일식물(長日植物) 82쪽 긴낮식물

장주화(長柱花) 180쪽 긴암술꽃

저착약(底着葯) 91쪽 밑붙기꽃밥

절과(節果) 364쪽 마디꼬투리열매

절두과(節豆果) 364쪽
마디꼬투리열매

절반꽃밥 94쪽
보통 꽃밥은 좌우 2개로 나뉘어 있는
모양인데 각각을 '절반꽃밥'이라고 한
다. 절반꽃밥은 보통 안에서 다시 2개의

절반꽃밥 : 털중나리 수술

방으로 나뉘어진다. 반약(半葯), theca라고도 한다.

절화(切花) 263쪽　꽃이꽃

점사(粘絲) 219쪽　끈끈실

점착사(粘着絲) 219쪽　끈끈실

접형화관(蝶形花冠) 69쪽　나비모양꽃부리

정단태좌(頂端胎座) 300쪽　꼭대기씨자리

정받이 168쪽

꽃가루받이가 되면 암술머리에 묻은 수술의 꽃가루가 가늘고 긴 꽃가루관을 지나 씨방 속의 밑씨와 만나 하나로 합쳐지는데 이를 '정받이'라고 한다. 정받이가 이루어지면 열매와 씨앗이 만들어지기 시작한다. 수정(受精), fertilization이라고도 한다.

정받이가 이루어진 씨방

정받이 : 오렌지 시든 꽃

정생태좌(頂生胎座) 300쪽　꼭대기씨자리

정자착약(丁字着葯) 94쪽　T자붙기꽃밥

정제화(整齊花) 22쪽　방사대칭꽃

제(臍) 363쪽　배꼽

제꽃가루받이 170쪽

한 꽃 안에서 자신의 꽃가루가 제 암술머리에 붙어서 이루어지는 꽃가루받이를 말한다. 다른 그루의 꽃가루를 받는 딴꽃가루받이가 어려울 때 제꽃가루받이를 하는 경우가 많다. 자화수분(自花受粉), 자가수분(自家受粉), self pollination, autogamy라고도 한다.

제꽃가루받이 : 달개비 시드는 꽃

조매화(鳥媒花) 217쪽　새나름꽃

종개(縱開) 121쪽　세로열림

종린(種鱗) 385쪽　솔방울조각

종모양꽃부리 56쪽

초롱꽃의 꽃부리처럼 꽃잎의 대부분이 붙어서 이루어진 통 모양이 종과 비슷한 모양의 꽃부리를 말한다. 초롱꽃과, 진달래과, 용담과 등의 일부 식물에서 볼 수 있다. 종형화관(鐘形花冠), campanulate corolla라고도 한다.

종모양꽃부리 : 초롱꽃 꽃 모양

종부(種阜) 448쪽　씨혹

종선열개(縱線裂開) 121쪽　세로열림

종열(縱裂) 121쪽　세로열림

종의(種衣) 404쪽　헛씨껍질

종자(種子) 373쪽　씨앗

종자식물(種子植物) 466쪽　씨식물

종침(種枕) 448쪽　씨혹

종피(種皮) 400쪽　씨껍질

종형화관(鐘形花冠) 56쪽　종모양꽃부리

좌우대칭꽃 23쪽

꽃받침조각이나 꽃잎의 모양이 서로 다르며 보통 대칭축이 하나밖에 없는 꽃으로 곤충은 일정한 방향으로만 꽃에 접근할 수 있다. 좌우대칭화(左右對稱花), 부정제꽃, 부정제화(不整齊花), zygomorphic flower라고도 한다.

좌우대칭꽃 : 팬지 꽃 모양

좌우대칭화(左右對稱花) 23쪽　좌우대칭꽃

주두(柱頭) 140쪽 암술머리

주두반(柱頭盤) 38쪽 암술머리쟁반

주머니열매 366쪽
얇은 열매주머니가 바깥을 둘러싸고 있는 열매로 열매주머니는 보통 얇은 막질이며 벌어지지 않는 닫힌열매이다. 낭과(囊果), 포과(胞果), utricle이라고도 한다.

주머니열매 : 도깨비사초 열매 단면

주아(珠芽) 456쪽 살눈

주판(主瓣) 65쪽 위꽃받침

중과피(中果皮) 307쪽 가운데열매껍질

중성꽃 224쪽 장식꽃

중성식물(中性植物) 83쪽 아무낮식물

중성화(中性花) 224쪽 장식꽃

중앙씨자리 296쪽
속씨자리의 각 방 사이에 있던 가름막이 자라는 동안 없어지면서 하나의 씨방실이 되고 안쪽 벽과 떨어져서 독립된 가운데기둥에 밑씨가 붙는 것을 '중앙씨자리'라고 한다. 가운데기둥은 부풀어 오른 모양이며 끝까지 연결되지 않는 것이 속씨자리와 다른 점이다. 독립중앙태좌(獨立中央胎座), free central placentation이라고도 한다.

중앙씨자리 : 달맞이장구채 열매 단면

중위자방(中位子房) 166쪽 가운데씨방

중일식물(中日植物) 83쪽 아무낮식물

중축(中軸) 157쪽 가운데기둥

중축태좌(中軸胎座) 292쪽 속씨자리

중판화(重瓣花) 135쪽 겹꽃

지하결실(地下結實) 396쪽 땅속결실

진과(眞果) 306쪽 참열매

진정쌍떡잎식물군 34쪽
쌍떡잎식물 중에서 원시적인 기초속씨식물군과 목련군을 제외한 나머지 쌍떡잎식물을 말한다. 가장 진화한 식물 무리로 지구상에서 번성하고 있다. 진정쌍자엽식물군(眞正雙子葉植物群), Eudicots라고도 한다.

진정쌍떡잎식물군 : 미나리아재비 꽃 모양

진정쌍자엽식물군(眞正雙子葉植物群) 34쪽
진정쌍떡잎식물군

집산화서(集散花序) 187쪽 갈래꽃차례

집약웅예(集葯雄蕊) 110쪽 통꽃밥수술

집합과(集合果) 368쪽 모인열매

집합대과(集合袋果) 372쪽 모인쪽꼬투리열매

집합수과(集合瘦果) 369쪽 모인여윈열매

집합장과(集合漿果) 374쪽 모인물열매

집합핵과(集合核果) 370쪽 모인굳은씨열매

짧은낮식물 82쪽
낮의 길이가 짧아지면 꽃눈을 만들어 꽃을 피우는 식물을 말한다. 짧은낮식물은 대부분이 아열대와 같은 더운 지방이 원산이다. 긴밤식물, 단일식물(短日植物), short-day plant라고도 한다.

짧은낮식물 : 산국 꽃송이

짧은밤식물 82쪽 긴낮식물

짧은뿔열매 347쪽
가름막 양쪽에 자잘한 많은 씨앗이 달
린 뿔열매 중에서 길이가 너비의 3배
미만인 것을 '짧은뿔열매'라고 한다.
단각과(短角果), silicle이라고도 한다.

짧은뿔열매 : 냉이 열매

짧은암술꽃 180쪽
하나의 꽃 안에서 수술은 길고 암술
은 짧은 꽃을 말한다. 보통 암술대가
짧으며 긴 수술대는 길이가 조금씩 달
라서 꽃밥의 높이가 약간씩 다른 것이
많다. 단주화(短柱花), short-styled
flower, thrum이라고도 한다.

짧은암술꽃 :
큰앵초 꽃 단면

쪽 157쪽
열매에서 속열매껍질에 의해 나뉘어
진 작은 방을 말하며 보통 심피의 숫자
와 같다. 열매살과 씨앗이 들어 있다.
양낭(瓤囊), segment라고도 한다.

쪽 : 탱자나무 열매
가로 단면

쪽꼬투리열매 350쪽
마른열매의 하나로 하나의 심피로 이
루어진 씨방이 자란 주머니 모양의
열매는 1줄의 봉합선을 따라 벌어지
면서 1~여러 개의 씨앗이 드러난다.
대과(袋果), 골돌과(骨突果), follicle이
라고도 한다.

쪽꼬투리열매 : 모란 열매

차형화관(車形花冠) 54쪽 수레바퀴모양꽃부리

참열매 306쪽
속씨식물의 씨방이 발달해서 만들어
진 열매를 진짜 열매란 뜻으로 '참열
매'라고 한다. 진과(眞果), true fruit
라고도 한다.

참열매 : 살구나무
어린 열매 단면

처녀생식(處女生殖) 79쪽 단위생식

천일꽃 275쪽 보존꽃

총상화서(總狀花序) 194쪽 송이꽃차례

총포(總苞) 261쪽 모인꽃턱잎

총포엽(總苞葉) 261쪽 모인꽃턱잎조각

총포조각 261쪽 모인꽃턱잎조각

총포편(總苞片) 261쪽 모인꽃턱잎조각

충매화(蟲媒花) 209쪽 벌레나름꽃

취과(聚果) 368쪽 모인열매

취면운동(就眠運動) 236쪽 수면운동

취산화서(聚散花序) 187쪽 갈래꽃차례

취약웅예(聚藥雄蕊) 110쪽 통꽃밥수술

측막태좌(側膜胎座) 298쪽 벽씨자리

측벽태좌(側壁胎座) 298쪽 벽씨자리

측악편(側萼片) 65쪽 곁꽃받침

측착약(側着葯) 92쪽 옆붙기꽃밥

측향꽃밥 125쪽
꽃밥이 수술대 옆쪽에 붙어서 옆을
향하는 꽃밥을 말한다. 측향약(側向
葯), latrorse anther라고도 한다.

측향꽃밥 : 계수나무 수꽃

측향약(側向葯) 125쪽 측향꽃밥

측화판(側花瓣) 64쪽 곁꽃잎

친묘(親苗) 450쪽 어미그루

친주(親株) 450쪽 어미그루

타가수분(他家受粉) 172쪽 딴꽃가루받이

타화수분(他花受粉) 172쪽 딴꽃가루받이

태좌(胎座) 288쪽 씨자리

터짐열매 334쪽

열매 속이 여러 칸으로 나뉘고 보통 열매가 마르면 씨앗을 싸고 있는 열매 껍질의 등쪽이나 사이가 세로로 길게 터지면서 씨앗이 나온다. 삭과(蒴果), capsule이라고도 한다.

터짐열매 : 참죽나무 벌어진 열매

테씨자리 290쪽

암술은 1개의 심피로 이루어지고 씨방은 한 개이며 심피 가장자리를 결합한 봉합선을 따라 밑씨가 달리는 씨자리를 '테씨자리'라고 하며 콩과 식물이 대표적이다. 변연태좌(邊緣胎座), marginal placentation이라고도 한다.

테씨자리 : 완두 어린 열매 단면

통꽃 24쪽

한 꽃 안에 있는 꽃잎의 일부 또는 전부가 붙어서 통 모양으로 되는 꽃을 말한다. 꽃잎이 한 조각씩 떨어지는 갈래꽃에 상대되는 말이다. 합판화(合瓣花), gamopetalous라고도 한다.

통꽃 : 도라지모시대 꽃송이

통꽃받침 245쪽

꽃받침의 밑부분이 서로 붙어 있어서 통 모양을 이루는 것을 '통꽃받침'이라고 한다. 통꽃받침은 꽃받침통과 꽃받침갈래조각으로 구분된다. 합판악(合瓣萼), 합악(合萼), synsepalous calyx라고도 한다. 꽃부리가 통꽃이면 통꽃받침을 가진 경우가 대부분이다.

통꽃받침 : 능소화 꽃송이

통꽃밥수술 110쪽

하나의 꽃에 있는 모든 수술의 꽃밥이 모두 합쳐져서 원통 모양을 하고 있는 수술을 '통꽃밥수술'이라고 하는데 국화과 식물의 꽃에서 흔히 볼 수 있다. 집약웅예(集葯雄蕊), 취약웅예(聚葯雄蕊), syngenesious stamen이라고도 한다.

통꽃밥수술 : 뚱딴지 대롱꽃

통꽃부리 24쪽

꽃잎이 통 모양으로 붙는 통꽃에서 특히 꽃잎만을 가리킬 때는 '통꽃부리'라고 한다. 일반적으로 통꽃부리는 꽃이 질 때 꽃부리가 통째로 떨어진다. 합판화관(合瓣花冠), gamopetalous corolla라고도 한다.

통꽃부리 : 정금나무 꽃 모양

통상화(筒狀花) 77쪽 대롱꽃

통상화관(筒狀花冠) 76쪽 대롱모양꽃부리

통심피 156쪽

한 꽃에서 여러 개의 심피가 하나로 합쳐져 1개의 암술을 이루는 것을 '통심피'라고 한다. 암술머리가 나눠진 경우는 그 수가 대개 심피 수와 일치한다. 합생심피(合生心皮), syncarpous carpel이라고도 한다.

통심피 : 도라지 시든 꽃

투구모양꽃부리 66쪽

미나리아재비과 투구꽃속의 꽃은 5장의 꽃받침조각 중에 위에 있는 꽃받침조각이 꽃의 윗부분을 덮고 있는 모습이 투구와 비슷한 모양이라서 '투구모양꽃부리'라고 한다. 고깔모양꽃부리, 두형화관(兜形花冠), galeate corolla라고도 한다.

투구모양꽃부리 : 투구꽃 꽃 모양

판개(瓣開) 122쪽 들창열림

판연(瓣椽) 59쪽 꽃부리테

판인(瓣咽) 58쪽 꽃부리목

패랭이꽃모양꽃부리 49쪽
갈래꽃부리의 일종으로 꽃부리의 아 랫부분은 통 모양을 이루고 윗부분의 5장의 꽃잎은 수평으로 퍼진 모양이 대나무를 가늘게 쪼개어 엮은 패랭이 모자를 닮은 꽃부리로 주로 석죽과 식물에서 볼 수 있다. 석죽형화관(石 竹形花冠), caryophyllaceous corolla 라고도 한다.

패랭이꽃모양꽃부리 : 패랭이꽃

편측성(偏側性) 192쪽
타래난초는 꽃이 꽃대의 한쪽으로만 배열하는데 이런 배열을 하는 것을 '편측성'이라고 한다.

편측성 : 타래난초 꽃송이 부분

편평꽃차례 198쪽 고른꽃차례

폐과(閉果) 313쪽 닫힌열매

폐쇄화(閉鎖花) 171쪽 닫힌꽃

폐화수정(閉花受精) 171쪽 닫힌꽃정받이

포(苞) 260쪽 꽃턱잎

포간열개(胞間裂開) 338쪽 벽사이열림

포공열개(胞孔裂開) 123쪽 구멍열림

포과(胞果) 366쪽 주머니열매

포배열개(胞背裂開) 336쪽 벽중간열림

포복경(匍匐莖) 450쪽 기는줄기

포복지(匍匐枝) 450쪽 기는줄기

포영(苞穎) 203쪽 깍지

포자(胞子) 29쪽 홀씨

포자경(胞子莖) 464쪽 홀씨줄기

포자낭(胞子囊) 29쪽 홀씨주머니

포자낭군(胞子囊群) 465쪽 홀씨주머니무리

포자낭수(胞子囊穗) 465쪽 홀씨주머니이삭

포자식물(胞子植物) 462쪽 홀씨식물

포자엽(胞子葉) 29쪽 홀씨잎

풍매화(風媒花) 200쪽 바람나름꽃

프리저브드 플라워 275쪽 보존꽃

플로리겐 83쪽 개화호르몬

피자식물(被子植物) 31쪽 속씨식물

피토크롬 83쪽
식물의 몸속에서 빛을 느끼는 색소로 낮과 밤의 길이를 측정하여 꽃의 개 화 시기를 알아낸다. 피토크롬이 개 화 시기를 알아내면 개화를 유도하는 호르몬인 '플로리겐'이 만들어지면서 꽃눈이 자라 꽃이 피기 시작한다.

피토크롬 : 복수초는 낮의 길이가 길어지기 시작하면 꽃이 핀다.

하순화판(下脣花瓣) 71쪽 아랫입술꽃잎

하악편(下萼片) 67쪽 밑꽃받침

하위자방(下位子房) 165쪽 아래씨방

한몸수술 102쪽

동백꽃처럼 많은 수술의 수술대 밑 부분이 모두 합쳐져서 통 모양을 이루고 있는 수술을 '한몸수술'이라고 한다. 단체웅예(單體雄蕊), 합생웅예(合生雄蕊), monadelphous stamen 이라고도 한다.

한몸수술 :
동백나무 꽃 단면

합생심피(合生心皮) 156쪽 통심피

합생웅예(合生雄蕊) 102쪽 한몸수술

합악(合萼) 245쪽 통꽃받침

합판악(合瓣萼) 245쪽 통꽃받침

합판화(合瓣花) 24쪽 통꽃

합판화관(合瓣花冠) 24쪽 통꽃부리

항아리모양꽃부리 60쪽

통꽃부리의 하나로 꽃잎들이 붙어서 이루어진 통의 모양이 밑부분은 항아리처럼 둥글고 위로 올라가면서 좁아졌다가 다시 넓어지는 모양의 꽃부리를 말한다. 감나무과나 진달래과의 일부 식물에서 볼 수 있다. 호형화관(壺形花冠), urceolate corolla라고도 한다.

항아리모양꽃부리 :
정금나무 꽃 모양

핵(核) 321쪽 굳은씨

핵과(核果) 320쪽 굳은씨열매

허니 가이드 220쪽 넥타 가이드

헛날개열매 358쪽

열매껍질의 일부가 날개 모양으로 발달한 진정한 의미의 날개열매는 아니지만 열매껍질이 아닌 꽃덮이조각이

꽃턱잎

헛날개열매 :
소사나무 열매

나 꽃받침 또는 꽃턱잎 등이 날개 모양으로 자라서 바람을 타고 날아가는 열매를 '헛날개열매'라고 한다. 위시과(僞翅果), 위익과(僞翼果), pseudosamara라고도 한다.

헛뿌리 463쪽

이끼식물의 뿌리처럼 물과 양분을 흡수하지는 못하고 단지 몸을 지탱하는 역할만 하는 뿌리를 '헛뿌리'라고 한다. 가근(假根), rhizoid라고도 한다.

헛뿌리 : 우산이끼

헛수술 116쪽

퇴화하여 꽃가루를 만들지 못하는 수술을 말한다. 일반적으로 꽃밥이 발달하지 않으므로 꽃가루가 생기지 않는다. 닭개비의 노란색 헛수술은 꽃잎과 함께 곤충을 불러들이는 역할을 한다. 가웅예(假雄蕊), staminodium 이라고도 한다.

헛수술 : 닭개비 꽃 모양

헛씨껍질 404쪽

열매 중에는 정받이가 끝난 뒤에 밑씨가 붙는 씨자리나 밑씨가 심피에 붙는 자루 부분이 발달해서 씨앗을 둘러싸는 껍질이 된 것도 있는데 이를 '헛씨껍질'이라고 한다. 가종피(假種皮), 종의(種衣), aril, arillus라고도 한다.

헛씨껍질 : 노박덩굴
벌어진 열매

헛열매 256쪽

식물 중에는 씨방 이외의 부분인 꽃받침, 꽃턱, 꽃차례 등이 점차 크게 자라서 열매가 되기도 하는데 씨방이 자란 열매인 참열매와 구분하기 위해 '헛열매'라고 한다. 위과(僞果), 가과(假果), false fruit, pseudocarp 라고도 한다.

헛열매 : 석류나무 열매

혀꽃 78쪽

국화과의 머리모양꽃차례를 이루는 꽃의 하나로 아래는 대롱 모양이고 위는 혀 모양인 꽃을 말한다. 설상화(舌狀花), ray floret, ligulate flower 라고도 한다. 해바라기는 꽃송이 가장자리에 혀꽃이 빙 둘러 있고 민들레는 전체가 혀꽃만으로 되어 있다.

혀꽃 : 민들레

혀모양꽃부리 78쪽

국화과 꽃부리 중에서 꽃부리 밑부분은 합쳐져서 대롱처럼 되고 윗부분은 길게 혀처럼 벋는 모양의 꽃부리를 말한다. 설상화관(舌狀花冠), ligulate corolla라고도 한다.

혀모양꽃부리 : 민들레

현화식물(顯花植物) 28쪽 꽃식물

협과(莢果) 331쪽 꼬투리열매

호과(瓠果) 322쪽 박꼴열매

호형화관(壺形花冠) 60쪽 항아리모양꽃부리

홀로꽃차례 186쪽

하나의 꽃대 끝에 하나의 꽃이 피어나는 꽃차례를 '홀로꽃차례'라고 한다. 홀로꽃차례는 모든 꽃차례의 기본이라 할 수 있으며 일반적으로 꽃의 크기가 큰 것이 많다. 홑꽃차례, 단정화서(單頂花序), solitary inflorescence 라고도 한다.

홀로꽃차례 : 할미꽃

홀씨 29쪽

홀씨는 이끼식물, 고사리식물 등이 자손을 퍼뜨리기 위해 만든 세포로 포자(胞子), spore라고도 한다. 먼지처럼 작은 홀씨는 바람에 날려 퍼진다.

홀씨 : 쇠뜨기
홀씨주머니이삭 단면

홀씨식물 462쪽

꽃이 발달하지 못하고 원시적인 씨앗이라고 할 수 있는 홀씨를 만들어 번식하는 이끼식물과 고사리식물을 '홀씨식물' 또는 '민꽃식물'이라고도 한다. 포자식물(胞子植物), sporophyte 라고도 한다.

홀씨식물 : 콩짜개덩굴

홀씨잎 29쪽

홀씨잎은 양치식물의 잎 중에서 홀씨주머니가 생기도록 변한 잎을 말한다. 포자엽(胞子葉), 실엽(實葉), sporophyll 이라고도 한다.

홀씨잎 : 콩짜개덩굴

홀씨주머니 29쪽

홀씨식물에서 홀씨가 만들어지는 주머니 모양의 기관으로 줄기나 잎 등에 있다. 성숙하면 갈라져서 홀씨를 퍼뜨린다. 포자낭(胞子囊), sporangium이라고도 한다.

홀씨주머니무리 465쪽

고사리식물의 잎 뒷면이나 가장자리에 여러 개의 홀씨주머니가 촘촘히 모여서 덩어리 모양을 이룬 것을 말한다. 포자낭군(胞子囊群), sorus라고도 한다.

홀씨주머니무리 :
산일엽초 잎 뒷면

홀씨주머니이삭 465쪽

홀씨를 담고 있는 홀씨주머니가 이삭 모양으로 촘촘히 모여 있는 것을 말하며 홀씨식물에서 볼 수 있다. 포자낭수(胞子囊穗), spore cone, strobilus라고도 한다.

홀씨주머니이삭 : 쇠뜨기

홀씨줄기 464쪽

쇠뜨기 등의 고사리식물에서 홀씨주머니이삭이 달린 줄기를 말한다. 포자경(胞子莖), 생식경(生殖莖), fertile stem이라고도 한다.

홀씨줄기 : 쇠뜨기

홑꽃 134쪽

꽃잎이 한 겹으로 이루어진 꽃을 말한다. 단판화(單瓣花), 일륜화(一輪花), single flower라고도 한다. 꽃잎이 여러 겹인 겹꽃에 대응되는 말이다.

홑꽃 : 무 꽃 모양

홑꽃덮이꽃 18쪽

안갖춘꽃 중에서 꽃부리나 꽃받침 중에 어느 하나를 갖추지 못한 꽃으로 꽃잎과 꽃받침을 모두 갖춘 양꽃덮이꽃에 대응되는 말이다. 단화피화(單花被花), 단피화(單被花), monochlamydeous flower라고도 한다.

꽃받침

홑꽃덮이꽃 : 족도리풀 꽃 모양

홑꽃차례 186쪽 홀로꽃차례

홑심피씨방 154쪽

1개의 심피로 된 씨방을 말한다. 홑심피씨방을 가진 꽃은 복숭아나 벚나무처럼 열매 속에 1개의 씨앗이 만들어진다. 단심피자방(單心皮子房), 일심피자방(一心皮子房), monocarpellary ovary라고도 한다.

홑심피씨방 : 올벚나무 시든 꽃 단면

홑열매 308쪽

보통 하나의 꽃에 들어 있는 암술 밑부분의 1개의 씨방이 자란 열매를 '홑열매'라고 한다. 단과(單果), simple fruit라고도 한다.

홑열매 : 앵두나무 열매

화(花) 8쪽 꽃

화경(花梗) 26쪽 꽃대

화관(花冠) 44쪽 꽃부리

화관열편(花冠裂片) 24쪽 꽃부리조각

화관통(花冠筒) 58쪽 꽃부리통

화관통부(花冠筒部) 58쪽 꽃부리통

화반(花盤) 141쪽 꽃쟁반

화병(花柄) 27쪽 꽃자루

화봉(花峯, 花峰) 238쪽 꽃봉오리

화분(花粉) 128쪽 꽃가루

화분관(花粉管) 169쪽 꽃가루관

화분괴(花粉塊) 235쪽 꽃가루덩이

화분낭(花粉囊) 129쪽 꽃가루주머니

화분증(花粉症) 193쪽 꽃가루알레르기

화사(花絲) 90쪽 수술대

화상(花床) 39쪽 꽃턱

화서(花序) 184쪽 꽃차례

화서축(花序軸) 26쪽 꽃대

화성소(花成素) 83쪽 개화호르몬

화수(花穗) 13쪽 꽃이삭

화주(花柱) 140쪽 암술대

화축(花軸) 26쪽 꽃대

화탁(花托) 39쪽 꽃턱

화탁통(花托筒) 256쪽 꽃턱통

화판(花瓣) 9쪽 꽃잎

휴면(休眠) 436쪽

땅에 떨어진 씨앗은 싹이 틀 조건이 맞을 때까지 가만히 기다리는데 이것을 '휴면'이라고 한다. 식물의 종에 따라 씨앗의 휴면 기간도 조금씩 다르다. dormancy라고도 한다.

휴면 : 세이셸야자 씨앗

저자 **윤주복**

식물생태연구가이며, 자연이 주는 매력에 빠져 전국을 누비며
꽃과 나무가 살아가는 모습을 사진에 담고 있다.
저서로는 《쉬운 식물책》, 《우리나라 나무 도감》, 《나무 쉽게 찾기》,
《겨울나무 쉽게 찾기》, 《열대나무 쉽게 찾기》, 《들꽃 쉽게 찾기》, 《화초 쉽게 찾기》,
《나무 해설 도감》, 《APG 나무 도감》, 《APG 풀 도감》, 《나뭇잎 도감》,
《식물 학습 도감》, 《어린이 식물 비교 도감》, 《봄 · 여름 · 가을 · 겨울 식물도감》,
《봄 · 여름 · 가을 · 겨울 나무도감》, 《재밌는 식물 이야기》 등이 있다.

꽃
책

1쇄 – 2023년 3월 28일
2쇄 – 2023년 4월 28일
지은이 – 윤주복
발행인 – 허진
발행처 – 진선출판사(주)
편집 – 김경미, 최윤선, 최지혜
디자인 – 고은정, 김은희
총무 · 마케팅 – 유재수, 나미영, 허인화
주소 – 서울시 종로구 삼일대로 457 (경운동 88번지) 수운회관 15층
　　　　전화 (02)720-5990　팩스 (02)739-2129
　　　　홈페이지 www.jinsun.co.kr
등록 – 1975년 9월 3일 10-92

＊책값은 뒤표지에 있습니다.

ⓒ 윤주복, 2023
편집 ⓒ 진선출판사, 2023
ISBN 979-11-981718-1-8 06480

진선 books는 진선출판사의 자연책 브랜드입니다.
자연이라는 친구가 들려주는 이야기 – '진선북스'가 여러분에게 자연의 향기를 선물합니다.